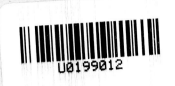

中文版AutoCAD2015
建筑设计与施工图绘制实例教程

◎ 麓山工作室 编著

机械工业出版社

本书是一本系统介绍使用 AutoCAD 2015 进行建筑设计的实例教程，全书通过 8 大图样类型、50 多套施工图、120 多个绘图小案例、1000 多分钟视频教程，系统、全面地讲解了建筑设计和图形绘制方法，可帮助读者迅速从 AutoCAD 新手成长为建筑设计高手。

全书共 3 篇 16 章。第 1 篇为基础篇，主要讲解了 AutoCAD 2015 的基础知识，包括建筑设计概述、AutoCAD 的绘图环境、基本操作和精确绘图工具的使用；第 2 篇为进阶篇，主要讲解了二维绘图命令、二维图形的修改和编辑命令、图层的应用、常见基本建筑图形的绘制方法等；第 3 篇为实战篇，主要讲解了建筑总平面图的绘制、建筑平面图的绘制、建筑立面图的绘制、建筑剖面图的绘制、建筑详图的绘制、建筑结构施工图的绘制、给水排水\暖通\电气设备施工图的绘制和建筑装饰工程图的绘制等内容。

本书配套光盘提供了书中实例的源文件和所有实例共 18 个小时的高清语音视频教学，并免费赠送 4 个小时的 AutoCAD 基本功能视频教学，相当于拥有一本 AutoCAD 基础教程。读者可通过观看视频教学轻松解决学习中遇到的困难，提高学习兴趣和效率。值得一提的是，为了照顾低版本 AutoCAD 用户，本书配套光盘提供的 DWG 文件有 AutoCAD 2004 和 2015 两种格式，因此 AutoCAD 2004~2015 的各版本用户均可顺利使用本书。

本书特别适合 AutoCAD 初中级读者和建筑工程专业人员阅读，同时也是高等院校和建筑工程培训班及其相关专业的理想教材。

图书在版编目（CIP）数据

中文版 AutoCAD2015 建筑设计与施工图绘制实例教程/麓山工作室编著. —5 版. —北京：机械工业出版社，2014. 10
ISBN 978-7-111-47734-1

Ⅰ. ① 中…　Ⅱ. ①麓…　Ⅲ. ①建筑设计—计算机辅助设计—AutoCAD 软件—教材②建筑制图—AutoCAD 软件—教材　Ⅳ. ①TU201. 4②TU204

中国版本图书馆 CIP 数据核字(2014)第 191882 号

机械工业出版社（北京市百万庄大街 22 号　邮政编码 100037）
策划编辑：曲彩云　　　责任印制：刘　岚
北京中兴印刷有限公司印刷
2014 年 9 月第 5 版第 1 次印刷
184mm×260mm・24. 5 印张・604 千字
0001—4000 册
标准书号：ISBN 978-7-111-47734-1
　　　　　ISBN 978-7-89405-484-5（光盘）
定价：59. 00 元（含 1DVD）
凡购本书，如有缺页、倒页、脱页，由本社发行部调换
电话服务　　　　　　　　　网络服务
社服务中心：（010）88361066　教材网：http://www.cmpedu.com
销售一部：（010）68326294　机工官网：http://www.cmpbook.com
销售二部：　（010）88379649　机工官博：　http://weibo.com/cmp1952
读者购书热线：（010）88379203　**封面无防伪标均为盗版**

前言

AutoCAD 2015 简介

AutoCAD 是美国 Autodesk 公司开发的专门用于计算机辅助设计的软件。Autodesk 公司自 1982 年推出第一款 AutoCAD 1.0 版本以来，不断追求其功能的完善和技术领先，成为集平面制图、三维造型、数据库管理、渲染着色和互联网等功能于一体的计算机辅助设计软件。目前，AutoCAD 已广泛应用于建筑、机械、电子、航天和水利等工程领域。

AutoCAD 2015 与以前的版本相比，有了很大的改进与提高，增加了较多新的功能，具有更高的方便性、高效性和精确性，更加人性化。编者结合多年的建筑绘图设计和教学经验，通过大量的建筑图绘制实例，为读者介绍了建筑设计的基本知识和 AutoCAD 2015 的绘制功能和使用技巧。本书内容全面，涉及到利用 AutoCAD 2015 进行建筑设计和绘图的各个方面。从建筑基础知识到建筑制图规范，从 AutoCAD 基本知识到具体的实践应用结合，文字表述语言平实，简单扼要，具有极强实用性。

内容特点

本书最大的特点是结合典型建筑实例，分门别类，由浅入深、循序渐进地引导读者学习 AutoCAD 绘制各类建筑图，从而提高读者的综合应用能力和动手能力。

本书共分 16 章，主要内容介绍如下：

章 名	内 容
第 1 章	介绍建筑设计的基本知识和 AutoCAD 2015 在建筑绘图中的应用
第 2 章	介绍 AutoCAD 2015 的基本操作
第 3 章	介绍 AutoCAD 2015 绘图环境的设置和精确绘图工具的使用
第 4 章	介绍 AutoCAD 2015 直线、矩形、圆、多线等二维基本图形的绘制方法
第 5 章	介绍 AutoCAD 2015 选择、复制、镜像、修剪、阵列等图形的编辑方法
第 6 章	介绍 AutoCAD 2015 图层的创建、特性设置和状态设置
第 7 章	介绍了室内家具、园林配景等常见建筑图块的绘制方法
第 8 章	介绍建筑总平面图的基本知识和绘制方法
第 9 章	介绍建筑平面图的基本知识和绘制方法
第 10 章	介绍建筑立面图的基本知识和绘制方法
第 11 章	介绍建筑剖面图的基本知识和绘制方法

章　名	内　　容
第 12 章	介绍建筑详图的基本知识和常用建筑详图的绘制方法
第 13 章	介绍建筑结构图的基本知识和绘制方法
第 14 章	介绍各类给水排水\暖通\电气设备施工图的基本知识和绘制方法
第 15 章	介绍建筑室内装饰工程图的基本知识和绘制方法
第 16 章	介绍图形的打印输出

适用对象

本书可作为高等院校及各类 CAD 软件建筑绘图培训班的辅助教材，也可供广大工程设计人员和读者参考和学习 AutoCAD 2015 时使用。

光盘内容及用法

本书所附光盘内容分为以下两大部分。

1.“.dwg”格式图形文件	本书所有实例和用到的或完成的“.dwg”图形文件都按章节收录在“实例\第 4 章～第 16 章”文件夹下，图形文件的编号与章节的编号是一一对应的，读者可以调用和参考这些图形文件 需要注意的是，光盘上的文件都是“只读”的，要修改某个图形文件时，要先将该文件复制到硬盘上，去掉文件的“只读”属性，然后再使用。为了照顾使用 AutoCAD 低版本的用户，本书的 DWG 图形保存有 2015 和 2004 两种版本，读者可以根据自己使用的 AutoCAD 版本，选择相应的图形文件
2.“mp4”格式动画文件	本书所有实例的绘制过程都收录成了“.mp4”高清语音视频文件，并按章收录在附盘的“视频\第 2 章～第 16 章”文件夹下，编号规则与“.dwg”图形文件相同

本书编者

本书由麓山工作室编著，参加编写的有：陈志民、江凡、张洁、马梅桂、戴京京、骆天、胡丹、陈运炳、申玉秀、李红萍、李红艺、李红术、陈云香、陈文香、陈军云、彭斌全、林小群、刘清平、钟睦、刘里锋、朱海涛、廖博、喻文明、易盛、陈晶、张绍华、黄柯、何凯、黄华、陈文轶、杨少波、杨芳、刘有良、刘珊、赵祖欣、齐慧明等。

由于编者水平有限，书中错误、疏漏之处在所难免。在感谢您选择本书的同时，也希望您能够把对本书的意见和建议告诉我们。

编 者 邮 箱：lushanbook@gmail.com
读者 QQ 群：327209040

麓山工作室

目录

第2篇 AutoCAD 进阶篇

第 3 篇 实战篇

第 1 章 AutoCAD 建筑设计基础

本章导读

建筑设计是指在建造建筑物之前，设计者按照设计任务，将施工过程和使用过程中所存在的或可能会发生的问题，事先做好通盘的设想，拟定好解决这些问题的方案与办法，并用图样和文件的形式将其表达出来。

本章主要介绍建筑设计的一些基本理论，包括建筑制图特点、建筑设计要求和规范、建筑制图的内容等，最后总结了一些建筑绘图的原则与技巧，为后面学习相关建筑工程图的绘制打下坚实的理论基础。

本章重点

- 建筑设计流程
- 建筑设计规范
- 建筑设计特点
- 建筑的组成
- 建筑施工图分类及组成
- 建筑绘图的原则
- 建筑绘图的技巧

1.1 建筑设计概述

建筑设计是为人们工作、生活与休闲提供环境空间的综合艺术和科学。建筑设计与人们的日常生活息息相关，从住宅到商业大楼，从办公楼到酒店，从教学楼到体育馆，无处不与建筑设计紧密联系。

1.1.1 建筑设计流程

根据建筑设计的进程，通常可以分为 4 个阶段，即准备阶段、方案阶段、施工图阶段和实施阶段。

- 准备阶段。设计准备阶段主要是接委托任务书，签订合同，或者根据标书要求参加投标等；明确设计任务和要求，如建筑的使用性质、功能特点、设计规模、等级标准、总造价等，以及根据建筑的使用性质创造所需的建筑室内外空间环境氛围、文化内涵或艺术风格等的阶段。
- 方案阶段。方案设计阶段是指在设计准备阶段的基础上，进一步收集、分析、运用与设计任务有关的资料与信息，构思立意，进行初步方案设计，进而深入设计，并进行方案的分析与比较阶段。确定初步设计方案，提供设计文件，如平面图、立面图、透视效果图等。如图 1-1 所示是某个别墅建筑设计方案效果图。
- 施工图阶段。施工图设计阶段是指根据设计意图与施工规范利用相关软件绘制出有关平面图、立面图、构造节点、大样以及设备管线等的施工图，满足施工需要的阶段，因此其是建筑从设计理念转化至实物的关键步骤，如图 1-2 所示是某别墅建筑平面施工图。
- 实施阶段。实施阶段也就是工程的施工阶段。建筑工程在施工前，设计人员应向施工单位进行设计意图说明及图样的技术交底；在工程施工期间，需按图样要求核对施工实况，有时还需要根据现场实况提出对图样的局部修改或补充；施工结束时，会同质检部门和建设单位进行工程验收。

图 1-1　别墅建筑设计方案效果图

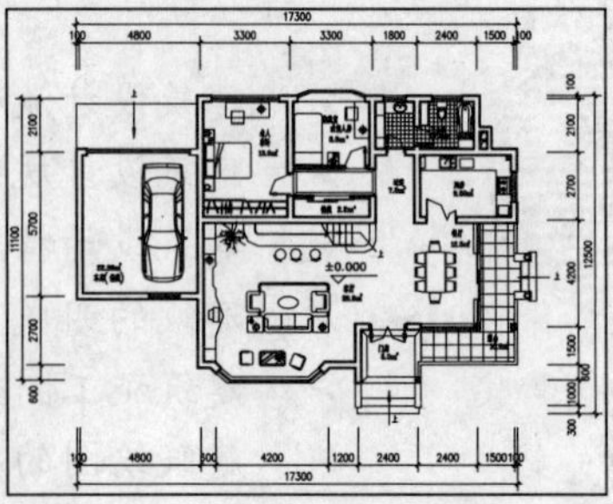

图 1-2　别墅建筑平面施工图

为了使设计取得预期效果，建筑设计人员必须抓好设计各阶段的环节，充分重视设计、施工、材料、设备等方面，协调好与建设单位和施工单位之间的关系，在设计意图和构思方面进行沟通并达成共识，以期取得理想的设计成果。

1.1.2 建筑设计规范

在进行建筑设计过程中，需按照国家规范及标准进行设计，确保建筑的安全、经济、适用等，必须遵守如下国家建筑设计规范：

- 《房屋建筑制图统一标准》(GB/T 50001—2010)
- 《建筑制图标准》(GB/T 50104—2010)
- 《建筑内部装修防火施工及验收规范》(GB 50354—2005)
- 《建筑工程建筑面积计算规范》(GB/T 50353—2005)
- 《民用建筑设计通则》(GB 50352—2005)
- 《建筑设计防火规范》(GB 50016—2006)
- 《建筑采光设计标准》(GB 50033—2013)
- 《高层民用建筑设计防火规范》(GB 50045—1995)(2005 年版)
- 《建筑照明设计标准》(GB 50034—2013)
- 《汽车库、修车库、停车场设计防火规范》(GB 50067—1997)
- 《自动喷火灭火系统设计规范》(GB5 0084—2001)(2005 年版)
- 《公共建筑节能设计标准》(GB 50189—2005)等

建筑设计规范中 GB 是国家标准，此外进行建筑设计还必须遵守行业规范、地方标准等。

1.1.3 建筑设计特点

建筑设计是根据建筑物的使用性质、所处环境和相应标准，运用物质技术手段和建筑美学原理，创造功能合理、舒适优美、满足人们物质和精神生活需要的室内外空间环境。设计构思时，需要运用物质技术手段，如各类装饰材料和设施设备等；还需要遵循建筑美学原理，综合考虑建筑物的使用功能、结构施工、材料设备、造价标准等多种因素。

从设计者的角度来分析建筑设计的方法，主要有如下几点：

1. 总体与细部深入推敲

总体推敲是建筑设计应考虑的几个基本观点之一，是指设计者需要有一个设计的全局观念。细处着手是指具体进行设计时，必须根据建筑的使用性质，深入调查和收集信息，掌握必要的资料和数据，从最基本的人体尺度、人流动线、活动范围和特点、家具与设备的尺寸以及使用所必需的空间等着手。

2. 里外、局部与整体协调统一

建筑室内空间环境需要与建筑整体的性质、标准、风格以及空间环境相协调统一，它们之间有着相互依存的密切关系，设计是需要从里到外，从外到里多次反复协调，从而使设计更趋向完美合理。

3. 构思与表达

设计的构思、立意至关重要。可以说，一项设计，没有立意就等于没有“灵魂”，设计的难度也往往在于要有一个好的构思。一个较为成熟的构思，往往需要足够的信息量，有商讨和思考的时间，在设计前期和出方案的过程中能使立意、构思逐步明确，形成一个好的构思。

1.2 建筑的组成

在学习利用 AutoCAD 2015 绘制建筑图之前，首先应该对建筑的组成有一个了解。本节以民用建筑为例介绍建筑的一般组成。如图 1-3 所示，一幢建筑基本包括以下几个主要部分：

基础：基础是房屋最下部埋在土中的扩大构件，它承受着房屋的全部荷载，并把它传给地基(基础下面的土层)。为了保证建筑物的稳定性，要求基础要坚固、稳定、耐水、耐腐蚀、耐冰冻，并且能够防止不均匀沉降。

墙和柱：墙与柱是房屋的垂直承重构件，它承受楼地面和屋顶传来的荷载，并把这些荷载传给基础。墙体还是分隔、围护构件。其中外墙阻隔雨水、风雪、寒暑对室内的影响，内墙起着分隔房间的作用。

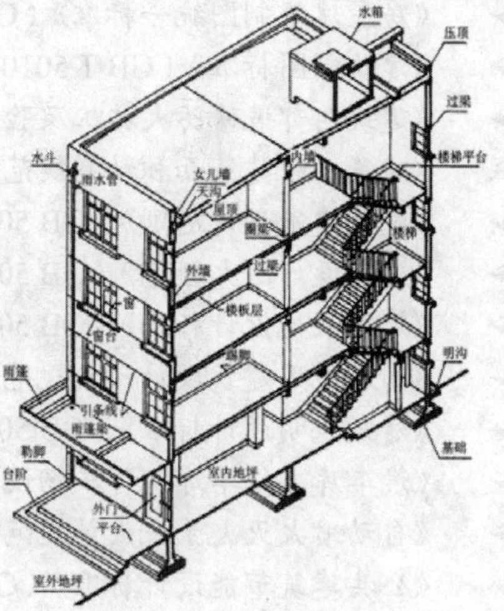

图 1-3　房屋的基本组成

隔墙：隔墙是用来分隔建筑内部空间的非承重墙体。为了尽可能地少占用房屋的使用面积，隔墙厚度要小，而且有较好的防火、防潮、隔声、易拆装等性能。

楼面和地面：楼面与地面是房屋的水平承重和分隔构件。楼面是指二层或二层以上的楼板或楼盖。地面又称为底层地坪，是指第一层使用的水平部分。它们承受着房间的家具、设备和人员的重量。

楼梯：楼梯是楼房建筑中的垂直交通设施，供人们上下楼层和紧急疏散之用。

屋顶：也称屋盖，是房屋顶部的围护和承重构件。它一般由承重层、防水层和保温(隔热)层三大部分组成，主要承受着风、霜、雨、雪的侵蚀，外部荷载以及自身重量。

女儿墙：女儿墙是外墙延续到屋顶以上的部分，也称为压檐墙。

门和窗：是房屋的围护构件。门主要供人们出入通行。窗主要供室内采光、通风、眺望之用。同时，门窗还具有分隔和围护作用。

1.3 建筑施工图分类及组成

建筑工程施工图是工程技术的“语言”，是能够十分准确地表达出建筑物的外形轮廓和尺寸大小、结构造型、装修做法、材料用法以及设备管线的图样。

1.3.1 施工图的分类

建筑工程图根据其内容和各工种不同可分为以下几种类型：

1. 建筑施工图

建筑施工图（简称建筑施工图）主要用来表示建筑物的规划位置、外部造型、内部各房间的布置、内外装修、构造及施工要求等。

建筑施工图包括施工图首页、总平面图、各层平面图、立面图、剖面图及详图。

2. 结构施工图

结构施工图（简称结施）主要表示建筑物承重结构的结构类型、结构布置、构件种类、数量、大小及做法等。结构施工图包括结构设计说明、结构平面布置图及构件详图等。

3. 设备施工图

设备施工图（简称设施）主要表达建筑物的给水排水、采暖通风、供电照明、燃气等设备的布置和施工要求等。设备施工图主要包括各种设备的平面布置图、系统图和详图等内容。

1.3.2 建筑施工图的组成

一套完整的工业与民用建筑的施工图，包括的图样主要有如下几大类：

1. 建筑施工图首页

建筑施工图首页内含工程名称、实际说明、图样目录、经济技术指标、门窗统计表以及本套建筑施工图所选用标准图集名称列表等。

图样目录一般包括整套图样的目录，应有建筑施工图目录、结构施工图目录、给水排水施工图目录、采暖通风施工图目录和建筑电气施工图目录。

2. 建筑总平面图

将新建工程四周一定范围内的新建、拟建、原有和拆除的建筑物、构筑物连同其周围的地形、地物状况用水平投影方法和相应的图例所绘出的图样，即为总平面图。

建筑总平面图主要表示新建房屋的位置、朝向、与原有建筑物的关系，以及周围道路、绿化和给水、排水、供电条件等方面的情况，作为新建房屋施工定位、土方施工、设备管网平面布置，安排在施工时进入现场的材料和构件、配件堆放场地、构件预制的场地以及运输道路的依据。

如图 1-4 所示为某小区建筑总平面图。

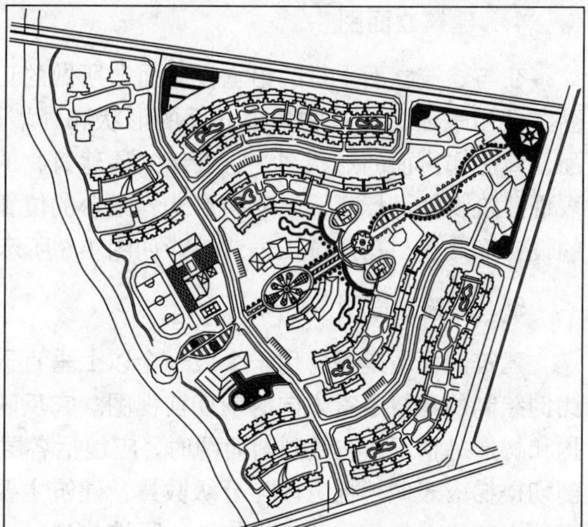

图 1-4 某小区建筑总平面图

3. 建筑平面图

建筑平面图是假想用一水平剖切平面从建筑窗台以上剖切建筑，移去上面的部分，向下所作的正投影图，称为建筑平面图。建筑平面图反映建筑物的平面图形状和大小、内部布置、墙的位置、厚度和材料、门窗的位置和类型以及交通等情况，可作为建筑施工定位、放线、砌墙、安装门窗、室内装修、编制预算的依据。

一般一栋建筑物有首层平面图、标准层平面图、顶层平面图等，在平面图下方应注明相应的图名及比例。因平面图是剖切掉窗台以上部分向下投影生成的，因此被剖切平面剖切到的墙、柱等轮廓线用粗实线表示，未被剖切到的部分如室外台阶、散水、楼梯以及尺寸线等用细实线表示，门的开启线用中粗实线表示。

如图 1-5 所示为某宿舍楼首层平面图。

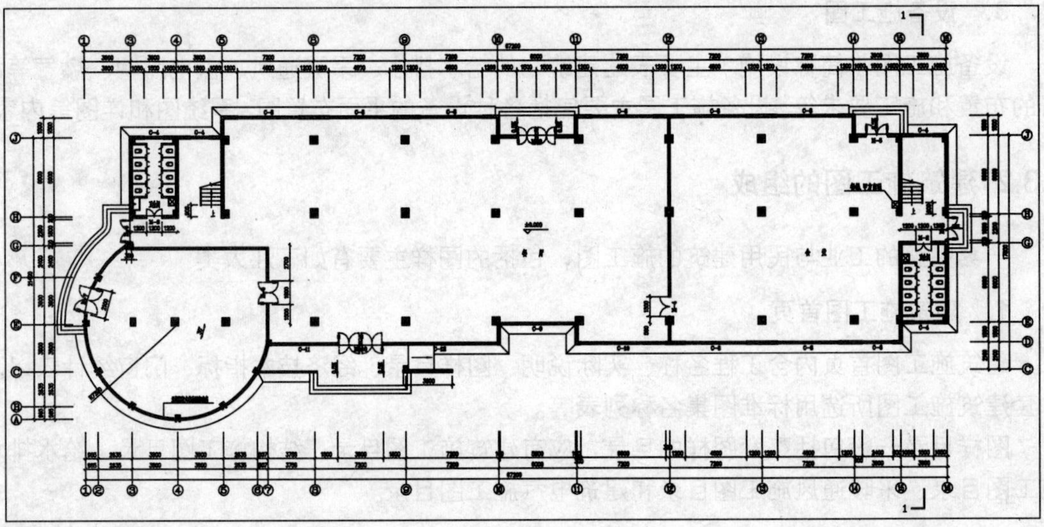

图 1-5　某宿舍楼首层平面图

4. 建筑立面图

在与建筑立面平行的铅垂投影面上所做的正投影图称为建筑立面图，简称立面图。立面图主要用来表达建筑物各个立面的形状和外墙面的装修等，是按照一定比例绘制建筑物正面、背面和侧面的形状图，它表示的是建筑物的外部形式，说明建筑物长、宽、高的尺寸，表现建筑物地面标高、屋顶的形式、阳台的位置和形式、门窗洞口的位置和形式、外墙装饰的设计形式、材料及施工方法等。如图 1-6 所示为某别墅的立面图。

5. 建筑剖面图

建筑剖面图是假想用一个或一个以上垂直于外墙轴线的铅垂剖切平面剖切建筑，按一定比例绘制的建筑竖直方向的剖切前视图。它反映了建筑内部的空间高度、室内立面布置、结构和构造等情况。在绘制剖面图时，应包括各层楼面的标高、窗台、窗上口、室内净尺寸等，剖切楼梯应表明楼梯分段与分级数量；建筑主要承重构件的相互关系，画出房屋从屋面到地面的内部构造特征，如楼板构造、隔墙构造、内门高度、各层梁和板位置、屋顶的结构形式与用料等；装修方法、楼板、地面等的做法，对所用材料加以说明，标明屋面的做法及构造；各层的层高与标高，标明各部位的高度尺寸等。

如图 1-7 所示是某别墅的剖面图。

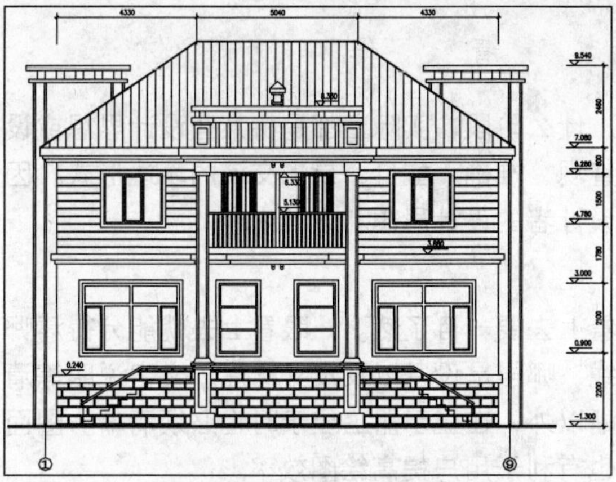

图 1-6　某别墅建筑立面图

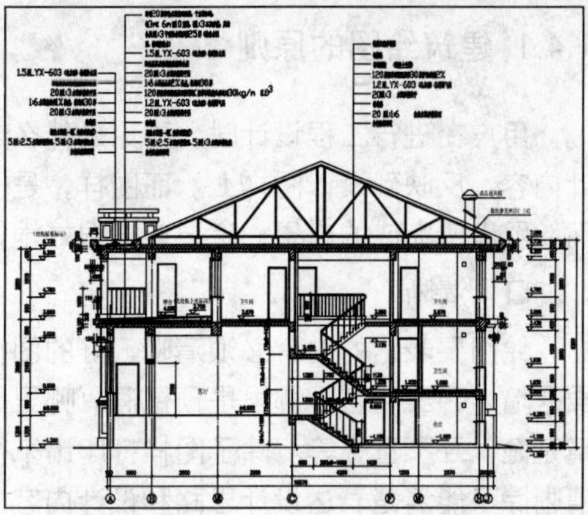

图 1-7　某别墅剖面图

6．建筑详图

建筑详图主要用来表达建筑物的细部构造、节点连接形式，以及构件、配件的形状大小、材料、做法等。详图要用较大比例绘制（如 1:20），尺寸标注要准确齐全，文字说明要详细。如图 1-8 所示为楼梯栏杆详图。

除上述类型的图形外，在实际工程实践中，有时会根据客户需要绘制如图 1-9 所示的建筑透视图。尽管其不是施工图所要求的，但由于建筑透视图表示的是建筑物内部空间或外部形体与实际所能看到的建筑本身相类似的主体图像，因此它具有强烈的三维空间透视感，非常直观地表现了建筑的造型、空间布置、色彩和外部环境等多方面内容。

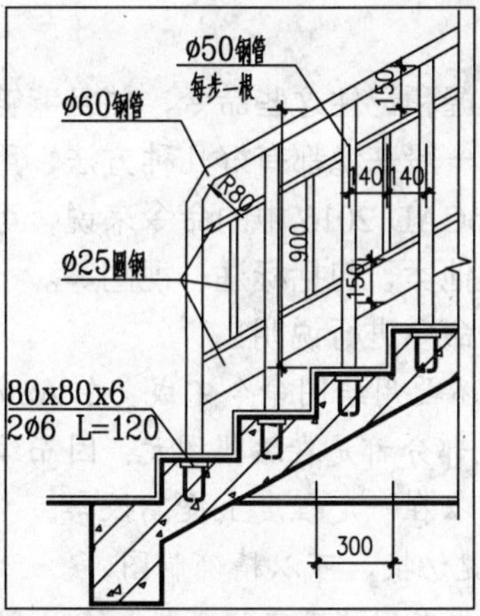

图 1-8　楼梯栏杆详图

图 1-9　别墅三维效果图

1.4 建筑绘图的原则和技巧

利用 AutoCAD 绘制建筑图，有一定的原则和方法。熟练掌握这些原则和方法，有利于规范图形和提高工作效率。

1.4.1 建筑绘图的原则

用户在进行工程设计时，不论是什么专业、什么阶段，实际上都是将某些设计思想或设计内容，反映到设计图样上。而图样，是一种直观、准确、醒目、易于交流的表达形式。因而绘图者所完成的成果一定要能够很好地体现设计者的设计思想和设计内容。

- ❑ 清晰

绘图要表达的内容必须清晰，好的图样，看上去要一目了然。一眼看上去就能分得清哪里是墙、哪里是窗、哪里是预留洞、哪里是管线、哪里是设备以及尺寸标注、文字说明等清清楚楚，互不重叠等。除了图样打印出来很清晰以外，在显示器上显示时也必须清晰。图面清晰除了能清楚表达设计思路和设计内容外，也有利于用户提高绘图效率。

- ❑ 准确

建筑图的绘制是工程施工的依据。制图准确不仅是为美观，更重要的是可以直观反映一些图面问题，方便工程施工，对于提高绘图速度也有重要的影响，特别是在图样进行修改时。

- ❑ 高效

图面要"清晰""准确"，在绘图过程中，同样重要的一点就是"高效"。能够高效绘图，才是一个优秀的设计绘图人员。

清晰、准确、高效是 AutoCAD 软件使用的三个重要原则。在 AutoCAD 软件中，除了一些最基本的绘图命令外，其他的各种编辑命令、各种设置定义，可以说都是围绕着清晰、准确、高效这三个原则进行编排的。

1.4.2 建筑绘图的技巧

AutoCAD 2015 提供了非常多的命令，如何才能快速地掌握和记住这些命令，并且能够合理运用呢？在 AutoCAD 中，要绘制或者编辑某一个图元，一般来说都有好几种方法，用户应该合理运用最为恰当的方法，以提高工作效率。对于 AutoCAD 2015 中的命令来说，可以分为 4 类，一是绘图类，二是编辑类，三是设置类，四是其他类，包括标注、视图等。

为了提高绘图的准确率和速度，下面对绘图类和编辑类的命令进行说明：

- ➢ 一般来说，在绘制图形过程中能用编辑命令完成的就不要用绘图命令完成。在 AutoCAD 软件的使用过程中，虽然说是画图，但实际上大部分都是在编辑图元。因而编辑图元可以大量减少绘制图元不准确的概率，并且可以在一定程度上提高效率。
- ➢ 在使用绘图命令时，一定要设置对象捕捉，使用 F3 键切换，可以精确制图。
- ➢ 由于建筑图的特点，在使用绘图和编辑命令时，经常要采用"正交"模型，使用 F8 键切换，可以精确绘制水平和垂直的直线。
- ➢ 在 AutoCAD 中，基本上每一个绘图和编辑命令都有快捷键，设置方法一般为该命令所在英文单词的前一至两个字母，有的是三个。这样就简化了命令的输入，熟练掌握快捷键的使用，可以大幅度提高工作效率，因此在本书的附录中为读者整理了 AutoCAD 常用的命令快捷键供参考。

第 2 章 AutoCAD 2015 的基本操作

本章导读

本章学习 AutoCAD 2015 的基础知识和基本操作，主要有 AutoCAD 2015 的工作界面、图形文件管理、图形文件显示控制、命令的调用方法以及新增功能等，使读者快速熟悉 AutoCAD 2015 软件。

本章重点

- AutoCAD 2015 的工作界面
- 新建图形文件
- 保存图形文件
- 打开已有图形文件
- 输出图形文件
- 加密图形文件
- 关闭图形文件
- 图形显示的控制
- AutoCAD 命令的调用方法

2.1 AutoCAD 2015 的工作界面

启动 AutoCAD 2015 后就进入到该软件的界面中，AutoCAD 2015 操作界面由标题栏、应用程序按钮▲、快速访问工具栏、功能区、绘图区、十字光标、命令行、状态栏和滚动条等元素组成，如图 2-1 所示。

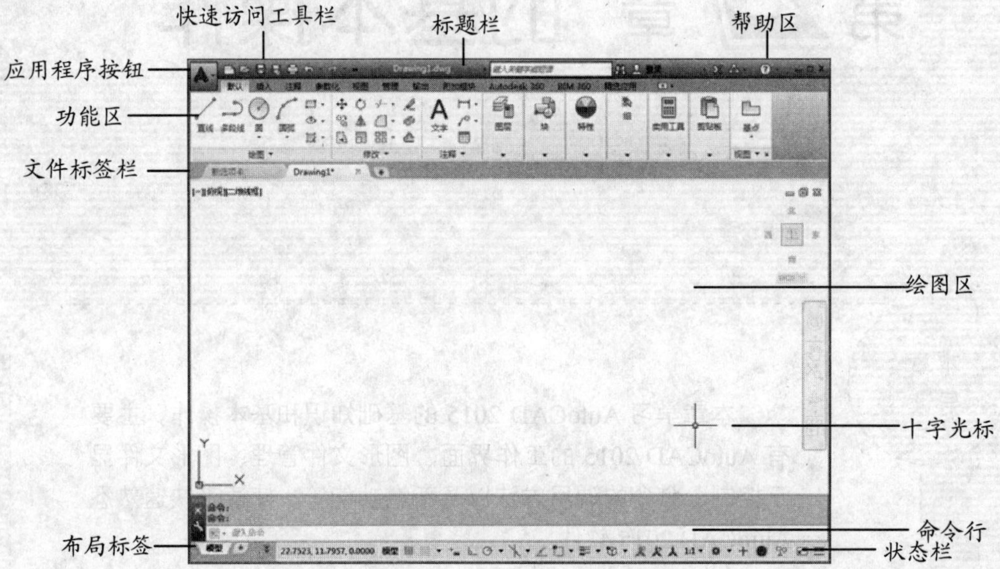

图 2-1　AutoCAD 2015 工作界面

> **提示** AutoCAD 2015 共有“草图与注释”“三维基础”和“三维建模”三个工作空间，展开快速访问工具栏工作空间列表、单击状态栏切换工作空间按钮⚙或“工具”|“工作空间”菜单项，在弹出的列表中可以选择所需的工作空间，如图 2-2 与图 2-3 所示。为了方便各版本 AutoCAD 用户学习，本书以最为常用的“草图与注释”工作空间进行讲解。

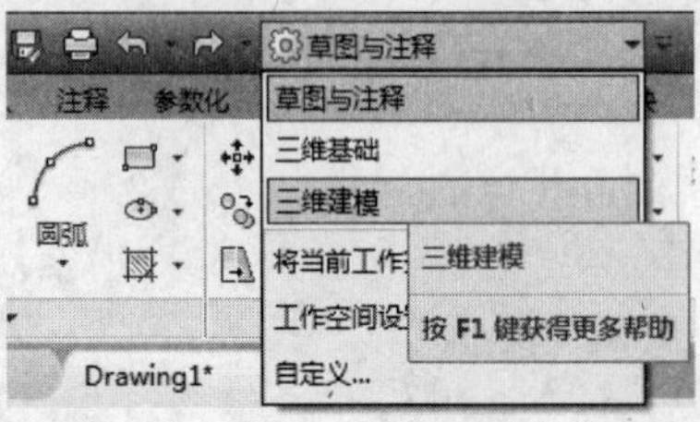

图 2-2　快速访问工具栏工作空间列表

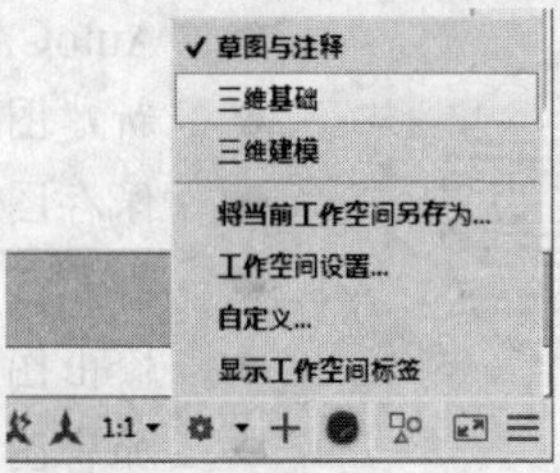

图 2-3　状态栏切换工作空间菜单

2.1.1 标题栏

AutoCAD 工作界面最上端是标题栏，标题栏中显示了当前工作区中图形文件的路径和名称。如果该文件是新建文件，还没有命名保存，AutoCAD 会在标题栏上显示 Drawing1.dwg、Drawing2.dwg、Drawing3.dwg……作为默认的文件名，如图 2-4 所示。

图 2-4　标题栏

通过工作界面标题栏右侧的按钮，还能进行界面的最大化显示、最小化显示、还原以及关闭等常规操作。

2.1.2 应用程序按钮

工作界面左上角为应用程序按钮，单击该按钮，通过弹出菜单可以进行文件的新建、打开、保存、打印、发布、输出等操作，此外通过该菜单“最近使用的文档”功能，还可以对之前打开的图形文件进行快速预览，功能十分强大，如图 2-5 所示。

2.1.3 快速访问工具栏

AutoCAD 2015 的快速访问工具栏默认位于应用程序按钮的右侧，包含了最常用的快捷工具按钮，如图 2-6 所示。

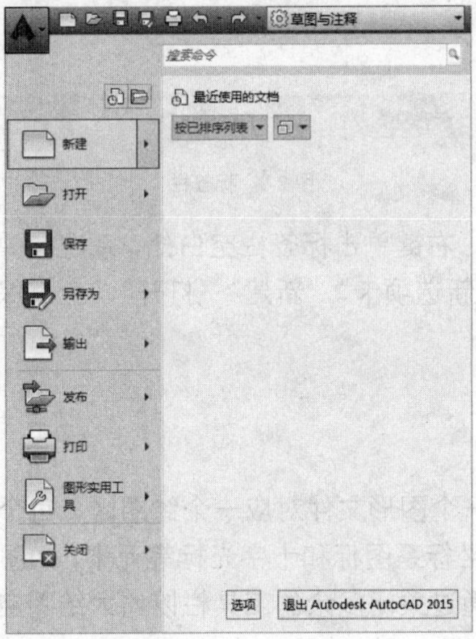

图 2-5　应用程序按钮菜单

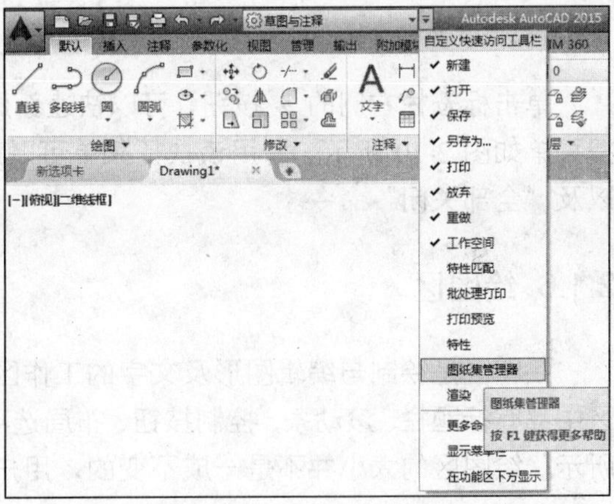

图 2-6　快速访问工具栏及下拉菜单

通过单击该工具栏中的按钮，可以快速进行文件的创建、打开、保存、另存以及打印等操作，此外还可以进行操作的重做与取消。单击该按钮右侧的下拉按钮，在如图 2-6 所示的下拉菜单中可以定制快捷访问工具栏中的按钮，以及控制菜单栏的显示和隐藏。

2.1.4 功能区

功能区是一种智能的人机交互界面，它将 AutoCAD 常用的命令进行分类，并分别放置于功能区各选项卡中，每个选项卡又包含有若干个面板，面板中即放置有相应的工具按钮，当操作不同的对象时，功能区会显示对应的选项卡，与当前操作无关的命令被隐藏，以方便用户快速选择相应的命令，从而将用户从繁琐的操作界面中解放出来，如图 2-7 所示。

图 2-7　功能区

由于空间限制，有些面板的工具按钮未能全部显示，此时可以单击面板底端的下拉按钮 ，以显示其他工具按钮，如图 2-8 所示为展开的“绘图”面板。

2.1.5 文件标签栏

文件标签栏位于绘图区上方，每个打开的图形文件都会在标签栏显示一个标签，单击文件标签即可快速切换至相应的图形文件窗口，如图 2-9 所示。

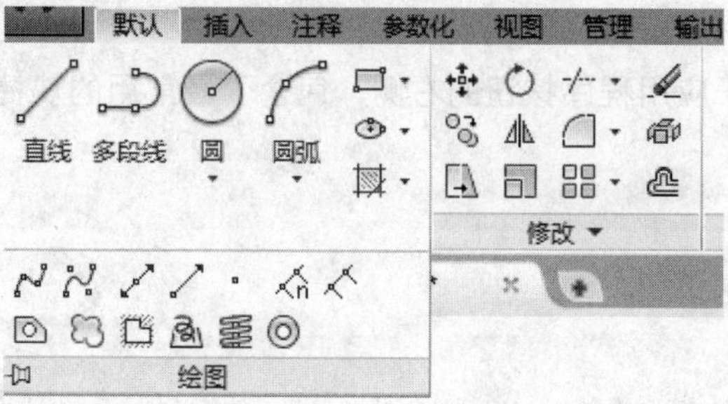

图 2-8　展开的“绘图”面板

图 2-9　标签栏

单击标签栏右侧的 按钮，可以快速新建文件，右键单击标签栏空白处，系统会弹出快捷菜单如图 2-10 所示。利用该快捷菜单可以选择“新选项卡”“新建”“打开”“全部保存”以及“全部关闭”命令。

2.1.6 绘图区

绘图区是绘制与编辑图形及文字的工作区域。一个图形文件对应一个绘图区，每个绘图区中都有标题栏、滚动条、控制按钮、布局选项卡、坐标系图标和十字光标等元素，如图 2-11 所示。绘图区的大小并不是一成不变的，用户可以通过关闭多余的工具栏以增大绘图空间。

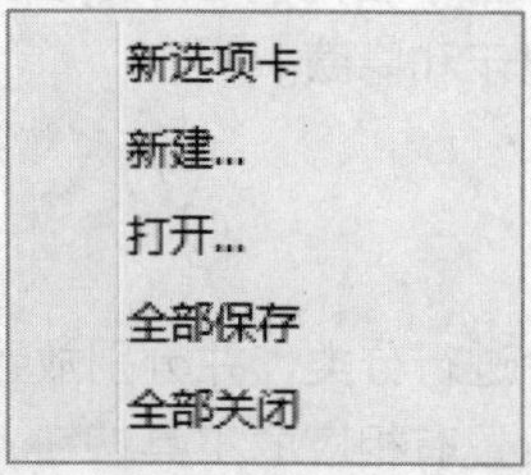

图 2-10　快捷菜单

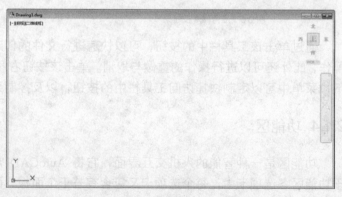

图 2-11　绘图区

2.1.7 命令行

命令行位于绘图区的下方，用于显示用户输入的命令，并显示 AutoCAD 的提示信息，如图 2-12 所示。

用户可以用鼠标拖动命令行的边框以改变命令行的大小，另外，按 F2 键还可以打开 AutoCAD 文本窗口，如图 2-13 所示。该窗口中显示的信息与命令行中显示的信息相同，当用户需要查询大量信息时，该窗口就会显得非常有用。

图 2-12　命令行

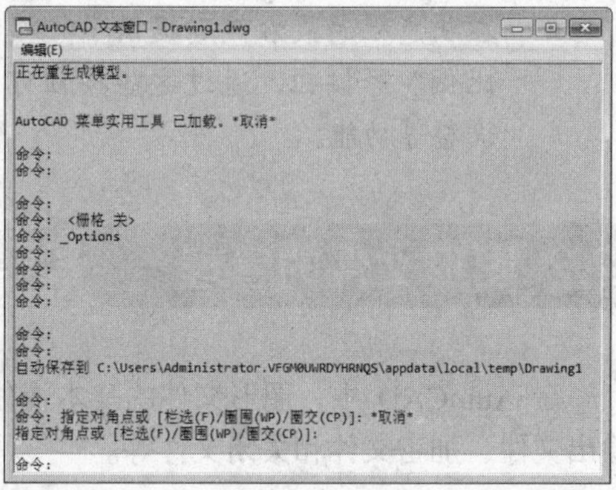

图 2-13　AutoCAD 文本窗口

2.1.8 布局标签

AutoCAD 2015 系统默认设定一个模型空间布局标签和“布局 1”“布局 2”两个图纸空间布局标签。在这里有两个概念需要解释。

1. 布局

布局是系统为绘图设置的一种环境，包括图纸大小、尺寸单位、角度设定、数值精确度等，在系统预设的三个标签中，这些环境变量都按默认设置。用户根据实际需要改变这些变量的值。比如：默认的尺寸单位是米制的毫米，如果绘制的图形是使用英制的英寸，就可以改变尺寸单位环境变量的设置，用户也可以根据自己的需要设置符合自己要求的新标签。

2. 模型

AutoCAD 的空间分为模型空间和图纸空间。模型空间是我们通常绘图的环境，而在图纸空间中，用户可以创建叫做“浮动视口”的区域，以不同视图显示所绘图形。用户可以在图纸空间中调整浮动视口并决定所包含视图的缩放比例。如果选择图纸空间，则可打印多个视图，用户可以打印任意布局的视图。

AutoCAD 2015 系统默认打开空间模型，用户可以单击选择需要的布局。

2.1.9 状态栏

状态栏位于绘图区的最下边，用于显示当前 AutoCAD 的工作状态，如图 2-14 所示。

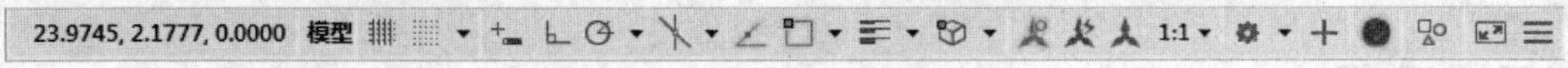

图 2-14 状态栏

状态栏主要包含三大功能，具体的分类如下：

- 在状态栏的最左侧，列出了光标当前位置的 X、Y、Z 三个轴向的具体坐标值，方便位置的参考与定位。
- 在状态栏显示坐标区域的右侧提供了“推断约束”“捕捉模式”“显示栅格图形”“正交限制光标”“极轴追踪”“对象捕捉”等功能按钮，通过这些按钮可以有效的提高绘制的准确度与效率。
- 在状态栏的最右侧则提供了“模型”“快速查看布局”“快速查看图形”“注释比例”等按钮，通过这些按钮可以快速地实现绘图空间切换、预览以及工作空间调整等功能。

2.2 图形文件的管理

在 AutoCAD 中，图形文件的基本操作一般包括新建文件、保存文件、打开已有文件、输出文件、加密文件和关闭文件等。

2.2.1 新建图形文件

在 AutoCAD 2015 中，可以使用多种方式新建图形，常用的几种方法如下：

- 工具栏：快速访问工具栏“新建”按钮
- 命令行：在命令行中输入 QNEW 并回车
- 快捷键：Ctrl + N
- 程序按钮：单击“应用程序”按钮，在弹出菜单中选择“新建”命令。

通过如上几种方式均可打开“选择样板”对话框，如图 2-15 所示。此时在“选择样板”对话框中，若要创建默认样板的图形文件，单击“打开”按钮即可。

此外也可以在样板列表框中选择其他样板图形文件，在该对话框右侧的“预览”栏中可预览到所选样板的样式，选择合适的样板后单击“打开”按钮，即可创建新图形。

2.2.2 保存图形文件

在 AutoCAD 2015 中，可以使用多种方式将所绘图形以文件形式保存，常用的几种方法如下：

- 工具栏：快速访问工具栏“保存”按钮
- 命令行：在命令行中输入 SAVE 并回车
- 快捷键：Ctrl + S
- 程序按钮：单击“应用程序”按钮，在弹出的菜单中选择“保存”命令。

通过如上几种方式进行文件的首次保存时，系统将弹出“图形另存为”对话框，如图 2-16 所示，默认情况下文件以“AutoCAD 2013 图形（*.dwg）”格式保存，也可以在“文件类型”下拉列表框中选择其他格式。

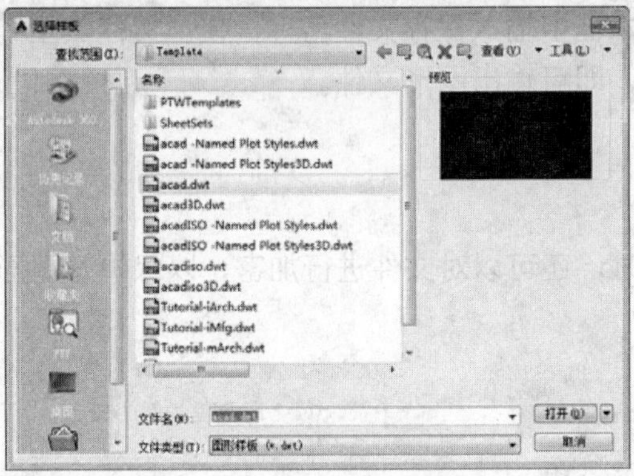

图 2-15　“选择样板”对话框

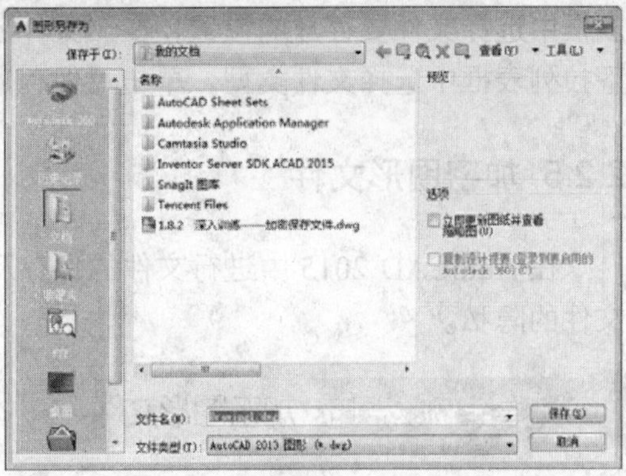

图 2-16　“图形另存为”对话框

2.2.3 打开已有图形文件

在 AutoCAD 2015 中，可以使用多种方式打开已经绘制好的图形文件，常用的几种方法如下：

- 工具栏：快速访问工具栏“打开”按钮。
- 命令行：在命令行中输入 OPEN 并回车
- 快捷键：Ctrl + O
- 程序按钮：单击“应用程序”按钮，在弹出的菜单中选择“打开”命令。

通过如上几种方式均可打开“选择文件”对话框，如图 2-17 所示。在“选择文件”对话框的文件列表框中，选择需要打开的图形文件，在右侧的“预览”框中将显示出该图形的预览图像。

2.2.4 输出图形文件

在 AutoCAD 2015 中，可以使用多种方式输出已经绘制好的图形文件，常用的几种方法如下：

- 命令行：在命令行中输入 EXPORT 并回车
- 程序按钮：单击“应用程序”按钮，在弹出的菜单中选择“输出”命令

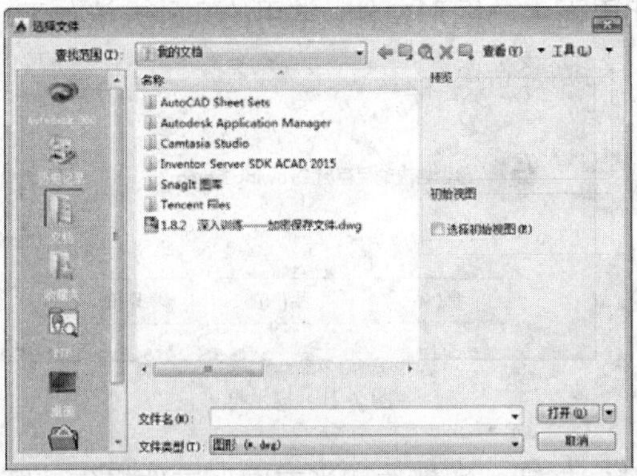

图 2-17　“选择文件”对话框

图 2-18　输出图形文件

通过如上几种方式均可打开“输出数据”对话框，如图 2-18 所示，在“保存于”下拉列

表框中选择文件要存放的位置，在“文件名”文本框中输入保存文件名称，在“文件类型”下拉列表框中选择文件类型，单击“保存”按钮，即可输出图形文件。

2.2.5 加密图形文件

在 AutoCAD 2015 中进行文件的保存及另存时，还可以对文件进行加密，以保护好图形文件的隐私。

课堂举例 2-1：加密图形文件 视频\第 2 章\课堂举例 2-1.mp4

01 单击“应用程序”按钮，在弹出的菜单中选择“保存”或“另存为”命令，打开“图形另存为”对话框。

02 在该对话框中单击“工具”按钮，在弹出的菜单中选择“安全选项”命令，打开“安全选项”对话框，如图 2-19 所示。在“密码”选项卡中，可以在“用于打开此图形的密码或短语”文本框中输入密码。然后单击“确定”按钮，打开“确认密码”对话框，并在“再次输入用于打开此图形的密码”文本框中输入确认密码，如图 2-20 所示。

03 依次单击“确定”按钮，即可加密图形文件。

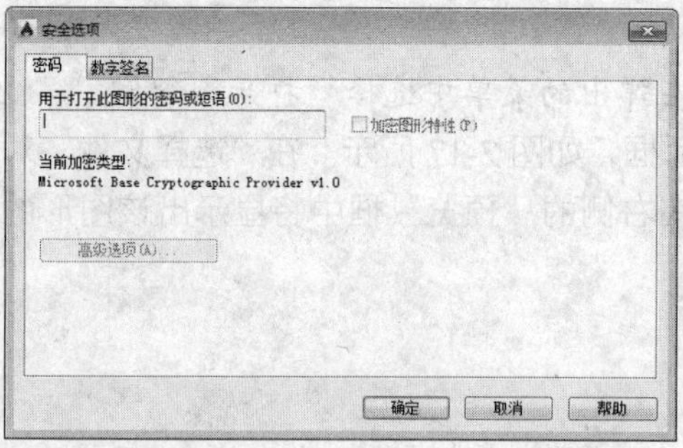

图 2-19 “安全选项”对话框

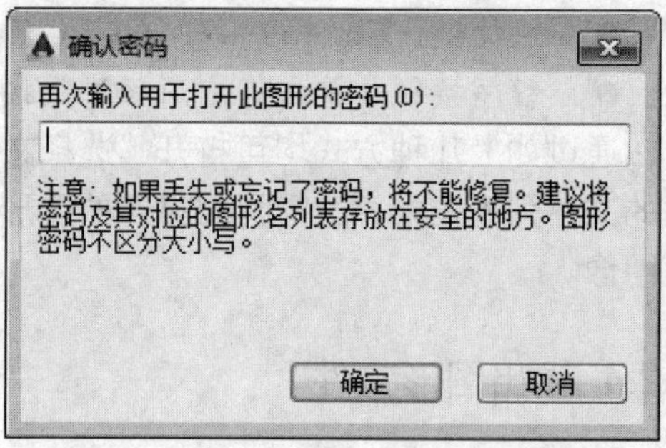

图 2-20 “确认密码”对话框

2.2.6 关闭图形文件

在 AutoCAD 2015 中，可以使用多种方式关闭界面中的图形文件，常用的几种方法如下：

- 命令行：QUIT
- 快捷键：Ctrl + Q
- 按　钮：单击绘图区“关闭”按钮

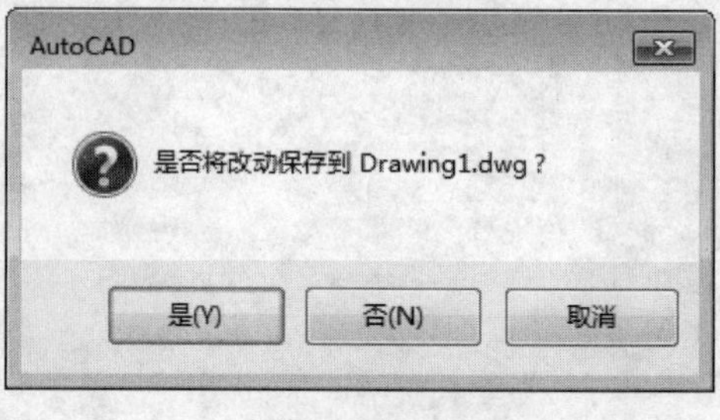

图 2-21 提示框

通过如上三种方式均可执行“关闭”命令，如果当前图形没有保存，系统将弹出 AutoCAD 警告对话框，询问是否保存文件，如图 2-21 所示，单击“是”按钮或直接单击回车键，可以保存当前图形文件并将其关闭；单击“否”按钮，可以关闭当前图形文件但不保存；单击“取消”按钮，取消关闭当前图形文件操作，既不保存也不关闭。

2.3 图形显示的控制

在 AutoCAD 中，可以使用多种方法来观察绘图区中绘制的图形，以便灵活观察图形的整体效果或局部细节。

2.3.1 缩放与平移

1. 缩放视图

通过缩放视图，可以放大或缩小图形的屏幕显示尺寸，而图形的真实尺寸保持不变。在 AutoCAD 2015 中，常用的几种缩放视图的方法如下：

- 工具栏：单击“缩放”工具栏各按钮
- 导航面板：单击导航面板中“范围缩放”下拉按钮，展开下拉列表，单击相应按钮
- 菜单栏：执行“视图”|“缩放”子菜单命令
- 命令行：ZOOM / Z
- 鼠　标：滚动鼠标中键

2. 平移视图

通过平移视图，可以重新定位图形，以便清楚地观察图形的其他部分。在 AutoCAD 2015 中，常用的几种缩放视图的方法如下：

- 菜单栏：执行“视图”|“平移”子菜单命令
- 导航面板：单击导航面板中的“平移”按钮
- 命令行：PAN / P
- 鼠　标：按住鼠标中键拖动

2.3.2 重画与重生成

在绘图和编辑过程中，屏幕上常常留下对象的拾取标记，这些临时标记并不是图形中的对象，有时会使当前图形画面显得混乱，这时就可以使用 AutoCAD 的重画与重生成图形功能清除这些临时标记。

1. 重画图形

选择“视图”|“重画”命令，或输入 REDRAW/R 命令，系统将在显示内存中更新屏幕，消除临时标记。使用该命令，可以更新用户使用的当前视区。

2. 重生成图形

重生成与重画在本质上是不同的，利用“重生成”命令可重生成屏幕，此时系统从磁盘中调用当前图形的数据，比“重画”命令执行速度慢，将花费更多的屏幕更新时间，在 AutoCAD 中，某些操作只有在使用“重生成”命令后才生效，如改变点的格式。如果一直使用某个命令修改编辑图形，但该图形似乎看不出什么变化，此时可使用“重生成”命令更新屏幕显示。

重生成图形有以下几种方式：

- 菜单栏：执行“视图”｜“重生成”命令更新当前视口
- 菜单栏：执行“视图”｜“全部重生成”命令同时更新所有视口
- 命令行：在命令行中输入 REGEN/RE 并回车

2.4 AutoCAD 命令的调用方法

在 AutoCAD 中，菜单命令、工具栏按钮、命令和系统变量都是相互的。可以选择某一菜单，或单击某个工具按钮，或在命令行中输入命令和系统变量来执行相应命令。

2.4.1 使用鼠标操作

在绘图区中，光标通常显示为“十”字线形式。当光标移至菜单选项、工具或对话框内时，光标变成一个箭头。无论光标呈“十”字线形式还是箭头形式，当单击或按住鼠标键时，都会执行相应的命令或动作。在 AutoCAD 中，鼠标键是按照下述规则定义的。

1. 拾取键

通常指鼠标的左键，用户指定屏幕上的点，也可以用来选择 Windows 对象、AutoCAD 对象、工具按钮和菜单命令等。

2. 回车键

指鼠标右键，相当于 Enter 键，用于结束当前使用命令，此时系统将根据当前绘图状态而弹出不同的快捷菜单。

3. 弹出菜单

当使用 Shift 键和鼠标右键的组合时，系统将弹出一个快捷菜单，用于设置捕捉对象。

2.4.2 使用键盘输入

在 AutoCAD 2015 中，大部分的绘图、编辑功能都需要通过键盘输入来完成。通过键盘可以输入命令、系统变量。此外，键盘还是输入文本对象、数值参数、点的坐标或进行参数选择的唯一方法。

2.4.3 使用命令行

在 AutoCAD 2015 中，默认情况下“命令行”是一个可固定的窗口，可以在当前命令行提示下输入命令和对象参数等内容。对于大多数命令，“命令行”中可以显示执行完的两条命令提示，而对于一些输出命令，需要在“命令行”或“AutoCAD 文本窗口”中显示。

在“命令行”窗口中右键单击，AutoCAD 将显示一个快捷菜单，如图 2-22 所示。通过快捷菜单可以选择最近使用过的 6 个命令、复制选定的文字或全部命令历史、粘贴文字以及打开“选项”对话框。单击命令行按钮，也可显示最近使用过的 6 个命令。

在命令行中，还可以使用 Backspace 键或 Delete 键删除命令行中的文字，也可以选中命令历史，并执行“粘贴到命令行”命令，将其粘贴到命令行中。

2.4.4 使用菜单栏

菜单栏几乎包含了 AutoCAD 中全部的功能和命令，但在“草图与注释”界面中是不显示出来的，用户可以单击快速访问工具栏中的下拉按钮，在展开的下拉列表中，选择“显示菜单栏”命令，显示菜单栏，使用菜单栏执行命令，只需单击菜单栏中的主菜单，在弹出的子菜单中选择要执行的命令即可。例如要执行绘制多段线命令，选择“绘图”|“多段线”命令，如图 2-23 所示。

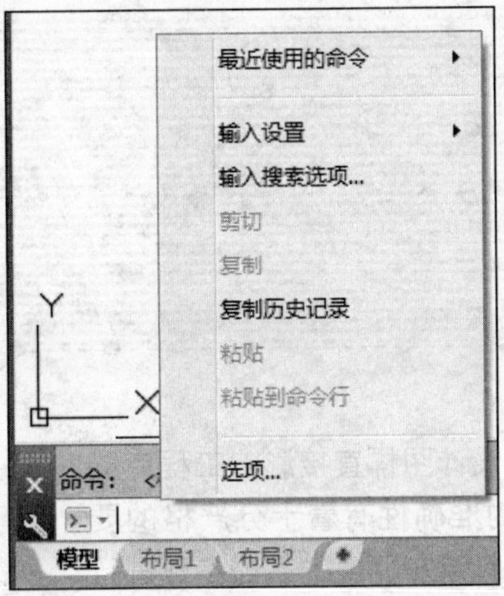

图 2-22　命令行快捷菜单

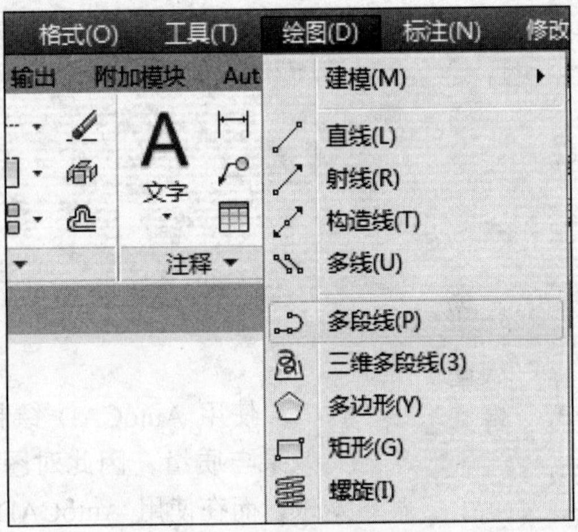

图 2-23　使用菜单栏执行多段线命令

2.4.5 使用工具栏

大多数命令都可以在相应的工具栏中找到与其对应的图标按钮，单击该按钮即可快速执行 AutoCAD 命令。在显示的菜单栏中，单击“工具”|“工具栏”|“AutoCAD”子菜单命令，可以展开相应的工具栏。例如要执行绘制圆命令，可以单击“工具”|“工具栏”|“AutoCAD”|“绘图”命令，展开“绘图”工具栏，在展开的“绘图”工具栏中单击“圆”按钮，再根据命令提示进行操作即可。

2.4.6 使用功能区面板

在“功能区”面板中包含了与命令相对应的按钮，比起先调出工具栏，再使用命令按钮，要方便的多。例如要执行绘制直线命令，可以直接单击“绘图”面板中的“直线”按钮，再根据命令提示进行操作即可。

第3章 设置绘图环境和精确绘图

本章导读

使用 AutoCAD 绘制的建筑设计图样直接影响工程完成效果与质量，因此对图样内容的准确性有着十分严格的要求，而在使用 AutoCAD 绘图前对绘图环境的某些参数进行设置，灵活运用 AutoCAD 所提供的绘图工具进行准确定位，不但可以使操作符合自己的使用习惯，而且能有效提高绘图的准确性，从而有效提高绘图效率。

本章重点

- 设置图形界限
- 鼠标右键功能
- 设置拾取点大小
- 更改命令提示行显示行数和字体
- 设置工作空间
- 精确绘制图形

3.1 设置绘图环境

在新建图形文件后，通常设置的绘图环境包括鼠标右键功能、拾取点大小、命令提示行显示行数和字体，以及设置工作空间等内容，AutoCAD 对上述的绘图环境提供了十分灵活的设置方式，用户可以根据需要进行自定义设置。

3.1.1 设置图形界限

图形界限就是绘图区域，也称图限。通常用于打印的图纸都有一定的规格尺寸，如 A3（297mm×420mm）、A4（210mm×297mm）。为了将绘制的图形方便地打印输出，在绘图前应设置好图形界限。

设置图形界限的方法有：

- 命令行：在命令行中输入 LIMITS 并回车
- 菜单栏：执行“格式”|“图形界限”命令

课堂举例 3-1：设置横放的 A3 图纸界限

视频\第 3 章\课堂举例 3-1.mp4

01 调用 LIMITS 命令设置图形界限，命令行提示如下：

```
命令：LIMITS↙                                                //调用“图形界限”命令
重新设置模型空间界限：
指定左下角点或 [开(ON)/关(OFF)] <0.0000,0.0000>:            //默认原点为界限左下角点
指定右上角点 <420.0000,297.0000>:420, 270↙                   //输入右上角坐标
```

02 图形界限设置完成后，在命令行中输入 DSETTINGS“草图设置”命令并回车，弹出如图 3-1 所示的“草图设置”对话框。选择“捕捉和栅格”选项卡，在“栅格行为”选项组中取消“显示超出界限的栅格”复选框勾选，单击“确定”按钮关闭对话框。按下 F7 键，打开栅格显示，才能观察到设置结果，如图 3-2 所示。

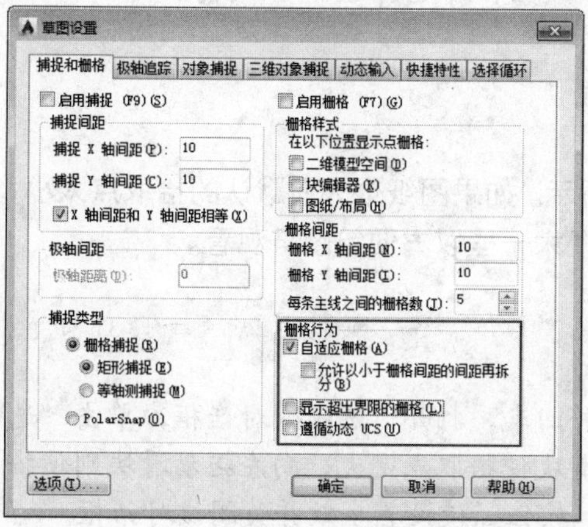

图 3-1 “草图设置”对话框

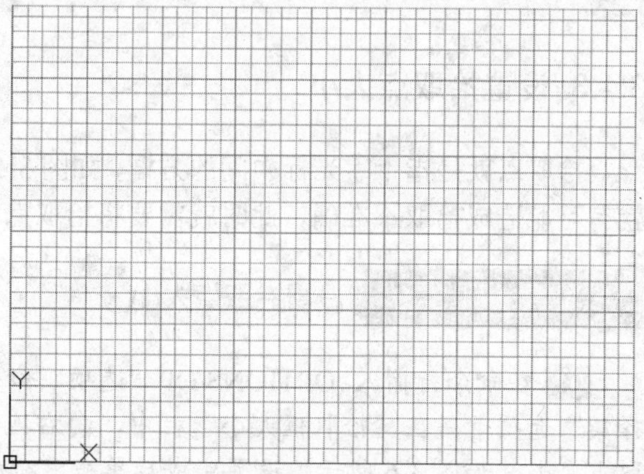

图 3-2 显示图形界限

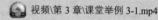

3.1.2 鼠标右键功能

AutoCAD 中，在绘图的不同阶段单击鼠标右键，可以调出不同的快捷菜单命令，以帮助用户提高绘图效率。用户可以根据自己的习惯设置或取消鼠标右键的功能。

课堂举例 3-2：设置鼠标右键功能　　视频\第 3 章\课堂举例 3-2.mp4

01 在命令行输入 OPTIONS/OP “选项”命令并回车，打开“选项”对话框，单击“用户系统配置”选项卡，如图 3-3 所示。

02 选中“绘图区域中使用快捷菜单”复选框，单击“自定义右键单击”按钮，打开“自定义右键单击”对话框，如图 3-4 所示，在其中可以按自己的使用习惯设置不同情况下单击鼠标右键表示的含义。设置完成后单击“应用并关闭”按钮返回“选项”对话框，再单击“确定”按钮完成设置。

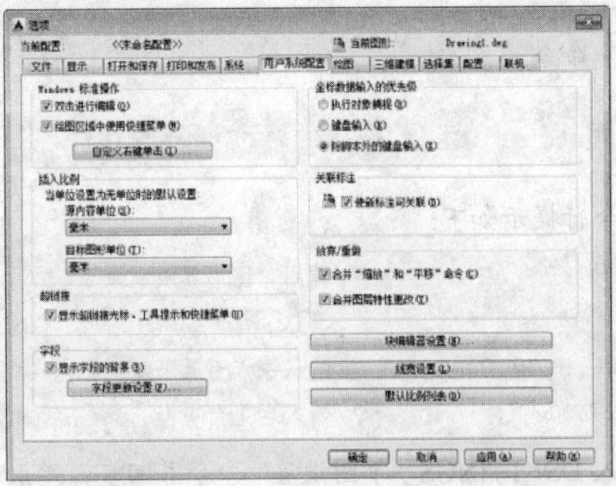

图 3-3　“选项”对话框

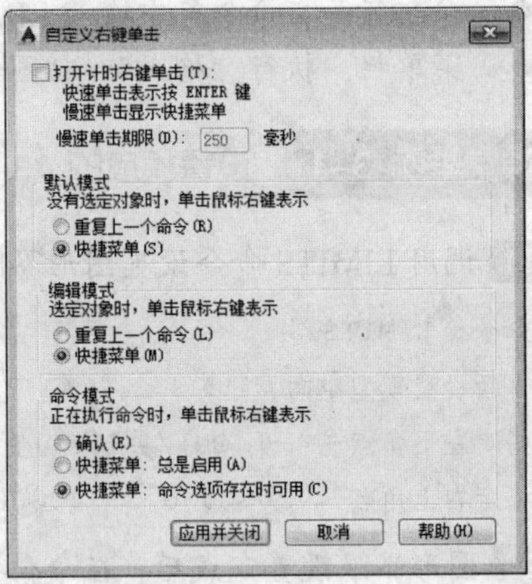

图 3-4　“自定义右键单击”对话框

> **提示** 如果用户需要关闭鼠标右键功能，只需在如图 3-3 所示“Windows 标准操作”选项组中取消“绘图区域中使用快捷菜单”复选框即可。此时单击鼠标右键，默认执行快捷菜单中的第一项命令。

3.1.3 设置拾取点大小

拾取点就是指十字光标中间的方框，如图 3-5 所示。如果图纸很大而默认的拾取点太小，就有可能造成拾取不准确，此时就需要将拾取点设置大一些以方便绘图与观看。

课堂举例 3-3：设置拾取点大小　　视频\第 3 章\课堂举例 3-3.mp4

01 在命令行输入 OPTIONS/OP “选项”命令并回车，打开“选项”对话框，单击“选择集”选项卡，在“拾取框大小”栏中，向右拖动滑块使拾取点变大，向左拖动滑块则使拾取点变小，如图 3-6 所示。设置完成后单击“确定”按钮，使设置生效并关闭该对话框。

02 返回到操作界面中即可看到拾取点明显增大，如图 3-7 所示。

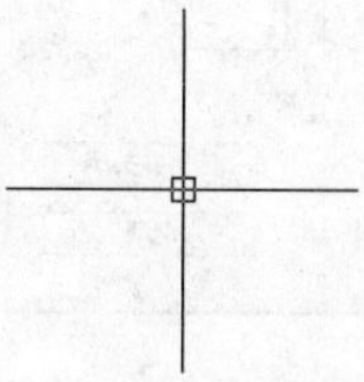

图 3-5　拾取点

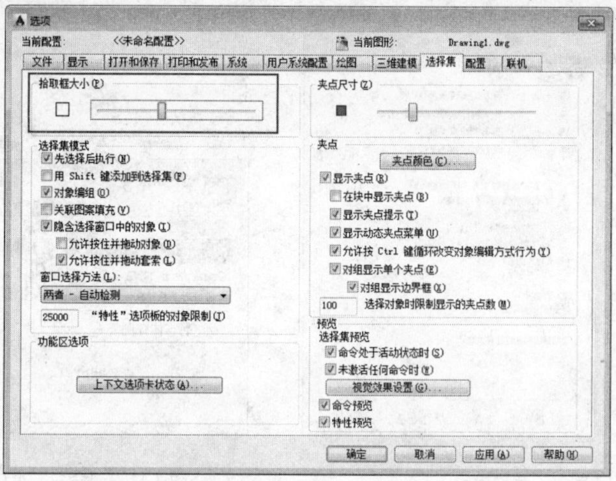

图 3-6　"选择集"选项卡

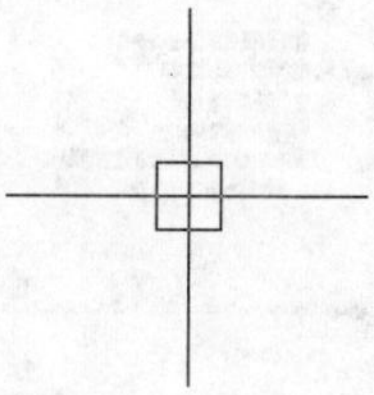

图 3-7　设置后的拾取点效果

3.1.4 更改命令提示行显示行数和字体

AutoCAD 默认的命令提示行显示行数为 3 行，字体为 Courier。用户可以根据自己的喜好更改命令提示行的显示行数和字体。

课堂举例 3-4：更改命令提示行显示行数和字体　　视频\第 3 章\课堂举例 3-4.mp4

01 将光标移动到命令提示行的上端分隔线处，当光标显示为≑形状时按下鼠标左键，然后上下拖动鼠标即可调整命令提示行高度以改变文字显示行数，如图 3-8 与图 3-9 所示。

图 3-8　默认提示命令行

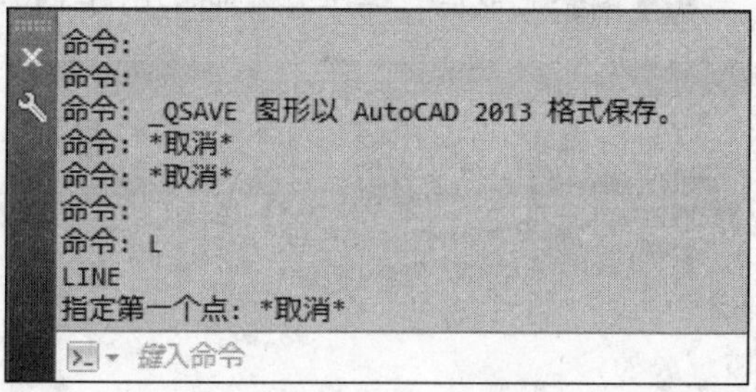

图 3-9　调整后的命令提示行

如果要自定义命令提示行中的文字格式与大小等特征，可以在命令行输入 OPTIONS/OP "选项"命令并回车，在打开的"选项"对话框中，单击"显示"选项卡，单击"窗口元素"栏中的"字体"按钮，如图 3-10 所示。

03 打开"命令行窗口字体"对话框，如图 3-11 所示，在"字体"列表框中选择需要设置的字体，然后在"字体"和"字号"列表框中选择需要的字体和字号，设置完成后的单击"应用并关闭"按钮，如图 3-11 所示。返回"选项"对话框，再单击"确定"按钮即可完成命令提示行字体的设置。

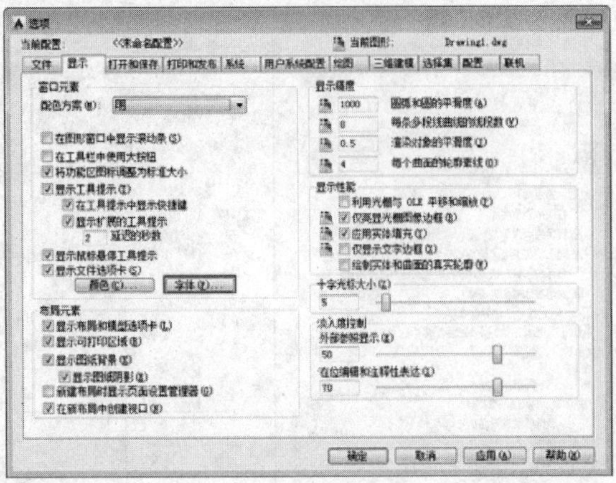

图 3-10 “显示”选项卡

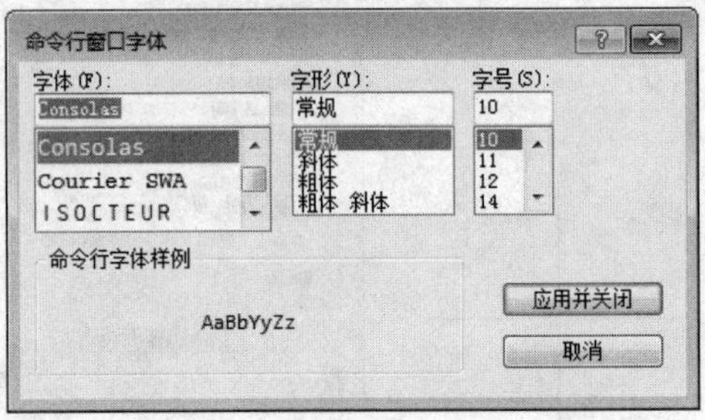

图 3-11 “命令行窗口字体”对话框

3.1.5 设置工作空间

工作空间指的是 AutoCAD 整个操作界面，用户不但可以选择 AutoCAD 已有的工作空间选项，还可以进一步自定义个性化的工作空间。

课堂举例 3-5: 设置工作空间

视频\第 3 章\课堂举例 3-5.mp4

01 以如图 3-12 所示默认的“草图与注释”工作空间为例，按自己的使用习惯，设置好菜单、工具栏和工具选项板等元素在绘图界面中的位置，如将绘图工具栏与修改工具栏均调整至界面左侧。

02 调整完成后，其工作空间如图 3-13 所示。

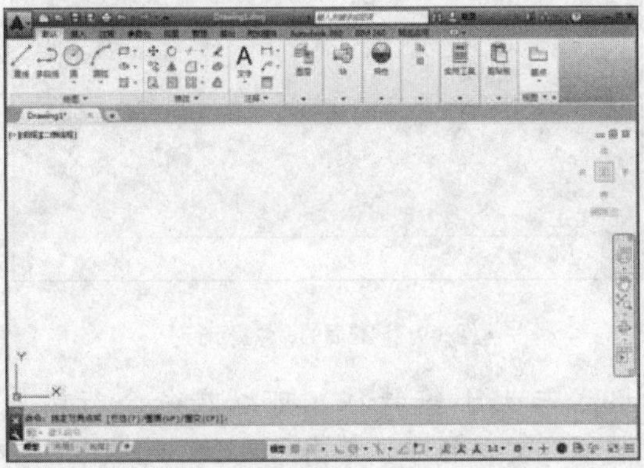

图 3-12 默认“草图与注释”工作空间

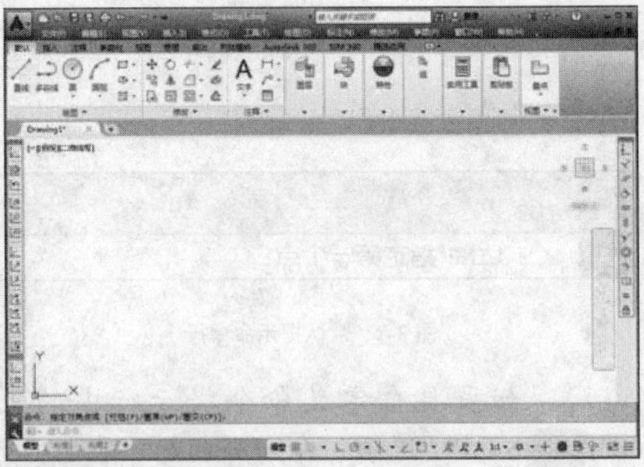

图 3-13 调整后的“草图与注释”工作空间

03 单击快速访问工具栏工作空间列表 草图与注释 下拉按钮，在弹出的下拉列表框中选择“将当前工作空间另存为”选项，在打开的如图 3-14 所示的“保存工作空间”对话框的“名称”文本框中输入自定义工作空间名称，单击“保存”按钮完成工作空间创建和保存。

04 单击状态栏切换工作空间按钮，在弹出菜单中选择“工作空间设置”命令，打开“工作空间设置”对话框，在“我的工作空间=”下拉列表框中选择自定义的工作空间，选中“自动保存工作空间修改”单选按钮，则可以随时更新自己创建的工作空间，如图 3-15

所示。单击“确定”按钮退出该对话框，这样即将自己创建的工作空间设置为“个人创建工作空间”，以实现快速调用的目的。

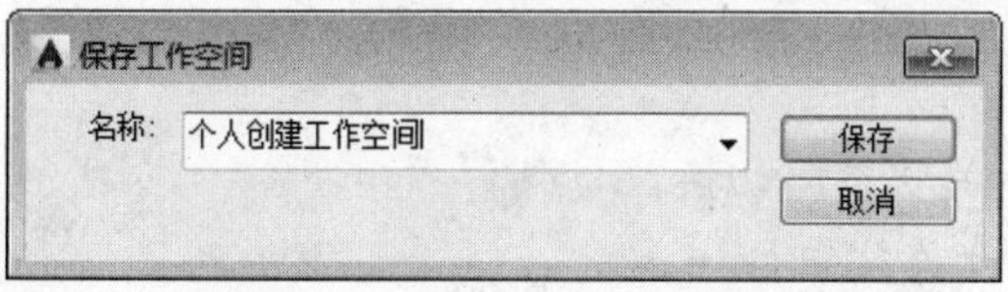

图 3-14 “保存工作空间”对话框

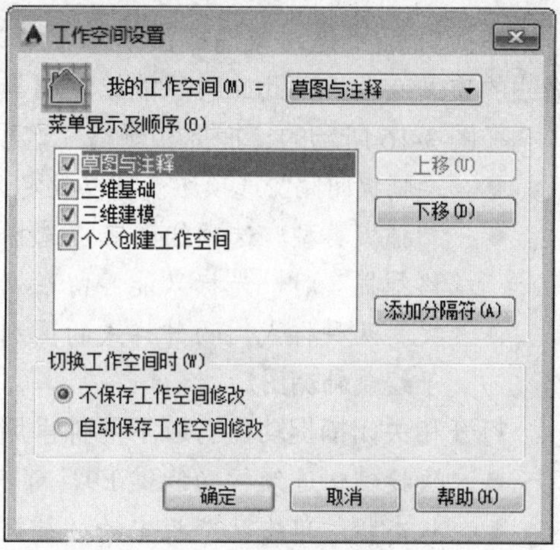

图 3-15 “工作空间设置”对话框

3.2 精确绘制图形

准确性是施工图的一个硬性指标，在利用 AutoCAD 进行绘图时通常需要结合利用到捕捉、追踪和动态输入等功能，进行精确绘图并提高绘图效率。

3.2.1 栅格

栅格的作用如同传统纸面制图中使用的坐标纸，按照相等的间距在屏幕上设置了栅格线，使用者可以通过栅格数目来确定距离，从而达到精确绘图的目的。但要注意的是屏幕中显示的栅格不是图形的一部分，打印时不会被输出。

栅格不但可以进行显示或隐藏，栅格的大小与间距也可以进行自定义设置。

课堂举例 3-6：设置栅格

视频\第 3 章\课堂举例 3-6.mp4

01 在命令行输入 DSETTINGS/SE“绘图设置”命令并回车，在打开的“绘图设置”对话框中选中“捕捉和栅格”选项卡，如图 3-16 所示，选中或取消“启用栅格”复选框，可以控制显示或隐藏栅格。

02 此外通常还需要参考图纸大小在“栅格间距”选项组中，调整栅格线在 X 轴(水平)方向和 Y 轴(垂直)方向上的距离。而在命令行输入 GRID 命令，也可以根据提示设置栅格的间距和控制栅格的显示。

控制栅格是否显示，还有以下两种常用方法：

- 快捷键：连续按功能键 F7，可以在开、关状态间切换。
- 状态栏：单击状态栏中的“显示图形栅格”开关按钮。

3.2.2 捕捉

捕捉功能(不是对象捕捉)经常和栅格功能联用。当捕捉功能打开时，光标只能停留在栅格线的交叉点上，因此此时只能绘制出与栅格间距为整数倍的距离。

在图 3-16 所示的“捕捉和栅格”选项卡中，设置捕捉属性的选项有：

- “捕捉间隔”选项组：可以设定X方向和Y方向的捕捉间距，通常该数值设置为10。
- “捕捉类型”选项组：可以选择“栅格捕捉”和“极轴捕捉”两种类型。选择“栅格捕捉”时，光标只能停留在栅格线上。栅格捕捉又有“矩形捕捉”和“等轴测捕捉”两种样式。两种样式的区别在于栅格的排列方式不同。“等轴测捕捉”常常用于绘制轴测图。

打开和关闭捕捉功能有以下两种常用方法：

- 快捷键：连续按功能键 F9，可以在开、关状态间切换。
- 状态栏：单击状态栏中的“捕捉模式”开关按钮。

3.2.3 正交

在利用 AutoCAD 进行建筑图像的绘制时，经常需要绘制水平或垂直的线条。针对这种情况 AutoCAD 设置了“正交”的直线绘图模式，以快速绘制出准确的水平或垂直直线。

打开和关闭正交开关的方法有：

- 快捷键：连续按功能键 F8，可以在开、关状态间切换。
- 状态栏：单击状态栏“正交限制光标”开关按钮。

正交开关打开以后，系统就只能画出水平或垂直的直线，如图 3-17 所示。此外由于正交功能不但能限制直线的方向，当要绘制一定长度的直线时，直接输入线段长度值即可，不再需要输入完整的相对坐标数值。

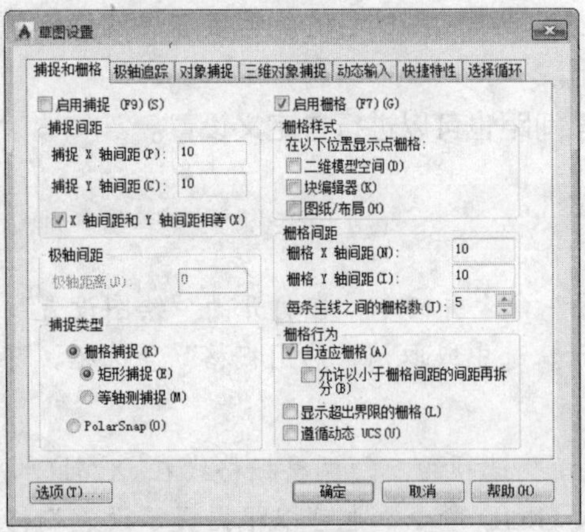

图 3-16 “捕捉和栅格”选项卡

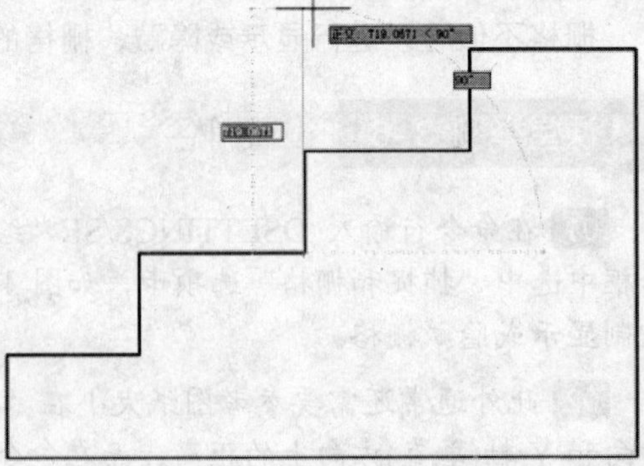

图 3-17 使用正交模式绘制的台阶轮廓

3.2.4 对象捕捉

在绘制建筑图时，经常需要利用到已有图形的端点、中点等特征点，在 AutoCAD 中开启“对象捕捉”功能可以精确定位现有图形对象的特征点，例如直线的中点、圆的圆心等，从而为精确绘图提供了有利的条件，有效提高绘制准确度与效率。

1. 对象捕捉的开关设置

根据实际需要，可以打开或关闭对象捕捉，有以下两种常用的方法：

- 快捷键：连续按 F3，可以在开、关状态间切换。
- 状态栏：单击状态栏中的“对象捕捉”开关按钮。

提示　在命令行输入 DSETTINGS/SE“绘图设置”命令并回车，打开“草图设置”对话框。单击“对象捕捉”选项卡，选中或取消“启用对象捕捉”复选框，也可以打开或关闭对象捕捉，但由于操作麻烦，在实际工作中并不常用。

2. 设置对象捕捉类型

要利用好“对象捕捉”功能，就需要预先设置好“对象捕捉模式”，也就是确定当探测到对象特征点时，哪些点捕捉，而哪些点可以忽略，以准确地捕捉至目标位置。在命令行输入 DSETTINGS/SE“绘图设置”命令并回车可以打开如图 3-18 所示的“草图设置”对话框。

在该对话框共列出了 13 种对象捕捉类型和对应的捕捉标记。需要利用到哪些对象捕捉类型，就选中这些对象捕捉类型前面的复选框。设置完毕后，单击“确定”按钮关闭对话框即可。

这些对象捕捉类型的含义见表 3-1。

表 3-1　对象捕捉类型的含义

对象捕捉点	含　义
端点	捕捉直线或曲线的端点
中点	捕捉直线或弧段的中间点
圆心	捕捉圆、椭圆或弧的中心点
节点	捕捉用 POINT 命令绘制的点对象
象限点	捕捉位于圆、椭圆或弧段上 0°、90°、180° 和 270° 处的点
交点	捕捉两条直线或弧段的交点
延长线	捕捉直线延长线路径上的点
插入点	捕捉图块、标注对象或外部参照的插入点
垂足	捕捉从已知点到已知直线的垂线的垂足
切点	捕捉圆、弧段及其他曲线的切点
最近点	捕捉处在直线、弧段、椭圆或样条线上，而且距离光标最近的特征点
外观交点	在三维视图中，从某个角度观察两个对象可能相交，但实际并不一定相交，可以使用“外观交点”捕捉对象在外观上相交的点
平行	选定路径上一点，使通过该点的直线与已知直线平行

此外通过右侧的“全部选择”与“全部清除”按钮可以快速进行所有捕捉类型的选择与取消。

3. 自动捕捉

自动捕捉模式需要使用者先在如图 3-18 所示的“草图设置”对话框设置好需要的对象捕

捉类型，设置完成后当光标移动到这些对象捕捉点附近时，系统就会自动捕捉到这些点。用户也可以直接单击状态栏中的“对象捕捉”按钮，在展开的列表中，快速设置自动捕捉模式。

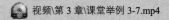

4. 临时捕捉

由于在实际的绘图进行时并不能一次性确定好所有的对象捕捉点，为了避免进行反复的设置，可以使用临时捕捉。

课堂举例 3-7：使用临时捕捉

视频\第 3 章\课堂举例 3-7.mp4

01 在进行图形的绘制过程中如果要使用临时捕捉模式，可按住 Shift 键再单击鼠标右键。

02 系统此时会弹出如图 3-19 所示的快捷菜单。在其中单击选择需要的对象捕捉类型，系统就会临时捕捉到这个特征点。

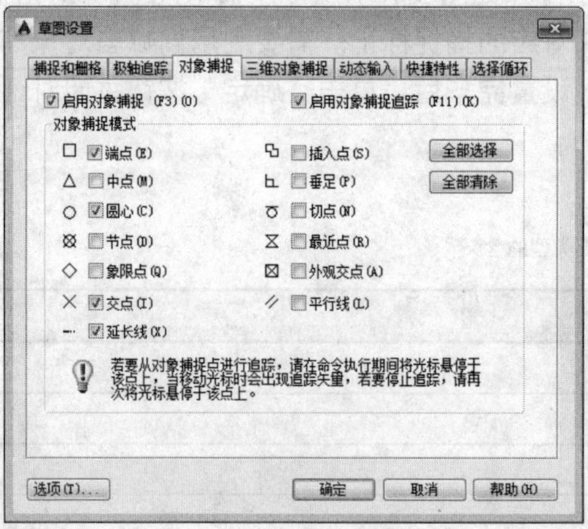

图 3-18 对象捕捉选项卡

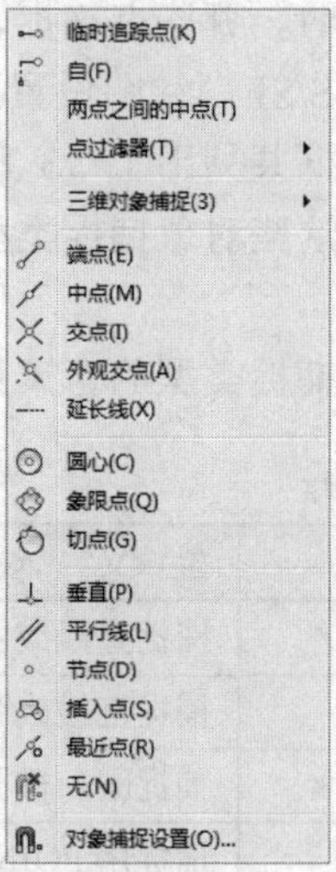

图 3-19 临时捕捉菜单

> **注意** 临时捕捉是一种灵活的一次性的捕捉模式，这种捕捉模式不是自动的。当用户需要临时捕捉某个并不为常用的图形特征点时，可以在捕捉之前临时手动设置需要捕捉的特征点，然后再进行对象捕捉，在完成当次捕捉后设置的特征点即失效。在下一次遇到相同的对象捕捉点时，需要再次设置。

3.2.5 自动追踪

“自动追踪”指按事先指定的角度绘制对象，或者绘制与其他对象有特定关系的对象。在 AutoCAD 中自动追踪功能分为“极轴追踪”和“对象捕捉追踪”两种，是非常有用的辅助绘图工具。

1. 极轴追踪

打开和关闭“极轴追踪”的常用方法有两种：

- 快捷键：连续按功能键 F10，可以在开、关状态间切换。
- 状态栏：单击状态栏中的“极轴追踪”开关按钮。

利用“极轴追踪”可以如图 3-20 所示可以在系统要求指定一个点时，按预先设置的角度增量显示一条无限延伸的辅助线，这时就可以沿辅助线追踪得到光标点，以绘制出准确角度的图形。

在命令行输入 DSETTINGS/SE“绘图设置”命令并回车，可以打开“草图设置”对话框，可以在其“极轴追踪”选项卡对极轴追踪预先进行目标“增量角”设置，如图 3-21 所示。此时“极轴追踪”的角度将为设置的“增量角”的整数倍。

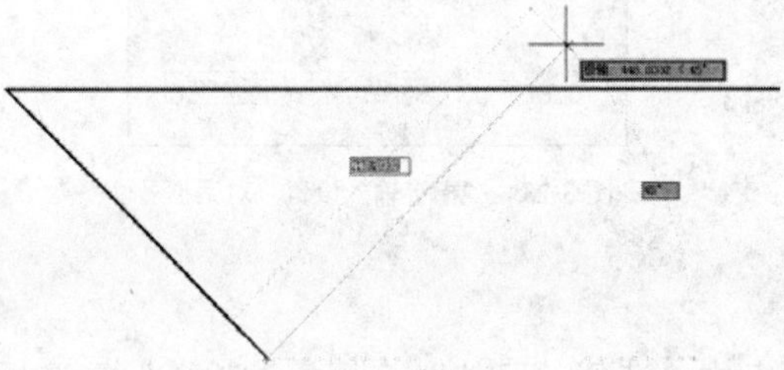

图 3-20　使用极轴捕捉绘制 45 度直线

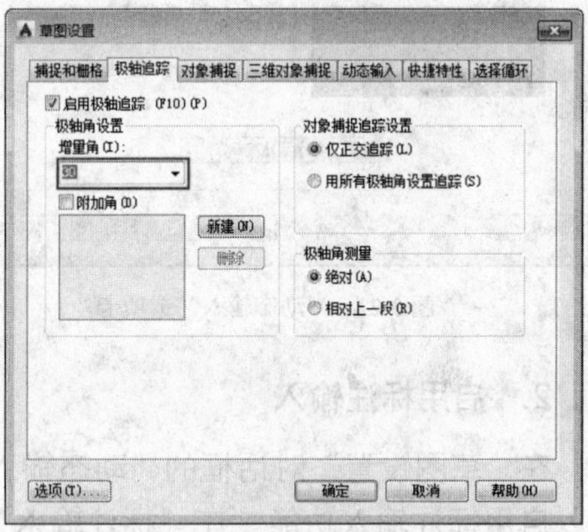

图 3-21　“极轴追踪”选项卡

> **注意**　当需要设置多个“极轴追踪”的“增量角”时，可以勾选图 3-21 对话框中的“附加角”复选框，然后单击“新建”按钮手动添加其他追踪角度。

2. 对象捕捉追踪

“对象捕捉追踪”是按照与对象的某种特性关系来追踪，不知道具体角度值，但知道特定的关系进行对象捕捉追踪。

要执行该追踪操作，可启用状态栏中的“对象捕捉追踪”功能，同样在“极轴追踪”选项卡中设置对象捕捉追踪的对应参数。

3.2.6 动态输入

使用“动态输入”功能可以在指针位置处显示标注输入和命令提示等信息，从而加快绘图效率。

1. 启用指针输入

在 AutoCAD 中绘制图形时，通常在命令行中输入绘图命令和相关参数，使用指针输入则可以在鼠标附近的输入框内直接进行绘图命令的输入，使操作者无需在绘图窗口和命令行之间反复切换，从而提高了绘图效率。

在命令行输入 DSETTINGS“绘图设置”命令并回车，打开“草图设置”对话框，进入“动态输入”选项卡，选择“启用指针输入”复选框可以启用指针输入功能，如图 3-22 所示。

单击其中的“设置”按钮，在打开的“指针输入设置”对话框中，可以设置指针的格式和可见性，如图 3-23 所示。

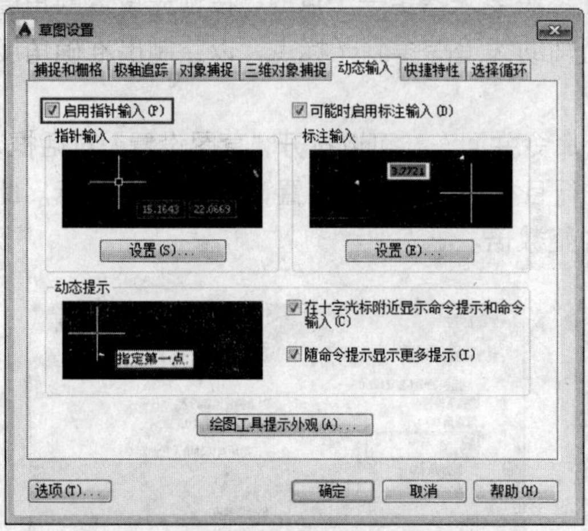

图 3-22 “动态输入”选项卡

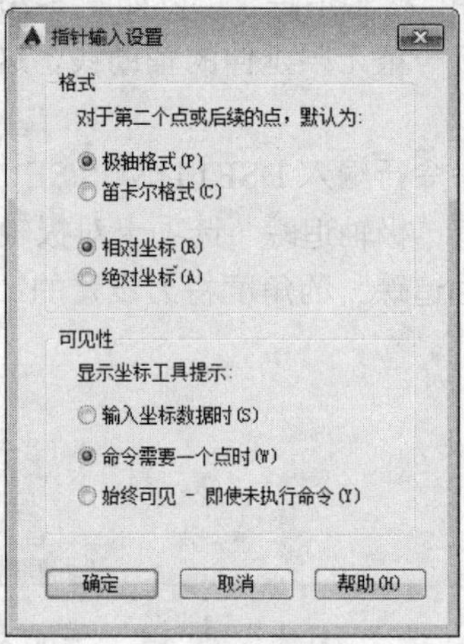

图 3-23 “指针输入设置”对话框

2. 启用标注输入

在“草图设置”对话框的“动态输入”选项卡中，选择“可能时启用标注输入”复选框，可以启用标注输入功能。在“标注输入”选项区域中单击“设置”按钮，使用打开的“标注输入的设置”对话框，可以设置标注输入的可见性，如图 3-24 所示。

3. 显示动态提示

在“草图设置”对话框的“动态输入”选项卡中，选中“动态提示”选项区域中的“在十字光标附近显示命令提示和命令输入”复选框，可以在光标附近显示命令提示，如图 3-25 所示，从而使操作者可以更快速地查看系统提示，提高了绘图效率。

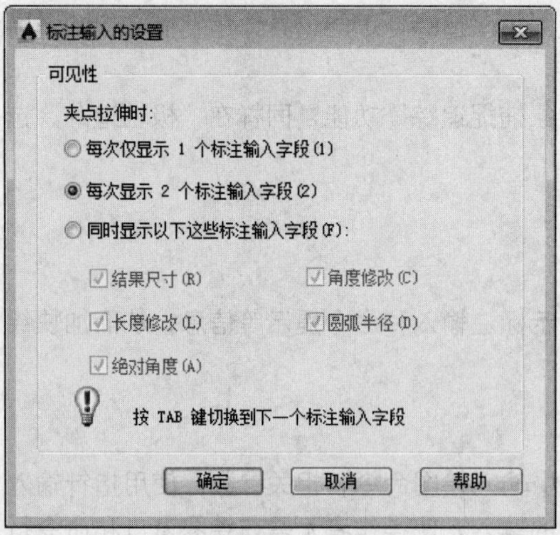

图 3-24 “标注输入的设置”对话框

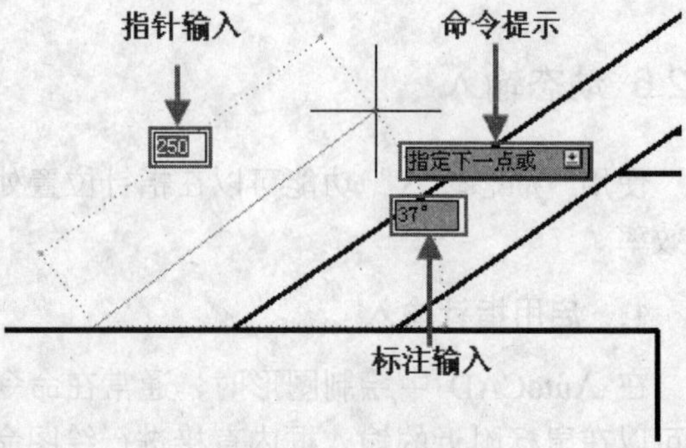

图 3-25 指针和标注输入

第 4 章 二维基本图形的绘制

本章导读

AutoCAD 有着强大的绘图功能，其中二维平面图形的绘制最为简单，同时也是 AutoCAD 的绘图基础，通过二维图形的创建、编辑，能够得到更为复杂的图形。本章将详细介绍这些基本图形的绘制方法以及技巧。

本章重点

- 点对象的绘制
- 直线型对象的绘制
- 多边形对象的绘制
- 曲线对象的绘制
- 图案填充
- 渐变色填充

4.1 点对象的绘制

在 AutoCAD 中，点不仅是组成图形最基本的元素，还经常用来标识某些特殊的部分，如绘制直线时需要确定端点、绘制圆或圆弧时需要确定圆心等。

默认情况下，点是没有长度和大小的，在绘图区仅显示为一个小圆点，因此很难看清。在 AutoCAD 中，可以为点设置不同的显示样式，这样就可以清楚地知道点的位置，也使单纯的点更加美观和易于辨认。点包括“单点”“多点”“定数等分点”和“定距等分点”4 种。

4.1.1 设置点样式

设置点样式首先需要执行点样式命令，该命令主要有如下几种调用方法：

- 菜单栏：执行“格式”｜“点样式”命令
- 命令行：在命令行中输入 DDPTYPE 并回车

课堂举例 4–1：设置点样式

视频\第 4 章\课堂举例 4-1.mp4

01 在命令行中输入 DDPTYPE“点样式”命令并回车，打开“点样式”对话框，选择需要的点样式，单击“确定”按钮保存设置并关闭该对话框，如图 4-1 所示。

02 返回到操作界面中，即可查看到绘图区中的点样式由原来的小圆点变成了刚才设置的点样式，如图 4-2 所示。

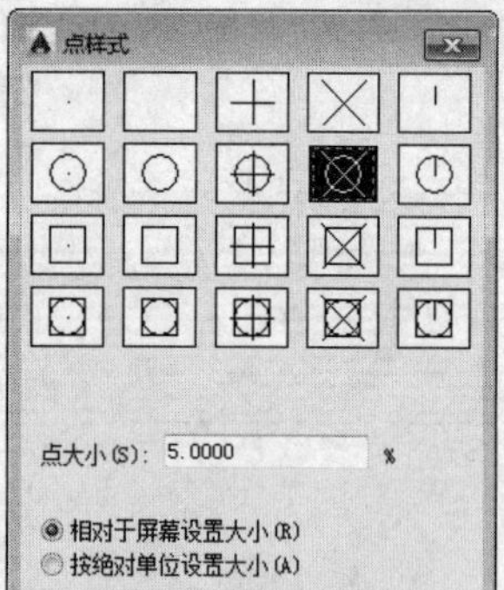

图 4-1 “点样式”对话框

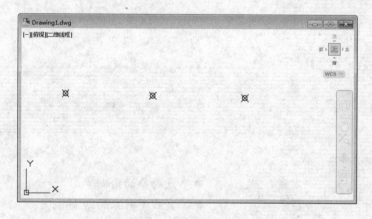

图 4-2 设置点样式效果

4.1.2 绘制单点

绘制单点首先需要执行单点命令，该命令主要有如下几种调用方法：

- 菜单栏：执行“绘图”｜“点”｜“单点”命令
- 命令行：在命令行中输入 POINT/PO 并回车

课堂举例 4-2：绘制单点　　视频\第 4 章\课堂举例 4-2.mp4

01 在命令行中输入 POINT/PO 命令，并按回车键。

02 命令提示行将显示“当前点模式:PDMODE=35　PDSIZE=0.0000”。在绘图区任意位置单击，完成单点的绘制，如图 4-3 所示。

4.1.3 绘制多点

绘制多点就是指输入绘制命令后一次能指定多个点，直到按 Esc 键结束多点输入状态为止。绘制多点首先需要执行多点命令，该命令主要有如下几种调用方法。

- 菜单栏：执行“绘图”|“点”|“多点”命令
- 面　板：单击“绘图”面板中的“多点”按钮

课堂举例 4-3：绘制五边形多点　　视频\第 4 章\课堂举例 4-3.mp4

01 单击“绘图”面板中的“多点”按钮。

02 命令提示行将显示“当前点模式：　PDMODE=35　PDSIZE=0.0000”。连续 5 次单击，使其最后效果如图 4-4 所示。

图 4-3　绘制单点

图 4-4　绘制多点

4.1.4 绘制定数等分点

绘制定数等分就是在指定的对象上绘制等分点。绘制定数等分点首先需要执行定数等分点命令，该命令主要有如下几种调用方法:

- 面　板：单击“绘图”面板中的“定数等分”按钮
- 命令行：在命令行中输入 DIVIDE/DIV 并回车

定数等分方式输入需要等分的总段数，而系统自动计算每段的长度。

课堂举例 4-4：绘制储物柜平面图　　视频\第 4 章\课堂举例 4-4.mp4

01 按 Ctrl+O 组合键，打开配套光盘提供的“素材\第 4 章\4.1.4 绘制储物柜.dwg”文件，如图 4-5 所示。

02 在命令行输入 DIVIDE/DIV “定数等分” 命令并按回车键，选择要定数等分的对象，如图 4-6 所示。

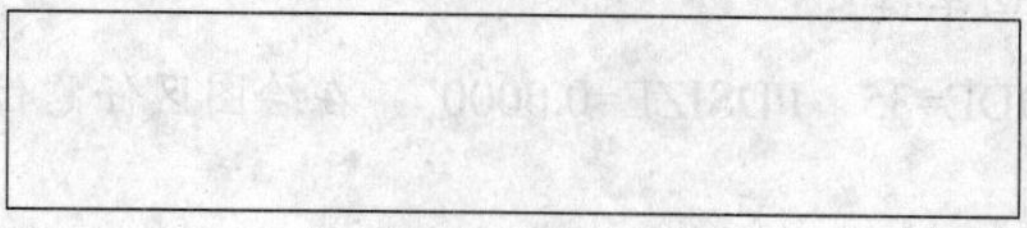

图 4-5　打开文件

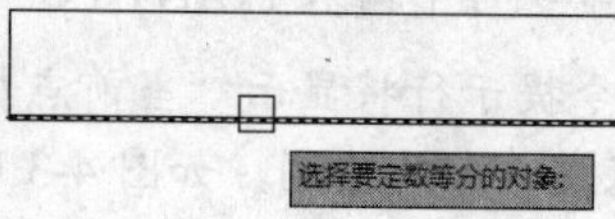

图 4-6　选择等分对象

03 输入线段数目为 3，按回车键，等分结果如图 4-7 所示。

04 调用 LINE/L 命令，捕捉节点和垂足点，绘制直线如图 4-8 所示，储物柜平面图绘制完成。

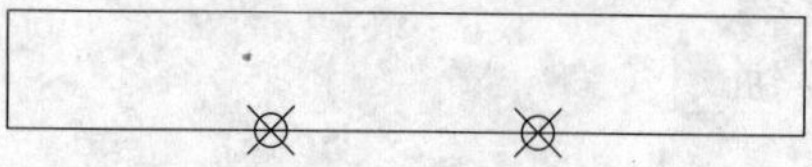

图 4-7　等分线段

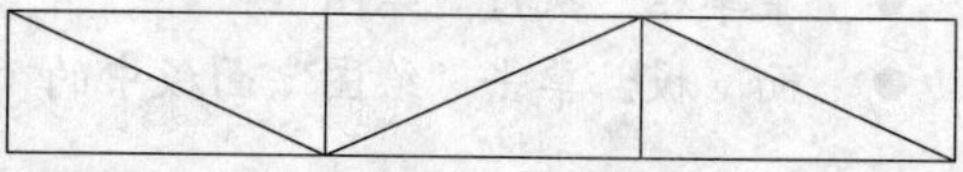

图 4-8　储物柜平面图

4.1.5 绘制定距等分点

定距等分点就是在指定的对象上按确定的长度进行等分，即该操作是先指定所要创建的点与点之间的距离，再根据该间距值分隔所选对象。等分后的子线段的数量是原线段长度除以等分距，如果等分后有多余的线段则为剩余线段。

绘制定距等分点首先需要执行定距等分点的命令，该命令主要有如下几种调用方法：

- 面　板：单击“绘图”面板中的“定距等分”按钮
- 命令行：在命令行中输入 MEASURE/ME 并回车

课堂举例 4-5：绘制窗立面图　　视频\第 4 章\课堂举例 4-5.mp4

01 按 Ctrl+O 组合键，打开配套光盘提供的“素材\第 4 章\4.1.5 绘制窗立面图.dwg” 文件，如图 4-9 所示。

02 在命令行输入 MEASURE “定距等分” 命令并按回车键，选择内矩形下底边作为定距等分对象。

03 设置定距等分长度为 557，等分结果如图 4-10 所示。

图 4-9　打开文件

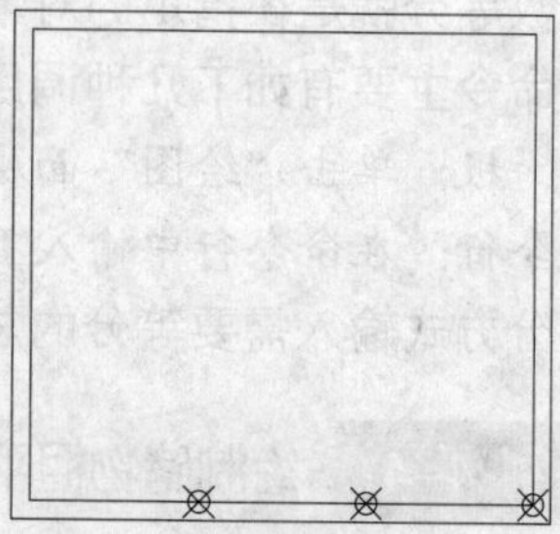

图 4-10　等距等分

04 调用 LINE/L 命令，捕捉节点和垂足点绘制直线，如图 4-11 所示。

05 调用 OFFSET/O 命令，设置偏移距离为 60，偏移图形；调用 TRIM/TR 命令，修剪多余线段，完成窗立面图形的绘制，结果如图 4-12 所示。

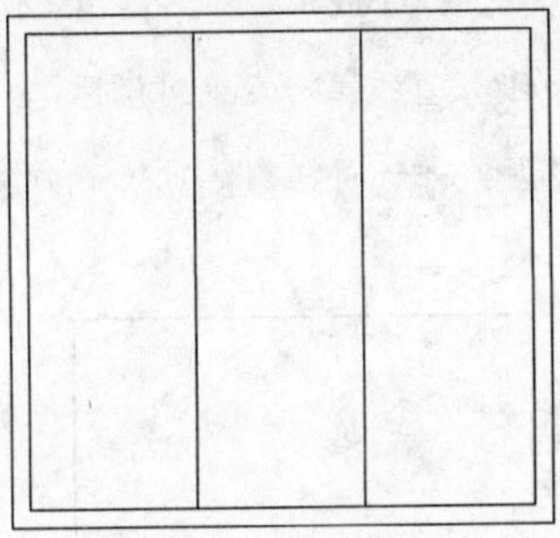

图 4-11　绘制直线

图 4-12　窗立面图

4.2 直线型对象的绘制

直线型对象是所有图形的基础，在 AutoCAD 中直线型包括直线、射线、构造线、多段线和多线等。各线型具有不同的特征，应根据实际绘图需要选择不同的线型。

4.2.1 绘制直线

直线是所有绘图中最简单、最常用的图形对象，在绘图区指定直线的起点和终点即可绘制一条直线。当绘制一条线段后，可继续以该线段的终点作为起点，然后指定下一个终点，反复操作可绘制首尾相连的图形，按 Esc 键即可退出直线绘制状态。

绘制直线首先需要执行直线命令，该命令主要有如下几种调用方法：

- 菜单栏：执行“绘图”|“直线”命令
- 面　板：单击“绘图”面板中的“直线”按钮
- 命令行：在命令行中输入 LINE/L 并回车

执行上述任意一种操作后，命令提示行及操作如下：

```
命令：L↙                                  //调用“直线”命令
指定第一点：                              //在绘图区拾取一点作为直线的起点
指定下一点或 [放弃(U)]：                  //在绘图区拾取一点作为直线的起点
```

课堂举例 4-6：　绘制冰箱平面图　　视频\第 4 章\课堂举例 4-6.mp4

01 单击“绘图”|“直线”菜单命令，或在命令行输入 LINE/L 按回车键，绘制矩形，命令行提示如下：

```
命令：LINE↙
指定第一点：0,0↙                          //输入第一点的坐标
指定下一点或 [放弃(U)]：@0,600↙           //输入相对坐标
指定下一点或 [放弃(U)]：@550,0↙           //输入相对坐标
```

```
指定下一点或 [闭合(C)/放弃(U)]: @0, -600↙          //输入相对坐标
指定下一点或 [闭合(C)/放弃(U)]: C↙                 //输入C，闭合图形，如图4-13所示
```

02 按回车键继续调用“直线”命令，绘制水平线段，命令行提示如下：

```
命令: L↙
LINE 指定第一点: 0,50↙                            //输入直线第一点绝对坐标
指定下一点或 [放弃(U)]:550,50↙                     //输入第二点绝对坐标
```

03 绘制的冰箱平面图如图 4-14 所示。

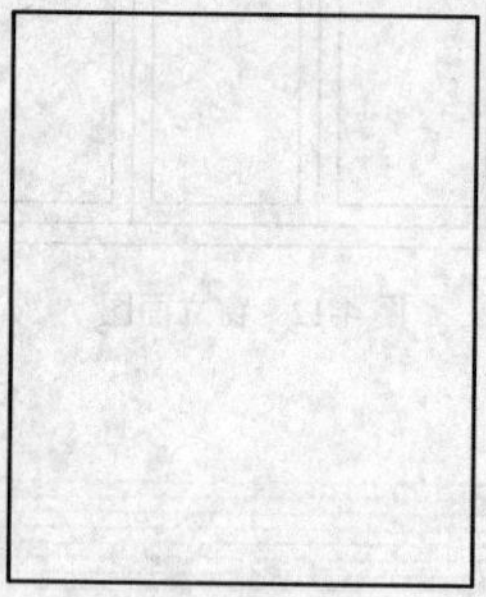

图 4-13　绘制矩形

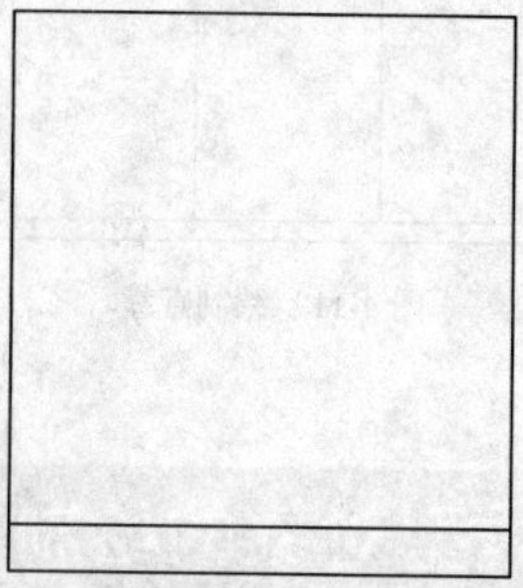

图 4-14　冰箱平面图

4.2.2 绘制射线

射线是只有起点和方向但没有终点的直线，即射线为一端固定而另一端无限延长的直线。射线一般作为辅助线，绘制射线后按 Esc 键退出绘制状态。

绘制射线的命令主要有如下几种调用方法：

- 菜单栏：执行“绘图”|“射线”命令
- 命令行：在命令行中输入 RAY 并回车

执行上述任意一种操作后，命令提示行及操作如下：

```
命令: RAY↙                                        //调用“射线”绘制命令
指定起点:                                          //在绘图区拾取一点作为射线的起点
指定通过点:                                        //确定射线的方向
```

4.2.3 绘制构造线

构造线没有起点和终点，两端可以无限延长，常作为辅助线来使用。

绘制构造线首先需要执行构造线命令，该命令主要有如下几种调用方法：

- 菜单栏：执行“绘图”|“构造线”命令
- 命令行：在命令行中输入 XLINE/XL 并回车

执行上述任意一种操作后，命令提示行及操作如下：

```
命令: XL↙                                         //执行“构造线”命令
指定点或 [水平(H)/垂直(V)/角度(A)/二等分(B)/偏移(O)]:
指定通过点:                                        //指定构造线所经过的一点
指定通过点:                    //指定构造线所要经过的另一点，或按Esc键结束构造线绘制
```

执行构造线命令过程中各选项的含义如下：

- 水平(H)：选择该选项，可绘制水平的构造线。
- 垂直(V)：选择该选项，可绘制垂直的构造线。
- 角度(A)：选择该选项，可按指定的角度创建一条构造线。
- 二等分(B)：选择该选项，可创建已知角的角平分线。使用该选项创建的构造线平分指定的两条线间的夹角，且通过该夹角的顶点。绘制角平分线时，系统要求用户依次指定已知角的顶点、起点及终点。
- 偏移(O)：选择该选项，可创建平行于另一个对象的平行线，这条平行线可以偏移一段距离与对象平行，也可以通过指定的点与对象平行。

4.2.4 绘制多段线

多段线是由等宽或不等宽的直线或圆弧等多条线段构成的特殊线段，这些线段所构成的图形是一个整体，可对其进行编辑。

绘制多段线的命令有如下几种方法：

- 菜单栏：执行“绘图”|“多段线”命令
- 面　板：单击“绘图”面板中的“多段线”按钮
- 命令行：在命令行中输入 PLINE/PL 并回车

执行上述任意一种操作后，命令提示行及操作如下：

```
命令：PLINE↙                         //调用“多段线”命令
指定起点：                            //指定一点作为多段线的起点
当前线宽为 0.0000                     //显示当前多段线线宽为 0，即没有线宽
指定下一个点或 [圆弧(A)/半宽(H)/长度(L)/放弃(U)/宽度(W)]：
                                      //指定多段线的下一点位置或选择一个选项绘制不同的线段
指定下一点或 [圆弧(A)/闭合(C)/半宽(H)/长度(L)/放弃(U)/宽度(W)]：↙
                                      //指定多段线的下一点位置或按回车键结束命令
```

执行 PLINE 命令过程中各选项的含义如下：

- 圆弧(A)：选择该选项，将以绘制圆弧的方式绘制多段线，其下的“半宽”“长度”“放弃”与“宽度”选项与主提示中的各选项含义相同。
- 半宽(H)：选择该选项，将指定多段线的半宽值，AutoCAD 将提示用户输入多段线的起点半宽值与终点半宽值。
- 长度(L)：选择该选项，将定义下一条多段线的长度。AutoCAD 将按照上一条线段的方向绘制这一条多段线。若上一段是圆弧，将绘制与此圆弧相切的线段。
- 放弃(U)：选择该选项，将取消上一次绘制的一段多段线。
- 宽度(W)：选择该选项，可以设置多段线宽度值。

多段线的用途很多，如在建筑装饰工程图中可以绘制窗帘图形，如图 4-15 所示。

课堂举例 4-7：绘制楼梯方向指示箭头　　视频\第 4 章\课堂举例 4-7.mp4

01 按 Ctrl+O 组合键，打开配套光盘提供的“素材\第 4 章\4.2.4 绘制箭头.dwg”文件，如图 4-16 所示。

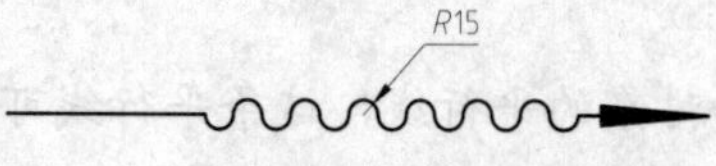

图 4-15　多段线绘制窗帘

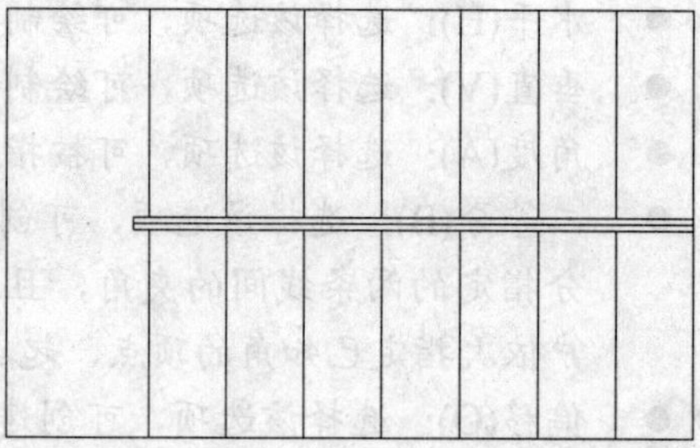

图 4-16　打开文件

02 单击“绘图”面板的“多段线”按钮，在楼梯图形上绘制箭头，命令行提示如下：

```
命令: PLINE↙                                                    //调用“多段线”命令
指定起点:                                                        //指定多段线的起点
当前线宽为 0.0000
指定下一个点或[圆弧(A)/半宽(H)/长度(L)/放弃(U)/宽度(W)]://指定多段线的下一个点
指定下一点或 [圆弧(A)/闭合(C)/半宽(H)/长度(L)/放弃(U)/宽度(W)]: W↙
                                                                //选择“宽度”选项
指定起点宽度 <0.0000>: 50↙                                      //指定起点宽度为 50
指定端点宽度 <50.0000>: 0↙                                      //指定端点宽度为 0
指定下一点或 [圆弧(A)/闭合(C)/半宽(H)/长度(L)/放弃(U)/宽度(W)]:
                                                                //向左移动鼠标绘制指示箭头
```

03 绘制的单向箭头如图 4-17 所示。

04 重复操作，完成其他楼梯指示箭头的绘制，如图 4-18 所示。

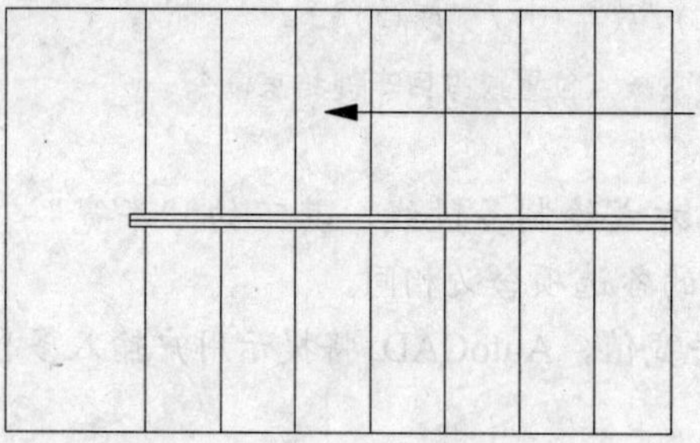

图 4-17　绘制单向箭头

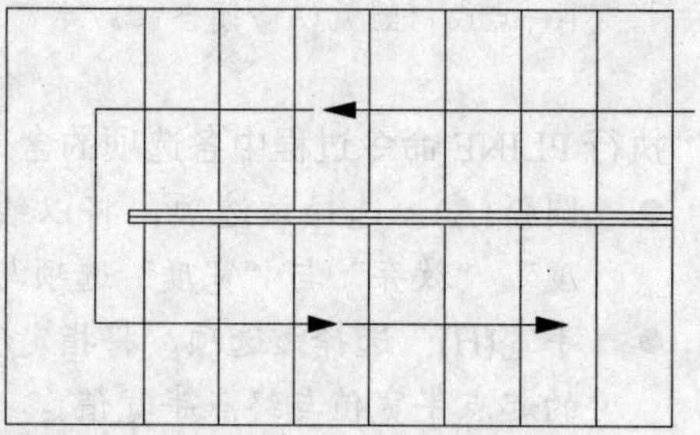

图 4-18　绘制其他箭头

4.2.5 绘制多线

多线是一种由多条平行线组成的组合图形对象。多线是 AutoCAD 中设置项目最多、应用最复杂的直线段对象。多线在制图中常用来绘制墙体和窗。

1. 设置线样式

在使用多线命令之前，可对多线的数量和每条单线的偏移距离、颜色、线型和背景填充等特性进行设置。

设置多线样式命令主要有如下几种方法：

- 菜单栏：执行“格式”|“多线样式”命令
- 命令行：在命令行中输入 MLSTYLE 并回车

课堂举例 4-8：创建“平开窗”多线样式

视频\第 4 章\课堂举例 4-8.mp4

01 在命令行中输入 MLSTYLE 并回车，打开如图 4-19 所示“多线样式”对话框。

02 单击“新建”按钮，打开“创建新的多线样式”对话框，在“新样式名”文本框中输入需要创建的多线样式名称，这里输入“平开窗”文本，单击“继续”按钮，如图 4-20 所示。

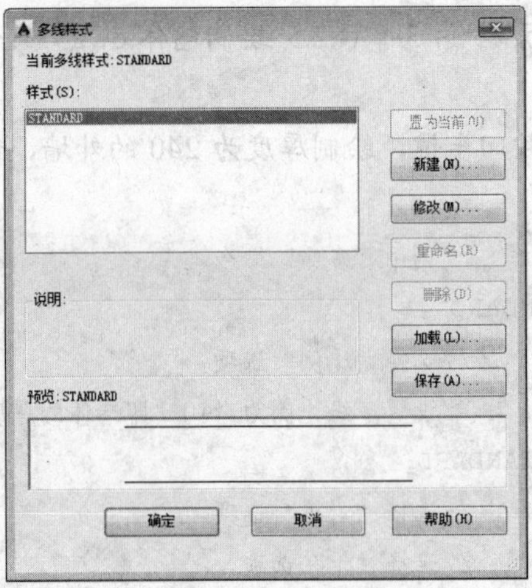

图 4-19 “多线样式”对话框

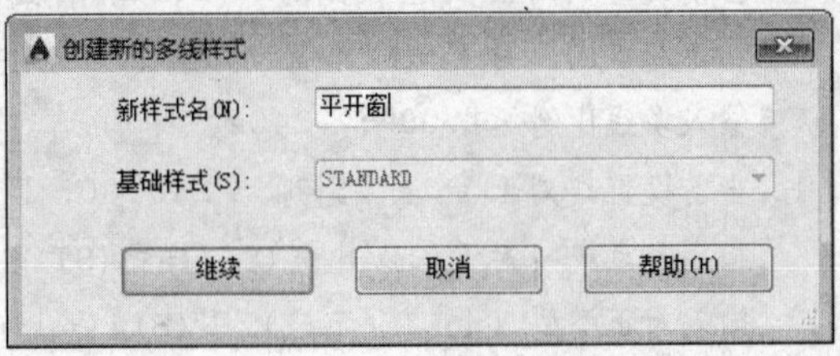

图 4-20 输入新样式名称

03 打开“新建多线样式：平开窗”对话框，如图 4-21 所示。在该对话框中可以对新建的多线样式的封口、直线之间的距离、颜色和线型等因素进行设置，在“说明”文本框中可以输入新建多线样式的用途、创建者、创建时间等说明信息，以便以后在选用多线样式时能够快速分辨。

04 设置完成后单击“确定”按钮，保存设置并关闭该对话框，返回“多线样式”对话框，此时，在“多线样式”对话框的“样式”列表框中将显示刚设置完成的多线样式。

在“多线样式”对话框的“样式”列表框中选择需要使用的多线样式。单击“置为当前”按钮，可将选择的多线样式设置为当前系统默认的样式；单击“修改”按钮，将打开“修改多线样式”对话框，该对话框与“新建多线样式”对话框的选项完全一致，在其中可对指定样式的各选项进行修改；单击“重命名”按钮，可将选择的多线样式重新命名；单击“删除”按钮，可将选择的多线样式删除。

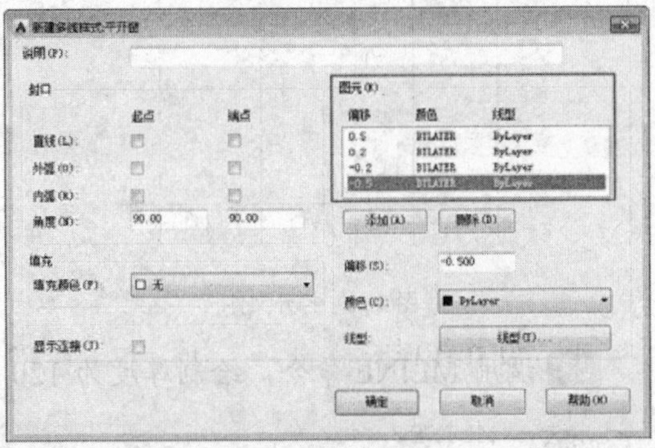

图 4-21 设置多线样式

2. 绘制多线

绘制多线的命令有如下几种方法：

- 菜单栏：执行“绘图”|“多线”命令
- 命令行：在命令行中输入 MLINE/ML 并回车

多线的绘制方法与直线的绘制方法相似，不同的是多线由两条线型相同的平行线组成。绘制的每一条多线都是一个完整的整体，不能对其进行偏移、倒角、延伸和剪切等编辑操作，只能使用“分解”命令将其分解成多条直线后再编辑。

课堂举例 4-9：使用多线绘制墙体 视频\第 4 章\课堂举例 4-9.mp4

01 按 Ctrl+O 组合键，打开配套光盘提供的“素材\第 3 章\4.2.5 绘制墙体.dwg”文件，如图 4-22 所示。

02 在命令行输入 MLINE/ML“多线”命令并按回车键，绘制厚度为 240 的外墙，命令行操作如下：

```
命令：MLINE↙                                      //调用“多线”命令
当前设置：对正 = 上，比例 = 1.00，样式 = STANDARD
指定起点或 [对正(J)/比例(S)/样式(ST)]： S↙        //选择“比例”选项
输入多线比例 <1.00>： 240↙                        //设置多线比例为 240，即墙体的厚度
当前设置：对正 = 上，比例 = 240.00，样式 = STANDARD
指定起点或 [对正(J)/比例(S)/样式(ST)]： J↙        //选择“对正”选项
输入对正类型 [上(T)/无(Z)/下(B)] <上>： Z↙       //选择“无”选项
当前设置：对正 = 无，比例 = 240.00，样式 = STANDARD
指定起点或 [对正(J)/比例(S)/样式(ST)]：           //捕捉轴线交点指定多线的起点
指定下一点：                                      //继续捕捉轴线交点绘制墙线
……
指定下一点或 [闭合(C)/放弃(U)]：                  //按回车键结束绘制，如图 4-23 所示
```

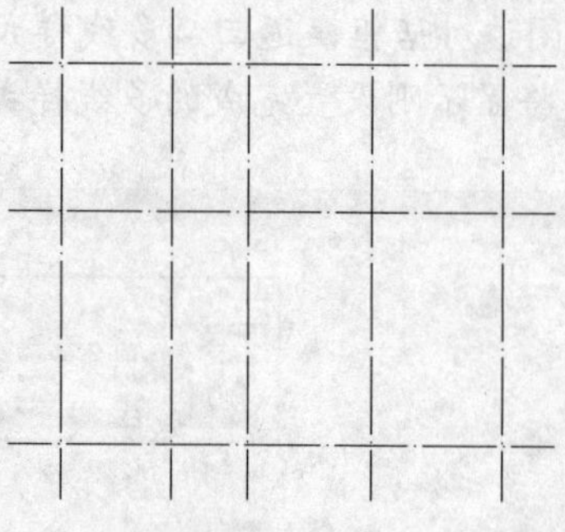
图 4-22 打开文件

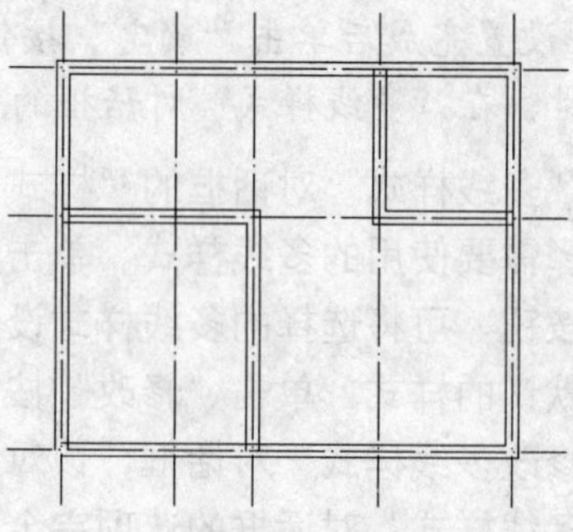
图 4-23 绘制外墙

03 调用 MLINE 命令，绘制厚度为 120 的分隔墙，命令行操作如下：

```
命令：MLINE↙                                      //调用“多线”命令
当前设置：对正 = 无，比例 = 240.00，样式 = STANDARD
指定起点或 [对正(J)/比例(S)/样式(ST)]： S↙        //选择“比例”选项
```

```
输入多线比例 <240.00>: 120↙                     //指定多线比例为 120
当前设置：对正 = 无，比例 = 120.00，样式 = STANDARD
指定起点或 [对正(J)/比例(S)/样式(ST)]:            //捕捉轴线交点指定多线的起点
指定下一点:                                      //捕捉轴线交点指定多线的下一点
指定下一点或 [放弃(U)]:                           //按回车键结束绘制，如图 4-24 所示
```

04 在命令行中输入 MLEDIT 并回车，打开“多线编辑工具”对话框，如图 4-25 所示。

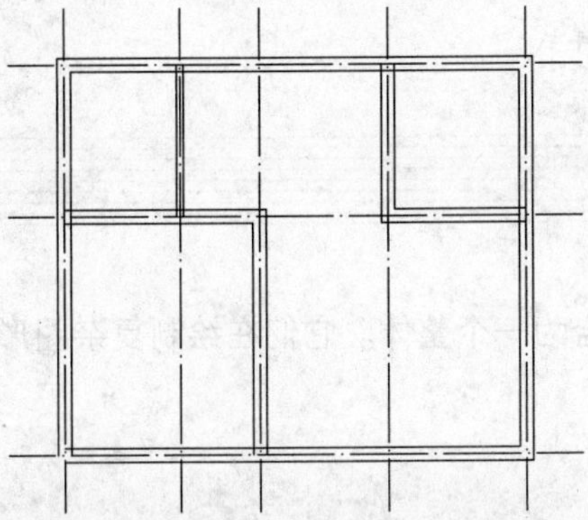

图 4-24　绘制内墙

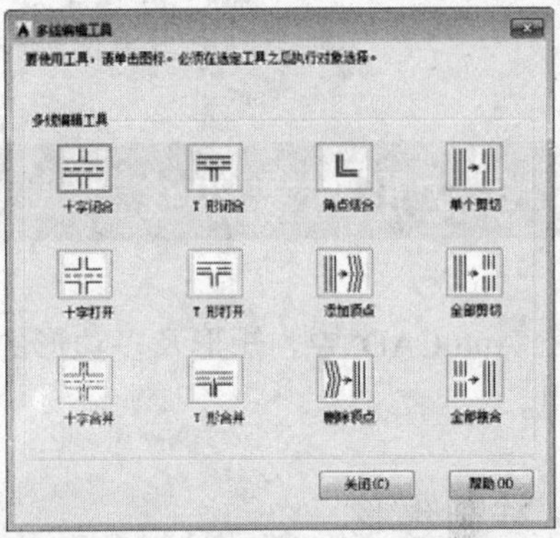

图 4-25　“多线编辑工具”对话框

05 在“多线编辑工具”对话框中单击“角点结合”按钮，根据命令行的提示选择第一条多线和第二条多线，完成多线的修改，如图 4-26 所示。

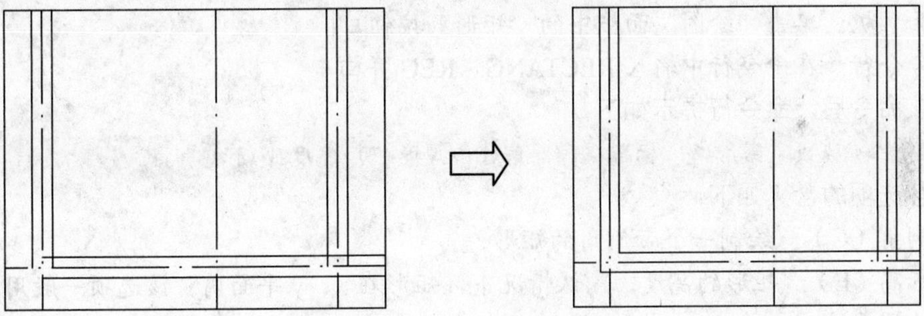

图 4-26　角点结合

06 在“多线编辑工具”对话框中单击“T 形打开”按钮，根据命令行的提示修改多线，如图 4-27 所示。

07 重复操作，最终绘制完成的墙体如图 4-28 所示。

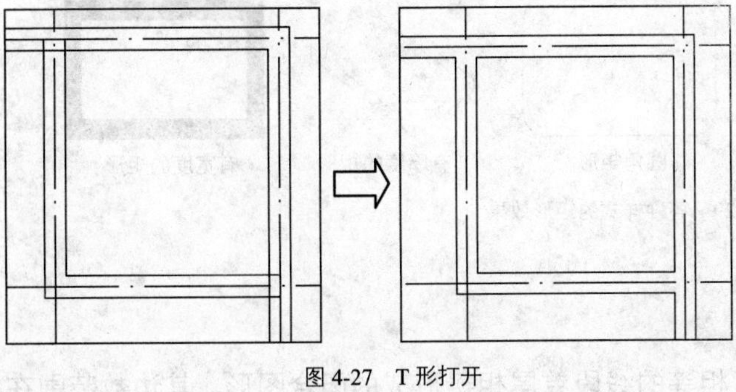

图 4-27　T 形打开

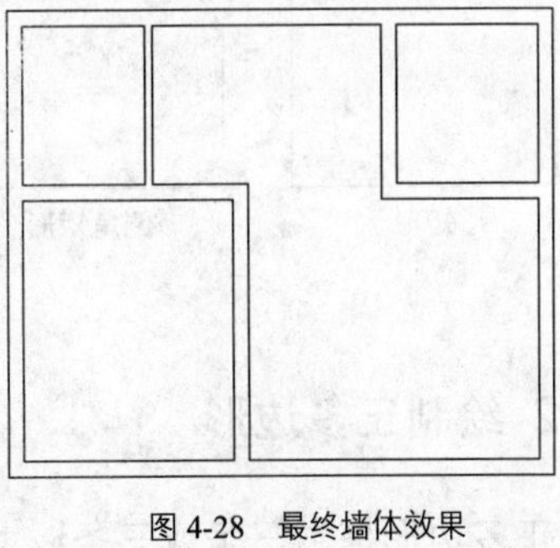

图 4-28　最终墙体效果

执行多线命令过程中各选项的含义如下：

- 对正(J)：设置绘制多线时相对于输入点的偏移位置。该选项有上、无和下 3 个选项：上(T)，多线顶端的线随着光标移动；无(Z)，多线的中心线随着光标移动；下(B)，多线底端的线随着光标移动；比例(S)，设置多线样式中平行多线的宽度比例。
- 样式(ST)：设置绘制多线时使用的样式，默认的多线样式为 STANDARD。选择该选项后，可以在提示信息“输入多线样式名或 [?]”后面输入已定义的样式名，输入“？”则会列出当前图形中所有的多线样式。

4.3 多边形对象的绘制

在 AutoCAD 中，矩形及多边形的各边共同组合为一个整体。它们在绘制复杂图形时比较常用。

4.3.1 绘制矩形

在 AutoCAD 中绘制矩形，可以为其设置倒角、圆角，以及宽度和厚度值等参数。

启动绘制矩形命令有以下几种方法：

- 菜单栏：执行“绘图” | “矩形”命令
- 面　板：单击“绘图”面板中的“矩形”按钮
- 命令行：在命令行中输入 RECTANG / REC 并回车

执行该命令后，命令行提示如下：

```
指定第一个角点或 [倒角(C)/标高(E)/圆角(F)/厚度(T)/宽度(W)]:
```

其中各选项的含义如下：

- 倒角（C）：绘制一个带倒角的矩形。
- 标高（E）：矩形的高度。默认情况下，矩形在 x、y 平面内。该选项一般用于三维绘图。
- 圆角（F）：绘制带圆角的矩形。
- 厚度（T）：矩形的厚度，该选项一般用于三维绘图。
- 宽度（W）：定义矩形的宽度。

如图 4-29 所示为各种样式的矩形效果。

图 4-29　各种样式的矩形效果

4.3.2 绘制正多边形

正多边形是由三条或三条以上长度相等的线段首尾相接形成的闭合图形。其边数范围在

3～1024 之间，如图 4-30 所示为各种正多边形效果。

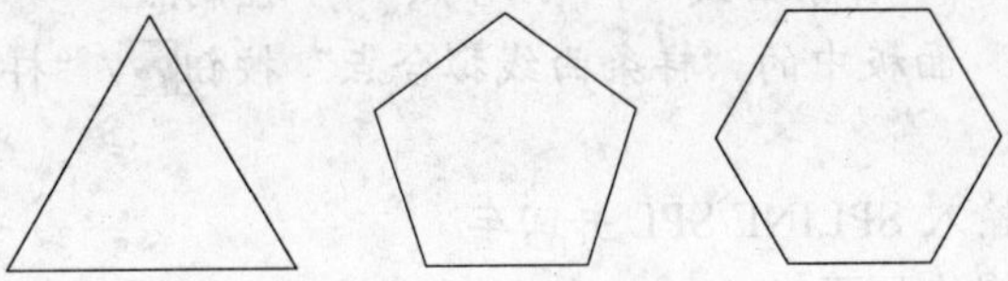

图 4-30　各种正多边形

绘制正多边形有以下几种方法：

- 菜单栏：执行“绘图” | “多边形”命令
- 面　板：单击“绘图”面板“多边形”按钮
- 命令行：在命令行中输入 POLYGON / POL 并回车

执行该命令并指定正多边形的边数后，命令行将出现如下提示：

```
POLYGON 输入侧面数 <4>:  按回车键
指定正多边形的中心点或 [边(E)]:
```

其各选项含义如下：

- 中心点：通过指定正多边形中心点的方式来绘制正多边形。选择该选项后，会提示“输入选项 [内接于圆(I)/外切于圆(C)] <I>：”的信息，内接于圆表示以指定正多边形内接圆半径的方式来绘制正多边形，如图 4-31 所示；外切于圆表示以指定正多边形外切圆半径的方式来绘制正多边形，如图 4-32 所示。
- 边：通过指定多边形边的方式来绘制正多边形。该方式将通过边的数量和长度确定正多边形。

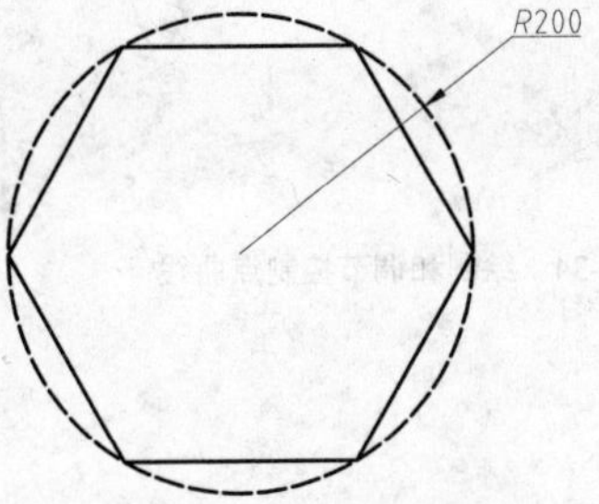

图 4-31　内接于圆画正多边形

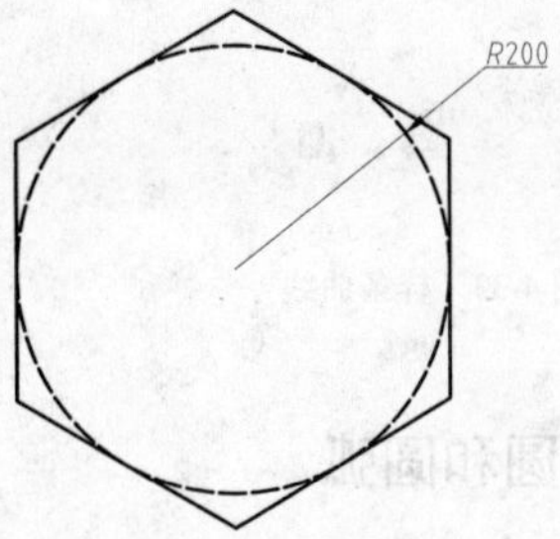

图 4-32　外切于圆画正多边形

4.4 曲线对象的绘制

在 AutoCAD 2015 中，圆、圆弧、椭圆、椭圆弧和圆环都属于曲线对象，其绘制方法相对比较复杂。

4.4.1 绘制样条曲线

样条曲线是一种能够自由编辑的曲线，如图 4-33 所示选择需要编辑的样条曲线后，在曲线周围将显示控制点，可以通过调整曲线上的起点、控制点来控制曲线形状。

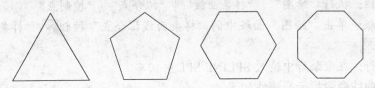

绘制样条曲线命令有如下几种方法：

- 菜单栏：执行“绘图”|“样条曲线”|“拟合点”/“控制点”
- 面　板：单击“绘图”面板中的“样条曲线拟合点”按钮/“样条曲线控制点”按钮
- 命令行：在命令行中输入 SPLINE/SPL 并回车

绘制样条曲线命令提示行操作如下：

```
命令：spline                                              //调用样条曲线命令
当前设置：方式=拟合    节点=弦
指定第一个点或 [方式(M)/节点(K)/对象(O)]：                //在绘图区中指定一点作为样条曲线的起点
输入下一个点或 [起点切向(T)/公差(L)]：                    //指定样条曲线的第二个点
输入下一个点或 [端点相切(T)/公差(L)/放弃(U)/闭合(C)]：    //指定样条曲线的第三个点
输入下一个点或 [端点相切(T)/公差(L)/放弃(U)/闭合(C)]：    //指定终点并单击鼠标右键选择“确定”结束点的指定。
```

单击“绘图”面板中的“样条曲线控制点”按钮，或在命令提示行中先后选择“方式(M)”和“控制点(CV)”选项，可以绘制不通过样条曲线的控制点，此时的样条曲线更为圆滑，如图 4-34 所示。

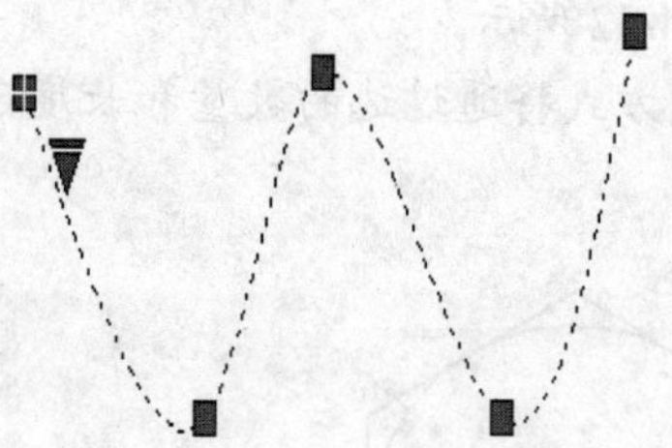

图 4-33　样条曲线

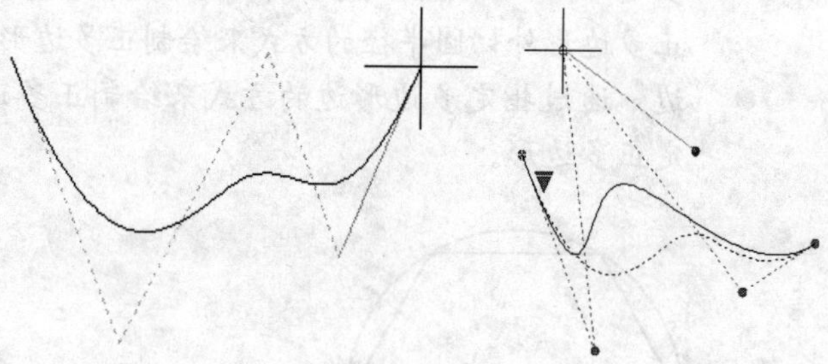

图 4-34　绘制和调节控制点曲线

4.4.2 绘制圆和圆弧

1. 绘制圆

启动绘制圆命令有以下几种方法：

- 菜单栏：执行“绘图” | “圆”命令
- 面　板：单击“绘图”面板中绘制圆各按钮
- 命令行：在命令行中输入 CIRCLE / C 并回车

菜单栏中的“绘图” | “圆”菜单项提供了 6 种绘制圆的子命令，绘制方式如图 4-35 所示。

各子命令的含义如下：

- 圆心、半径：用圆心和半径方式绘制圆。
- 圆心、直径：用圆心和直径方式绘制圆。
- 三点：通过 3 点绘制圆，系统会提示指定第一点、第二点和第三点。

- 两点：通过两个点绘制圆，系统会提示指定圆直径的第一端点和第二端点。
- 相切、相切、半径：通过两个其他对象的切点和输入半径值来绘制圆。系统会提示指定圆的第一切线和第二切线上的点及圆的半径。
- 相切、相切、相切：通过 3 条切线绘制圆。

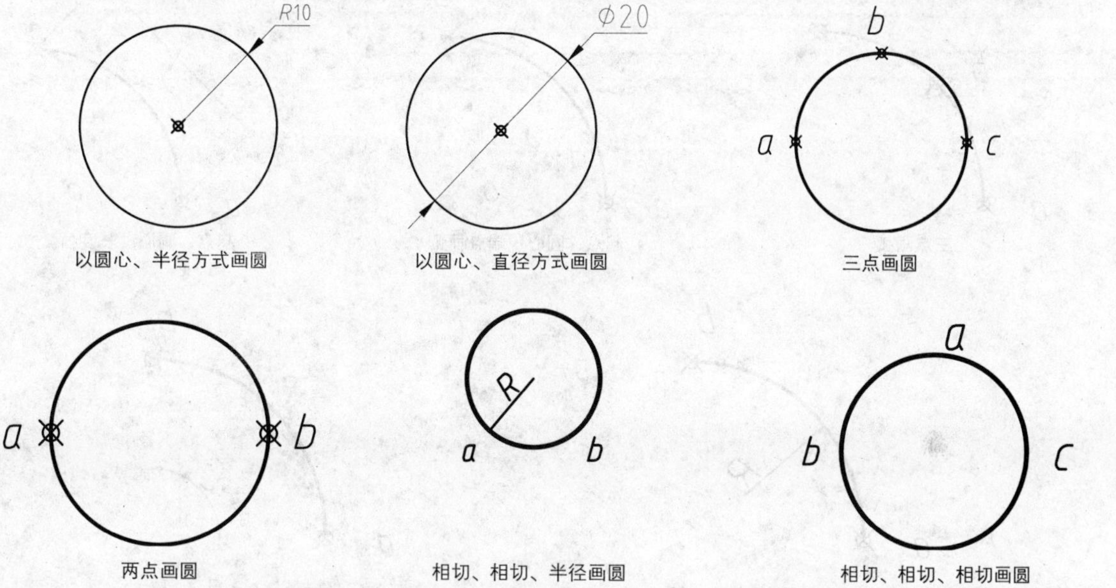

以圆心、半径方式画圆

以圆心、直径方式画圆

三点画圆

两点画圆

相切、相切、半径画圆

相切、相切、相切画圆

图 4-35　圆的 6 种绘制方式

课堂举例 4-10：绘制台灯平面图

视频\第 4 章\课堂举例 4-10.mp4

01 按 Ctrl+O 组合键，打开配套光盘提供的“第 4 章\4.4.2 绘制台灯.dwg”文件，如图 4-36 所示。

02 单击“绘图”面板中的“圆心，半径”按钮，在绘图区中捕捉中心点为圆心，输入圆的半径 120，绘制圆如图 4-37 所示。

03 重复同样的操作，绘制半径为 50 的同心圆，完成台灯图形的绘制，结果如图 4-38 所示。

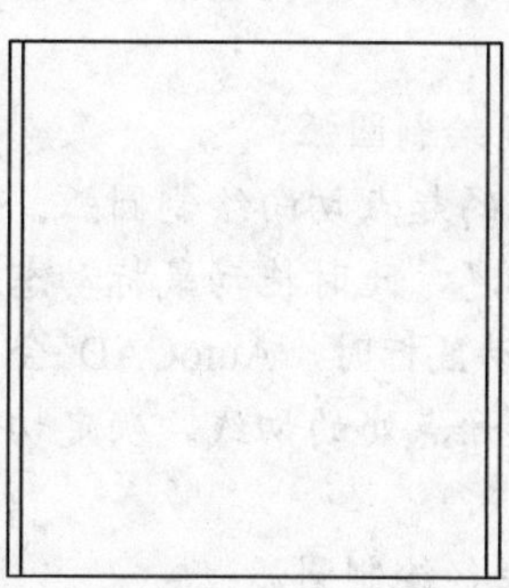

图 4-36　打开文件

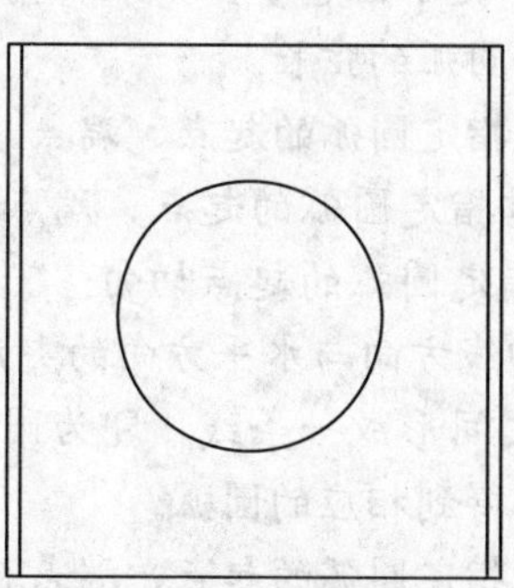

图 4-37　绘制圆

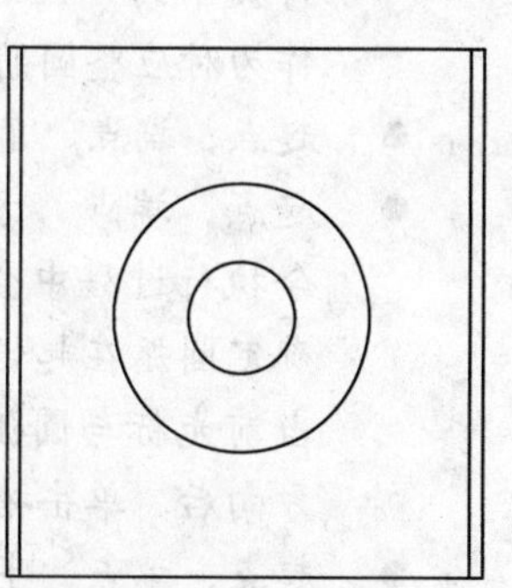

图 4-38　绘制同心圆

2. 绘制圆弧

单击菜单栏中的“绘图”|“圆弧”菜单项，其中提供了 11 种绘制圆弧的子命令，常用的几种绘制方式如图 4-39 所示。各子命令的含义如下：

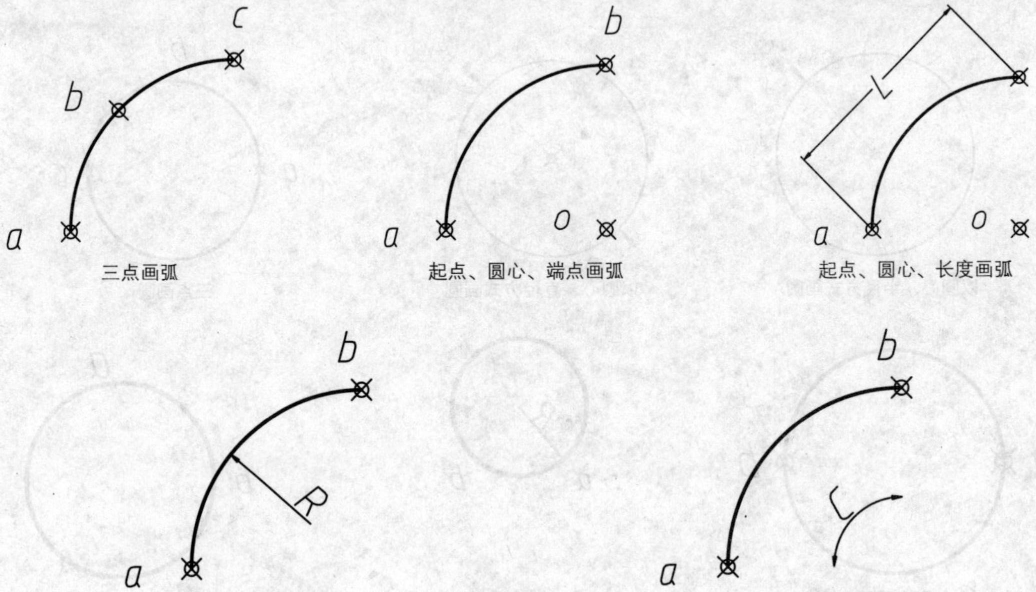

三点画弧　起点、圆心、端点画弧　起点、圆心、长度画弧　起点、端点、半径　圆心、起点、角度画弧

图 4-39　几种最常用的绘制圆弧的方法

- 三点：通过指定圆弧上的三点绘制圆弧，需要指定圆弧的起点、通过的第二个点和端点。
- 起点、圆心、端点：通过指定圆弧的起点、圆心、端点绘制圆弧。
- 起点、圆心、角度：通过指定圆弧的起点、圆心、包含角绘制圆弧。执行此命令时会出现“指定包含角：”的提示，在输入角度时，如果当前环境设置逆时针方向为角度正方向，且输入正的角度值，则绘制的圆弧是从起点绕圆心沿逆时针方向绘制，反之则沿顺时针方向绘制。
- 起点、圆心、长度：通过指定圆弧的起点、圆心、弦长绘制圆弧。另外，在命令行提示的“指定弦长：”提示信息下，如果所输入的值为负，则该值的绝对值将作为对应整圆的空缺部分圆弧的弦长。
- 起点、端点、角度：通过指定圆弧的起点、端点、包含角绘制圆弧。
- 起点、端点、方向：通过指定圆弧的起点、端点和圆弧的起点切向绘制圆弧。命令执行过程中会出现“指定圆弧的起点切向：”提示信息，此时拖动鼠标动态地确定圆弧在起始点处的切线方向与水平方向的夹角。拖动鼠标时，AutoCAD 会在当前光标与圆弧起始点之间形成一条线，即为圆弧在起始点处的切线。确定切线方向后，单击拾取键即可得到相应的圆弧。
- 起点、端点、半径：通过指定圆弧的起点、端点和圆弧半径绘制圆弧。
- 圆心、起点、端点：以圆弧的圆心、起点、端点方式绘制圆弧。
- 圆心、起点、角度：以圆弧的圆心、起点、圆心角方式绘制圆弧。

- 圆心、起点、长度：以圆弧的圆心、起点、弦长方式绘制圆弧。
- 继续：绘制其他直线或非封闭曲线后选择“绘图”|“圆弧”|“继续”命令，系统将自动以刚才绘制的对象的终点作为即将绘制的圆弧的起点。

课堂举例 4-11：绘制过道拱门　　视频\第 4 章\课堂举例 4-11.mp4

01 按 Ctrl+O 组合键，打开配套光盘“第 4 章\4.4.2 绘制拱门.dwg”文件，如图 4-40 所示。

02 单击“绘图”面板中的“三点”按钮，在绘图区中分别指定圆弧的起点、第二点及端点，并删除多余线段，得到圆形拱门效果，如图 4-41 所示。

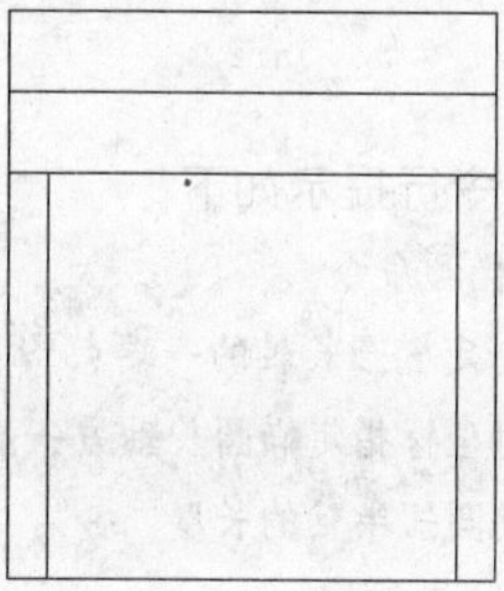

图 4-40　打开文件

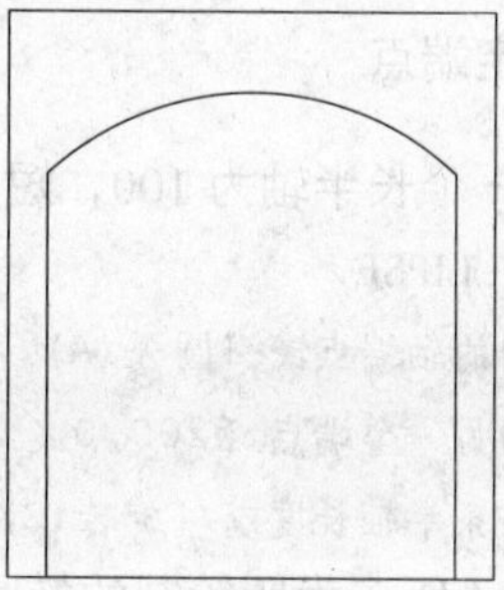

图 4-41　绘制拱门

4.4.3 绘制圆环和填充圆

圆环是由同一圆心、不同直径的两个同心圆组成的，控制圆环的主要参数是圆心、内直径和外直径。如果圆环的内直径为 0，则圆环为填充圆。

启动绘制圆环命令有如下方法：

- 面　板：单击“绘图”面板中的“圆环”按钮
- 命令行：在命令行中输入 DONUT / DO 并回车

AutoCAD 默认情况下，所绘制的圆环为填充的实心图形。如果在绘制圆环之前，在命令行输入 FILL 命令，则可以控制圆环或圆的填充可见性。执行 FILL 命令后，命令行提示如下：

```
命令：FILL↙
输入模式 [开(ON)/关(OFF)] <开>:
```

选择开 ON 模式，表示绘制的圆环和圆要填充，如图 4-42 所示。选择关 OFF 模式，表示绘制的圆环和圆不要填充，如图 4-43 所示。

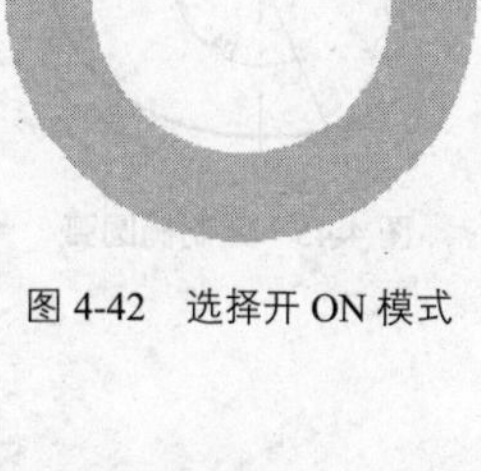

图 4-42　选择开 ON 模式

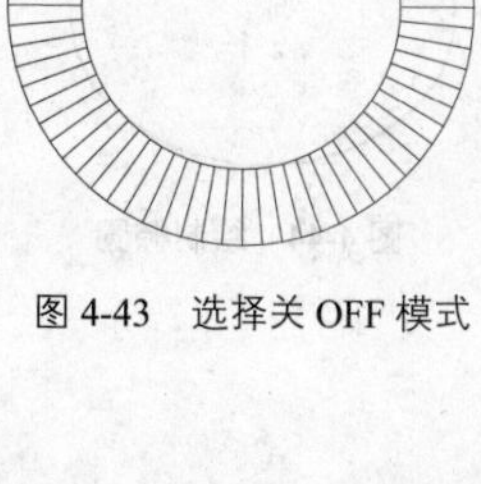

图 4-43　选择关 OFF 模式

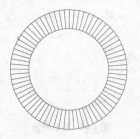

4.4.4 绘制椭圆和椭圆弧

1. 绘制椭圆

椭圆是平面上到定点距离与到指定直线间距离之比为常数的所有点的集合。在 AutoCAD 中，绘制椭圆有两种方法，即指定端点和指定中心点。

执行椭圆命令的方法有以下几种：

- 菜单栏：执行“绘图”｜“椭圆”命令
- 面　板：单击“绘图”面板中的“圆心”按钮
- 命令行：在命令行中输入 ELLIPSE/EL 并回车

❑ 指定端点

如绘制一个长半轴为 100，短半轴为 75 的椭圆，其命令行提示如下：

```
命令：ELLIPSE↙                                  //调用椭圆命令
指定椭圆的轴端点或 [圆弧(A)/中心点(C)]:          //单击指定椭圆长轴的一端点
指定轴的另一个端点:@200,0↙                       //用相对坐标指定椭圆长轴另一端点
指定另一条半轴长度或 [旋转(R)]: 75↙               //输入椭圆短半轴的长度
```

如图 4-44 所示为所绘制的椭圆。

❑ 指定圆心

在命令行中执行 ELLIPSE / EL 命令，根据命令行提示绘制椭圆。

下面绘制一个圆心坐标为（0，0），长半轴为 100，短半轴为 75 的椭圆。

课堂举例 4-12：绘制椭圆　　视频\第 4 章\课堂举例 4-12.mp4

01 调用“椭圆”命令，绘制指定大小的椭圆，命令行操作如下：

```
命令：ELLIPSE↙                                  //调用“椭圆”命令
指定椭圆的轴端点或 [圆弧(A)/中心点(C)]: C↙        //选择“中心点（C）”绘制模式
指定椭圆的中心点：0,0↙                           //输入椭圆中心点的坐标为（0，0）
指定轴的端点：@100,0↙                            //利用相对坐标确定椭圆长半轴的一端点
指定另一条半轴长度或 [旋转(R)]: 0,75↙             //利用绝对坐标确定椭圆短半轴的一端点
```

02 绘制完成的椭圆如图 4-44 所示。

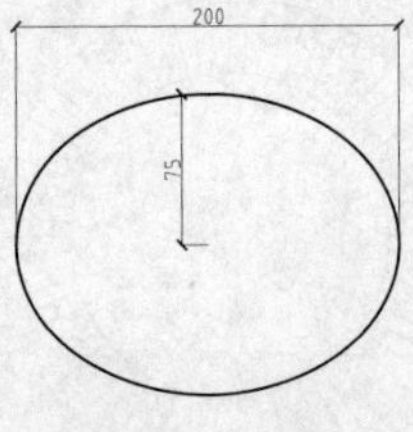

图 4-44　绘制椭圆

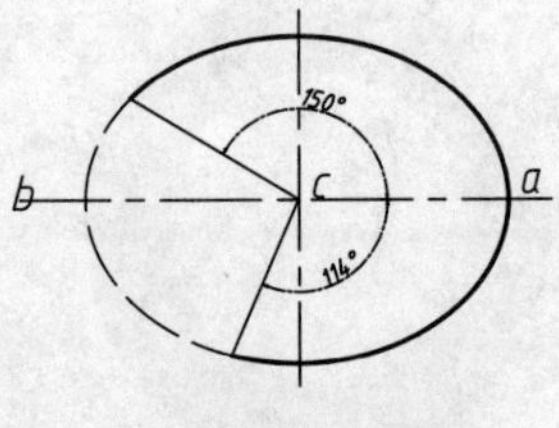

图 4-45　绘制椭圆弧

2. 绘制椭圆弧

椭圆弧是椭圆的一部分，和椭圆不同的是，它的起点和终点没有闭合。绘制椭圆弧需要确定的参数有：椭圆弧所在椭圆的两条轴及椭圆弧的起点和终点的角度。

单击“绘图”面板上的“椭圆弧”按钮，根据命令行提示信息，输入字母 A，并指定椭圆弧的中心点以及起始角度和终止角度后，即可完成椭圆弧的绘制，如图 4-45 所示。

4.5 图案填充与渐变色填充

图案填充是指用某种图案充满图形中指定的区域。在建筑制图中，经常要使用“图案填充”命令创建特定的图案，对其剖面或某个区域进行填充标识。AutoCAD 中提供了多种标准的填充图案和渐变样式，还可根据需要自定义图案和渐变样式。此外，也可通过填充工具控制图案的疏密、剖面线条及倾斜角度。

4.5.1 图案填充

启动图案填充命令有如下几种方法：

- 菜单栏：执行“绘图” | “图案填充”命令
- 面　板：单击“绘图”面板中的“图案填充”按钮
- 命令行：在命令行中输入 HATCH/H / BH / H 并回车

启动“图案填充”命令后，即弹出如图 4-46 所示的“图案填充创建”选项板，在其中可以进行填充图案类型、颜色以及比例等特征的调整。

调整好图案填充特征后，单击“图案填充创建”选项板中的“拾取点”按钮，在目标填充区域内单击，即可完成图案填充，如图 4-47 所示。

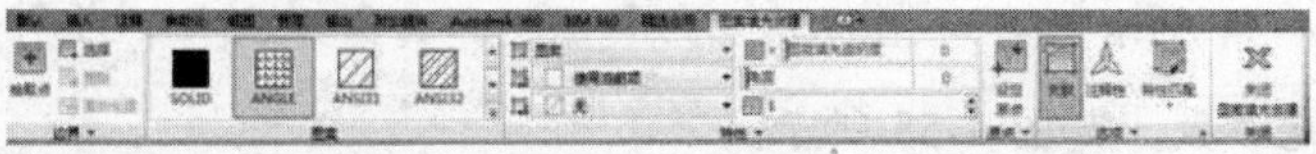

图 4-46　“图案填充创建”选项卡

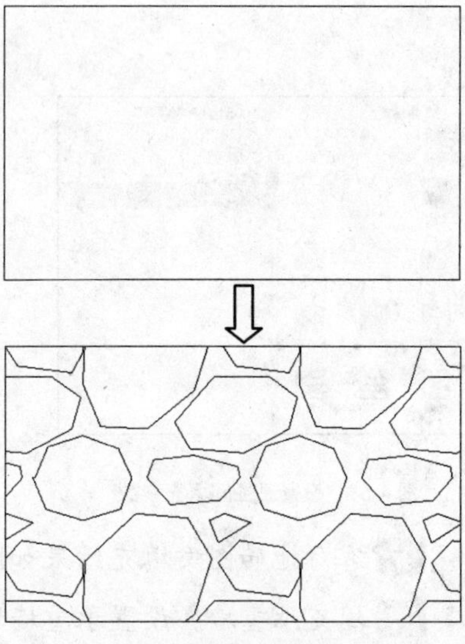

图 4-47　图案填充示例

课堂举例 4-13：绘制地面铺装图

视频\第 4 章\课堂举例 4-13.mp4

01 按 Ctrl+O 组合键，打开配套光盘“第 4 章\4.5.1 地面铺装.dwg”文件，如图 4-48 所示。

02 填充卧室。单击“绘图”面板中的“图案填充”按钮，打开“图案填充创建”选项板，设置参数如图 4-49 所示。

03 单击“拾取点”按钮，在户型卧室区域拾取填充区域的内部点，完成卧室木地板图案填充，如图 4-50 所示。

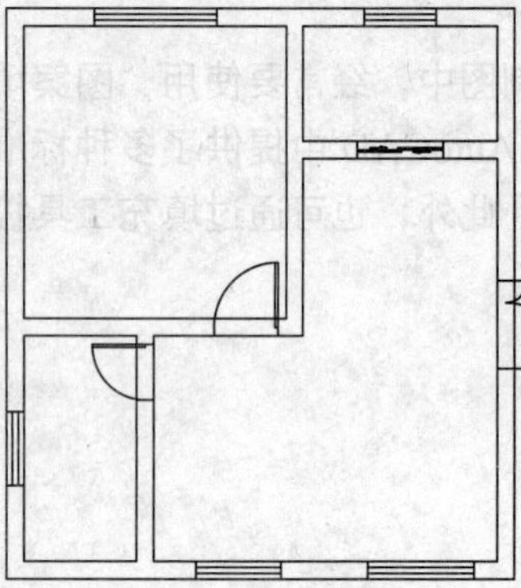

图 4-48 打开文件

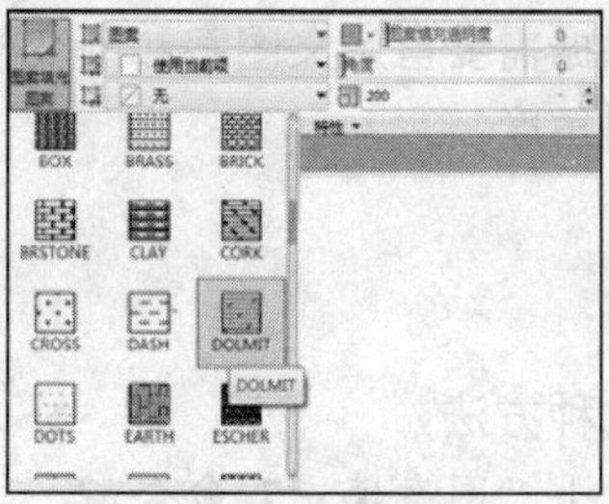

图 4-49 设置卧室填充参数

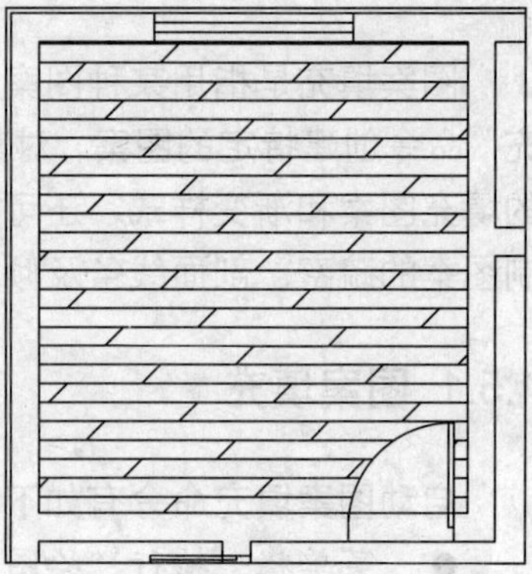

图 4-50 填充卧室

04 填充卫生间。重新设置卫生间填充参数，如图 4-51 所示。

05 卫生间图案填充结果如图 4-52 所示。

06 填充客厅地砖。设置客厅地砖填充参数，如图 4-53 所示。

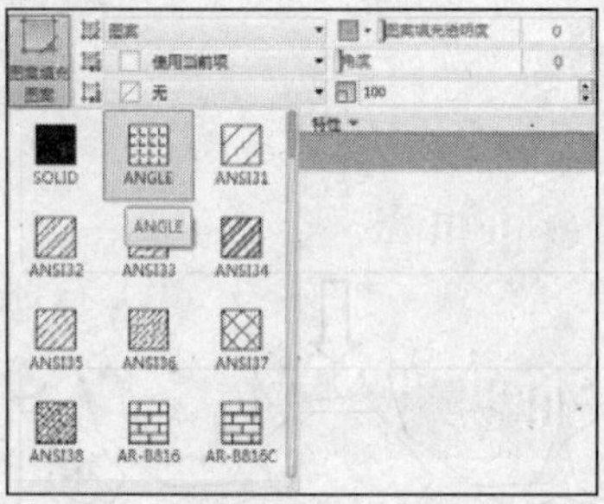

图 4-51 设置卫生间填充参数

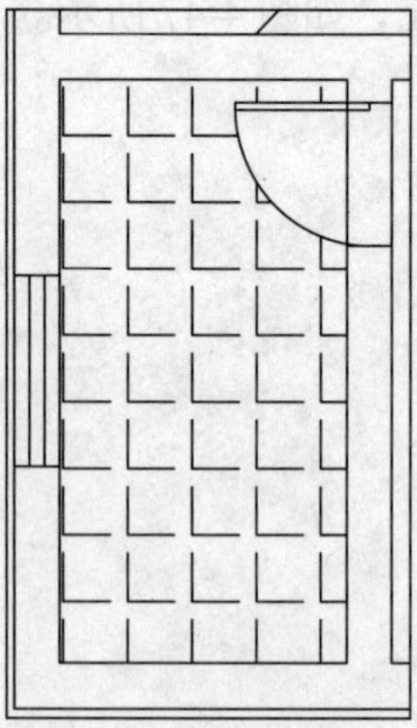

图 4-52 卫生间填充结果

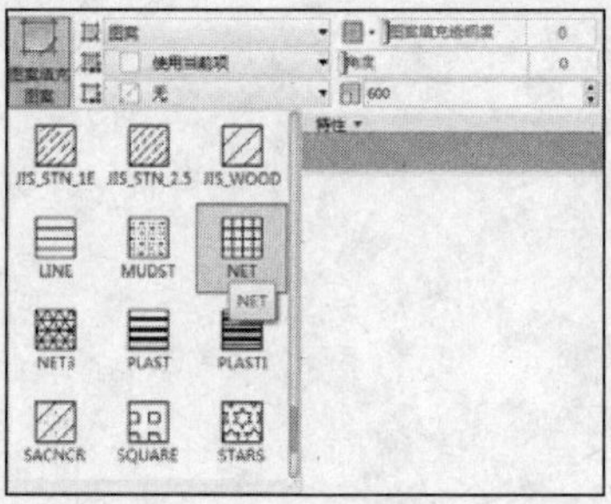

图 4-53 设置客厅地砖填充参数

07 客厅地砖图案填充结果如图 4-54 所示。

08 填充承重墙。设置承重墙填充参数，如图 4-55 所示。

09 填充承重墙结果如图 4-56 所示。户型地面铺装图绘制完成。

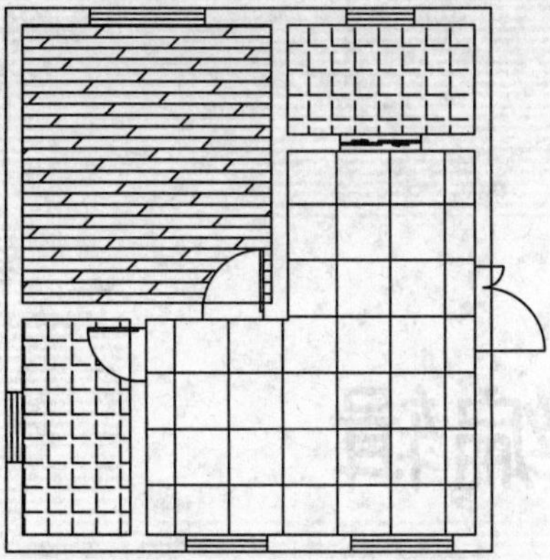

图 4-54　客厅地砖填充结果

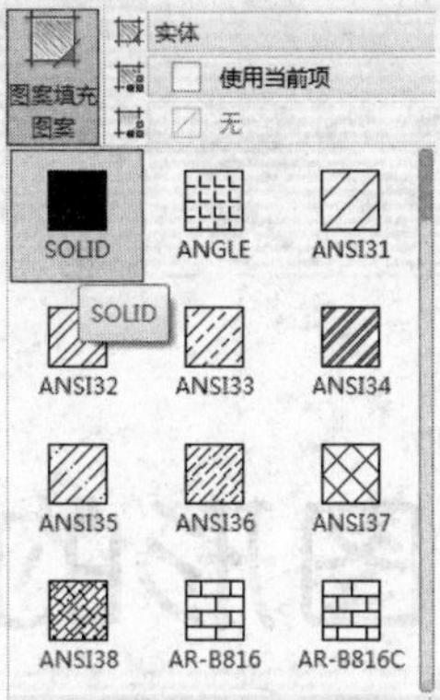

图 4-55　承重墙填充参数

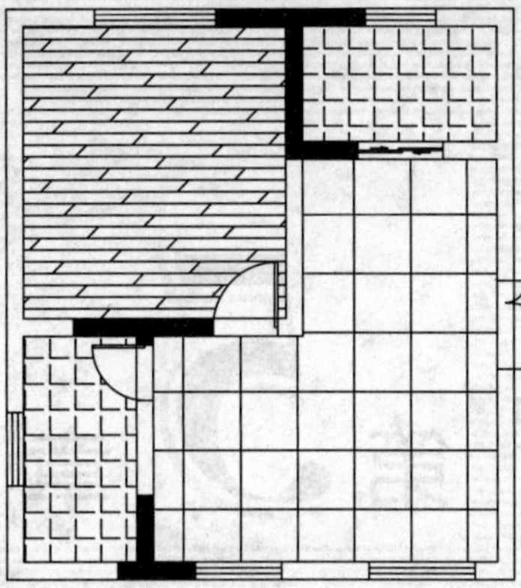

图 4-56　承重墙填充结果

4.5.2 渐变色填充

区别于图案填充使用图形填充目标内部区域，“渐变色填充”以变化色彩的方式填充目标图案内部，以进行效果的区分。

启动图案填充命令有如下几种方法：

- 菜单栏：执行“绘图”|“渐变色”命令
- 面　板：单击“绘图”面板中的“渐变色”按钮
- 命令行：在命令行中输入 GRADIENT/GD 并回车

启动“渐变色填充”命令后，将打开如图 4-57 所示的选项板，在其中可以进行填充色彩类型、颜色以及方向等特征的调整。

调整好渐变色填充特征后，单击“图案填充创建”选项板中的“拾取点”按钮，在目标填充区域内单击，按回车键介绍即可完成渐变色填充，如图 4-58 所示。

图 4-57　“图案填充创建”选项板

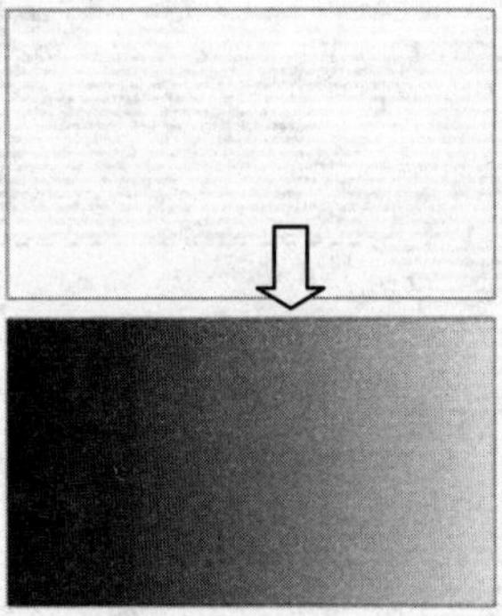

图 4-58　渐变色填充示例

第5章 图形的编辑

本章导读

使用 AutoCAD 绘图是一个由简到繁、由粗到精的过程。使用 AutoCAD 提供的一系列修改命令，对图形进行移动、复制、阵列、修剪、删除等多种操作，可以快速生成复杂的图形。本章将重点讲述这些图形编辑命令的用法与技巧。

本章重点

- 选择对象的方法
- 移动和旋转对象
- 删除、复制、镜像、偏移和阵列对象
- 缩放、拉伸、修剪和延伸对象
- 打断、合并和分解对象
- 使用夹点编辑对象

5.1 选择对象的方法

在编辑图形之前，首先需要对编辑的图形进行选择。在 AutoCAD 中，选择对象的方法有很多，本节介绍常用的几种选择方法。

在命令行中输入 SELECT 命令并回车，在命令行的“选择对象:”提示下输入“？”，命令行将显示如下提示:

```
需要点或窗口(W)/上一个(L)/窗交(C)/框(BOX)/全部(ALL)/栏选(F)/圈围(WP)/圈交(CP)/编组(G)/添加(A)/删除(R)/多个(M)/前一个(P)/放弃(U)/自动(AU)/单个(SI)/子对象(SU)/对象(O)
```

根据提示再输入对应的命令选项，可以切换不同类型的选择对象方法。

在选择对象时，用户可以在执行命令后，按住鼠标左键不放并拖动鼠标，在命令行中将显示选择提示，按空格键将快速切换选择对象的方式。

提示 选择“编辑”|“全部选择”命令，或按下 Ctrl + A 快捷键，可以选择当前图形所有对象。

5.1.1 点选对象

点选对象是 AutoCAD 默认情况下选择对象的方式，其方法为: 直接用鼠标在绘图区中单击需要选择的对象。它分为多个选择和单个选择方式。单个选择方式一次只能选中一个对象，如图 5-1 所示即选择了图形最外侧的边线。

如果要选择多个对象，可以连续单击需要选择的对象，如图 5-2 所示。而如果在选择的过程中误选了对象，此时可以按住 Shift 键单击误选对象，进行减选。

图 5-1 单个选择对象

图 5-2 多个选择对象

5.1.2 框选对象

使用框选可以一次性选择多个对象。其操作也比较简单，方法为: 按住鼠标不放，拖动光标成一矩形框，然后通过该矩形选择图形对象。依光标拖动方向的不同，框选又分为窗口选择和窗交选择。

1. 窗口选择对象

窗口选择对象是指按住鼠标向右上方或右下方拖动，框住需要选择的对象，此时绘图区将出现一个实线的矩形方框，如图 5-3 所示。释放鼠标后，被方框完全包围的对象将被选中，如图 5-4 所示，虚线显示部分为被选择的部分。

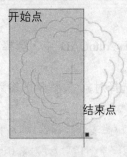

图 5-3　窗口选择对象

图 5-4　窗口选择结果

2．窗交选择对象

窗交选择对象的选择方向正好与窗口选择相反，它是单击鼠标向左上方或左下方拖动，框住需要选择的对象，此时绘图区将出现一个虚线的矩形方框，如图 5-5 所示。释放鼠标后，与方框相交或被方框完全包围的对象都将被选中，如图 5-6 所示，虚线显示部分为被选择的部分。

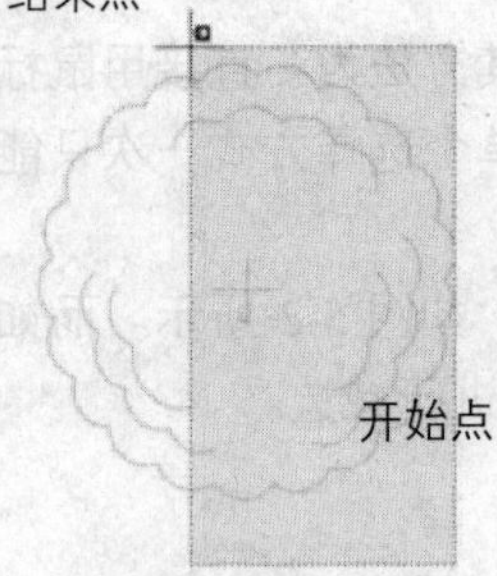

图 5-5　窗交选择对象

图 5-6　窗交选择结果

提示

在不执行 SELECT 命令的情况下也可以进行对象的点选和框选，二者选择方法相同，不同的是：不执行选择命令直接选择对象后，被选中的对象不是以高亮显示，而是在其上出现一些小正方形，称之为夹点。如图 5-7 所示。

图 5-7　夹点显示选择的对象

5.1.3 栏选对象

在命令行中输入 SELECT 命令后继续输入 F，可以切换至“栏选”，此时在选择图形时将拖拽出任意折线，如图 5-8 所示。凡是与折线相交的图形对象均被选中，如图 5-9 所示，虚线显示部分为被选择的部分。使用该方式选择连续性对象非常方便，但栏选线不能封闭或相交。

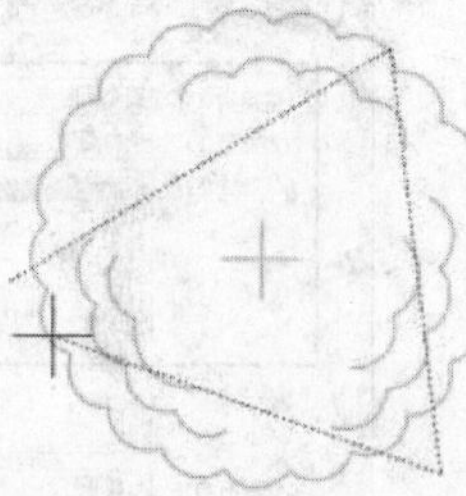

图 5-8　栏选对象

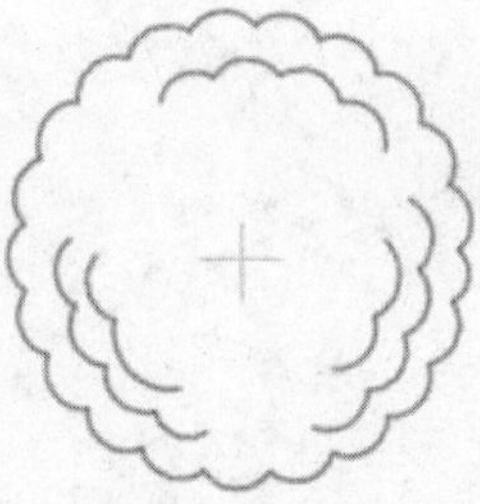

图 5-9　栏选结果

5.1.4 围选对象

在命令行中输入 SELECT 命令后输入 WP 或 CP 选项，可以切换至“围选”方式。所谓“围选”，即通过绘制不规则的多边形选区，来确定选择范围。它包括圈围（WP 选项）和圈交（CP 选项）两种方法。

1. 圈围对象

圈围是一种多边形窗口选择方法，与窗口选择对象的方法类似，不同的是圈围方法可以构造任意形状的多边形，如图 5-10 所示。完全包含在多边形区域内的对象才能被选中，如图 5-11 所示，虚线显示部分为被选择的部分。

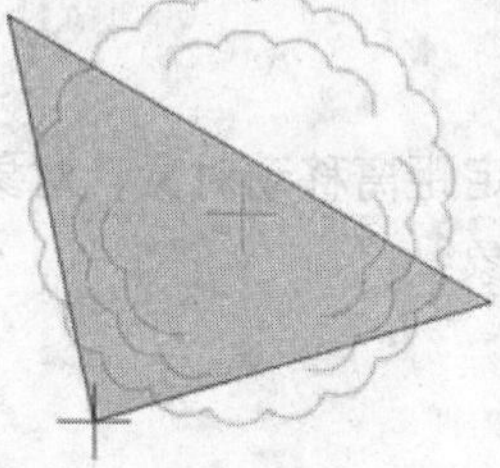

图 5-10　圈围选择对象

图 5-11　圈围选择对象结果

2. 圈交对象

圈交是一种多边形窗交选择方法，与窗交选择对象的方法类似，不同的是圈交方法可以构造任意形状的多边形，它可以绘制任意闭合但不能与选择框自身相交或相切的多边形，如图 5-12 所示。选择完毕后，凡与绘制的多边形相交的图形都将被选择，如图 5-13 所示，虚线的显示部分为被选择的部分。

5.1.5 快速选择

快速选择可以根据对象的图层、线型、颜色、图案填充等特性和类型创建选择集，从而可以准确快速地从复杂的图形中选择满足某种特性的图形对象。

单击“实用工具”面板中的“快速选择”按钮，系统弹出“快速选择”对话框，如图5-14所示。根据要求设置选择范围，单击“确定”按钮，完成选择操作。

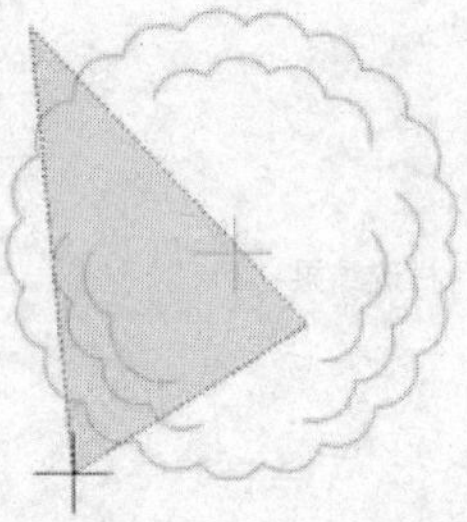
图 5-12 圈交选择对象

图 5-13 圈交选择对象结果

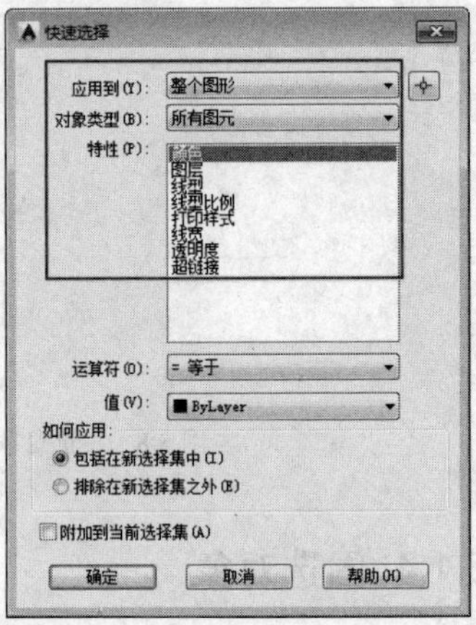

图 5-14 “快速选择”对话框

5.2 移动和旋转对象

本节所介绍的编辑工具是对图形位置、角度进行调整，此类工具在施工图绘制过程中使用非常频繁。

5.2.1 移动对象

移动对象是指对象的重定位，可以在指定方向上按指定距离移动对象，对象的位置发生了改变，但方向和大小不改变，可以通过以下方法移动对象：

- 菜单栏：执行“修改”|“移动”命令
- 面　板：单击“修改”面板中的“移动”按钮
- 命令行：在命令行中输入 MOVE/M 并回车

课堂举例 5-1：移动燃气灶　　视频\第5章\课堂举例 5-1.mp4

01 按 Ctrl+O 组合键，打开配套光盘提供的“第5章\5.2.1 素材.dwg”文件，如图 5-15 所示。

02 单击“修改”面板中的“移动”按钮，在绘图区中选择燃气灶图形，指定基点和第二个点，移动灶台至橱柜台面上，如图 5-16 所示。

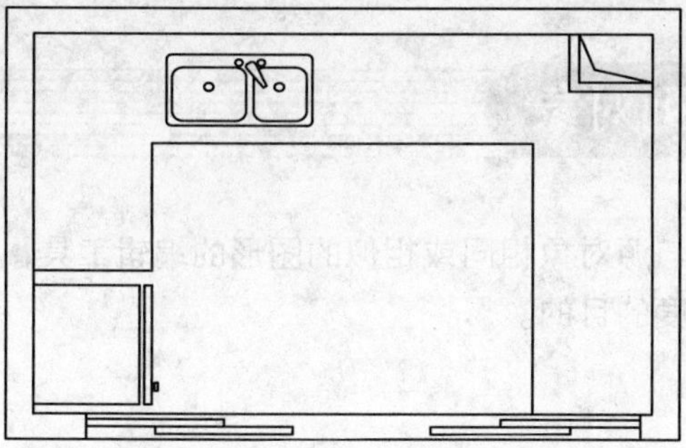

图 5-15　打开素材

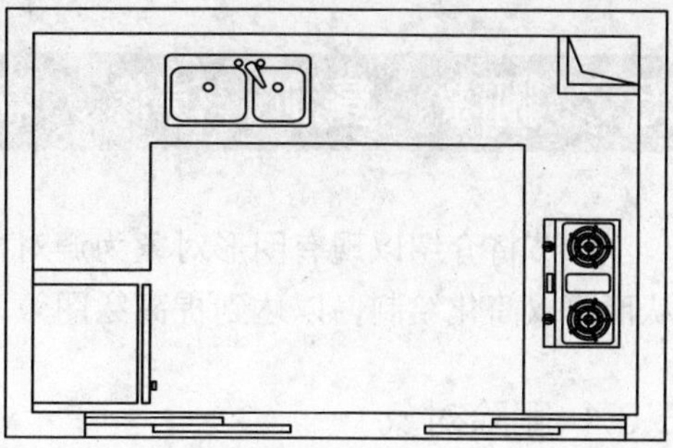

图 5-16　移动燃气灶

5.2.2 旋转对象

使用旋转对象命令可以绕指定基点旋转图形中的对象。调用方法如下：

- 菜单栏：执行"修改"|"旋转"命令
- 面　板：单击"修改"面板中的"旋转"按钮
- 命令行：在命令行中输入 ROTATE / RO 并回车

课堂举例 5-2：调整床的方向

视频\第 5 章\课堂举例 5-2.mp4

01 按 Ctrl+O 组合键，打开配套光盘提供的"第 5 章\5.2.2 卧室布置.dwg"文件，如图 5-17 所示。

02 调用"旋转"命令，调整床的方向，命令行操作如下：

```
命令：ROTATE↙                                          //调用"旋转"命令
UCS 当前的正角方向：ANGDIR=逆时针  ANGBASE=0           //系统显示当前 UCS 坐标
选择对象：指定对角点：找到 1 个                        //选择要旋转的对象
指定基点：                                             //捕捉图形中的一点作为旋转参考点
指定旋转角度，或[复制(C)/参照(R)] <0>:90↙              //输入旋转角度
```

03 调用 M 命令，调整床至合适位置，如图 5-18 所示。

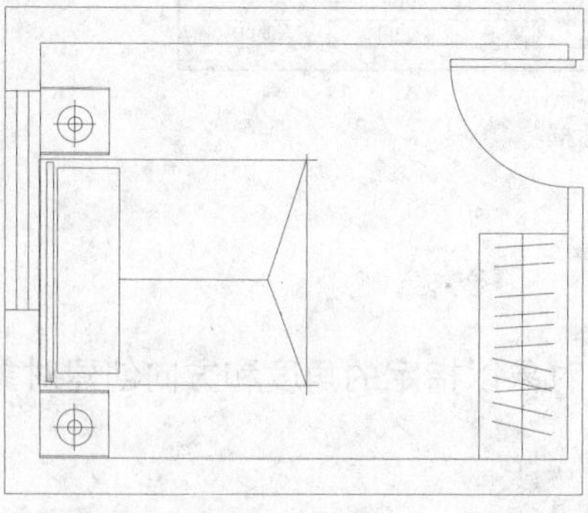

图 5-17　打开图形

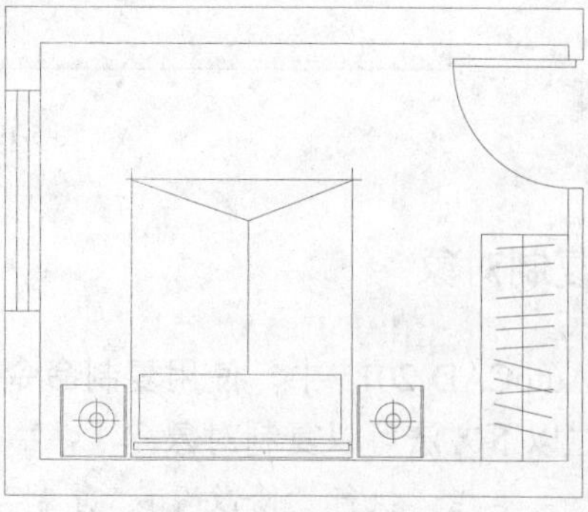

图 5-18　旋转并移动结果

5.3 删除、复制、镜像、偏移和阵列对象

本节将介绍以现有图形对象为源对象，绘制出与源对象相同或相似的图形的编辑工具，从而可以简化绘制，以达到提高绘图效率和绘图精度的目的。

5.3.1 删除对象

在 AutoCAD 2015 中，可以用删除命令，删除选中的对象，该命令调用方法如下：

- 菜单栏：执行“修改”|“删除”命令
- 面　板：单击“修改”面板中的“删除”按钮
- 命令行：在命令行中输入 ERASE/E 并回车

通常，当执行“删除”命令后，需要选择删除的对象，然后按回车键或 SPACE（空格）键结束对象选择，同时删除已选择的对象，如果在“选项”对话框的“选择集”选项卡中，选中“选择集模式”选项组中的“先选择后执行”复选框，就可以先选择对象，然后单击“删除”按钮删除，如图 5-19 所示。

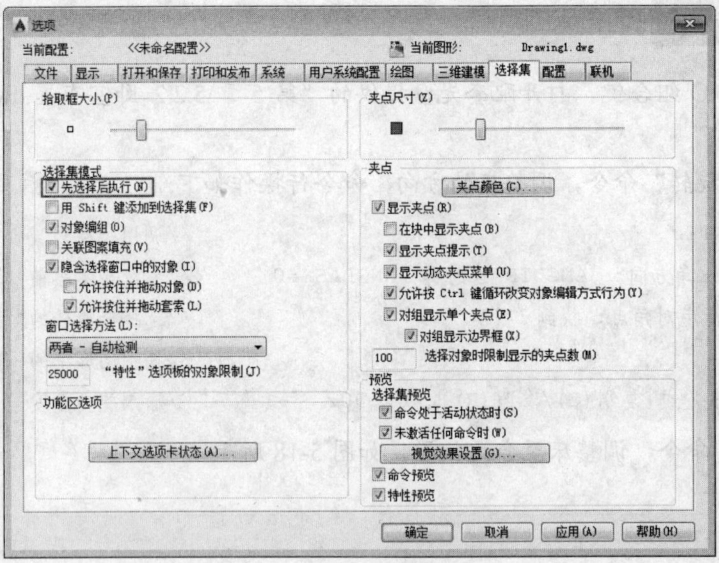

图 5-19　“选项”对话框

5.3.2 复制对象

在 AutoCAD 2015 中，使用复制命令，可以从原对象以指定的角度和方向创建对象的副本。通过以下方法可以复制对象：

- 菜单栏：执行“修改”|“复制”命令
- 面　板：单击“修改”面板中的“复制”按钮
- 命令行：在命令行中输入 COPY/CO/CP 并回车

课堂举例 5-3：　复制顶棚灯具　　　　视频\第 5 章\课堂举例 5-3.mp4

01 按 Ctrl+O 组合键，打开配套光盘提供的“第 5 章\5.3.2 复制灯具.dwg”文件，如图 5-20 所示。

02 单击“修改”面板中的“复制”按钮，选择灯具图形，向右移动复制到第二和第三个矩形中，结果如图 5-21 所示。

提示　使用 Ctrl+C、Ctrl+V 组合键，也可复制粘贴对象。

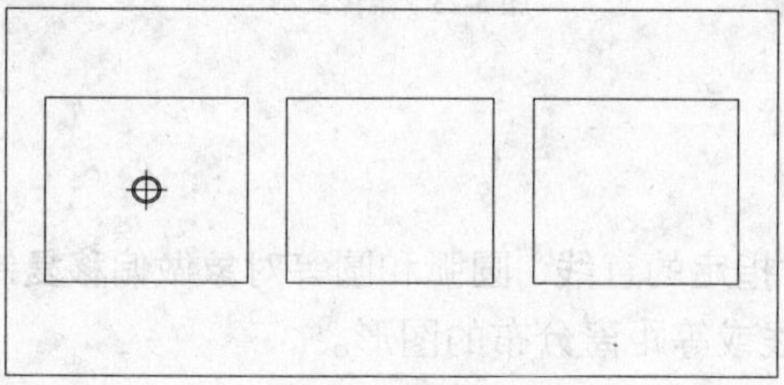

图 5-20　打开素材

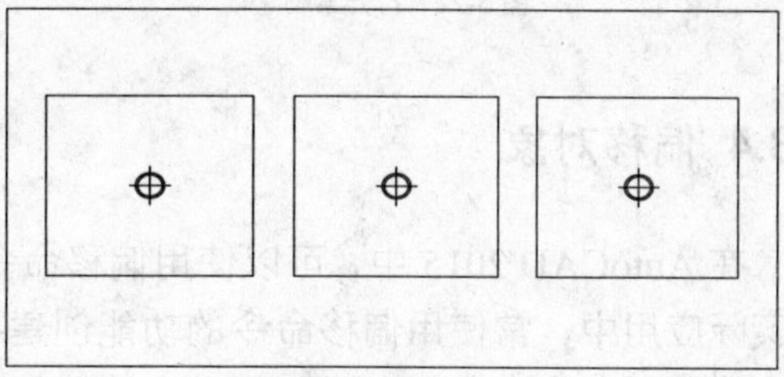

图 5-21　绘制灯具

技巧　根据命令行提示，在“指定第二个点或[阵列(A)]”命令行提示下输入“A”，即可以线性阵列的方式快速大量复制对象，从而大大提高了效率。

5.3.3 镜像对象

在 AutoCAD 2015 中，可以使用镜像命令，绕指定轴翻转对象，创建对称的镜像图像。可以通过以下方法镜像对象：

- 菜单栏：执行“修改”|“镜像”命令
- 面　板：单击“修改”面板中的“镜像”按钮
- 命令行：在命令行中输入 MIRROR/MI 并回车

执行该命令时，需要选择要镜像的对象，然后依次指定镜像线上的两个点，命令行将显示“要删除源对象吗？[是(Y)/否(N)] <N>:”提示信息。如果直接按回车键，则镜像复制对象，并保留原来的对象；如果输入 Y，则在镜像复制对象的同时删除原对象。

在 AutoCAD 2015 中，使用系统变量 MIRRTEXT 可以控制文字的镜像方向，如果 MIRRTEXT 值为 1，则文字完全镜像，镜像出来的文字变得不可读；如果 MIRRTEXT 值为 0，则文字不镜像。

课堂举例 5-4：　使用镜像命令绘制餐椅图形　　　　视频\第 5 章\课堂举例 5-4.mp4

01 按 Ctrl+O 组合键，打开配套光盘提供的“第 5 章\5.3.3 餐椅.dwg”文件，如图 5-22 所示。

02 单击“修改”面板中的“镜像”按钮，拾取餐桌左侧边中点为镜像第一点，右侧边中点为镜像第二点，镜像结果如图 5-23 所示。

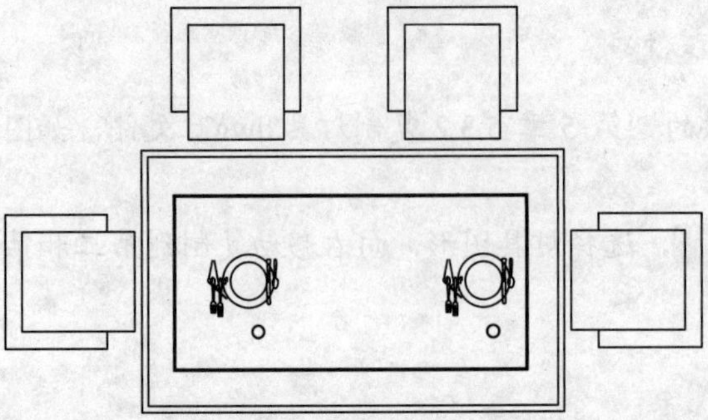

图 5-22 打开素材

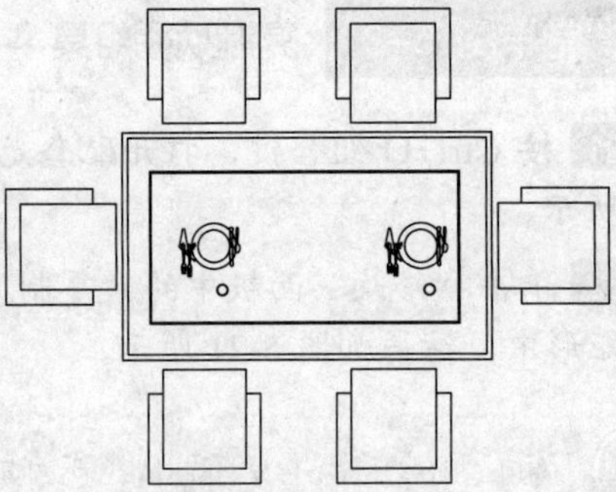

图 5-23 镜像复制

5.3.4 偏移对象

在 AutoCAD 2015 中，可以使用偏移命令，对指定的直线、圆弧和圆等对象做偏移复制。在实际应用中，常使用偏移命令的功能创建平行线或等距离分布的图形。

偏移对象命令主要有以下几种方法：

- 菜单栏：执行“修改”|“偏移”命令
- 面　板：单击“修改”面板中的“偏移”按钮
- 命令行：在命令行中输入 OFFSET/O 并回车

默认情况下首先需要指定偏移距离，然后指定偏移方向，以复制出对象。

课堂举例 5-5：使用偏移命令绘制窗户图形　　视频\第 5 章\课堂举例 5-5.mp4

01 按 Ctrl+O 组合键，打开配套光盘提供的“第 5 章\5.3.4 素材.dwg”文件，如图 5-24 所示。

02 单击“修改”面板中的“偏移”按钮，设置偏移距离为 80，向下偏移线段，结果如图 5-25 所示。

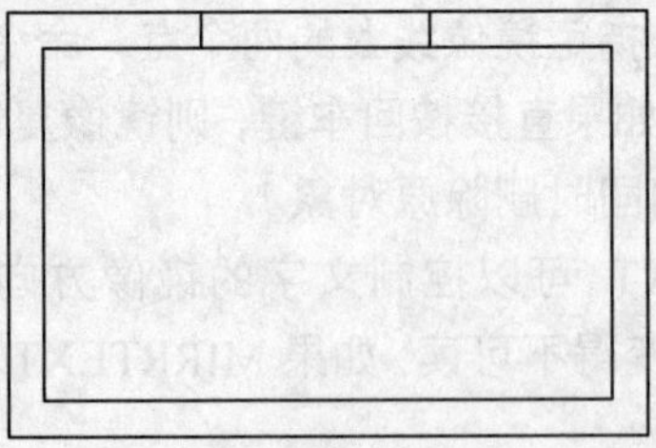

图 5-24 打开素材

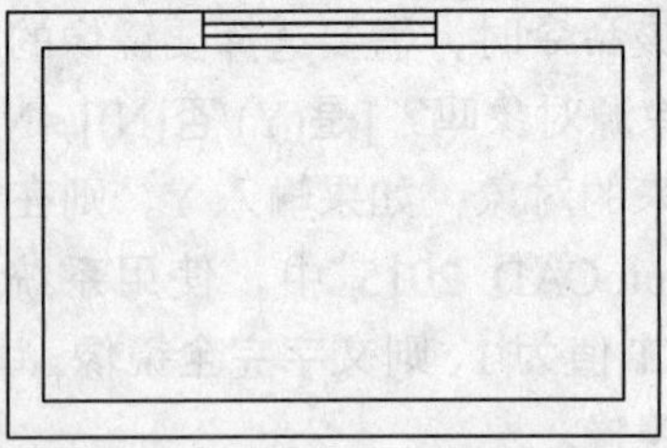

图 5-25 偏移绘制窗

5.3.5 阵列对象

在 AutoCAD 2015 中，可以通过阵列命令多重复制对象。阵列命令调用方法如下：

- 菜单栏：执行“修改”|“阵列”|“矩形阵列”/“路径阵列”/“环形阵列”命令
- 面　板：单击“修改”面板中的“阵列”按钮 / /
- 命令行：在命令行中输入 ARRAY/AR 并回车

通过以上任意方式调用 ARRAY 命令时，命令行会出现如下相关提示，提示用户设置阵列类型和相关参数。

```
命令：ARRAY↙                                                  //调用“阵列”命令
选择对象：                                                    //选择阵列对象
选择对象：↙                                                   //按回车键结束对象选择
输入阵列类型 [矩形(R)/路径(PA)/极轴(PO)] <矩形>:               //选择阵列类型
```

AutoCAD 2015 中阵列共有矩形阵列、极轴（环形）阵列以及路径阵列三种形式。接下来进行逐个了解。

AutoCAD 2015 对阵列命令进行了增强，当为矩形阵列选择了对象之后，它们会立即显示在 3 行 4 列的栅格中。在创建环形阵列时，在指定圆心后将立即在 6 个完整的环形阵列中显示选定的对象。为路径阵列选择对象和路径后，对象会立即沿路径的整个长度均匀显示。对于每种类型的阵列（矩形、环形和路径），在阵列对象上的多功能夹点上实行动态编辑相关的特性。

此外，只要“三维建模”和“三维基础”工作空间调用阵列命令，都会调出“阵列创建”面板，以快速修改阵列参数。

1. 矩形阵列

矩形阵列就是将图形呈矩形一样规则地进行排列。

课堂举例 5-6：矩形阵列快速绘制立面窗

视频\第 5 章\课堂举例 5-6.mp4

01 按 Ctrl+O 组合键，打开“5.3.5 矩形阵列.dwg”文件，如图 5-26 所示。

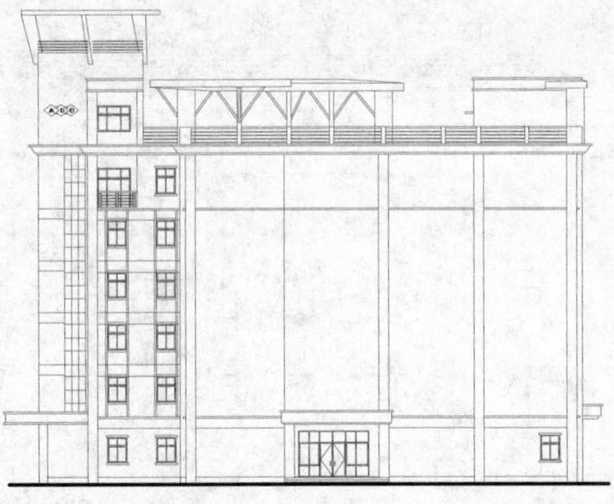

图 5-26　打开文件

02 选择建筑立面图右下角的窗图形，单击“修改”面板中的“矩形阵列”按钮，在阵列选项卡中设置参数如图 5-27 所示。

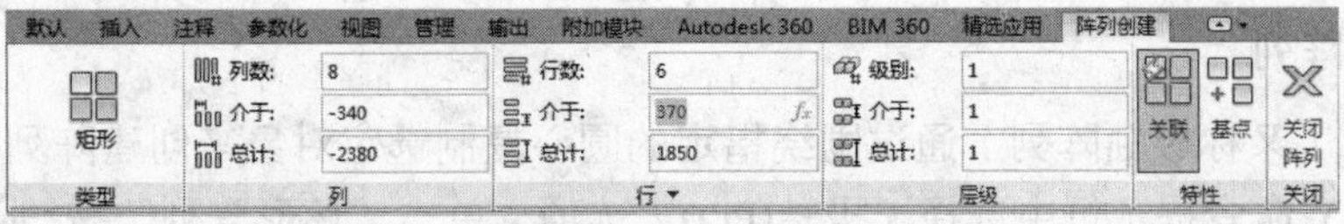

图 5-27　设置阵列参数

03 立面窗按照相应参数在墙面进行矩形排列，如图 5-28 所示，但立面大门位置的窗是多余的，需要删除。

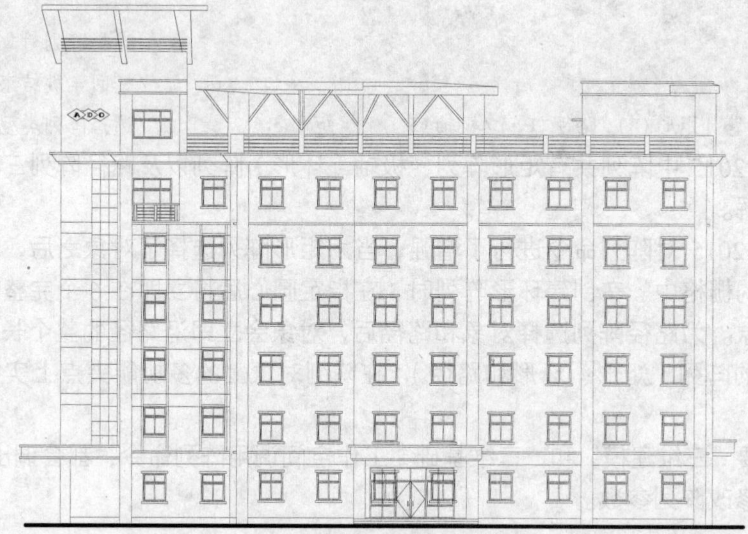

图 5-28　阵列结果

04 单击选择阵列生成的立面窗，所有立面窗即全部选择，按 Ctrl 键单击大门位置的两扇窗户，将其选中，然后按下 Delete 键将其删除，如图 5-29 所示。办公楼立面窗绘制完成。

图 5-29　删除阵列对象

2. 环形阵列

环形阵列（又称极轴阵列）通过围绕指定的圆心复制选定对象来创建阵列。

在 ARRAY 命令提示行中选择“极轴(PO)”选项、单击“环形阵列”按钮或直接输入 ARRAYPOLAR 命令，即可进行环形阵列。

课堂举例 5-7：环形阵列绘制吊灯

视频\第 5 章\课堂举例 5-7.mp4

01 按 Ctrl+O 快捷键，打开"5.3.5 环形阵列.dwg"文件，如图 5-30 所示。

02 调用 ARRAY/AR 命令，绘制吊灯周围的小灯，命令行操作如下：

```
命令:ARRAY↙                                          //调用"阵列"命令
选择对象: 找到 1 个↙                                  //选择灯泡图形
选择对象: ↙                                           //按回车键结束对象选择
输入阵列类型 [矩形(R)/路径(PA)/极轴(PO)] <矩形>: PO↙          //选择"极轴"阵列类型
类型 = 极轴  关联 = 是
指定阵列的中心点或 [基点(B)/旋转轴(A)]:                //拾取大圆的中心点作为阵列的中心点
选择夹点以编辑阵列或 [关联(AS)/基点(B)/项目(I)/项目间角度(A)/填充角度(F)/行(ROW)/
层(L)/旋转项目(ROT)/退出(X)] <退出>: F↙               //选择"填充角度(F)"选项
指定填充角度(+=逆时针、-=顺时针)或 [表达式(EX)] <360>: 360↙ //输入填充角度
选择夹点以编辑阵列或 [关联(AS)/基点(B)/项目(I)/项目间角度(A)/填充角度(F)/行(ROW)/
层(L)/旋转项目(ROT)/退出(X)] <退出>: I↙               //选择"项目(I)"选项
输入阵列中的项目数或 [表达式(E)] <8>: 8↙               //输入项目数
选择夹点以编辑阵列或 [关联(AS)/基点(B)/项目(I)/项目间角度(A)/填充角度(F)/行(ROW)/
层(L)/旋转项目(ROT)/退出(X)] <退出>:↙                 //按回车键完成阵列
```

03 极轴阵列结果如图 5-31 所示，吊灯绘制完成。

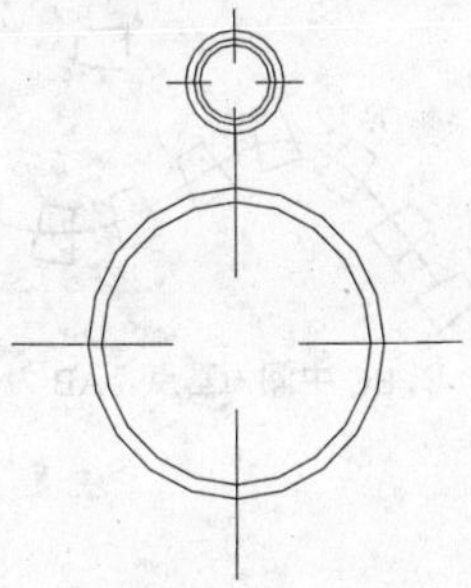

图 5-30　打开图形

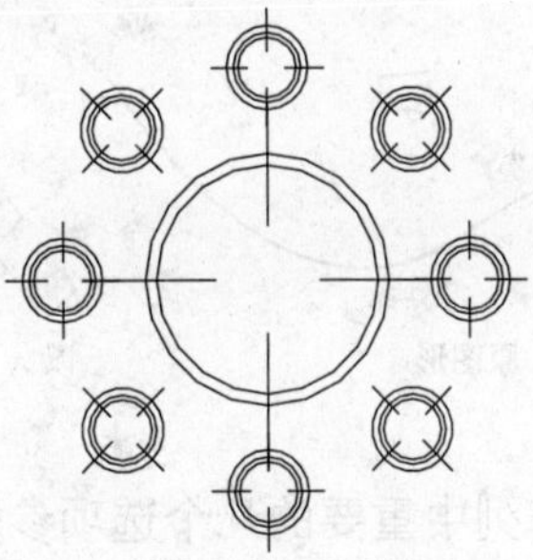

图 5-31　环形阵列结果

3. 路径阵列

路径阵列方式沿路径或部分路径均匀分布对象副本，其路径可以是直线、多段线、三维多段线、样条曲线、螺旋、圆弧、圆或椭圆。

课堂举例 5-8：路径阵列绘制顶棚射灯

视频\第 5 章\课堂举例 5-8.mp4

01 按 Ctrl+O 快捷键，打开"5.3.5 路径阵列.dwg"文件，如图 5-32 所示。

02 调用"阵列"命令，在曲线路径上布置射灯图形，命令行操作如下：

```
命令:ARRAY↙                                          //调用"阵列"命令
选择对象: 找到 1 个↙                                  //选择灯具图形
选择对象: ↙                                           //按回车键结束对象选择
```

```
    输入阵列类型 [矩形(R)/路径(PA)/极轴(PO)] <极轴>: pa↙     //选择“路径(PA)”选项
    类型 = 路径  关联 = 是
    选择路径曲线:                                            //选择顶棚曲线作为路径曲线
    选择夹点以编辑阵列或 [关联(AS)/方法(M)/基点(B)/切向(T)/项目(I)/行(R)/层(L)/对齐项
目(A)/Z 方向(Z)/退出(X)] <退出>: I↙                          //选择“项目(I)”选项
    指定沿路径的项目之间的距离或 [表达式(E)] <16.444>: 820↙ //输入阵列图形之间的距离
    最大项目数 = 13
    指定项目数或 [填写完整路径(F)/表达式(E)] <8>: 13↙         //输入阵列的数量
    选择夹点以编辑阵列或 [关联(AS)/方法(M)/基点(B)/切向(T)/项目(I)/行(R)/层(L)/对齐项
目(A)/Z 方向(Z)/退出(X)] <退出>:↙                            //按回车键应用阵列
```

03 路径阵列结果如图 5-33 所示，顶棚射灯绘制完成。

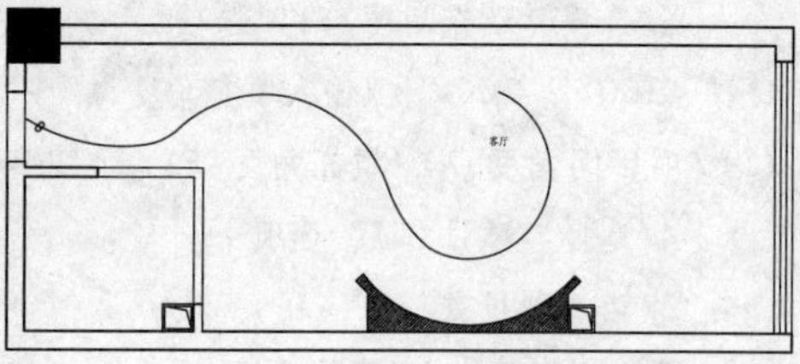

图 5-32　打开图形

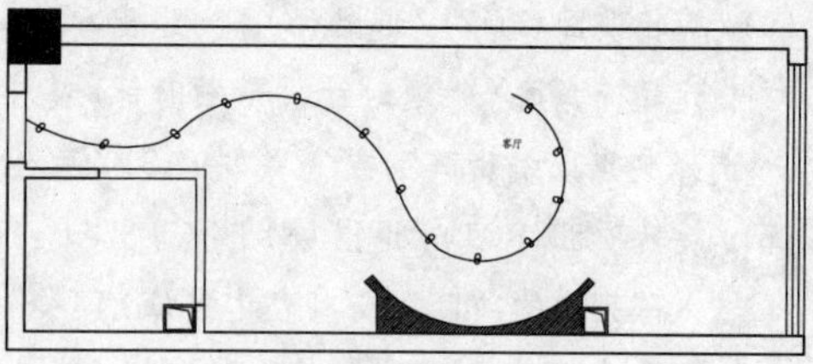

图 5-33　路径阵列

在路径阵列过程中，选择不同的基点和方向矢量，将得到不同的路径阵列结果，如图 5-34 所示。

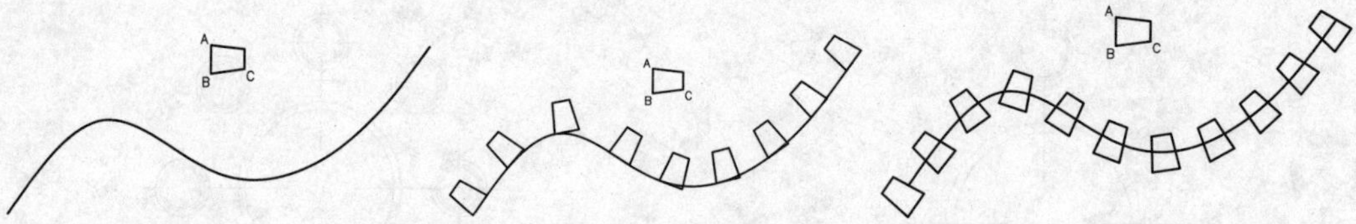

原图形　　以 A 点为基点，AB 为方向矢量　　以 BC 中间为基点，AB 为方向矢量

图 5-34　路径阵列

路径阵列中重要的几个选项参数含义如下：

- 方向(O)：控制选定对象是否将相对于路径起始方向重定向（旋转），然后再移动到路径的起点。“两点(2P)”选项指定两个点来定义与路径的起始方向一致的方向，如图 5-35 所示。“法线(NOR)”选项使阵列图形法线方向与路径对齐，如图 5-36 所示。

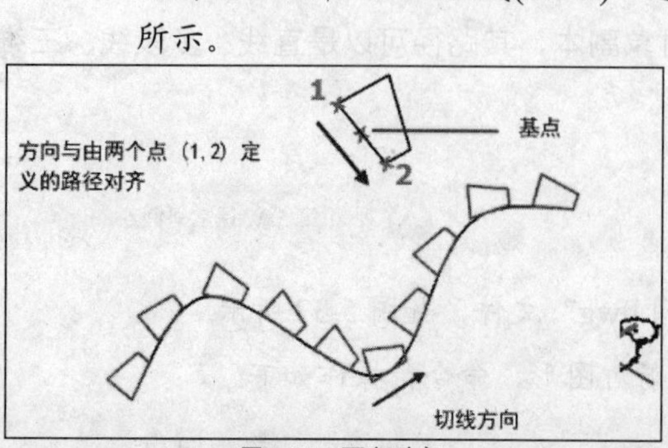

图 5-35　两点对齐

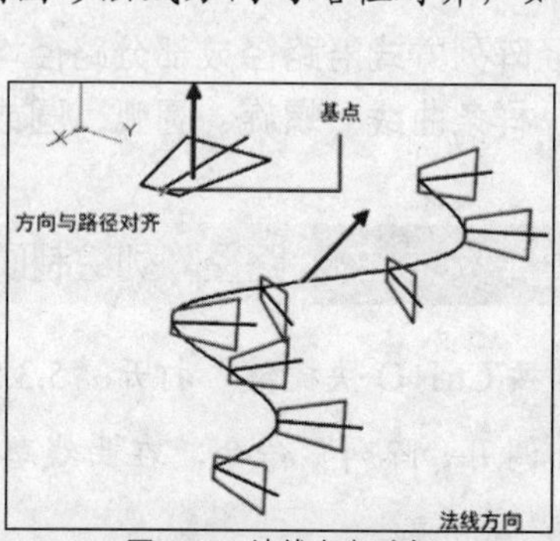

图 5-36　法线方向对齐

- 对齐项目(A)：指定是否对齐每个项目以与路径的方向相切，如图 5-37 所示。

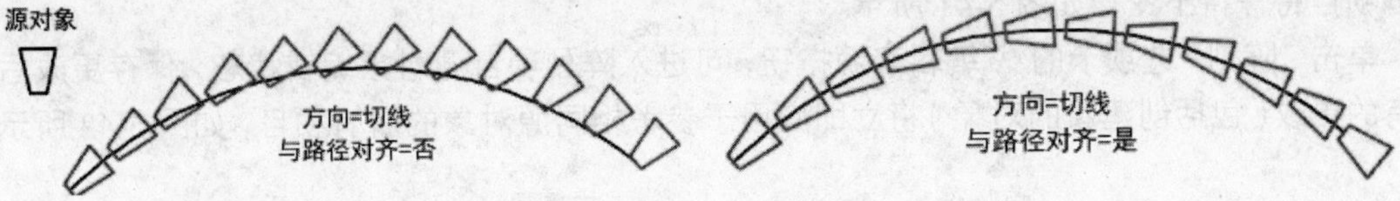

图 5-37 对齐项目

4. 编辑关联阵列

在阵列创建完成后，所有阵列对象可以作为一个整体进行编辑。要编辑阵列特性，可使用 ARRAYEDIT 命令、“特性”选项板或夹点。

单击选择阵列对象后，阵列对象上将显示三角形和方形的蓝色夹点，拖动中间的三角形夹点，可以调整阵列项目之间的距离，拖动一端的三角形夹点，可以调整阵列的数目，如图 5-38 所示。

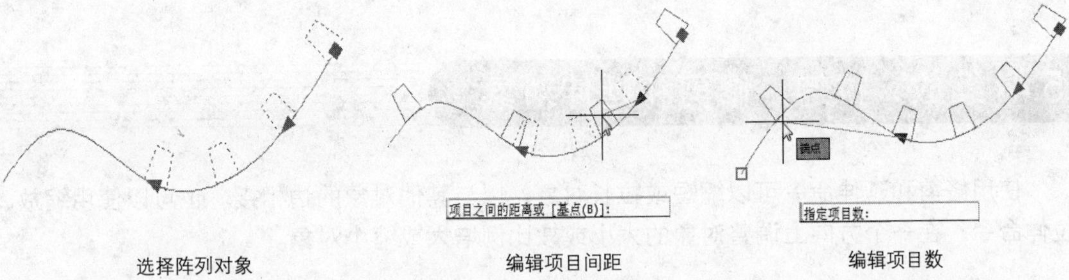

选择阵列对象
编辑项目间距
编辑项目数

图 5-38 通过夹点编辑阵列

如果当前使用的是“草图与注释”等空间，在选择阵列对象时会出现相应的“阵列”选项卡，以快速设置阵列的相关参数，如图 5-39 所示。

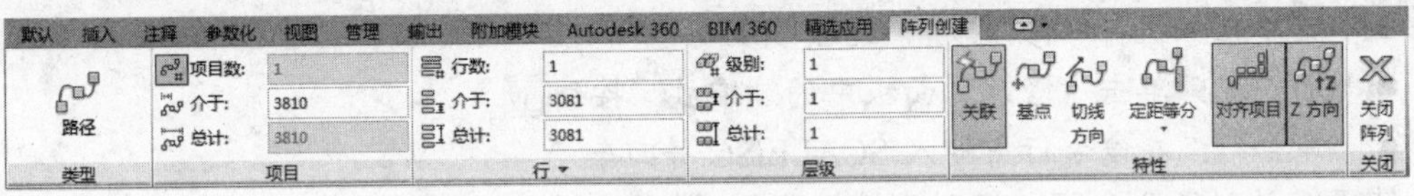

图 5-39 阵列选项卡

按 Ctrl 键并单击阵列中的项目，可以单独删除、移动、旋转或缩放选定的项目，而不会影响其余的阵列，如图 5-40 所示。

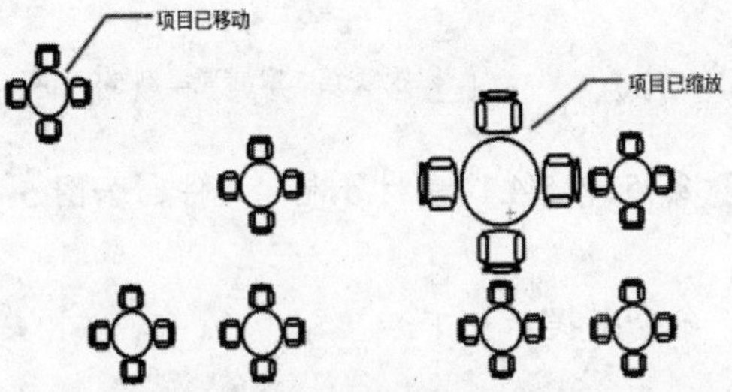

图 5-40 单独编辑阵列项目

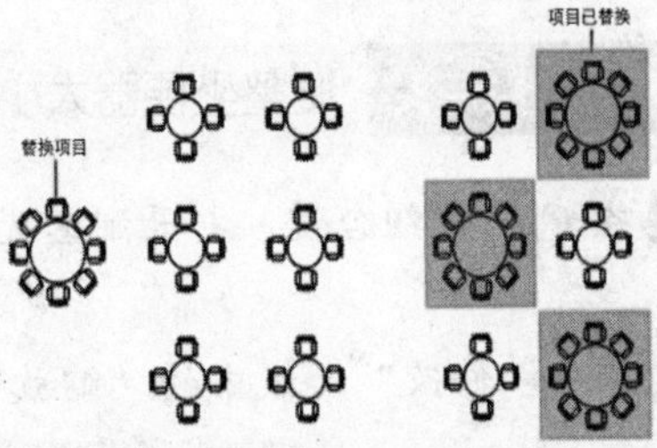

图 5-41 替换阵列项目

单击“阵列”选项卡的替换项目按钮，用户可以使用其他对象替换选定的项目，其他阵列项目将保持不变，如图 5-41 所示。

单击“阵列”选项卡的编辑来源按钮，可进入阵列项目源对象编辑状态，保存更改后，所有的更改（包括创建新的对象）将立即应用于参考相同源对象的所有项目，如图 5-42 所示。

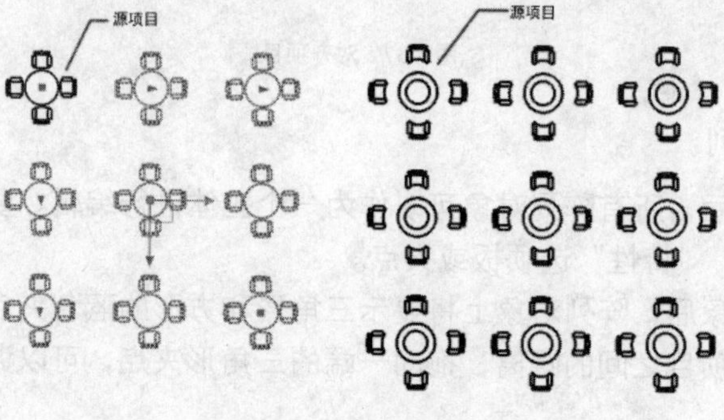

图 5-42　编辑阵列源项目

5.4 缩放、拉伸、修剪和延伸对象

使用修剪和延伸命令可以缩短或拉长对象，以与其他对象的边相接。也可以使用缩放、拉伸命令，在一个方向上调整对象的大小或按比例增大或缩小对象。

5.4.1 缩放对象

在 AutoCAD 2015 中，缩放对象可以调整对象大小，使其按比例增大或缩小。“缩放”命令调用方法如下：

- 菜单栏：执行“修改”|“缩放”命令
- 面　板：单击“修改”面板中的“缩放”按钮
- 命令行：在命令行中输入 SCALE/SC 并回车

使用缩放对象命令可以将对象按指定的比例因子相对于基点进行尺寸缩放。先选择对象，然后指定基点，命令提示行显示“指定比例因子或 [复制(C)/参照(R)] <1.0000>:”提示信息。如果直接指定缩放的比例因子，对象将根据该比例因子相对于基点缩放，当比例因子大于 0 而小于 1 时缩小对象，当比例因子大于 1 时放大对象。

课堂举例 5-9：调整坐便器大小　　视频\第 5 章\课堂举例 5-9.mp4

01 按 Ctrl+O 组合键，打开配套光盘提供的“第 5 章\5.4.1 素材.dwg”文件，如图 5-43 所示。

02 单击“修改”面板中的“缩放”按钮，命令行提示如下：

```
命令: SCALE↙
选择对象: 找到 1 个                              //选择坐便器
指定基点:                                        //指定基点
指定比例因子或 [复制(C)/参照(R)]: 0.65↙           //输入比例因子，按回车键结束绘制
```

03 调整坐便器大小比例结果如图 5-44 所示。

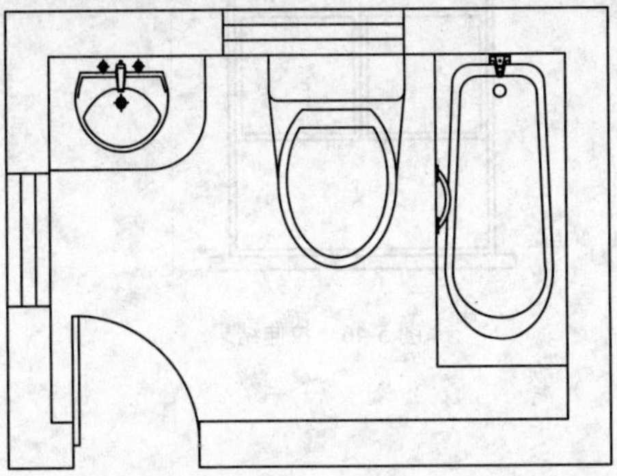

图 5-43 打开素材

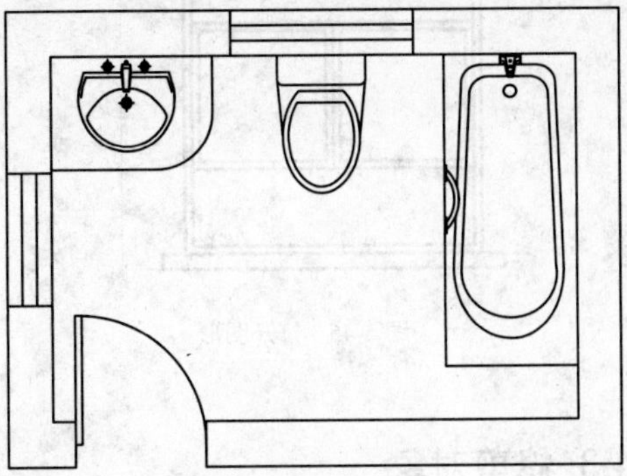

图 5-44 缩放结果

5.4.2 拉伸对象

拉伸命令可以将选择对象按规定的方向和角度拉长或缩短，并且使对象的形状发生改变，通过以下方法可以拉伸对象：

- 菜单栏：执行“修改”|“拉伸”命令
- 面 板：单击“修改”面板中的“拉伸”按钮
- 命令行：在命令行中输入 STRETCH/S 并回车

执行该命令时，可以使用“窗交”方式或者“圈交”方式选择对象，然后依次指定位移基点和位移矢量，将会移动全部位于选择窗口之内的对象，并拉伸与选择窗口边界相交的对象。

如图 5-46 所示的窗户整体高度为 2250，下面通过“拉伸”命令调整窗台高度，将窗户整体高度调整为 2550。

课堂举例 5-10：拉伸调整窗户高度

视频\第 5 章\课堂举例 5-10.mp4

01 按 Ctrl+O 组合键，打开“5.4.2 拉伸.dwg”文件，如图 5-45 所示。

02 单击“修改”面板中的“拉伸”按钮，命令行提示如下：

```
命令：_stretch↙                                //调用“拉伸”命令
以交叉窗口或交叉多边形选择要拉伸的对象...
选择对象：指定对角点：找到 1 个                 //交叉框选下方窗台图形，如图 5-46 所示
选择对象：↙                                    //按回车键结束对象选择
指定基点或 [位移(D)] <位移>：                   //拾取窗台下沿端点
指定第二个点或 <使用第一个点作为位移>：300↙     //垂直向下移动光标，指定拉伸的方向，然后
在命令行输入拉伸距离
```

03 立面窗拉伸结果如图 5-46 所示。

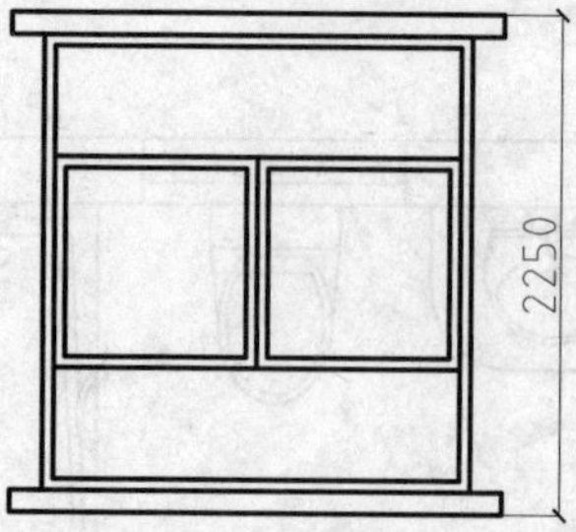

图 5-45　打开图形

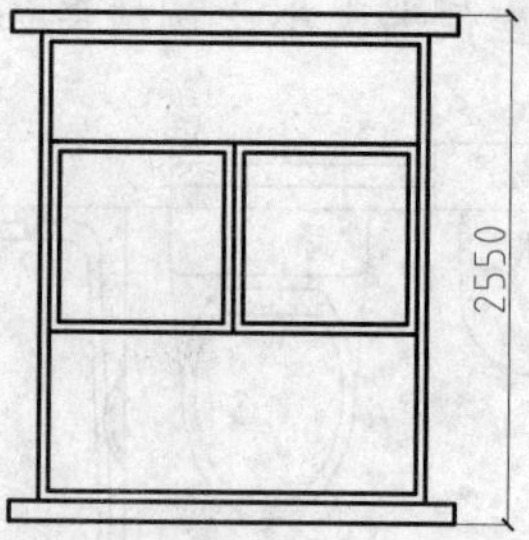

图 5-46　拉伸结果

5.4.3 修剪对象

修剪是将超出边界的多余部分修剪删除掉。在命令执行过程中，需要设置的参数有修剪边界和修剪对象两类。在选择修剪对象时，需要注意光标所在的位置，需要删除哪一部分，则在该部分上单击。在修剪图形时，将光标移至需要修剪处，可以快速预览修剪的结果。

修剪命令调用方法如下：

- 菜单栏：执行“修改”|“修剪”命令
- 面　板：单击“修改”面板中的“修剪”按钮
- 命令行：在命令行中输入 TRIM/TR 并回车

课堂举例 5-11：修剪洗手台外轮廓

视频\第 5 章\课堂举例 5-11.mp4

01 按 Ctrl+O 组合键，打开配套光盘提供的“第 5 章\5.4.3 修剪.dwg”文件，如图 5-47 所示。

02 单击“修改”面板中的“修剪”按钮，首先选择圆为修剪边界，然后选择圆内的台面线为修剪对象，修剪结果如图 5-48 所示。

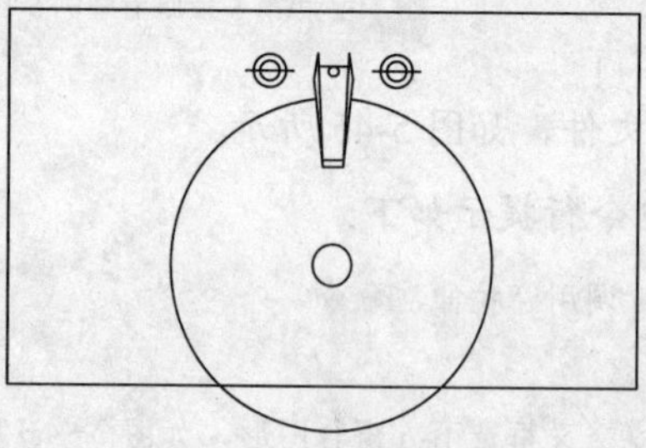

图 5-47　打开素材

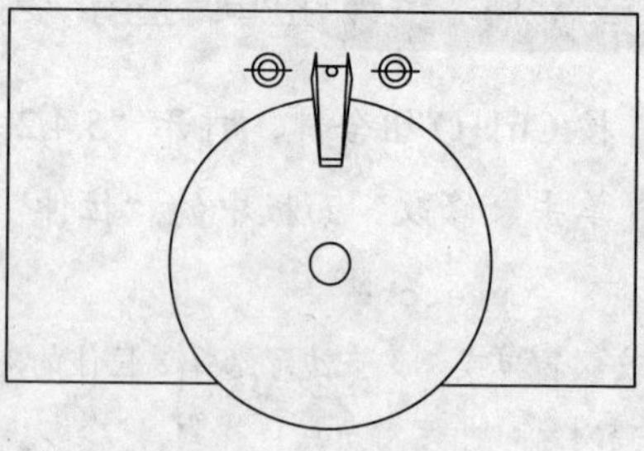

图 5-48　修剪结果

5.4.4 延伸对象

延伸命令用于将没有和边界相交的部分延伸补齐，它和修剪命令是一组相对的命令。在命令执行过程中，需要设置的参数有延伸边界和延伸对象两类，如图 5-49 所示。

修剪命令调用方法如下：

- 菜单栏：执行“修改”|“延伸”命令
- 面　板：单击“修改”面板中的“延伸”按钮
- 命令行：在命令行中输入 EXTEND/EX 并回车

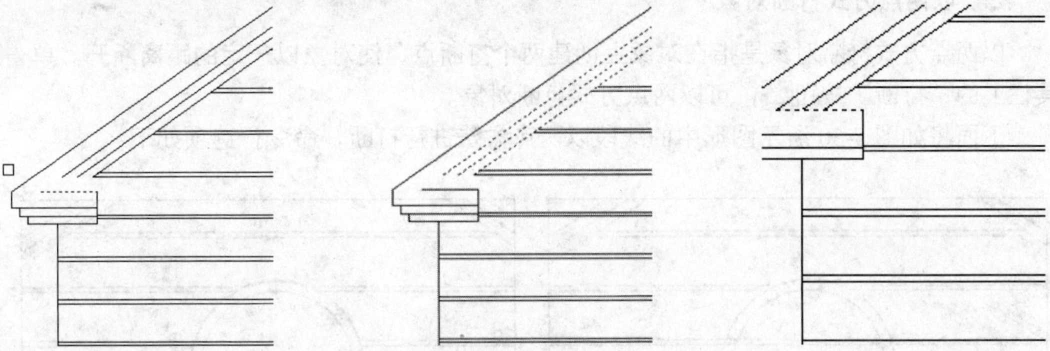

选择延伸边界
选择延伸对象
延伸结果

图 5-49　延伸对象示例

技巧　在使用“修剪”命令时，如果按下 Shift 键，同时选择与修剪边不相交的对象，修剪将变为延伸，选择的对象延伸至与修剪边界相交。而在使用“延伸”命令时如果按下 Shift 键，此时该命令可以“修剪”的功能。

5.5 打断、合并和分解对象

在 AutoCAD 2015 中，可以运用打断、分解、合并工具编辑图形，使其在总体形状不变的情况下对局部进行编辑。

5.5.1 打断对象

打断对象是指把已有的线条分离为两段，被分离的线段只能是单独的线条，不能打断任何组合形体，如图块等。该命令主要有如下几种方法：

- 菜单栏：执行“修改”|“打断”命令
- 面　板：单击“修改”面板中的“打断”按钮或“打断于点”按钮
- 命令行：在命令行中输入 BREAK/BR 并回车

1. 将对象打断于一点

将对象打断于一点是指将线段进行无缝断开，分离成两条独立的线段，但线段之间没有空隙。单击工具栏上的“打断于点”按钮，可对线条进行无缝断开操作，命令行选项如下：

```
命令：_BREAK                                  //调用“打断于点”命令
选择对象：                                    //选择要打断的对象
指定第二个打断点或[第一点(F)]：_f             //系统自动选择“第一点”选项，表
示重新指定打断点
```

指定第一个打断点：　　//在对象上要打断的位置单击

指定第二个打断点：@　　//系统自动输入@符号，表示第二个打断点与第一个打断点为同一点，然后系统将对象无缝断开，并退出打断命令

2. 以两点方式打断对象

以两点方式打断对象是指在对象上创建两个打断点，使对象以一定的距离断开。单击工具栏上的“打断”按钮，可以两点方式打断对象。

下面将如图5-50所示图形中的线段以两点方法进行打断，命令行选项如下：

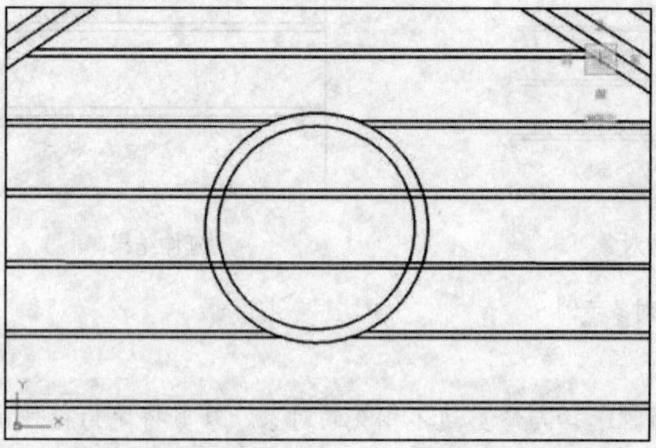

打断前

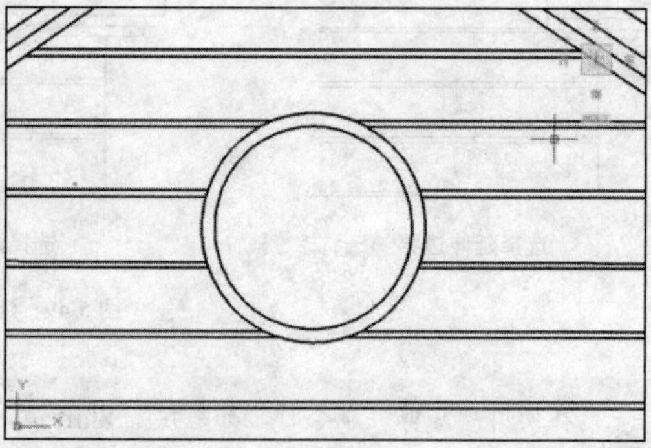

打断后

图 5-50　打断命令示例

命令:BREAK↙　　//调用“打断”命令

选择对象：　　//选择矩形

指定第二个打断点 或 [第一点(F)]:f↙　　//选择“第一点(F)”选项

指定第一个打断点：　　//捕捉并单击线条与圆最左侧相交的点，指定第一个打断点

指定第二个打断点：　　//捕捉并单击线条与圆最右侧相交的点，打断第一条直线，然后重复操作，得到打断效果如图5-50所示

5.5.2 合并对象

合并图形是指将相似的图形对象合并为一个对象，可以合并的对象包括圆弧、椭圆弧、直线、多段线和样条曲线，该命令主要有如下几种方法：

- 菜单栏：执行“修改”|“合并”命令
- 面　板：单击“修改”面板中的“合并”按钮
- 命令行：在命令行中输入 JOIN/J 并回车

下面将如图5-51所示圆弧合并为圆，介绍合并命令的用法，命令选项如下：

命令：JOIN↙　　//调用“合并”命令

选择源对象：　　//选择圆弧

选择圆弧，以合并到源或进行[闭合(L)]:L↙　　//选择“闭合(L)”选项

已将圆弧转换为圆　　//合并效果如图5-51所示

图 5-51 合并图形示例

5.5.3 分解对象

分解命令主要用于将复合对象，如多段线、图案填充和块等对象，还原为一般对象。任何被分解对象的颜色、线型和线宽都可能会改变，其他结果取决于所分解的合成对象的类型。

调用分解命令方法如下：

- 菜单栏：执行“修改”|“分解”命令
- 面 板：单击“修改”面板中的“分解”按钮
- 命令行：在命令行中输入 EXPLODE/X 并回车

执行上述任意一种操作后，命令行选项如下：

```
命令：EXPLODE↙                              //调用“分解”命令
选择对象：找到 1 个
选择对象:↙                                  //按回车键结束对象的选择，选择的对象即被分解
```

如图 5-52 所示为树木图例分解前后的效果对比。

图 5-52 分解前后对比

5.5.4 倒角对象

“倒角”命令用于两条非平行直线或多段线做出有斜度的倒角，如图 5-53 所示，通常在修改墙体时会用到，其命令主要有如下几种方法：

- 菜单栏：执行“修改”|“倒角”命令
- 面 板：单击“修改”面板中的“倒角”按钮
- 命令行：在命令行中输入 CHAMFER/CHA 并回车

执行上述任意一种操作后，命令行操作如下：

```
命令：CHAMFER↙                                                    //调用“倒角”命令
（“修剪”模式）当前倒角距离 1 = 0.0000，距离 2 = 0.0000            //系统提示当前倒角设置
选择第一条直线或 [放弃(U)/多段线(P)/距离(D)/角度(A)/修剪(T)/方式(E)/多个(M)]：
                                                                  //选择第一个倒角对象
选择第二条直线，或按住 Shift 键选择要应用角点的直线：                //选择第二个倒角对象，完成倒角
```

图 5-53　倒角命令示例

命令执行过程中部分选项的含义如下：

- 多段线(P)：选择该选项，则可对由多段线组成的图形的所有角同时进行倒角。
- 角度(A)：以指定一个角度和一段距离的方法来设置倒角的距离。
- 修剪(T)：设定修剪模式，控制倒角处理后是否删除原角组成对象，默认为删除。
- 多个(M)：选择该选项，可连续对多组对象进行倒角处理，直至结束命令为止。

5.5.5 圆角对象

圆角与倒角类似，它是将两条相交的直线通过一个圆弧连接起来，圆弧半径可以自由指定。该命令主要有如下几种方法：

- 菜单栏：执行“修改”|“圆角”命令
- 面　板：单击“修改”面板中的“圆角”按钮
- 命令行：在命令行中输入 FILLET/F 并回车

执行上述任意一种操作后，命令选项如下：

```
命令：FILLET↙                                                     //调用“圆角”命令
当前设置：模式 = 修剪，半径 = 0.0000                                //系统提示当前圆角设置
选择第一个对象或 [放弃(U)/多段线(P)/半径(R)/修剪(T)/多个(M)]:R↙
                                                                  //选择“半径(R)”选项
指定圆角半径 <0.0000>: 200↙                                        //输入圆角半径
选择第一个对象或[放弃(U)/多段线(P)/半径(R)/修剪(T)/多个(M)]：
                                                                  //选择第一个圆角对象
选择第二个对象，或按住 Shift 键选择要应用角点的对象：                //选择第二个圆角对象，完成圆角，如图 5-54 所示
```

5.6 使用夹点编辑对象

所谓夹点指的是图形对象上的一些特征点，如端点、顶点、中点、中心点等，如图 5-55

所示，图形的位置和形状通常是由夹点的位置决定的。在 AutoCAD 中，夹点是一种集成的编辑模式，利用夹点可以编辑图形的大小、位置、方向以及对图形进行镜像复制操作等。

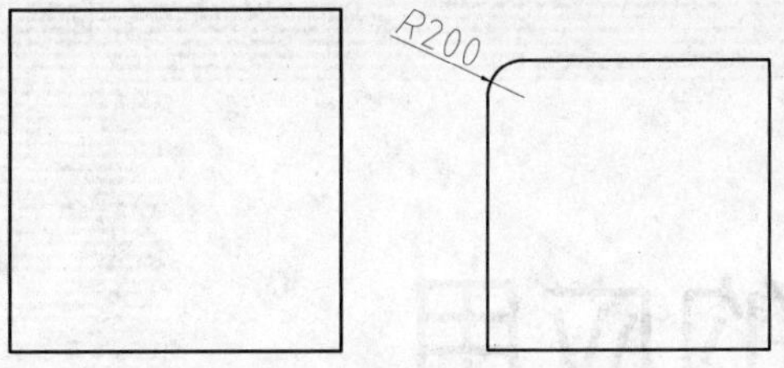

圆角前　　圆角后

图 5-54　圆角命令示例

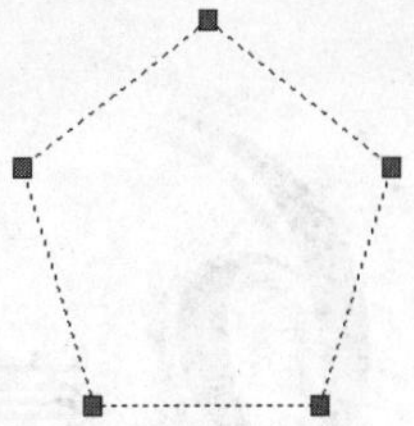

图 5-55　夹点示意图

5.6.1 使用夹点拉伸对象

在不执行任何命令的情况下选择对象，显示其夹点，然后单击其中一个夹点作为拉伸基点，命令行提示拉伸点，指定拉伸点后，AutoCAD 把对象拉伸或移动到新的位置。因为对于某些夹点，移动时只能移动对象而不能拉伸对象，如文字、块、直线中点、圆心、椭圆中心和点对象上的夹点。

5.6.2 使用夹点移动对象

移动对象仅仅是位置上的平移，对象的方向和大小并不会改变，要精确地移动对象，可使用捕捉模式、坐标、夹点和对象捕捉模式。在夹点编辑模式下确定基点后，在命令提示行下输入 MO 进入移动模式。

5.6.3 使用夹点旋转对象

在夹点编辑模式下，确定基点后，在命令行提示下输入 RO 进入旋转模式。

5.6.4 使用夹点缩放对象

在夹点编辑模式下确定基点后，在命令行提示下输入 SC 进入缩放模式。默认情况下，当确定了缩放的比例因子后，AutoCAD 将相对于基点进行缩放对象操作。当比例因子大于 1 时放大对象；当比例因子大于 0 而小于 1 时缩小对象。

5.6.5 使用夹点镜像对象

与镜像命令的功能相似，镜像操作后将删除原对象。在夹点编辑模式下确定基点后，在命令提示行输入 MI 进入镜像模式。

第6章 图层的应用

本章导读

图层是 AutoCAD 提供给用户的组织图形的强有力工具。AutoCAD 的图形对象必须绘制在某个图层上，它可能是默认的图层，也可以是用户自己创建的图层。利用图层的特性，如颜色、线型、线宽等，可以非常方便地区分不同的对象。此外 AutoCAD 还提供了大量的图层管理功能（打开/关闭、冻结/解冻、加锁/解锁等），这些功能使用户在组织复杂的图层结构时非常方便。

本章将详细介绍图层的创建、特性的设置、控制图层状态以及保存和调用图层的使用方法。

本章重点

- 图层的创建和特性的设置
- 打开与关闭图层
- 冻结与解冻图层
- 锁定与解锁图层
- 设置当前图层
- 删除多余图层
- 保存图层状态
- 调用图层特性及状态
- 建筑制图图层设置原则

6.1　图层的创建和特性的设置

图形对象越多越复杂，所涉及的图层也越多，这就需要学会使用和管理图层的正确方法。默认情况下创建的图层的特性是延续上一个图层，为了更好地区别各个图层，还可以对图层的特性进行设置。

6.1.1　创建新图层和重命名图层

默认情况下，创建的图层会依次以“图层 1”“图层 2”进行命名。为了更直接地表现该图层上绘制的图形对象，可以将其重命名。

1. 创建新图层

创建新图层需要在“图层特性管理器”对话框中进行，打开该对话框方法如下：

- 菜单栏：执行“格式”|“图层”命令
- 面板：单击“图层”面板中的“图层特性”按钮。
- 命令行：在命令行中输入 LAYER/LA 并回车

执行上述任意一种操作后，都将打开“图层特性管理器”对话框，图层的所有操作都可在该对对话框中完成。

下面以创建新图层为例，具体讲解创建新图层的方法。

课堂举例 6-1：创建新图层　　视频\第 6 章\课堂举例 6-1.mp4

01 在命令提示行中输入 LAYER 命令，打开“图层特性管理器”对话框，单击“新建图层”按钮，如图 6-1 所示。

02 此时，在中间的列表框中出现一个名为“图层 1”的新图层，按照相同方法再创建 1 个新图层，效果如图 6-2 所示。

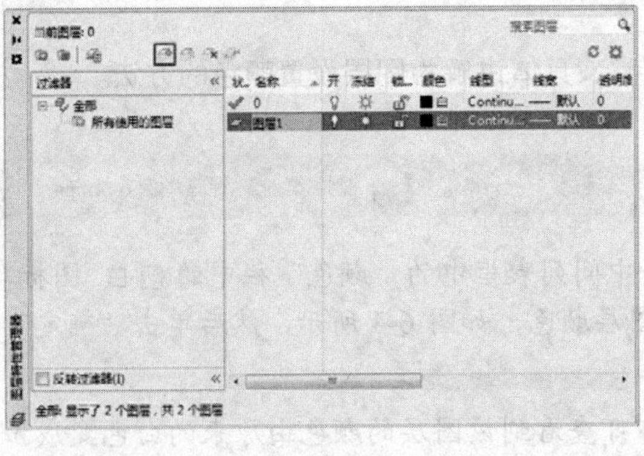

图 6-1　新建图层

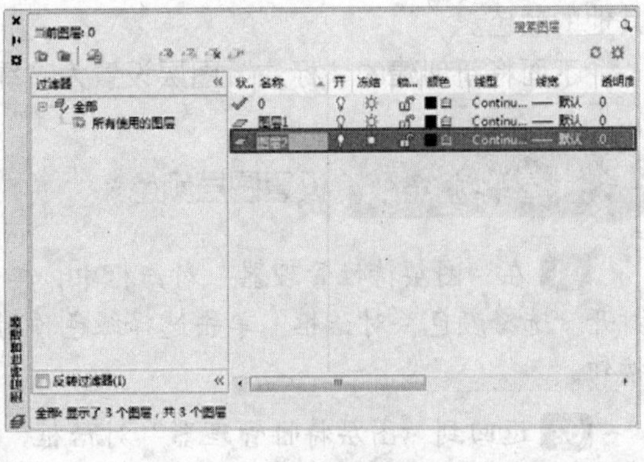

图 6-2　创建其他图层

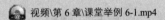

2. 重命名图层

在图层特性管理器面板中，选择需要重命名的图层后，按 F2 键即可对选择图层重命名。

课堂举例 6-2：重命名图层

视频\第 6 章\课堂举例 6-2.mp4

01 选择需要重命名的图层，按 F2 键，图层名称处于可编辑状态。

02 输入需要的名称，如这里输入“标注”文本，然后按回车键，如图 6-3 所示。最后单击，完成重命名图层。

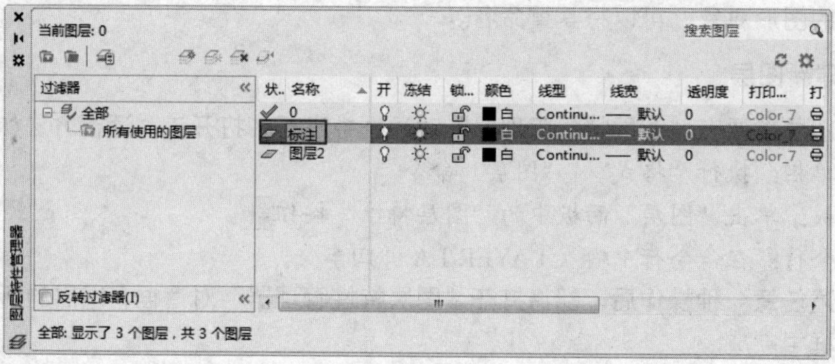

图 6-3 重命名图层

6.1.2 图层特性的设置

图层特性是指图层颜色、线型、线宽、打印样式和可打印性等图层的属性，用户对图层的这些特性进行设置后，该图层上所有图形对象的特性就会随之发生改变。

1. 设置图层颜色

在绘图过程中，为了区分不同的对象，通常将图层设置为不同的颜色。AutoCAD 提供的 7 种标准颜色，即红色、黄色、绿色、青色、蓝色、紫色和白色，用户也可以将图层设置为其他的颜色。

下面将新创建的“标注”图层设置为“绿色”，具体讲解为图层设置颜色的方法。

课堂举例 6-3：设置图层颜色

视频\第 6 章\课堂举例 6-3.mp4

01 在“图层特性管理器”对话框中，单击中间列表框中的“颜色”栏中的 □白 图标，打开“选择颜色”对话框，单击选择绿色作为图层颜色，如图 6-4 所示，然后单击“确定”按钮。

02 返回到“图层特性管理器”对话框，即可查看到该图层的颜色由原来的白色变成了绿色，如图 6-5 所示。

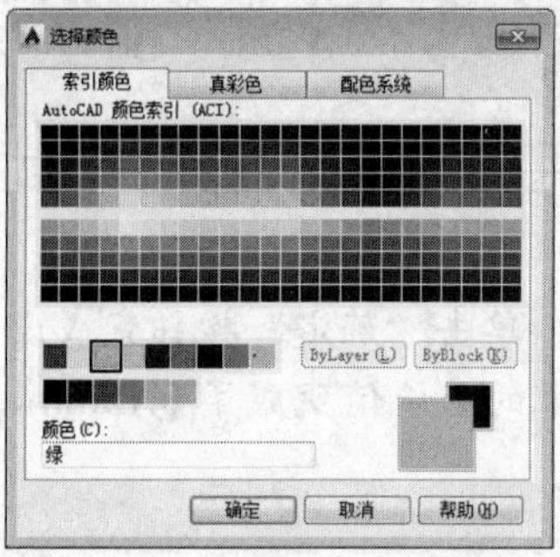

图 6-4　“选择颜色”对话框

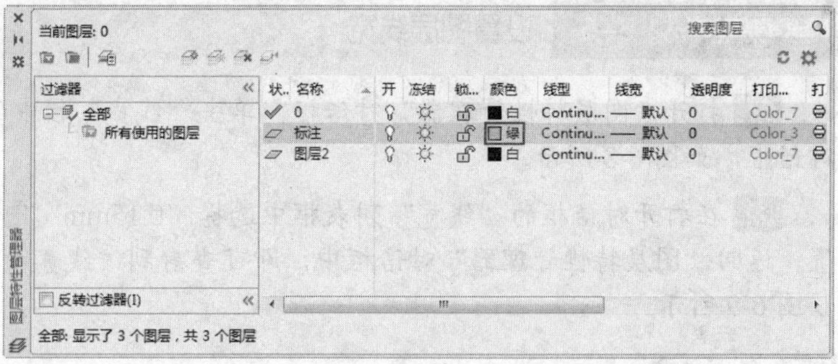

图 6-5　更换图层颜色

2．设置图层线型

不同的线型表示的含义也不同，默认情况下是 Continuous 线型，若需要绘制辅助线等对象，则会用到不同的线型，因此就需要对图层线型进行设置。

课堂举例 6-4：设置图层线型

视频\第 6 章\课堂举例 6-4.mp4

01 打开“图层特性管理器”对话框，选择要修改的图层，单击该图层的默认 Continuous 线型，打开如图 6-6 所示的“选择线型”对话框。

02 该对话框中列出了当前已加载的线型，若所需线型不在列表框中，单击“加载”按钮，打开如图 6-7 所示“加载或重载线型”对话框。

03 在该对话框中选择需要加载的线型，单击“确定”按钮完成加载，返回“选择线型”对话框中，选择刚才加载的线型，单击“确定”按钮完成设置。

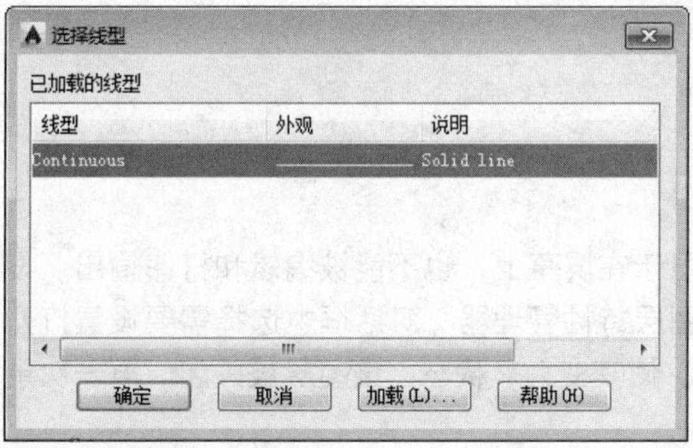

图 6-6　“选择线型”对话框

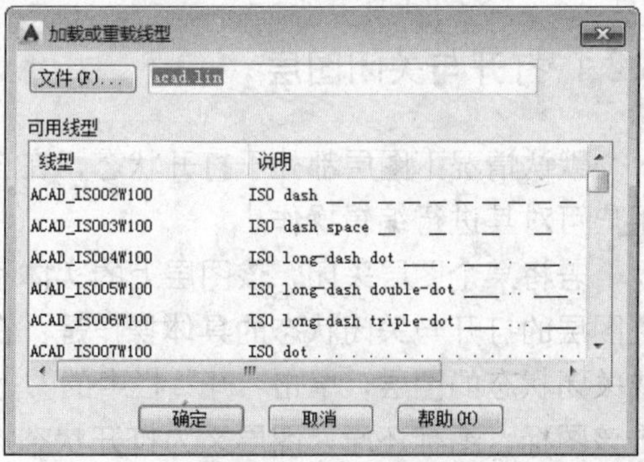

图 6-7　“加载或重载线型”对话框

3．设置图层线宽

通常在对图层进行颜色和线型设置后，还需对图层的线宽进行设置，这样在打印时不必再设置线宽。

下面通过将“图层 2”的线宽设置为“0.15mm”，具体讲解设置图层线宽的方法。

课堂举例 6-5：设置图层线宽　　视频\第 6 章\课堂举例 6-5.mp4

01 打开“图层特性管理器”对话框，单击“线宽”栏中的 —— 默认 图标，打开“线宽”对话框，如图 6-8 所示。

02 在打开对话框的“线宽”列表框中选择“0.15mm”选项，单击“确定”按钮完成设置，返回“图层特性管理器”对话框中，即可查看到该线宽由原来的默认值变成了 0.15mm，如图 6-9 所示。

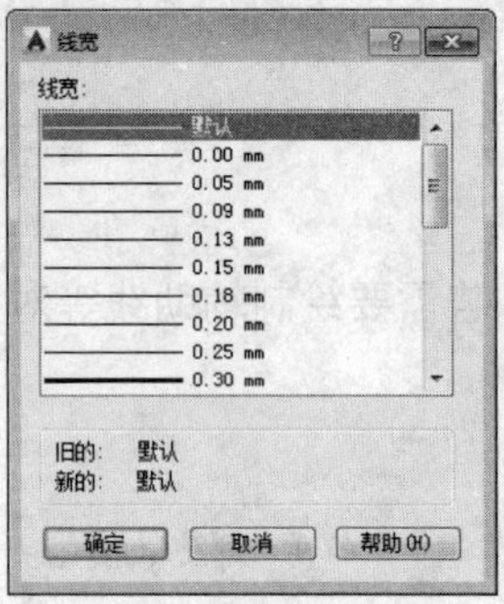

图 6-8　“线宽”对话框

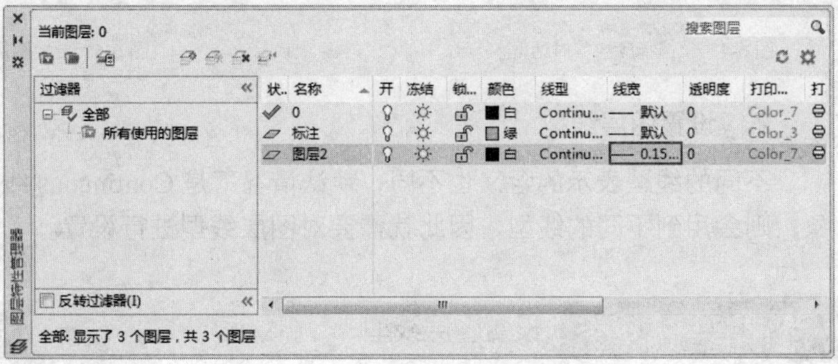

图 6-9　设置线宽

6.2 控制图层状态

控制图层状态是为了更好地管理图层上的图形对象，图层状态包括图层的打开与关闭、冻结与解冻、锁定与解锁等。

6.2.1 打开与关闭图层

默认情况下图层都处于打开状态，在该状态下图层中的所有图形对象将显示在屏幕上，用户可对其进行编辑操作。

若将某个图层关闭，该图层上的实体不再显示在屏幕上，也不能被编辑和打印输出。设置图层的打开与关闭状态的具体操作是：在“图层特性管理器”对话框中选择需要设置打开或关闭状态的图层，单击“开”栏中的 💡 图标。使其变为 💡 状态，该图层被关闭。再一次单击该图标，图标还原，图层又为打开状态。

6.2.2 冻结与解冻图层

冻结图层有利于减少系统重生成图形的时间，冻结的图层不参与重生成计算且不显示在绘图区中，用户不能对其进行编辑。

若用户绘制的图形较大且需要重生成图形时，即可使用图层的冻结功能将不需要重生成的图层进行冻结；完成重生成后，可使用解冻功能将其解冻，回复为原来的状态。

设置图层的冻结与解冻状态的具体操作是：在“图层特性管理器”对话框中选择要冻结

与解冻的图层，“冻结”栏中默认的是图标，它表示图层处于解冻状态；单击该图标，当图标变为状态时，表示图层被冻结。

6.2.3 锁定与解锁图层

图层被锁定后，该图层上的实体仍显示在屏幕上，但不能对其进行编辑操作。锁定图层有利于对较复杂的图形进行编辑。设置图层的锁定与解锁状态的具体操作是：在“图层特性管理器”对话框中选择要锁定与解锁的图层，“锁定”栏中默认的是图标，它表示图层处于解锁状态，单击该图层，当图标变为状态时，表示图层被锁定。

6.2.4 设置当前图层

若要在某个图层上绘制具有该图层特性的对象，应将该图层设置为当前图层。在 AutoCAD 中设置当前图层主要有如下几种方法：

- 在“图层特性管理器”对话框中选中需置为当前的图层，单击按钮。
- 在“图层特性管理器”对话框中选中需置为当前的图层，单击鼠标右键，在弹出的快捷菜单中选择“置为当前”命令。
- 在“图层特性管理器”对话框中直接双击需置为当前的图层。
- 在“图层”面板的图层下拉列表框中选择所需的图层，如图 6-10 所示。

6.2.5 删除多余图层

在绘图时，可以将多余即不需要的图层进行删除。需要删除图层时，在“图层特性管理器”对话框中，选择要删除的图形，单击“删除图层”按钮即可删除图层。

当前图层、图层 0、图层 Dofpoints、包含对象的图层及依赖外部参照的图层不能删除，如图 6-11 所示。

图 6-10　通过“图层”面板设置当前图层

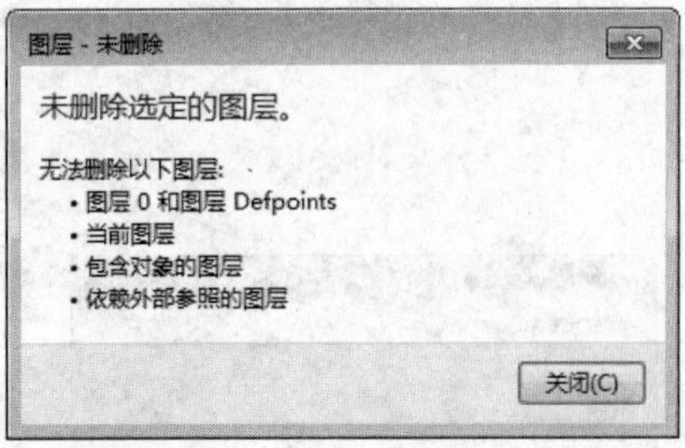

图 6-11　“图层-未删除“提示框

6.3 保存和调用图层状态

在绘制较复杂的图形时，常常需要创建多个图层并为其设置相应的图层特性。若每次绘制新的图形时都要创建这些图层，则会大大降低工作效率。因此，AutoCAD 为用户提供了保存及调用图层特性功能，即用户可将创建好的图层以文件形式保存起来，在绘制其他图形时，直接将其调用到当前图形中即可。

6.3.1 保存图层状态

图层特性的保存及调用都在“图层特性管理器”对话框中完成。

课堂举例 6-6: 保存图层状态　　视频\第 6 章\课堂举例 6-6.mp4

01 在“图层特性管理器”对话框左上角单击“图层状态管理器”按钮，打开如图 6-12 所示“图层状态管理器”对话框，单击“新建”按钮，打开“要保存的新图层状态”对话框。

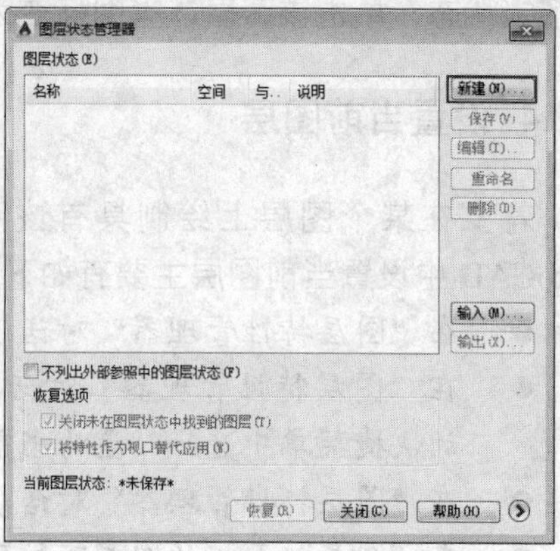

图 6-12　“图层状态管理器”对话框

02 在该对话框的“新图层状态名”文本框中输入保存的当前图层特性的名称，这里输入“建筑制图”文本；在“说明”文本框中为图层特性文件指定相应的说明信息，这里输入“建筑施工图”文本，单击“确定”按钮，如图 6-13 所示。

03 返回“图层状态管理器”对话框，单击对话框右下角的“更多恢复选项”按钮，然后单击“全部选择”按钮。

04 单击“输出”按钮，打开“输出图层状态”对话框，选择合适的位置后输入文件名称，如图 6-14 所示。

05 单击“保存”按钮，返回到“图层状态管理器”对话框，单击“关闭”按钮返回到“图层特性管理器”对话框，完成对图层状态的保存。

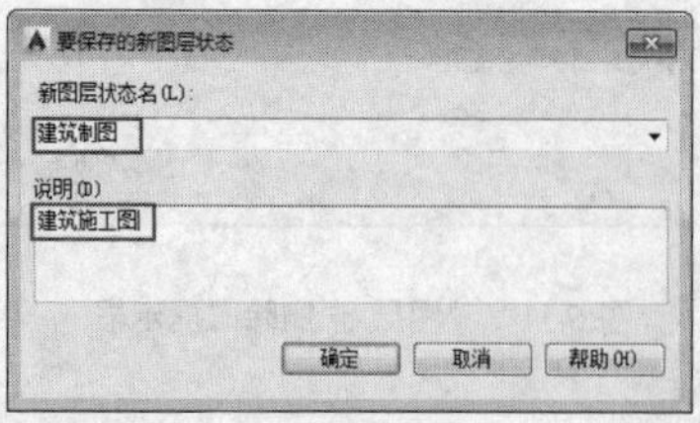

图 6-13　“要保存的新图层状态”对话框

图 6-14　“输出图层状态”对话框

6.3.2 调用图层特性及状态

要调用已保存的图层来绘图，可以在“图层状态管理器”对话框中输入该图层状态的名称。

课堂举例 6-7：调用图层特性及状态

视频\第 6 章\课堂举例 6-7.mp4

01 打开“图层状态管理器”对话框，单击“输入”按钮，打开“输入图层状态”对话框，在“文件类型”下拉列表框中选择“图层状态”选项，在列表框中选择需要调用的图层状态文件，这里选择“建筑制图”选项，单击“打开”按钮，如图 6-15 所示。

02 返回“图层状态管理器”对话框，打开如图 6-16 所示对话框，提示用户是否立即将所调用的图层状态应用到当前图形中，若需要立即调用图层状态，单击“恢复状态”按钮；若暂时不调用该图层状态，则单击“关闭对话框”按钮。在以后需要调用的时候，在“图层状态管理器”对话框中的“图层状态”列表框中选择调用的图层特性文件选项，然后单击“恢复”按钮即可。

图 6-15　“输入图层状态”对话框

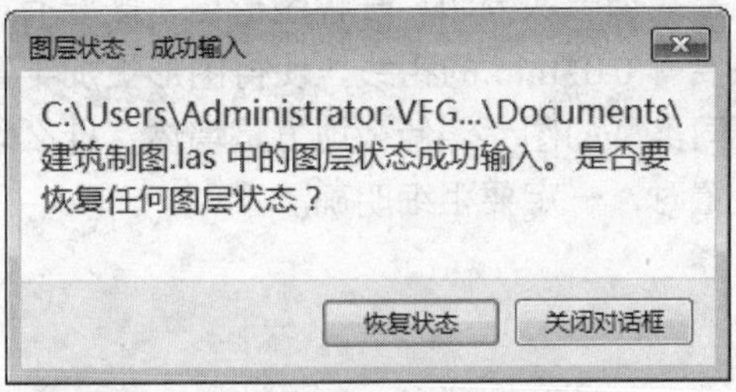

图 6-16　确定是否立即调用图层状态

6.4 建筑制图图层设置原则

在进行建筑施工图的绘制前，都需要先对图层进行设置，合理地组织图层有利于提供了工作效率，便于用户查看，才能使绘图工作达到“清晰”“准确”“高效”的要求。

1. 在够用的基础上越少越好

对于建筑图各个专业的图样来说，图样上所有的图元可以用一定的规律来组织整理。例如，就建筑平面图而言，可以分为：轴线、柱子、墙体、门窗、阳台、尺寸标注、家具等。也就是就，建筑平面图，按照轴线、柱子、墙体、门窗、阳台、尺寸标注、家具等来定义图层，然后，在绘图时，分别应该将所绘类型的图形放到相应的图层中去。

只要图样中所有的图元都能有适当的归类办法了，那么图层设置的基础就搭建好了。但是，图元分类也不是越细越好。图层太多时，会给用户接下来的绘图过程带来不便，就像台阶、坡道、散水，虽然不是同一类的东，但又都属于室外构件，那么就可以用同一个图层来管理。

2. 0 图层的使用

0 图层是 AutoCAD 的默认图层，白色是 0 图层的默认颜色，如果大部分的绘图内容都在

0 图层，有时候会看上去显示屏上会白花花一片，显得图样杂乱，层次不清晰。通常，0 图层上是用来定义块的。定义块时，先将所有图元均设置为 0 图层（特殊情况除外），然后再定义块。此时，在插入块时，当前层是哪个图层，插入的块就是哪个图层。

3. 图层设置属性的定义

图层的设置有很多属性，除了图名外，还有颜色、线型、线宽等。用户在设置图层时，就要定义好相应的颜色、线型、线宽等。

定义图层的颜色时要注意，不同的图层一般来说要用不同的颜色。这样做，用户在绘图时，才能够在颜色上就很明显的进行区分。如果两个层是同一颜色，在显示时，就很难判断正在操作的图元是在哪一个图层上。

4. 对图层的线型进行设置

常用的线型有三种，即 Continous 连续线、ACAD_IS002W100 虚线、ACAD_IS004W100 点划线。

另外，对线宽也要进行设置。一张图样是否美观、是否清晰，其中重要的一条因素之一就是是否层次分明。一幅图形里，既要有 0.13mm 的细线，又要有 0.25mm 的中等宽度线，还要有 0.35mm 的粗线，使得图形更加丰富。打印出来的图样，就能免根据线的粗细来区分不同类型的图元，什么地方是墙体，什么地方是门窗，什么地方是标注。因此，用户在线宽设置时，一定要粗细明确。

第7章 建筑基本图形的绘制

本章导读

通过前面的章节熟悉建筑设计的基本概念、AutoCAD 在建筑设计上的应用以及 AutoCAD 基本的绘图功能与图层的应用后，本章将介绍家具、园林以及建筑常见图形的绘制方法、技巧以及相关的理论知识，并学习定义图块的方法。以熟习 AutoCAD 软件的绘制思路和绘图方法，为后面复杂建筑图形的绘制打下坚实的基础。

本章重点

- 绘制沙发及茶几
- 绘制视听柜组合
- 绘制餐桌和椅子
- 绘制洗衣机
- 绘制鞋柜立面图
- 绘制乔木
- 绘制景石平面图
- 绘制花架平面图
- 绘制子母门
- 绘制飘窗平面图
- 绘制飘窗立面图
- 绘制阳台立面
- 绘制户型平面图

7.1 绘制家具图形

常用的家具图形包括卧室家具、客厅家具、餐厅家具和卫生洁具等。这些图形有多种规格尺寸，在具体布置时应根据空间的尺度来合理选择与安排。本节以绘制常用的家具为例来说明绘制家具图形的方法，并熟练掌握AutoCAD 2015 绘图命令和编辑命令的使用方法。

7.1.1 绘制沙发及茶几

沙发及茶几是安放于客厅的一种室内设施，一般位于入口最显眼的位置。因此，其造型、尺寸及与室内空间的尺寸关系都显得尤其重要。本实例绘制沙发及茶几的最终效果如图 7-1 所示。

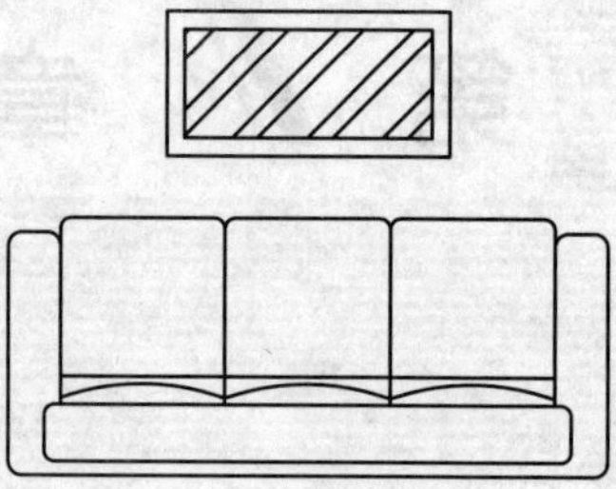

图 7-1　沙发和茶几

课堂举例 7-1：绘制沙发及茶几　视频\第 7 章\课堂举例 7-1.mp4

01 单击“绘图”面板中的 LINE（直线）按钮，配合“对象捕捉”和“正交”功能，绘制出一条水平直线和一条垂直线，效果如图 7-2 所示。

02 单击“修改”面板中的 OFFSET（偏移）按钮，根据沙发样式和尺寸，生成沙发的辅助线，效果如图 7-3 所示。

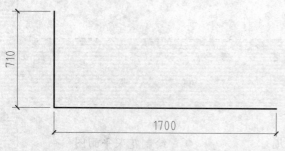

图 7-2　绘制水平直线和垂直线

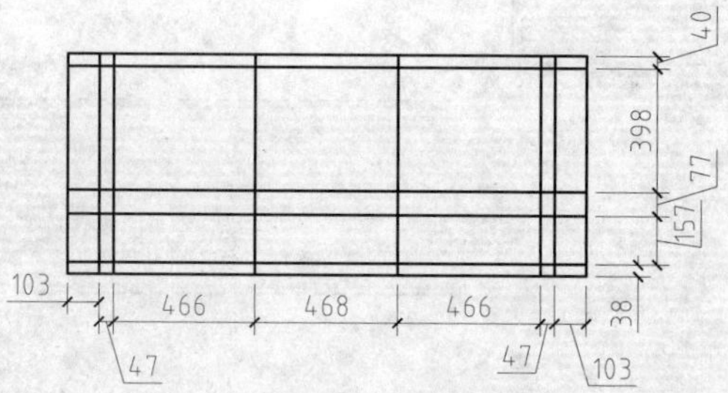

图 7-3　生成沙发的辅助线

03 单击“修改”面板中的 TRIM（修剪）按钮，将多余的辅助线进行修剪；单击“修改”面板中的 FILLET（圆角）按钮，设置不同的“圆角”半径，并配合“复制”功能，对沙发转角处进行圆角处理，完成效果如图 7-4 所示。

04 单击“修改”面板中的 OFFSET（偏移）按钮，生成沙发靠背的辅助线；单击“绘图”面板中的 ARC（圆弧）按钮，绘制出沙发靠背平面图的圆弧；然后再单击“修改”面板中的 ERASE（删除）按钮，将辅助线进行删除，效果如图 7-5 所示。

05 绘制茶几。首先单击“绘图”面板中的 RECTANG（矩形）按钮，绘制一个尺寸为 800×400 的矩形，如图 7-6 所示。

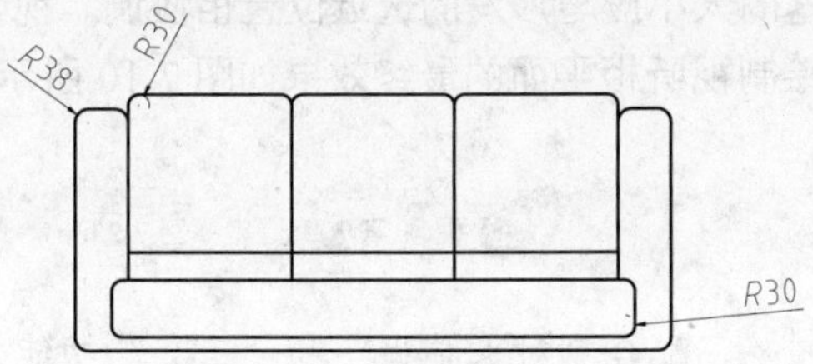

图 7-4　修剪直线和绘制沙发圆角

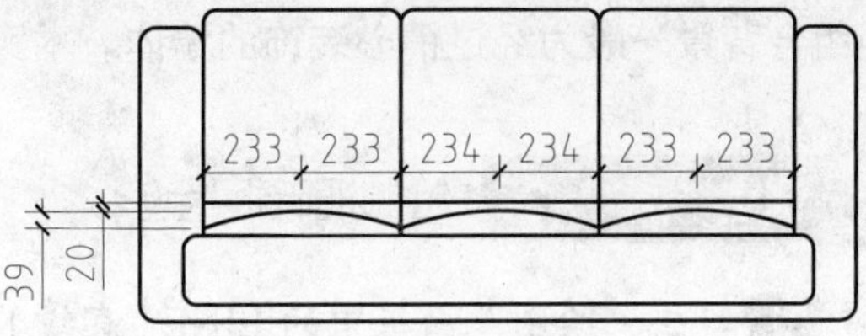

图 7-5　绘制沙发靠背

06 单击“修改”面板中的 OFFSET(偏移)按钮，将矩形向内偏移 50；单击“绘图”面板中的 HATCH（图案填充和渐变色）按钮，选择“ANSI32”图案对茶几面填充镜面材料，如图 7-7 所示。

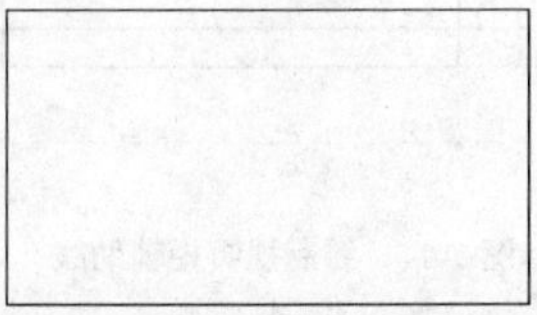

图 7-6　绘制矩形

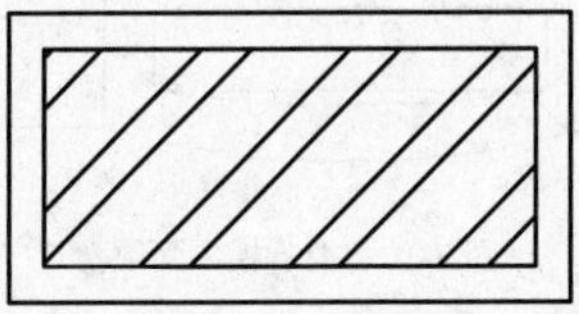

图 7-7　茶几绘制完成

07 组合沙发和茶几。单击“修改”面板中的 MOVE（移动）按钮，将茶几移动到合适位置，即可完成茶几的组合效果如图 7-1 所示。

08 利用二维图形完成沙发及茶几图形的绘制后，为了方便其在图形文件中的使用，接下来将其创建为图块，在命令行中输入“B”并回车，弹出如图 7-8 所示的“块定义”对话框。

09 在“名称”框内输入“沙发与茶几”，然后单击“拾取点”按钮，在图像中单击沙发左下角，创建拾取点，再单击“选择对象”按钮，在图像中整体选择到沙发与茶几图形，单击“确定”按钮，将其创建为块，如图 7-9 所示。

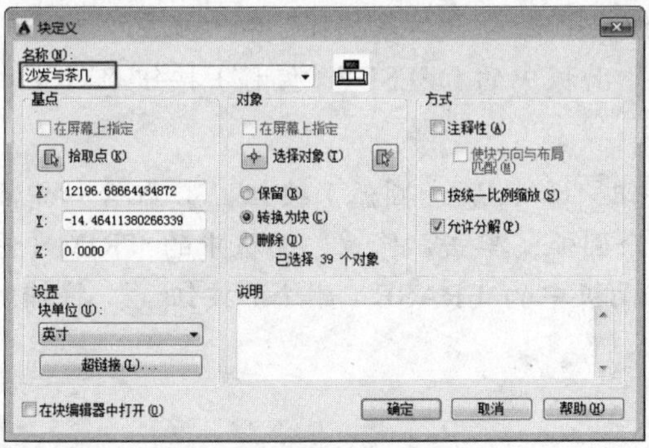

图 7-8　块定义面板

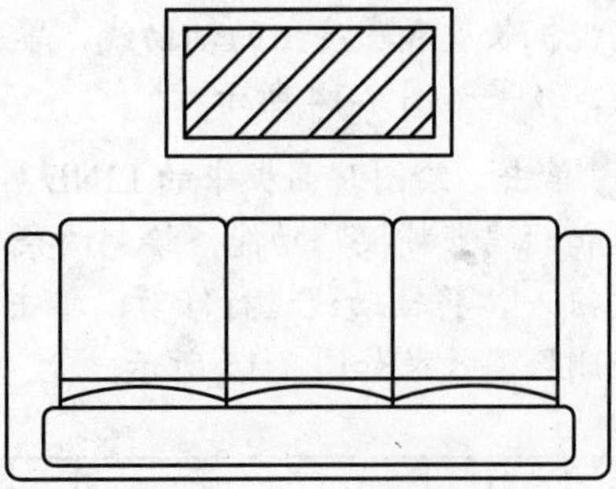

图 7-9　创建完成的块

7.1.2 绘制视听柜组合

视听柜组合是一种比较重要的室内设施，它可以放置在客厅，也可以放置在卧室内。放置于客厅的视听柜组合，一般情况下与沙发和茶几组合相对，以保证坐在沙发上观看电视节目时有一个良好的观看角度。因此，视听柜上电器的大小应与沙发的远近位置相协调。视听柜组合背景一般为经过精心装饰的墙体。本实例绘制视听柜平面的最终效果如图 7-10 所示。

课堂举例 7-2：绘制视听柜组合

视频\第 7 章\课堂举例 7-2.mp4

01 单击“绘图”面板中的 LINE（直线）按钮，配合“对象捕捉”和“正交”功能，绘制视听柜长度和宽度方向上的直线；单击“修改”面板中的 OFFSET（偏移）按钮，生成视听柜平面图上的辅助线，效果如图 7-11 所示。

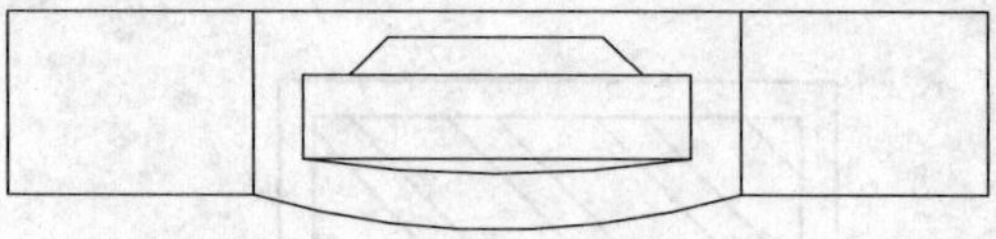

图 7-10 视听柜平面图

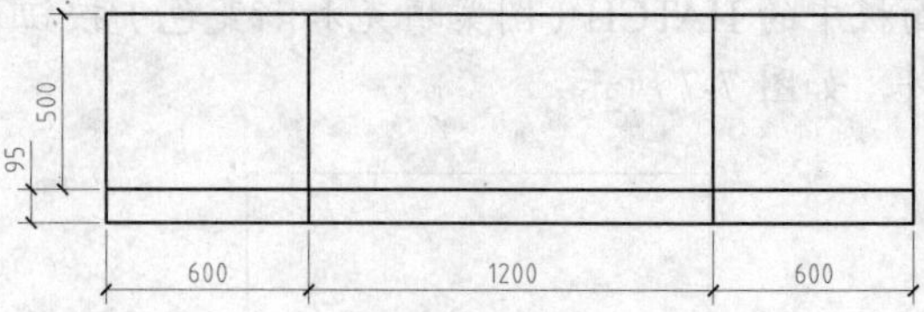

图 7-11 绘制视听柜辅助线

02 单击“绘图”面板中的 ARC（圆弧）按钮，配合“中点捕捉”功能，绘制出一个圆弧，效果如图 7-12 所示。

03 单击“修改”面板中的 TRIM（修剪）按钮，将多余的辅助线进行修剪；单击“修改”面板中的 ERASE（删除）按钮，删除最下面的水平辅助线，得到视听柜平面效果如图 7-13 所示。

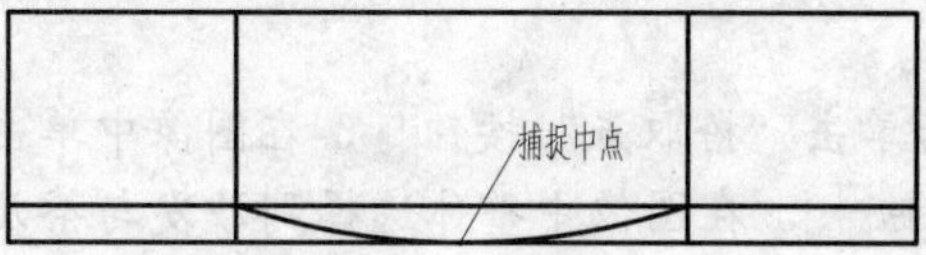

图 7-12 绘制圆弧

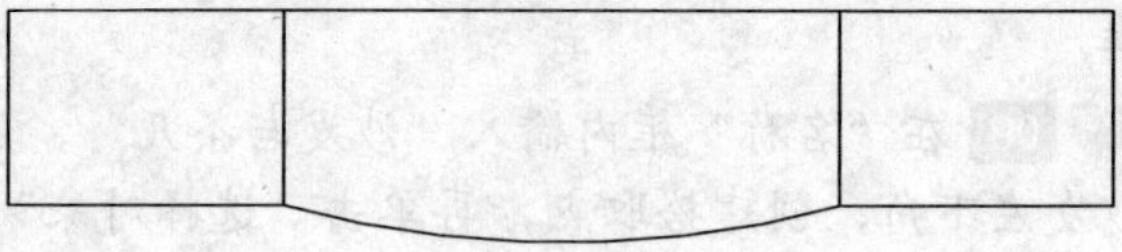

图 7-13 修剪和删除辅助线

04 单击“绘图”面板中的 LINE（直线）按钮，配合“对象捕捉”和“正交”功能，绘制电视机长度和宽度上的辅助线，单击“修改”面板中的 OFFSET（偏移）按钮，生成辅助线，效果如图 7-14 所示。

05 单击“绘图”面板中的 LINE（直线）按钮和 ARC（圆弧）按钮，配合“中点捕捉”和“端点捕捉”功能，绘制两条斜线和一个圆弧；单击“修改”面板中的 TRIM（修剪）按钮，将辅助线进行修剪；单击“修改”面板中的 ERASE（删除）按钮，将辅助线进行删除，效果如图 7-15 所示。

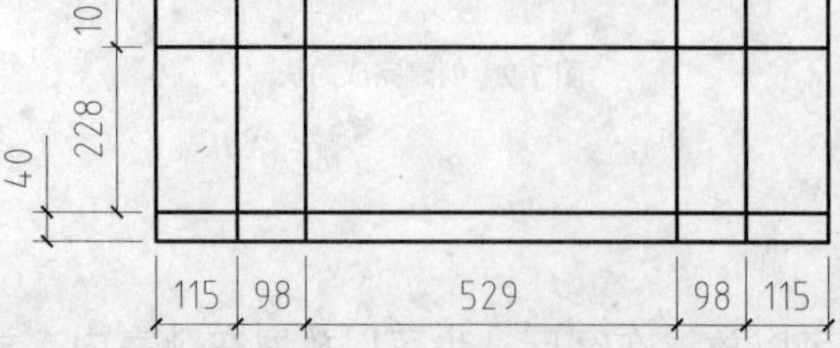

图 7-14 绘制电视机辅助线

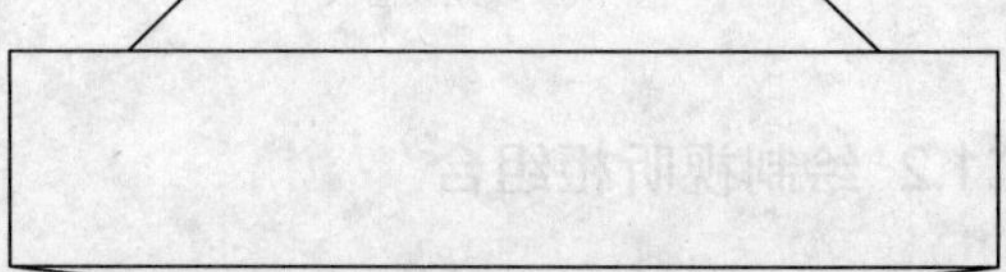

图 7-15 绘制电视机轮廓线

06 单击“修改”面板中的 MOVE（移动）按钮，将电视机移动到视听柜平面图上恰当位置。视听柜组合绘制完成。

07 视听柜组合绘制完成后，将其定义为块并进行另存。

7.1.3 绘制餐桌和椅子

餐桌和椅子是摆放于餐厅的一种室内设施，其形式多种多样。本实例绘制餐厅和椅子平面的最终效果如图 7-16 所示。

课堂举例 7-3：绘制餐桌和椅子　　视频\第 7 章\课堂举例 7-3.mp4

01 绘制餐桌。首先单击“绘图”面板中的 RECTANG（矩形）按钮，绘制一个尺寸为 1000×1000 的矩形，再单击“修改”面板中的 OFFSET（偏移）按钮，将矩形向内偏移 50，效果如图 7-17 所示。

02 绘制椅子板凳。首先单击“绘图”面板的 RECTANG（矩形）按钮，绘制一个尺寸为 545×456 的矩形；单击“修改”面板中的 OFFSET（偏移）按钮，将矩形向内偏移 30。

03 单击“修改”面板中的 FILLET（圆角）按钮，设置“圆角半径”为 32，将椅子板凳外轮廓圆角，效果如图 7-18 所示。

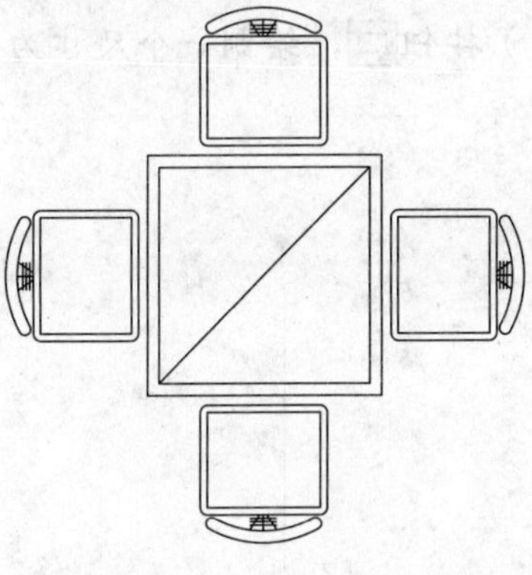
图 7-16　餐桌和椅

图 7-17　绘制餐桌

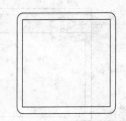

图 7-18　绘制椅子板凳

04 绘制椅子靠背。单击“绘图”面板中的 LINE（直线）按钮，沿椅子板凳左下方，绘制水平辅助线和垂直辅助线；单击“修改”面板中的 OFFSET（偏移）按钮，通过偏移生成椅子靠背的辅助线。

05 单击“绘图”面板中的 ARC（圆弧）按钮和 CIRCLE（圆）按钮，绘制两个圆弧和两个圆；单击“修改”面板中的 TRIM（修剪）按钮和 ERASE（删除）按钮，将多余的辅助线进行修剪和删除，效果如图 7-19 所示。

06 阵列复制椅子。单击“修改”面板中的 MOVE（移动）按钮，将椅子移到餐桌下方适当位置；单击“修改”面板中的 ARRAY（环形阵列）按钮。

07 选择椅子执行极轴阵列完成复制，最终效果如图 7-20 所示。

08 餐桌和椅子图形绘制完成后，将其定义为块并另存。

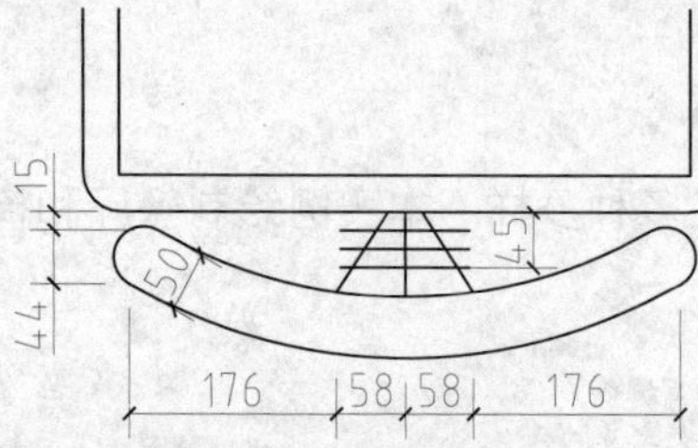

图 7-19　绘制椅子靠背

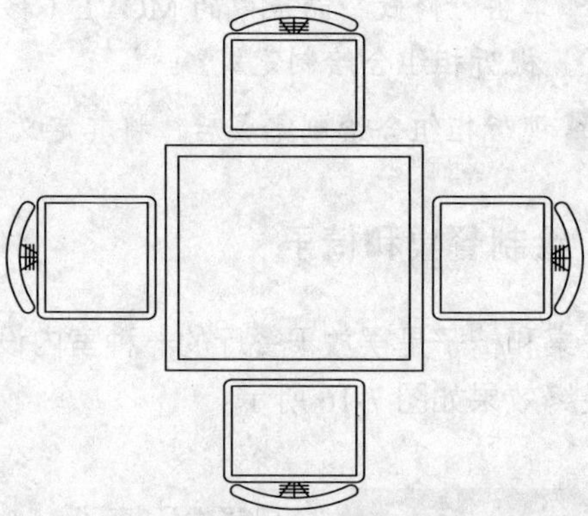

图 7-20　复制椅子

7.1.4 绘制洗衣机

洗衣机是一种常用的家用电器，通常放置于卫生间或者阳台等处。洗衣机从外形上可分为：箱体、机盖、排水管及开关等几部分组成。本实例绘制洗衣机的最终效果如图 7-21 所示。

课堂举例 7–4：绘制洗衣机　　视频\第 7 章\课堂举例 7-4.mp4

01 绘制箱体。单击“绘图”面板中的 RECTANG（矩形）按钮，绘制一个尺寸为 690×706 的矩形，如图 7-22 所示。

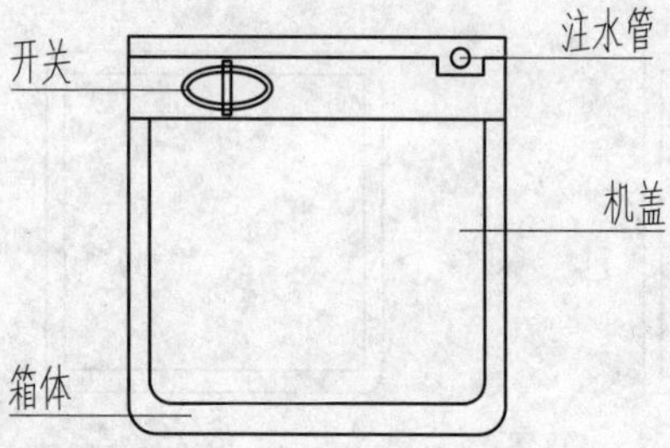

图 7-21　洗衣机

图 7-22　绘制矩形

02 单击“修改”面板中的 EXPLODE（分解）按钮，将矩形进行分解；单击“修改”面板中的 FILLET（圆角）按钮，设置“圆角半径”为 50，对矩形下边角进行圆角处理，如图 7-23 所示。

03 单击“修改”面板中的 OFFSET（偏移）按钮，将箱体上侧的水平直线向下偏移 145，效果如图 7-24 所示。

04 绘制机盖。单击“修改”面板中的 OFFSET（偏移）按钮，生成机盖的辅助线；单击“修改”面板中的 FILLET（圆角）按钮，设置“圆角半径”为 40，将机盖开启处作圆角处理；单击“修改”面板中的 TRIM（修剪）按钮，将辅助线进行修剪，完成效果与具体尺寸如图 7-25 所示。

图 7-23　圆角处理

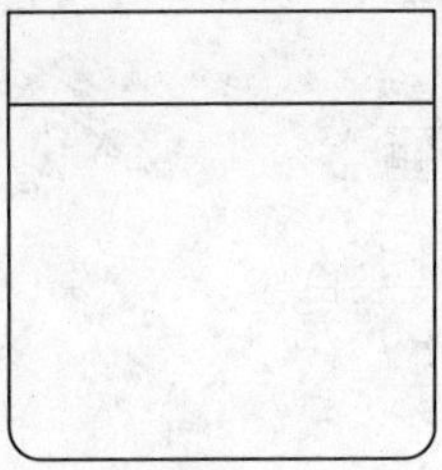

图 7-24　绘制箱体

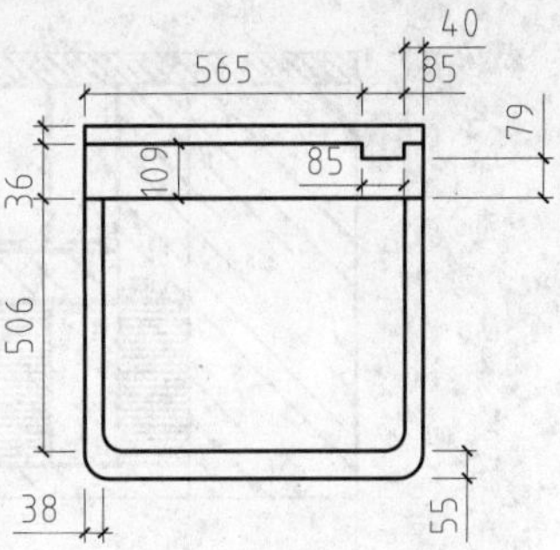

图 7-25　机盖完成效果及尺寸

05 绘制开关。单击“绘图”面板中的 RECTANG（矩形）按钮，绘制一个尺寸为 166×95 的矩形；单击“修改”面板中的 EXPLODE（分解）按钮，将矩形进行分解。

06 单击“修改”面板中的 OFFSET（偏移）按钮，生成开关的辅助线；单击“绘图”面板中的 ELLIPSE（椭圆）按钮，绘制出两个椭圆。

07 单击“修改”面板中的 TRIM（修剪）按钮和 ERASE（删除）按钮，将辅助线进行修剪和删除，完成效果及具体尺寸效果如图 7-26 所示。

08 绘制排水管。单击“绘图”面板中的 CIRCLE（圆）按钮，绘制一个半径为 17 的圆，单击“修改”面板中的 MOVE（移动）按钮，将开关和排水管移动到洗衣机平面图上恰当位置，最终效果如图 7-27 所示。

09 洗衣机图形绘制完成后，将其定义为块并另存。

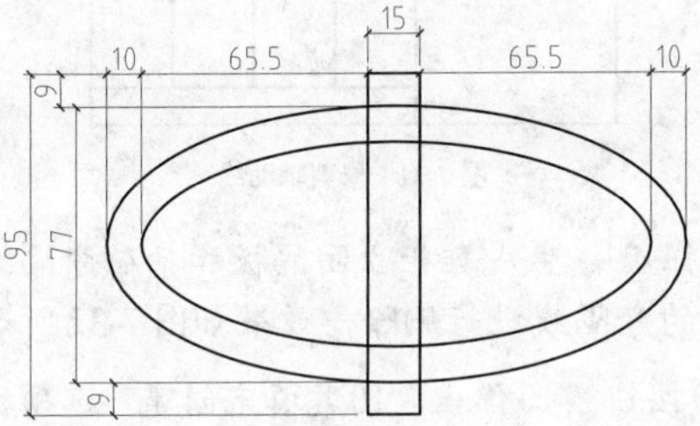

图 7-26　绘制开关

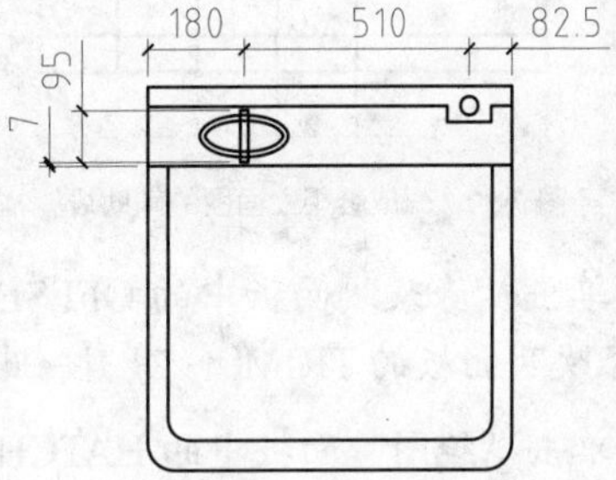

图 7-27　绘制排水管

7.1.5 绘制鞋柜立面图

本节讲述利用 AutoCAD 2015 绘制某鞋柜立面图的方法。通过实例的练习，掌握 AutoCAD 2015 绘图工具和编辑工具的使用，最终效果如图 7-28 所示。

课堂举例 7-5:　绘制鞋柜立面图　　视频\第 7 章\课堂举例 7-5.mp4

01 新建图形文件，单击“绘图”面板中的 LINE（直线）按钮，同时按下状态的 F8 键，开启正交功能，进入视图中绘制一条水平直线和一条垂直线，效果如图 7-29 所示。

02 单击“修改”面板中的 OFFSET（偏移）按钮，生成鞋柜立面图的辅助线，效果如图 7-30 所示。

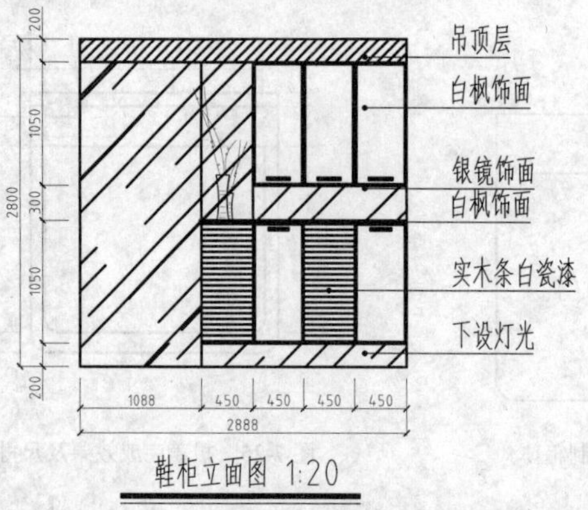

图 7-28 鞋柜立面

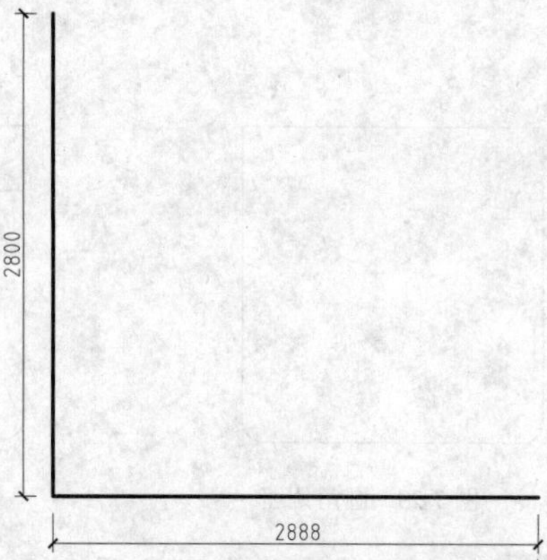

图 7-29 绘制直线

03 单击“修改”面板中的 TRIM（修剪）按钮，将辅助线进行修剪，得到鞋柜各部分的分隔线，效果如图 7-31 所示。

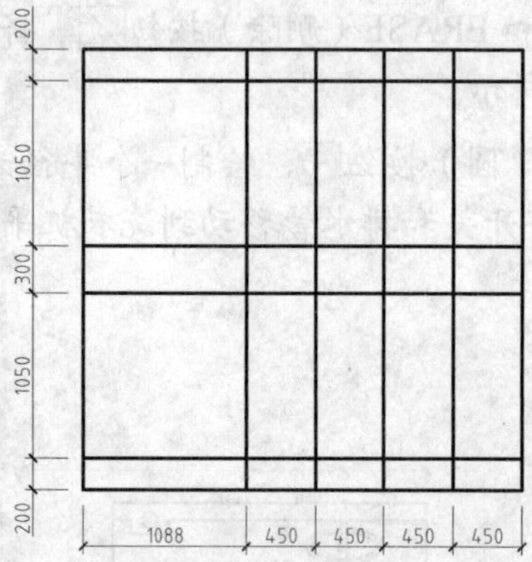

图 7-30 生成鞋柜立面图的辅助线

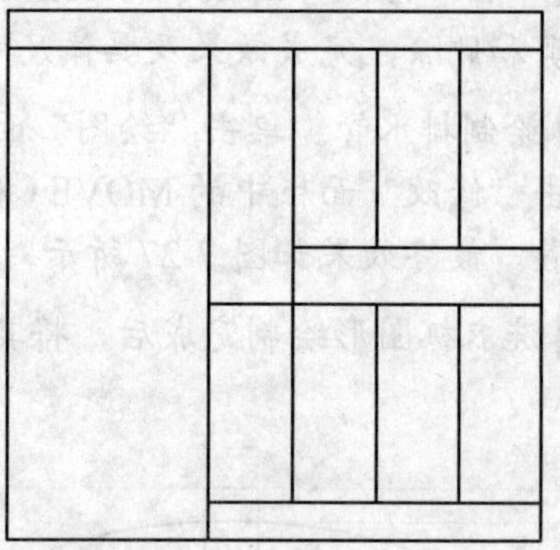

图 7-31 修剪辅助线

04 单击“修改”面板中的 OFFSET(偏移)按钮，生成鞋柜立面隔板和抽屉分隔线，单击“修改”面板的TRIM(修剪)按钮，将多余的分隔线进行删除，效果如图 7-32 所示。

05 单击“绘图”面板中的 HATCH(图案填充)按钮，弹出“图案填充创建”选项板，单击“图案”面板中的下拉按钮，在展开的下拉列表框中，选择如图 7-33 所示的图案。

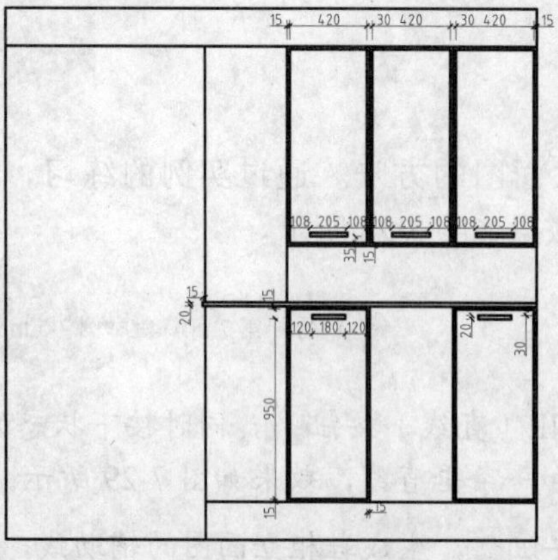

图 7-32 绘制装饰隔板线

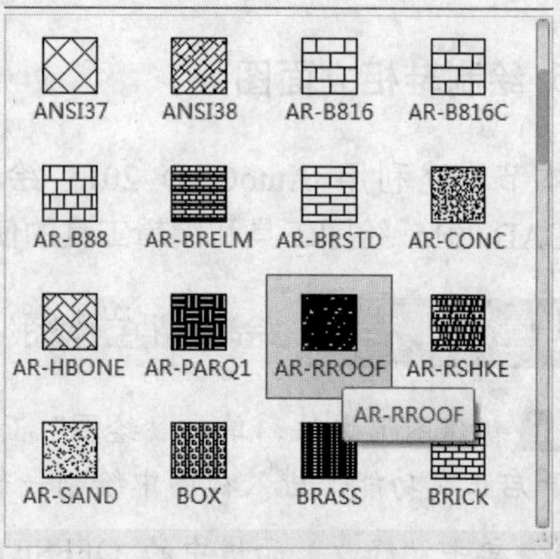

图 7-33 选择图案

06 在“图案填充创建”选项板的“特性”面板中，设置“角度”值为 45，“比例”值为 20，如图 7-34 所示。

07 在“图案填充创建”选项板中，单击“拾取点”按钮，在绘图区中拾取合适的区域，按回车键结束，即可填充图案。同样方法，完成其它区域的图案填充，效果如图 7-35 所示。

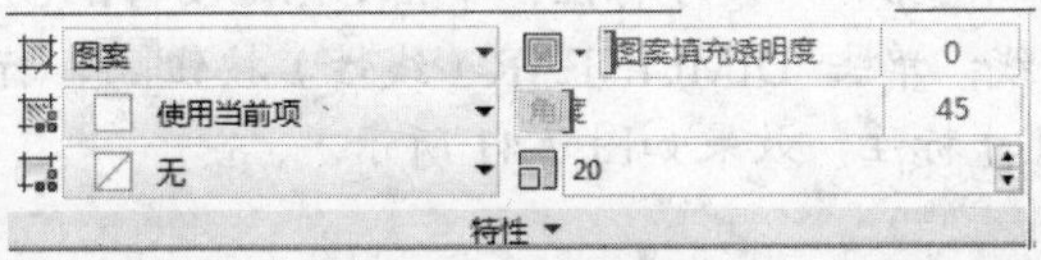

图 7-34　设置参数

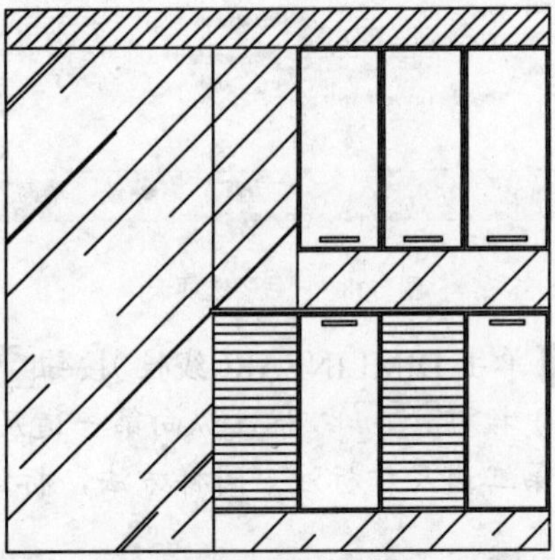

图 7-35　填充材料图例

08 按下快捷键 Ctrl + 2，打开 AutoCAD 设计中心，利用已有的立面材质库，插入立面花瓶，效果如图 7-36 所示。

09 在命令行中输入 D（标注样式）命令并回车，弹出了“标注样式管理器”对话框，如图 7-37 所示。

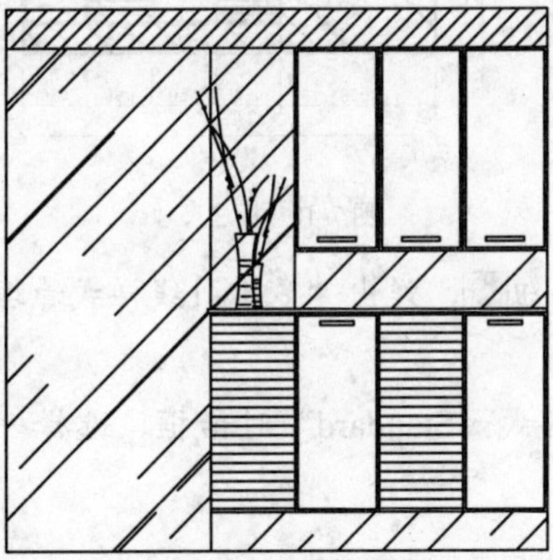

图 7-36　插入立面花瓶

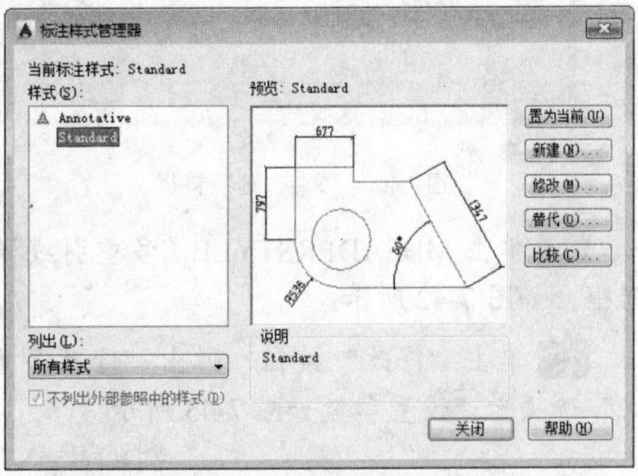

图 7-37　“标注样式管理器”对话框

10 单击“修改”按钮，弹出了“修改标注样式：Standard”对话框，设置“线”选项卡参数如图 7-38 所示。

11 单击“符号和箭头”选项卡，设置参数如图 7-39 所示；单击“文字”选项卡，设置参数如图 7-40 所示。

12 在“主单位”选项卡中设置“精度”为“0”；单击“确定”按钮，返回到“标注样式管理器”对话框中，单击“置为当前”按钮，然后单击“关闭”按钮，即可完成“标注样式”的设置。

图 7-38 “线”选项卡

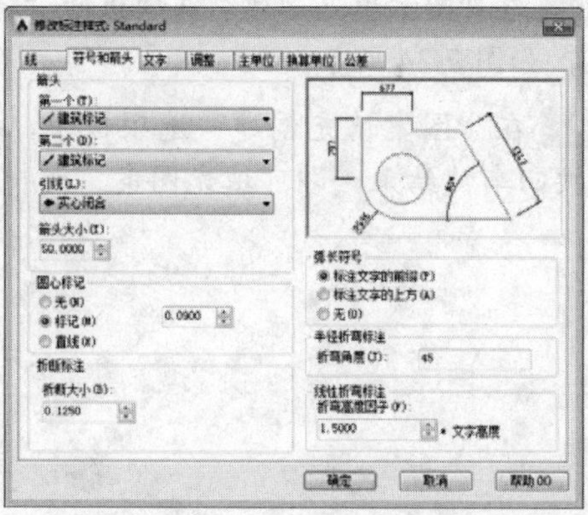

图 7-39 “符号和箭头”选项卡

13 单击 DIMLINEAR(线性)按钮，标注纵向第一个尺寸标注；单击 DIMCONTINUE（连续）按钮，标注纵向第一道尺寸标注线；单击 DIMLINEAR（线性）按钮，标注纵向第二道尺寸标注。同样方法，标注横向尺寸标注，效果如图 7-41 所示。

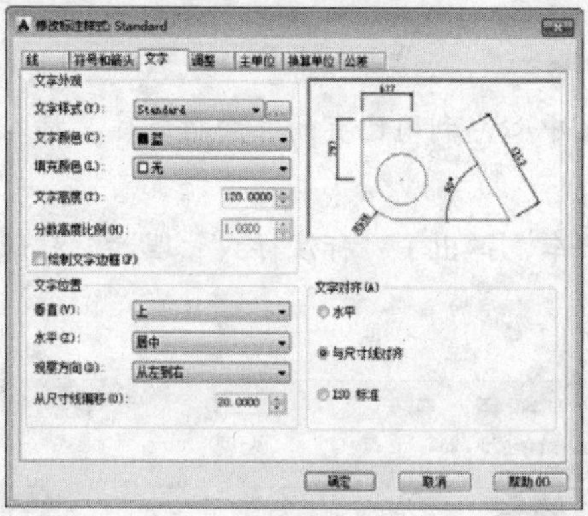

图 7-40 “文字”选项卡

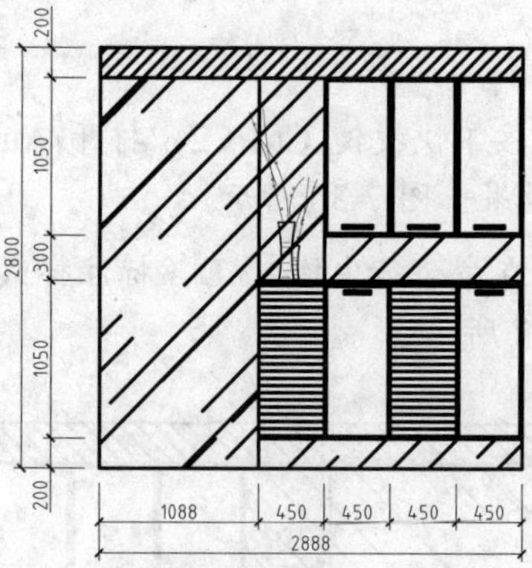

图 7-41 标注尺寸

14 单击 MLEADERSTYLE（多重引线样式）按钮，弹出“多重引线样式管理器”对话框，如图 7-42 所示。

15 单击“修改”按钮，弹出“修改多重引线样式：Standard”对话框，选择“引线格式”选项卡，设置参数如图 7-43 所示。

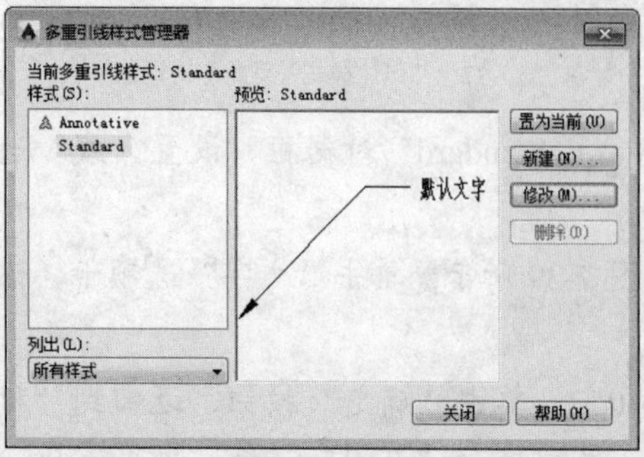

图 7-42 “多重引线样式管理器”对话框

图 7-43 “引线格式”选项卡

16 单击“引线结构”选项卡，设置参数如图 7-44 所示。单击“内容”选项卡，设置参数如图 7-45 所示。

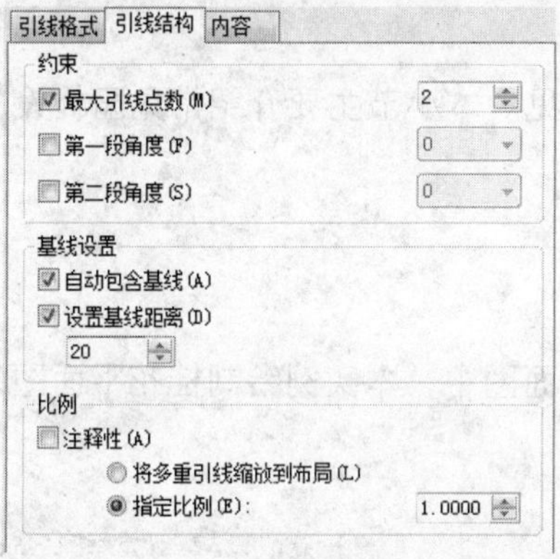

图 7-44 “引线结构”选项卡

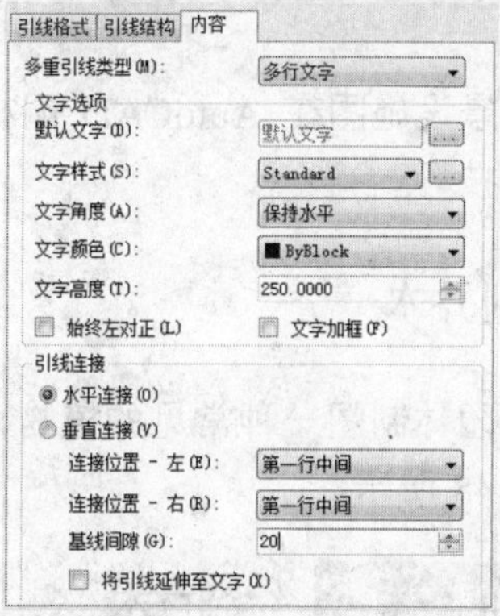

图 7-45 “内容”选项卡

17 单击“确定”按钮，返回到“多重引线样式管理器”对话框中，单击“置为当前”按钮，然后单击“关闭”按钮，即可完成“多重引线样式”的设置。

18 单击 MLEADER（多重引线）按钮，进入视图中单击作为标注位置的一点，水平向右拖动鼠标，单击作为引线基线的一点，此时就弹出了“文本框”，在该文本框中输入文字后，单击“确定”按钮，即可完成单个多重引线文字的标注。同样方法，完成所有多重引线文字的标注，效果如图 7-46 所示。

19 单击“注释”面板中的 MTEXT（多行文字）按钮A，弹出文本框，输入图名及比例，并设置字体及大小后，单击“确定”按钮，即可完成“图名及比例”绘制。单击“绘图”面板中的 PLINE（多段线）按钮，设置多段线宽为 40，沿“图名及比例下方，绘制一条多段线。

20 单击“修改”面板中的 OFFSET（偏移）按钮，将多段线向下偏移 65；单击“修改”面板中的 EXPLODE（分解）按钮，将偏移生成的多段线进行分解，最终得到鞋柜立面效果如图 7-47 所示。

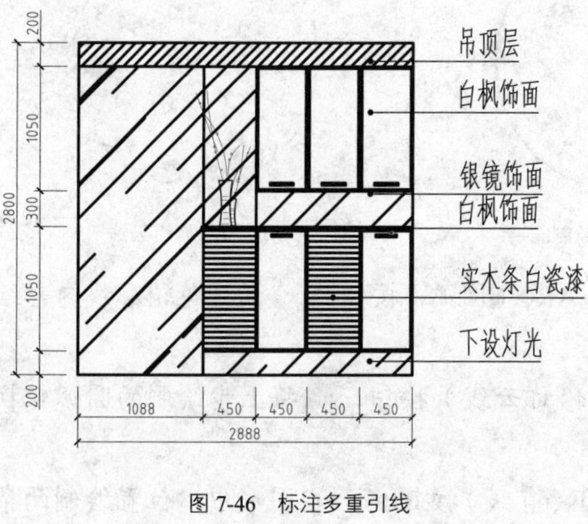

图 7-46 标注多重引线

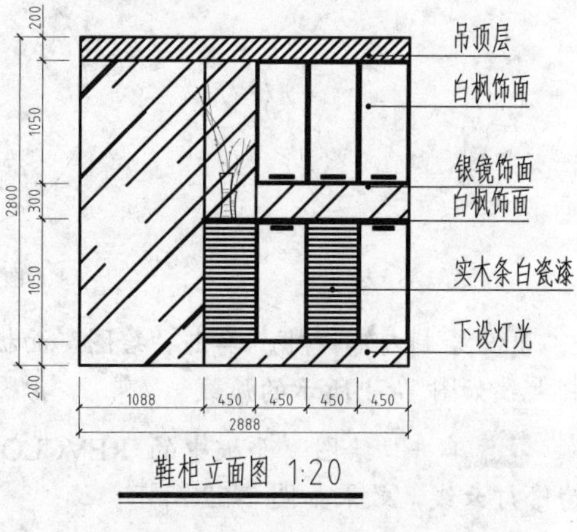

图 7-47 绘制图名及比例

7.2 绘制园林配景

园林配景设施图在 AutoCAD 园林绘图中非常常见。本小节主要介绍常见园林设施图的绘制方法和技巧。

7.2.1 绘制乔木

乔木是园林制图一种常见的植物，常用于园林平面图中，本实例绘制桂花平面图的最终效果如图 7-48 所示。

课堂举例 7-6：绘制乔木 视频\第 7 章\课堂举例 7-6.mp4

01 绘制外部轮廓线。单击“绘图”面板中的 CIRCLE（圆）按钮，绘制一个半径为 730 的圆，效果如图 7-49 所示。

02 单击“绘图”面板中的 REVCLOUD（修订云线）按钮，将绘制的圆转换为修订云线，接下来进行如下命令行提示操作：

```
命令: _revcloud
最小弧长: 15   最大弧长: 15   样式: 普通
指定起点或 [弧长(A)/对象(O)/样式(S)] <对象>:A↙ //输入选项“A”后按回车键
指定最小弧长 <15>: 221↙                          //输入 221 后按回车键
指定最大弧长 <221>:↙                             //直接按回车键接受默认值
指定起点或 [弧长(A)/对象(O)/样式(S)] <对象>:O↙ //输入对象选项字母“O”后按回车键
选择对象:/                                        //选择上步创建的圆
反转方向 [是(Y)/否(N)] <否>:                      //直接按回车键接受默认值，命令行提示
修订云线完成，效果如图 7-50 所示。
```

图 7-48 桂花图例

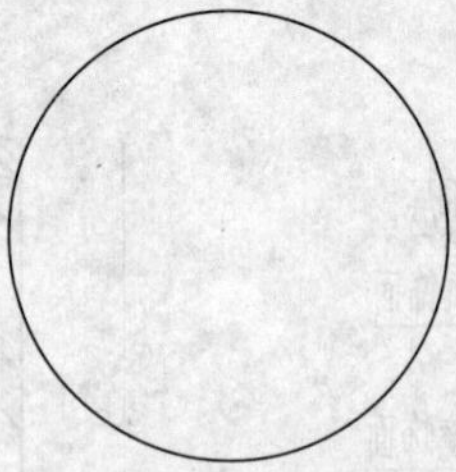

图 7-49 绘制圆

图 7-50 修订云线

03 绘制内部树叶。单击“绘图”面板中的 ARC（圆弧）按钮，在桂花轮廓线内部绘制大致如图 7-51 所示的弧线。

04 单击“绘图”面板中的 REVCLOUD（修订云线）按钮，将上步绘制的圆弧转换为修订云线，效果如图 7-52 所示。

05 绘制树枝。单击“绘图”面板中的 LINE（直线）按钮，在图形中心位置绘制两条相互垂直的直线，最终效果如图 7-53 所示。

06 桂花图例图形绘制完成后，将其定义为块并另存。

图 7-51　绘制弧线

图 7-52　转换弧线

图 7-53　绘制树枝

7.2.2 绘制景石平面图

景石是园林设计中出现频率较高的一种园林设施，它可以散置于林下、池岸周围等处，也可以孤置于某个显眼的地方，形成主景，还可以与植物搭配在一起，形成一种独特的景观。本实例绘制散置于林下的小景石图例，最终效果如图 7-54 所示。

课堂举例 7-7：绘制景石平面图

视频\第 7 章\课堂举例 7-7.mp4

01 单击“绘图”面板中的 PLINE（多段线）按钮，命令行提示如下：

```
命令:PLINE
指定起点:                                              //单击视图中任意一点
当前线宽为 0.0000
指定下一个点或 [圆弧(A)/半宽(H)/长度(L)/放弃(U)/宽度(W)]:W↙       //选择宽度选项
指定起点宽度 <0.0000>:10↙                              //输入宽度值 10 后按回车键
指定端点宽度 <10.0000>:↙                               //直接按回车键接受默认值
指定下一个点或 [圆弧(A)/半宽(H)/长度(L)/放弃(U)/宽度(W)]:          //拖动鼠标，依次单击景石大致轮廓线端的各个点
……
指定下一点或 [圆弧(A)/闭合(C)/半宽(H)/长度(L)/放弃(U)/宽度(W)]: //按 Esc 键退出命令，同样方法，绘制出所有景石的轮廓线，效果如图 7-55 所示。
```

02 单击“绘图”面板中的 PLINE（多段线）按钮，设置多段线宽为 0，绘制景石的内部纹理，效果如图 7-56 所示。

03 景石图形绘制完成后将其定义为块并另存。

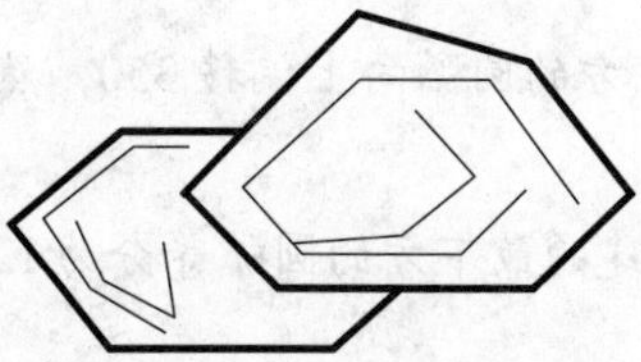

图 7-54　景石图例

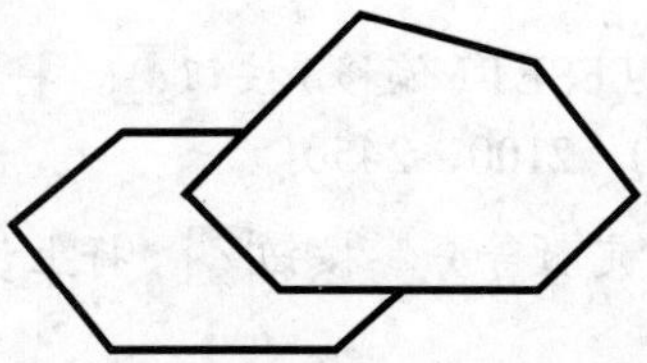

图 7-55　绘制景石外轮廓线

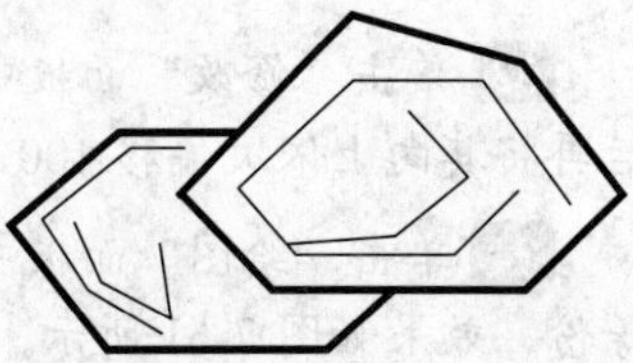

图 7-56　绘制内部纹理

7.2.3 绘制花架平面图

花架可应用于各种类型的园林绿地中，常设置在风景优美的地方供休息和点景，也可以和亭、廊、水榭等结合，组成外形美观的园林建筑群；在居住区绿地、儿童游戏场中，花架可供休息、遮荫、纳凉。园林中的茶室、冷饮部、餐厅等，也可以用花架作凉棚，设置坐席；也可用花架作园林的大门。

本实例绘制花架平面图的最终效果如图 7-57 所示。

课堂举例 7-8：绘制花架平面图 视频\第 7 章\课堂举例 7-8.mp4

01 单击“绘图”面板中的 CIRCLE(圆)按钮，绘制一个半径为 5950 的圆，如图 7-58 所示；单击“绘图”面板中的 LINE（直线）按钮，结合“圆心、象限点”捕捉功能，绘制经过圆心且经过 90º 象限点的半径。

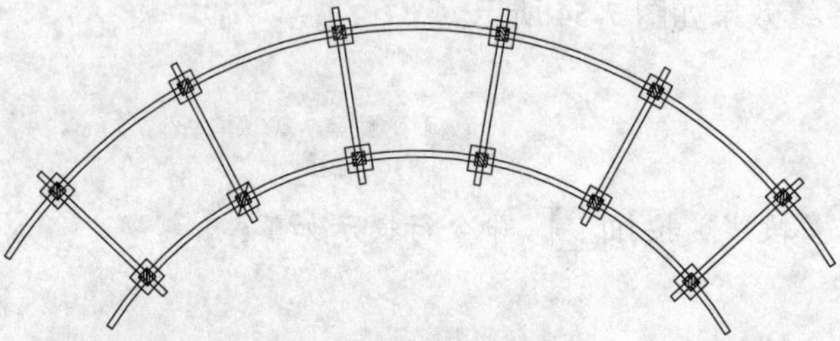

图 7-57 花架平面最终效果

图 7-58 绘制圆形

02 单击“修改”面板中的 ROTATE（旋转）按钮，将两条半径以圆心为基点分别按逆时针和顺时针方向旋转，如图 7-59 所示；单击“修改”面板中的 TRIM (修剪) 按钮，将圆的下部分进行修剪；单击“修改”面板中的 ERASE（删除）按钮，将两条半径进行删除，效果如图 7-60 所示。

图 7-59 绘制并旋转半径

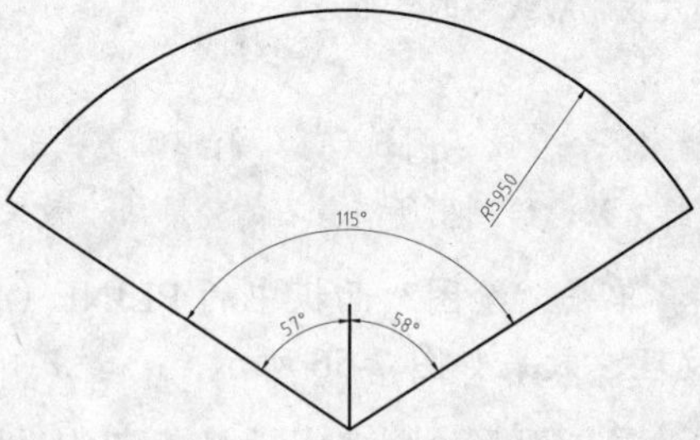

图 7-60 绘制花架圆弧

03 单击“修改”面板中的 OFFSET (偏移) 按钮，将最下方的圆弧向上偏移 350，然后再将其向上依次偏移 100、2000、2100、2450。

04 单击“绘图”面板中的“定数等分”按钮，将上步创建的最下方的圆弧等分为 12 等份，效果如图 7-61 所示。

05 单击“绘图”面板中的 LINE (直线) 按钮，以“奇数等分点”为线段的一个端点向最上面的圆弧引垂线，如图 7-62 所示。

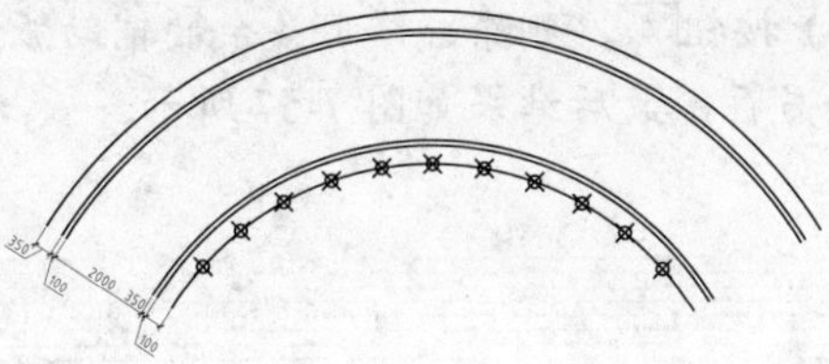

图 7-61　偏移圆弧和等分圆弧

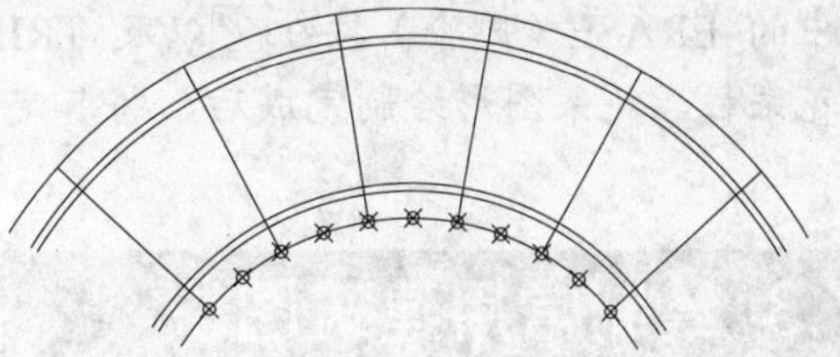

图 7-62　绘制辅助线条

06 单击“修改”面板中的OFFSET(偏移)按钮，将直线向两侧各偏移50，如图7-63所示。

07 单击“修改”面板中的ERASE(删除)按钮，将弧形辅助线进行删除，效果如图7-64所示。

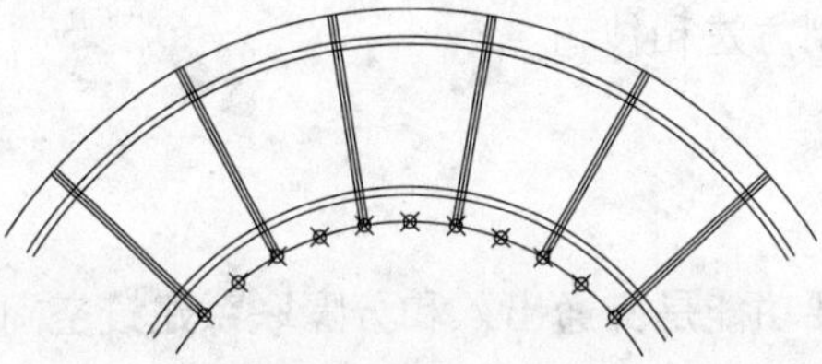

图 7-63　偏移辅助线条

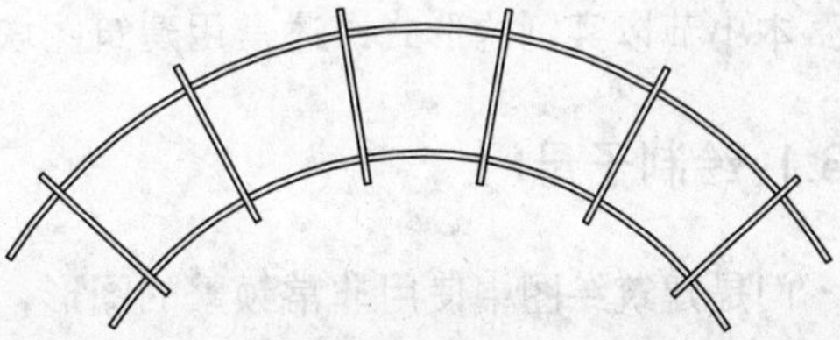

图 7-64　绘制花架横杠

08 绘制花架柱。单击“绘图”面板中的RECTANG(矩形)按钮，绘制一个尺寸为400×400的矩形；单击“修改”面板中的OFFSET(偏移)按钮，将矩形向内偏移100；单击“绘图”面板中的HATCH(图案填充)按钮，选择“DOTS”以及“ANSI31”图案对花架柱进行图例填充，并以柱中心为基点将其定义成块，效果如图7-65所示。

09 单击“修改”面板中的OFFSET(偏移)按钮，设置偏移距离为50，将最上方和最下方的圆弧向中间偏移，得到两条辅助弧线。

10 单击“绘图”面板中的“定数等分”按钮，等分圆弧，命令行提示如下：

```
命令：DIV↙                                  //调用“定数等分”命令
DIVIDE
选择要定数等分的对象：                          //选择花架中间的弧辅助线
输入线段数目或 [块(B)]：B↙                     //选择“块”选项，按回车键
输入要插入的块名：花架柱↙                       //输入块名，按回车键
是否对齐块和对象？[是(Y)/否(N)] <Y>:↙          //直接按回车键接受默认值
输入线段数目：12↙                              //输入线段数目，按回车键
```

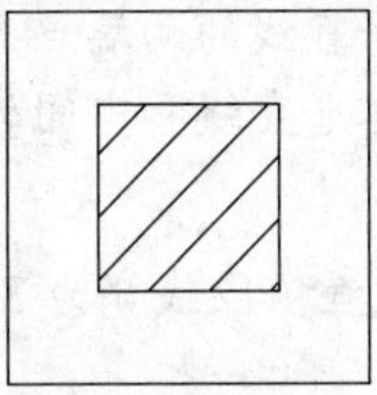

图 7-65　绘制花架柱

图 7-66　复制花架柱

11 重复上步操作，完成另一侧花架柱的绘制，结果如图7-66所示。再单击“修改”面

板中的 ERASE（删除）按钮以及 TRIM（修剪）按钮，删除、修剪多余的辅助弧线以及花架柱，花架图形绘制完成后，将其定义为块并另存，最后结果如图 7-57 所示。

7.3 绘制常用建筑图块

图块是用一个名字标识的一组图形实体的总称。用户可根据需要，把经常用到的实体定义成块，绘制建筑图时把定好的图块按比例和旋转角度放置在图形中的任意地方。用户将绘制建筑图经常用到的门、窗、柱等构件定义成图块集中存放到磁盘中，即建立了构件库。使用时可以将构件图块多次插入到图形中，而不必每次都重新创建新的图块实体，有效地提高了绘图的速度和质量。

本小节以实例的形式讲述常用建筑图块的绘制方法和技巧。

7.3.1 绘制子母门

门是建筑绘图中使用非常频繁的图形，其主要功能是交通出入和分隔联系建筑空间，具有实用性和结构简单等特点。门样式十分非富，有平开门、推拉门、子母门、旋转门等，尺寸也有很多种，具体绘制时应结合实际合理把握。本实例绘制子母门的效果如图 7-67 所示。

课堂举例 7-9：绘制子母门　　视频\第 7 章\课堂举例 7-9.mp4

01 单击“绘图”面板中的 LINE（直线）按钮，配合“正交”功能，绘制一条长 1000 的水平直线，在直线的左端，绘制一条长 700 的垂直线，在直线的右端，绘制一条长 300 的垂直线，效果如图 7-68 所示。

02 单击“修改”面板中的 OFFSET（偏移）按钮，将右侧的垂直线向左偏移 300，效果如图 7-69 所示。

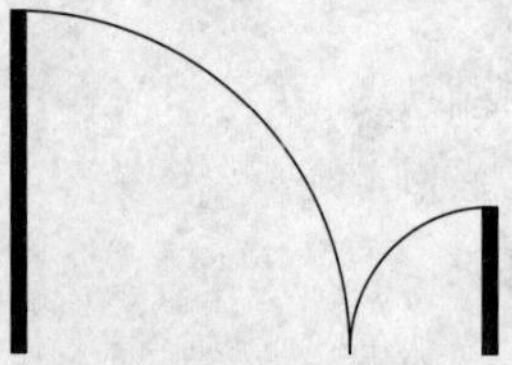
图 7-67　子母门平面图

图 7-68　绘制水平直线和垂直线

图 7-69　偏移直线

03 单击“绘图”面板中的 ARC（圆弧）按钮，以水平直线的两端点为圆心绘制两个圆弧；单击“修改”面板中的 ERASE（删除）按钮，将水平直线和中间的垂直线段进行删除，效果如图 7-70 所示。

04 单击“绘图”面板中的 PLINE（多段线）按钮，设置多段线宽为 30，对子母门进行描边，效果如图 7-71 所示。

05 子母门图形绘制完成后，将其定义为块并另存。

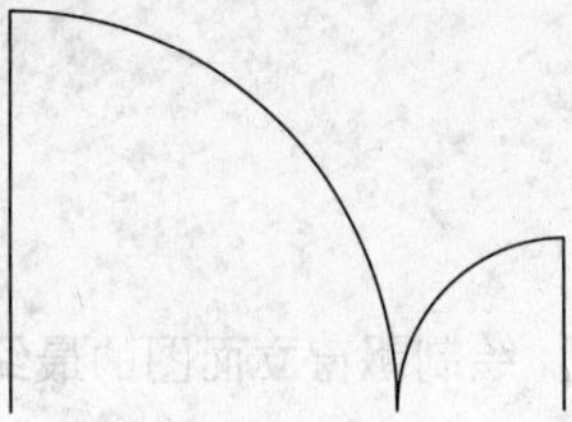
图 7-70　绘制圆弧

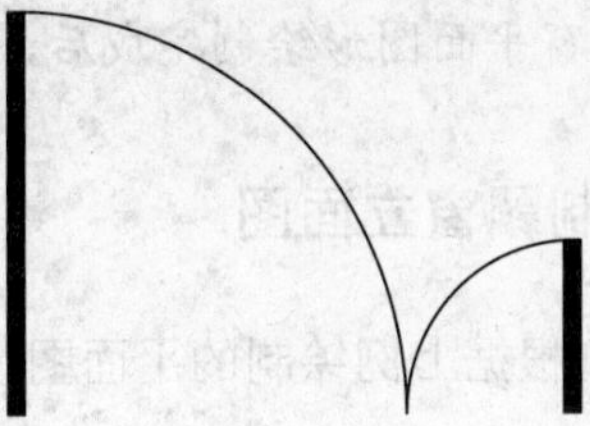
图 7-71　子母门描边

7.3.2 绘制飘窗平面图

窗体是房屋建筑中的围护构件，其主要功能是采光、通风和透气，对建筑物的外观和室内装修造型都有较大的影响。本实例以飘窗平面图为例，了解窗体的构造及绘制方法。本实例绘制飘窗平面图的最终效果如图 7-72 所示。

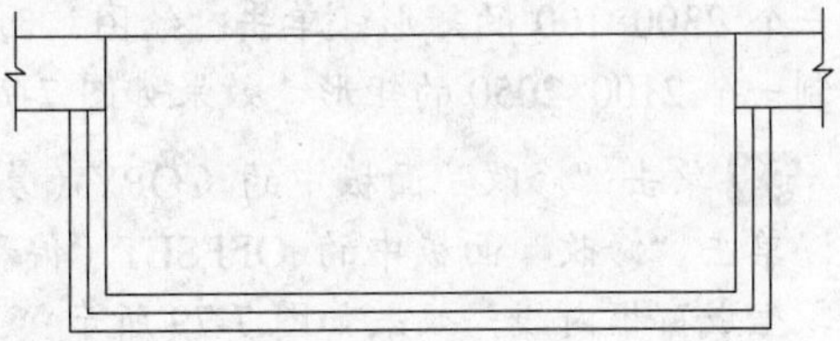
图 7-72　飘窗平面图

课堂举例 7-10：绘制飘窗平面图

视频\第 7 章\课堂举例 7-10.mp4

01 绘制墙体。单击“绘图”面板中的 LINE（直线）按钮，配合“正交”功能，绘制出窗体的左侧墙体和窗口线；单击“修改”面板中的 MIRROR（镜像）按钮，将左侧墙体对称复制到右边，效果如图 7-73 所示。

02 绘制折断线。单击“绘图”面板中的 LINE（直线）按钮，绘制墙体两端折断线符号；单击“修改”面板中的 TRIM（修剪）按钮，将折断符号中间的直线进行修剪，效果如图 7-74 所示。

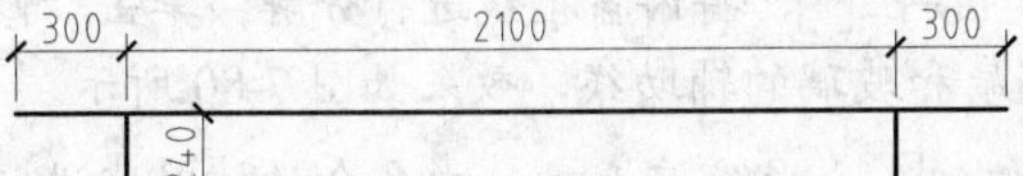

图 7-73　绘制墙体和窗口线

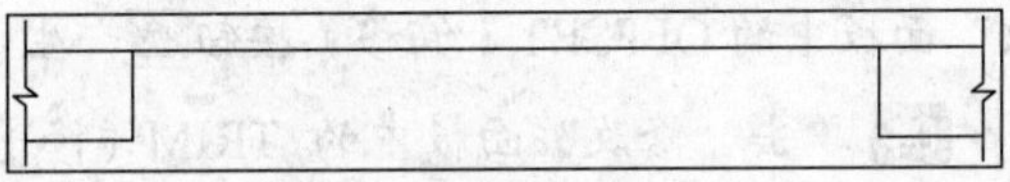
图 7-74　绘制折断线

03 绘制窗体边线。单击“绘图”面板中的 PLINE（多段线）按钮，以窗洞口左下角点为起点，配合“正交”功能，绘制出窗体边线，效果如图 7-75 所示。

04 绘制窗户玻璃。单击“修改”面板中的 OFFSET（偏移）按钮，设置偏移距离为 60，将多段线向下偏移两次，最终效果如图 7-76 所示。

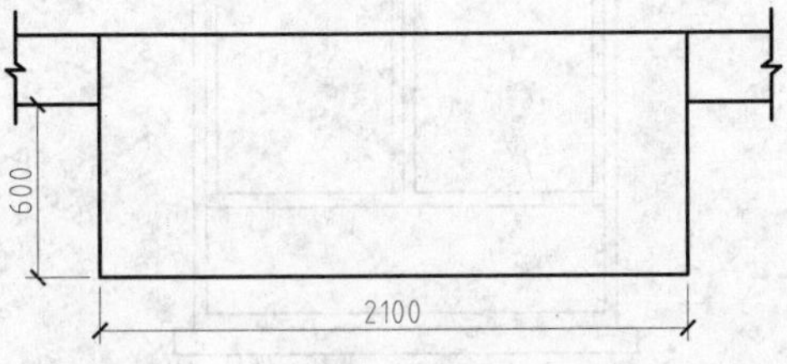

图 7-75　绘制窗体边线

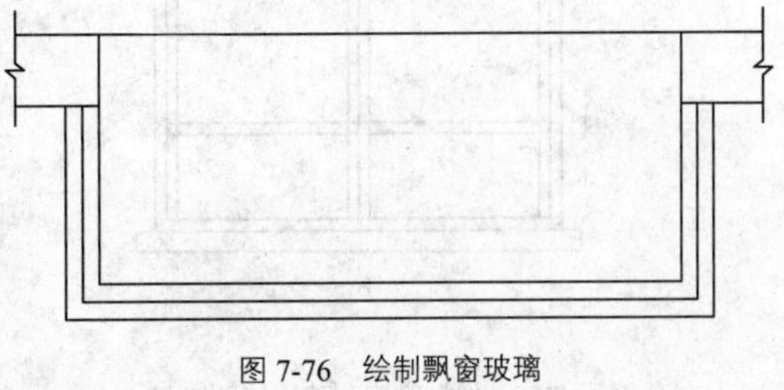
图 7-76　绘制飘窗玻璃

05 飘窗平面图形绘制完成后，将其定义为块并另存。

7.3.3 绘制飘窗立面图

本实例根据上例绘制的平面图尺寸，绘制飘窗立面图。绘制飘窗立面图的最终效果如图 7-77 所示。

课堂举例 7-11：绘制飘窗立面图 视频\第 7 章\课堂举例 7-11.mp4

01 绘制窗台和窗框外轮廓线。单击“绘图”面板中的 RECTANG（矩形）按钮，绘制一个 2300×100 的矩形；单击“绘图”面板中的 RECTANG（矩形）按钮，在窗台上方绘制一个 2100×2050 的矩形，效果如图 7-78 所示。

02 单击“修改”面板中的 COPY（复制）按钮，配合“捕捉”功能，复制出窗台挡板；单击“修改”面板中的 OFFSET（偏移）按钮，设置偏移距离为 60，将窗框向内偏移，生成窗框内线，效果如图 7-79 所示。

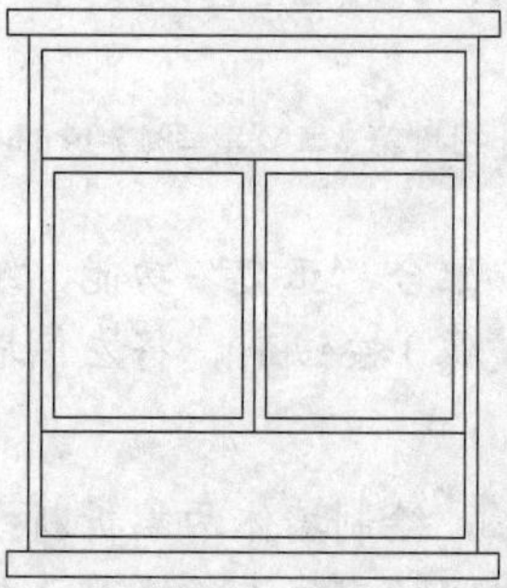

图 7-77 飘窗立面图

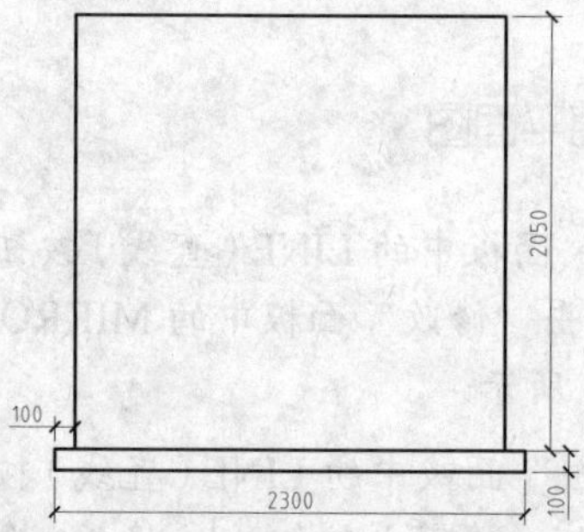

图 7-78 绘制窗台立面

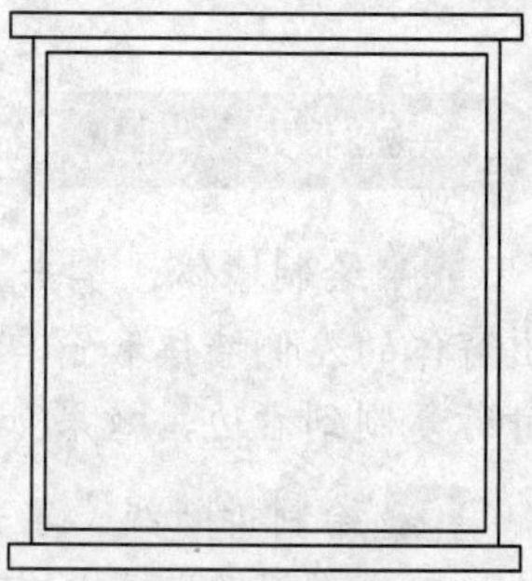

图 7-79 绘制挡板和窗框

03 单击“修改”面板中的 EXPLODE（分解）按钮，将内窗框线进行分解；单击“修改”面板中的 OFFSET（偏移）按钮，生成窗扇和玻璃的辅助线，效果如图 7-80 所示。

04 单击“修改”面板中的 TRIM（修剪）按钮，将窗扇和玻璃中多余的辅助线进行修剪，得到飘窗立面图的最终效果如图 7-81 所示。

05 飘窗立面图形绘制完成后，将其定义为块并另存。

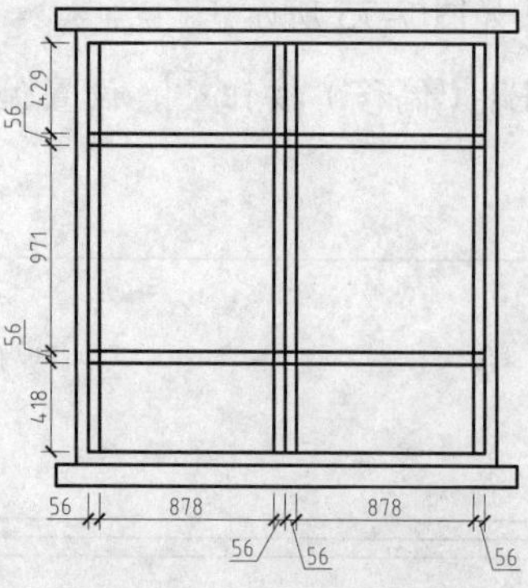

图 7-80 绘制窗扇和玻璃辅助线

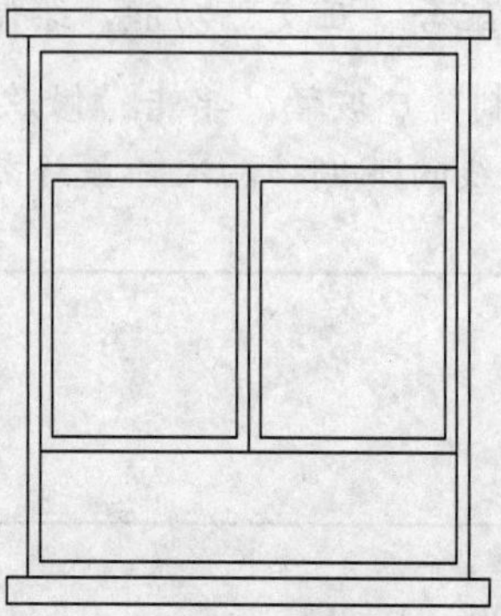

图 7-81 修剪辅助线

7.3.4 绘制阳台立面图

阳台作为居住者的活动平台，便于用户接受光照，吸收新鲜空气，进行户外观赏、纳凉以及晾晒衣物等作用。人们根据需要来确定阳台的面积，面积狭小的阳台不宜摆放过多设施。

本实例讲述立面阳台的构造及绘制方法，绘制立面阳台的最终效果如图 7-82 所示。

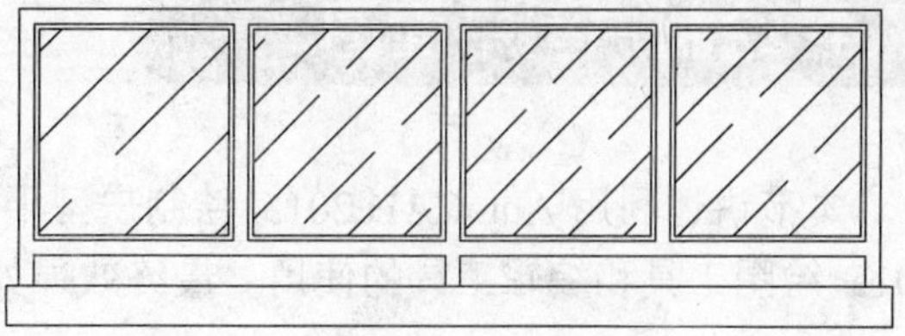

图 7-82　阳台立面图

课堂举例 7-12：绘制阳台立面图　视频\第 7 章\课堂举例 7-12.mp4

01 绘制立面阳台底板。单击“绘图”面板中的 RECTANG（矩形）按钮，绘制一个尺寸为 3600×160 的矩形；单击“修改”面板中的 EXPLODE（分解）按钮，将矩形进行分解。

02 单击“绘图”面板中的 LINE（直线）按钮，配合“正交”和“端点捕捉”功能，沿阳台底板左上角端点绘制一条长 1100 的直线；单击“修改”面板中的 OFFSET（偏移）按钮，生成阳台栏杆的辅助线，完成效果与具体尺寸如图 7-83 所示。

03 单击“修改”面板中的 TRIM（修剪）按钮，将辅助线进行修剪；单击“修改”面板中的 ERASE（删除）按钮，将创建的垂直辅助线进行删除，效果如图 7-84 所示。

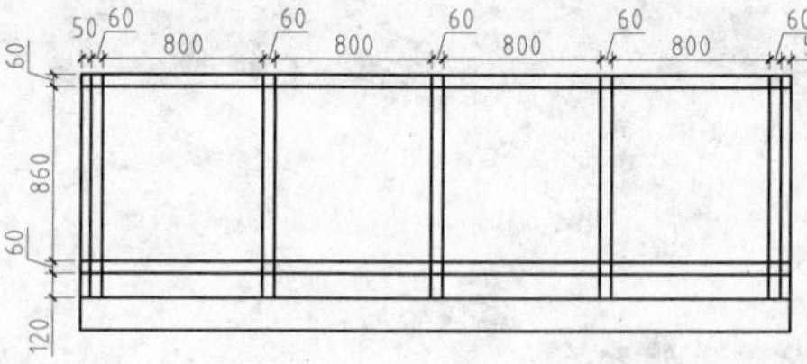

图 7-83　绘制辅助线

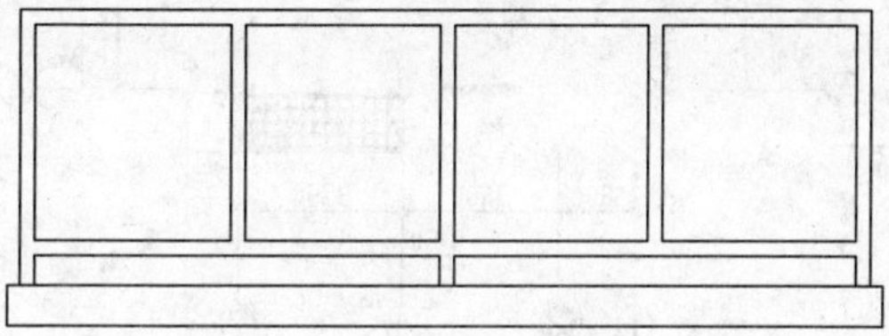

图 7-84　修剪和删除辅助线

04 单击“修改”面板中的 OFFSET（偏移）按钮，设置偏移距离为 20，生成玻璃压边的辅助线；单击“修改”面板中的 TRIM（修剪）按钮，将辅助线进行修剪，效果如图 7-85 所示。

05 单击“绘图”面板中的 HATCH（图案填充）按钮，对阳台玻璃材料进行材料填充，得到阳台立面的最终效果如图 7-86 所示。

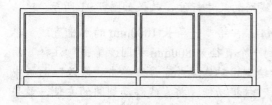

图 7-85　绘制玻璃压边线

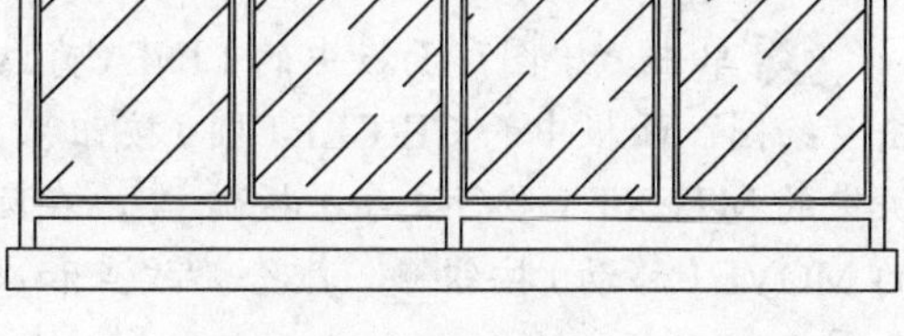

图 7-86　填充玻璃图例

06 阳台立面图形绘制完成后，将其定义为块并另存。

7.4 绘制户型平面图

本节讲述利用 AutoCAD 2015 绘制户型平面图的方法。通过实例的练习，掌握 AutoCAD 2015 绘图工具和编辑工具的使用。最终效果如图 7-87 所示。

课堂举例 7-13：绘制户型平面图

视频\第 7 章\课堂举例 7-13.mp4

01 启动 AutoCAD 2015，软件生成了一个新文件。单击“图层”面板中的“图层特性”按钮，打开“图层特性管理器”对话框，新建多个图层，并对图层名称、颜色、线型等进行修改，效果如图 7-88 所示。

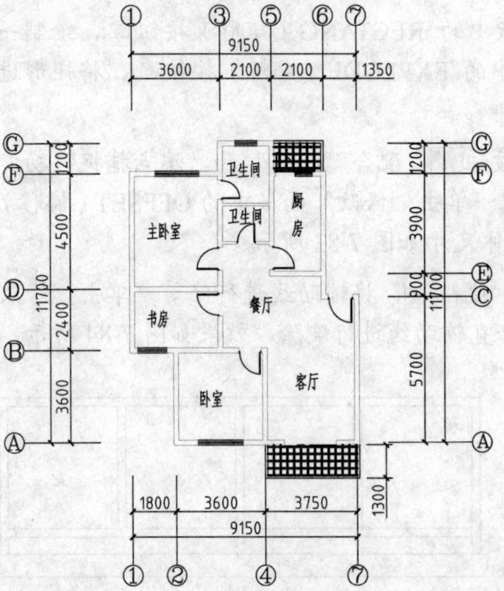

图 7-87 最终效果

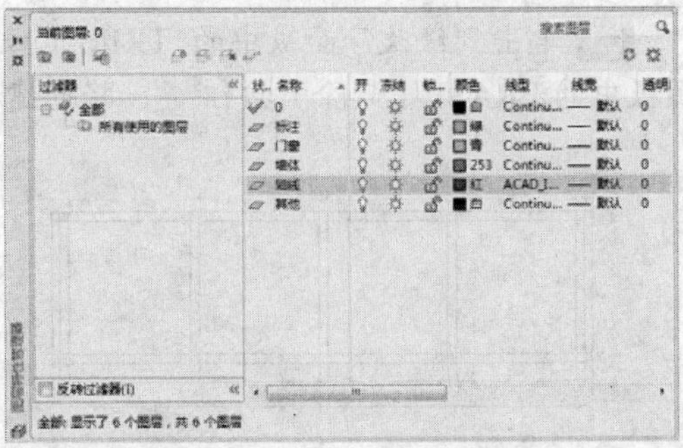

图 7-88 “图层特性管理器”对话框

02 将“轴线”图层置为当前层，单击“绘图”面板中的 LINE（直线）按钮，配合“正交”功能和“移动”功能，绘制一条水平轴线和一条垂直轴线，效果如图 7-89 所示。

03 单击“修改”面板中的 OFFSET（偏移）按钮，并配合 AutoCAD 中的“修剪”功能，生成轴线网，效果如图 7-90 所示。

04 根据上例所述的方法创建尺寸标注样式，将“标注”图层置为当前层，然后单击“线性”按钮和“连续”按钮连续，标注轴线网的尺寸标注，效果如图 7-91 所示。

05 单击“绘图”面板中的 LINE（直线）按钮，绘制一条长 1000mm 的水平直线；单击“绘图”面板中的 CIRCLE（圆）按钮，绘制一个直径为 800mm 的圆；单击“注释”面板中的 MTEXT（多行文字）按钮，在圆中心绘制出轴线编号字母；单击“修改”面板中的 MOVE（移动）按钮，配合“端点和象限点”捕捉功能，将直线移动到圆的左侧，效果如图 7-92 所示。

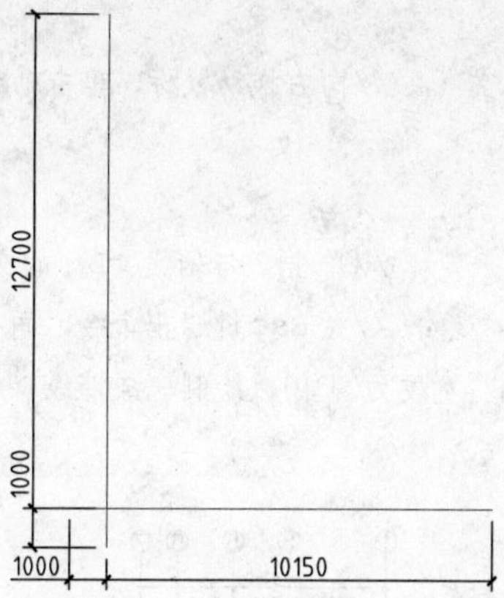

图 7-89　绘制水平轴线和垂直轴线

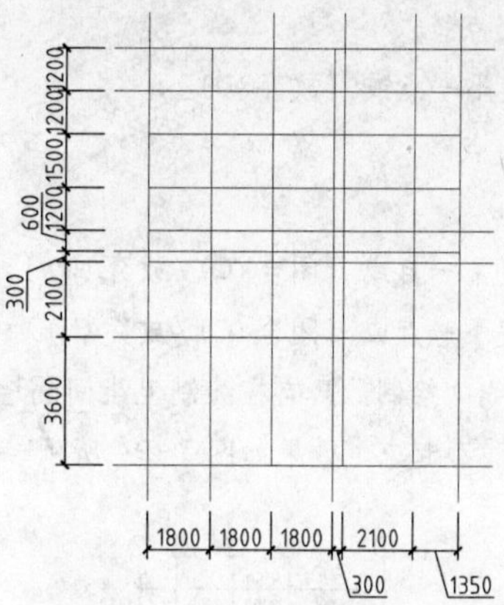

图 7-90　绘制轴线网

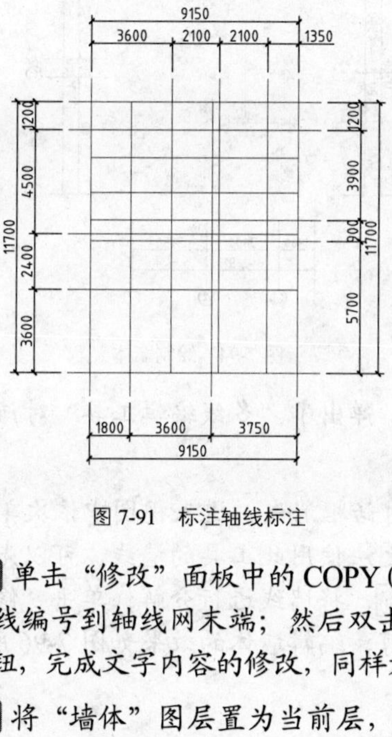

图 7-91　标注轴线标注

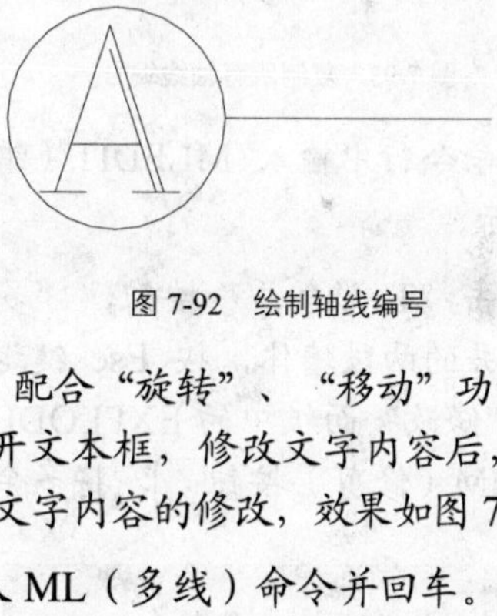

图 7-92　绘制轴线编号

06 单击“修改”面板中的 COPY（复制）按钮，配合“旋转”、“移动”功能，复制出多个轴线编号到轴线网末端；然后双击文字图标，打开文本框，修改文字内容后，单击“确定”按钮，完成文字内容的修改，同样方法，完成所有文字内容的修改，效果如图 7-93 所示。

07 将“墙体”图层置为当前层，在命令行中输入 ML（多线）命令并回车。

命令行提示如下：

```
命令: _mline
当前设置: 对正 = 上, 比例 = 20.00, 样式 = STANDARD
指定起点或 [对正(J)/比例(S)/样式(ST)]:s↙                //输入“s”后按回车键
输入多线比例 <20.00>:200↙                                //输入 200 后按回车键
当前设置: 对正 = 上, 比例 = 200.00, 样式 = STANDARD
指定起点或 [对正(J)/比例(S)/样式(ST)]:J↙                //输入“j”后按回车键
输入对正类型 [上(T)/无(Z)/下(B)] <上>:z↙                //输入“z”后按回车键
当前设置: 对正 = 无, 比例 = 200.00, 样式 = STANDARD
指定起点或 [对正(J)/比例(S)/样式(ST)]:                   //单击轴线 2 与轴线“B”的交点
指定下一点:                                              //向下拖动鼠标, 单击轴线 2 与轴线
```

“A”的交点

指定下一点或 [放弃(U)]: //向右拖动鼠标，单击轴线 7 与轴线“A”的交点

……

指定下一点或 [闭合(C)/放弃(U)]: //单击 2 与轴线“B”的交点

指定下一点或 [闭合(C)/放弃(U)]: //按Esc键退出命令，同样方法，完成所有墙线的绘制，只有在绘制卫生间隔墙时，需改变“多线”宽度为 100，绘制完成墙线以后，将“轴线”图层隐藏起来，效果如图 7-94 所示

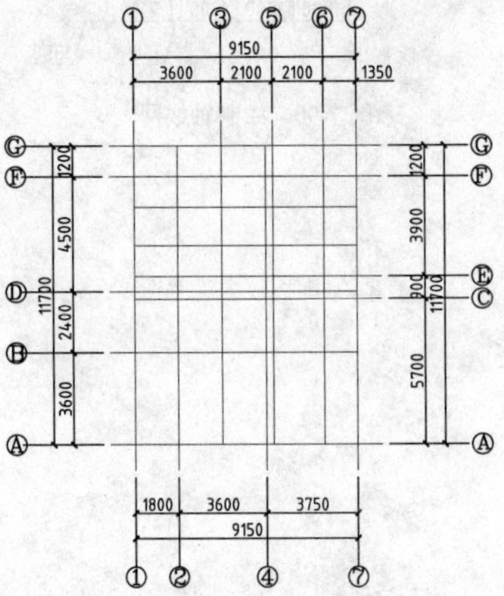

图 7-93　复制所有轴线编号

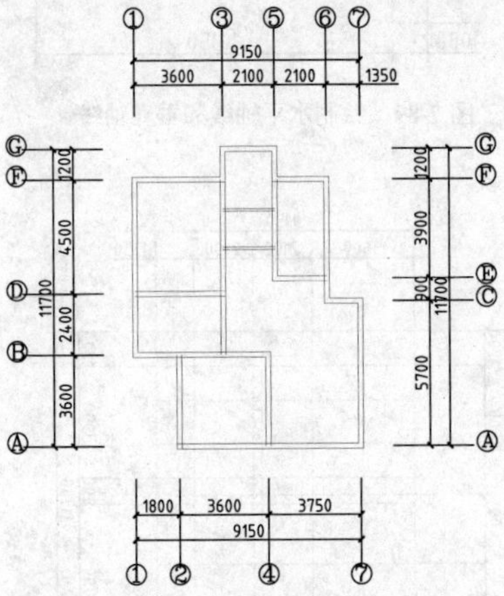

图 7-94　绘制墙体

08 在命令行中输入 MLEDIT（编辑多线）命令，弹出了“多线编辑工具”对话框，如图 7-95 所示。

09 单击“T 形合并”按钮，“多线编辑工具”对话框消失，进入视图中依次单击要进入 T 形合并的两段墙体，按 Esc 键退出命令。对于无法使用此工具的墙线，可以先选中墙线，单击“修改”面板中的 EXPLODE（分解）按钮，将墙线进行分解；单击“修改”面板中的 TRIM（修剪）按钮，将多余的墙线进行修剪，编辑墙体的效果如图 7-96 所示。

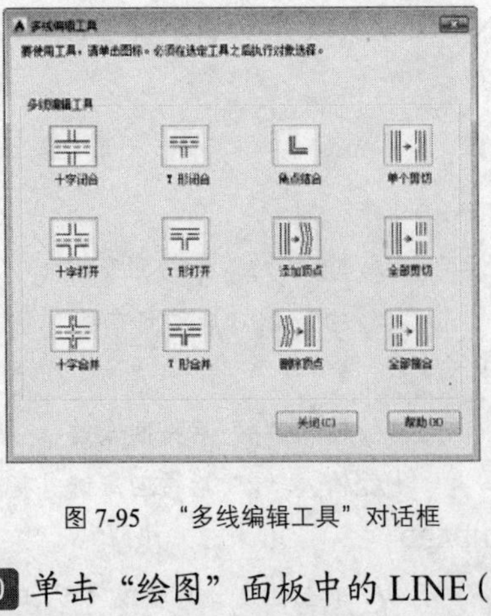

图 7-95　“多线编辑工具”对话框

图 7-96　编辑墙体

10 单击“绘图”面板中的 LINE（直线）按钮，沿墙内角绘制水平和垂直辅助线；单击“修改”面板中的 OFFSET（偏移）按钮，生成门窗洞口的辅助线；单击“修改”面板

中的 TRIM（修剪）按钮，将辅助线和门窗洞口处的墙线进行修剪，效果如图 7-97 所示。

11 将“门窗”图层置为当前层，单击“绘图”面板中的 LINE（直线）按钮，沿窗洞口绘制窗户的轮廓线，单击“修改”面板中的 OFFSET（偏移）按钮，设置偏移距离为 70，将窗户两侧轮廓线向墙内偏移，生成窗户玻璃，效果如图 7-98 所示。

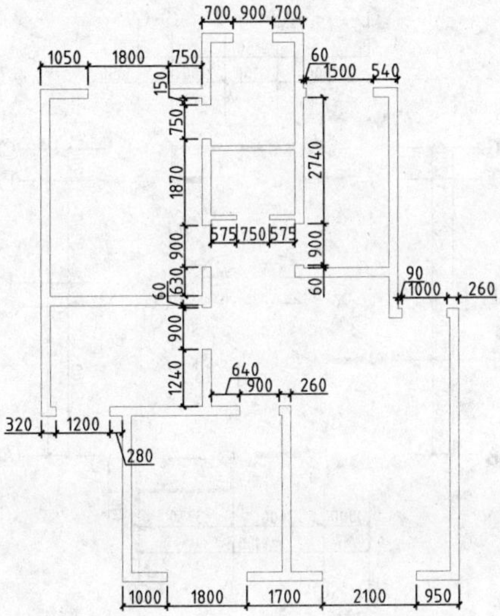

图 7-97　绘制门窗洞口

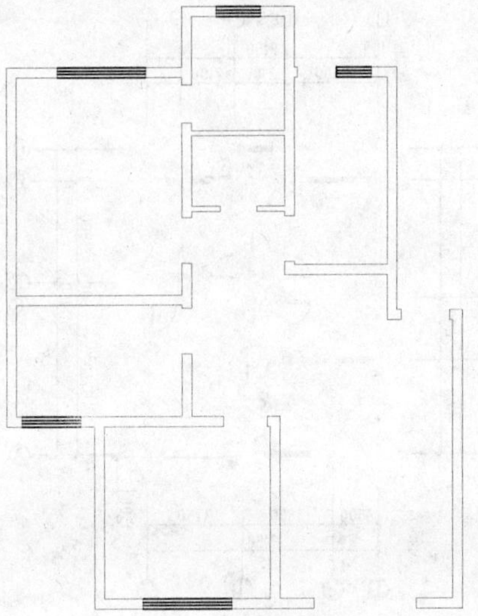
图 7-98　绘制窗户

12 单击“绘图”面板中的 LINE（直线）按钮，结合“正交”功能，绘制门框和辅助线；单击“修改”面板中的 MIRROR（镜像）按钮，将门框进行对称复制一个；单击“绘图”面板中的 ARC（圆弧）按钮，绘制平开门开启方向线；单击“修改”面板中的 TRIM（修剪）按钮，将多余的辅助线进行修剪；单击“修改”面板中的 EARSE（删除）按钮，将辅助线进行删除，得到单扇平开门效果如图 7-99 所示。

13 单击“绘图”面板中的 LINE（直线）按钮，沿客厅阳台门洞口绘制水平和垂直两条辅助线；单击“修改”面板中的 OFFSET（偏移）按钮，生成推拉门的辅助线；单击“修改”面板中的 TRIM（修剪）按钮，将辅助线进行修剪；单击“修改”面板中的 EARSE（删除）按钮，将创建的辅助直线进行删除；单击“绘图”面板中的 LINE（直线）按钮，绘制出推拉开启方向箭头，效果如图 7-100 所示

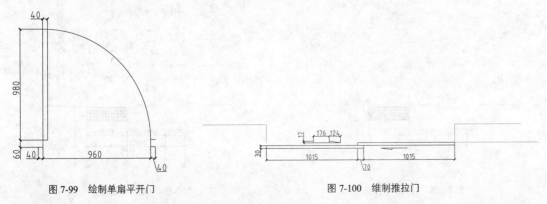

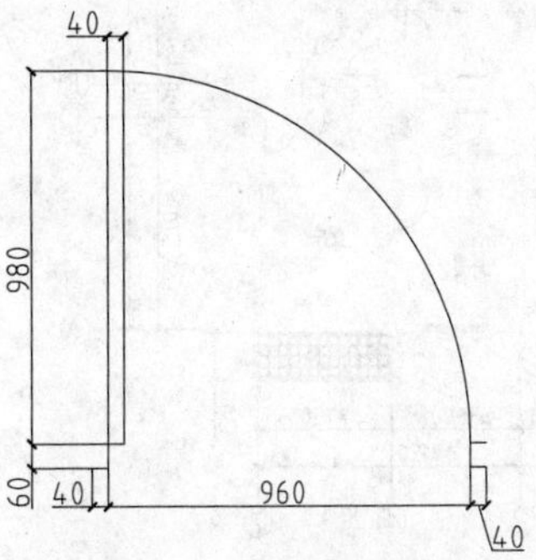

图 7-99　绘制单扇平开门

图 7-100　维制推拉门

14 单击“修改”面板中的 COPY（复制）按钮，配合“旋转”工具、“缩放”工具、

“镜像”工具和“移动”工具复制多个单扇平开门到户型平面图中，效果如图 7-101 所示。

15 将“其他”图层置为当前层，单击“绘图”面板中的 LINE（直线）按钮，配合“正交”功能，绘制出阳台的轮廓线；单击“修改”面板中的 OFFSET（偏移）按钮，设置偏移距离为 100，向内生成阳台的内轮廓线，效果如图 7-102 所示。

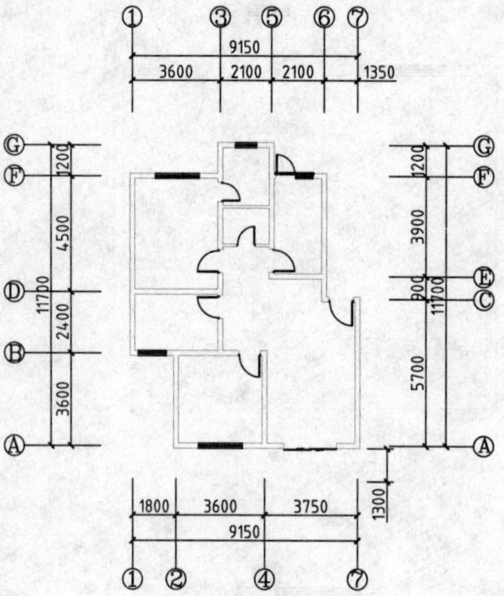

图 7-101 复制平开门

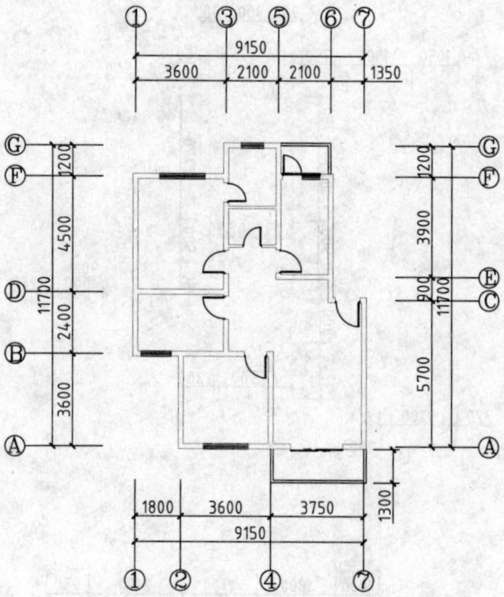

图 7-102 绘制阳台

16 单击“绘图”面板中的 PLINE（多段线）按钮，配合“对象捕捉”功能，描边阳台轮廓线；单击“绘图”面板中的 HATCH（图案填充）按钮，选择“ANGEL”图案对阳台进行填充，效果如图 7-103 所示。

17 单击“注释”面板中的 MTEXT（多行文字）按钮，标注所有房间名称文字，最终效果如图 7-104 所示。

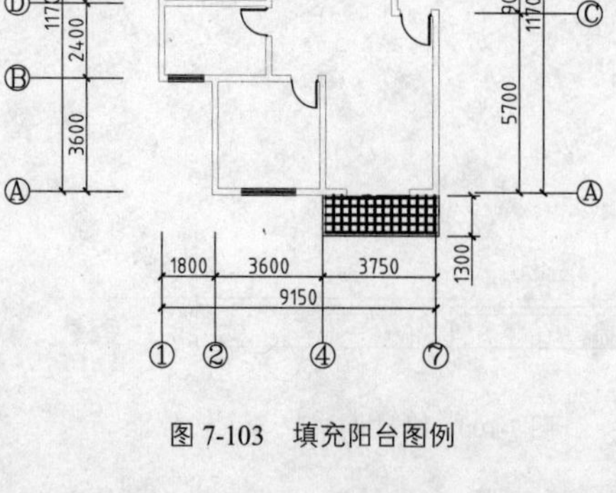

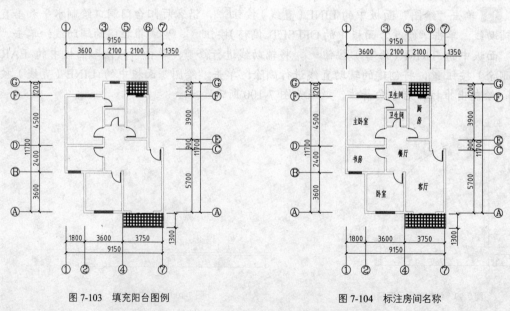

图 7-103 填充阳台图例

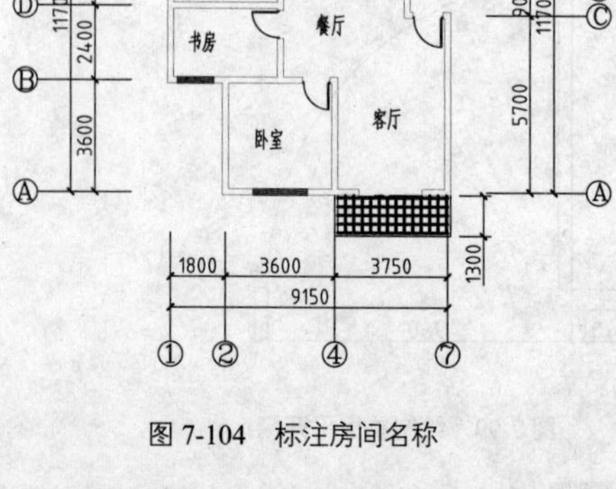

图 7-104 标注房间名称

第8章 建筑总平面图的绘制

本章导读

建筑总平面是表明新建建筑物所在地一定范围内总体布置的图样，建筑总平面设计是建筑工程设计的重要步骤和内容。通常情况下，建筑总平面包含多种功能的建筑群体。

本章以实例的绘制，详细讲述建筑总平面的设计及其绘制方法与相关技巧，其中包括总平面图中的场地、建筑单体、小区道路以及文字尺寸的绘制和标注方法。

本章重点

- 建筑总平面图的概念
- 建筑总平面的绘制内容
- 建筑总平面的绘制步骤
- 常用建筑总平面图图例
- 绘制住宅小区总平面图
- 绘制某移动通信枢纽楼工程总平面图

8.1 建筑总平面图概述

在绘制建筑总平面图之前，用户首先必须熟悉建筑总平面图的基础知识，便于准确绘制建筑总平面图。本节讲述建筑总平面的概念、绘制内容、绘制步骤、绘制图例等。

8.1.1 建筑总平面图的概念

建筑总平面展示的是一个工程项目的总体布局，其主要表明新建房屋的位置、朝向与原有建筑物的关系，建设区域道路布置、绿化、地形、地貌标高，以及与原有环境的关系和临界情况等。这是形象地展示建筑工程的第一个环节，因而要求尽可能完整地表现出上述内容。

建筑总平面图是房屋其他设施施工定位、土方施工以及绘制水暖、电线、管道总平面和施工总平面布置的依据。总平面设计在整个工程设计、施工中具有极其重要的作用，而且在不同的建筑设计阶段有不同的作用。建筑总平面图则是总平面设计当中的图样部分。

1. 方案设计阶段

总平面图着重体现拟建建筑物的大小、形状及周边道路、房屋、绿地和建筑红线之间的关系，表达室外空间环境设计效果。

2. 初步设计阶段

通过进一步推敲总平面设计中涉及到的各种因素和环节，推敲方案的合理、科学性。初步设计阶段的总平面图是方案设计阶段总平面图的细化，为施工图阶段的总平面图打下基础。

3. 施工图设计阶段

总平面图是在深化初步设计阶段内容的基础上完成的。它能准确描述建筑的定位尺寸、相对标高、道路竖向标高、排水方向及坡度等，是单体建筑施工放线、确定开挖范围及深度、场地布置以及水、暖、电管线设计的主要依据，也是道路、围墙、绿化及水池等施工的重要依据。

如图 8-1 所示为某住宅小区建筑总平面图。

8.1.2 建筑总平面的绘制内容

建筑总平面图的绘制要遵守《总图制图标准》(GB/T 50103-2010)的基本规定。建筑总平面图的绘制内容主要包括以下几个方面：

- 图名及比例尺。
- 应用图例来表明新建区、扩建区或改建区的总体布置，表明各建筑物和构筑物的位置、道路、广场、室外场地和绿化等布置情况，以及各建筑物的层数等。在总平面图上一般应画上所采用的主要图例及其名称。此外，对于《建筑制图标准》中无规定而自定的图例必须在总平面图中绘制清楚，并注明其名称。
- 确定新建或扩建工程的具体位置，一般根据原有房屋或道路来定位，并以 m 为单位标注出定位尺寸。

- 当新建成片的建筑物和构筑物或较大的公共建筑物或厂房时，往往用坐标来确定每一建筑物及道路转折点等的位置。在地形地伏较大的地区，还应该画出地形等高线。
- 注明新建房屋底层，室内地面和室外地坪的绝对标高。
- 画出风向频率玫瑰图形，以及指北针图形，用来表示该地区的常年风向频率和建筑物、构筑物等的方向，有时也可以只画出单独的指北针。

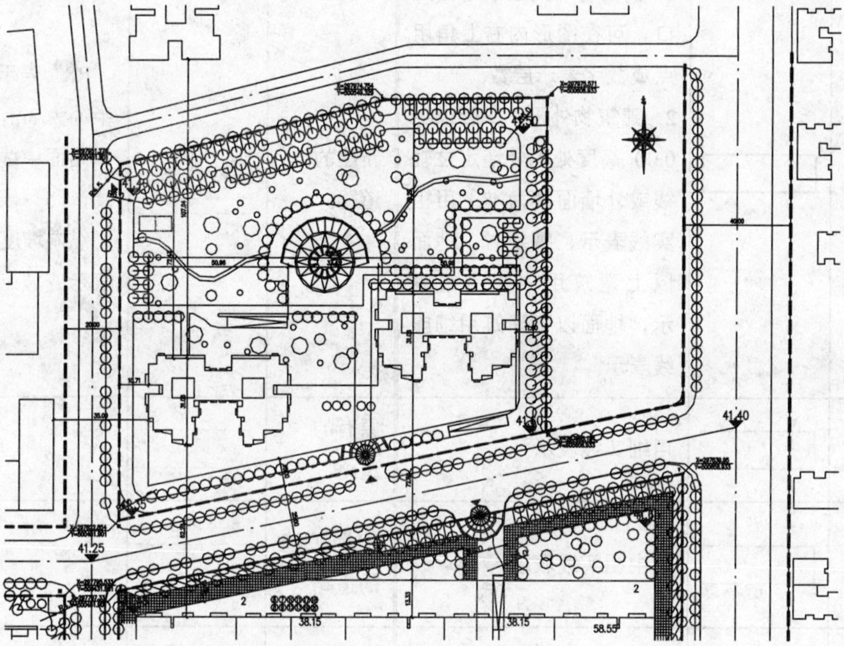

图 8-1　某住宅小区总平面图

8.1.3 建筑总平面的绘制步骤

绘制建筑总平面图需要按照一定的步骤进行，绘制建筑总平面图的常用步骤如下：

1) 设置绘图环境。
2) 绘制网格环境体系。
3) 绘制道路和各种建筑物、构筑物。
4) 绘制出建筑物局部和绿化的细节。
5) 绘制尺寸标注、文字说明和图例。
6) 添加图框和标题。
7) 打印输出。

8.1.4 常用建筑总平面图图例

在建筑总平面绘图中，有一些固定的图形代表固定的含义，在《总图制图标准》（GB/T 50103-2001）中有专门的图例规定。当标准图例不能表达图中内容时，可以自行设置图例，但必须在建筑总平面图中绘制出来，并详细注明其名称，以便于识图。

由于总平面图采用较小比例绘制，各建筑物和构筑物在图中所占面积较小，根据总平面图的作用，无须详细绘制，可以用相应的图例表示。《总图制图标准》中规定的常用的图例见表 8-1。

表 8-1　总平面图例

名 称	图例	说 明	名 称	图例	说 明
新建的建筑物	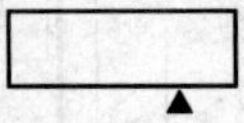	1. 需要时可用▲表示出入口，可在图形内右上角用点或数字表示层数 2. 建筑物外形（一般以 ±0.00 高度处的外墙定位轴线或外墙面线为准）用粗实线表示，需要时，地面以上建筑用中粗实线表示，地面以下建筑用细虚线表示	新建的道路	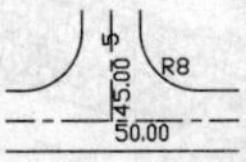	“R8” 表示道路转弯半径为 8m，“50.00” 为路面中线控制点标高，“5” 表示 5%，为纵向坡度，“45.00” 表示变坡点间距离
原有的建筑物		用细实线表示	原有的道路		
计划扩建的预留地或建筑物		用中粗实线表示	计划扩建的道路		
拆除的建筑物		用细实线表示	拆除的道路	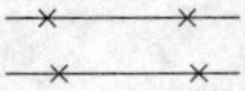	
坐标	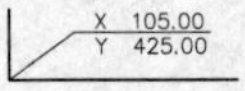	表示测量坐标	桥梁	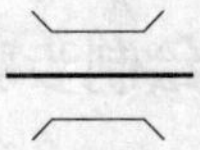	1. 上图表示铁路桥，下图表示公路桥 2. 用于旱桥时应注明
	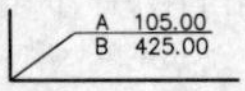	表示建筑坐标			
围墙及大门	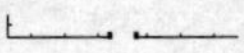	上图表示实体性质的围墙，下图表示通透性质的围墙，如仅表示围墙时不画大门	护坡		1. 边坡较长时，可在一端或两端局部表示 2. 下边线为虚线时表示填方
	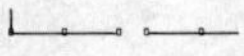		填挖边坡	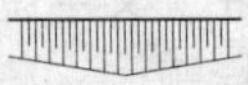	
台阶	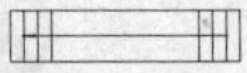	箭头指向表示向下	挡土墙		被挡的土在“突出”的一侧
铺砌场地	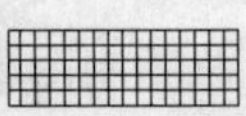		挡土墙上设围墙		

接下来介绍在 AutoCAD 中如何绘制这些常见的图形元素。

- 建筑物轮廓线：一般建筑物轮廓线直接用“LINE”命令绘制，用不同的线宽表示不同类型的建筑物。一般用粗线绘制新建建筑物轮廓线，用细线绘制原有建筑物轮廓线。
- 围墙：围墙用围墙符号表示，用户事先定义一种线型，然后运用“LINE”命令以这种线型沿围墙轴线绘制。
- 道路、台阶和花坛：道中一般用“LINE”“ARC”“PLINE”等绘制，然后用“OFFSET”命令将路宽、台阶宽度、花坛厚度来偏移已经画好的直线。
- 树木、草坪：利用“SPLINE”命令绘制一条闭合的不规则圆形曲线，并利用“POINT”命令在中心画一个点，此时得到的图形代表一棵树；用同样方法绘制几棵互相相邻且有所差别的树木；然后利用“BLOCK”命令将树创建成一个整体块，这样就可以方便地插入“树”块。利用“PLINE”命令，绘制一个封闭的区域，然后利用“HATCH”命令，以代表花草的图案对这个区域进行填充，就可以完成草坪的绘制。

8.2 绘制住宅小区总平面图

做好绘图准备工作后，本节以绘制某住宅小区的建筑总平面图为例，介绍如何完成道路、建筑红线、建筑外轮廓线及细化房屋、岔道及相邻建筑物、植物绿化、风玫瑰图、表格等的绘制，以及如何实现尺寸和文字的标注。

8.2.1 设置绘图环境

在开始绘图之前，用户需对新建的图形文件进行相应的设置，确定各选项参数。

课堂举例 8-1：设置绘图环境　　视频\第 8 章\课堂举例 8-1.mp4

01 新建样板图形。启动 AutoCAD 2015 应用程序，单击快速访问工具栏中的“新建”按钮，弹出了“选择样板”对话框，如图 8-2 所示。选中“acadiso.dwt”选项，单击“打开”按钮，即可创建一个样板图形。

02 设置绘图区域。在命令行中输入 LIMITS（图形界限）命令，设置绘图区域的范围为 450m×320m；然后执行 ZOOM（缩放）命令，设置观察范围。其命令行提示如下：

```
命令:limits↙
重新设置模型空间界限:
指定左下角点或 [开(ON)/关(OFF)] <0.0000, 0.0000>:↙      //直接按回车键接受默认值
指定右上角点 <420.0000,297.0000>: 450000, 320000↙      // 输入右上角坐标值(450000, 320000)后按回车键
```

03 设置精度。在命令行中输入 UNITS（单位）命令并回车，弹出了“图形单位”对话框。在“长度”选项组中的“类型”下拉列表中选择“小数”选项；在“精度”下拉列表中选择精度“0.00”；在“角度”选项组中的“类型”下拉列表中选择“十进制度数”选项，在“精度”下拉列表中选择精度为“0”，效果如图 8-3 所示。

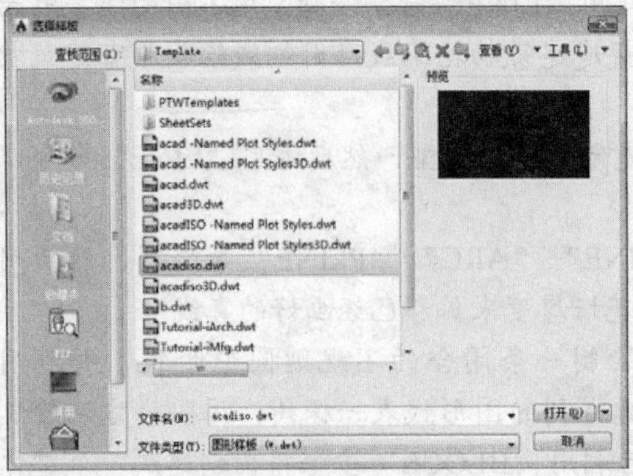

图 8-2 “选择文件”对话框

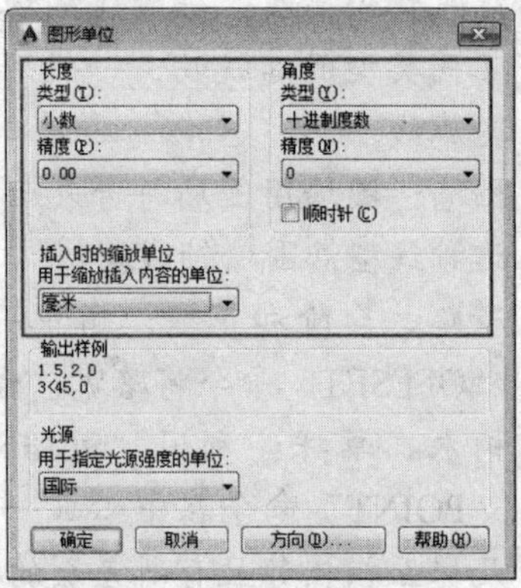

图 8-3 “图形单位”对话框

04 设置光标和栅格捕捉间距。在命令行中输入 DSETTINGS（草图设置）命令并回车，弹出了“草图设置”对话框，单击“对象捕捉”选项卡，设置“捕捉类型”如图 8-4 所示。

05 单击“栅格和捕捉”选项卡，在该选项卡中设定“捕捉 X 轴间距”为 0.1，“栅格 X 轴间距”为 10。在“捕捉 Y 间距”和“栅格 Y 间距”文本框中单击，就会自动变成和上面一样的数值，效果如图 8-5 所示。单击“确定”按钮，完成光标和栅格捕捉间距的设置。

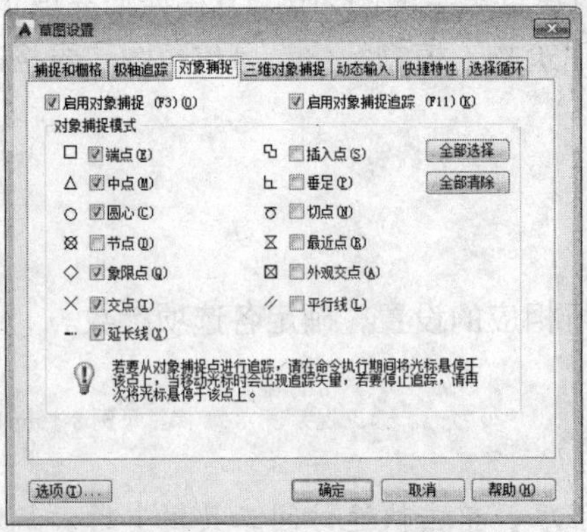

图 8-4 “对象捕捉”选项卡

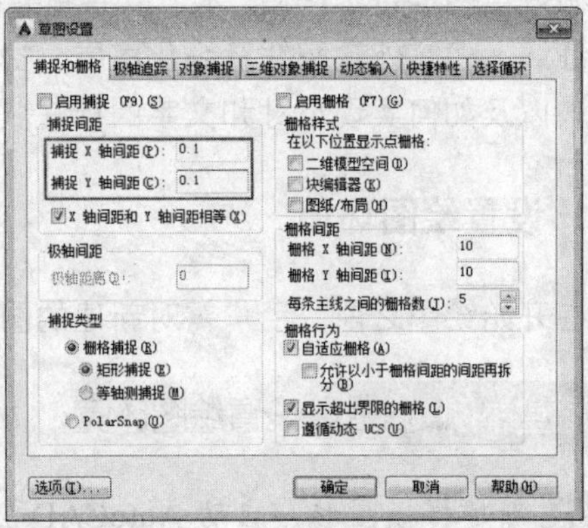

图 8-5 “捕捉和栅格”选项卡

06 设置图层。单击“图层”面板中的“图层特性”按钮，弹出了“图层特性管理器”对话框，如图 8-6 所示。

07 单击“新建图层”按钮，自动新建一个图层，并自动命名为“图层 1”，用户可在“名称”选项栏中修改名称。重复单击“新建图层”按钮，可以继续输入其他图层的名称，单击相应的属性图标可以对属性进行修改，设置完所有的图层后，效果如图 8-7 所示。单击“关闭”按钮关闭图层管理器。

> **提示** 设置图层是绘制图形之前必不可少的准备工作。设置一些专门的图层，并把一些相关的图形放在专门的图层上，这样可以给后面的图形绘制和管理带来很大的方便。另外还可以给每个图层分别设置各自的线型、线宽、颜色等属性，因而可以使不同图层的图形互相区别，便于管理。

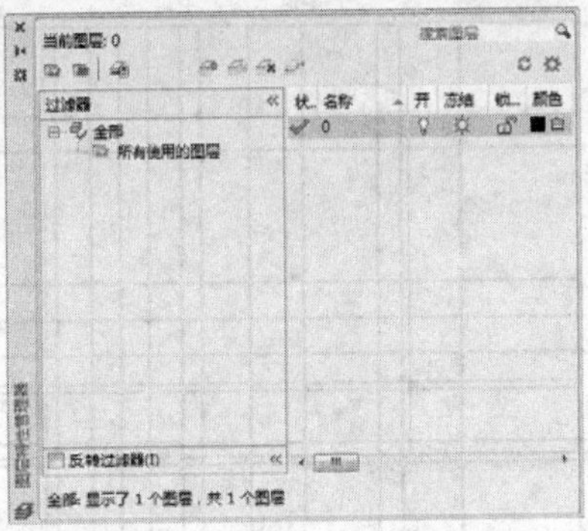

图 8-6　“图层特性管理器”对话框

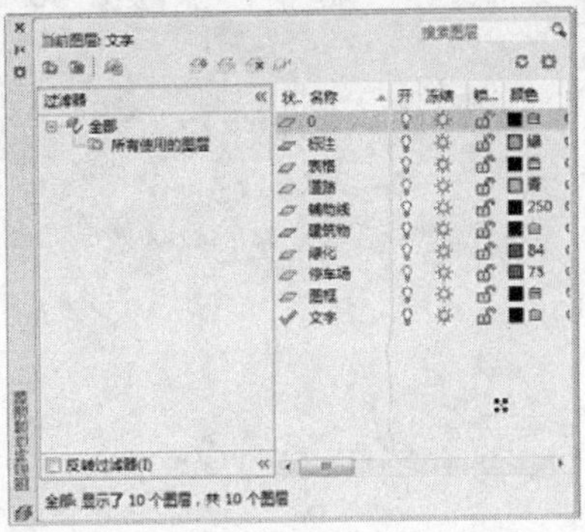

图 8-7　创建图层

08 设置文字样式。单击 STYLE（文字样式）按钮，打开“文字样式”对话框，设置相应的参数值，如图 8-8 所示。单击“置为当前”按钮，然后单击“关闭”按钮，完成“文字样式”的设置。

09 单击 DIMSTYLE（标注样式）按钮，弹出如图 8-9 所示的“标注样式管理器”对话框，参考第 7 章实例所述的方法，设置标注样式。单击“置为当前”按钮，然后单击“关闭”按钮，完成“标注样式”的设置。

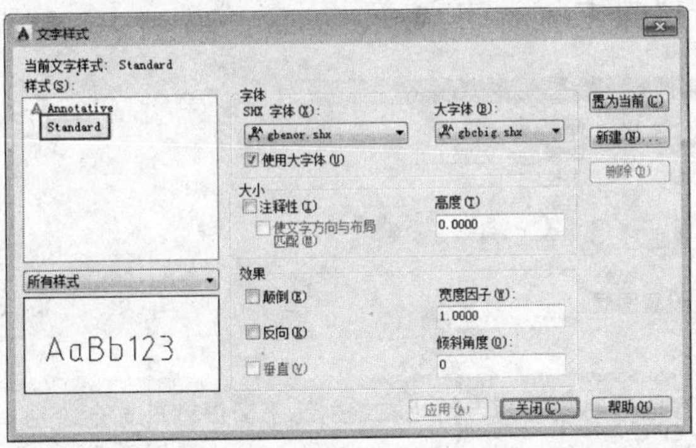

图 8-8　“文字样式”对话框

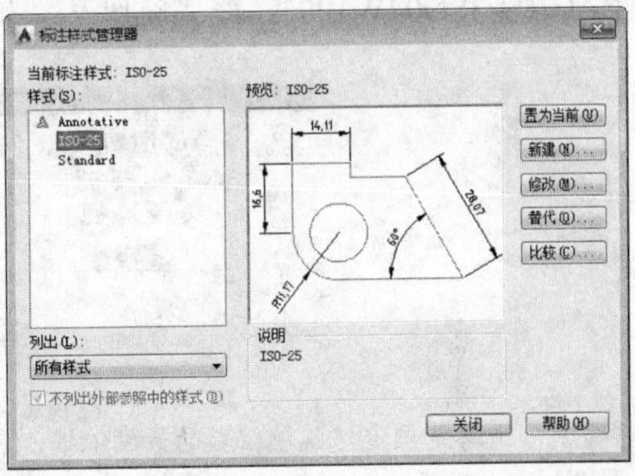

图 8-9　“标注样式管理器”对话框

8.2.2 绘制总平面图形

建立绘图环境以后，接下来就是绘制图形了。绘制总平面图的过程包括绘制辅助网格、道路、建筑物、人行道、水体、停车位、用地红线和指北针等。

课堂举例 8-2：绘制总平面图形　　视频\第 8 章\课堂举例 8-2.mp4

01 绘制辅助网格。设置“辅助线”图层为当前层，单击“绘图”面板中的 LINE（直线）按钮，配合“正交”功能，绘制出水平和垂直两条辅助线，结果如图 8-10 所示。

02 单击“修改”面板中的 OFFSET（偏移）按钮，偏移辅助线，绘制出道路辅助网格，结果如图 8-11 所示。

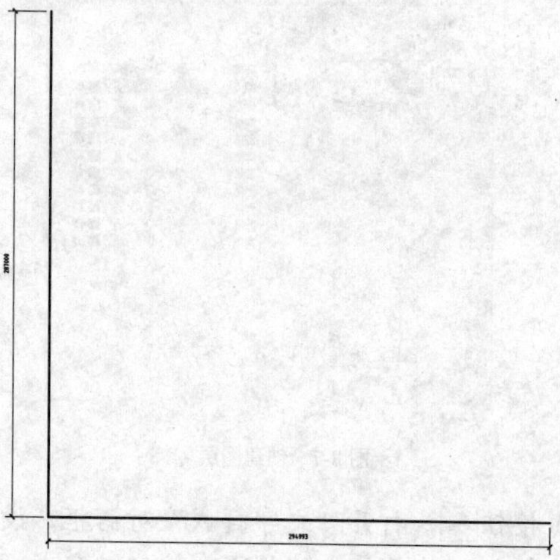

图 8-10　绘制辅助线

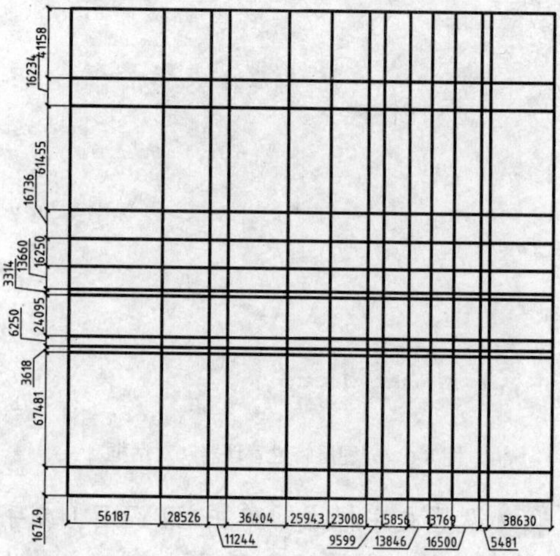

图 8-11　绘制辅助网格

提示　辅助网格在绘制建筑总平面图时起到精确定位的作用。

03 绘制道路。将“道路”图层置为当前层，颜色设为“红色”、线型设为“ACAD_ISO04W100”、线宽随图层，如图 8-12 所示。

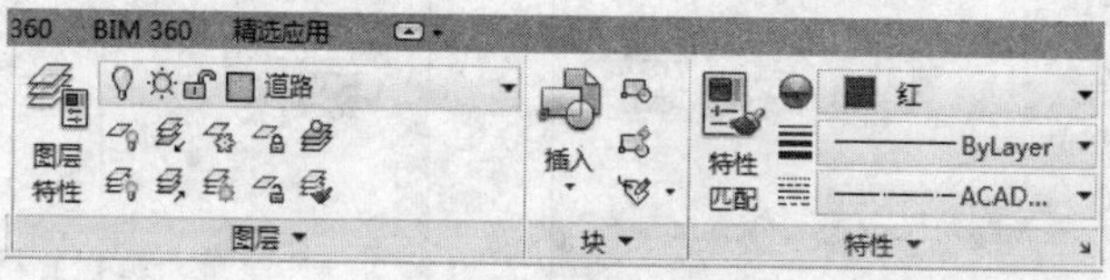

图 8-12　设置图层

提示　道路是确定建筑物位置的最初依据，它是根据地形图确定的，因此在绘制总平面图时应首先绘制道路。

04 单击“绘图”面板中的 LINE（直线）按钮和 ARC（圆弧）按钮，“对象捕捉”功能，绘制出道路中线，并修改线型比例为“800”效果如图 8-13 所示。

05 单击“修改”面板中的 OFFSET（偏移）按钮，根据道路宽度，设置偏移距离为道路半宽，将中线向道路两侧偏移，将颜色和线型修改为随图层。

06 单击“修改”面板中的 TRIM（修剪）按钮，将交叉路口的道路边线进行修剪；单击“修改”面板中的 FILLET（圆角）按钮，对道路转角处进行圆角处理，完成效果如图 8-14 所示。

07 绘制建筑物。将“建筑物”图层置为当前层，打开“对象捕捉”，将线型设置为 0.30mm，并单击状态栏中的“线宽”按钮，使该功能处于开启状态。单击“绘图”面板中的 LINE（直线）按钮，配合“偏移、修剪”等功能，绘制出建筑物的外型轮廓线，如图 8-15 所示。依次将余下的建筑绘制完成。如图 8-16 所示。

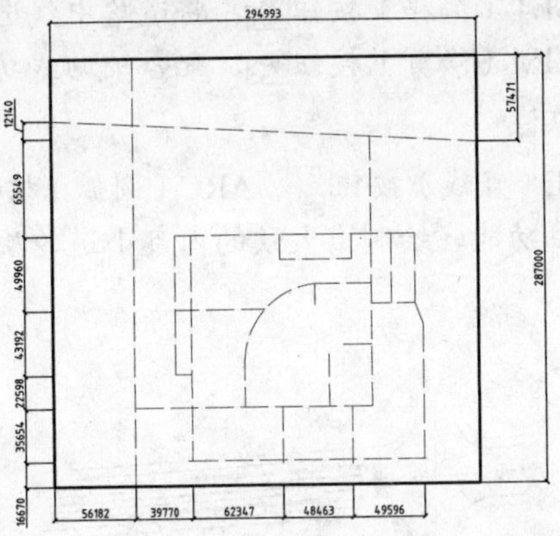

图 8-13　绘制道路中心线

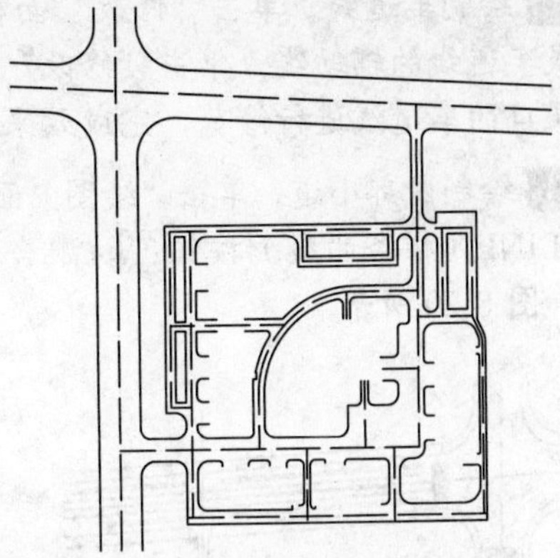

图 8-14　绘制道路

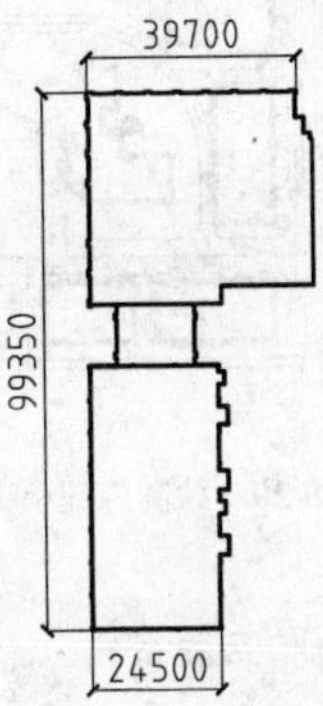

图 8-15　绘制建筑轮廓

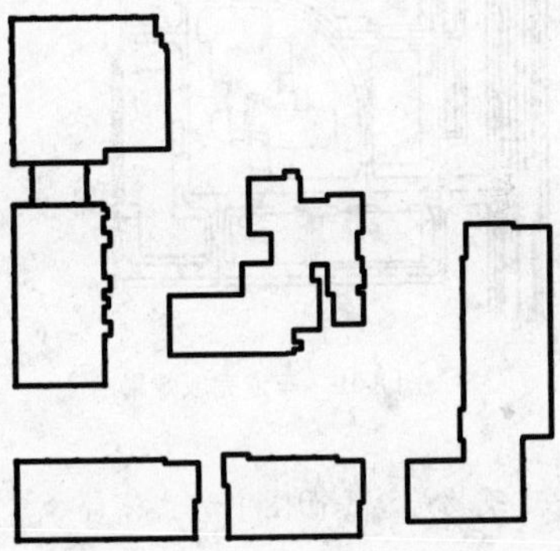

图 8-16　建筑群轮廓

08 单击“修改”面板中的 MOVE（移动）按钮，将建筑物移到总平面图中恰当位置上，建筑物轮廓与最终位置如图 8-17 所示。

09 绘制人行道、主干道斑马线和绿化分隔带。将“道路”图层置为当前层，颜色、线型、线宽随图层，单击“修改”面板中的 OFFSET（偏移）按钮，将道路边线偏移生成人行道、斑马线的辅助线和绿化分隔带；单击“修改”面板中的 TRIM（修剪）按钮，生成斑马线和绿化分隔带，如图 8-18 所示。

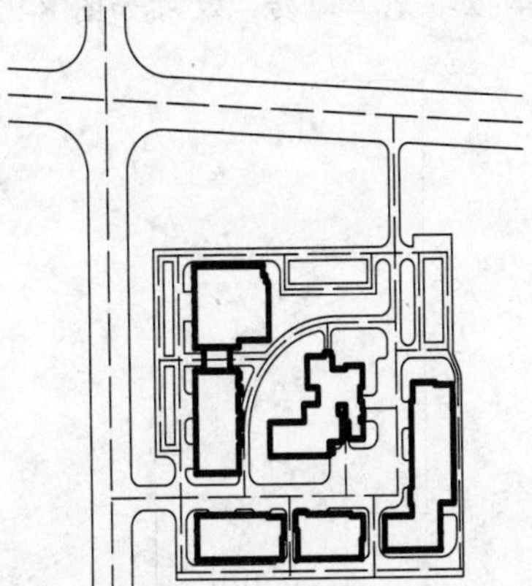

图 8-17　插入建筑物

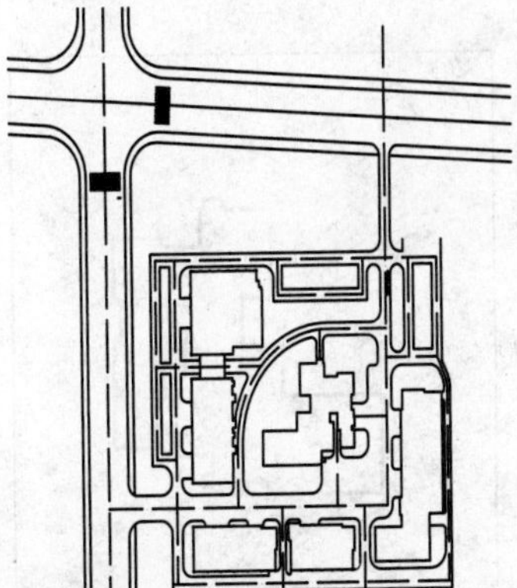

图 8-18　斑马线与绿化带完成效果

10 绘制车道线。单击“修改”面板中的 OFFSET（偏移）按钮，将道路中线进行偏移生成车道线的辅助线；单击“修改”面板中的 TRIM（修剪）按钮，配合辅助线功能，将交叉口的车道线进行修剪，完成效果如图 8-19 所示。

11 绘制内部小道。单击“绘图”面板中的 LINE（直线）按钮、ARC（圆弧）按钮和 SPLINE（样条曲线）按钮，配合辅助线的定位功能，绘制出大致的内部小道轮廓线，效果如图 8-20 所示。

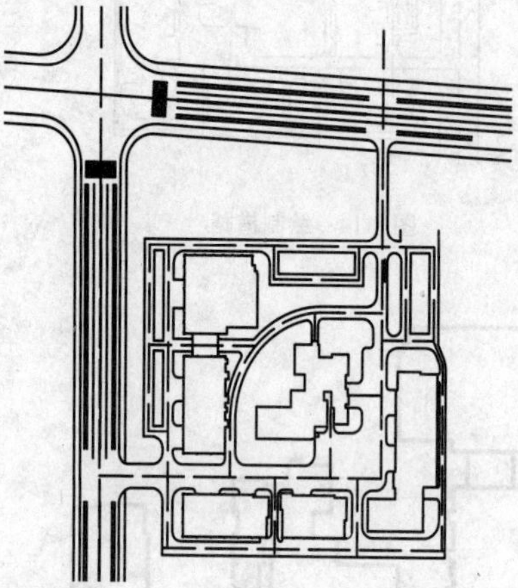

图 8-19　车道完成效果

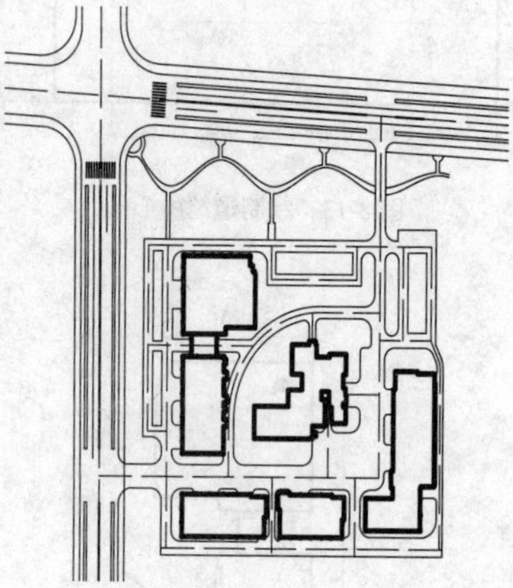

图 8-20　绘制内部小道

提示　建筑物是总平面图中的主体部分，总平面图体现了建筑物之间的相互关系。

12 绘制水域轮廓线、等高线和景石。单击“绘图”面板中的 SPLINE（样条曲线）按钮、ARC（圆弧）按钮等，配合“偏移、修剪”等功能，绘制出水面边的大致轮廓线和等高线。

13 单击“绘图”面板中的 LINE（直线）按钮，绘制出景石的大致形状，效果如图 8-21 所示。

14 绘制停车位、停车场铺地。单击“修改”面板中的 OFFSET（偏移）按钮，生成停车位的辅助线；单击“修改”面板中的 TRIM（修剪）按钮，将辅助线进行修剪；单击“修改”面板中的 HATCH（图案填充）按钮，对停车位填充草地砖，效果如图 8-22 所示。

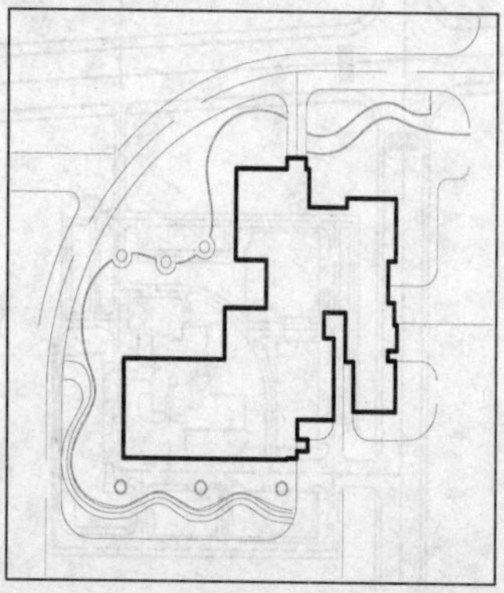

图 8-21　绘制水域轮廓线、等高线和景石

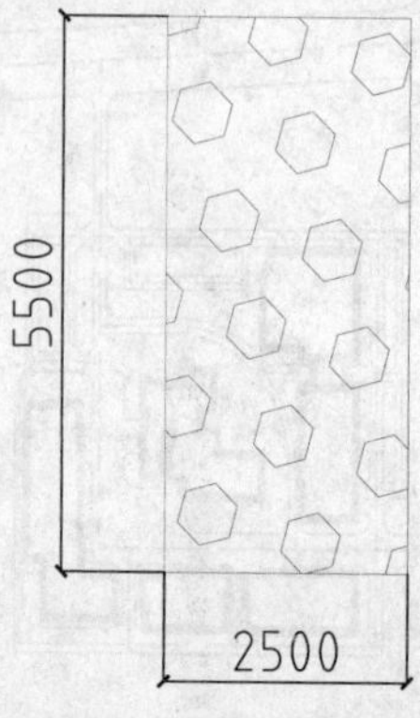

图 8-22　绘制一个停车位

15 单击“修改”面板中的 OFFSET（偏移）按钮，生成停车场铺地的辅助线。单击“修改”面板中的 TRIM（修剪）按钮，将辅助线进行修剪。单击“修改”面板中的 FILLET（圆角）按钮，设置“圆角半径”为 216，对铺地进行圆角处理，效果如图 8-23 所示。

16 单击“修改”面板中的 COPY（复制）按钮，配合“旋转、镜像”等功能，复制出所有的停车位和停车场铺地，效果如图 8-24 所示。

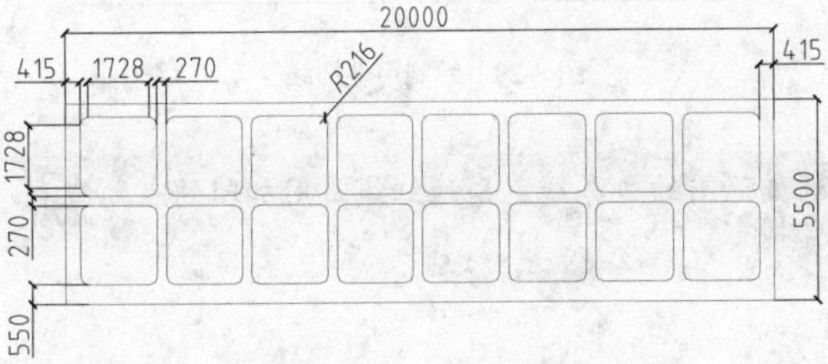

图 8-23　绘制停车位、停车场铺地

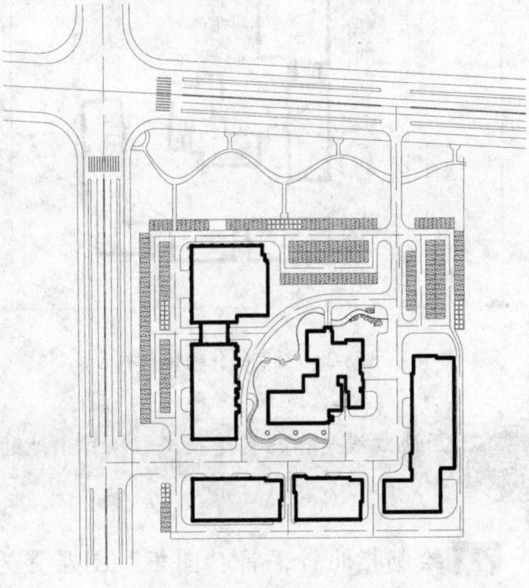

图 8-24　绘制停车场铺地

17 绿化也是总平面图中的一个重要的组成部分，接下来绘制绿化树和灌木丛。单击“绘图”面板中的 CIRCLE（圆）按钮，绘制出一个圆，半径为 2000，如图 8-25 所示。

18 单击“绘图”面板中的 LINE（直线）按钮，根据圆形的大致定位，大概绘制一个树的形状，并在圆中心绘制一个十字图形。单击“修改”面板中的 TRIM（修剪）按钮，将圆进行删除，效果如图 8-26 所示。

19 单击“绘图”面板中的 REVCLOUD（修订云线）按钮，绘制灌木丛，如图 8-27 所示。

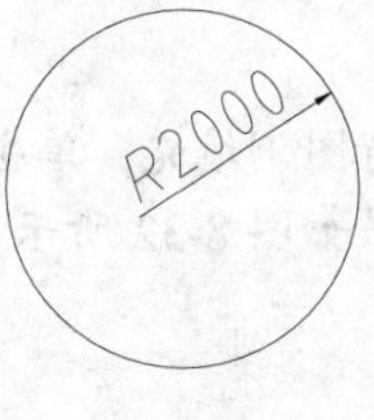

图 8-25　绘制圆

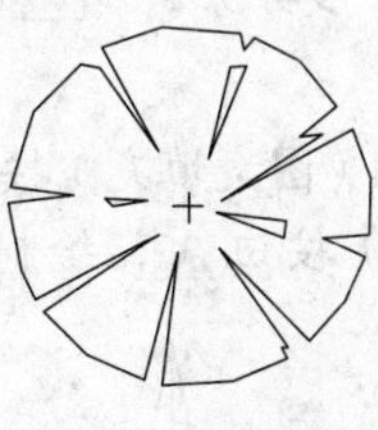

图 8-26　绘制树

图 8-27　绘制灌木丛

20 同样方法，绘制所有灌木丛；单击“修改”面板中的 COPY（复制）按钮，复制出多个绿化树放置在总平面图中，效果如图 8-28 所示。

21 绘制用地红线。单击“绘图”面板中的 PLINE（多段线）按钮，设置多段线宽为 250，根据小区用地范围，绘制出闭合的用地范围线。

22 选中用地范围线，修改多段线线型为点画线，并修改线型比例为 0.2，效果如图 8-29 所示。

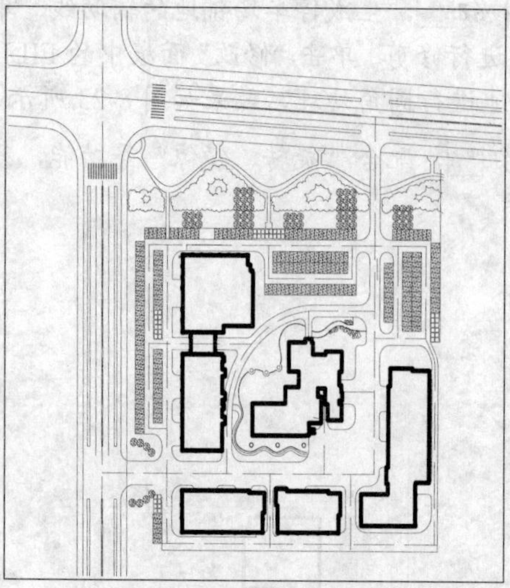

图 8-28　绘制绿化树和灌木丛

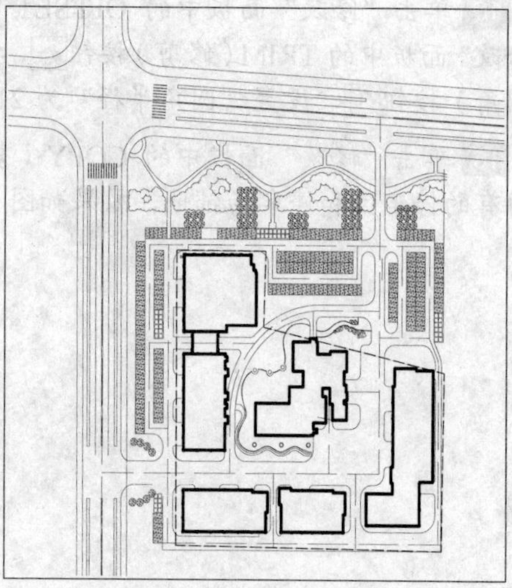

图 8-29　绘制用地红线

提示　用地红线是指各类建筑工程项目用地的使用权属范围的边界线。用地红线常用加粗的点划线表示。

23 绘制指北针。将“图框”图层置为当前层。

24 单击“绘图”面板中的 CIRCLE（圆）按钮，在视图中空白位置绘制一个半径为 9000 的圆，然后单击“绘图”面板中的 LINE（直线）按钮，绘制一条水平直径。

25 单击“修改”面板中的 OFFSET（偏移）按钮，将水平直径向下偏移 6900。单击“修改”面板中的 TRIM（修剪）按钮和 ERASE（删除）按钮，将辅助线进行修剪和删除，效果如图 8-30 所示。

26 单击“绘图”面板中的 XLINE（构造线）按钮，设置构造线角度为 78°和 30°，绘制经过下面水平直线左端点的两条构造线，然后单击“修改”面板中的 MIRROR（镜像）按钮，将构造线以垂直直径为对称轴，复制两条。

27 单击“修改”面板中的 TRIM（修剪）按钮和 ERASE（删除）按钮，将辅助线进行修剪和删除，效果如图 8-31 所示

28 单击“绘图”面板中的 HATCH（图案填充）按钮，对指北针进行图例填充；单击“绘图”面板中的 MTEXT（多行文字）按钮，绘制出指北针文字，效果如图 8-32 所示。

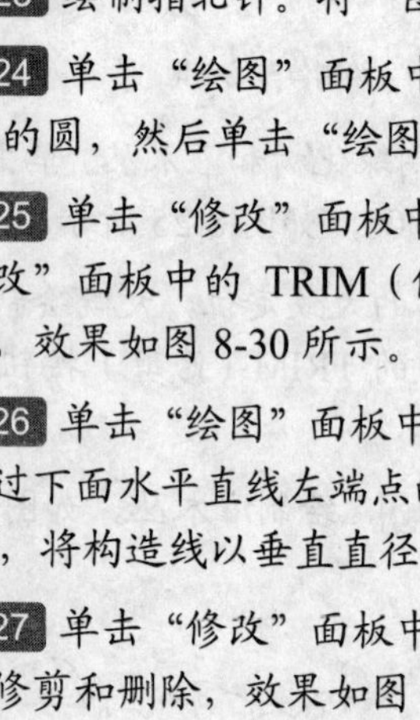

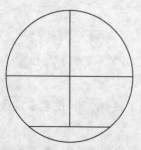

图 8-30　绘制圆和直线

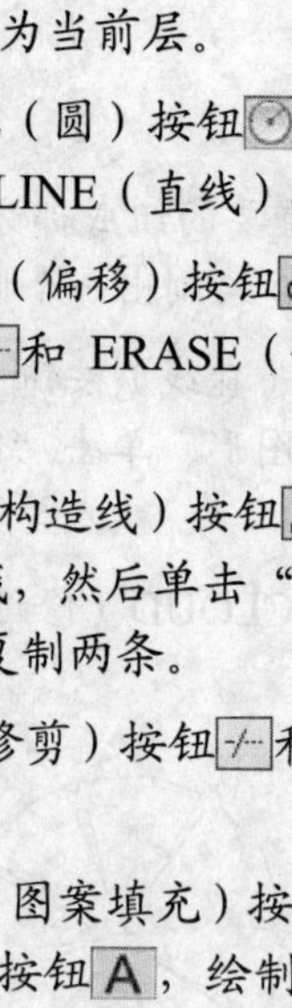

图 8-31　绘制指北针斜线

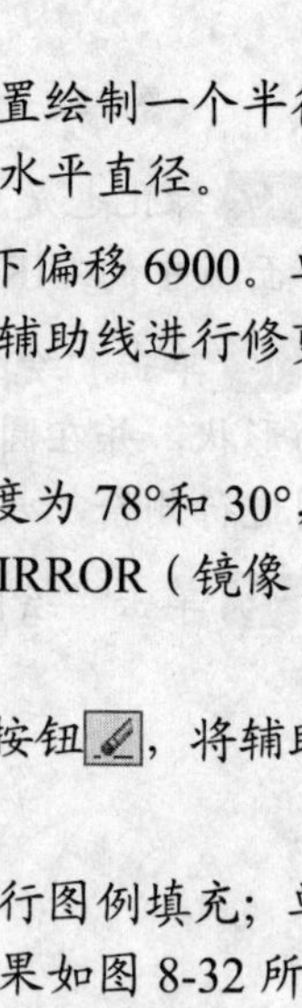

图 8-32　绘制图案填充和文字

提示　指北针用于表示总平面图中指示北极的方向。

8.2.3 各种标注和文字说明

在完成上面的工作后，总平面图上的大部分内容都显示在图形中了，但对于一幅工程图而言，还不够完整。要想使图样表达的内容更加精确，就需要为总平面图添加适当的表格、尺寸标注和文字等内容。

1. 绘制表格

表格是建筑图的基本组成部分，建筑图中均有对图形的相应文字说明，并以表格的形式进行表达，绘制表格时外框线应绘制为粗实线，内框线应绘制为细实线，可通过编辑多段线完成。

课堂举例 8-3：绘制表格　　视频\第 8 章\课堂举例 8-3.mp4

01 将“表格”图层置为当前层，单击“绘图”面板中的 RECTANG（矩形）按钮，根据表格的边框的尺寸绘制一个矩形，效果如图 8-33 所示。

02 单击“注释”面板中的 TABLE（表格）按钮，弹出“插入表格”对话框，在“插入方式”选项栏中选中“指定窗口”单选框，并设置其他参数如图 8-34 所示

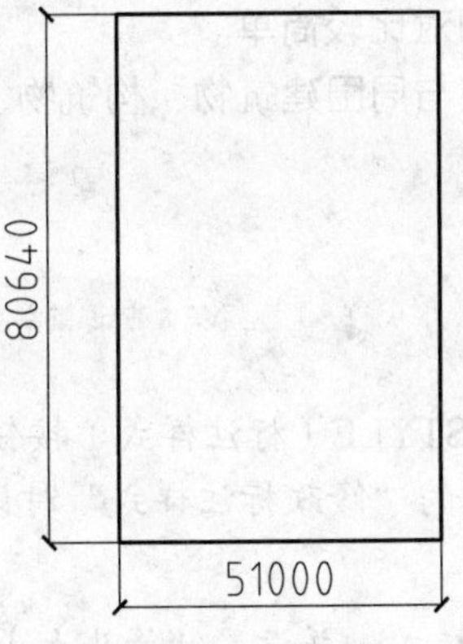

图 8-33　绘制表格边框

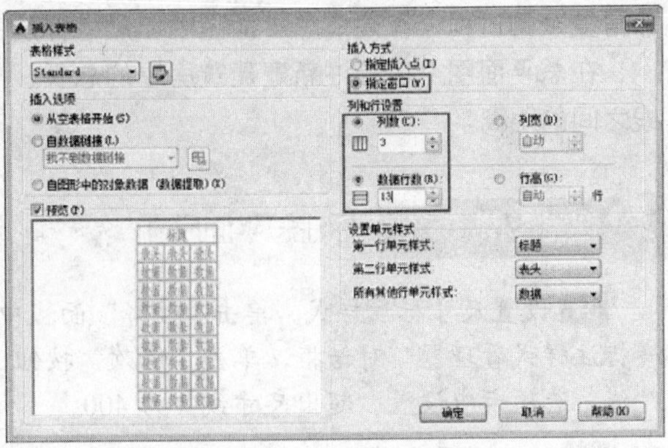

图 8-34　“插入表格”对话框

03 在“插入表格”对话框中，单击“确定”按钮，进入绘图区中框选前面矩形的两个对角点，此时弹出一个文本框，单击“确定”按钮，退出文本的创建并创建一个表格，效果如图 8-35 所示。

04 在任何一个文本框中双击鼠标左键，即可打开一个文本框，在文本框中输入文本后，单击“确定”按钮即可添加文本，并修改对齐方式为“正中”，拖动夹点可改变列宽，添加文本后的表格效果如图 8-36 所示。

图 8-35　插入表格

项目	单位	数量
规划总用地	平方米	18515
地上总建筑面积	平方米	37931.57
其中：一期	平方米	21731.57
其中：二期	平方米	16200
地下建筑总面积	平方米	2265.49
其中：一期	平方米	765.49
其中：二期	平方米	1500
建筑容积率		2.05
建筑密度		34.6%
绿化面积	平方米	6300
绿化率		32%
建筑层数	层	15
建筑总高度（最大）	米	59.8
停车位	辆	240

图 8-36　添加表格文字

2. 尺寸标注

尺寸标注是建筑施工图的一个重要组成部分，是现场施工的主要依据。尺寸标注是一个非常复杂的过程，在建筑总平面图中，尺寸标注的要求相对比较简单。

在总平面图上应标注新建建筑房屋的总长、总宽及其与周围建筑物、构筑物、道路、红线之间的距离。

课堂举例 8-4：标注总平面尺寸

视频\第 8 章\课堂举例 8-4.mp4

01 设置尺寸标注样式。单击“注释”面板中的 DIMSTYLE（标注样式）按钮，弹出“标注样式管理器”对话框，单击“修改”按钮，在弹出的“修改标注样式”对话框中，在“线”选项卡中设置“超出尺寸线”为 400。

02 在“符号和箭头”选项卡中，选中“建筑标记”样式，并设置“箭头大小”为 800。在“文字”选项卡中，设置“文字高度”为 1800。在“主单位”选项卡中，设置以“米”为单位进行标注，设置“比例因子”为 0.001。在进行“半径标注”设置时，修改箭头样式为实心闭合箭头。

03 将“标注”图层置为当前层，单击“注释”面板中的 DIMALIGNED（对齐）按钮，对总平面图中道路宽度、建筑之间的距离以及建筑和用地红线之间的距离等进行标注。

04 单击“注释”面板中的 DIMRADIUS（半径）按钮，标注道路转角处的圆弧半径，并修改箭头样式为“无”，效果如图 8-37 所示。

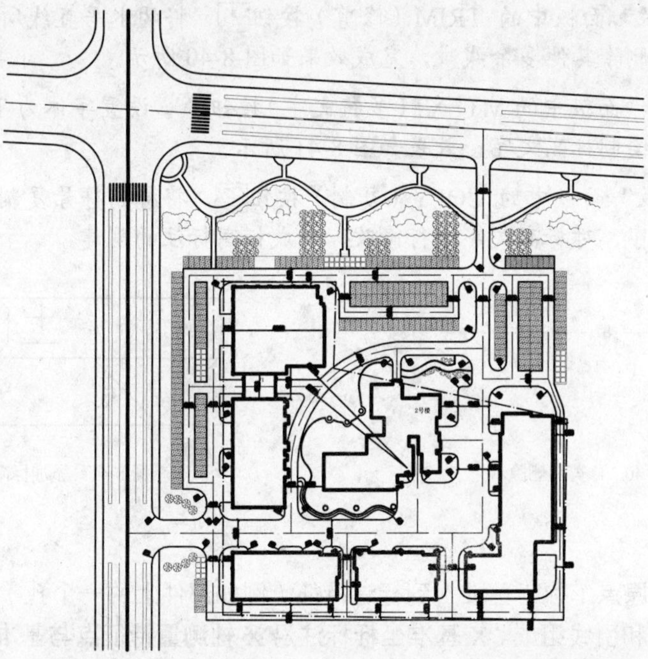

图 8-37　标注尺寸

3. 标高标注

标高是建筑物某一部分相对于基准面（标高的零点）的竖向高度，是施工竖向定位的依据。标高按照基准面选取的不同分为相对标高和绝对标高。相对标高是根据工程需要自行选定工程的基准面。在建筑工程中，通常以建筑物第一层的主要地面作为标高的零点。绝对标高是指以我国青岛市外的黄海海平面作为零点面测定的高度尺寸。

课堂举例 8-5：绘制标高

视频\第 8 章\课堂举例 8-5.mp4

01 单击“绘图”面板中的 LINE（直线）按钮，绘制一条长 8000 的水平直线。单击“修改”面板中的 OFFSET（偏移）按钮，将上一步创建的水平直线向下偏移 1500，生成另一条水平直线，如图 8-38 所示。

02 单击“绘图”面板中的 XLINE（构造线）按钮，绘制经过第一条水平直线左端点且角度为 135 度的构造线，然后单击“修改”面板中的 MIRROR（镜像）按钮，以构造线与下方直线的交点及至上方的垂足为两个对称点，镜像复制线段，如图 8-39 所示。

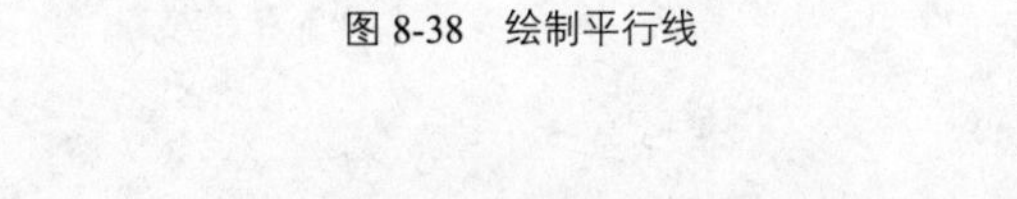

图 8-38　绘制平行线

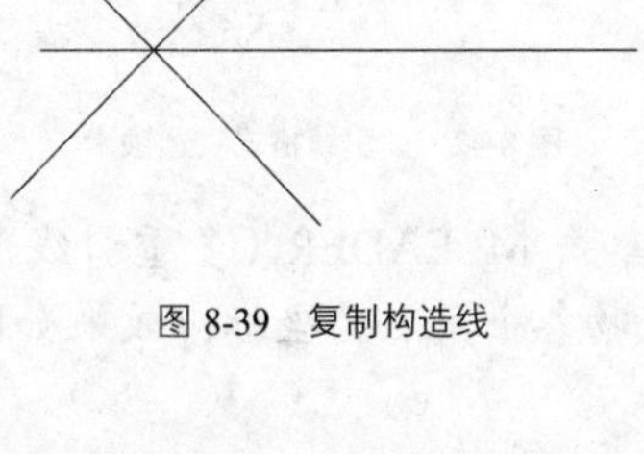

图 8-39　复制构造线

03 单击“修改”面板中的 TRIM（修剪）按钮，将两水平直线所夹构造线之外的部分进行修剪，然后删除其他多余线段，完成效果如图 8-40 所示。

04 单击“注释”面板中的 MTEXT（多行文字）按钮，设置字体为 TXT，字高为 1200，在标高符号右上方绘制标高文字，效果如图 8-41 所示。

05 单击“修改”面板中的 COPY（复制）按钮，将标高符号复制到小区总平面图中各处，双击标高数字，对标高文字进行修改，完成标高标注的创建。

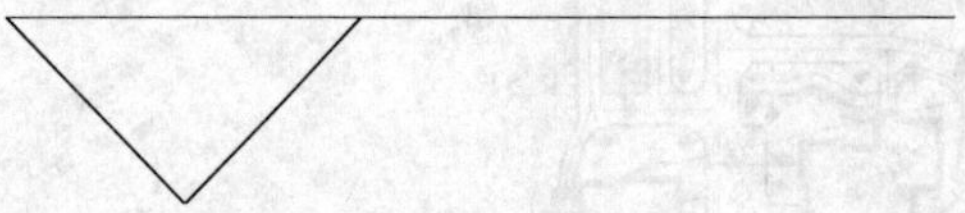

图 8-40　修剪及删除

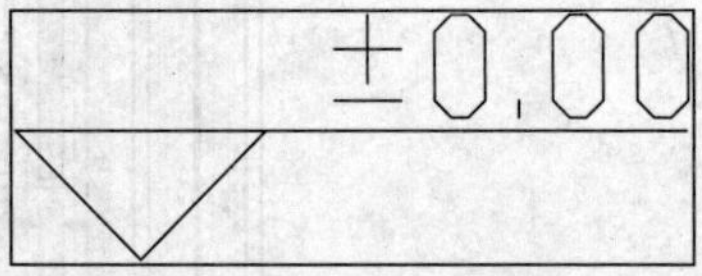

图 8-41　添加标高文字

4. 坐标标注

坐标标注测量原点（称为基准）到标注特征（例如部件上的一个孔）的垂直距离。坐标标注由 X 值、Y 值和引线组成。X 基准坐标标注沿 X 轴测量特征点与基准点的距离。Y 基准坐标标注沿 Y 轴测量距离。

在总平面图中，需要标注出每栋建筑物各个角点的坐标以及用地红线转角点的坐标。

课堂举例 8-6：绘制坐标标注

视频\第 8 章\课堂举例 8-6.mp4

01 单击 MLEADERSTYLE（多重引线样式）按钮，弹出“多重引线样式管理器”对话框，单击“修改”按钮，弹出“修改多重引线样式：standard”对话框，选择“引线格式”选项卡，设置参数如图 8-42 所示。

02 单击“内容”选项卡，设置参数如图 8-43 所示。单击“确定”按钮，返回到“多重引线样式管理器”对话框中，单击“置为当前”按钮，然后单击“关闭”按钮，完成多重引线样式的设置。

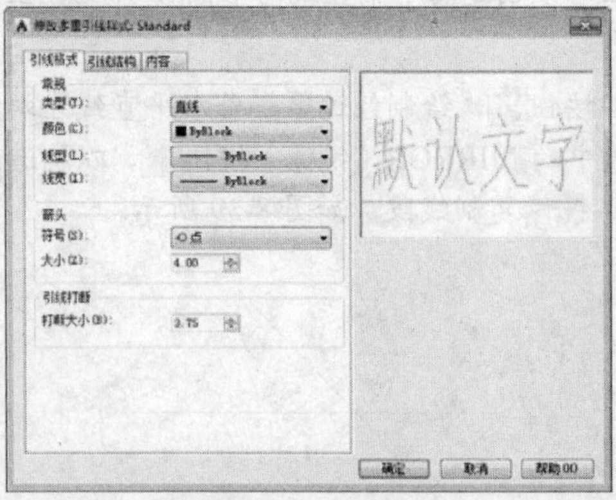

图 8-42　“引线格式”选项卡

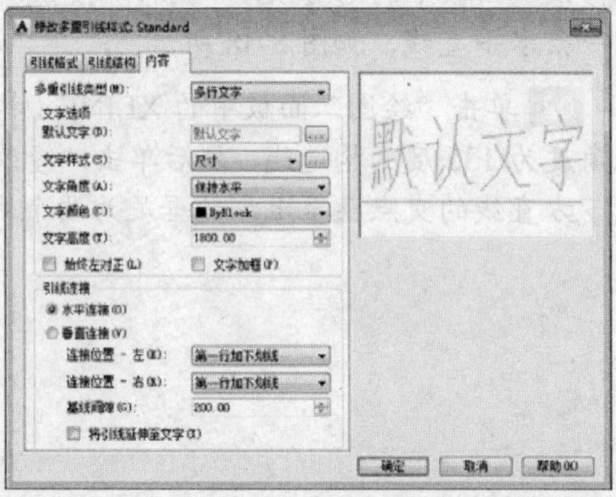

图 8-43　“内容”选项卡

03 单击 MLEADER（多重引线）按钮，进入绘图区中，根据状态中的显示坐标标注每栋建筑物各个角点的坐标，效果如图 8-44 所示。

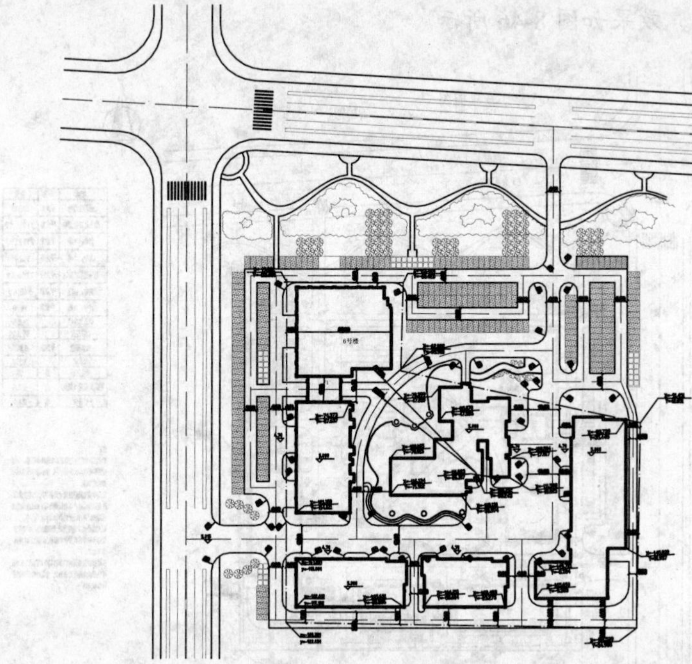

图 8-44　坐标标注

5. 文字说明

文字说明就是把图样的一些技术要求写在图样上，便于施工人员参考，文字说明是建筑施工图的重要组成部分。一般来说，文字说明包括图名、比例、房间功能的划分、门窗符号、楼梯说明以及其他有关的文字说明。

课堂举例 8-7：绘制文字说明

视频\第 8 章\课堂举例 8-7.mp4

01 将“文字”图层置为当前层。

02 单击 STYLE（文字样式）按钮，弹出“文字样式”对话框，根据国家制图标准，在“字体名”选项栏中，选择合适的字体，字体高度为 3200，其他采用默认设置，如图 8-45 所示。单击“置为当前”按钮，单击“关闭”按钮，完成文字样式的设置。

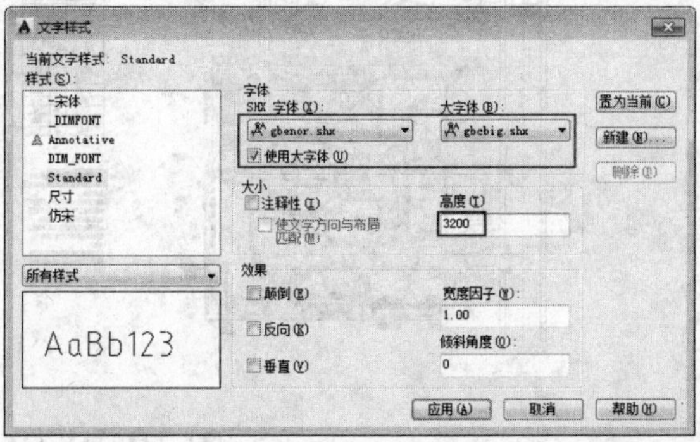

图 8-45　“文字样式”对话框

03 单击“注释”面板中的 MTEXT（多行文字）按钮，为住宅小区总平面图添加文字说明、图名和比例，效果如图 8-46 所示。

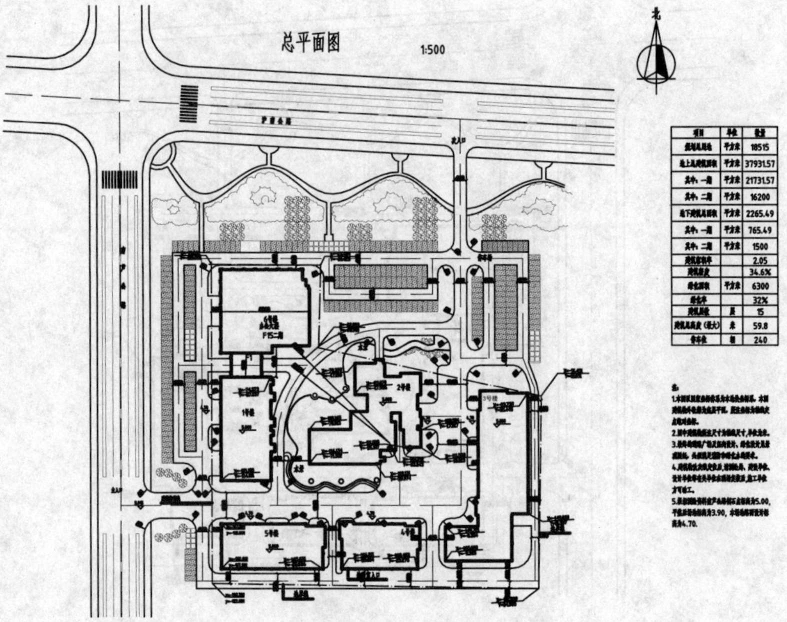

图 8-46　绘制文字说明、图名和比例

8.2.4 添加图框和标题栏

在正规的图样中都是包括图框的。一般说来，在绘图时首先要制定图框，然后在图框内绘制图形。但由于计算机绘图的灵活性，可以先绘制图形和标注，然后再插入图框。

绘制或插入图框造型，并调整合适的位置，完成住宅小区建筑总平面图的绘制，最终效果如图 8-47 所示。

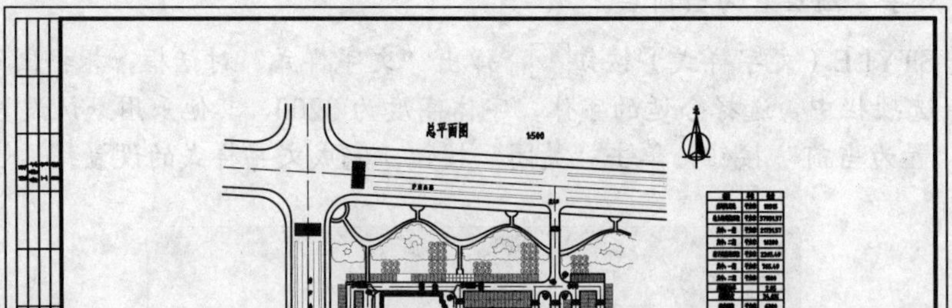

图 8-47　添加图框和标题栏

8.2.5 打印输出

图样绘制好后，用到建筑实践中的不能是 AutoCAD 文件，通常要将它打印到图纸上，方便施工人员和设计人员的现场使用，或者生成电子图样，可以网络传送。

图样打印前要进行很多准备工作，对于建筑总平面图的打印输出，可单击“打印”面板中的 PAGESETUP（页面设置管理器）按钮，弹出“页面设置管理器”对话框，如图 8-48 所示。单击“修改”按钮，弹出“页面设置 - 模型”对话框，如图 8-49 所示。

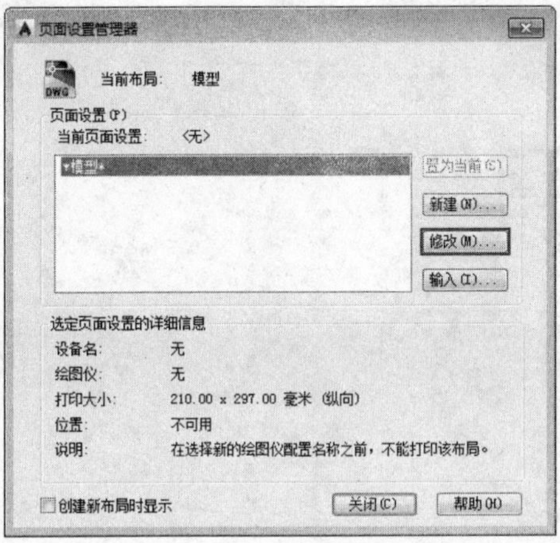

图 8-48 “页面设置管理器”对话框

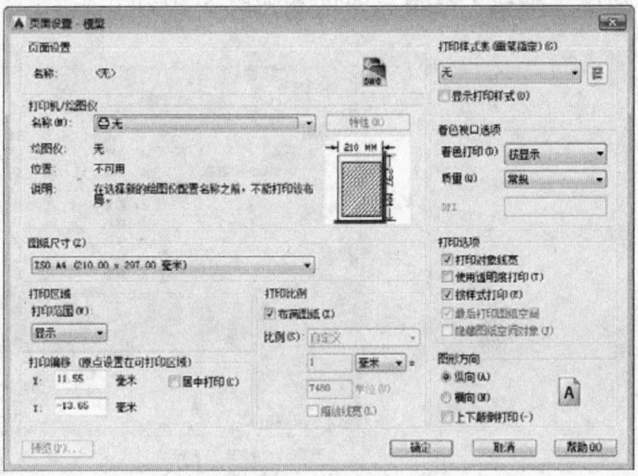

图 8-49 “页面设置 - 模型”对话框

具体设置包括如下几项：

- 在“图样尺寸”下拉列表中选择图样的尺寸。
- 在“图形方向”选项组里确定图形和图样的位置是否匹配。
- 在“打印区域”选项组里选中“范围”选项。
- 在“打印比例”选项组里选的“比例”下拉列表中选择“按图样空间缩放”，其他设置均为默认。

完成这此设置后，进行预览。如果预览觉得满意，就可以进行打印了，如果不满意，再进行调整，直至满意为止。

8.3 绘制某移动通信枢纽楼工程总平面图

移动通信枢纽楼既有通信大楼，也有住宅楼。下面以某移动通信枢纽工程总平面图为例，讲述具有不同建筑类型的建筑总平面图的绘制方法与流程。

8.3.1 设置绘图环境

绘图参数包括单位、图形界限和图层等，合理设置绘图参数有利于快速和方便地绘制图形。

课堂举例 8-8：设置绘图环境

视频\第 8 章\课堂举例 8-8.mp4

01 设置单位。在总平面图中一般以 m 为单位，进行尺寸标注，但在绘制图形时，以 mm 为 mm 单位进行绘图。

02 设置图形界限。调用 LIMITS 命令，将绘图范围设置为 420000×297000。

03 设置图层。根据图样内容，按照不同图样划分到不同图层中的原则，设置图层。其中包括设置图层名、图层颜色、线型、线宽等。设置时要考虑线型、颜色的搭配和协调。移动通信枢纽工程图层的设置如图 8-50 所示。

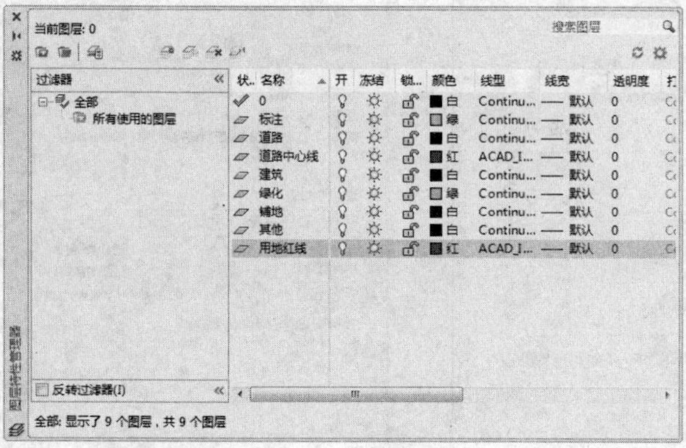

图 8-50 设置图层

8.3.2 绘制总平面图

建立绘图环境后，接下来开始绘制移动通信工程总平面图。

课堂举例 8-9：绘制总平面图

视频\第 8 章\课堂举例 8-9.mp4

01 绘制建筑物轮廓。设置“建筑”图层为当前层。

02 单击“绘图”面板中的 PLINE（多段线）按钮，设置加粗的多段线宽度为 150，绘制出所有建筑物周边的可见轮廓线。

03 用户根据坐标来定位建筑物，即根据国家大地坐标系或测量坐标系引出定位坐标，对于建筑物定位，一般至少应给出 3 个角点坐标。这种方式精度高，但比较复杂。用户也可以根据相对距离来进行建筑物定位，即参照已有的建筑物和构筑物、场地边界、围墙、道路中心等到的边缘位置，以相对距离来确定新建筑物的设计位置。这种方式比较简单，精度低，绘制出的轮廓及位置关系如图 8-51 所示

04 绘制道路和广场铺地。绘制道路首先要绘制道路中心线，以中心线和道路宽度定位。

05 将“道路中心线”图层设置为当前图层。

06 单击“绘图”面板中的 LINE（直线）按钮，绘制出道路的中心线，效果如图 8-52 所示。

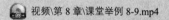

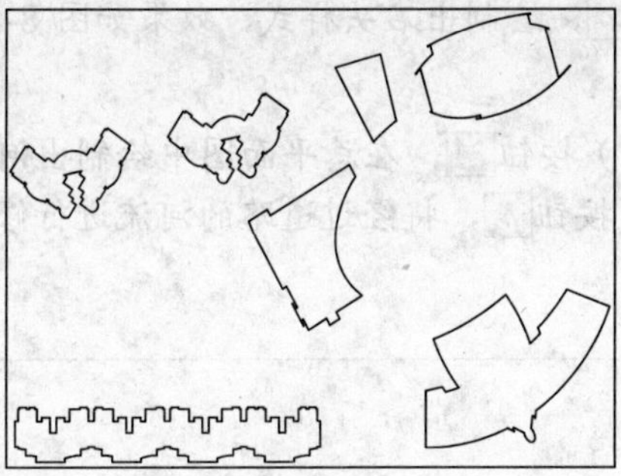

图 8-51 绘制建筑轮廓线

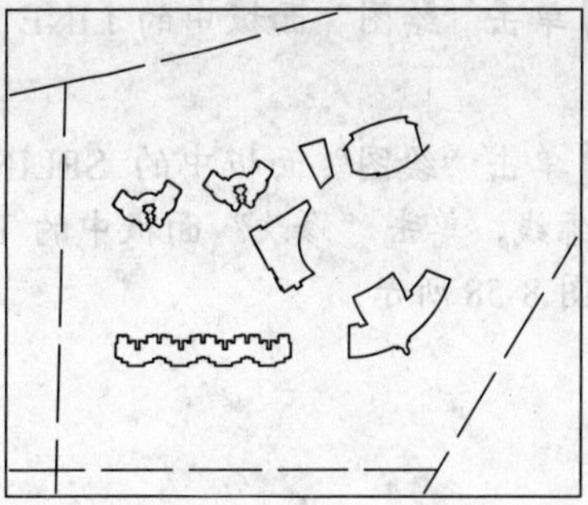

图 8-52 绘制道路中心线

07 单击"修改"面板中的 OFFSET（偏移）按钮，将道路中心线向两侧偏移，偏移距离为道路宽度的一半。接着选择偏移生成的道路边线，将其放到"道路"图层中。单击"修改"面板中的 FILLET（圆角）按钮，对道路边线进行圆角处理，效果如图 8-53 所示。

08 单击"绘图"面板中的 LINE（直线）按钮、ARC（圆弧）按钮和"修改"面板中的 OFFSET（偏移）按钮、TRIM（修剪）按钮、FILLET（圆角）按钮等，绘制出移动通信项目的内部道路和铺地分界线，效果如图 8-54 所示。

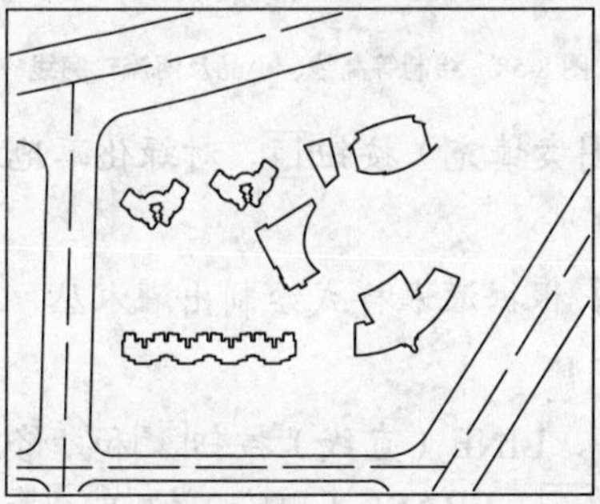

图 8-53 绘制道路

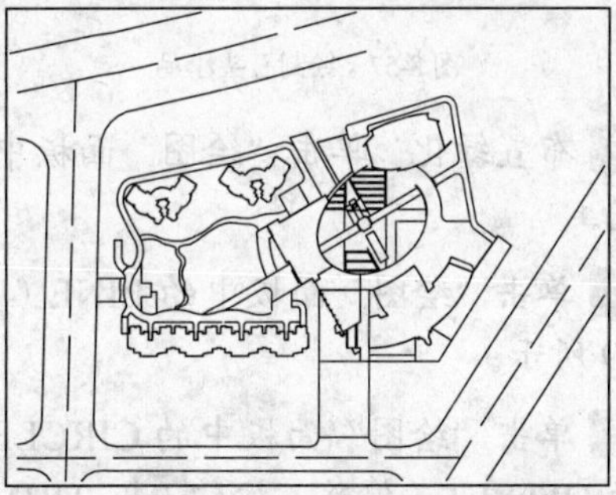

图 8-54 绘制内部道路和铺地分界线

09 单击"绘图"面板中的 HTACH（图案填充）按钮，对道路和广场铺地进行图案填充，效果如图 8-55 所示。

10 绘制等高线、小品及河流轮廓线。单击"绘图"面板中的 SPLINE（样条曲线）按钮，在总平面图适当位置绘制闭合的样条曲线作为等高线，效果如图 8-56 所示。

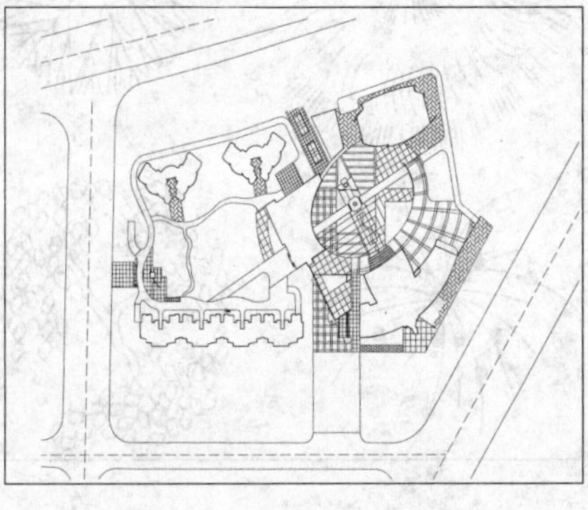

图 8-55 填充道路和广场铺地

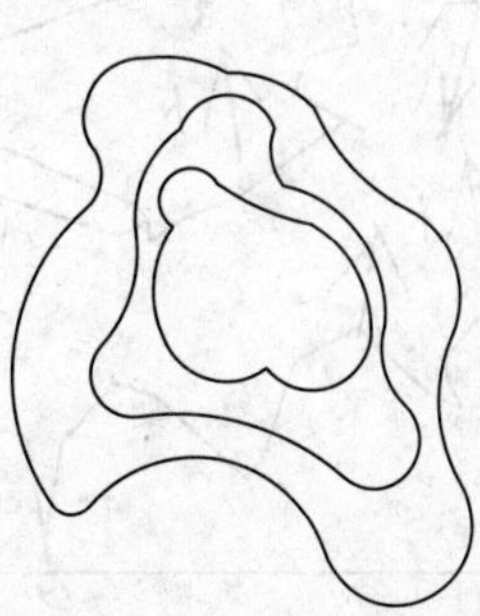

图 8-56 绘制等高线

11 单击“绘图”面板中的 LINE（直线）按钮，绘制出石头样式，效果如图 8-57 所示。

12 单击“绘图”面板中的 SPLINE（样条曲线）按钮，在总平面图中绘制出河流形状的轮廓线，单击“修改”面板中的 TRIM（修剪）按钮，将经过道路的河流进行修剪，效果如图 8-58 所示。

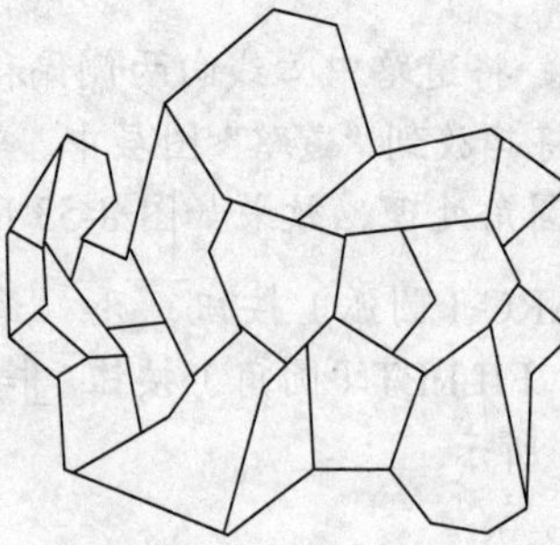

图 8-57　绘制石头小品

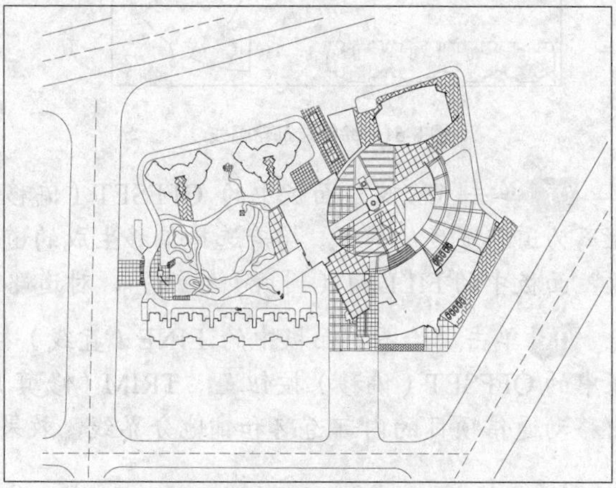

图 8-58　绘制等高线、小品及河流轮廓线

13 布置绿化。单击“绘图”面板中的 HATCH（图案填充）按钮，对绿化草地进行图案填充。

14 单击“绘图”面板中的 LINE（直线）按钮，根据灌木样式绘制出灌木丛，效果如图 8-59 所示。

15 单击“绘图”面板中的 CIRCLE（圆）按钮、LINE（直线）按钮和“修改”面板中的 OFFSET（偏移）按钮、TRIM（修剪）按钮、ERASE（删除）按钮等，绘制 4 种绿化树形状，如图 8-60 所示。

图 8-59　绘制灌木丛

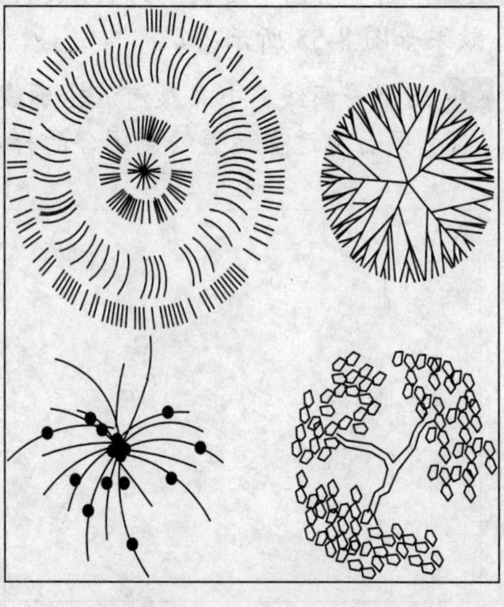

图 8-60　绘制绿化树

16 单击“修改”面板中的 COPY（复制）按钮，将绿化树复制多个，放置到总平面图中适当位置，效果如图 8-61 所示。

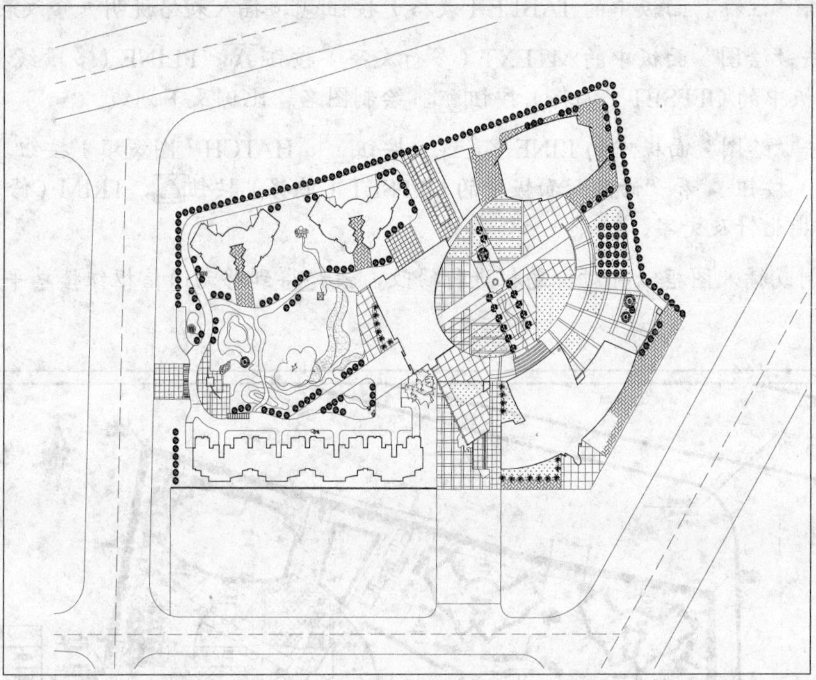

图 8-61　添加绿化

17 绘制用地红线。单击“绘图”面板中的 PLINE（多段线）按钮，设置多段线宽度为 200。

18 根据设计范围绘制出用地红线，效果如图 8-62 所示。

19 绘制标注及图框。单击“注释”面板中的“对齐”按钮，对总平面图中道路宽度、建筑之间的距离以及建筑和用地红线之间的距离等进行标注。

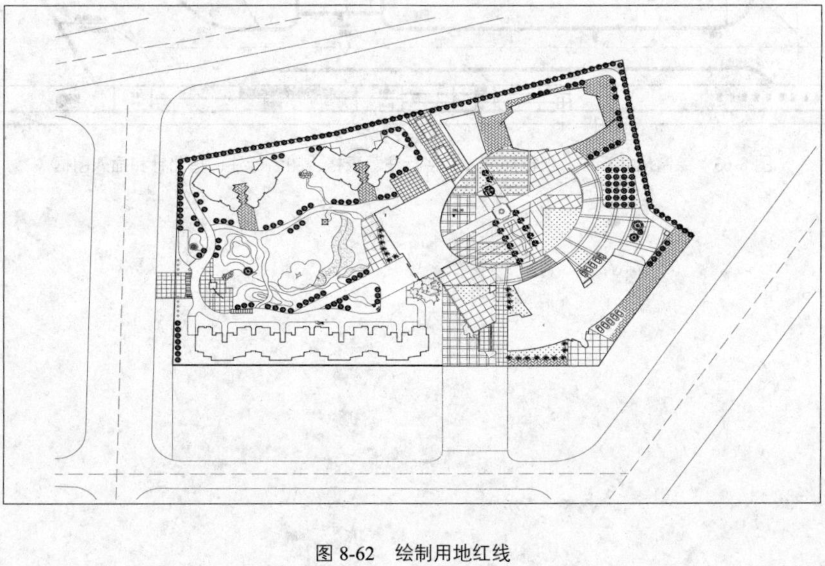

图 8-62　绘制用地红线

20 单击 MLEADER（多重引线）按钮，对用地红线转角处等坐标进行标注。

21 单击“注释”面板中的 MTEXT（多行文字）按钮，对总平面图中插入文字说明。

22 单击“注释”面板中的 TABLE（表格）按钮，插入表格说明并修改表格文字。

23 单击“绘图”面板中的 MTEXT（多行文字）按钮、PLINE（多段线）按钮和“修改”面板中的 OFFSET（偏移）按钮，绘制图名、比例及下划线。

24 单击“绘图”面板中的 LINE（直线）按钮、HATCH（图案填）按钮、MTEXT（多行文字）按钮和“修改”面板中的 OFFSET（偏移）按钮、TRIM（修剪）按钮等，绘制出指北针及文字。

25 绘制或插入图框，并对标题栏进行修改，最终得到移动通信枢纽楼总平面图效果如图 8-63 所示。

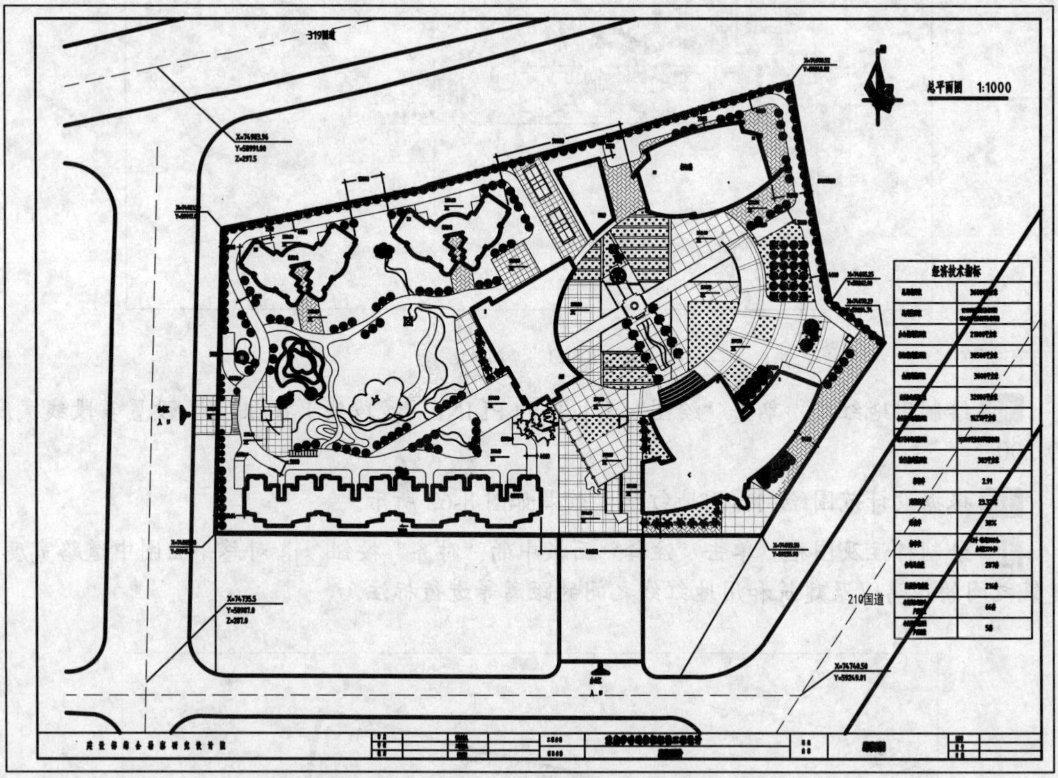

图 8-63 绘制尺寸标注、坐标标注、文字标注、表格、图名标注、指北针和插入图框

第9章 建筑平面图的绘制

本章导读

建筑平面图是建筑施工图的基本图样，是建筑物的水平剖面图。本章主要介绍建筑平面图的基础知识，并通过实例来讲解如何利用 AutoCAD 2015 绘制完整的建筑平面图。通过对本章内容的学习，读者可熟练地掌握建筑平面图的绘制步骤以及方法与技巧。

本章重点

- 建筑平面图的概念
- 建筑平面图分类及特点
- 建筑平面图的绘制内容
- 建筑平面图的绘制要求
- 建筑平面图绘制的一般步骤
- 绘制高层住宅标准层平面图
- 绘制写字楼标准层平面图

9.1 建筑平面图概述

在绘制建筑平面图之前，用户首先必须熟悉建筑平面图的基础知识，便于准确地绘制建筑平面图。本节主要介绍建筑平面图的概念、分类、特点和绘制步骤。

9.1.1 建筑平面图的概念

建筑平面图实际上是建筑物的水平剖面图（除屋顶平面图外，屋顶平面图应在屋面以上俯视），是用假想的水平剖切平面在窗台以上、窗过梁以下把整栋建筑物剖开，然后移去上面部分，将剩余部分向水平投影面作投影得到的正投影图，如图 9-1 所示。它是施工图中应用较广的图样，是放线、砌墙和安装门窗的重要依据。

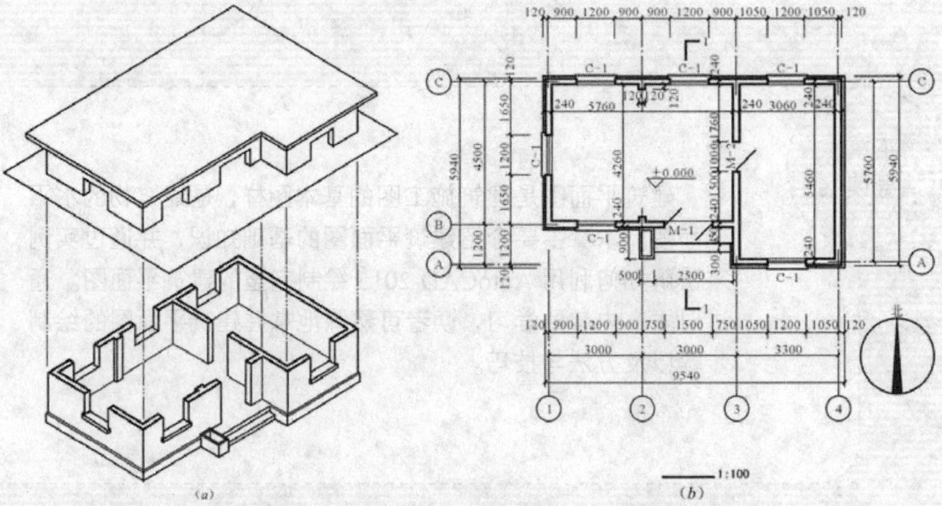

图 9-1　建筑平面图形成原理

建筑平面图中的主要图形包括剖切到的墙、柱、门窗、楼梯以及俯视看到的地面、台阶、楼梯等剖切面以下部分的构建轮廓。因此，从平面图中可以看到建筑的平面大小、形状、空间平面布局、内外交通及联系、建筑构配件大小及材料等内容，除了按制图知识和规范绘制建筑构配件的平面图形外，还需标注尺寸及文字说明，设置图面比例等。

由于建筑平面图能突出地表达建筑的组成和功能关系等方面的内容，因此一般建筑设计都由平面设计入手。在平面设计中应从建筑整体出发，考虑建筑空间组合的效果，照顾建筑剖面和立面的效果和体型关系。在设计的各个阶段中，都应有建筑平面图图样，但表达的深度不同。

建筑平面图一般可使用粗、中、细 3 种线型来绘制。被剖切的墙、柱的轮廓线用粗线来绘制；被剖切的次要部分的轮廓线，如墙面抹灰、轻质隔墙以及没有剖切到的可见部分的轮廓如窗台、墙身、阳台、楼梯段等，均用中实线绘制；没有剖切到的高窗、墙洞和不可见部分的轮廓线都用中虚线绘制；引出线、尺寸标注线等用细实线绘制；定位墙线、中心线和对称中心线等用细点画线绘制。

9.1.2 建筑平面图分类及特点

依据剖切位置的不同，建筑平面图可分为如下几类：

1．底层平面图

底层平面图又称首层平面图或一层平面图。底层平面图的形成，是将剖切平面的剖切位置放在建筑物的一层地面与从一楼通向二楼的休息平台（即一楼到二楼的第一个梯段）之间，尽量通过该层上所有的门窗洞，剖切之后进行投影得到的。

2．标准层平面图

对于多层建筑，如果建筑内部平面布置每层都具有差异，则应该每一层都绘制一个平面图，平面图的名称可以本身的楼层数命名。但在实际的建筑设计过程中，多层建筑往往存在相同或相近平面布置形式的楼层，因此在绘制建筑平面图时，可将相同或相近的楼层共用一幅平面图表示，这个平面图称为“标准层平面图”。

3．顶层平面图

顶层平面图是位于建筑物最上面一层的平面图，具有与其他层相同的功用，也可用相应的楼层数来命名。

4．屋顶平面图

屋顶平面图是指从屋顶上方向下所作的俯视图，主要用来描述屋顶的平面布置。

5．地下室平面图

地下室平面图是指对于有地下室的建筑物，在地下室的平面布置情况。

9.1.3 建筑平面图的绘制内容

建筑平面图虽然类型和剖切位置都有所不同，但绘制的具体内容基本相同，主要包括如下几个方面：

- 建筑物平面的形状及总长、总宽等尺寸。
- 建筑平面房间组合和各房间的开间、进深等尺寸。
- 墙、柱、门窗的尺寸、位置、材料及开启方向。
- 走廊、楼梯、电梯等交通联系部分的位置、尺寸和方向。
- 阳台、雨篷、台阶、散水和雨水管等附属设施的位置、尺寸和材料等。
- 未剖切到的门窗洞口等（一般用虚线表示）。
- 楼层、楼梯的标高，定位轴线的尺寸和细部尺寸等。
- 屋顶的形状、坡面形式、屋面做法、排水坡度、雨水口位置、电梯间、水箱间等的构造和尺寸等。
- 建筑说明、具体做法、详图索引、图名、绘图比例等详细信息。

9.1.4 建筑平面图的绘制要求

根据我国《房屋建筑 CAD 制图统一规则》（GB/T18112—2000），以及《房屋建筑制图统一标准》(GB/T50001—2010)标准要求，建筑平面图在比例、线型、字体、轴线标注、详图符号索引等几方面有如下规定。

1. 比例

根据建筑物不同大小，建筑平面图可采用 1:50、1:100、1:200 等比例绘图。为了绘图计算方便，一般建筑平面图采用 1:100 比例尺，个别平面详图采用 1:20 或 1:50 绘制。

2. 线型

根据规范要求，平面图中不同的线型表示不同的含义。定位轴线统一采用点画线表示，并给予编号；被剖切到的墙体、柱子的轮廓线采用粗实线表示；门的开启线采用中实线绘制；其余可见轮廓线、尺寸标注线和标高符号等采用细实线表示。

3. 字体

字体采用标准汉字矢量字库字体，一般采用仿宋体。汉字字高不小于 2.5mm，数字和字母高度不应小于 1.8mm。

4. 尺寸标注

尺寸标注分为外部尺寸与内部尺寸。外部尺寸标注在平面图的外部，分为 3 道标注。最外面一道是总尺寸，表示房屋的总长和总宽；中间一道是定位尺寸，表示房屋的开间和进深；最里面一道是细部尺寸，表示门窗洞口、窗间墙、墙厚等细部尺寸；同时还应注写室外附属设施，如台阶、阳台、散水和雨蓬等尺寸。

内部尺寸一般应标注室内门窗洞、墙厚、柱、砖垛和固定设备（如厕所、盥洗室等）的大小位置及其他需要详细标注的尺寸等。

5. 轴线标注

定位轴线必须在端部按规定标注编号。水平方向从左至右采用阿拉伯数字编号，铅垂方向采用大写英文字母编号（其中 I、O、Z 不能使用）。建筑内部局部定位轴线可采用分数标注轴线编号。

6. 详图索引符号

为配合平面图表示，建筑平面图中常需引用标准图集或其他详图上的节点图样作为说明，这些引用图集或节点详图均应在平面图上以详图索引符号表示出来。

9.1.5 建筑平面图绘制的一般步骤

在绘制建筑平面图时，一般按照建筑设计尺寸绘制，绘制完成后依据具体图样篇幅套入相应图框打印完成。一幅图上主要比例应一致，比例不同的应根据出图时所用比例表示清楚。绘制建筑平面图的一般步骤如下：

1) 设置绘图环境。根据所绘建筑长度尺寸相应调整绘图区域、精度、角度单位和建立相应的图层。根据建筑平面图表示内容的不同，一般需要建立如下图层：轴线、墙体、柱子、门窗、楼梯、阳台、标注和其他等 8 个图层。
2) 绘制定位轴线。在“轴线”图层上用点画线将轴线绘制出来，形成轴线网。
3) 绘制各种建筑构配件。包括墙体、柱子、门窗、阳台、楼梯等。

4)　绘制建筑细部内容和布置室内家具。
5)　绘制室外周边环境（底层平面图）。
6)　标注尺寸、标高符号、索引符号和相关文字注释。
7)　添加图框、图名和比例等内容，调整图幅比例和各部分位置。
8)　打印输出。

9.2 绘制高层住宅标准层平面图

高层住宅是城市化、工业化的产物，钢材和混凝土的大量运用、电梯的发明使住宅建设向空间发展成为一种趋势，高层住宅最大的优点就是可以节约土地。

本节以绘制某高层住宅标准层平面图为例，讲述建筑平面图的一般绘制方法与技巧。

9.2.1 设置绘图环境

在开始绘制图形之前，需要对新建文件进行相应的设置，确定各选项参数。

课堂举例 9-1：设置绘图环境　　视频\第 9 章\课堂举例 9-1.mp4

01 启动 AutoCAD 2015 应用程序。单击快速访问工具栏中的 NEW（新建）按钮，弹出“选择样板”对话框，选择“acadiso.dwt”选项，如图 9-2 所示。单击“打开”按钮，新建一个图形样板文件。

02 设置绘图范围。在命令行中输入 LIMITS（图形界限）命令并回车，设置绘图区域。执行 ZOOM（缩放）命令，完成观察范围的设置。其命令行提示如下：

```
命令: limits↙
重新设置模型空间界限:
指定左下角点或 [开(ON)/关(OFF)] <0.0000, 0.0000>:↙ //直接按回车键接受默认值
指定右上角点 <420.0000,297.0000>: 25000, 15000↙ //输入右上角坐标"25000, 15000"后按回车键完成绘图范围的设置
```

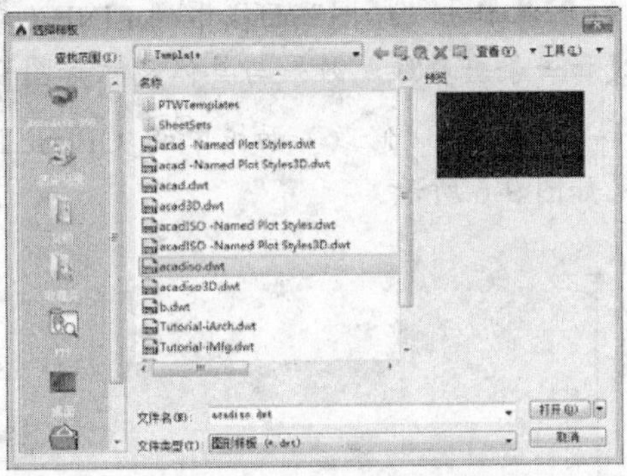

图 9-2　“选择样板”对话框

03 设置图形单位。在命令行中输入 UNITS（单位）命令并回车，弹出“图形单位”对话框，在“类型”选项栏中选择“小数”选项，在“精度”选项栏中选择 0.00 选项。在“插入时的缩放单位”选项栏中选择“无单位”选项，其他保持不变，如图 9-3 所示。单击“确定”按钮，完成图形单位的设置。

04 设置图层。单击“图层”面板中的 LAYER（图层特性）按钮，弹出“图层特性管理器”对话框，新建如图 9-4 所示的图层。单击“关闭”按钮，完成图层的设置。

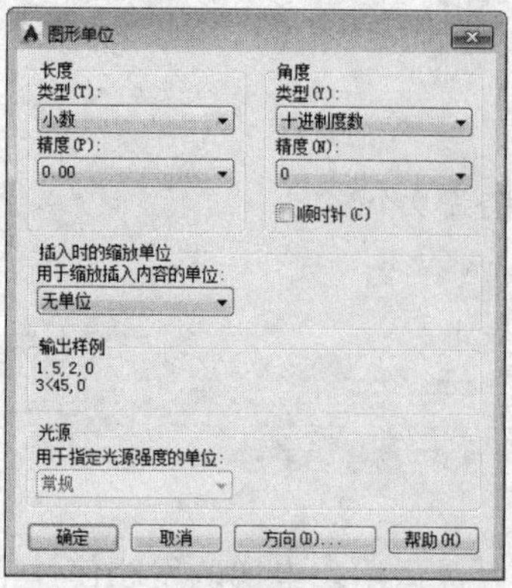

图 9-3 “图形单位”对话框

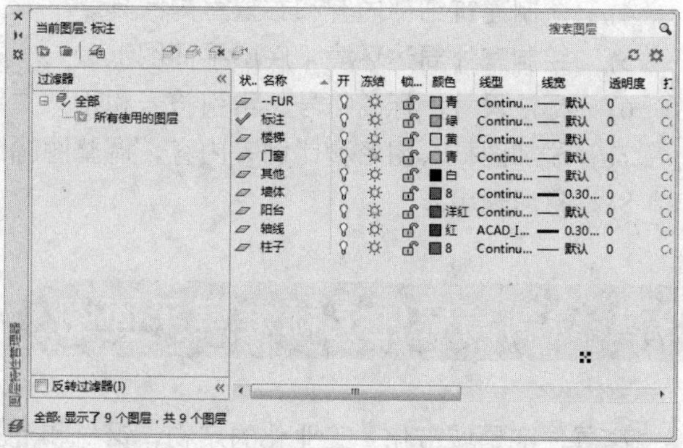

图 9-4 “图层特性管理器”对话框

9.2.2 绘制定位轴线

对绘图环境进行设置完以后，就可以绘制平面图了。绘制建筑平面图的第一步就是绘制定位轴线和轴线。轴网是指由横、竖向轴线所构成的网格。轴线是墙柱中心线或根据需要偏离中心线的定位线，它是平面图的框架，墙体、柱子、门窗等主要构件都应由轴线来确定其位置，所以绘制平面图时应先绘制轴网。

课堂举例 9-2：绘制轴网 视频\第 9 章\课堂举例 9-2.mp4

01 将“轴线”图层置为当前层。

02 单击“绘图”面板中的 LINE（直线）按钮，配合“正交”功能，绘制一条水平直线和一条垂直线，效果与具体尺寸如图 9-5 所示。

03 单击“修改”面板中的 OFFSET（偏移）按钮，根据轴线间距离生成轴线网，效果如图 9-6 所示。

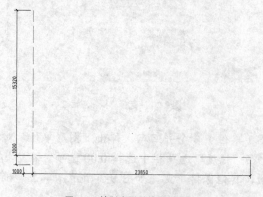

图 9-5 绘制水平轴线和垂直轴线

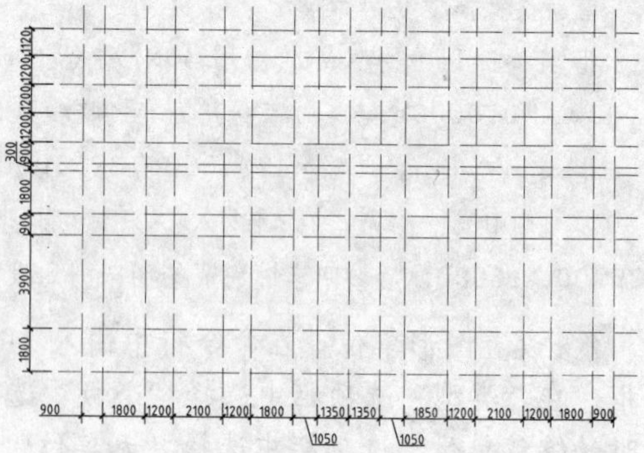

图 9-6 绘制轴网

9.2.3 绘制墙体

建筑平面图中的墙体是用一个假想的水平剖切平面，沿墙体中间位置剖切所得的水平剖面图，它反映建筑的平面形状、大小和房间的布置、墙的位置和厚度等。门窗等都必须依附于墙体而存在，而墙体的绘制采用两根粗实线表示。

课堂举例 9-3：绘制墙体

视频\第 9 章\课堂举例 9-3.mp4

01 将“墙体”图层置为当前层，颜色、线型和线宽随图层。

02 在命令行中输入 ML（多线）命令并回车，设置多线宽度为 200，对齐方式为“居中”，配合“对象捕捉”功能，绘制出所有墙体；然后将“轴线”图层隐藏起来，如图 9-7 所示。

03 在命令行中输入 MLEDIT（多线编辑）命令并回车，弹出“多线编辑工具”对话框，如图 9-8 所示。在对话框中单击相应的多线编辑工具，对话框消失，然后根据命令行提示进行操作。

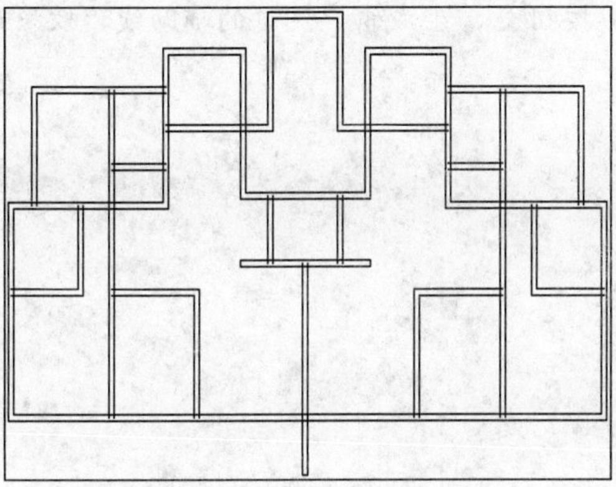

图 9-7　绘制墙体

图 9-8　“多线编辑工具”对话框

04 以两段 T 形交叉的墙体为例说明多线编辑工具的使用方法。在“多线编辑工具”对话框中，单击“T 形合并”按钮，进入绘图区中单击作为“垂线引线”的一段墙体，然后单击作为“垂线”的一段墙体，即可完成该段墙体的编辑，效果如图 9-9 所示。

05 同样方法完成所有墙体的编辑。但是墙体与周围墙体的接头还不能全部直接使用上述命令进行修改，当有几段墙体是单独绘制的，此时就需先将墙体进入分解，然后再进行修剪。绘制完成的墙体效果如图 9-10 所示。

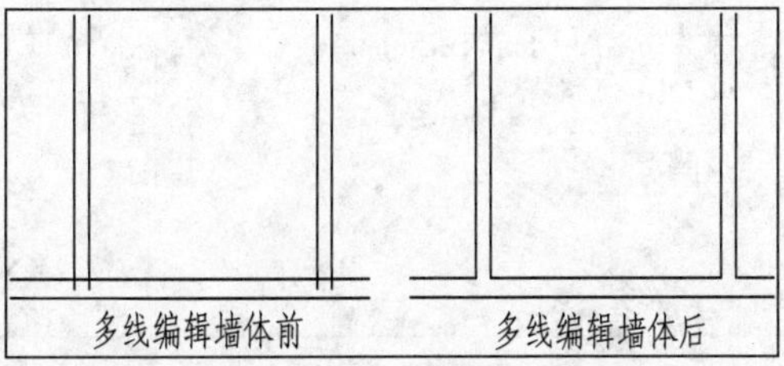

图 9-9　多线编辑墙体

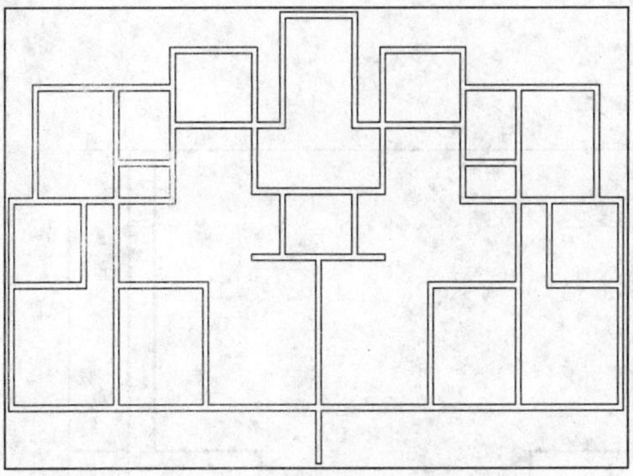

图 9-10　编辑墙体效果

9.2.4 绘制门窗洞口

绘制门窗洞口的方法是根据墙体到门窗洞口的距离，绘制和偏移辅助线，然后对辅助线进行修剪。一般来说，窗洞的位置一般在两端墙体的中间。接下来以左下角一段墙体为例来说明绘制门窗洞口的方法。

课堂举例 9-4：绘制门窗洞口 视频\第 9 章\课堂举例 9-4.mp4

01 将“墙体”图层置为当前层。

02 单击“绘图”面板中的 LINE（直线）按钮，沿左下角外墙内角点绘制一条垂直线，效果如图 9-11 所示。

03 单击“修改”面板中的 OFFSET（偏移）按钮，生成窗户洞口的辅助线，效果如图 9-12 所示。

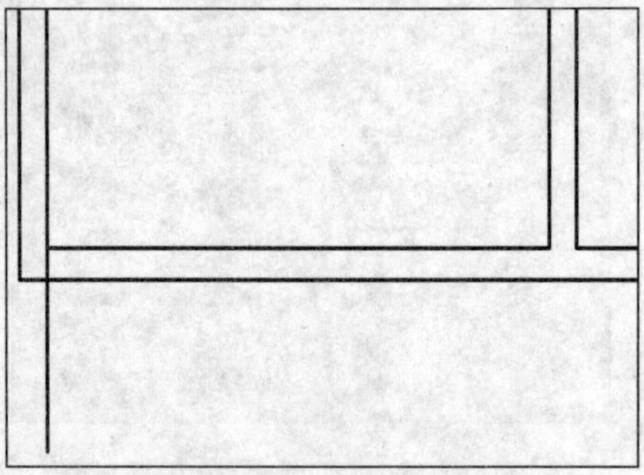

图 9-11 绘制垂直线

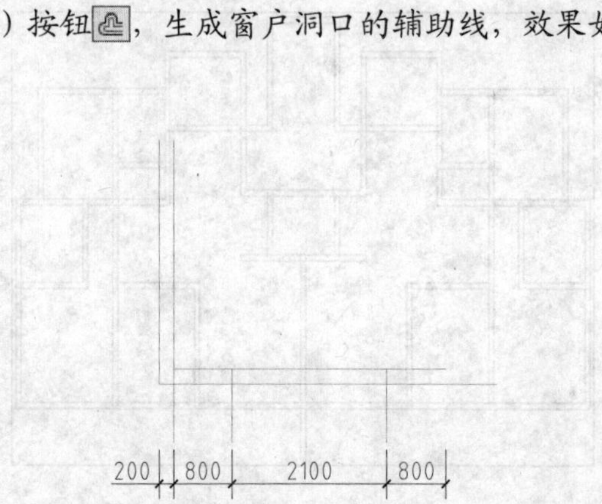

图 9-12 生成辅助线

04 单击“修改”面板中的 TRIM（修剪）按钮，将辅助线和洞口处的墙线进行修剪；单击“修改”面板中的 ERASE（删除）按钮，将绘制的垂直辅助线进行删除，效果如图 9-13 所示。

05 门洞的绘制方法与窗洞相似，同样方法完成所有门窗洞口的绘制，效果如图 9-14 所示。

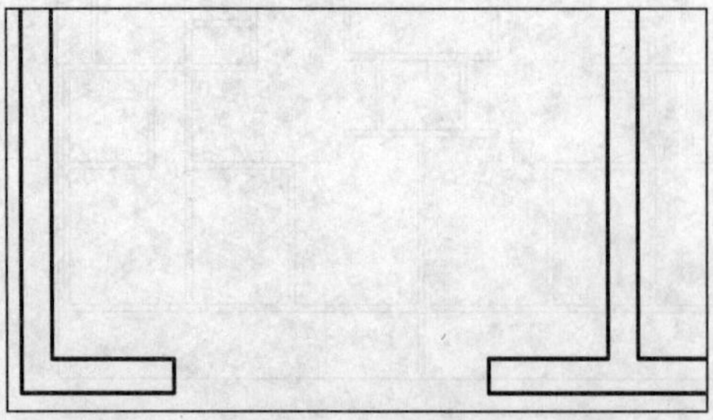

图 9-13 修剪和删除辅助线

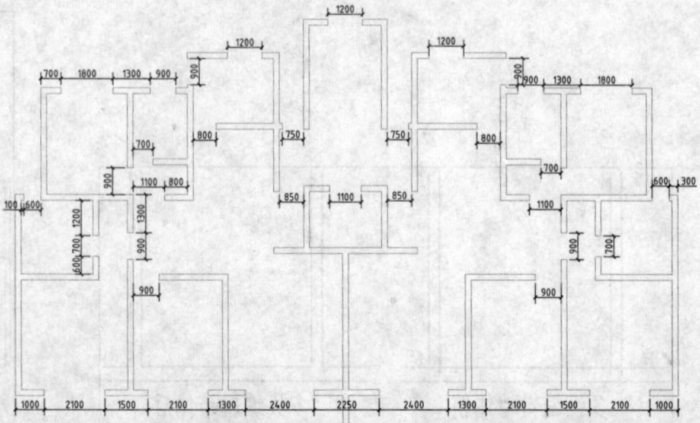

图 9-14 绘制门窗洞口

9.2.5 绘制门窗

门窗是组成建筑物的重要构件，是建筑软件中仅次于墙体的重要对象，在建筑立面中起着建筑维护及装饰作用。接下来介绍门窗的绘制方法。

课堂举例 9-5：绘制门窗　视频\第 9 章\课堂举例 9-5.mp4

01 将“门窗”图层置为当前层。

02 绘制普通窗。单击“绘图”面板中的 LINE（直线）按钮，沿窗洞口绘制直线；单击“修改”面板中的 OFFSET（偏移）按钮，将窗口线向内偏移 70，即可完成普通窗的绘制，如图 9-15 所示是一个普通窗的效果。

03 绘制飘窗，这里以绘制左下角的飘窗为例来说明绘制飘窗的方法。单击“绘图”面板中的 LINE（直线）按钮，绘制飘窗的窗口线，效果如图 9-16 所示。

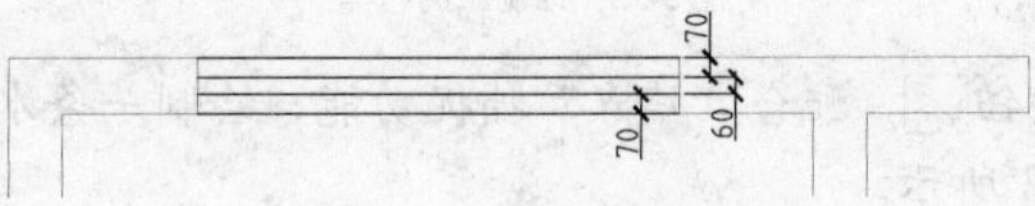

图 9-15　绘制普通窗

图 9-16　绘制窗口线

04 单击“绘图”面板中的 PLINE（多段线）按钮，配合“正交”功能，绘制出飘窗的内轮廓线，效果如图 9-17 所示。

05 单击“修改”面板中的 OFFSET（偏移）按钮，生成飘窗的窗户线，效果如图 9-18 所示。

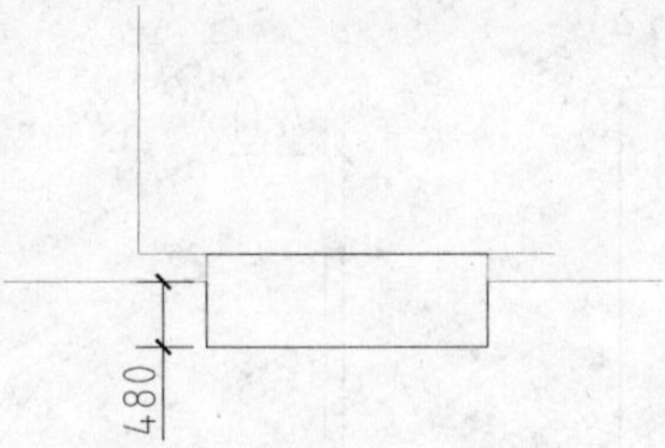

图 9-17　绘制飘窗内轮廓线

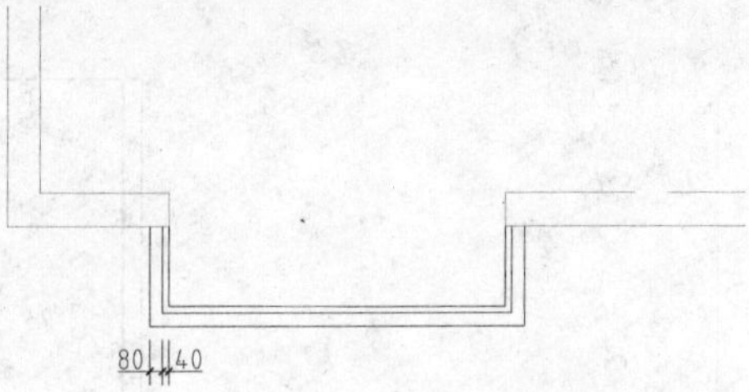

图 9-18　绘制飘窗窗户线

06 绘制电梯门。单击“绘图”面板中的 LINE（直线）按钮，绘制电梯门口线和一根垂直辅助线，效果如图 9-19 所示。

07 单击“修改”面板中的 OFFSET（偏移）按钮，生成电梯门的辅助线，效果如图 9-20 所示。

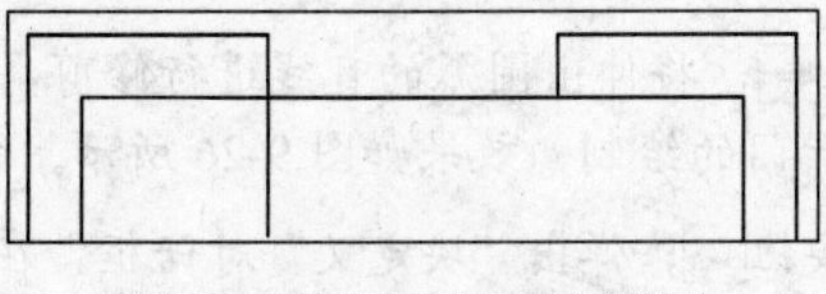
图 9-19　绘制电梯门口线和辅助线

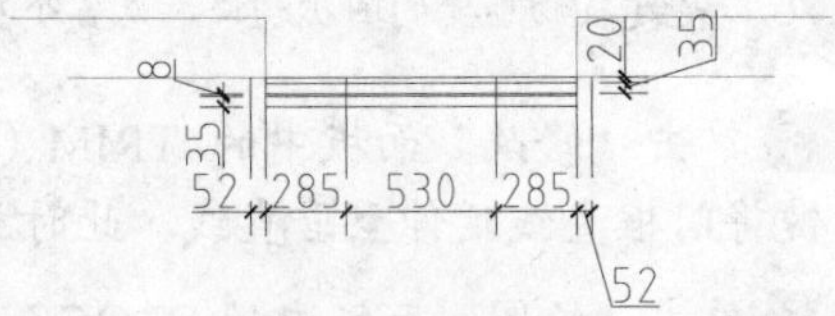

图 9-20　偏移辅助线

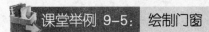

08 单击“修改”面板中的 TRIM（修剪）按钮，配合 Shift 键的延伸功能，将辅助线进行修剪和延伸；单击“修改”面板中的 ERASE（删除）按钮，将辅助线进行删除，得到电梯门效果如图 9-21 所示。

09 绘制平开门。单击“绘图”面板中的 LINE（直线）按钮，配合正交功能，绘制左侧门框，效果如图 9-22 所示。

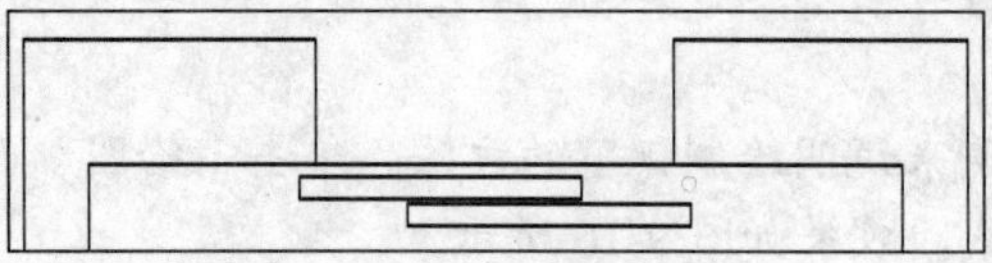

图 9-21 修剪和删除辅助线

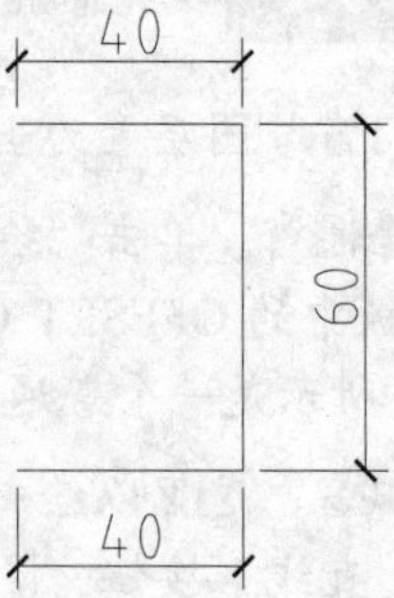

图 9-22 绘制左侧门框

10 单击“绘图”面板中的 LINE（直线）按钮，配合“端点”捕捉功能，绘制一条水平辅助直线和一条垂直辅助直线，效果如图 9-23 所示。

11 单击“修改”面板中的 MIRROR（镜像）按钮，配合“中点”捕捉功能和正交功能，复制出另一侧门框。单击“修改”面板中的 ERASE（删除）按钮，将水平辅助直线进行删除，效果如图 9-24 所示。

12 单击“修改”面板中的 OFFSET（偏移）按钮，将创建的垂直线向右偏移 40。单击“绘图”面板中的 ARC（圆弧）按钮，配合端点捕捉功能，绘制平开门的方向开启线，效果如图 9-25 所示。

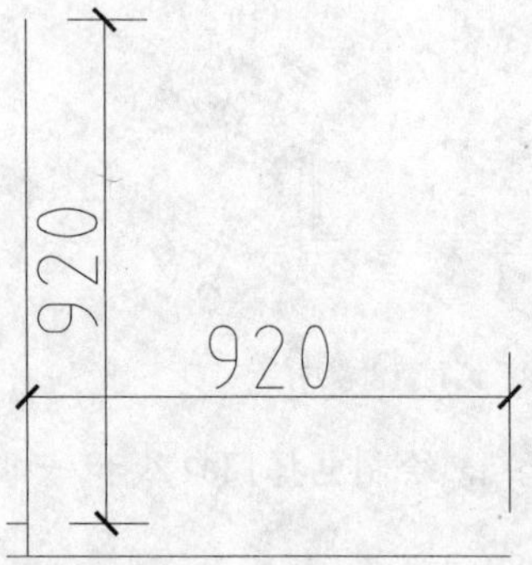

图 9-23 绘制水平辅助线

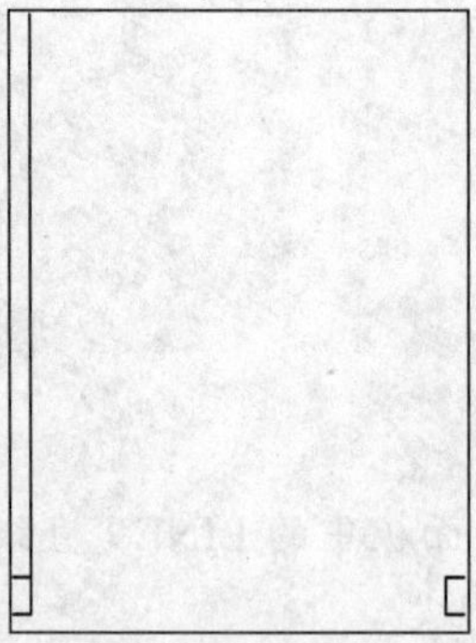

图 9-24 复制门框

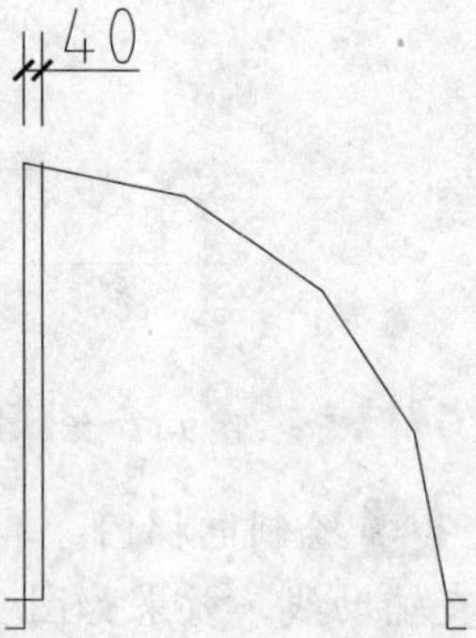

图 9-25 绘制平开门开启线

提示 门是建筑物重要的围护构件，是各个功能分区的连接通道。

13 单击“修改”面板中的 TRIM（修剪）按钮，将伸出圆弧的直线进行修剪，按住 Shift 键将门框直线延伸至垂直线，此时就完成了平开门的绘制，效果如图 9-26 所示。

14 单击“绘图”面板中的 BLOCK（创建块）按钮，弹出“块定义”对话框，在“名称”选项栏中输入“平开门”。单击“选择对象”按钮，进入绘图区中选择平开门对象，单击“拾取点”按钮，进入绘图区中单击平开门左下角点，返回到“块定义”对话框，效果如图 9-27 所示。单击“确定”按钮，完成平开门块的定义。

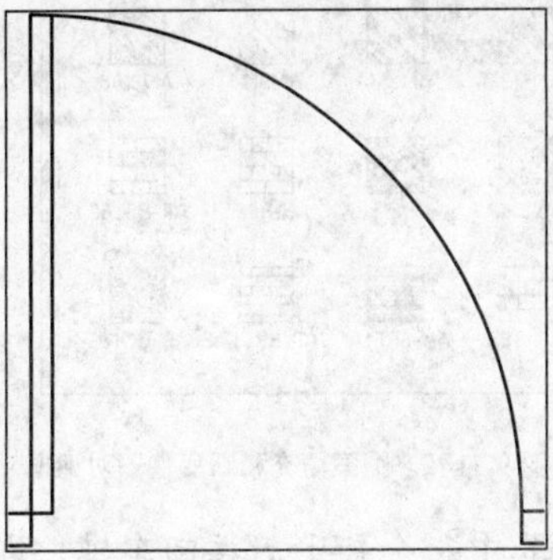

图 9-26　修剪和延伸直线

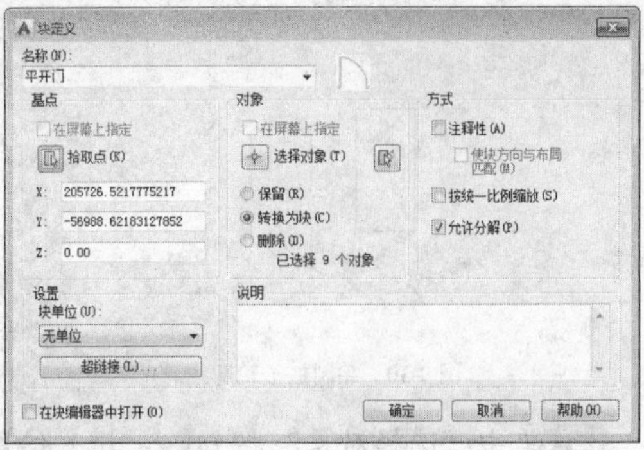

图 9-27　“块定义”对话框

15 在命令行中输入 INSERT（插入块）命令并回车，弹出“插入”对话框，如图 9-28 所示。

16 在“比例”选项栏中输入适当的比例，并在“角度”选项栏中输入适当的旋转角度。单击“确定”按钮，进入绘图区中，配合“镜像、旋转、移动”等功能插入平开门，完成效果如图 9-29 所示。

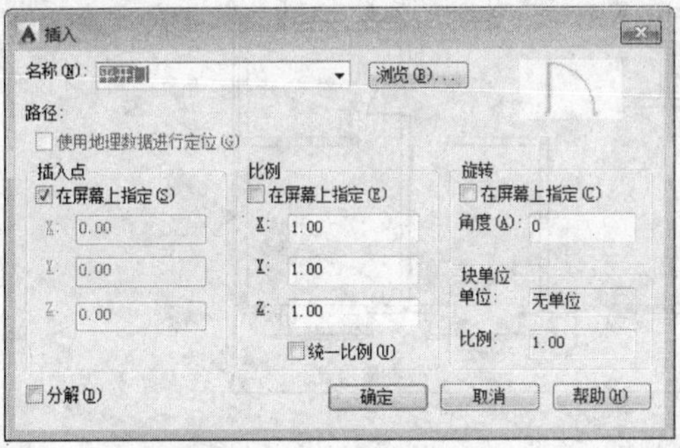

图 9-28　“插入”对话框

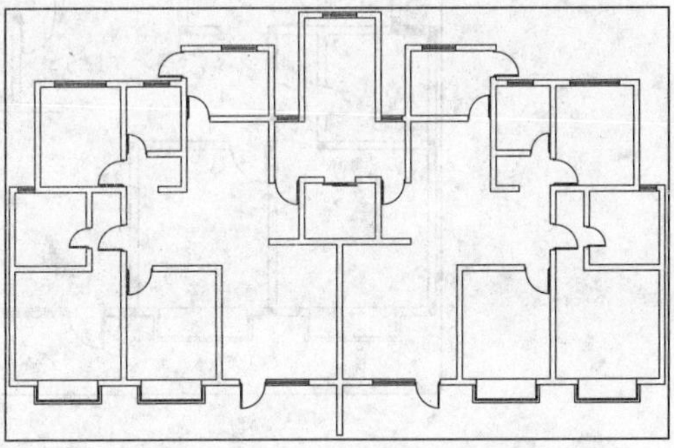

图 9-29　绘制平开门

9.2.6 绘制柱子

柱子是房屋建筑中不可缺少的一部分，是房屋的承重构件。在建筑设计当中，柱子的主要功能是起到结构支撑作用，也有的是起到装饰美观的功能。

课堂举例 9-6：绘制柱子　　视频\第 9 章\课堂举例 9-6.mp4

01 将“柱子”图层置为当前层。

02 单击“绘图”面板中的 RECTANG（矩形）按钮，绘制出柱子的轮廓线，效果如图 9-30 所示。

03 单击“绘图”面板中的 HATCH（图案填充）按钮，弹出“图案填充创建”面板，然后单击“图案”下拉按钮，在弹出的下拉列表中选择 SOLID 选项，如图 9-31 所示。

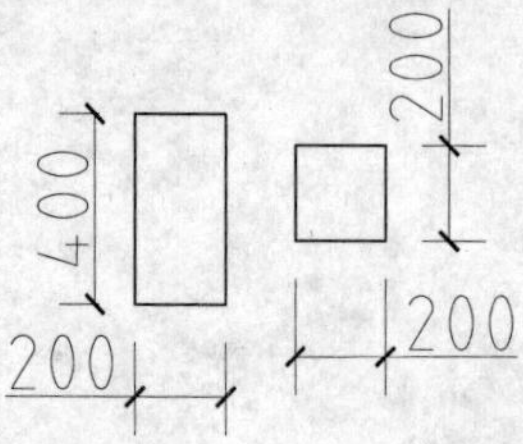

图 9-30　绘制柱子轮廓线

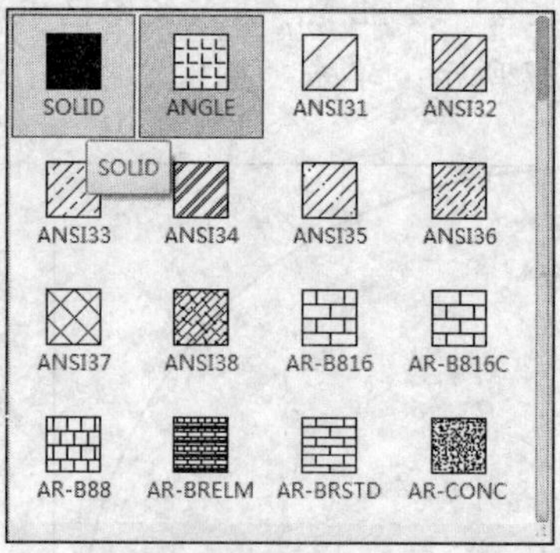

图 9-31　“图案填充和渐变色”对话框

04 单击“选择对象”按钮，进入绘图区中选择其中一个矩形后按回车键，即可完成一个柱子的填充。同样方法完成另一个柱子的图案填充。单击“修改”面板中的 COPY（复制）按钮，配合“对象捕捉”功能，将柱子复制到标准层平面图中，效果如图 9-32 所示。

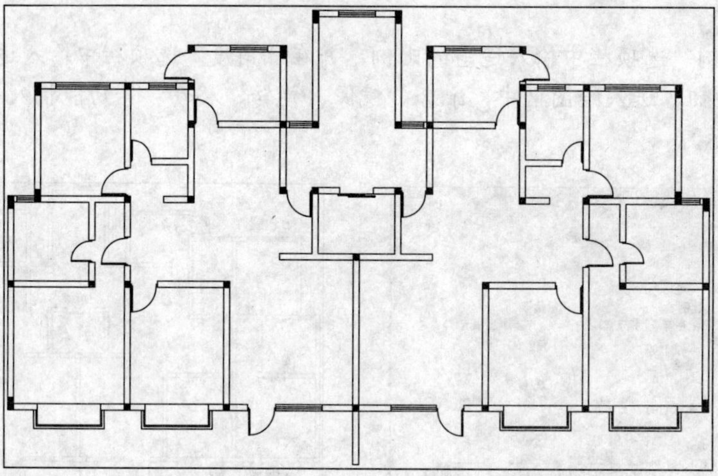

图 9-32　插入柱子

9.2.7 绘制阳台

阳台作为居住者的活动平台，便于用户接受光照，吸收新鲜空气，进行户外观赏、纳凉以及晾晒衣物等作用。人们根据需要来确定阳台的面积，面积狭小的阳台不宜过多摆放设施。

课堂举例 9-7：绘制阳台　　视频\第 9 章\课堂举例 9-7.mp4

01 将“阳台”图层置为当前层。

02 单击“绘图”面板中的 PLINE（多段线）按钮，根据阳台设计宽度，配合“对象捕捉”功能，绘制出阳台的外轮廓线，效果如图 9-33 所示。

03 单击“修改”面板中的 OFFSET（偏移）按钮，根据阳台栏板设计宽度 100mm，向内偏移生成阳台栏板线，效果如图 9-34 所示。

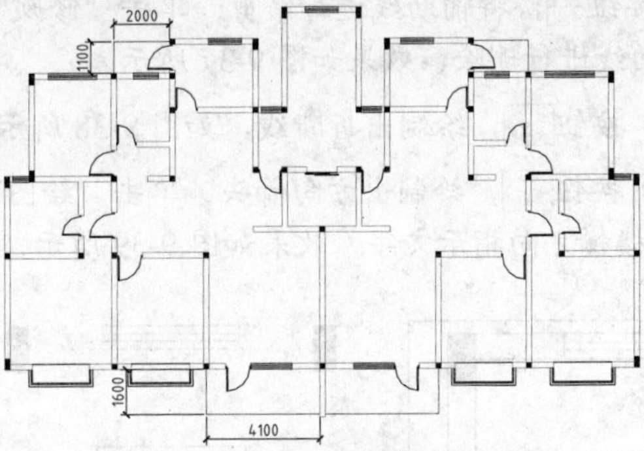

图 9-33　绘制阳台外轮廓线

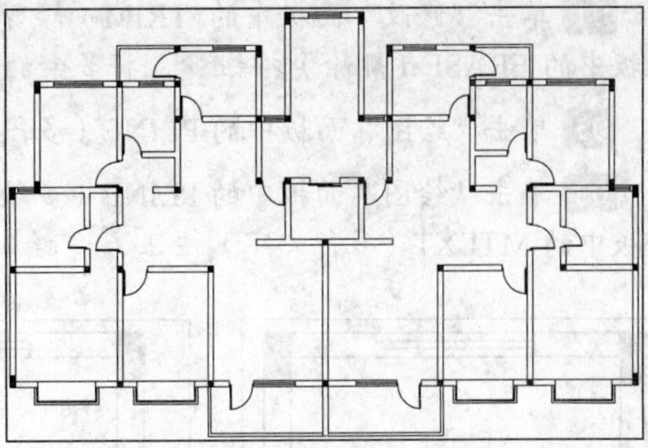

图 9-34　绘制阳台栏板线

9.2.8 绘制楼梯和电梯

楼梯和电梯是重要的室内设施，是垂直交通的连接通道。下面分别讲述绘制楼梯和电梯的方法。

1. 绘制楼梯

楼梯是联系上下层的垂直交通设施，楼梯应满足人们正常的垂直交通、搬运家具设备和紧急情况下安全疏散的要求，其数量、位置、形式应符合有关规范和标准的规定。

课堂举例 9-8：绘制楼梯　　视频\第 9 章\课堂举例 9-8.mp4

01 将“楼梯”图层置为当前层。

02 单击“绘图”面板中的 LINE（直线）按钮，沿楼梯间内墙角绘制一条水平辅助线和一条垂直线辅助线，效果如图 9-35 所示。

03 单击“修改”面板中的 OFFSET（偏移）按钮，根据台阶设计宽度、楼梯扶手宽度和梯井设计宽度，生成楼梯平面的辅助线，效果如图 9-36 所示。

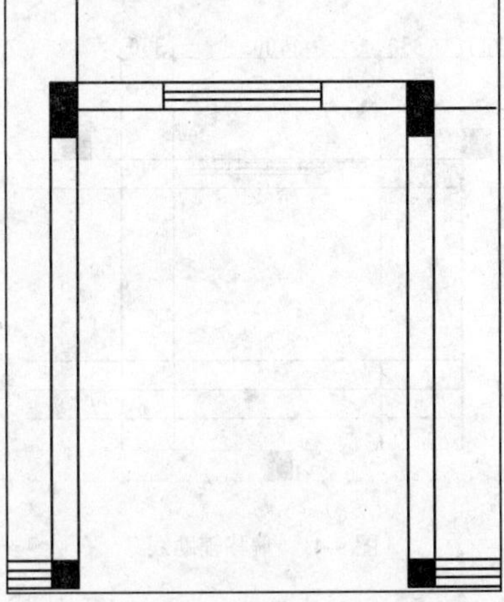

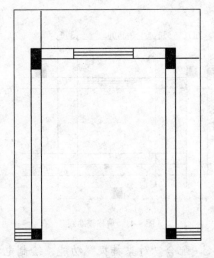

图 9-35　绘制水平辅助线和垂直辅助线

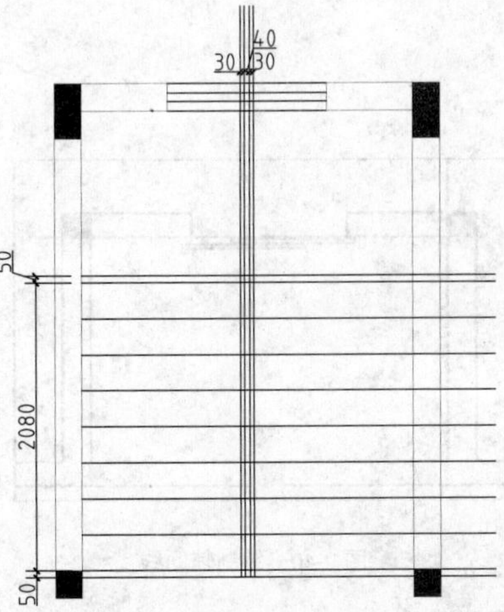

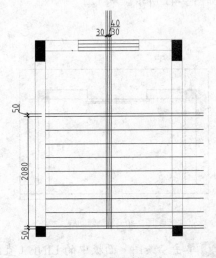

图 9-36　生成楼梯辅助线

04 单击“修改”面板中的 TRIM（修剪）按钮，将辅助线进行修剪；单击“修改”面板中的 ERASE（删除）按钮，将多余的辅助线进行删除，效果如图 9-37 所示。

05 单击“绘图”面板中的 PLINE（多段线）按钮，绘制出折断线，如图 9-38 所示。

06 单击“绘图”面板中的 PLINE（多段线）按钮，绘制出方向箭头。单击“绘图”面板中的 MTEXT（多行文字）按钮，绘制出楼梯方向指示文字，效果如图 9-39 所示。

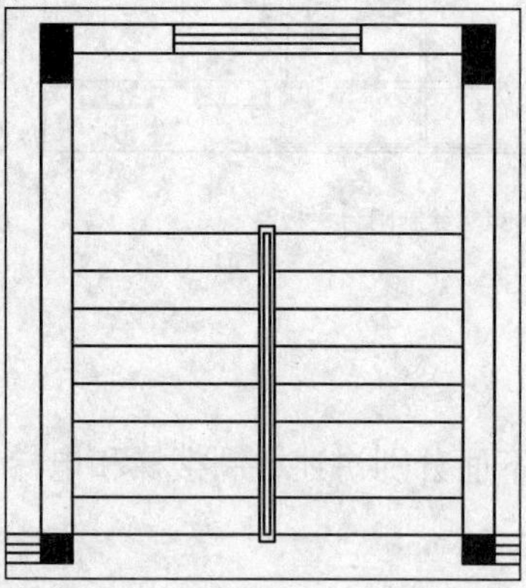

图 9-37　修剪和删除辅助线

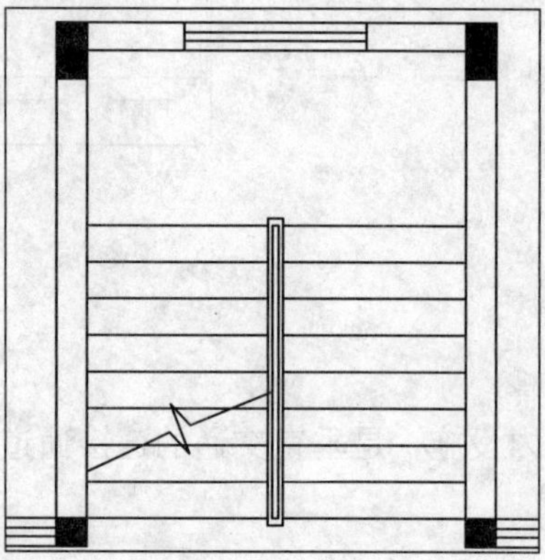

图 9-38　绘制折断线

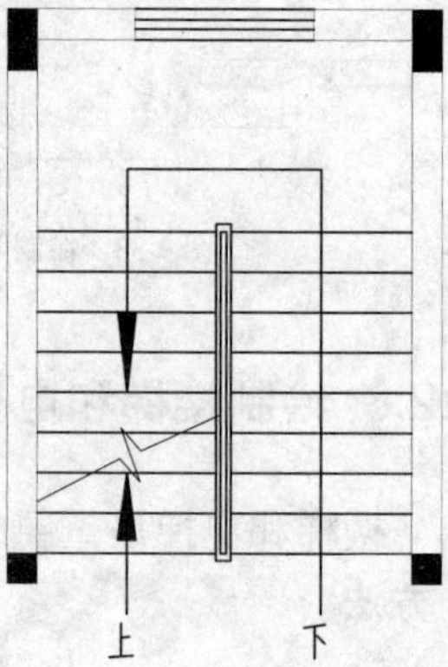

图 9-39　绘制方向箭头和文字

2．绘制电梯

电梯是现代多层及高层建筑中常用的建筑设备，目的是为了解决人们在上下楼时的体力及时间消耗问题。

课堂举例 9-9：绘制电梯

视频\第 9 章\课堂举例 9-9.mp4

01 单击“绘图”面板上的 LINE（直线）按钮，沿电梯房墙内角绘制一条水平辅助线和一条垂直辅助线，效果如图 9-40 所示。

02 单击“修改”面板中的 OFFSET（偏移）按钮，生成电梯箱和平衡块的辅助线，效果如图 9-41 所示。

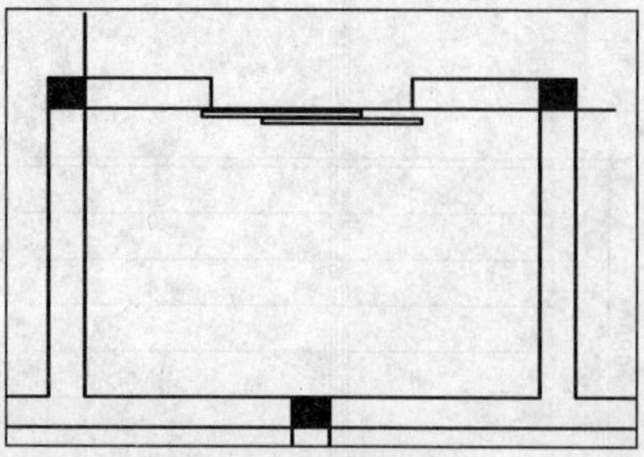

图 9-40　绘制辅助线

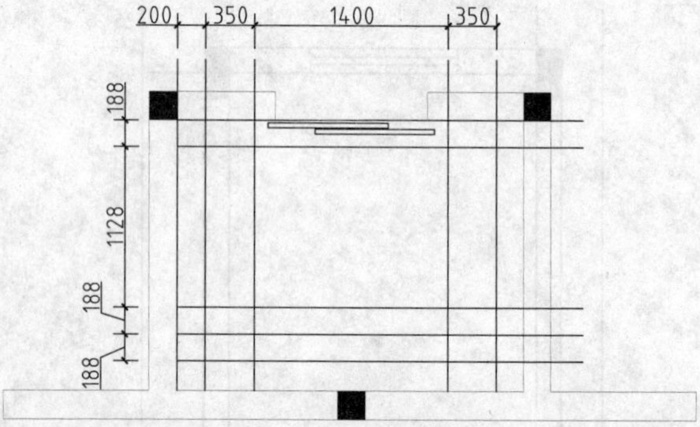

图 9-41　偏移辅助线

03 单击“绘图”面板中的 LINE（直线）按钮，配合“对象捕捉”功能，绘制电梯箱的对角线，效果如图 9-42 所示。

04 单击“修改”面板中的 TRIM（修剪）按钮，将电梯辅助线进行修剪；单击“修改”面板中的 ERASE（删除）按钮，将多余辅助线删除，得到电梯效果如图 9-43 所示。

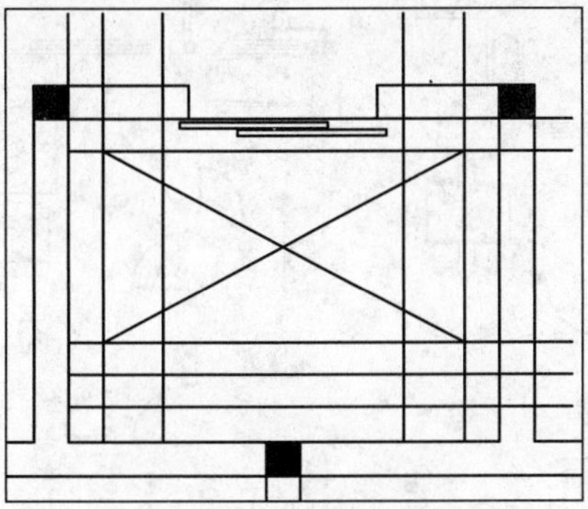

图 9-42　绘制电梯箱对角线

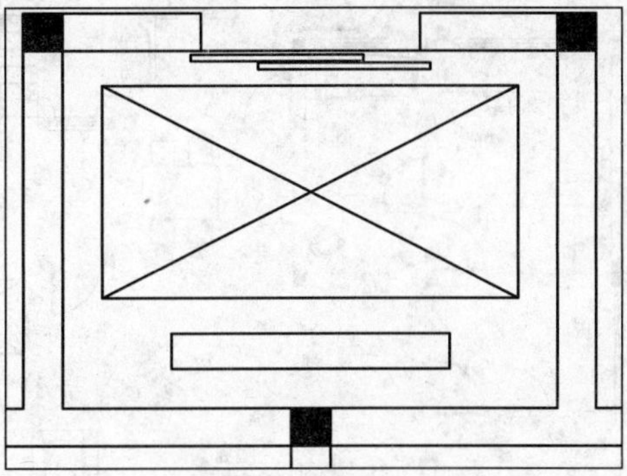

图 9-43　修剪和删除辅助线

9.2.9 布置家具

在 AutoCAD 设计中心里，用户不仅可以浏览自己的设计成果，也可以借鉴他人的设计思想和设计图形。AutoCAD 设计中心能管理和再利用设计对象、几何图形及设计标准。只需轻轻拖动，就能轻松地将一张设计图中的符号、图块、图层、字体、布局和格式复制到另一张图中。

课堂举例 9-10：布置家具　视频\第 9 章\课堂举例 9-10.mp4

01 将“其他”图层置为当前层。

02 按下快捷键 Ctrl + 2，打开“设计中心”对话框，利用树状目录，选择“块”选项，如图 9-44 所示。

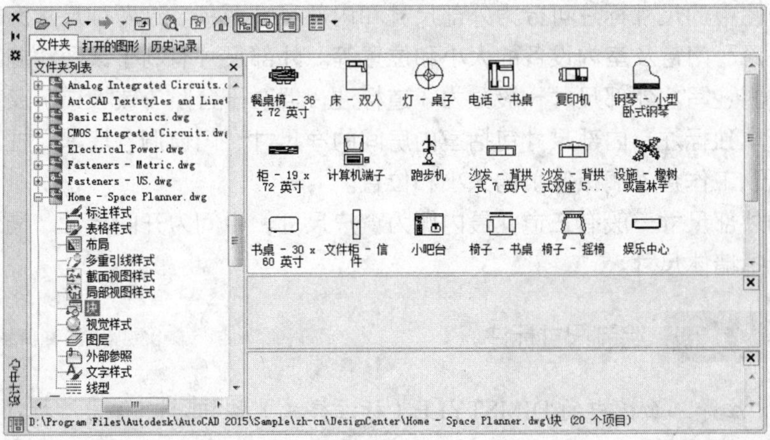

图 9-44　“设计中心”对话框

03 拖动需要的图块到绘图空白区域中，然后利用缩放、旋转、镜像、移动、复制等功能，对插入的块进行调整，并布置在平面图中适当位置上，效果如图 9-45 所示。

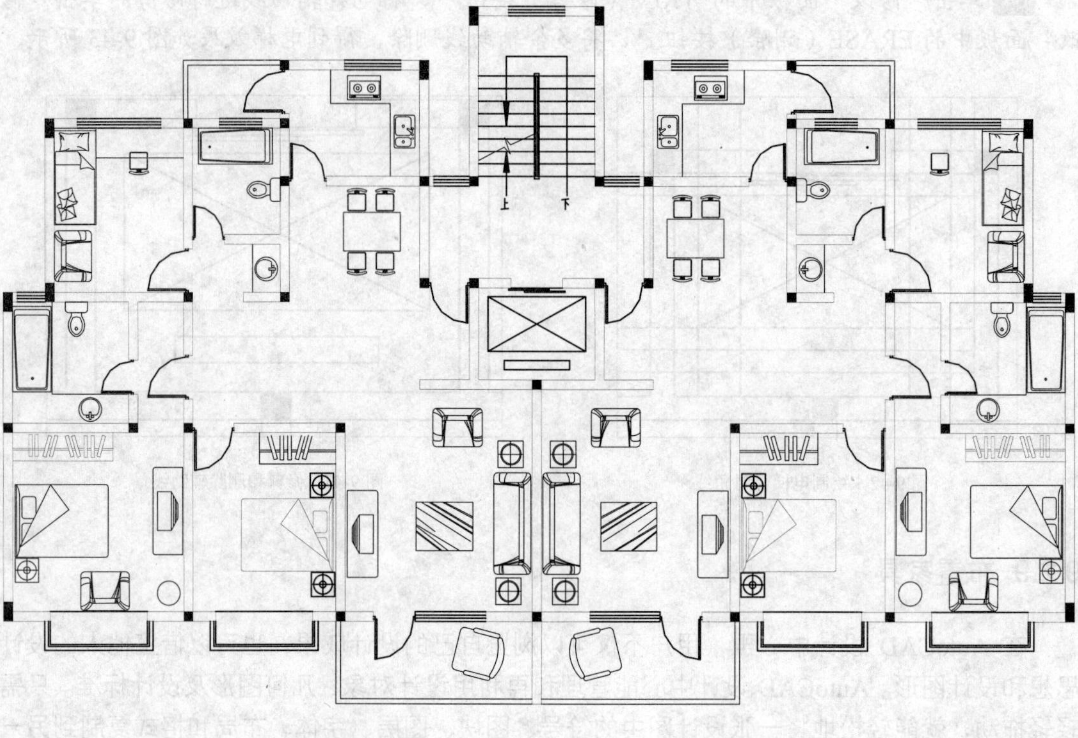

图 9-45　布置家具

9.2.10 尺寸标注和文字说明

尺寸标注和文字说明是所有设计图不可缺少的一部分，是建筑施工的依据，更能体现建筑的各个细节方面。

1. 尺寸标注

建筑平面图中的尺寸标注可分为外部尺寸和内部尺寸两种。这两种尺寸反映建筑物中房间的开间、进深、门窗及室内设备的大小和位置等。外部尺寸有利于读图和施工，一般在图形的下方及左侧注写。外部尺寸一般分为 3 道标注，但对于台阶（或坡道）及散水等部分的尺寸和位置可单独标注。内部尺寸包括室内房间的净尺寸、门窗洞、墙厚、柱、砖垛和固定设备（如厕所、工作台、搁板等）的大小和位置。

平面图的外部尺寸一般有三道，最内侧为窗户尺寸，中间为开间尺寸，最外侧为建筑外轮廓尺寸，包括墙体尺寸。

课堂举例 9-11：绘制尺寸标注　视频\第 9 章\课堂举例 9-11.mp4

01 单击“注释”面板中的 DIMSTYLE（标注样式）按钮，弹出“标注样式管理器”对话框，如图 9-46 所示。

02 单击“修改”按钮，弹出“修改标注样式：Standard”对话框，单击“线”选项卡，设置参数如图 9-47 所示。

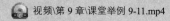

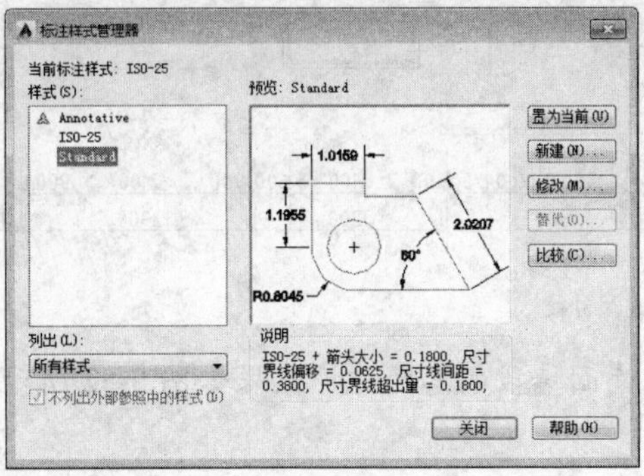

图 9-46　“标注样式管理器”对话框

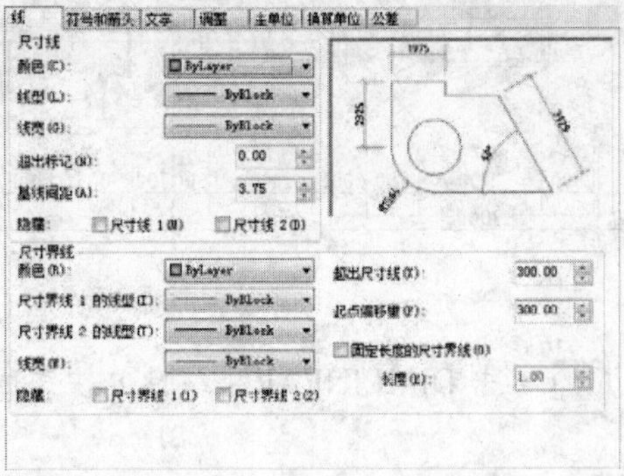

图 9-47　“线”选项卡

03 单击“符号和箭头”选项卡，设置参数如图 9-48 所示。

04 单击“文字”选项卡，设置参数如图 9-49 所示，设置完成后单击“确定”按钮，返回到“标注样式管理器”对话框中，接着单击“置为当前”按钮，然后单击“关闭”按钮，完成标注样式的设置。

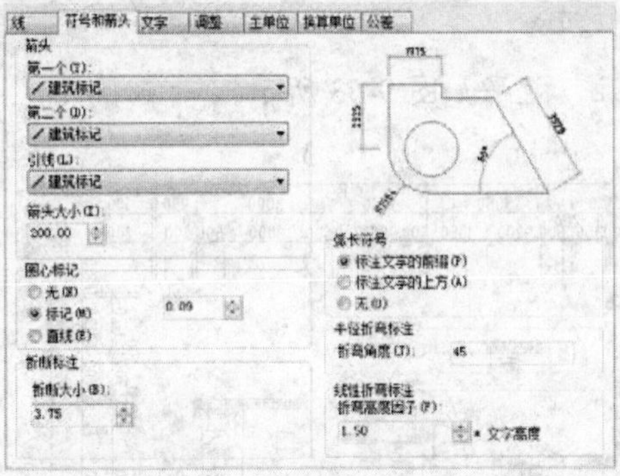

图 9-48　“符号和箭头”选项卡

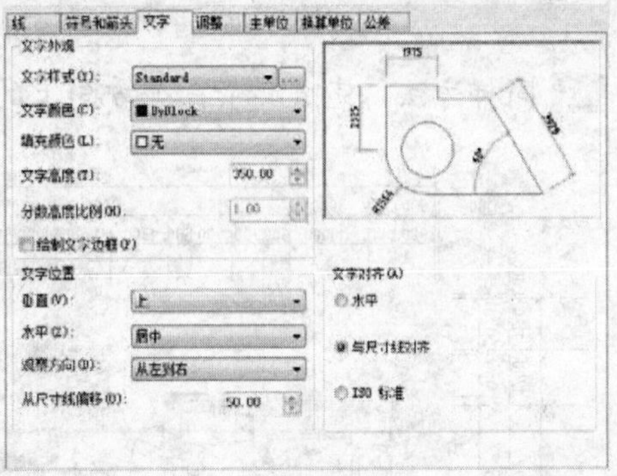

图 9-49　“文字”选项卡

05 将“轴线”图层显示出来，单击 DIMLINEAR（线性）按钮，标注左下角第一个尺寸标注。单击 DIMCONTINUE（连续）按钮 连续，依次标注南面第一道尺寸标注。单击“修改”面板中的 MOVE（移动）按钮，将尺寸标注线移动至阳台下方，如图 9-50 所示。

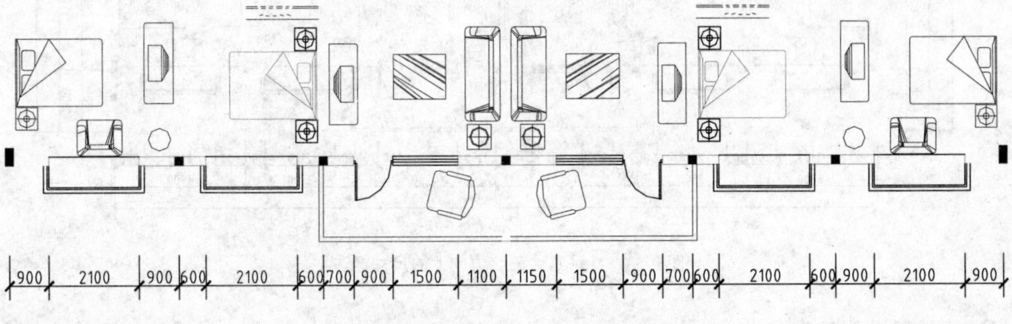

图 9-50　标注第一道尺寸线

06 单击 DIMLINEAR（线性）按钮，标注左下角第一二根纵向轴线间的尺寸标注。单击 DIMCONTINUE（连续）按钮 连续，依次标注南面第二道尺寸标注，如图 9-51 所示。

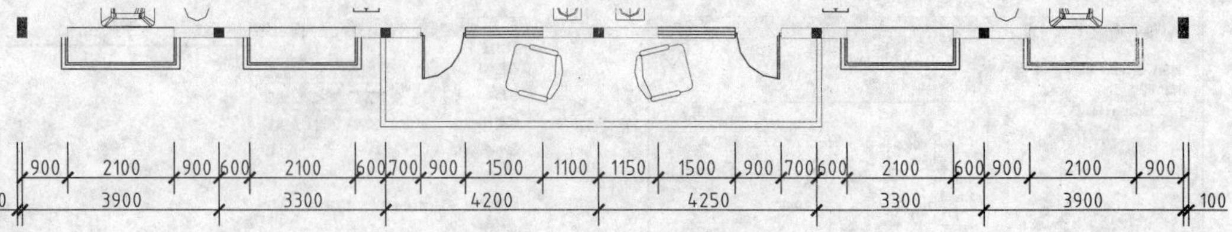

图 9-51　标注第二道尺寸线

07 单击 DIMLINEAR（线性）按钮，标注南面墙段的总尺寸，效果如图 9-52 所示。

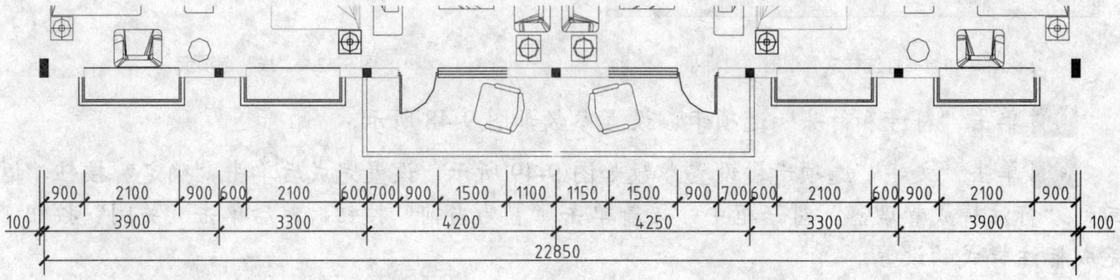

图 9-52　标注第三道尺寸线

08 同样方法，完成其余三个方向上的尺寸标注，效果如图 9-53 所示。

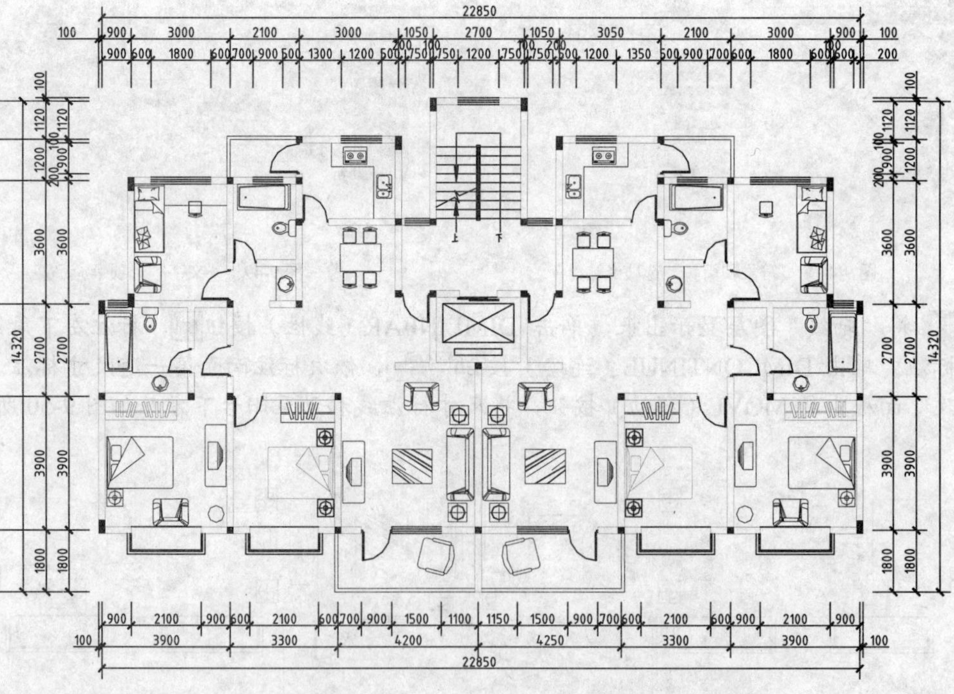

图 9-53　标注其余三个方向上的尺寸标注

2. 文字说明

建筑平面图中还需要有必要的文字说明，文字说明的作用主要是标出房间的标高、功能、名称、面积和一些附属说明等内容。

课堂举例 9-12：绘制文字说明

视频\第 9 章\课堂举例 9-12.mp4

01 单击“绘图”面板中的 LINE（直线）按钮，绘制一条长 1000 的垂直线。单击“绘图”面板中的 CIRCLE（圆）按钮，绘制一个半径为 400 的圆。

02 单击“注释”面板中的 MTEXT（多行文字）按钮，在圆中心绘制出轴线编号文字。单击“修改”面板中的 MOVE（移动）按钮，配合“端点捕捉和象限点捕捉”功能，将直线移到圆正上方，效果如图 9-54 所示。

03 单击“修改”面板中的 COPY（复制）按钮，配合“旋转和镜像”功能，将轴线编号复制到各处。双击编号文字，对编号文字进行修改。

04 单击“注释”面板中的 MTEXT（多行文字）按钮，在平面图下方标注图名为“住宅标准层平面图”，比例为 1:100；单击“绘图”面板中的 PLINE（多段线）按钮，在图名和比例下方绘制下划线，效果如图 9-55 所示。

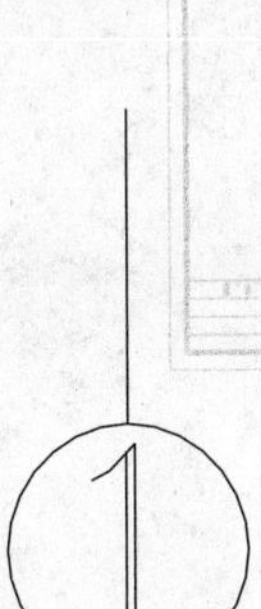

图 9-54　绘制轴号图示

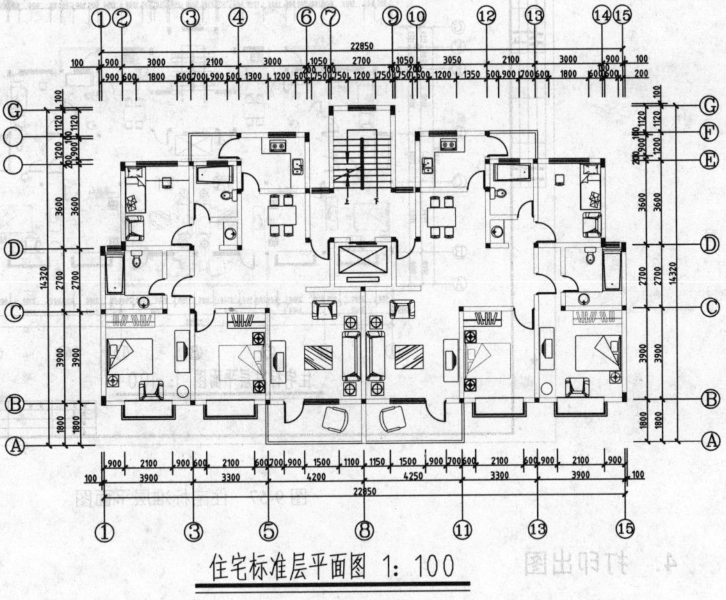

图 9-55　绘制文字说明

3. 添加图框

根据平面图大小和比例，需添加一个 A3 图幅（420mm×297mm）大小的图框，比例为 1:100。因此绘制一个图框并将它放置在图纸的合适位置，接着调整画面位置，添加图样标题栏中的图名、图号等信息，并保存为一幅完整的图样。

课堂举例 9-13：添加图框

视频\第 9 章\课堂举例 9-13.mp4

01 单击“绘图”面板中的 INSERT（插入块）按钮，打开“插入”对话框，在“名称”下拉列表中，选择“A3 图框”文件，如图 9-56 所示。

02 单击“打开”按钮，返回到“插入”对话框。单击“确定”按钮，即可插入图框。

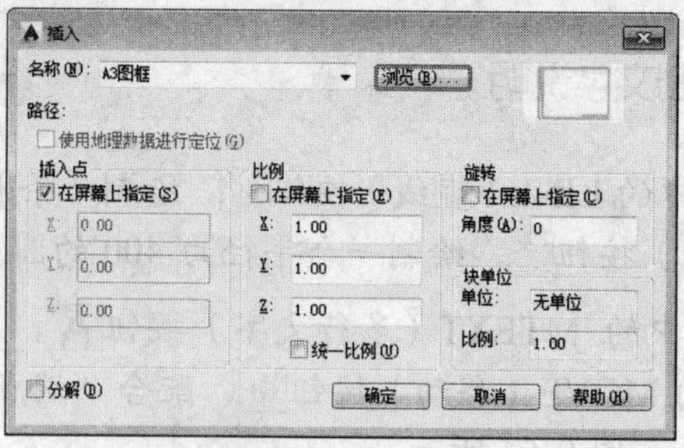

图 9-56 “插入”对话框

03 单击“修改”面板中的 EXPLODE（分解）按钮，将“A3 图框”块进行分解；然后双击文字，对标题栏中的文字进行编辑修改，效果如图 9-57 所示。

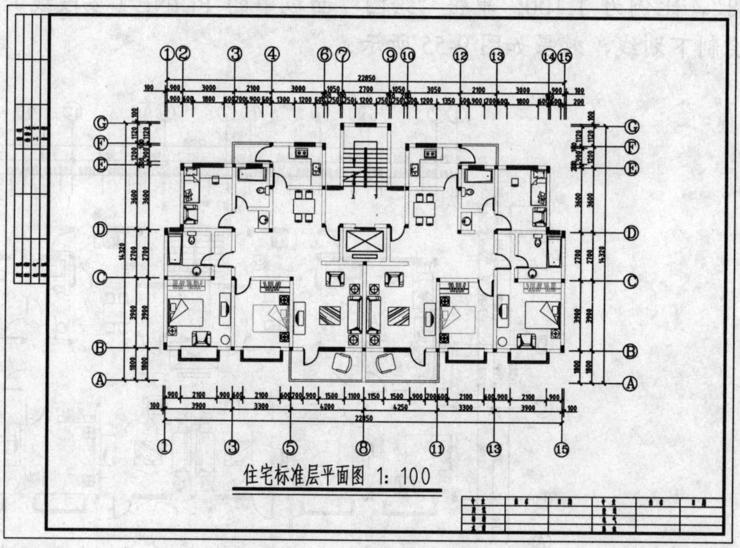

图 9-57 住宅标准层平面图

4. 打印出图

图样打印之前要进行相应的设置工作，建筑平面图的打印相对比较简单击，打印出图的方法和打印总平面图基本相同。

对于建筑平面图的打印输出，方法是单击“打印”面板中的“打印”按钮，在弹出的“打印 - 模型”对话框中进行相应的设置，就可以打印输出了。

9.3 绘制写字楼标准层平面图

写字楼即办公用房，指机关、企业、事业单位行政管理人员，业务技术人员等办公的业务用房，现代办公楼正向综合化、一体化方向发展，由于城市土地紧俏，特别是市中心区地价猛涨、建筑物逐步向高层发展，使许多中小企事业单位难以独立修建办公楼，因此，房地产综合开发企业修建办公楼，分层出售、出租的业务迅速兴起。

本节讲述某办公楼标准层平面图的绘制方法。

9.3.1 设置绘图环境

绘制写字楼标准层平面图的第一步就是设置绘图环境。

课堂举例 9-14：设置绘图环境　　视频\第 9 章\课堂举例 9-14.mp4

01 启动 AutoCAD 2015 应用程序。单击快速访问工具栏中的 NEW（新建）按钮，弹出“选择样板”对话框，选择“acadiso.dwt”选项，如图 9-58 所示。单击“打开”按钮，新建一个图形样板文件。

02 设置图形单位。在命令行中输入 UNITS（单位）命令并回车，弹出“图形单位”对话框，设置相关参数如图 9-59 所示。单击“确定”按钮，完成图形单位的设置。

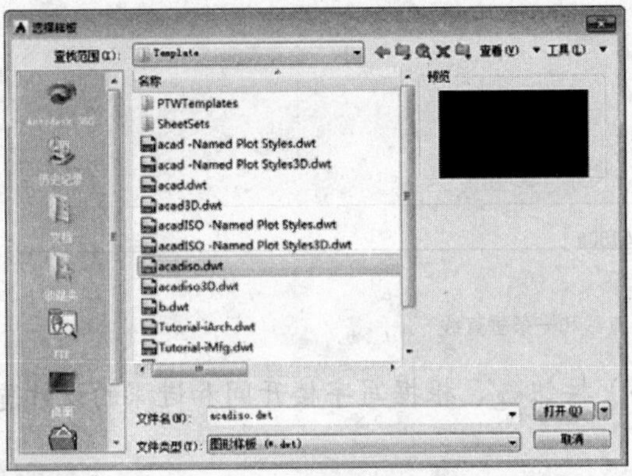

图 9-58　“选择样板”对话框

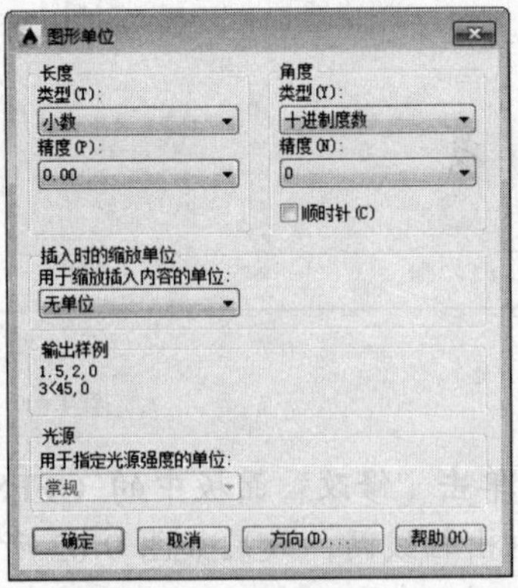

图 9-59　“图形单位”对话框

03 设置绘图范围。在命令行中输入 LIMITS（图形界限）命令并回车，设置绘图区域。然后执行 ZOOM（缩放）命令，完成观察范围的设置。其命令行提示如下：

```
命令: limits
重新设置模型空间界限:
指定左下角点或 [开(ON)/关(OFF)] <0.0000,0.0000>:↙    //直接按回车键接受默认值
指定右上角点 <420.0000,297.0000>: 50000, 18000↙    //输入右上角坐标“50000, 18000”后按回车键完成绘图范围的设置
```

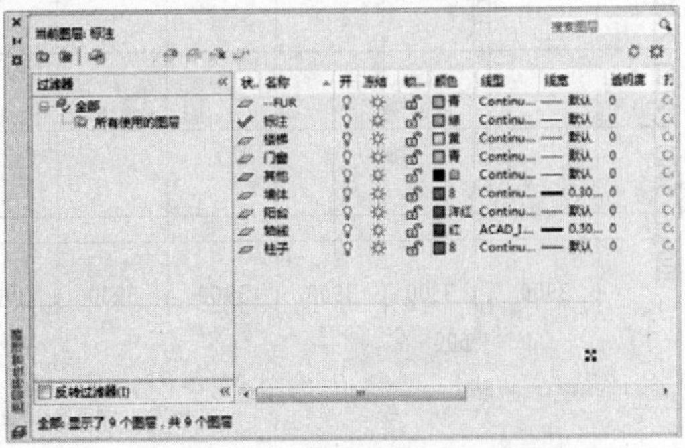

图 9-60　“图层特性管理器”对话框

04 设置图层。单击“图层”面板中的“图层特性”按钮，弹出“图层特性管理器”对话框，新建如图 9-60 所示的图层。然后单击“关闭”按钮，完成图层的设置。

9.3.2 绘制定位轴线

课堂举例 9-15：绘制写字楼标准层平面图定位轴线 视频\第 9 章\课堂举例 9-15.mp4

01 将“轴线”图层置为当前层。

02 单击“绘图”面板中的 LINE（直线）按钮，配合“正交”功能和“移动”功能，绘制一条水平轴线和一条垂直轴线，效果如图 9-61 所示。

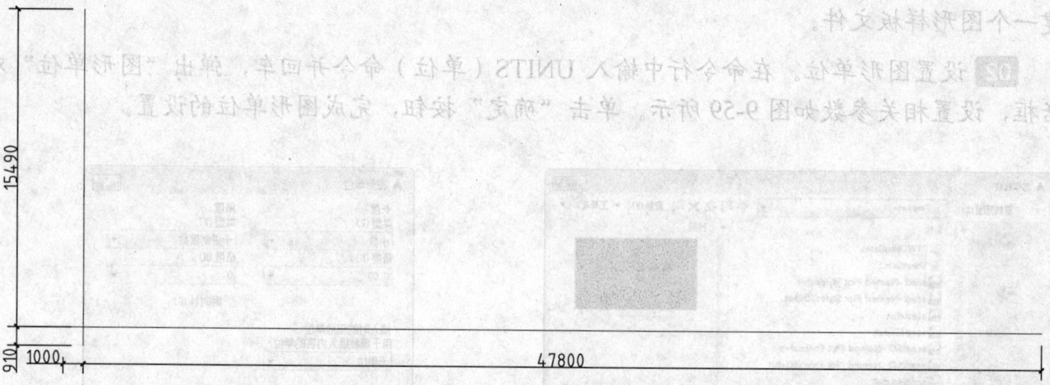

图 9-61 绘制一条水平直线和一条垂直线

03 单击“修改”面板中的 OFFSET（偏移）按钮，根据写字楼开间和进深的设计宽度，绘制出轴线网，效果如图 9-62 所示。

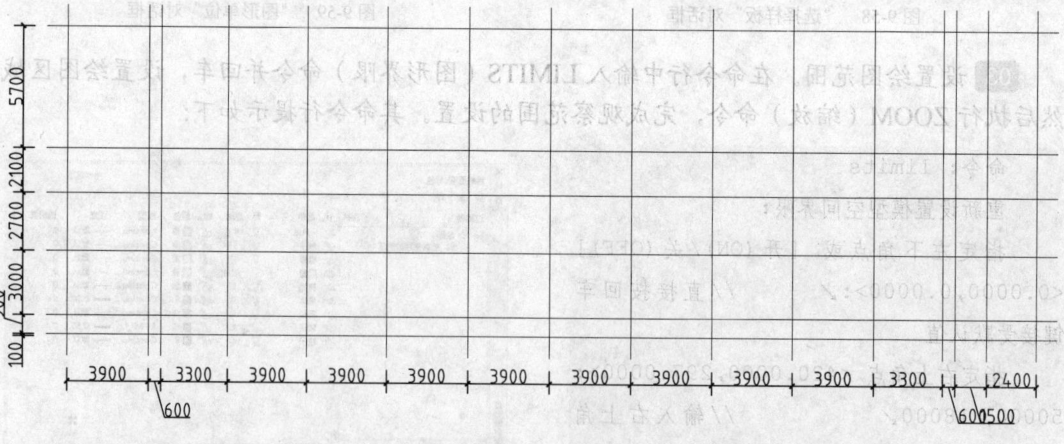

图 9-62 绘制轴线网格

04 选中其中一根轴线，按下快捷键 Ctrl + 1，打开“特性”对话框，修改“线型比例”为 100，如图 9-63 所示。单击“特性”面板中的 MATCHPROP（特性匹配）按钮，将其余轴线的“线型比例”修改为 100，效果如图 9-64 所示。

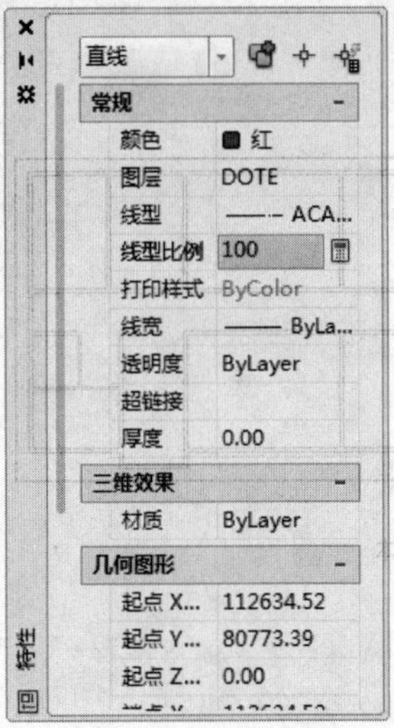

图 9-63 “特性”对话框

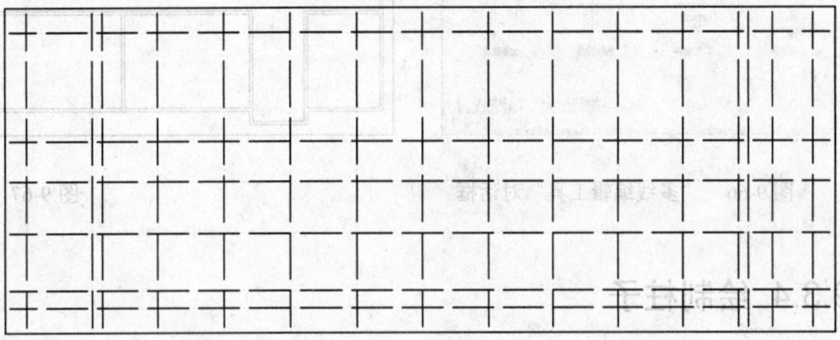

图 9-64 修改轴线线型比例

9.3.3 绘制墙体

课堂举例 9-16：绘制墙体

视频\第 9 章\课堂举例 9-16.mp4

01 将“墙体”图层置为当前层，颜色、线型和线宽随图层。

02 在命令行中输入 ML（多线）命令并回车，设置多线宽度为 200（其中卫生间隔墙的宽度为 120），绘制内墙和楼梯间墙体时的对齐方式为“居中”，绘制外墙时的对齐方式为“下”，配合“对象捕捉”功能，绘制出所有墙体。然后将“轴线”图层隐藏起来，效果如图 9-65 所示。

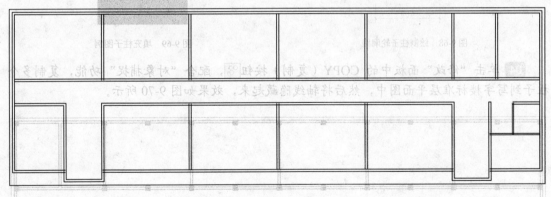

图 9-65 绘制墙体

03 在命令行中输入 MLEDIT（多线编辑）命令并回车，弹出“多线编辑工具”对话框，如图 9-66 所示。单击“角点结合”按钮，可对卫生间墙角进行结合。单击“T 形合并”按钮，可对其他墙线进行修剪，效果如图 9-67 所示。

图 9-66 “多线编辑工具”对话框

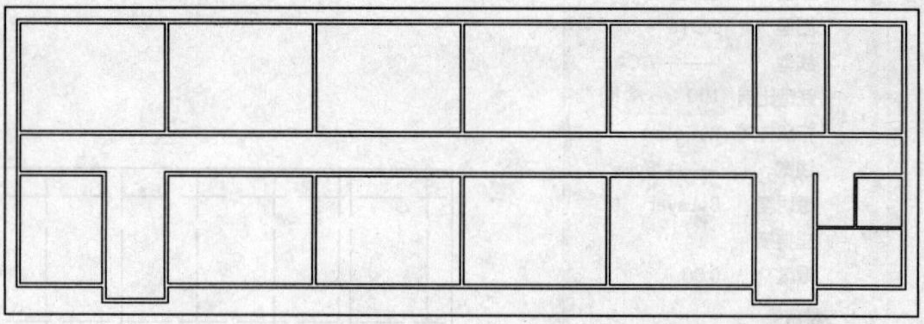

图 9-67 修剪墙体

9.3.4 绘制柱子

课堂举例 9-17：绘制柱子

视频\第 9 章\课堂举例 9-17.mp4

01 将“柱子”图层置为当前层，并将“轴线”图层显示出来。

02 单击“绘图”面板中的 RECTANG（矩形）按钮，在绘图区中空白位置绘制出柱子的轮廓线，效果如图 9-68 所示。

03 单击“绘图”面板中的 HATCH（图案填充）按钮，对柱子进行图案填充，效果如图 9-69 所示。

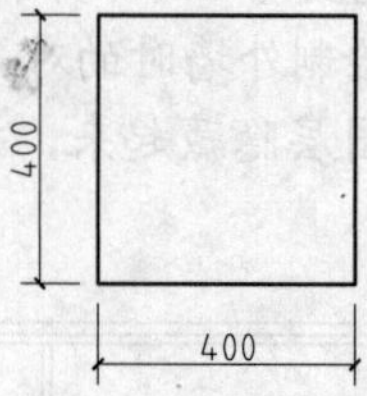

图 9-68 绘制柱子轮廓线

图 9-69 填充柱子图例

04 单击“修改”面板中的 COPY（复制）按钮，配合“对象捕捉”功能，复制多个柱子到写字楼标准层平面图中，然后将轴线隐藏起来，效果如图 9-70 所示。

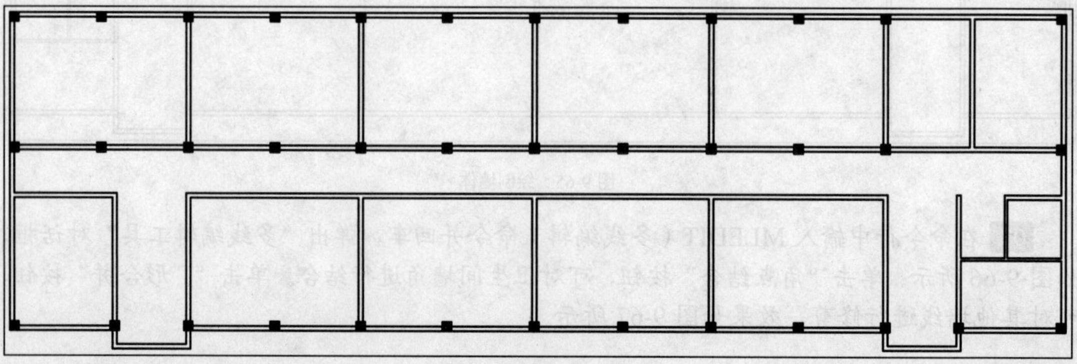

图 9-70 绘制柱子效果

9.3.5 绘制门窗洞口

课堂举例 9-18：绘制门窗洞口　　视频\第 9 章\课堂举例 9-18.mp4

01 将“墙体”图层置为当前层。

02 单击“绘图”面板中的 LINE（直线）按钮，沿墙内角绘制水平或垂直辅助线；单击“修改”面板中的 OFFSET（偏移）按钮，生成门窗洞口的辅助线，效果如图 9-71 所示。

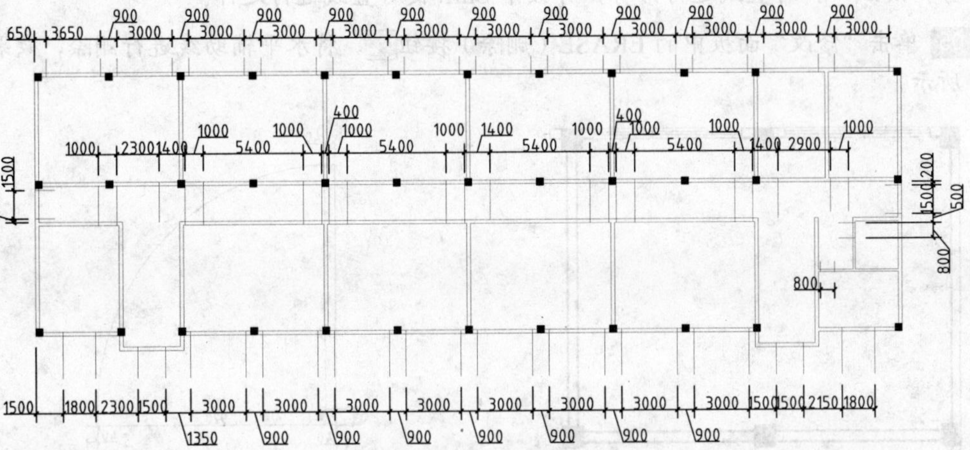

图 9-71　绘制门窗洞口辅助线

03 单击“修改”面板中的 TRIM（修剪）按钮，将门窗洞口处的墙线和辅助线进行修剪；单击“修改”面板的 ERASE（删除）按钮，将辅助线进行删除，效果如图 9-72 所示。

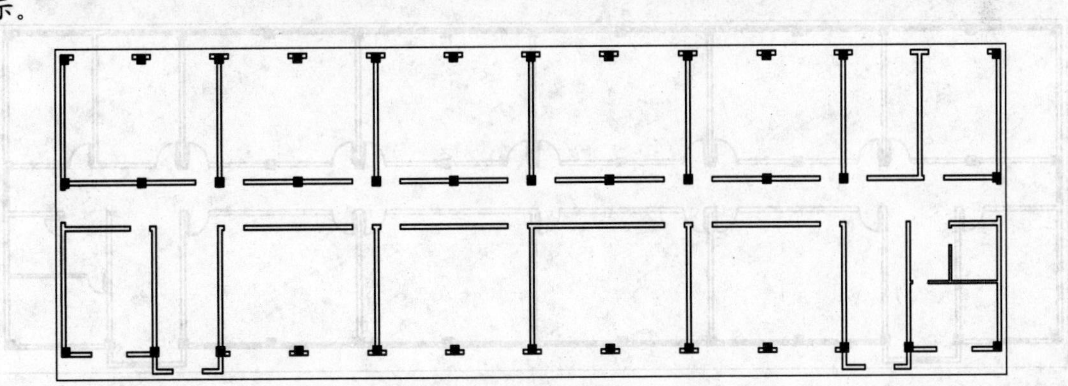

图 9-72　修剪门窗洞口

9.3.6 绘制门窗

课堂举例 9-19：绘制门窗　　视频\第 9 章\课堂举例 9-19.mp4

01 将“门窗”图层置为当前层。

02 绘制窗户。单击“绘图”面板中的 LINE（直线）按钮，配合“对象捕捉”功能，绘制窗户的轮廓线。单击修改工具中的 OFFSET（偏移）按钮，设置距离为 70，生成窗户线，效果图 9-73 所示。

03 绘制平开门。单击“绘图”面板中的 LINE（直线）按钮，配合正交功能，绘制出左侧门框、一根水平直线和垂直线。单击“修改”面板中的 MIRROR（镜像）按钮，配合“中点捕捉”和“正交”功能，生成另一侧门框。

04 单击“修改”面板中的 OFFSET（偏移）按钮，生成平开门开启双线。单击“绘图”面板中的 ARC（圆弧）按钮，绘制平开门开启方向线。单击“修改”面板中的 TRIM（修剪）按钮，对直线进行修剪，并按下 Shift 键对直线进行延伸。

05 单击“修改”面板中的 ERASE（删除）按钮，将水平辅助线进行删除，效果如图 9-74 所示。

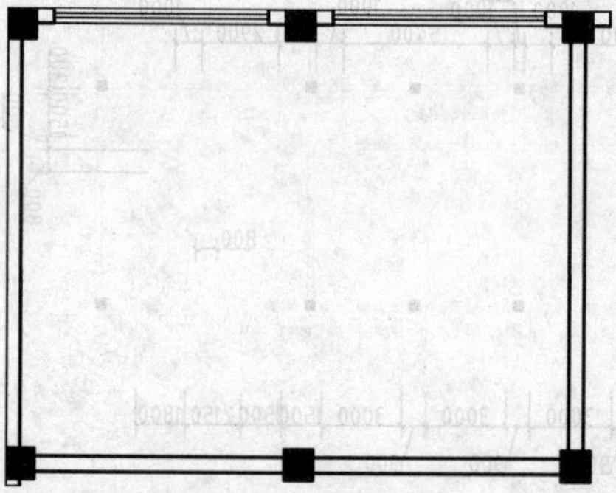

图 9-73 绘制窗户

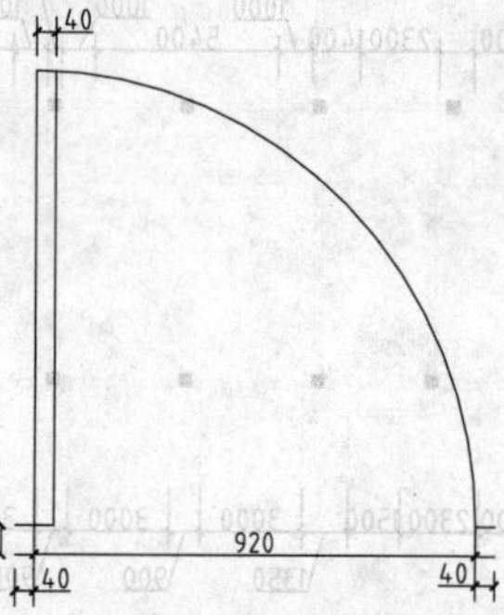

图 9-74 绘制平开门

06 单击“修改”面板中的 COPY（复制）按钮，配合旋转、镜像、缩放等功能，复制出多个平开门到写字楼标准层平面图中指定位置，效果如图 9-75 所示。

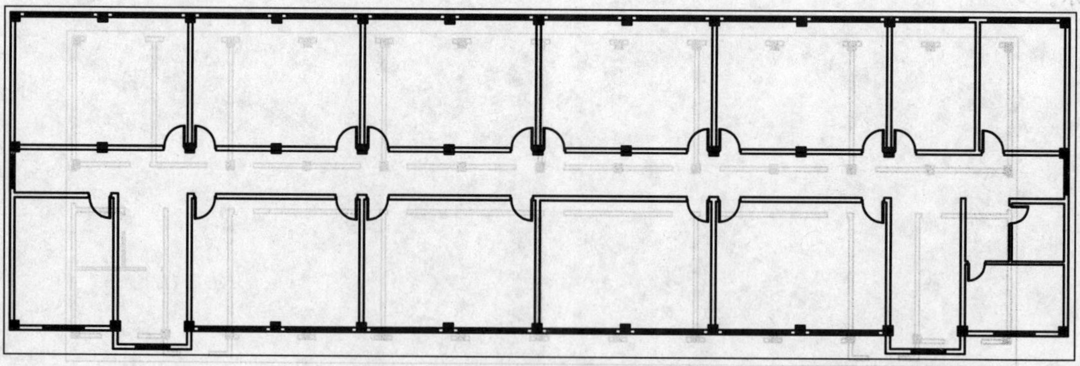

图 9-75 复制平开门

9.3.7 绘制楼梯

课堂举例 9-20：绘制楼梯　　视频\第 9 章\课堂举例 9-20.mp4

01 将“楼梯”图层置为当前层。

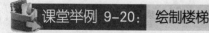

02 单击“绘图”面板中的LINE（直线）按钮，沿楼梯间内墙角绘制一条水平辅助线和一条垂直线辅助线。

03 单击“修改”面板中的OFFSET（偏移）按钮，根据台阶设计宽度、楼梯扶手宽度和梯井设计宽度，生成楼梯平面的辅助线。

04 单击“修改”面板中的TRIM（修剪）按钮，将辅助线进行修剪；单击“修改”面板中的ERASE（删除）按钮，将多余的辅助线进行删除,如图9-76所示。

05 单击“绘图”面板中的PLINE（多段线）按钮，绘制出折断线和方向箭头。单击“绘图”面板中的MTEXT（多行文字）按钮，绘制出楼梯方向指示文字，完成效果如图9-77所示。

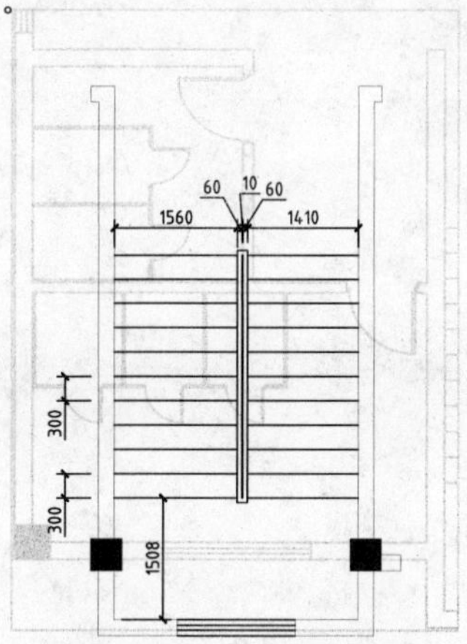

图9-76 楼梯平面初步效果

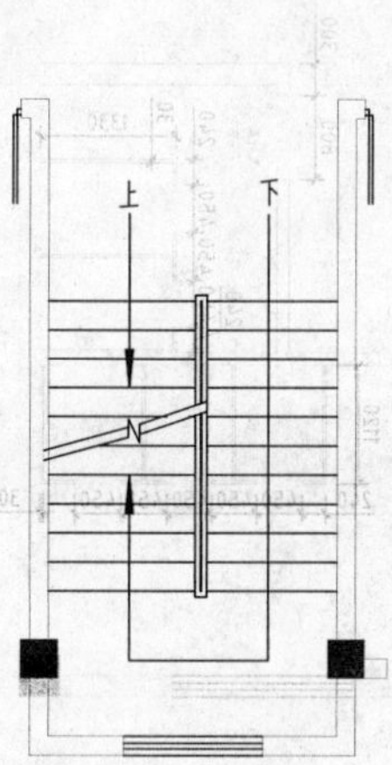

图9-77 楼梯平面完成效果

06 单击“修改”面板中的COPY（复制）按钮，复制出另外一个楼梯，效果如图9-78所示。

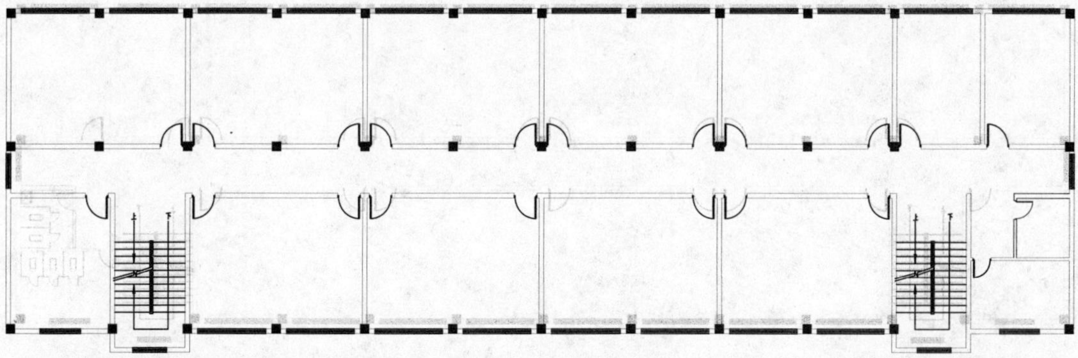

图9-78 绘制楼梯

9.3.8 绘制卫生间平面图

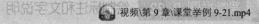

课堂举例 9-21：绘制卫生间平面图 视频\第9章\课堂举例9-21.mp4

01 将“其他”图层置为当前层。

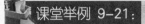

02 绘制卫生间间隔。单击“绘图”面板中的 LINE（直线）按钮，沿卫生间墙内角绘制水平辅助线和垂直辅助线。单击“修改”面板中的 OFFSET（偏移）按钮，生成卫生间间隔和卫生间门的辅助线。

03 单击“修改”面板中的 TRIM（修剪）按钮，将多余的辅助线进行修剪。单击“修改”面板中的 ERASE（删除）按钮，将沿墙内角绘制的辅助线进行删除，效果如图 9-79 所示。

04 绘制卫生间门窗。单击“修改”面板中的 COPY（复制）按钮，配合“缩放和旋转”功能，复制前面创建的平开门到卫生间平面中，效果如图 9-80 所示。

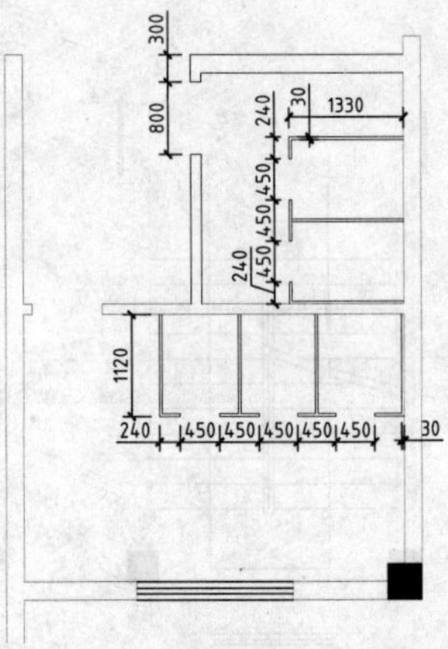

图 9-79 绘制卫生间间隔

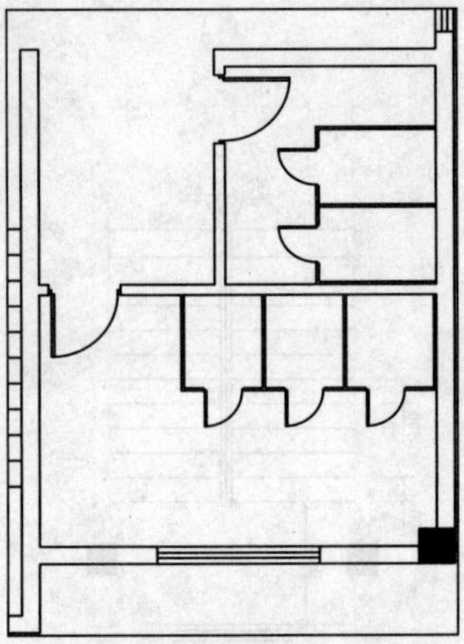
图 9-80 绘制卫生间门

05 按下快捷键 Ctrl + 2，打开 AutoCAD 设计中心，插入卫生间设备到平面图中，效果如图 9-81 所示。

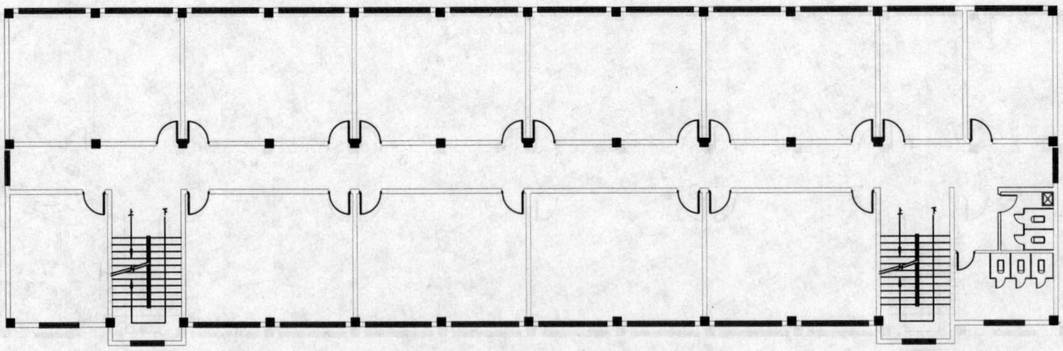
图 9-81 插入卫生间图块

9.3.9 尺寸标注和文字说明

课堂举例 9-22：绘制标注和文字说明　　视频\第 9 章\课堂举例 9-22.mp4

01 将“标注”图层置为当前层，将“轴线”图层显示出来。

02 单击“注释”面板中的 DIMSTYLE（标注样式）按钮，在弹出的“标注样式管理器”对话框中，根据上一节实例所述的方法设置标注样式。

03 单击 DIMLINEAR（线性）按钮和 DIMCONTINUE（连续）按钮连续，标注写字楼标准层平面图的三道尺寸线和内门，效果如图 9-82 所示。

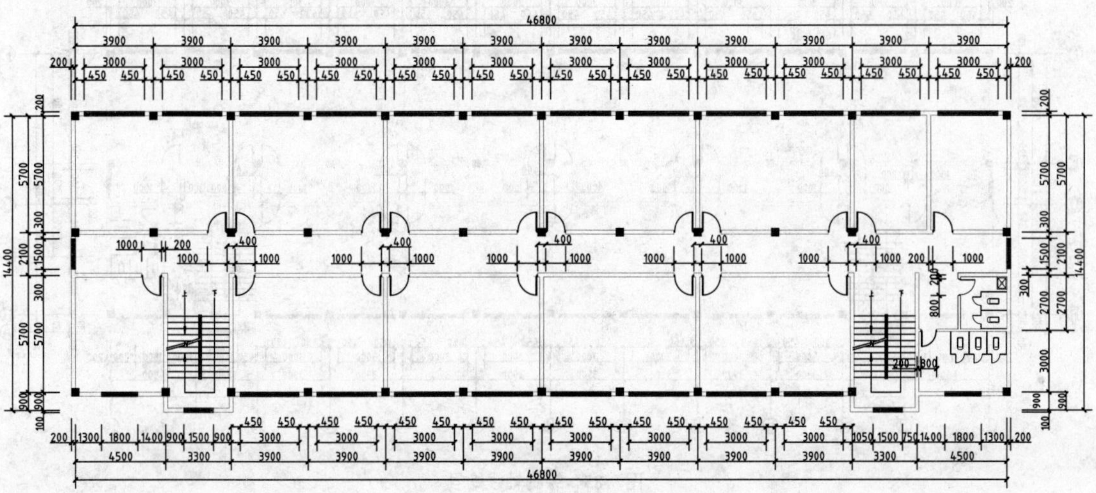

图 9-82　标注尺寸线和内门标注

04 绘制轴号。单击“绘图”面板中的 LINE（直线）按钮，绘制一条垂直线，长度为 1000。单击“绘图”面板中的 CIRCLE（圆）按钮，绘制一个直径为 800 的圆，单击“修改”面板中的 MOVE（移动）按钮，配合“象限点捕捉”功能，将直线移动圆的正上方，效果如图 9-83 所示。

05 单击“注释”面板中的 MTEXT（多行文字）按钮，在圆的中心位置绘制出轴线编号文字，完成单个轴号效果如图 9-84 所示。

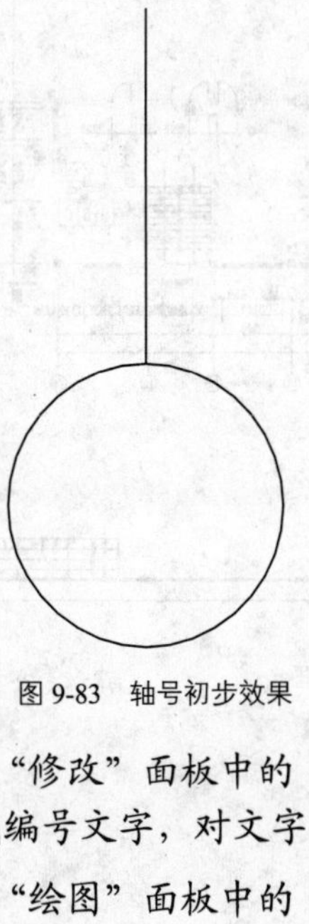

图 9-83　轴号初步效果

图 9-84　单个轴号完成效果

06 单击“修改”面板中的 COPY（复制）按钮，将轴线编号及文字复制到平面图各处。双击轴线编号文字，对文字进行修改，效果如图 9-85 所示。

07 单击“绘图”面板中的 MTEXT（多行文字）按钮，绘制房间名称文字、图名和比例。单击“绘图”面板中 PLINE（多段线）按钮，和“修改”面板中的 OFFSET（偏移）按钮，绘制图名和比例下方的下划线。

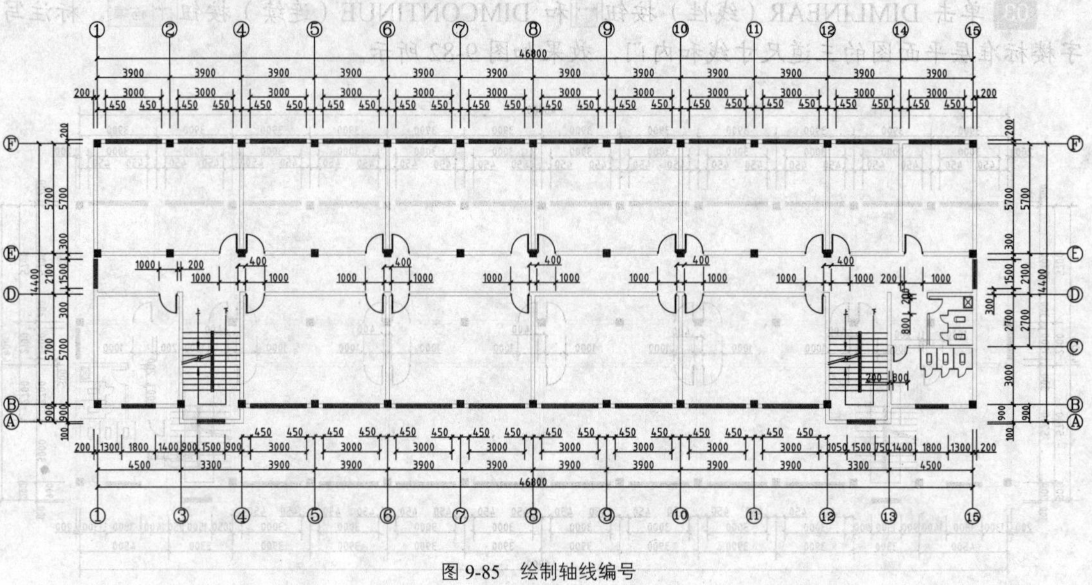

图 9-85　绘制轴线编号

08 单击“修改”面板中的 EXPLODE（分解）按钮，将下方的多段线进行分解。然后为平面图加入图框，最终效果如图 9-86 所示。

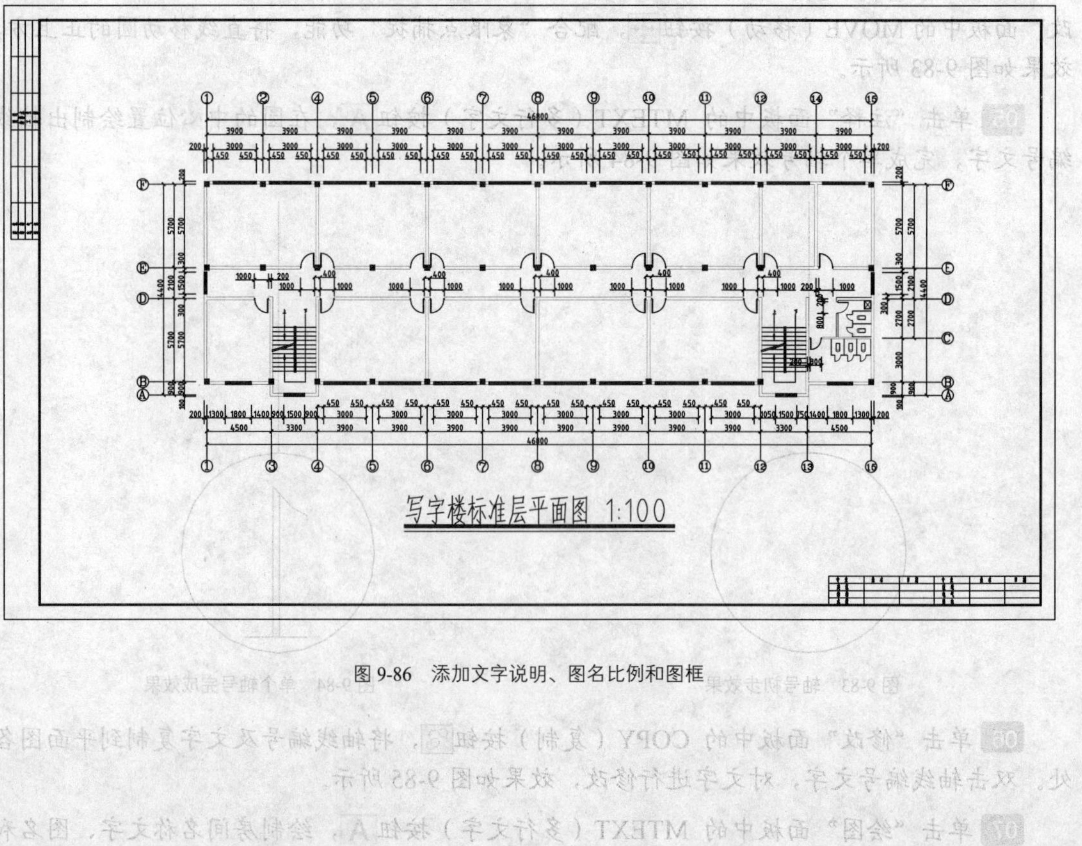

图 9-86　添加文字说明、图名比例和图框

第10章 建筑立面图的绘制

本章导读

建筑立面图是用直接正投影法将建筑各个墙面进行投影所得到的正投影图，绘制建筑立面图是建筑设计过程中一个重要步骤。本章重点介绍建筑立面图的基础知识和一般绘制方法，通过实例的讲述来说明利用 AutoCAD 2015 绘制建筑立面图的步骤以及方法和技巧。

本章重点

- 建筑立面图的概念
- 建筑立面图的命名方式
- 建筑立面图的绘制内容
- 建筑立面图中的标注
- 建筑立面图的绘制要求
- 建筑立面图的绘制步骤
- 绘制写字楼正立面图
- 绘制别墅南立面图

10.1 建筑立面图概述

建筑立面图是用来研究建筑立面的造型和装修的图样，建筑立面图主要反映建筑物的外貌和立面装修的做法。本节主要介绍建筑立面图的基本知识，使用户能够更快更好地完成建筑立面图形的绘制。

10.1.1 建筑立面图的概念

建筑立面图是建筑物在与建筑物立面相平行的投影面上投影所得的正投影图，其形成原理如图 10-1 所示。建筑立面图是建筑施工中控制高度和外墙装饰效果的技术依据。它主要用来表达建筑物的外部造型、门窗位置及形式、墙面装饰材料、阳台、雨篷等部分的材料和做法。

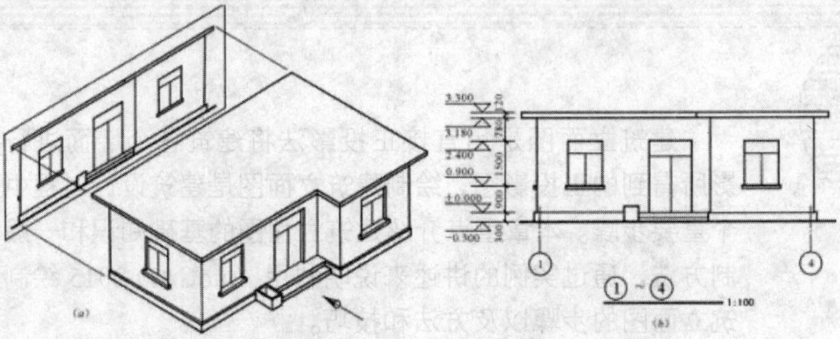

图 10-1 建筑立面图形成原理

一般来说，一栋建筑物每一个立面都要画出其立面图，但当各侧立面图比较简单或者有相同的立面时，可以只绘出主要的立面图。当建筑物有曲线或折线形立面的侧面时，绘制立面图时可将曲线或折线形的侧面绘制成展开立面图，以使各个部分反映实际形状。另外，对于较简单的对称式建筑物或构配件等，在不影响构造处理和施工的情况下，立面图可绘制一半，另一半在对称轴线处用对称符号表示。

10.1.2 建筑立面图的命名方式

建筑立面图命名的目的是使读者一目了然地识别其立面的位置。因此，各种命名方式都围绕“明确位置”的主题进行。如图 10-2 标出了建筑立面图的投影方向和名称。

下面对建筑立面图的命名方式进行分别介绍。

1. 以相对主入口的位置特征来命名

当以相对主入口的位置特征来命名时，则建筑立面图称为正立面图、背立面图和左右两侧立面图。这种方式一般适用于建筑平面方正、简单且入口位置明确的情况。

2. 以相对地理方位的特征来命名

当以相对地理方位的特征来命名时，则建筑立面图称为南立面图、北立面图、东立面图和西立面图。这种方式一般适用于建筑平面图规整、简单且朝向相对正南、正北偏转不大的情况。

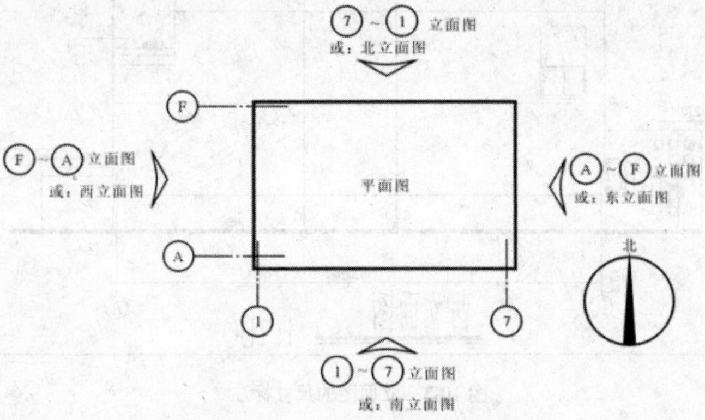

图 10-2 建筑立面图的投影方向和名称

3. 以轴线编号来命名

以轴线编号来命名是指用立面图的起止定位轴线来命令名，例如 1~12 立面图、A~F 立面图等。这种命名方式准确，便于查对，特别适用于平面较复杂的情况。

根据《建筑制图标准》(GB/T50104-2001) 规定，有定位轴线的建筑物，宜根据两端定位轴线号来编注立面图名称。无定位轴线的建筑物可按平面图各面的朝向来确定名称。

10.1.3 建筑立面图的绘制内容

建筑立面图应包括投影方向可见的建筑外轮廓线和墙面线脚、构配件、墙面做法及必要的尺寸和标高等。各种立面图应按正投影法绘制。建筑立面图的绘制内容主要包括如下几个部分：

- 建筑物某侧立面的立面形式、外貌和大小。
- 门窗及各种墙面线脚、台阶、雨篷、阳台等构配件的位置、立面形状。
- 外墙面上装修做法、材料、装饰图线、色调等。
- 标高及必须标注的局部尺寸。
- 详图索引符号、立面图两端定位轴线和编号。
- 图名和比例。建筑立面图的比例应和平面图相同。根据《建筑制图标准》规定：立面图常用的比例有 1:50、1:100 和 1:200。

10.1.4 建筑立面图中的标注

建筑立面图中，高度方向的尺寸标注使用标高的形式进行标注，包括建筑室内外地坪、各楼层地面、窗台、阳台底部、女儿墙等各部位的标高。

建筑立面图中的标高尺寸，一般应注写在立面图的轮廓线以外，分两侧就近注写。注写时要上下对齐，并尽量位于同一铅垂线上。但对于一些位于建筑物中部的结构，为了表达更清楚起见，并且在不影响图面清晰的前提下，也可就近标注在轮廓线以内。如图 10-3 所示是标注完整的某别墅西立面图。

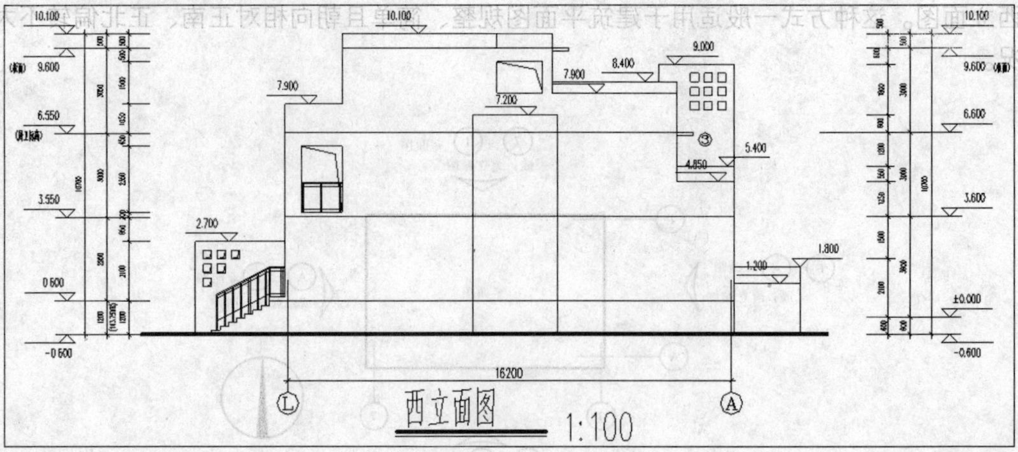

图 10-3　立面图的尺寸标注

10.1.5 建筑立面图的绘制要求

根据建筑立面图的绘制内容，对建筑立面图有如下要求：

- 定位轴线：在立面图中，一般只绘制两端的轴线及其编号，以便和平面图相对照，确定立面图的投影方向。
- 比例：国家《建筑制图标准》(GB/T 50104-2001)规定，立面图宜采用 1:50、1:100、1:200和1:300等的比例绘制。在绘制建筑立面图时，应根据建筑物的大小采用不同的比例。通常采用 1: 100 的比例绘制。
- 图线：在建筑立面图中，为了加强立面图的表达效果，使建筑物的轮廓突出，通常采用不同的线型来表达不同的对象。屋脊线和外墙最外轮廓线一般采用粗实线（b）绘制；室外地坪采用加粗实线（1.4b）绘制；所有凹凸部位如建筑物的转折、立面上的阳台、雨篷、门窗洞、室外台阶、窗台等用中实线（0.5b）绘制；其他部分的图形（如门窗、雨水管）、定位轴一、尺寸线、图例线、标高、索引符号和详图材料做法引出线等采用细实线（0.25b）绘制。
- 图例：建筑立面图上的门、窗等内容都是采用图例来绘制的。在建筑物立面图上，相同的门窗、阳台、外檐装修、构造做法等可在局部重点表示，绘出其完整图形，其余部分只画轮廓线。
- 尺寸标注：在建筑立面图中高度方向的尺寸主要使用标高的形式标注，主要包括建筑物室内外地坪、各楼层地面、窗台、门窗顶部、檐口、屋脊、阳台底部、女儿墙、雨篷、台阶等处的标高尺寸。在所标注处画一条水平引出线，标高符号一般画在图形外，符号大小一致整齐排列在同一铅垂线上。必要时为了更清楚起见，可标注在图形中，如楼梯间的窗台面标高。值得注意的是，不同的地方采用不同的标高符号。
- 详图索引符号：一般在屋顶平面图附近有檐口、女儿墙和雨水口等构造详图，凡是需要绘制详图的地方都要标注详图符号。
- 建筑材料和颜色标注：在建筑立面图上，外墙表面分格线应表示清楚。应用文字说明各部位所用的面材及色彩。外墙的色彩和材质决定建筑立面的效果。

10.1.6 建筑立面图的绘制步骤

一般来说，绘制建筑立面图是通过在平面图的基础上引出定位辅助线确定立面图样的水平位置及大小，然后根据高度方向的设计尺寸来确定立面图样的竖向位置及尺寸，从而绘制出一系列的图样。因此，建筑立面图绘制一般步骤如下：

1)　设置绘图环境。

2)　绘制定位辅助线，包括墙、柱定位轴线、楼层水平定位辅助线及其他立面图样的辅助线。

3)　绘制立面图样，包括墙体外轮廓及内部凹凸轮廓、门窗（幕墙）、入口台阶及坡道、雨篷、窗台、窗楣、壁柱、檐口、栏杆、外露楼梯和各种脚线等。

4)　配景，包括植物、小品、车辆和人物等。

5)　尺寸标注和文字说明。

6)　线型、线宽设置。

10.2 绘制写字楼正立面图

上节已经对建筑立面图的基本知识进行了总体的介绍，读者就可以着手绘制建筑立面图了。一般来说，很少有单一功能的建筑物，往往是商业和住宅功能相结合，或者办公与住宅相结合。因而建筑立面图之间也需要进行相互配合。

本节以绘制写字楼正立面图为例，讲述利用 AutoCAD 2015 绘制建筑立面图的步骤和方法。在绘制写字楼正立面图中，首先绘制底层立面，接着绘制二层立面，接下来绘制标准层立面，然后绘制屋顶立面，最后将立面的各个部分组合起来，完成写字楼正立面图的绘制。本例完成的最终效果如图 10-4 所示。

图 10-4　写字楼正立面图

10.2.1 建立绘图环境

绘制建筑立面图的第一步是建立绘图环境。

课堂举例 10-1：设置绘图环境

视频\第 10 章\课堂举例 10-1.mp4

01 新建文件。启动 AutoCAD 2015 应用程序，单击快速访问工具栏中的 NEW（新建）按钮，打开“选择样板”对话框，如图 10-5 所示。选择“acadiso.dwt”选项，单击“打开”按钮，即可新建一个样板文件。

02 设置绘图单位。在命令行中输入 UNITS（单位）命令并回车，弹出“图形单位”对话框，在“长度”选项组里的“类别”下拉列表中选择“小数”，在“精度”下拉列表框中选择 0，如图 10-6 所示。

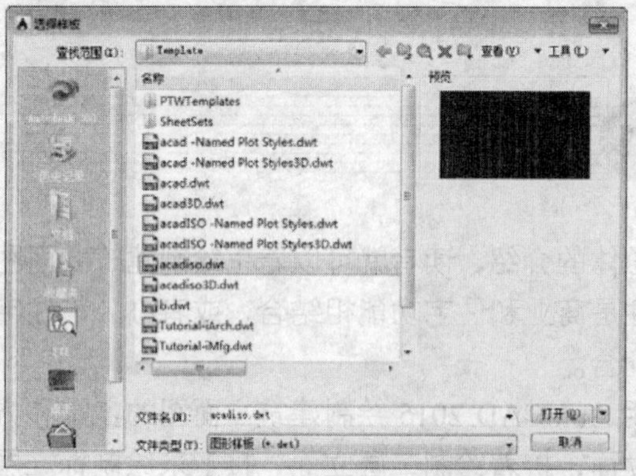

图 10-5 “选择样板”对话框

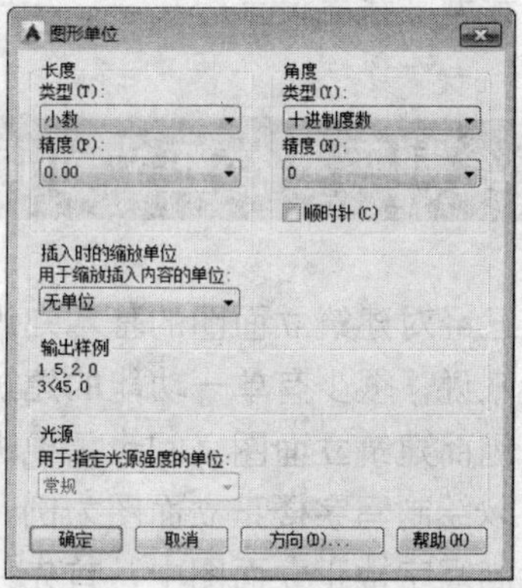

图 10-6 “图形单位”对话框

03 设置图层。单击“图层”面板中的“图层特性”按钮，弹出“图层特性管理器”对话框，单击“新建图层”按钮，创建立面图所需要的图层，并为每一个图层定义名称、颜色、线型、线宽，设置好的图层效果如图 10-7 所示。

04 设置绘图范围。在命令行中输入 LIMITS（图形界限）命令并回车，设置绘图区域；然后执行 ZOOM（缩放）命令，完成观察范围的设置。其命令行提示如下：

命令：limits↙

重新设置模型空间界限：

指定左下角点或 [开(ON)/关(OFF)] <0.0000，0.0000>：↙ //直接按回车键接受默认值

指定右上角点<420.0000，297.0000>：60000，35000↙ //输入右上角坐标“60000，35000”后按回车键完成绘图范围的设置

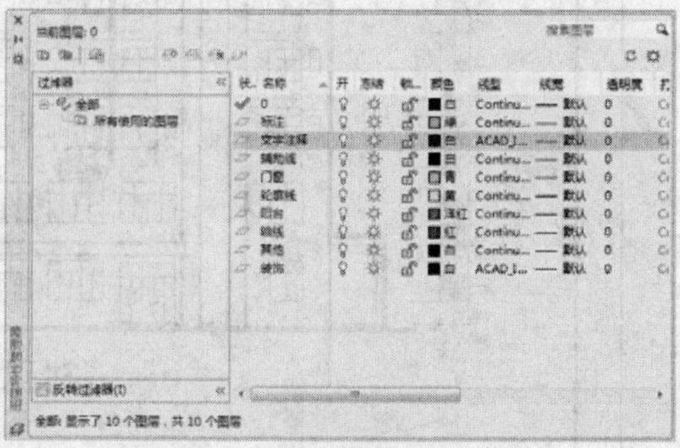

图 10-7 “图层特性管理器”对话框

10.2.2 绘制写字楼底层立面图

绘制建筑立面图宜自下而上分别绘制出各层立面图。本实例的底层立面图不同于其他层立面图，应分别绘制。

课堂举例 10–2：绘制写字楼底层立面图　　视频\第 10 章\课堂举例 10-2.mp4

01 绘制辅助线。绘制建筑立面图，首先要绘制出辅助线，而且要做到与平面图一一对应。单击快速访问工具栏中的“打开”按钮，打开光盘本章文件夹中自带的“写字楼底层平面图.dwg”文件，框选所有的底层平面图形，按下 Ctrl + C 键，复制该图中所有图形。

02 转到新创建的立面图文件中，按下 Ctrl + V 键，将底层平面图复制到立面图文件当中。单击“修改”面板中的 ERASE（删除）按钮，将底层平面图中的尺寸标注、编号、文字等进行删除，效果如图 10-8 所示。

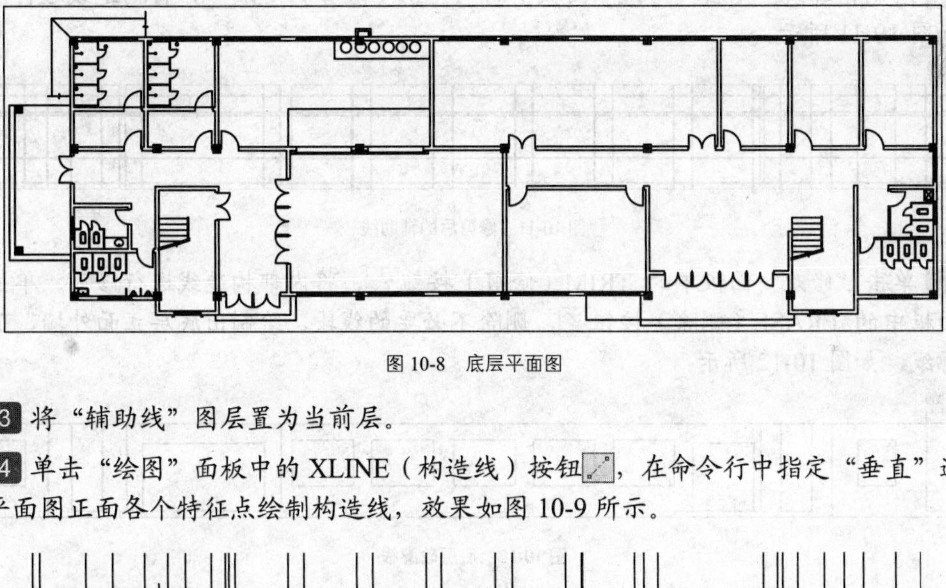

图 10-8　底层平面图

03 将“辅助线”图层置为当前层。

04 单击“绘图”面板中的 XLINE（构造线）按钮，在命令行中指定“垂直”选项，捕捉平面图正面各个特征点绘制构造线，效果如图 10-9 所示。

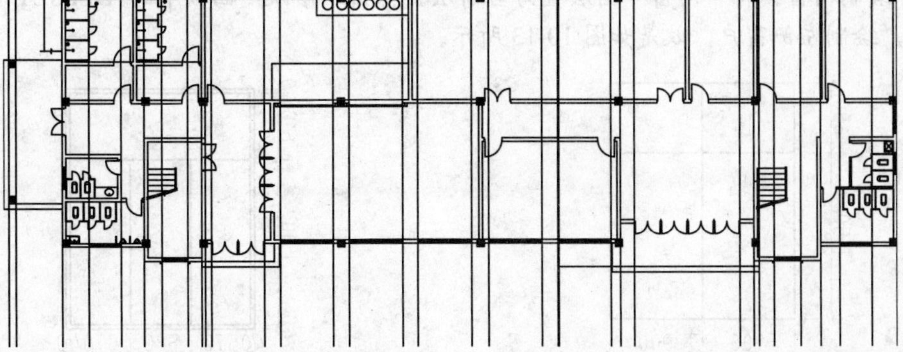

图 10-9　绘制竖直辅助线

05 单击“绘图”面板中的 XLINE（构造线）按钮，在平面图下方绘制一条水平构造线。单击“修改”面板中的 OFFSET（偏移）按钮，在水平辅助线基础上复制出底层立面上凹凸部分的水平辅助线，效果如图 10-10 所示。

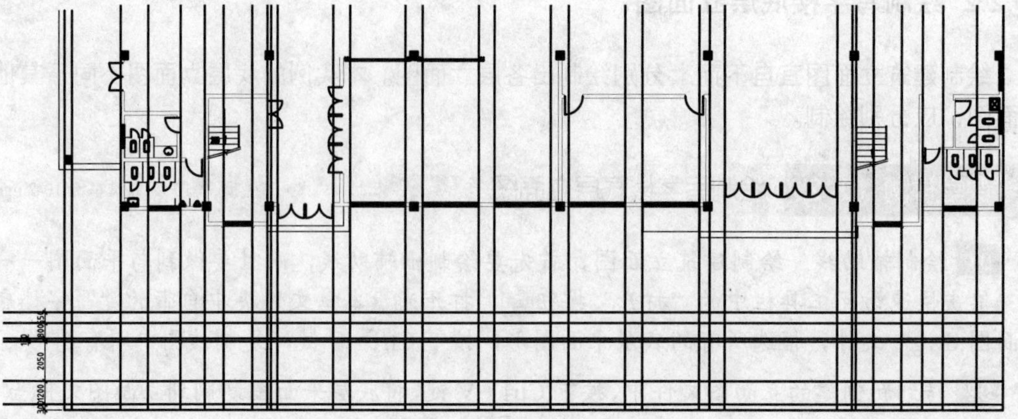

图 10-10　绘制水平辅助线

06 绘制轮廓线。单击“修改”面板中的 TRIM（修剪）按钮，将构造线进行修剪，效果如图 10-11 所示。

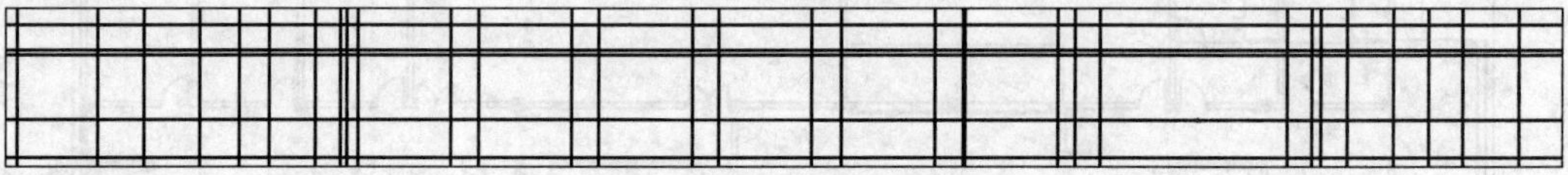

图 10-11　修剪后的辅助线

07 单击“修改”面板中的 TRIM（修剪）按钮，将内部构造线进行修剪。单击“修改”面板中的 ERASE（删除）按钮，删除不必要的线段，绘制出底层立面外墙、门窗、柱轮廓线，如图 10-12 所示。

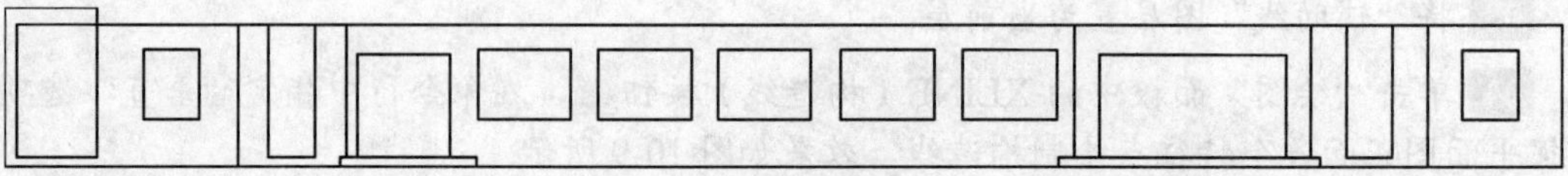

图 10-12　底层轮廓线

08 绘制门窗。将“门窗”图层置为当前层。单击“修改”面板中的 OFFSET（偏移）按钮，绘制左侧窗户，效是如图 10-13 所示。

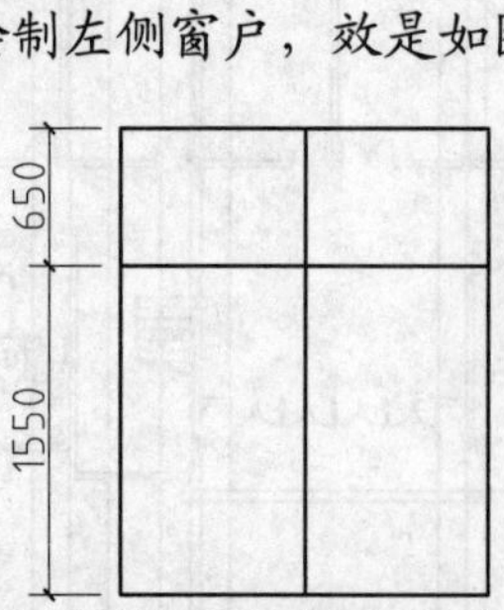

图 10-13　绘制左侧卫生间窗户立面

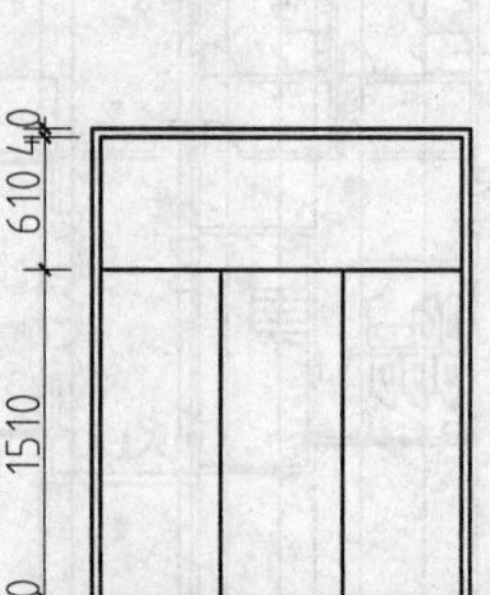

图 10-14　绘制右侧卫生间窗户立面

09 绘制右侧卫生间窗户立面图。单击“修改”面板中的 OFFSET（偏移）按钮，将右侧窗户轮廓线向内偏移，生成窗户辅助线。单击“修改”面板中的 TRIM（修剪）按钮，将窗户辅助线进行修剪，得到右侧卫生间窗户立面如图 10-14 所示。

10 绘制中间窗户立面图。单击“修改”面板中的 OFFSET（偏移）按钮，将中间窗户轮廓线向内和向下偏移。单击“绘图”面板中的“定数等分”按钮，将偏移生成的水平窗线等分为 5 等份。

11 单击“绘图”面板中的 LINE（直线）按钮，配合节点捕捉和垂足捕捉，绘制窗户线。单击“修改”面板中的 TRIM（修剪）按钮和 ERASE（删除）按钮，将多余的辅助线和等分点进行删除，效果如图 10-15 所示。

12 绘制入口门立面。单击“修改”面板中的 OFFSET（偏移）按钮，生成入口门立面的辅助线，然后利用 TRIM（修剪）按钮和 ERASE（删除）按钮，将多余的辅助线进行修剪和删除，得到如图 10-16 所示的效果。

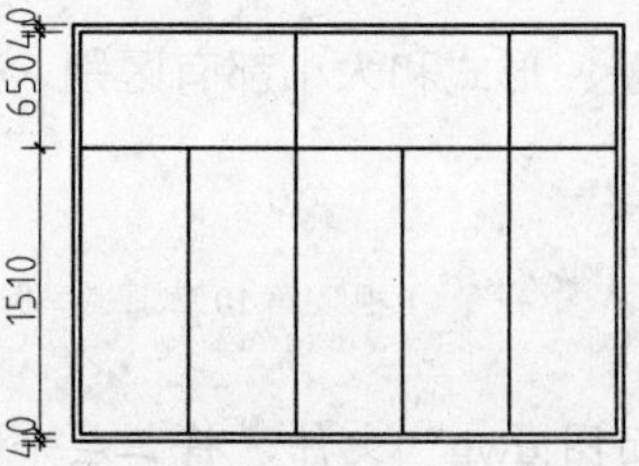

图 10-15　绘制中间窗户立面

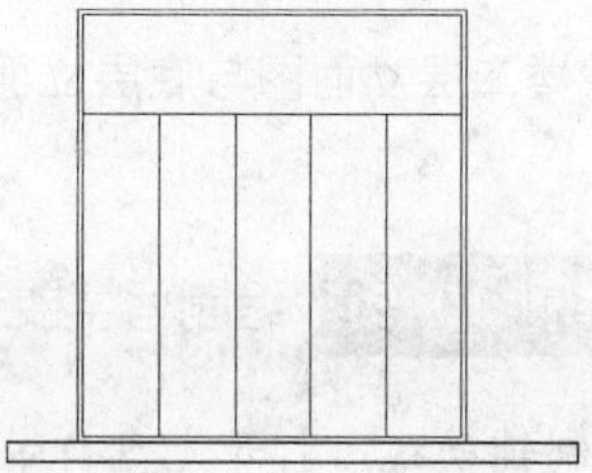

图 10-16　入门口立面初步效果

13 单击“绘图”面板中的 CIRCLE（圆）按钮，绘制立面门圆形拉手造型对象，绘制单个造型完成后，通过复制得到如图 10-17 所示的造型效果。

14 单击“绘图”面板中的 HATCH（图案填充）按钮，对入口门立面顶部造型进行填充，完成效果与具体尺寸如图 10-18 所示。同样方法，绘制出另一个入口门立面。

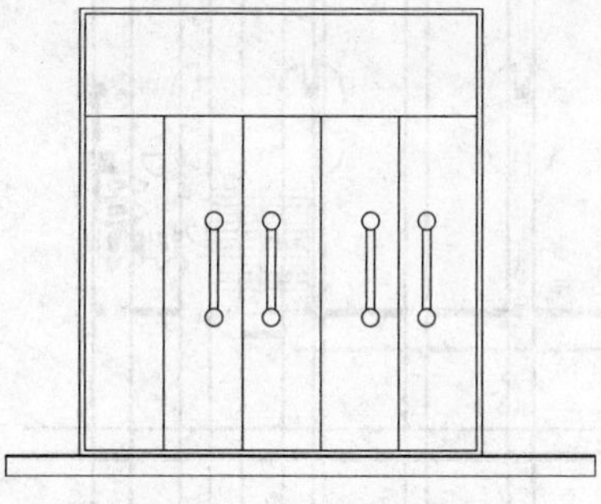

图 10-17　绘制拉手造型效果

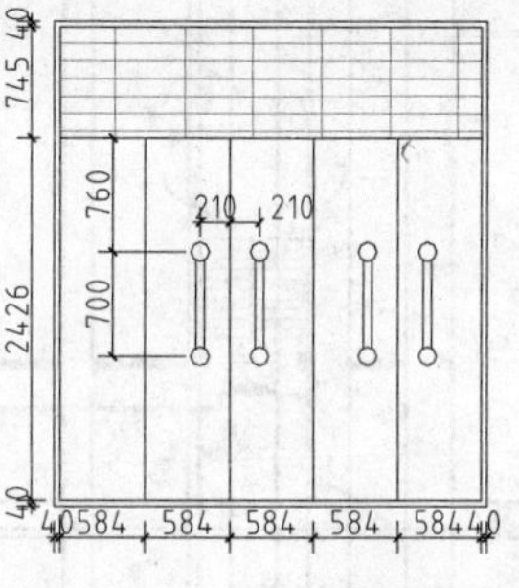

图 10-18　入口门立面完成

15 绘制其他部分，写字楼底层立面图的其他部分主要包括台阶和雨篷。绘制台阶。单击“修改”面板中的 OFFSET（偏移）按钮，设置台阶高度为 150，即可完成台阶的绘制，效果如图 10-19 所示。

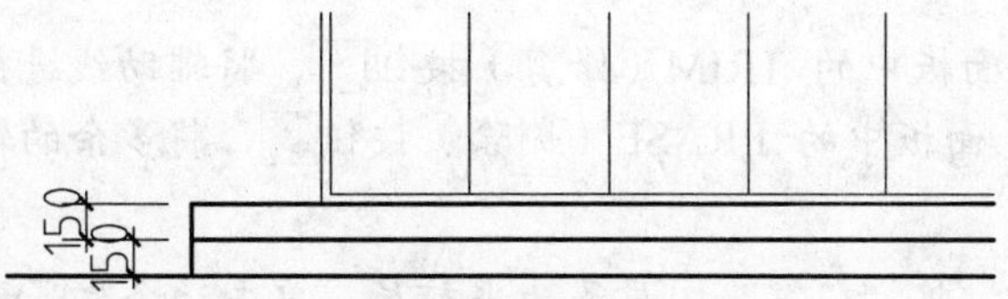

图 10-19　绘制台阶

16 绘制雨篷。单击“修改”面板中的 OFFSET（偏移）按钮，生成雨篷的辅助线。单击“修改”面板中的 TRIM（修剪）按钮，将辅助线进行修剪，得到写字楼首层立面效果如图 10-20 所示。

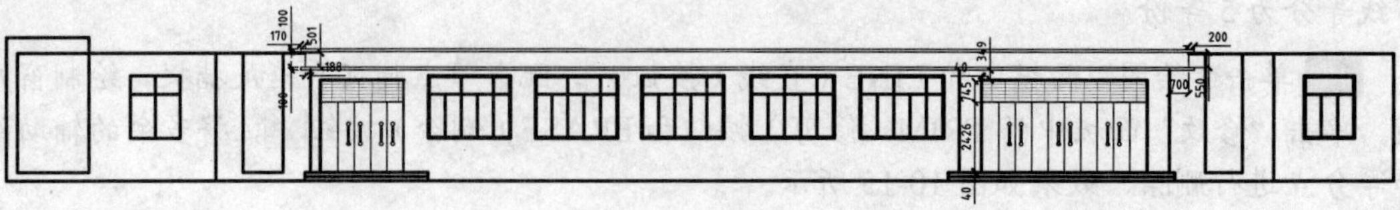

图 10-20　绘制台阶和雨篷

10.2.3 绘制写字楼二层立面图

该写字楼二层立面图与底层立面图相似，但门窗位置、形式和大小都有区别，应单独绘制。

课堂举例 10-3：绘制写字楼二层立面图　　视频\第 10 章\课堂举例 10-3.mp4

01 绘制辅助线。打开光盘自带的“写字楼二层平面图.dwg”文件，将二层平面图复制到写字楼立面图文件中，接着将二层平面图中的尺寸标注、编号、文字等进行删除。

02 将“辅助线”图层置为当前层，单击“绘图”面板中的 XLINE（构造线）按钮，根据二层平面图绘制出垂直辅助线和一条水平辅助线。单击“修改”面板中的 OFFSET（偏移）按钮，生成写字楼二层立面上凹凸部分的辅助线，效果如图 10-21 所示。

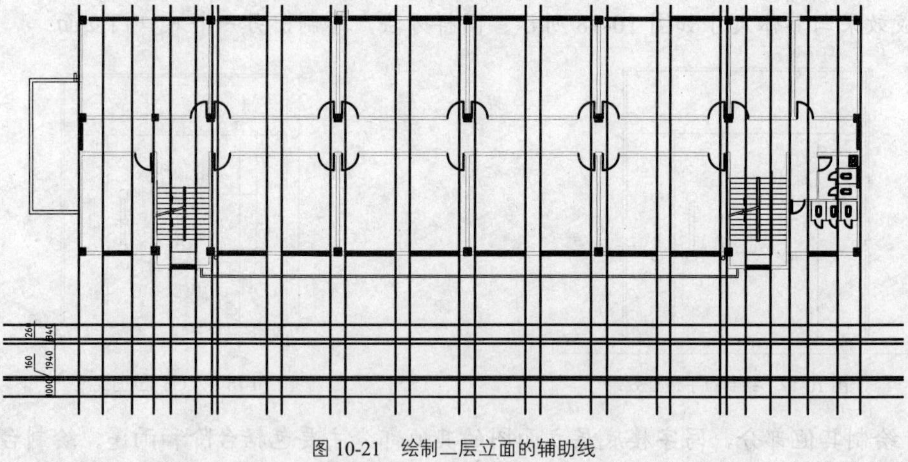

图 10-21　绘制二层立面的辅助线

03 绘制轮廓线。将“轮廓线”图层置为当前层，单击“绘图”面板中的 RECTANG（矩形）按钮，绘制二层立面图的外轮廓线。

04 单击“修改”面板中的 TRIM（修剪）按钮，将辅助线进行修剪，修剪出窗户的轮廓线。单击“修改”面板中的 ERASE（删除）按钮，将多余的辅助线进行删除，效果如图 10-22 所示。

05 绘制立面窗户。将“门窗”图层置为当前层，单击“修改”面板中的 OFFSET（偏移）按钮，根据窗线之间的距离，绘制立面窗户的辅助线。

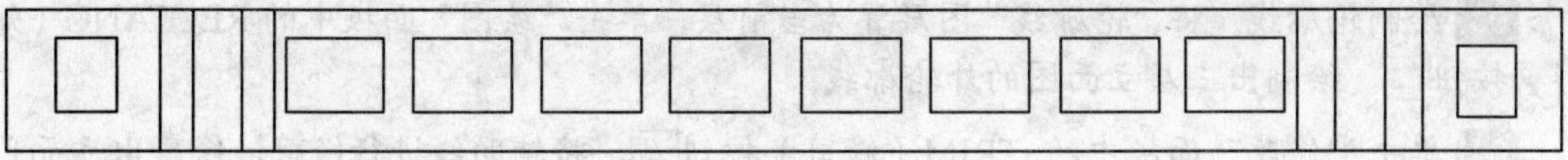

图 10-22　绘制轮廓线

06 单击“修改”面板中的 TRIM（修剪）按钮，将辅助线进行修剪。单击“修改”面板中的 ERASE（删除）按钮，将多余辅助线进行删除。然后将所有门窗线放置在“门窗”图层中，效果如图 10-23 所示。

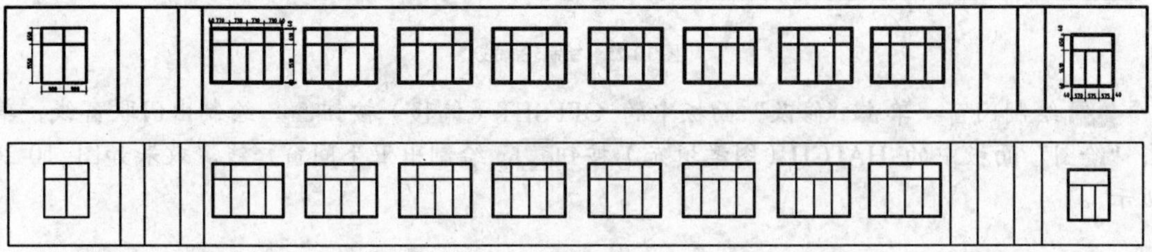

图 10-23　绘制立面窗户

10.2.4　绘制写字楼三至五层立面图

该写字楼三至五层立面图与其他层不相同，应分别绘制。

课堂举例 10-4：绘制写字楼三至五层立面图　　视频\第 10 章\课堂举例 10-4.mp4

01 绘制辅助线。打开光盘自带的“写字楼三至五层平面图.dwg”文件，将该平面图复制到写字楼立面图文件中，接着将平面图中的尺寸标注、编号、文字等进行删除。

02 将“辅助线”图层置为当前层，单击“绘图”面板中的 XLINE（构造线）按钮，根据平面图绘制出垂直辅助线和一条水平辅助线。单击“修改”面板中的 OFFSET（偏移）按钮，生成写字楼三层立面上凹凸部分的辅助线，效果如图 10-24 所示。

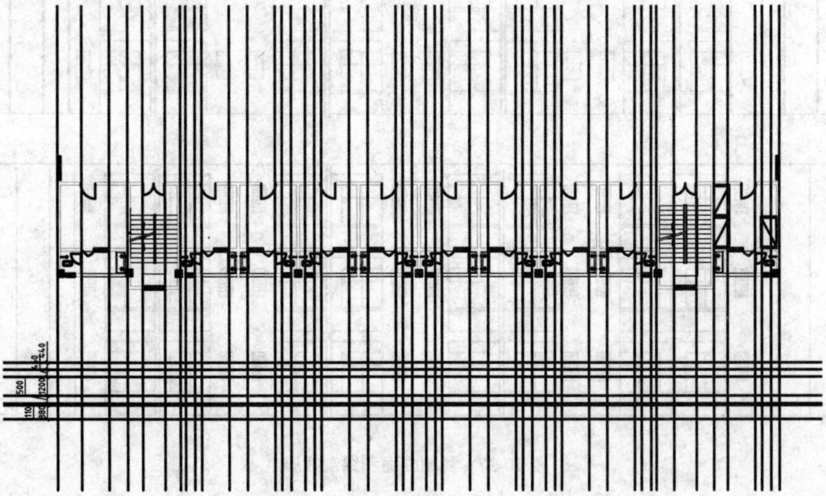

图 10-24　绘制辅助线

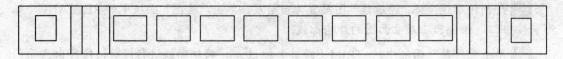

03 绘制轮廓线。将“轮廓线”图层置为当前层，单击“绘图”面板中的 RECTANG（矩形）按钮，绘制出三层立面图的外轮廓线。

04 单击“修改”面板中的 TRIM（修剪）按钮，将辅助线进行修剪，修剪出立面门窗和阳台的外轮廓线。单击“修改”面板中的 ERASE（删除）按钮，将多余的辅助线进行删除，效果如图 10-25 所示。

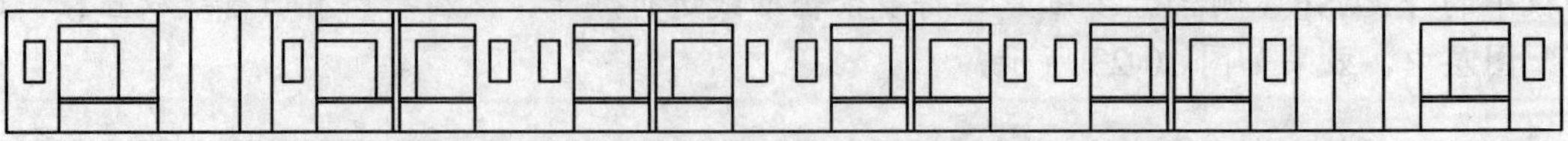

图 10-25 绘制轮廓线

05 绘制门窗。单击“修改”面板中的 OFFSET（偏移）按钮，绘制出门联窗线。单击“绘图”面板中的 HATCH（图案填充）按钮，绘制出卫生间窗户线，效果如图 10-26 所示。

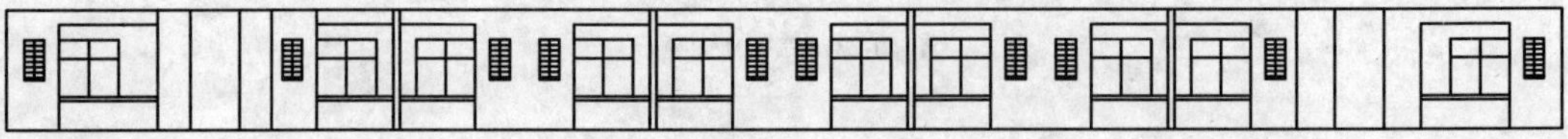

图 10-26 绘制门窗

06 复制立面和绘制线脚。单击“修改”面板中的 COPY（复制）按钮，复制出写字楼四五层立面图。

07 单击“修改”面板中的 OFFSET（偏移）按钮，生成阳台隔墙的辅助线。单击“修改”面板中的 TRIM（修剪）按钮，绘制外凸的线脚，效果如图 10-27 所示。

图 10-27 复制立面和绘制线脚

10.2.5 绘制屋顶立面图和组合写字楼立面图

对于该写字楼来说，屋顶立面图比较简单，只需绘制出楼梯间、女儿墙高度和一个简单的瓦面。

课堂举例 10-5: 绘制屋顶立面图和组合写字楼立面图 视频\第 10 章\课堂举例 10-5.mp4

01 根据屋顶平面图和屋面设计标高，绘制出屋顶立面图的辅助线。单击“修改”面板中的 TRIM（修剪）按钮，将外围的辅助线进行修剪，效果如图 10-28 所示。

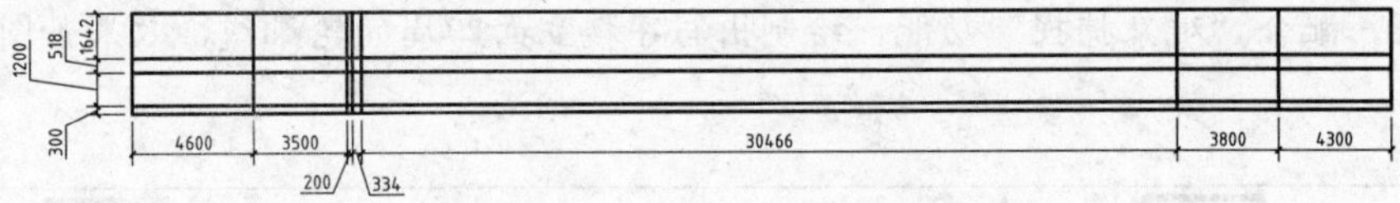

图 10-28 绘制屋顶立面辅助线

02 单击“绘图”面板中的 LINE（直线）按钮，绘制屋面斜角。单击“修改”面板中的 TRIM（修剪）按钮，将辅助线进行修剪。单击“修改”面板中的 ERASE（删除）按钮，将多余的辅助线进行删除，效果如图 10-29 所示。

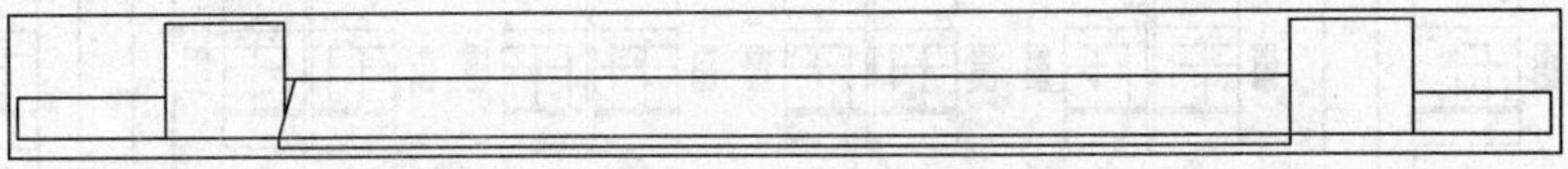

图 10-29 绘制屋顶轮廓线

03 单击“绘图”面板中的 HATCH（图案填充）按钮，对屋顶瓦面进行图案填充，效果如图 10-30 所示。

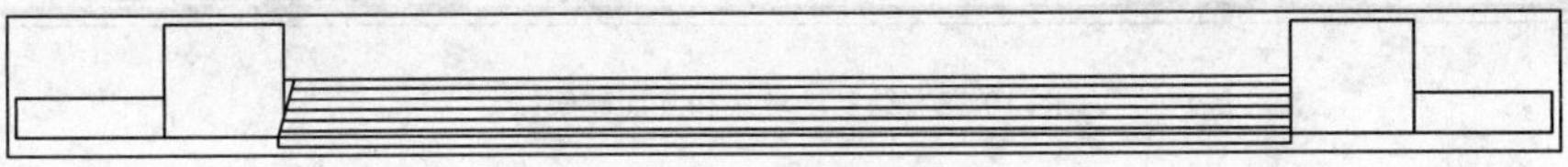

图 10-30 填充瓦面

04 单击“修改”面板中的 MOVE（移动）按钮，将绘制好的写字楼二层立面、三至五层立面和屋顶立面按照一定的顺序移动首层平面图上方。单击“修改”面板中的 ERASE（删除）按钮，删除不必要的层线和重复的线条并作适当的调整，效果如图 10-31 所示。

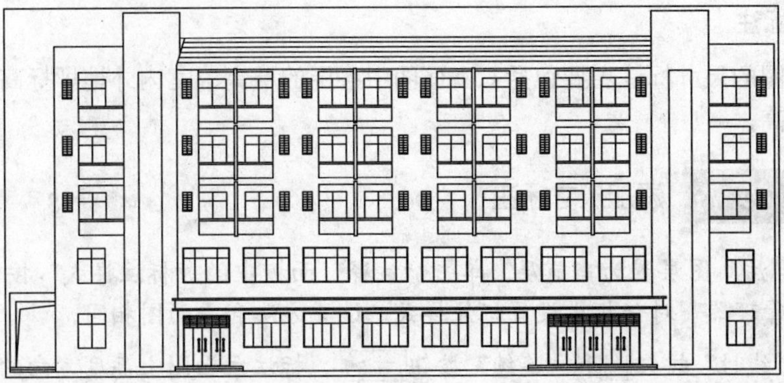

图 10-31 组合立面图

10.2.6 绘制地坪线和立面四周轮廓线

课堂举例 10-6：绘制地坪线和立面四周轮廓线 视频\第 10 章\课堂举例 10-6.mp4

01 将“轮廓线”图层置为当前层。

02 绘制地坪线。单击“绘图”面板中的 PLINE（多段线）按钮，设置多段线宽为 150，配合“范围捕捉”和“正交”功能，在地坪线的延伸线上绘制出地坪线。

03 绘制立面四周轮廓线。单击“绘图”面板中的 PLINE（多段线）按钮，设置多段线宽为 150，配合“对象捕捉”功能，绘制出写字楼立面四周的轮廓线，效果如图 10-32 所示。

图 10-32 绘制地坪线和立面轮廓线

10.2.7 添加尺寸标注、轴线和文字注释

下面为写字楼正立面图添加尺寸标注、轴线和必要的文字注释，这也是绘制立面图中不可缺少的一部分。

1. 尺寸标注

建筑立面图的尺寸标注主要包括：立面图中各层的层高、室内外地坪标高、屋顶标高和门窗洞口的标高。

课堂举例 10-7：添加尺寸标注 视频\第 10 章\课堂举例 10-7.mp4

01 将“标注”图层置为当前层。单击“注释”面板中的“标注样式”按钮，在弹出的“标注样式管理器”对话框中设置标注样式，设置方法和平面图相同。

02 单击“线性”按钮和“连续”按钮连续，标注立面图上高度方向的尺寸，效果如图 10-33 所示。

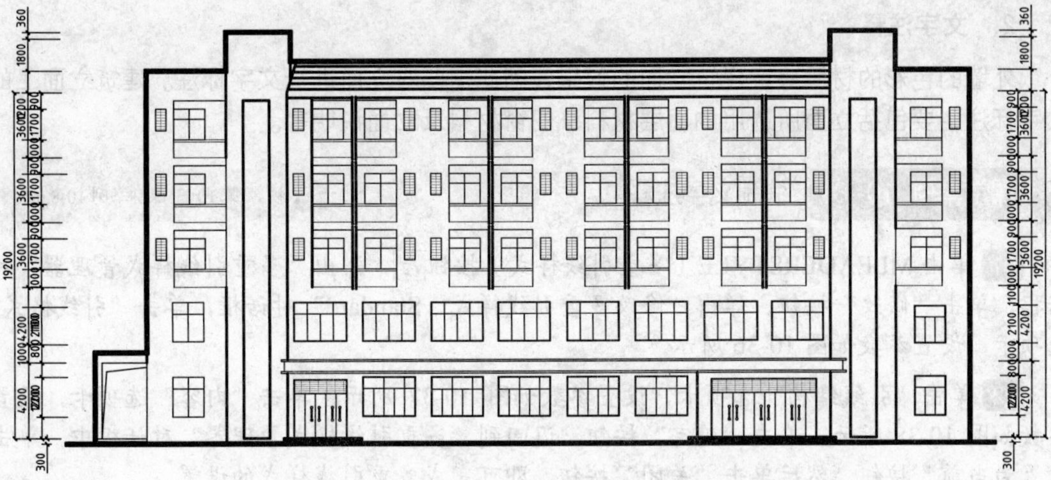

图 10-33　标注尺寸

03 绘制标高符号。单击“绘图”面板中的 LINE（直线）按钮，绘制一个等腰三角形的标高符号；单击“绘图”面板中的 MTEXT（多行文字）按钮 A，在标高符号上方注写标高文字，效果如图 10-34 所示。

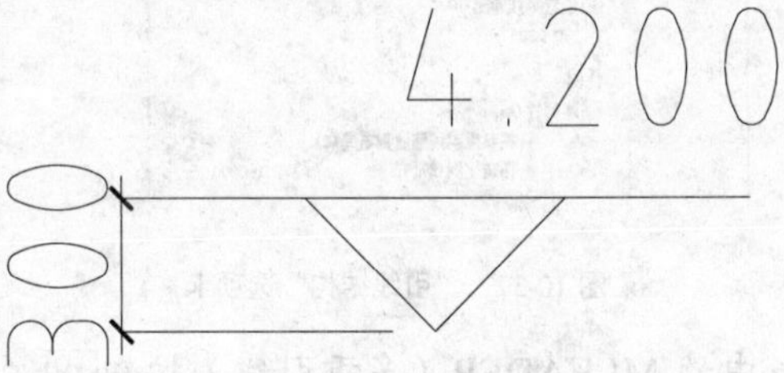

图 10-34　绘制标高符号

04 单击“修改”面板中的 COPY（复制）按钮，复制多个标高符号到写字楼正立面图中。然后双击文字可对文字进行编辑，效果如图 10-35 所示。

图 10-35　标注标高

2. 文字注释

外墙的色彩的材质决定建筑立面的效果，因此需要对立面进行文字标注。建筑立面上的文字标注主要包括立面所选用的面层材料、门窗材料及立面说明等。

课堂举例 10-8：绘制文字注释

视频\第 10 章\课堂举例 10-8.mp4

01 单击 MLEADERSTYLE（多重引线样式）按钮，弹出“多重引线样式管理器”对话框，单击“修改”按钮，弹出“修改多重引线样式：Standard”对话框，单击“引线格式”选项卡，设置参数如图 10-36 所示。

02 单击“引线结构”选项卡，设置参数如图 10-37 所示。单击“内容”选项卡，设置参数如图 10-38 所示。单击“确定”按钮，返回到“多重引线样式管理器”对话框中，单击“置为当前”按钮，然后单击“关闭”按钮，即可完成多重引线样式的设置。

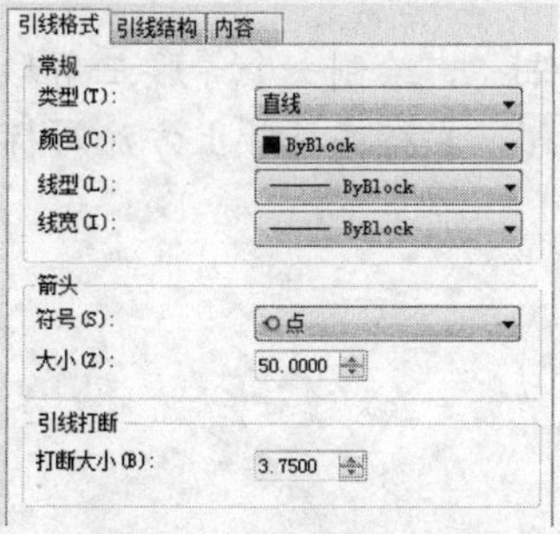

图 10-36 “引线格式”选项卡

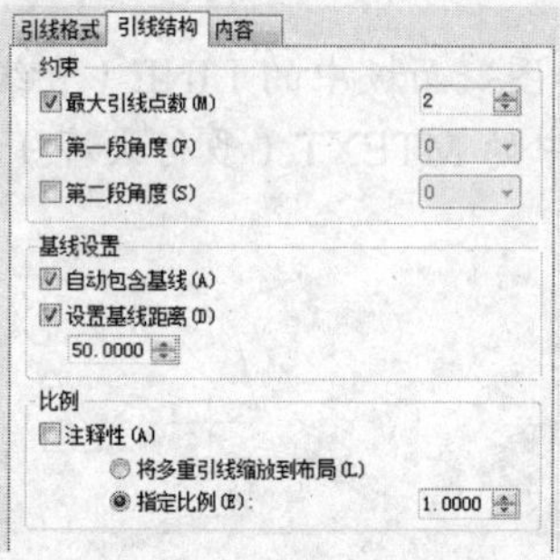

图 10-37 “引线结构”选项卡

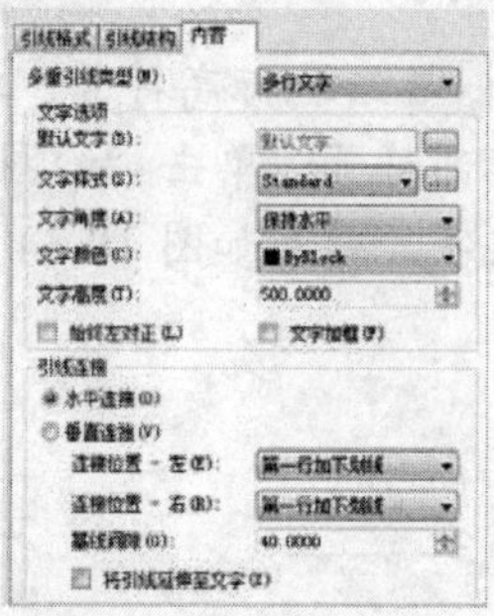

图 10-38 “内容”选项卡

03 单击“注释”面板中的 MLEADER（多重引线）按钮，为写字楼正立面图标注文字注释，效果如图 10-39 所示。

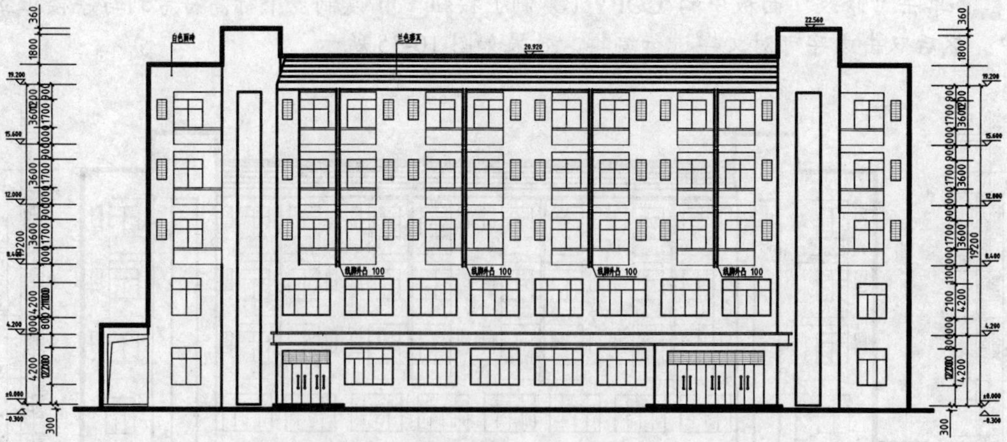

图 10-39 标注文字注释

04 添加轴线。单击“绘图”面板中的 LINE（直线）按钮，绘制一条垂直线。单击“绘图”面板中的 CIRCLE（圆）按钮，绘制一个直径为 800mm 的圆。

05 单击“注释”面板中的 MTEXT（多行文字）按钮，在圆中心绘制出轴线编号文字；单击“修改”面板中的MOVE（移动）按钮，配合“象限点捕捉”功能，先将直线移动圆的正上方，然后将轴线及编号整体移动到正立面图适当位置上。

06 绘制完成的一个轴线编号效果如图10-40所示；单击“修改”面板中的COPY（复制）按钮，复制出正立面图另一端的轴线编号，双击文字图标对文字进行修改，完成轴线编号的绘制。

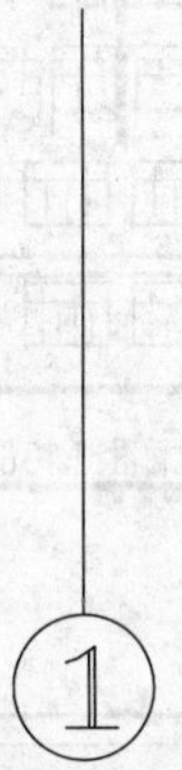

图10-40　绘制轴线

07 添加图名和比例。单击“注释”面板上的MTEXT（多行文字）按钮，绘制出图名和比例；单击“绘图”面板的PLINE（多段线）按钮，绘制出图名下方的下划线，效果如图10-41所示。

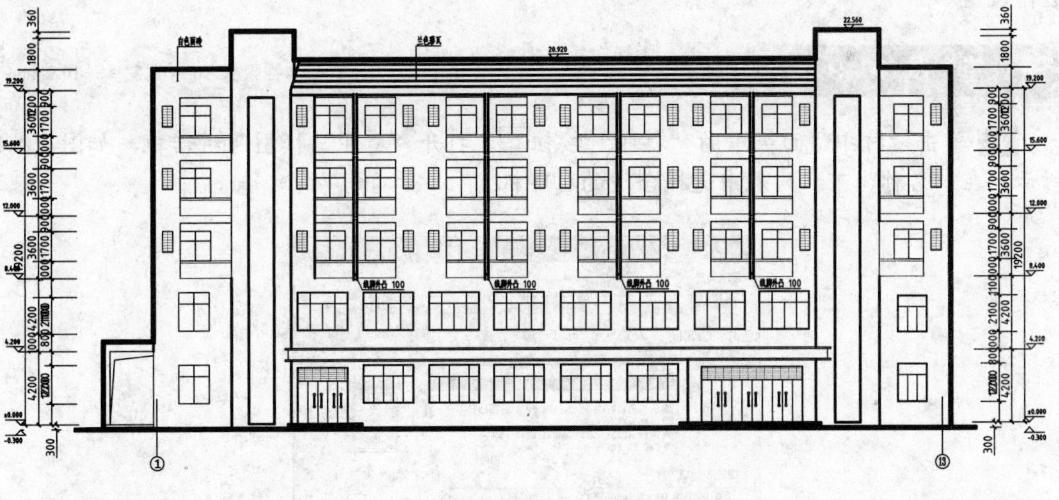

图10-41　添加轴线、图名和比例

3. 添加图框和标题

图样绘制完成后，就要为该图添加图框和标题栏，可采用插入图块的方法来插入图框和标题栏。该写字楼正立面图，如果按照1:100的比例出图，则需要制作一个A2加长页面（743mm×420mm）的图框。将制作好的图框插入到已保存过的立面图中，为立面图插入图框，并对其位置进行调整。然后填写标题栏中图样的有关属性，包括图名、日期等。添加图框和标题后的立面图效果如图10-42所示。

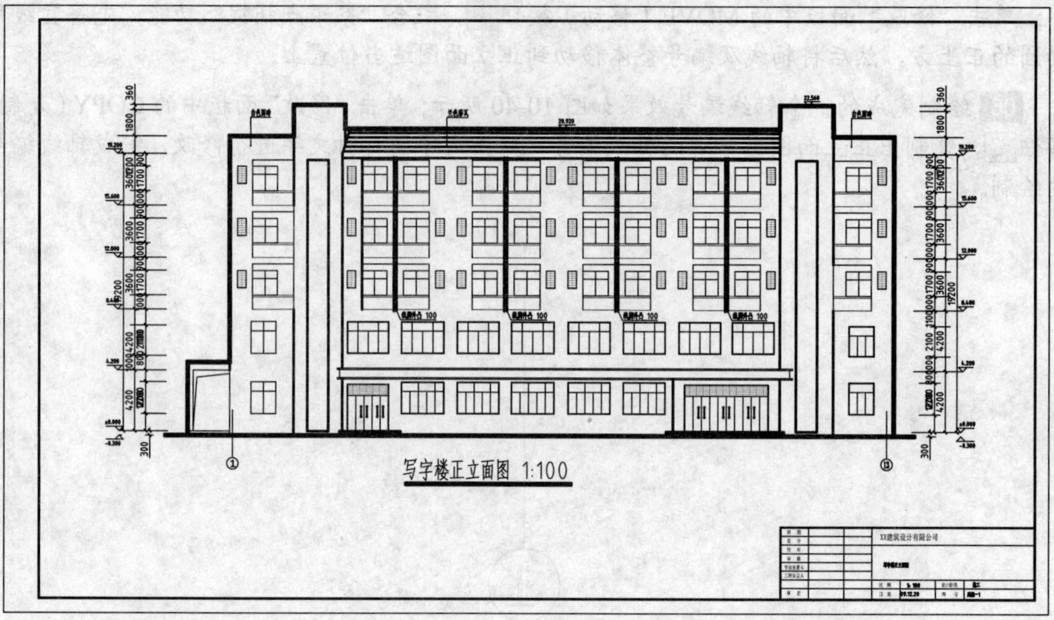

图 10-42　添加图框和标题

4. 打印输出

绘制好正立面图后，还要将其进行打印输出。图形的打印输出是 AutoCAD 绘图中一个重要的环节。利用 AutoCAD 打印输出图形时，必须指定打印图样大小，并对打印的种参数进行设置。

课堂举例 10-9：打印输出

视频\第 10 章\课堂举例 10-9.mp4

01 单击“打印”面板中的“打印”按钮，打开“打印 - 模型”对话框，如图 10-43 所示。在“名称”下拉列表中选择合适的打印机。

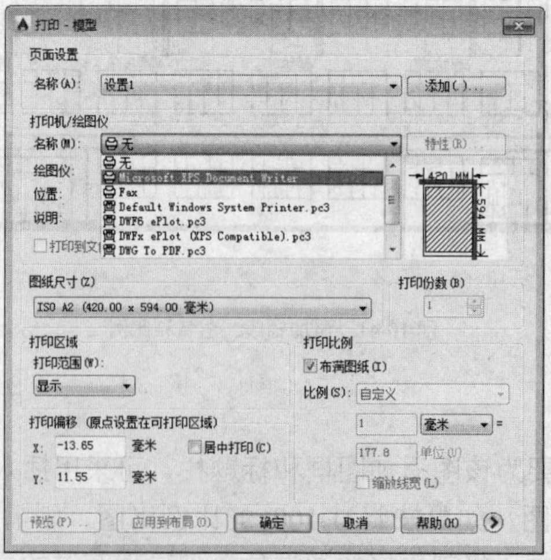

图 10-43　“打印 - 模型”对话框

02 在“图样尺寸”下拉列表中选择 A2 加长的图幅尺寸。

03 在“打印比例”选项栏中选中“布满图样”复选框，在“打印范围”列表框中选择“窗口”选项，接着在绘图区中框选需打印的正立面图后，返回到“打印 - 模型”对话框中。

04 单击“预览”按钮，如果预览觉得满意，就可以进行打印了。如果不满意，还可以再进行调整，直到满意为止。

05 如图 10-44 所示是写字楼正立面图的打印预览效果。

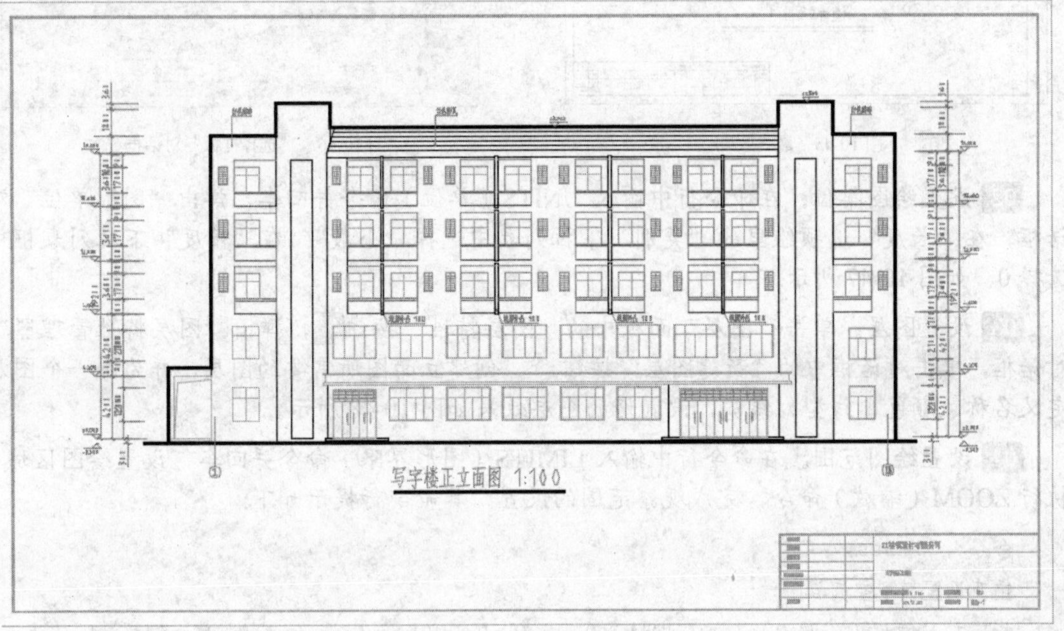

图 10-44　打印预览效果

10.3 绘制别墅南立面图

别墅是居宅之外用来享受生活的居所，是现代居住的潮流，可以满足人们日益增长的物质生活需要。本节以绘制某别墅南立面图为例讲述建筑立面图的绘制步骤和方法，本实例的最终效果如图 10-45 所示。

10.3.1 建立绘图环境

绘制别墅南立面图，首先建立绘图环境。

课堂举例 10-10：设置绘图环境　　视频\第 10 章\课堂举例 10-10.mp4

01 新建文件。启动 AutoCAD 2015 应用程序，单击快速访问工具栏中的 NEW（新建）按钮，打开“选择样板”对话框，如图 10-46 所示。选择“acadiso.dwt”选项，单击“打开”按钮，即可新建一个样板文件。

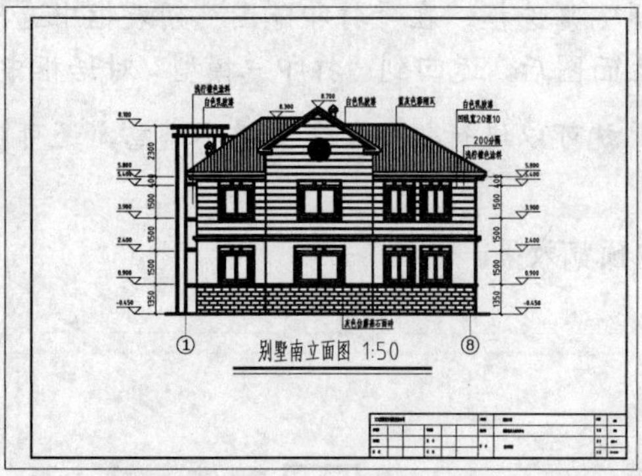

图 10-45 最终效果

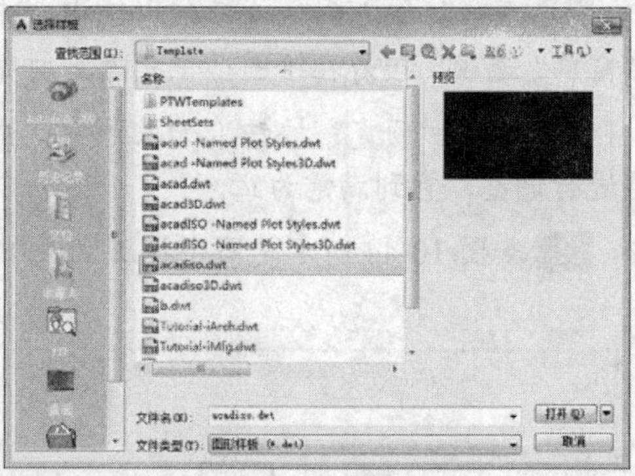

图 10-46 “选择样板”对话框

02 设置绘图单位。在命令行中输入 UNITS（单位）命令并回车，弹出“图形单位”对话框，在“长度”选项组里的“类别”下拉列表中选择“小数”；在“精度”下拉列表框中选择 0，如图 10-47 所示。

03 设置图层。单击“图层”面板中的“图层特性”按钮，弹出“图层特性管理器”对话框，单击对话框中的“新建图层”按钮，创建立面图所需要的图层，并为每一个图层定义名称、颜色、线型、线宽，设置好的图层效果如图 10-48 所示。

04 设置绘图范围。在命令行中输入 LIMITS（图形界限）命令并回车，设置绘图区域。执行 ZOOM（缩放）命令，完成观察范围的设置。其命令行提示如下：

```
命令: limits↙
重新设置模型空间界限:
指定左下角点或 [开(ON)/关(OFF)] <0.0000, 0.0000>:↙      //直接按回车键接受默认值
指定右上角点<420.0000, 297.0000>: 20000, 14000↙      //输入右上角坐标“20000,
14000”后按回车键完成绘图范围的设置
```

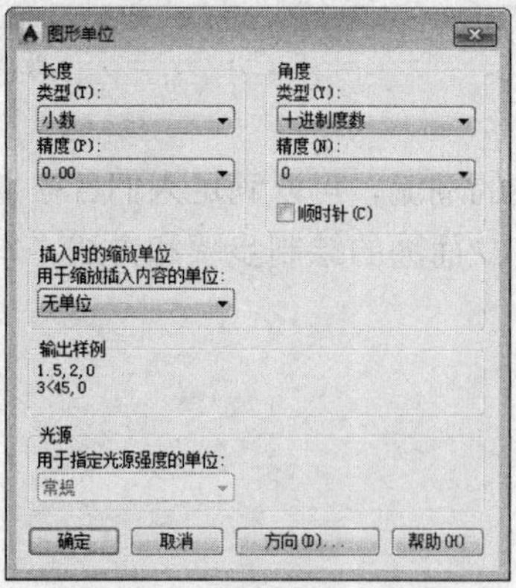

图 10-47 “图形单位”对话框

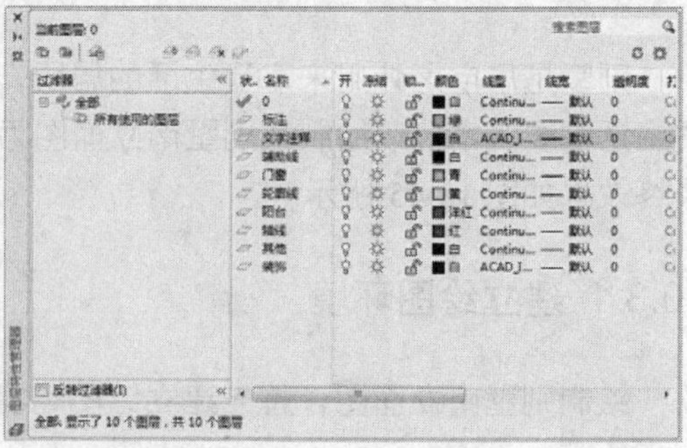

图 10-48 “图层特性管理器”对话框

10.3.2 绘制别墅首、二层立面图

绘制建筑立面图宜分别绘制出每层立面图，然后将各层组合为一个整体。该别墅立面图包括首层立面及二层立面图、夹层立面图及屋顶立面图，下面分别对其进行绘制。

课堂举例 10-11：绘制别墅首、二层立面图

视频\第 10 章\课堂举例 10-11.mp4

由于别墅南面墙段首、二层平面位置基本相同，可以同时绘制。绘制别墅首、二层立面图，首先要绘制出辅助线。

01 绘制辅助线。单击快速访问工具栏中的 OPEN（打开）按钮，打开光盘自带的“别墅底层平面图.dwg”文件。框选所有的底层平面图形，按下 Ctrl + C 键，复制其中的图形。

02 转到新创建的立面图文件中，按下 Ctrl + V 键，将底层平面图复制到立面图文件当中。单击“修改”面板中的 ERASE（删除）按钮，将底层平面图中的尺寸标注、编号、文字和家具等进行删除，效果如图 10-49 所示。

03 将“辅助线”图层置为当前层，单击“绘图”面板中的 XLINE（构造线）按钮，配合“对象捕捉”功能，根据别墅底层平面南面墙段绘制垂直辅助线，效果如图 10-50 所示。

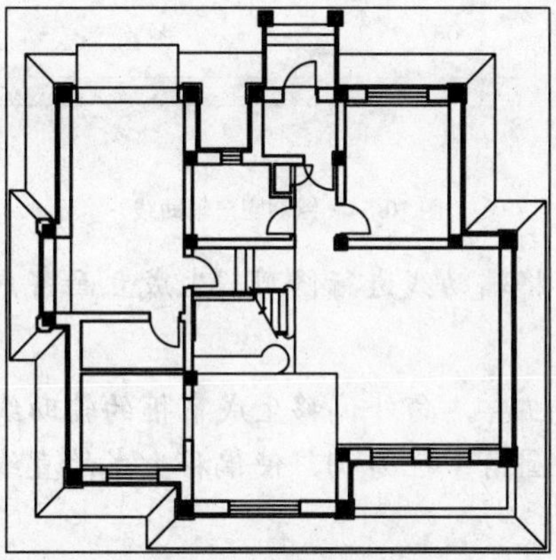

图 10-49 复制底层平面图

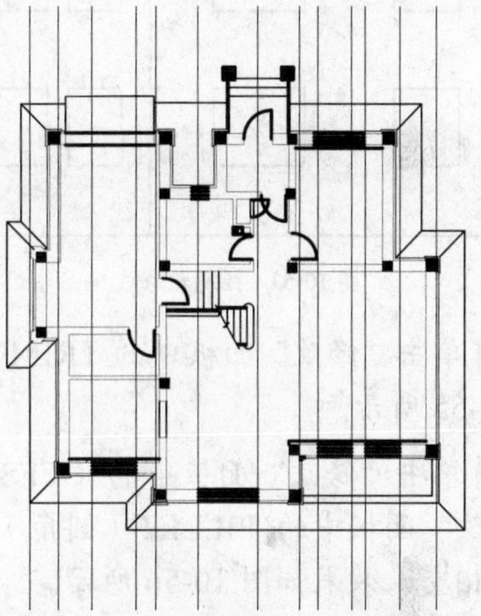

图 10-50 绘制垂直辅助线

04 单击“绘图”面板中的 XLINE（构造线）按钮，在平面图下方绘制一条水平辅助线。单击“修改”面板中的 OFFSET（偏移）按钮，根据门窗等部件的设计尺寸，绘制出底层立面凹凸部分的辅助线，效果如图 10-51 所示。

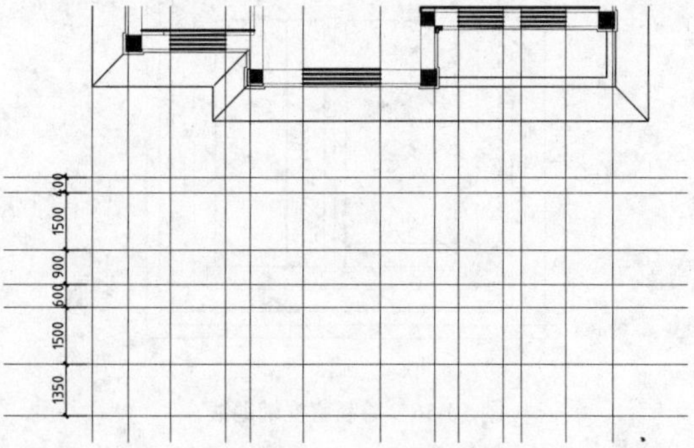

图 10-51 绘制水平辅助线

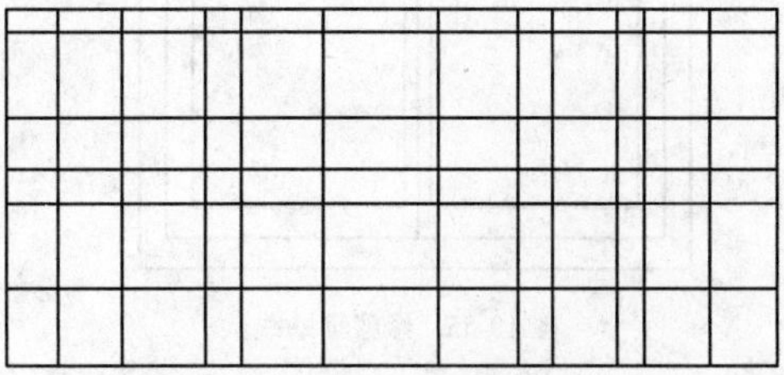

图 10-52 修剪辅助线

05 绘制轮廓线。单击“修改”面板中的 TRIM（修剪）按钮，对外围构造线进行修剪，效果如图 10-52 所示。

06 单击“修改”面板中的 TRIM（修剪）按钮，对辅助线进行修剪。单击“修改”面板中的 ERASE（删除）按钮，删除不必要的线段，效果如图 10-53 所示。

07 以绘制餐厅立面窗为例说明别墅立面窗的绘制方法。将“门窗”图层置为当前层。

08 单击“修改”面板中的 OFFSET（偏移）按钮，生成立面窗户的辅助线。单击“绘图”面板中的 LINE（直线）按钮，配合“中点捕捉”功能，在窗户立面中绘制一条垂直线，效果如图 10-54 所示。

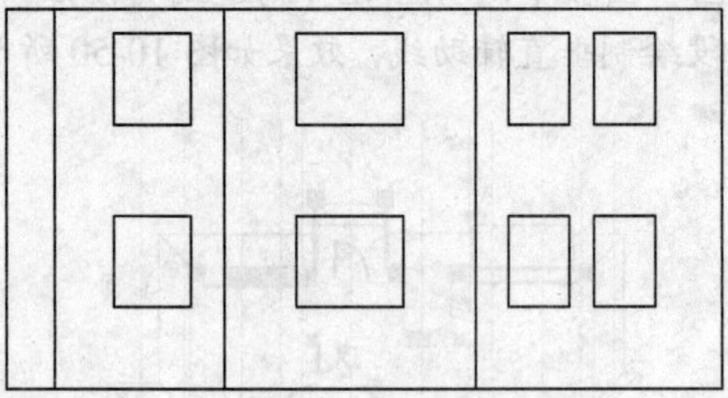

图 10-53　绘制轮廓线

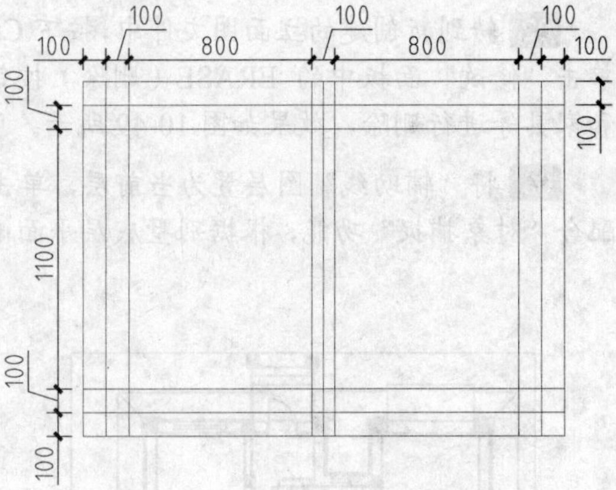

图 10-54　绘制窗户辅助线

09 单击“修改”面板中的 TRIM（修剪）按钮，将辅助线进行修剪，生成立面窗户效果如图 10-55 所示。

10 单击“修改”面板中的 OFFSET（偏移）按钮，向外偏移生成窗框的辅助线。单击“修改”面板中的 FILLET（圆角）按钮，设置圆角半径为 0，使偏移生成的直线在延长线上相交，效果如图 10-56 所示。

图 10-55　修剪辅助线

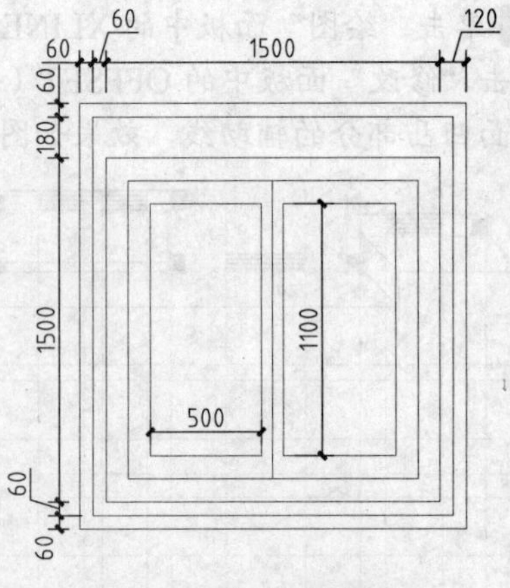

图 10-56　绘制窗框辅助线

12 单击“修改”面板中的 OFFSET（偏移）按钮，生成窗框造型的辅助线。单击“修改”面板中 TRIM（修剪）按钮，将辅助线进行修剪，效果如图 10-57 所示。

13 同样方法，完成所有立面窗户及窗框造型的绘制，效果如图 10-58 所示。

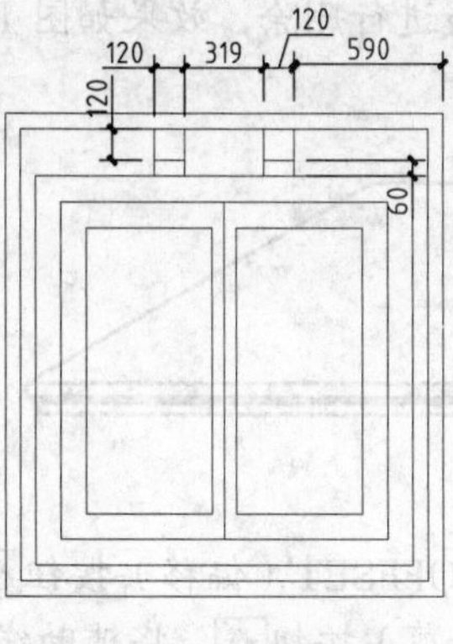

图 10-57　绘制窗框造型

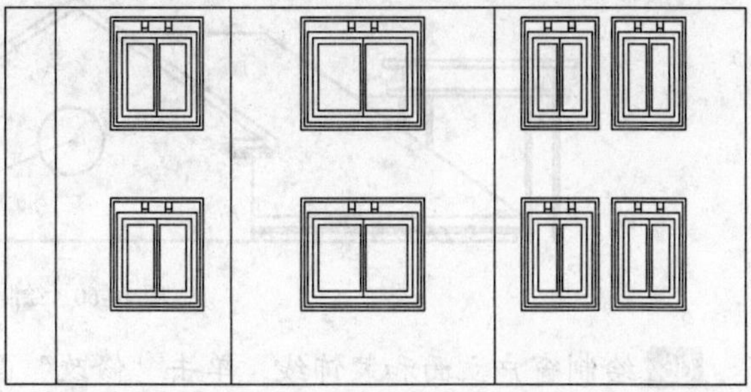
图 10-58　绘制立面窗户和窗框

10.3.3 绘制别墅夹层立面图和屋顶立面图

别墅夹层立面图和屋顶立面图虽然平面并不相同，但它们位于同一高度位置上，因此可将它们放置在一起同时绘制。

课堂举例 10-12：绘制别墅夹层立面图和屋顶立面图　视频\第 10 章\课堂举例 10-12.mp4

01 绘制辅助线。打开光盘自带的别墅“夹层平面图.dwg”和“屋顶平面图.dwg”文件，将其复制到别墅南立面图中，并将尺寸标注、编号、文字和家具等进行删除。

02 将“辅助线”图层置为当前层，单击“绘图”面板中的 XLINE（构造线）按钮，根据夹层平面图和屋顶平面图的南面墙段，绘制出垂直辅助线，并在平面图下方绘制一条水平辅助线。

03 单击“修改”面板中的 OFFSET（偏移）按钮，生成夹层立面和屋顶立面高度方向上的辅助线。单击“修改”面板中的 TRIM（修剪）按钮，将外围的辅助线进行修剪，效果如图 10-59 所示。

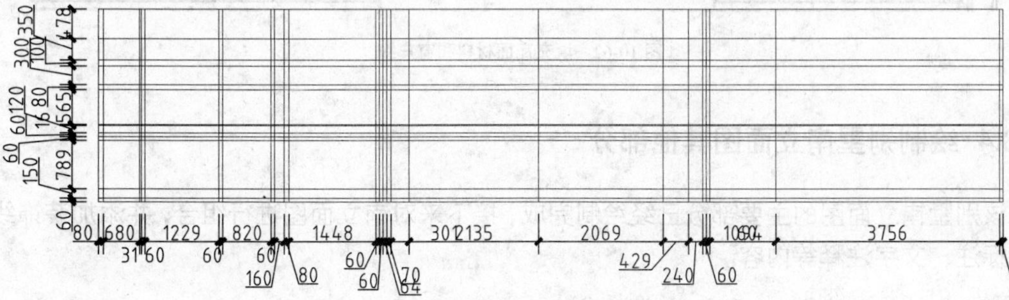
图 10-59　绘制辅助线

04 绘制轮廓线。将“轮廓线”图层置为当前层，单击“修改”面板中的 OFFSET（偏移）按钮，生成圆形窗圆心的辅助线。单击“绘图”面板中的 CIRCLE（圆）按钮，绘制一个圆形窗。

05 单击“绘图”面板中 LINE（直线）按钮，配合“对象捕捉”功能，根据辅助线绘制出屋面轮廓线。单击“修改”面板中的 TRIM（修剪）按钮，将辅助线进行修剪。单击

“修改”面板中 ERASE（删除）按钮，将多余的辅助线进行删除，效果如图 10-60 所示。

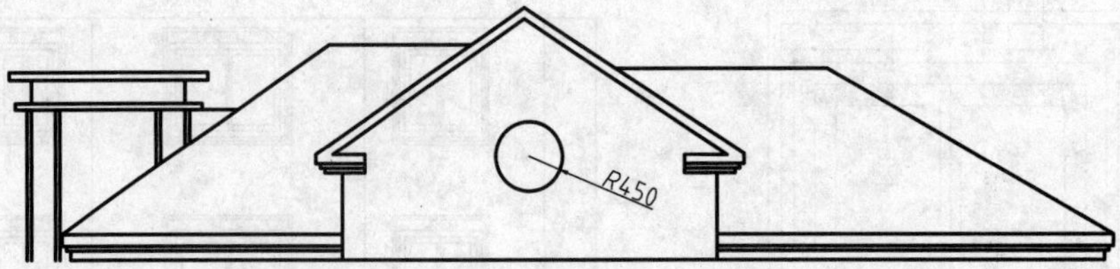

图 10-60　绘制轮廓线

06 绘制窗户立面和装饰线。单击“修改”面板中的 OFFSET（偏移）按钮，生成窗户框和装饰线的辅助线，单击“修改”面板中的 TRIM（修剪）按钮，将辅助线进行修剪，效果如图 10-61 所示。

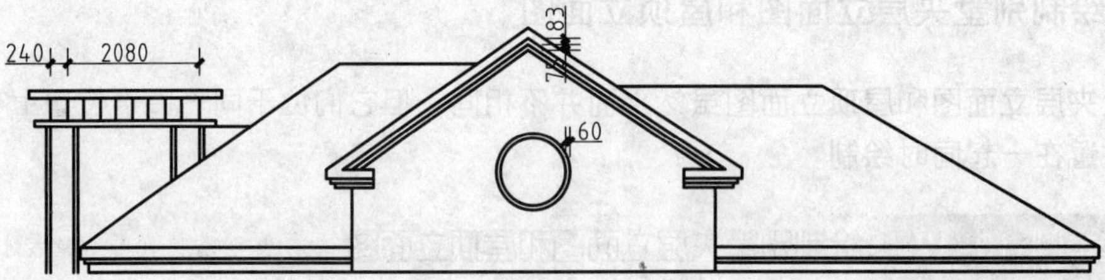

图 10-61　绘制装饰线

07 填充瓦面材料和窗户线。单击“绘图”面板中的 HATCH（图案填充）按钮，对屋面和窗户进行图案填充，效果如图 10-62 所示。

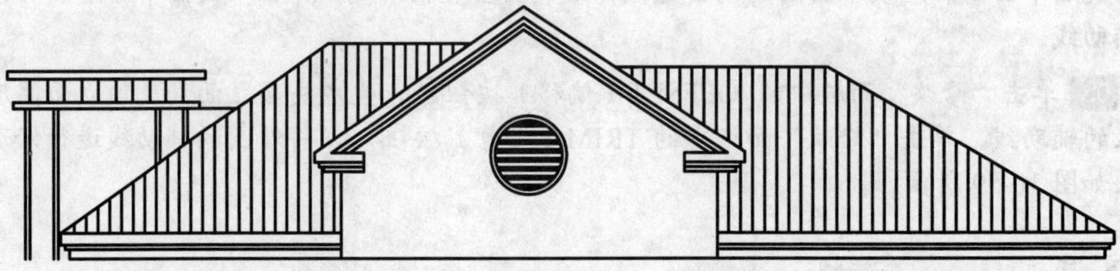

图 10-62　填充瓦面材料和窗户线

10.3.4 绘制别墅南立面图其他部分

该别墅南立面图的主要部分已经绘制完成，接下来对南立面图进行组合，并添加装饰线、尺寸标注、文字注释等内容。

课堂举例 10-13：绘制别墅南立面图其他部分　视频\第 10 章\课堂举例 10-13.mp4

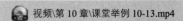

01 组合别墅南立面图。单击“修改”面板中的 MOVE（移动）按钮，将别墅夹层立面和屋顶立面图移动别墅二层立面图上方。

02 单击“修改”面板中的 OFFSET（偏移）按钮、TRIM（修剪）按钮和 EXTEND（延伸）按钮等，添加装饰线和烟筒，效果如图 10-63 所示。

图 10-63 组合别墅南立面图

03 填充立面材料。单击“绘图”面板中 HATCHA（图案填充）按钮，对别墅南立面材料进行材料填充，效果如图 10-64 所示。

图 10-64 填充立面材料

04 绘制地坪线和立面轮廓线。单击“绘图”面板中的 PLINE（多段线）按钮，设置多段线宽为 50，配合“对象捕捉”功能，绘制出地坪线和立面轮廓线，效果如图 10-65 所示。

图 10-65 绘制地坪线和立面轮廓线

05 添加尺寸标注。将“标注”图层置为当前层。单击“注释”面板中的“标注样式”按钮，在弹出的“标注样式管理器”中设置标注样式，设置方法和平面图相同。

06 单击“线性”按钮和“连续”按钮连续，标注立面图上高度方向的尺寸，效果如图 10-66 所示。

图 10-66　标注尺寸

07 绘制标高符号。单击“绘图”面板中的 LINE（直线）按钮，绘制一个等腰三角形的标高符号。单击“注释”面板中的 MTEXT（多行文字）按钮 A，在标高符号上方注写标高文字，效果如图 10-67 所示。

08 绘制轴线符号。参考之前介绍的方法完成轴线编号的绘制。绘制完成的一个轴线编号效果如图 10-68 所示。

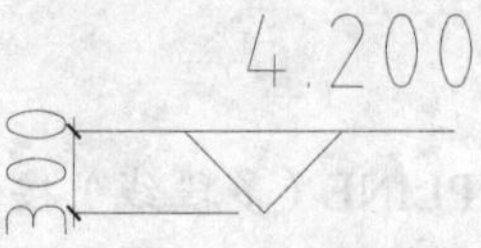

图 10-67　绘制标高符号

图 10-68　绘制轴线符号

09 单击“修改”面板中的 COPY（复制）按钮，复制多个标高符号和一个轴线编号到别墅南立面图中。双击文字可对文字进行编辑，效果如图 10-69 所示。

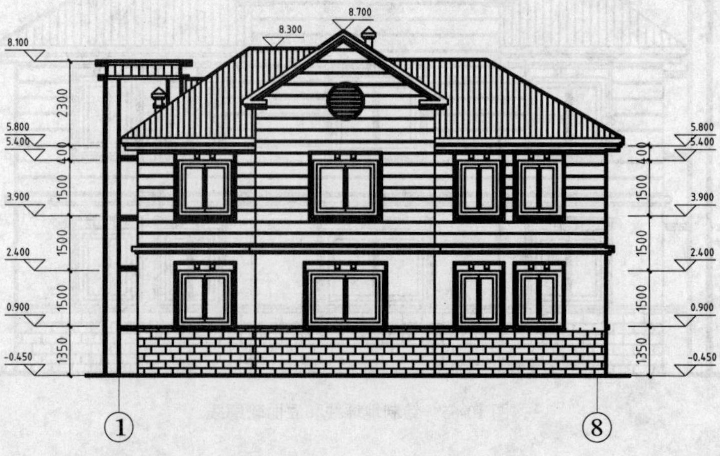

图 10-69　复制轴线和标高符号

10 标注材料说明。单击 MLEADERSTYLE（多重引线样式）按钮，在弹出的“多重引线样式管理器”对话框中设置多重引线样式。单击 MLEADER（多重引线）按钮，为别墅南立面图标注立面文字说明，效果如图 10-70 所示。

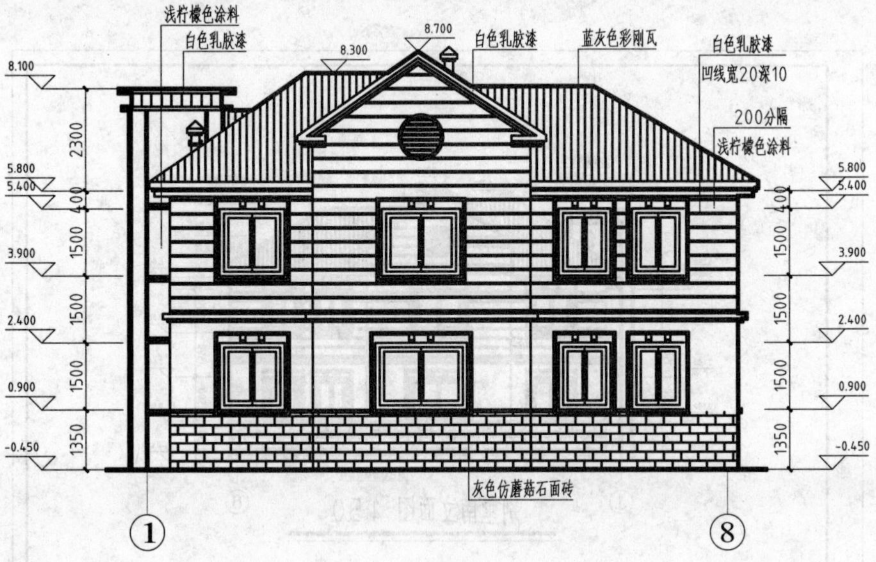

图 10-70　标注材料说明

11 绘制图名和比例。单击“注释”面板中的 MTEXT（多行文字）按钮，绘制出图名和比例文字。单击“绘图”面板中的 PLINE（多段线）按钮和“修改”面板中的 OFFSET（偏移）按钮，绘制出图名及比例下方的下划线。

12 单击“修改”面板中 EXPLODE（分解）按钮，将下面的多段线进行分解，效果如图 10-71 所示。

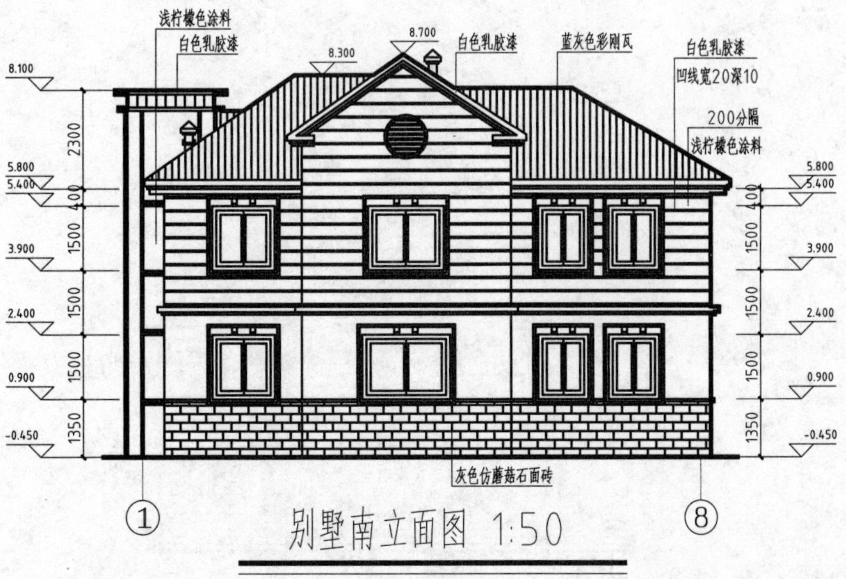

图 10-71　绘制图名和比例

13 添加图框和标题栏。别墅南立面图绘制完成后，为该立面图添加图框和标题栏。制作一个 A2 图框，出图比例为 1:50，将制作好的图框插入到已保存过的立面图中，为立面图插入图框，并对其位置进行调整。然后填写标题栏中图样的有关属性，包括图名、日期等。添加图框和标题后的别墅立面图效果如图 10-72 所示。

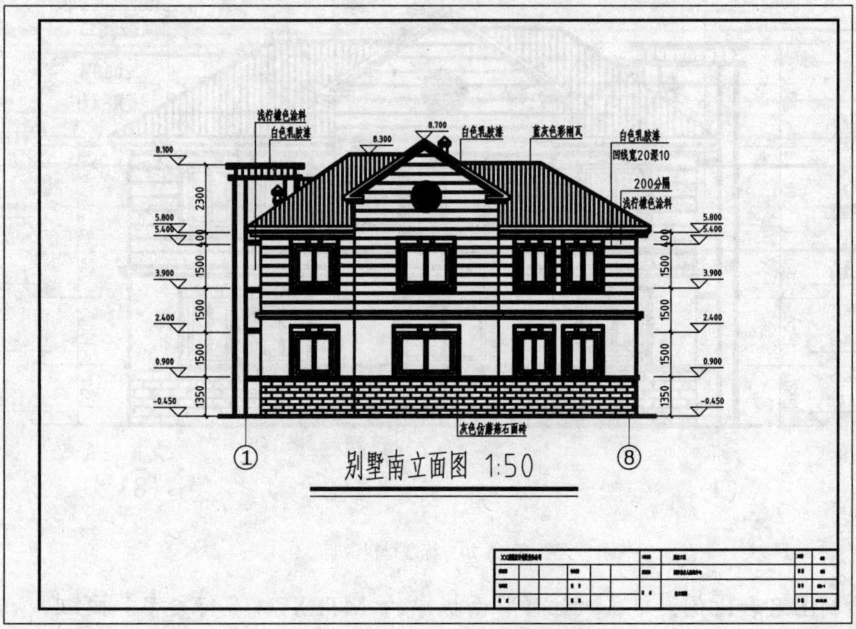

图 10-72 添加图框和标题栏

第11章 建筑剖面图的绘制

本章导读

建筑剖面图是建筑设计过程中的一个基本组成部分，是反映建筑物内部竖直方向剖切面情况的图样。建筑剖面图主要用来表示建筑物在垂直方向上各部分的形状、尺度和组合关系，以及在建筑物剖面位置的层数、层高、结构形式和构造方法等。本章以实例绘制和文本介绍相结合的方式，详细论述建筑剖面图的绘制方式以及相关技巧。

本章重点

- 建筑剖面图的概念
- 剖切位置及投射方向的选择
- 建筑剖面图的绘制内容
- 建筑剖面图的绘制要求
- 建筑剖面图绘制的一般步骤
- 绘制写字楼剖面图
- 绘制别墅剖面图

11.1 建筑剖面图概述

在绘制建筑剖面图之前，读者首先应了解一些建筑剖面图的相关知识，以便能更好地绘制出建筑剖面图。本节主要介绍剖面图的概念、作用和内容等基本知识。

11.1.1 建筑剖面图的概念

建筑剖面图是用一个假想的平行于正立投影面或侧立投影面的竖直剖切面剖开房屋，并移动剖切面与观察者之间的部分，然后将剩余的部分作正投影所得的投影图，即为剖面图，如图 11-1 所示。

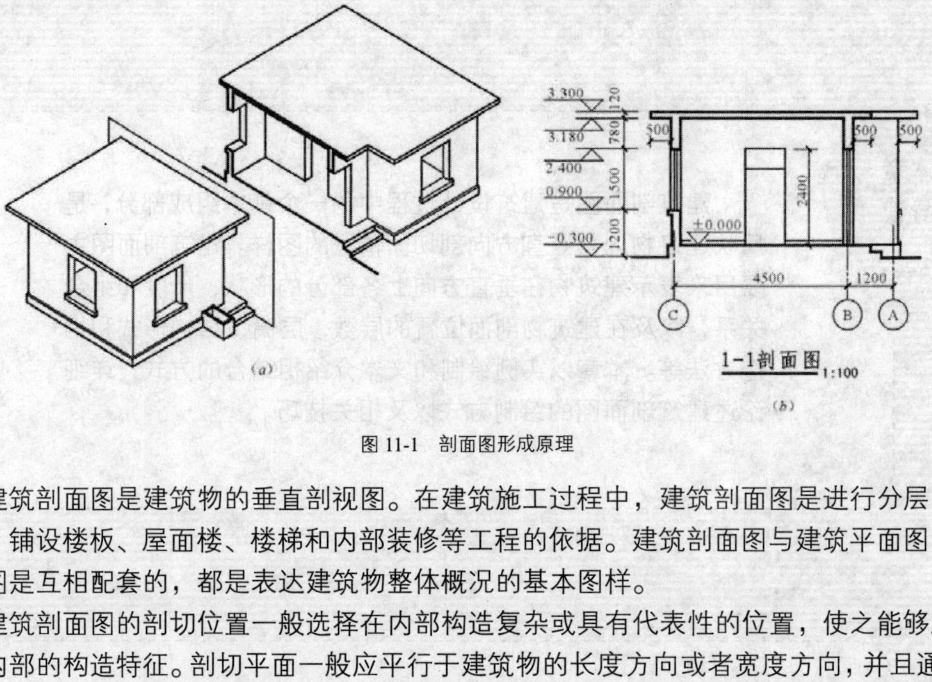

图 11-1　剖面图形成原理

建筑剖面图是建筑物的垂直剖视图。在建筑施工过程中，建筑剖面图是进行分层、砌筑内墙、铺设楼板、屋面楼、楼梯和内部装修等工程的依据。建筑剖面图与建筑平面图、建筑立面图是互相配套的，都是表达建筑物整体概况的基本图样。

建筑剖面图的剖切位置一般选择在内部构造复杂或具有代表性的位置，使之能够反映建筑物内部的构造特征。剖切平面一般应平行于建筑物的长度方向或者宽度方向，并且通过门、窗洞。剖切面的数量应根据建筑物的实际复杂程度和建筑物自身的特点来确定。

对于建筑剖面图，当建筑物两边对称时，可以在剖面图中只绘制一半。当建筑物在某一轴线之间具有不同的布置，可以在同一个剖面图上绘制不同位置剖切的剖面图，只需要给出说明就行了。

11.1.2 剖切位置及投射方向的选择

根据规范规定，剖面图的剖切部位应根据图样的用途或设计深度，在平面图上选择空间复杂、能反映全貌、构造特征，以及有代表性的部位剖切。剖面图常用一个剖切平面剖切，有时也可转折一次，用两个平行的剖切平面剖切。剖切符号一般应画在底层平面图内，剖视方向宜向左、向上，以便于看图。

投射方向一般宜向左、向上，当然也要根据工程情况而定。剖切符号在底层平面图中，短线的指向为投射方向，如图 11-2 所示 A－A 剖切符号。剖面图编号标在投射方向一侧，剖切线若有转折，应在转角的外侧加注与该符号相同的编号。

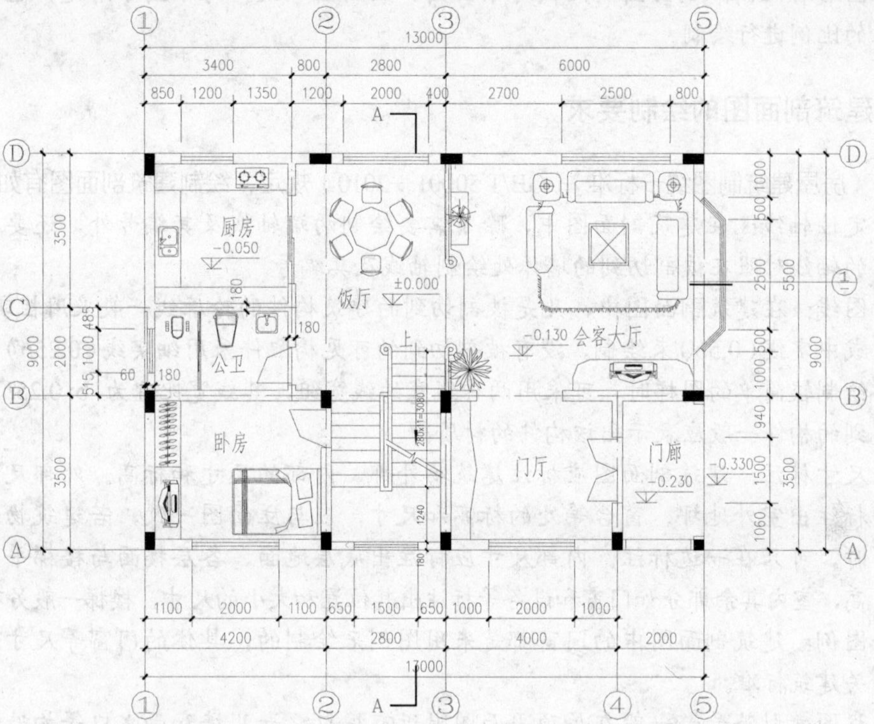

图 11-2 别墅平面剖切示例

11.1.3 建筑剖面图的绘制内容

建筑剖面图的绘制内容主要包括：

- 建筑剖面图内应包括剖切面和投影方向可见的建筑构造、构配件以及必要的尺寸、标高等。
- 房屋内部空间组合与室内层高，如建筑物内部情况、各部位的高度、房间进深（或开间）、走廊的宽度、楼梯的分段与分级等。
- 定位轴线和轴线编号。剖面图中定位轴线的数量比立面图中多，但一般也不需全部绘制，通常只绘制被剖切到的墙体的轴线。
- 表示被剖切到的建筑物内部构造，如各楼层地面、内外墙、屋顶、楼梯、阳台等构造。
- 表示建筑物承重构件的位置及相互关系，如各层的梁、板、柱及墙体的连接关系等。
- 室外地坪、楼地面、楼梯休息平台、阳台、台阶等处的标高和高度尺寸及檐口、门、窗的标高和高度尺寸。
- 没有被剖切到的但在剖切面中可以看到的建筑物构件，如室内的门窗、楼梯和扶手等。
- 屋顶的形式及排水坡度等。
- 竖向尺寸，标高的标注。

- 详细的索引符号和必要的文字说明。
- 内部装修材料和作法。
- 图名和比例。剖面图的比例与平面图、立面图一致，为了图示清楚，也可用较大的比例进行绘制。

11.1.4 建筑剖面图的绘制要求

根据《房屋建筑制图统一标准》(GB/T 50001—2010)规定，绘制建筑剖面图有如下要求：

- 定位轴线：在建筑剖面图中，除了需要绘制两端轴线及其编号外，还要与平面图的轴线对照在被剖切到的墙体处绘制轴线及其编号。
- 图线：在建筑剖面图中，凡是被剖切到的建筑构件的轮廓线一般采用粗实线（*b*）或中实线（0.5*b*）来绘制，没有被剖切到的可见构配件采用细实线（0.25*b*）来绘制。绘制较简单的图样时，可采用两种线宽的线宽组，其线宽比宜为 b: 0.25*b*。被剖切到的构件一般应表示出该构件的材质。
- 尺寸标注：建筑剖面图应标注建筑物外部、内部的尺寸和标高。外部尺寸一般应标注出室外地坪、窗台等处的标高和尺寸，应与立面图一致，若建筑物两侧对称时，可只在一边标注。内部尺寸应标注出底层地面、各层楼面与楼梯平台面的标高，室内其余部分如门窗和设备等标注出其位置和大小的尺寸，楼梯一般另有详图。
- 图例：建筑剖面图中的门窗都是采用图例来绘制的，具体的门窗等尺寸可查看有关建筑标准。
- 详图索引符号：一般在屋顶平面图附近有檐口、女儿墙和雨水口等构造详图，凡是需要绘制详图的地方都要标注详图符号。
- 材料说明：建筑物的楼地面、屋面等用多层材料构成，一般应在剖面图中加以说明。
- 比例：国家标准《房屋建筑制图统一标准》(GB/T 50001—2010)规定，剖面图中宜采用 1: 50、1: 100、1: 150、1: 200 和 1: 300 等的比例绘制。在绘制建筑物剖面图时，应根据建筑物的大小采用不同的比例，一般采用 1: 100 的比例，这样绘制起来比较方便。

11.1.5 建筑剖面图绘制的一般步骤

建筑剖面图一般在建筑平面图、立面图的基础上，并参照建筑平面图、立面图进行绘制。绘制建筑剖面图的一般步骤如下：

1) 设置绘图环境。

2) 确定剖切位置和投射方向。

3) 绘制定位辅助线，包括墙体、柱子定位轴线，楼层水平定位辅助线以及其他剖面图样的辅助线。

4) 剖面图样及看线绘制，包括剖切到的和看到的墙柱、地坪、楼层、门窗（幕墙）、楼梯、台阶及坡道、屋面、雨篷、窗台、窗楣、檐口、阳台、栏杆和各种线脚等。

5) 绘制配景，包括植物、车辆和人物等。

6) 绘制尺寸标注和文字说明。

11.2 绘制写字楼剖面图

上一节介绍了剖面图的基本知识，本节通过绘制“某写字楼剖面图”的实例来讲述建筑剖面图的绘制步骤和方法。绘制写字楼剖面图的最终效果如图 11-3 所示。

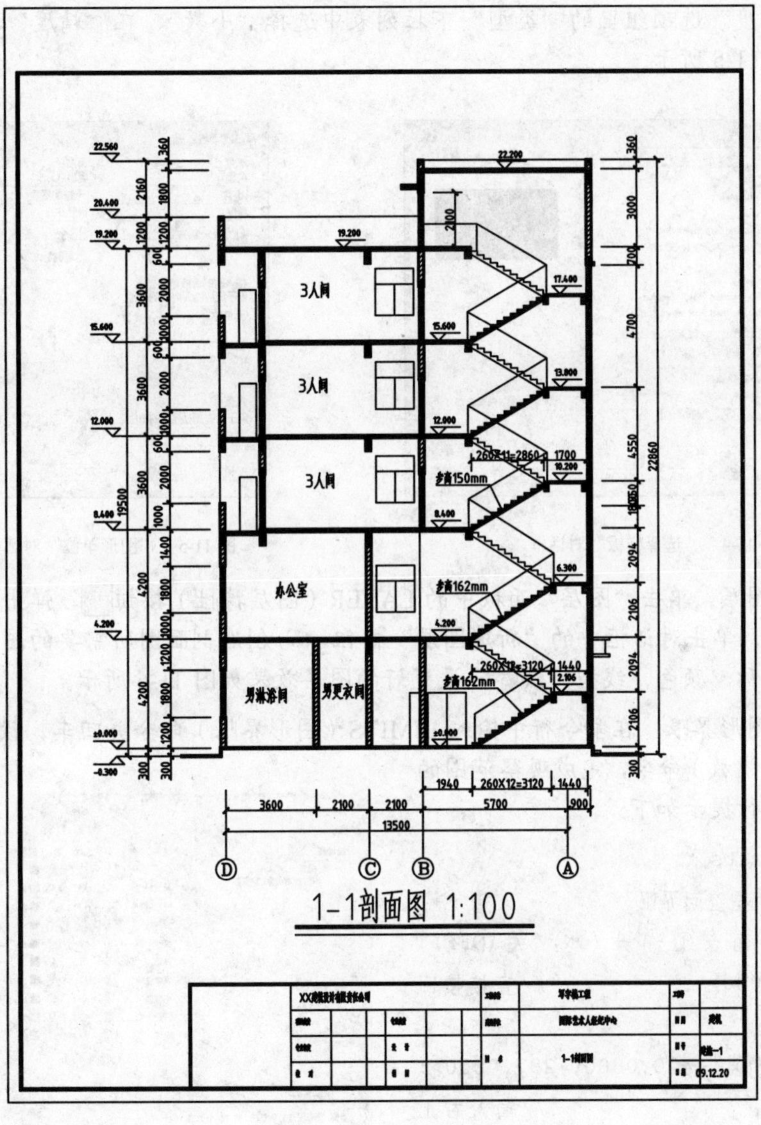

图 11-3　写字楼剖面图

11.2.1 设置绘图环境

绘制建筑剖面图的第一步就是设置绘图环境，对绘图环境进行相应的设置，包括设置单位、图层设置和设置图形界限等。

课堂举例 11-1：设置绘图环境

视频\第 11 章\课堂举例 11-1.mp4

01 新建文件。启动 AutoCAD 2015 应用程序，单击快速访问工具栏中的 NEW（新建）按钮，打开“选择样板”对话框，如图 11-4 所示。选择“acadiso.dwt”选项，单击“打开”按钮，即可新建一个样板文件。

02 设置绘图单位。在命令行中输入 UNITS（单位）命令并回车，弹出“图形单位”对话框，在“长度”选项组里的“类型”下拉列表中选择“小数”，在“精度”下拉列表框中选择 0，如图 11-5 所示。

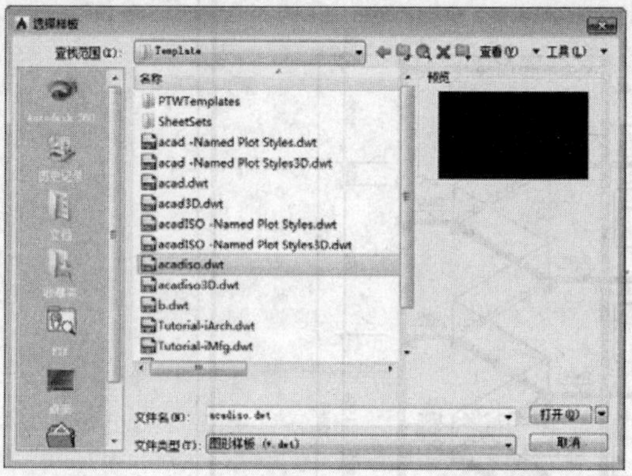

图 11-4 “选择样板”对话框

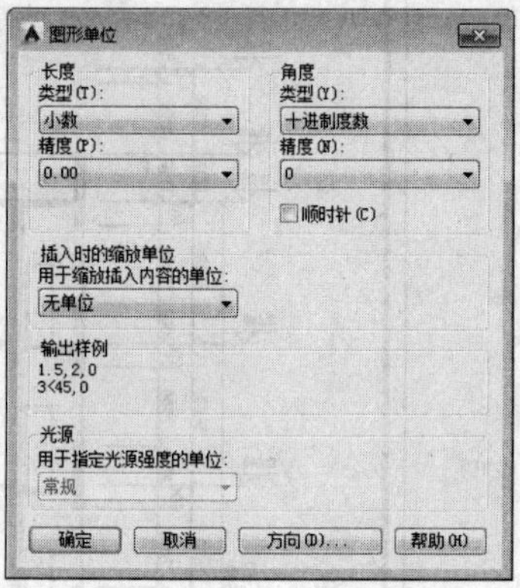

图 11-5 “图形单位”对话框

03 设置图层。单击“图层”面板中的 LAYER（图层特性）按钮，弹出“图层特性管理器”对话框，单击对话框中的“新建图层”按钮，创建剖面图所需要的图层，并为每一个图层定义名称、颜色、线型、线宽，设置好的图层效果如图 11-6 所示。

04 设置图形界限。在命令行中输入 LIMITS（图形界限）命令并回车，设置绘图区域，执行 ZOOM（缩放）命令，完成观察范围的设置。其命令行提示如下：

```
命令: limits↙
重新设置模型空间界限:
指定左下角点或 [开(ON)/关(OFF)]
<0.0000, 0.0000>:↙                //直接按回车键接受默认值
指定右上角点 <420.0000, 297.0000>:
25000, 35000↙                     //输入右上角坐标“25000, 35000”后按回车键完成绘图范围的设置
```

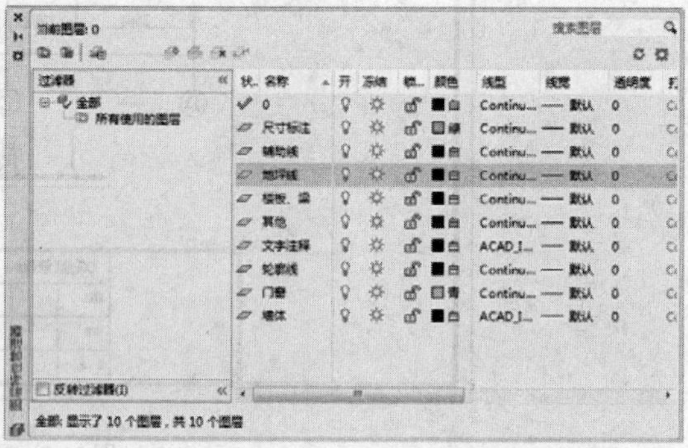

图 11-6 “图层特性管理器”对话框

11.2.2 绘制底层剖面图

本实例的写字楼主要由底层办公、二层办公、3 个标准层住宅和 1 个屋顶组成，适宜自下而上分别绘制各层剖切面，然后把它们拼接成整体剖面。在绘制建筑剖面图的过程中，对

于建筑物剖面相似或相同的图形对象，一般需要灵活应用复制、镜像、阵列等操作，才能快速地绘制出建筑剖面图。

课堂举例 11-2：绘制底层剖面图

视频\第 11 章\课堂举例 11-1.mp4

01 绘制辅助线。打开光盘中本章文件夹自带的“写字楼底层平面图.dwg”文件，框选整个底层平面图形，按下 Ctrl + C 键，复制所有图形。

02 转到新创建的剖面图文件中，按下 Ctrl + V 键，将底层平面图复制到立面图文件当中。单击“修改”面板中的 ERASE（删除）按钮，将底层平面图中的尺寸标注、编号、文字等进行删除。

03 单击“修改”面板中的 ROTATE（旋转）按钮，将整个写字楼平面图逆时针旋转 90°，效果如图 11-7 所示。

04 单击“绘图”面板中的 LINE（直线）按钮，配合对象捕捉功能，绘制一条经过剖切位置的水平直线。单击“修改”面板中的 TRIM（修剪）按钮，修剪水平直线以下的平面图部分。

05 单击“修改”面板中的 ERASE（删除）按钮，将直线以下无法修剪的平面图部分和剖切符号删除。单击“绘图”面板中的 XLINE（构造线）按钮，绘制剖视方向剖切到的和可见的墙体、门窗等垂直辅助线，效果如图 11-8 所示。

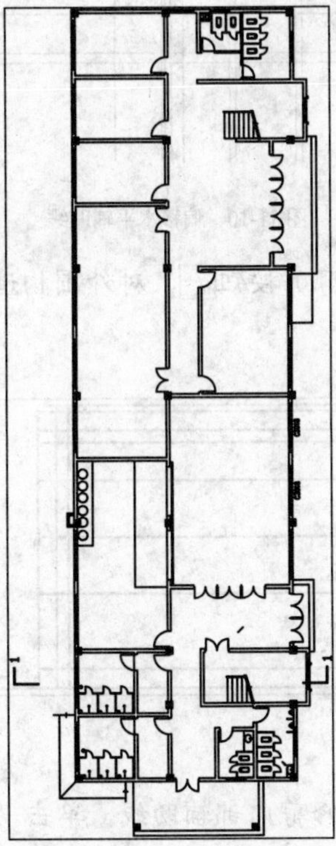

图 11-7　复制平面图

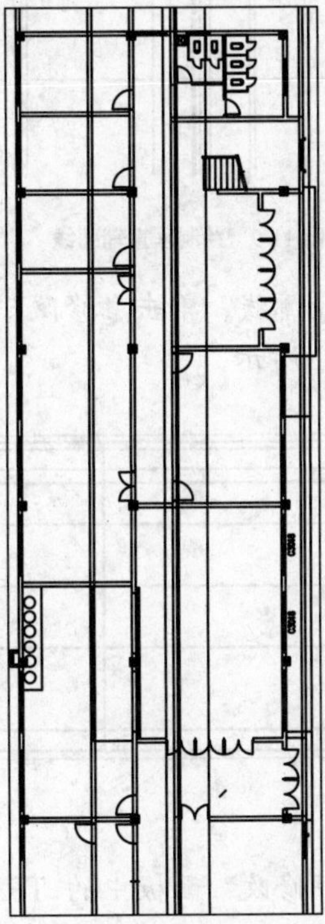

图 11-8　绘制垂直辅助线

提示　绘制建筑剖面图，首先要绘制出剖切部分的辅助线，而且要做到与平面图一一对应。

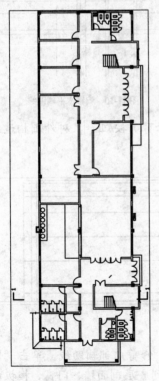

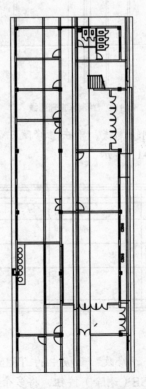

06 单击“绘图”面板中的 XLINE（构造线）按钮，在平面图下方绘制一条水平辅助线，效果如图 11-9 所示。

07 单击“修改”面板中的 OFFSET（偏移）按钮，根据门窗设计高度，生成剖面图高度方向上各个配件的辅助线，效果如图 11-10 所示。

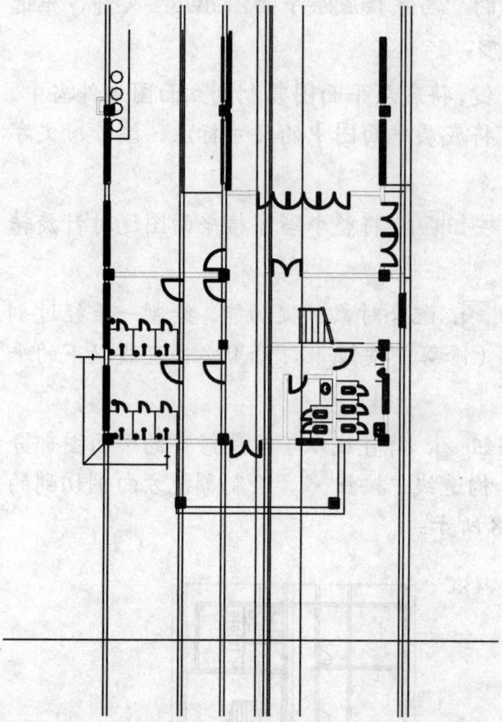

图 11-9　绘制垂直辅助线

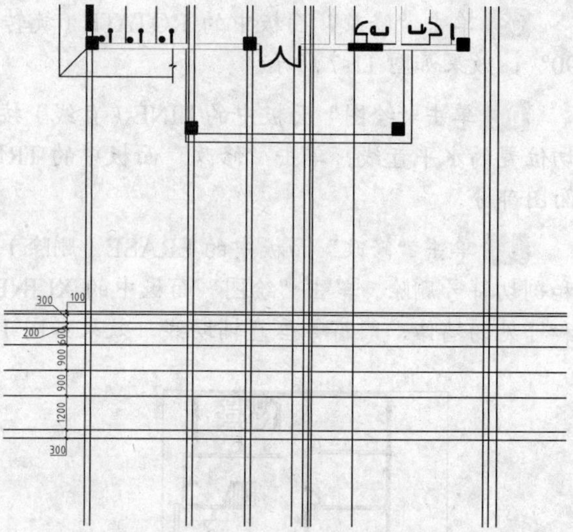

图 11-10　偏移水平辅助线

08 绘制轮廓线。单击“修改”面板中的 TRIM（修剪）按钮，对外围构造线进行修剪，如图 11-11 所示。

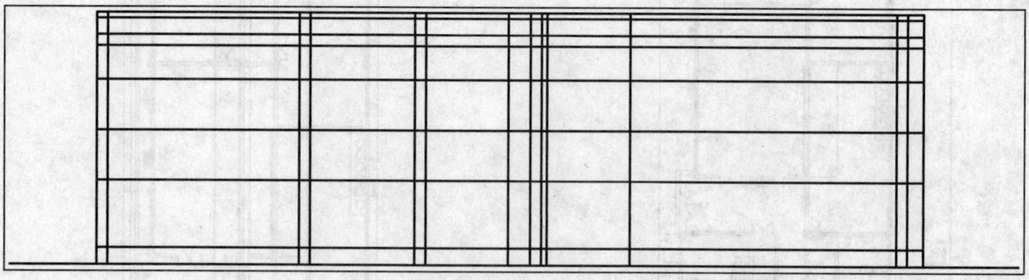

图 11-11　修剪辅助线

09 单击“修改”面板中的 TRIM（修剪）按钮，修剪内部辅助线。单击“修改”面板中的 ERASE（删除）按钮，将多余的辅助线删除，得到底层剖面墙、门窗、楼板以及室内外地坪等轮廓线，如图 11-12 所示。

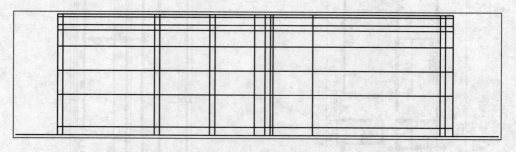

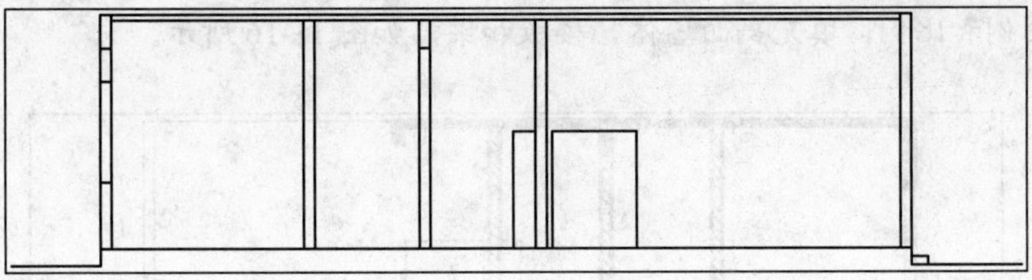

图 11-12 底层剖面轮廓线

10 绘制地坪线。将“地坪线”图层置为当前层，单击“绘图”面板中的 PLINE（多段线）按钮，设置多段线宽为 100，配合“端点捕捉”功能，绘制出地坪线，如图 11-13 所示。

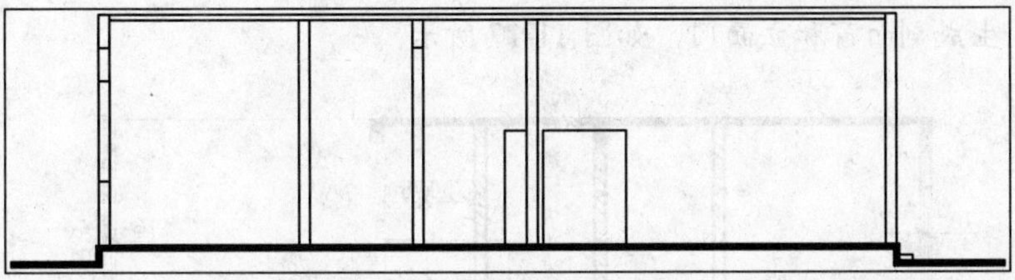

图 11-13 绘制地坪线

11 绘制墙体。将“墙体”图层置为当前层，单击“绘图”面板中的 PLINE（多段线）按钮，设置多段线宽为 50 ，绘制出墙体轮廓线，如图 11-14 所示。

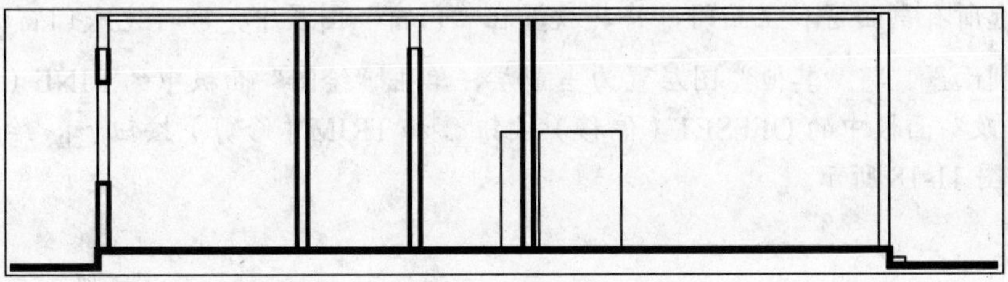

图 11-14 绘制墙体

12 绘制楼板和梁。将“楼板、梁”图层置为当前层，单击“绘图”面板中的 PLINE（多段线）按钮，设置多段线宽为 50 ，配合“正交”功能和“对象捕捉”功能，绘制出楼板和梁。

13 单击“修改”面板中的 TRIM（修剪）按钮和 ERASE（删除）按钮，将辅助线进行修剪和删除，如图 11-15 所示。

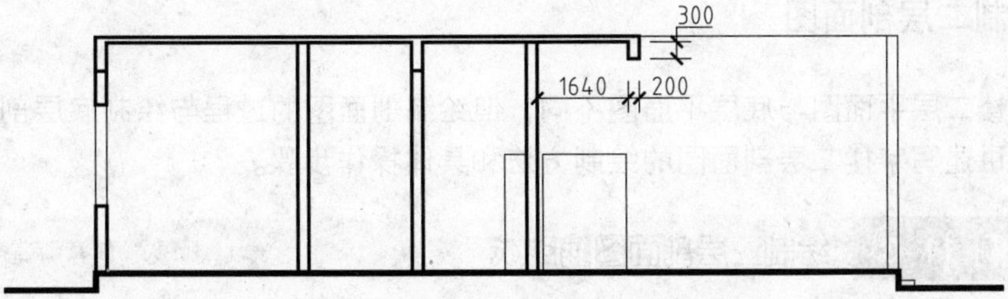

图 11-15 绘制楼板和梁

14 填充底层剖面材料。单击“绘图”面板中的 HATCH（图案填充）按钮，分别设置不同的填充图例和比例，填充剖面墙体、楼板和梁，如图 11-16 所示。

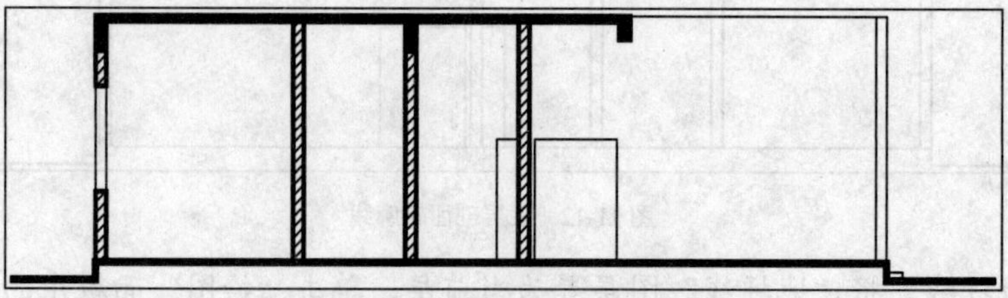

图 11-16　填充底层剖面材料

15 绘制门窗和雨篷。单击“修改”面板中的 OFFSET（偏移）按钮，根据剖面窗和立面门样式，生成剖面窗和立面门，如图 11-17 所示。

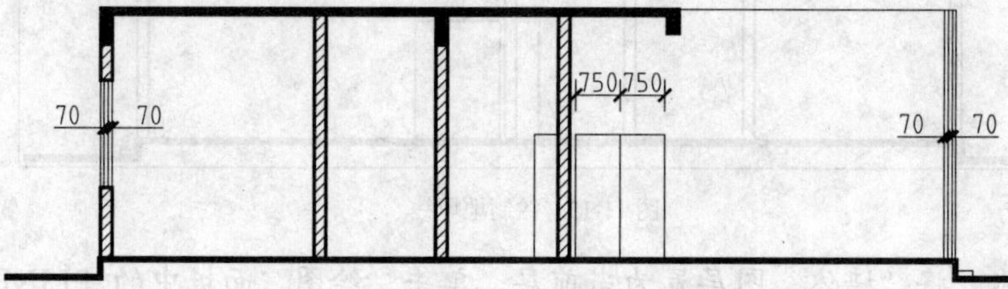

图 11-17　绘制门窗

16 框选所有剖面窗和立面门，将其放置在“门窗”图层中，即可完成门窗的绘制。

17 绘制雨篷。将“其他”图层置为当前层，单击“绘图”面板中的 LINE（直线）按钮以及“修改”面板中的 OFFSET（偏移）按钮和 TRIM（修剪）按钮，绘制出雨篷立面，效果如图 11-18 所示。

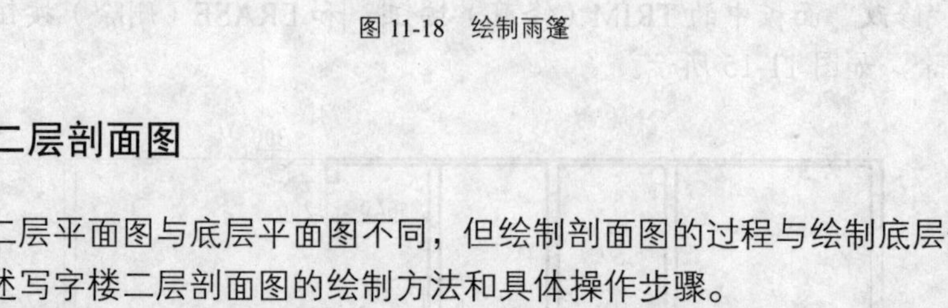

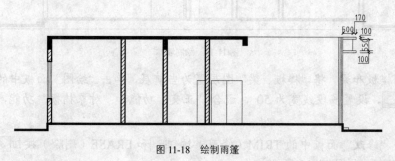

图 11-18　绘制雨篷

11.2.3 绘制二层剖面图

该写字楼二层平面图与底层平面图不同，但绘制剖面图的过程与绘制底层剖面图基本相同。接下来讲述写字楼二层剖面图的绘制方法和具体操作步骤。

课堂举例 11-3：绘制二层剖面图辅助线

视频\第 11 章\课堂举例 11-3.mp4

01 绘制辅助线。打开光盘自带的“写字楼二层平面图.dwg”文件，框选整个二层平面图形，按下 Ctrl + C 键，复制所有图形。

02 转到剖面图文件中，按下 Ctrl + V 键，将二层平面图复制到剖面图文件当中；单击“修改”面板中的 ERASE（删除）按钮，将二层平面图中的尺寸标注、编号、文字等进行删除。

03 单击“修改”面板中的 ROTATE（旋转）按钮，将整个写字楼平面图逆时针旋转 90°，效果如图 11-19 所示。

04 绘制垂直辅助线。将“辅助线”图层置为当前层，单击“绘图”面板中的 LINE（直线）按钮，绘制经过剖切位置的水平直线，单击“修改”面板中的 TRIM（修剪）按钮，将水平直线以下的部分进行修剪。

05 单击“修改”面板中的 ERASE（删除）按钮，将水平直线以下无法修剪的部分、水平直线和剖切符号进行删除，单击“绘图”面板中的 XLINE（构造线）按钮，绘制垂直辅助线，如图 11-20 所示。

06 绘制水平辅助线。单击“绘图”面板中的 XLINE（构造线）按钮，在二层平面图下方绘制一条水平辅助线；单击“修改”面板中的 OFFSET（偏移）按钮，生成二层剖面图的水平辅助线，如图 11-21 所示。

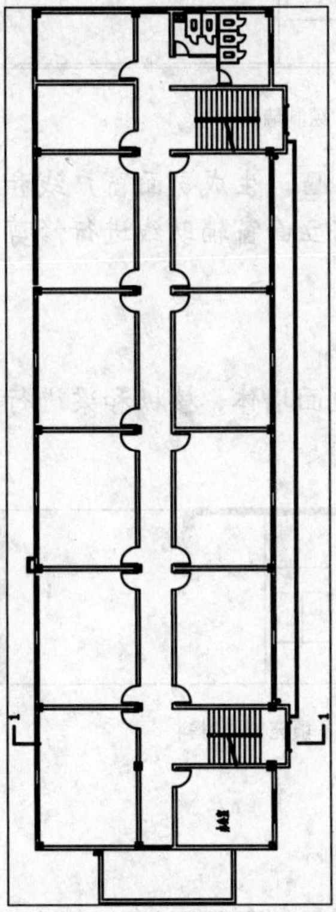
图 11-19 写字楼二层平面图

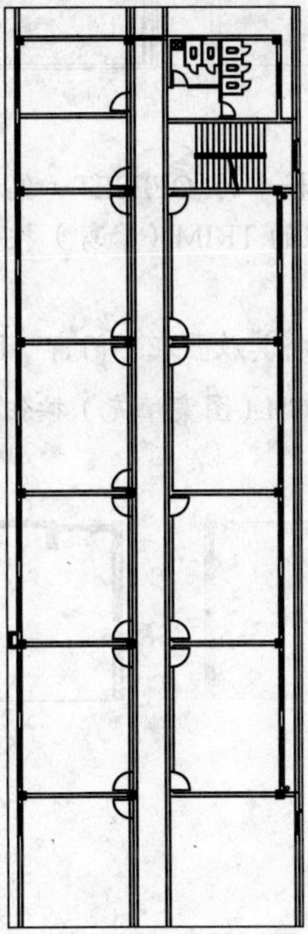
图 11-20 绘制垂直辅助线

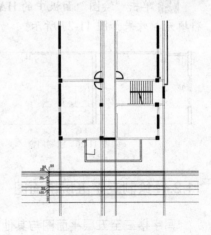

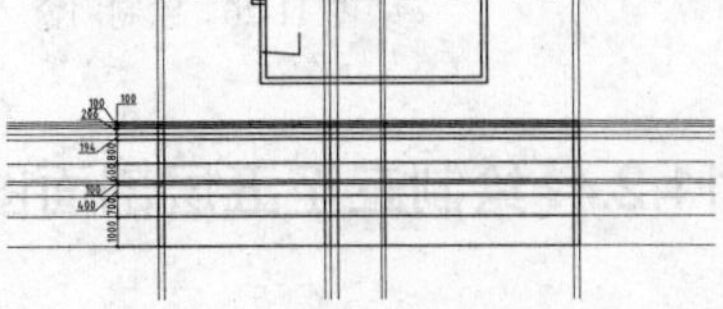
图 11-21 绘制水平辅助线

07 单击“修改”面板中的 TRIM（修剪）按钮，将外围的辅助线进行修剪，如图 11-22 所示。

08 绘制墙体、楼板和梁轮廓线。单击“修改”面板中的 TRIM（修剪）按钮，将内部辅助线进行修剪，如图 11-23 所示。

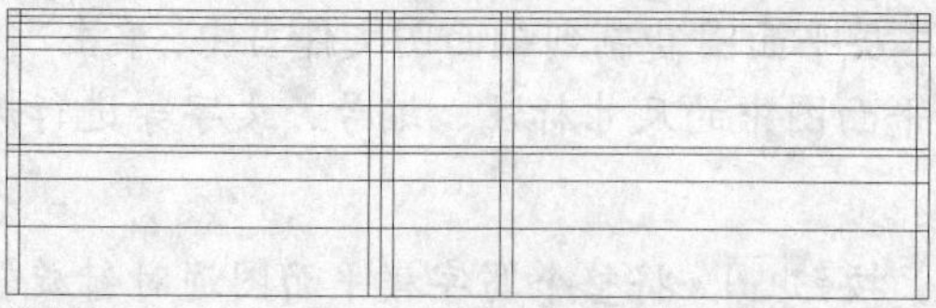

图 11-22 修剪辅助线

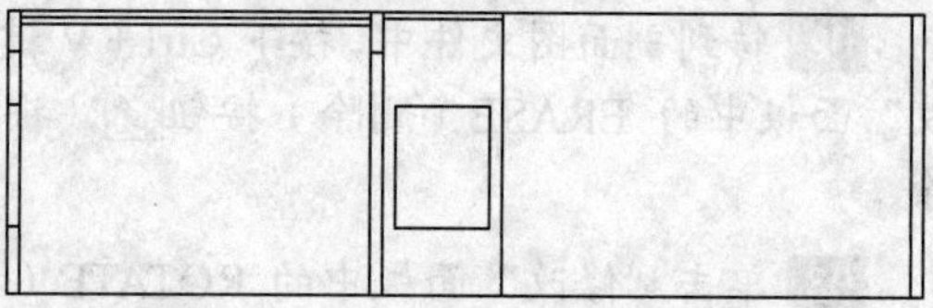

图 11-23 修剪内部辅助线

09 绘制楼板和梁。将图层“楼板和梁”置为当前层，单击“绘图”面板中的 PLINE（多段线）按钮，设置多段线宽 50，配合“对象捕捉”和“正交”功能，绘制出楼板和梁的轮廓线，效果如图 11-24 所示。

10 绘制墙体。将图层“墙体”置为当前层，单击“绘图”面板中的 PLINE（多段线）按钮，设置多段线宽 50，绘制出墙体。单击“修改”面板中的 TRIM（修剪）按钮和 ERASE（删除）按钮，将辅助线进行修剪和删除，效果如图 11-25 所示。

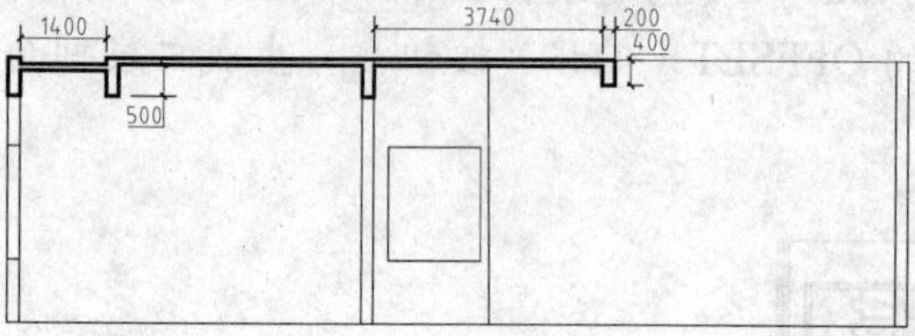

图 11-24 绘制楼板和梁

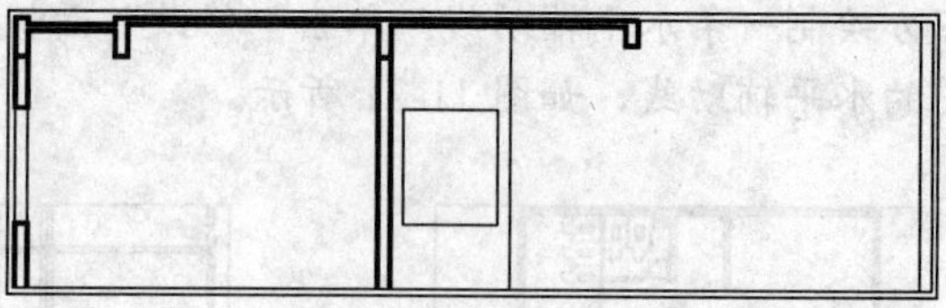

图 11-25 绘制墙体

11 绘制门窗。单击“修改”面板中的 OFFSET（偏移）按钮，生成剖面窗户线和立面窗户辅助线；单击“修改”面板中的 TRIM（修剪）按钮，将立面窗辅助线进行修剪，效果如图 11-26 所示。

12 选中所有剖面窗和立面窗，将其放置在“门窗”图层中。

13 单击“绘图”面板中的 HATCH（图案填充）按钮，对剖面墙体、楼板和梁进行材料填充，效果如图 11-27 所示。

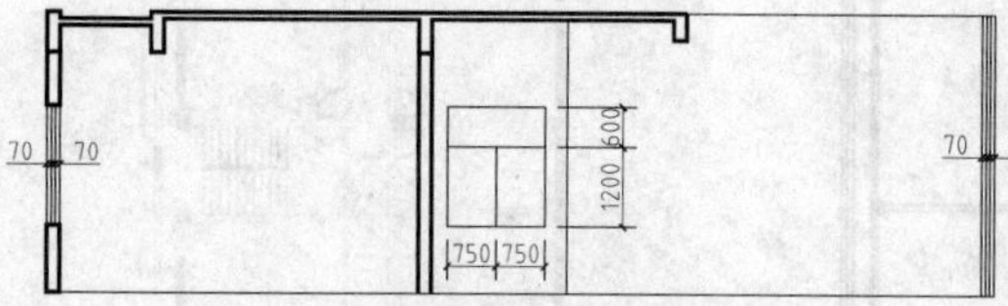

图 11-26 绘制门窗

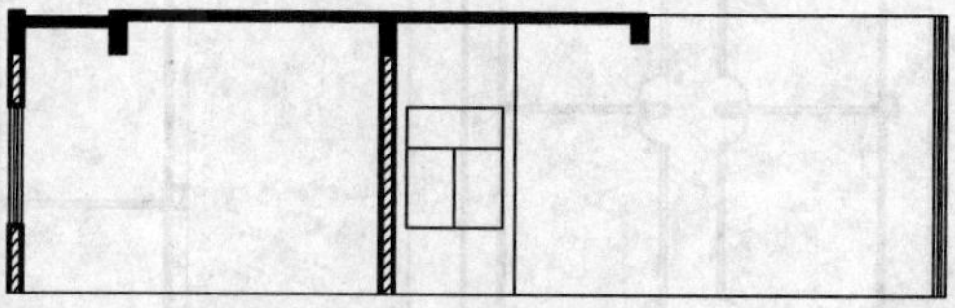

图 11-27 填充剖面材料

11.2.4 绘制三至五层剖面图

写字楼三至五层平面图与其他层平面图有所区别，因而三至五层剖面图要单独绘制。绘制三至五层剖面图只需绘制三层剖面图，然后复制出四五层剖面图即可。接下来讲述写字楼三至五层剖面图的绘制步骤和方法。

课堂举例 11-4: 绘制写字楼三层剖面图

视频\第 11 章\课堂举例 11-4.mp4

01 绘制辅助线。打开光盘自带的“写字楼三至五层平面图.dwg”文件，框选所整个平面图形，按下 Ctrl + C 键，复制所有图形文件。

02 转到剖面图文件中，按下 Ctrl + V 键，将三至五层平面图复制到剖面图文件当中；单击“修改”面板中的 ERASE（删除）按钮，将平面图中的尺寸标注、编号、文字等进行删除；单击“修改”面板中的 ROTATE（旋转）按钮，将整个平面图逆时针旋转 90°，效果如图 11-28 所示。

03 绘制垂直辅助线。将“辅助线”图层置为当前层，单击“绘图”面板中的 LINE（直线）按钮，绘制经过剖切位置的水平直线；单击“修改”面板中的 TRIM（修剪）按钮，将水平直线以下的部分进行修剪。

04 单击“修改”面板中的 ERASE（删除）按钮，将水平直线以下无法修剪的部分、水平直线和剖切符号进行删除。单击“绘图”面板中的 XLINE（构造线）按钮，绘制垂直辅助线，如图 11-29 所示。

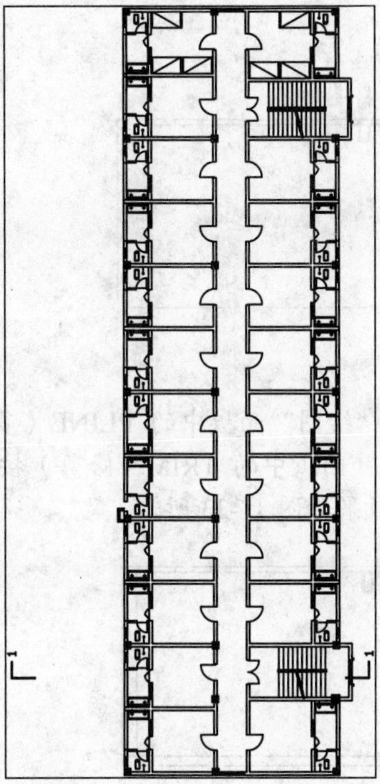

图 11-28　写字楼三至五层平面图

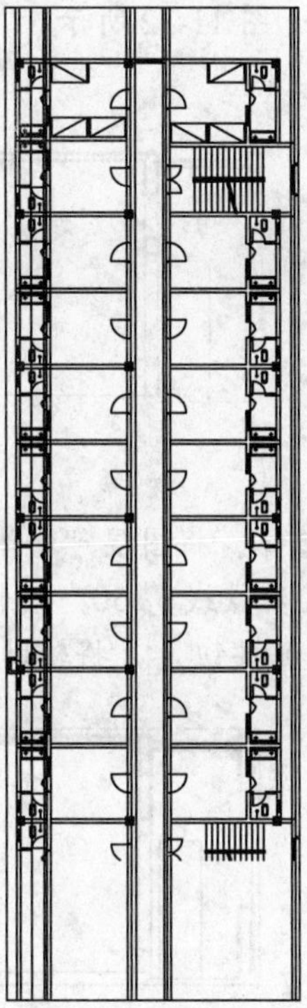

图 11-29　绘制垂直辅助线

05 绘制水平辅助线。单击“绘图”面板中的 XLINE（构造线）按钮，在三层平面图下方绘制一条水平辅助线；单击“修改”面板中的 OFFSET（偏移）按钮，生成三层剖面图的水平辅助线；单击“修改”面板中的 TRIM（修剪）按钮，将外围辅助线进行修剪，如图 11-30 所示。

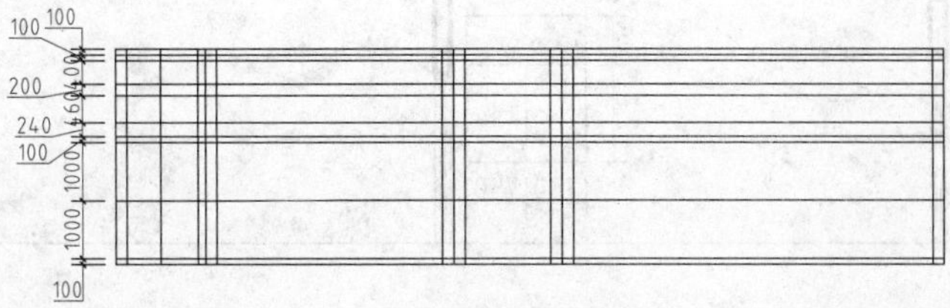

图 11-30　绘制水平辅助线

06 绘制墙体、楼板和梁轮廓线。单击“修改”面板中的 TRIM（修剪）按钮，将内部辅助线进行修剪，得到三层剖面图各构配件的轮廓线，效果如图 11-31 所示。

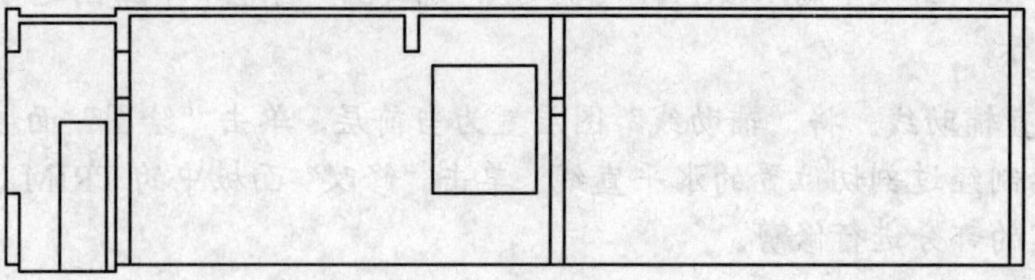

图 11-31　修剪辅助线

07 绘制楼板和梁。将图层“楼板和梁”置为当前层，单击“绘图”面板中的 PLINE（多段线）按钮，设置多段线宽 50，配合“对象捕捉”和“正交”功能，绘制出楼板和梁的轮廓线，效果如图 11-32 所示。

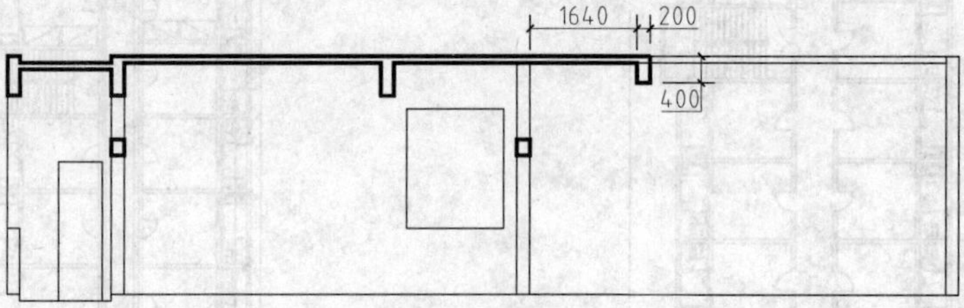

图 11-32　绘制楼板和梁

08 绘制墙体。将图层“墙体”置为当前层，单击“绘图”面板中的 PLINE（多段线）按钮，设置多段线宽 50，绘制出墙体。单击“修改”面板中的 TRIM（修剪）按钮和 ERASE（删除）按钮，将辅助线进行修剪和删除，效果如图 11-33 所示。

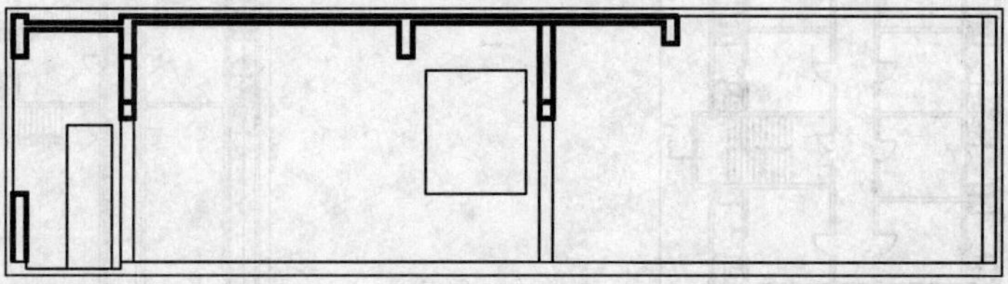

图 11-33　绘制墙体

09 绘制门窗和复制剖面。单击“修改”面板中的 OFFSET（偏移）按钮，生成剖面门窗和立面窗的辅助线，单击“修改”面板中的 TRIM（修剪）按钮，将立面窗的辅助线进行修剪，效果如图 11-34 所示。

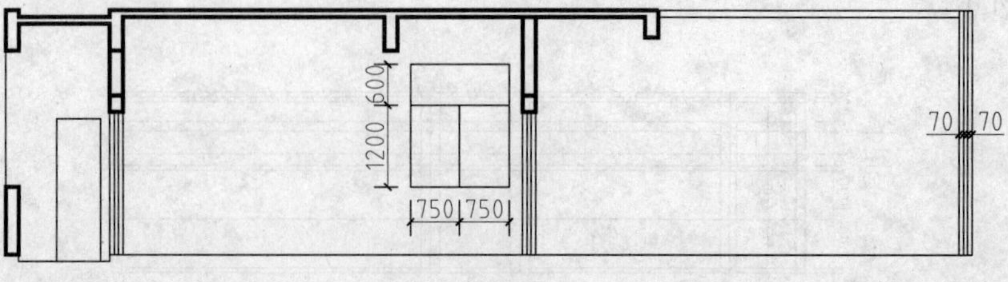

图 11-34　绘制剖面门窗

10 选中所有剖面门窗和立面门窗，将其放置在“门窗”图层中。

11 单击“绘图”面板中的 HATCH（图案填充）按钮，对剖面墙体、楼板和梁进行材料填充，效果如图 11-35 所示。

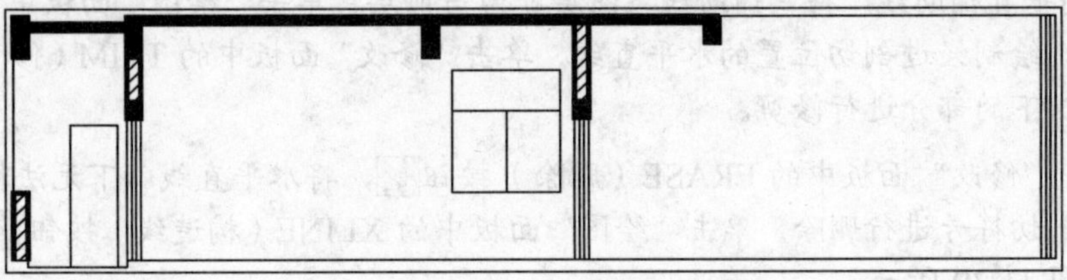

图 11-35　填充剖面材料

12 单击“修改”面板中的 COPY（复制）按钮，配合“对象捕捉”功能，复制出四、五层剖面；单击“修改”面板中的 ERASE（删除）按钮，删除重合的直线，效果如图 11-36 所示。

13 单击“绘图”面板中的 PLINE（多段线）按钮，配合“对象捕捉”和“正交”功能，绘制出五层剖面墙体和窗过梁的轮廓线。单击“绘图”面板中的 HATACH（图案填充）按钮，对墙体和窗过梁进行材料填充。

14 单击“修改”面板中的 TRIM（修剪）按钮，将剖面窗线进行修剪。通过夹点编辑修改顶层楼板位置，效果如图 11-37 所示。

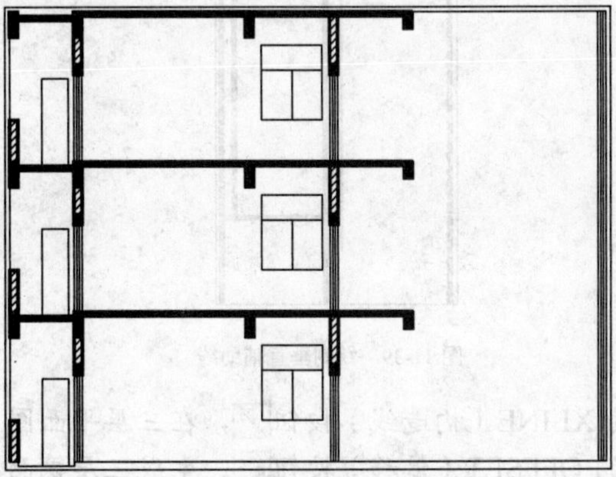

图 11-36　复制出四五层剖面

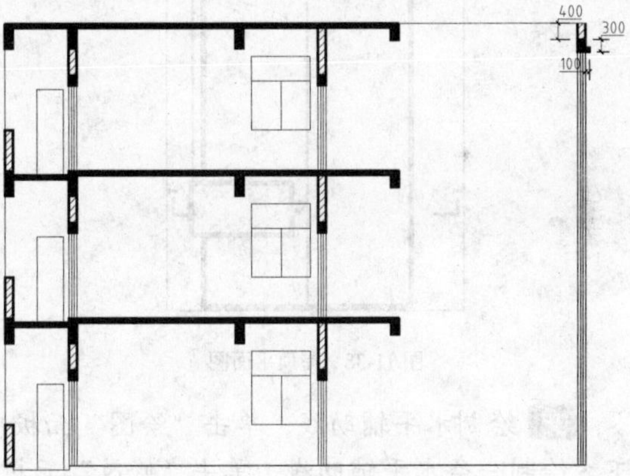

图 11-37　绘制五层剖面墙体和窗过梁

11.2.5 绘制屋顶层剖面图

写字楼屋顶层剖面图与其他剖面图各不相同，应分别绘制。接下来讲述写字楼屋顶剖面图的绘制步骤和方法。

课堂举例 11-5：绘制屋顶层剖面图　　视频\第 11 章\课堂举例 11-5.mp4

01 打开光盘自带的“写字楼屋顶平面图.dwg”文件，框选整个屋顶平面图形，按下 Ctrl＋C 键，复制所有图形。

02 绘制辅助线。转到剖面图文件中，按下 Ctrl＋V 键，将屋顶平面图复制到剖面图文件当中；单击“修改”面板中的 ERASE（删除）按钮，将屋顶平面图中的尺寸标注、编号、文字等进行删除；单击“修改”面板中的 ROTATE（旋转）按钮，将整个屋顶平面图逆时针旋转 90°，效果如图 11-38 所示。

03 绘制垂直辅助线。将“辅助线”图层置为当前层，单击“绘图”面板中的 LINE（直线）按钮，绘制经过剖切位置的水平直线。单击“修改”面板中的 TRIM（修剪）按钮，将水平直线以下的部分进行修剪。

04 单击“修改”面板中的 ERASE（删除）按钮，将水平直线以下无法修剪的部分、水平直线和剖切符号进行删除。单击“绘图”面板中的 XLINE（构造线）按钮，绘制垂直辅助线，如图 11-39 所示。

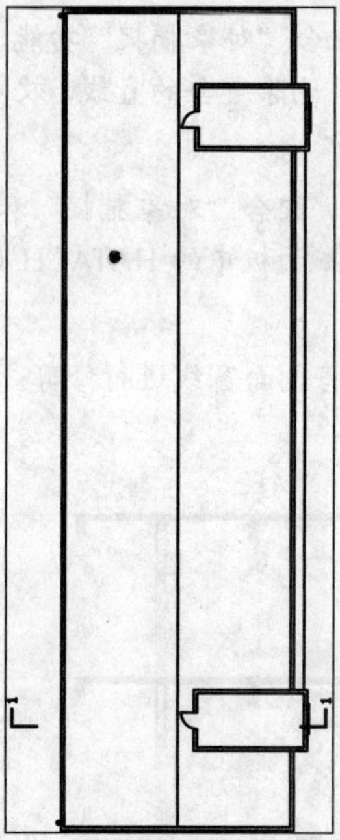

图 11-38　屋顶平面图

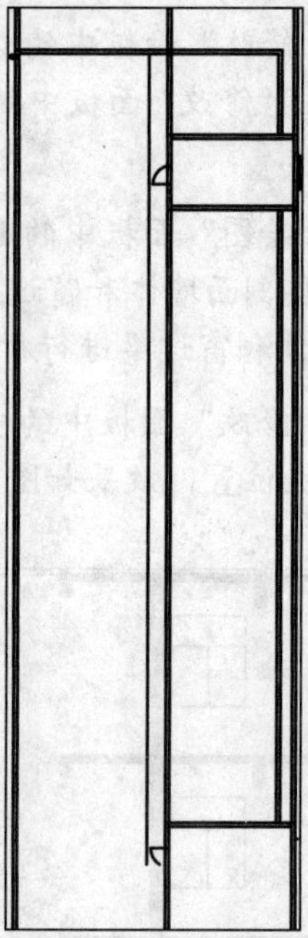

图 11-39　绘制垂直辅助线

05 绘制水平辅助线。单击“绘图”面板中的 XLINE（构造线）按钮，在三层平面图下方绘制一条水平辅助线。单击“修改”面板中的 OFFSET（偏移）按钮，生成三层剖面图的水平辅助线。单击“修改”面板中的 TRIM（修剪）按钮，将外围辅助线进行修剪，如图 11-40 所示。

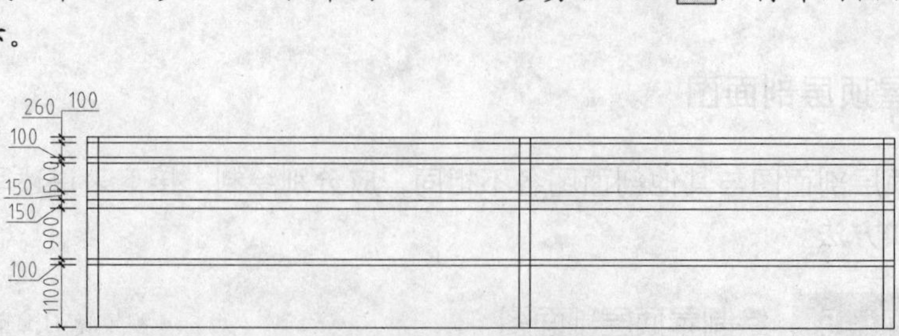

图 11-40　绘制水平辅助线

06 绘制墙体、楼板和梁轮廓线。单击“修改”面板中的 TRIM（修剪）按钮，将内部辅助线进行修剪，得到三层剖面图各构配件的轮廓线，效果如图 11-41 所示。

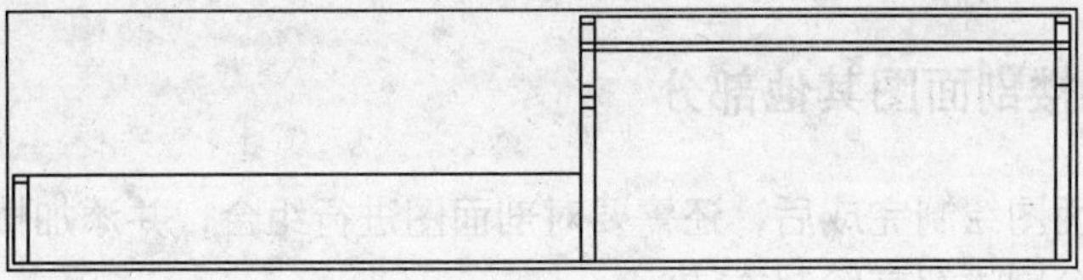

图 11-41 修剪辅助线

07 绘制楼板和梁。将图层“楼板和梁”置为当前层，单击“绘图”面板中的 PLINE（多段线）按钮，设置多段线宽 50，配合“对象捕捉”和“正交”功能，绘制出楼板和梁的轮廓线，效果如图 11-42 所示。

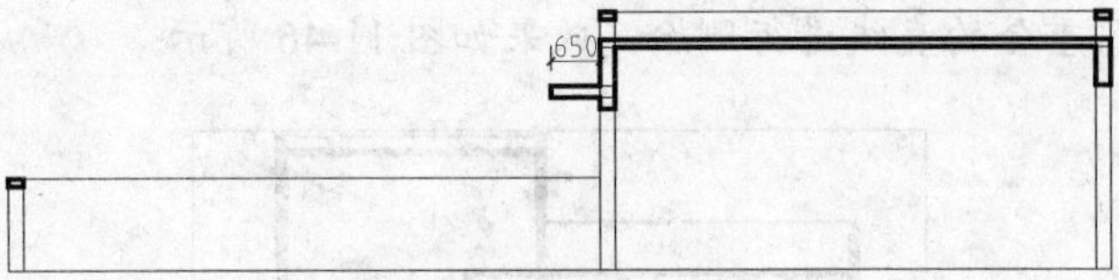

图 11-42 绘制楼板和梁

08 绘制墙体。将图层“墙体”置为当前层，单击“绘图”面板中的 PLINE（多段线）按钮，设置多段线宽 50，绘制出墙体。单击“修改”面板中的 TRIM（修剪）按钮和 ERASE（删除）按钮，将辅助线进行修剪和删除，效果如图 11-43 所示。

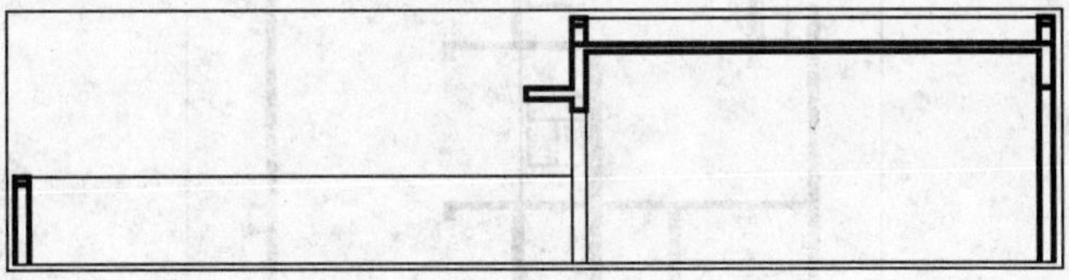

图 11-43 绘制墙体

09 绘制剖面门和填充剖面材料。单击“修改”面板中的 OFFSET（偏移）按钮，生成剖面门，效果如图 11-44 所示。

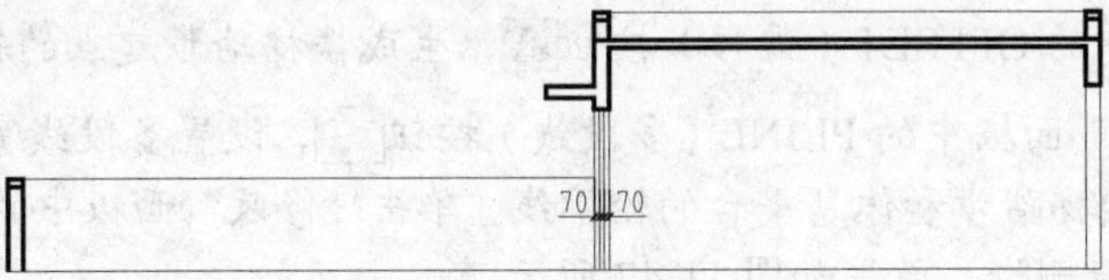

图 11-44 绘制剖面门

10 选中剖面门，将其放置在“门窗”图层中。

11 单击“绘图”面板中的 HATCH（图案填充）按钮，对剖面墙体、楼板和梁进行材料填充，效果如图 11-45 所示。

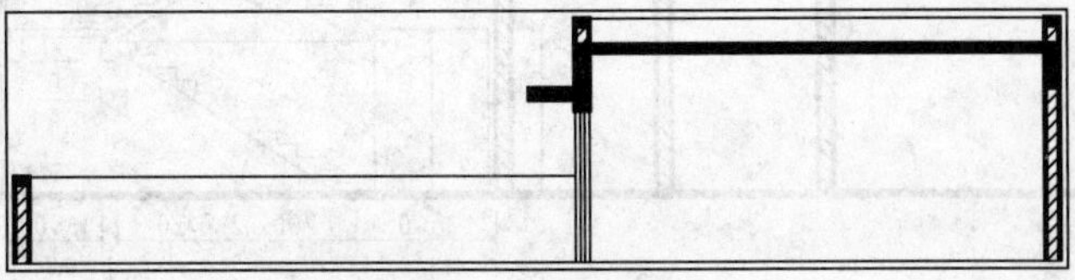

图 11-45 填充剖面材料

11.2.6 绘制写字楼剖面图其他部分

写字楼每层剖面图绘制完成后，还需要对剖面图进行组合，并添加楼梯、尺寸标注和文本等内部。接下来分别讲解其绘制方法。

课堂举例 11-6：绘制写字楼剖面图其他部分 视频\第 11 章\课堂举例 11-6.mp4

01 组合剖面图和绘制楼梯。单击“修改”面板中的 MOVE（移动）按钮，将二层剖面图、三至五层剖面图和屋顶剖面图移到首层平面图上方。单击“修改”面板中的 ERASE（删除）按钮，将重合的直线进行删除，效果如图 11-46 所示。

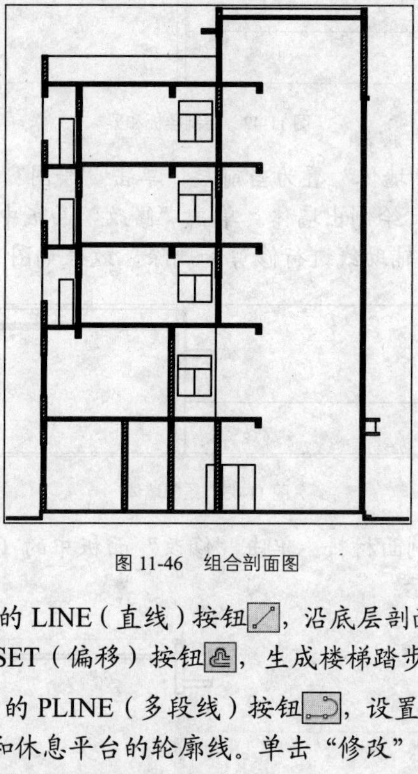

图 11-46　组合剖面图

02 单击“绘图”面板中的 LINE（直线）按钮，沿底层剖面墙体绘制一条垂直辅助线。单击“修改”面板中的 OFFSET（偏移）按钮，生成楼梯踏步起点的辅助线。

03 单击“绘图”面板中的 PLINE（多段线）按钮，设置多段线宽为 0，配合“正交”功能，绘制出首层楼梯踏步和休息平台的轮廓线。单击“修改”面板中的 ERASE（删除）按钮，将辅助线进行删除，效果如图 11-47 所示。

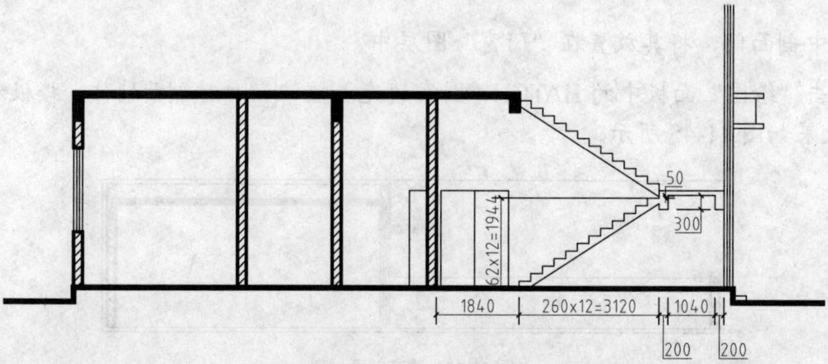

图 11-47　绘制写字楼底层剖面楼梯

04 同样方法，绘制其他层剖面楼梯，其中灵活运用复制、镜像等功能，绘制出剖面楼梯，效果如图 11-48 所示。

05 绘制栏杆。单击“绘图”面板中的 LINE（直线）按钮，沿每一段踏步边缘绘制辅助线。单击“修改”面板中的 OFFSET（偏移）按钮，根据栏杆设计高度，绘制栏杆的辅助线。

06 单击“修改”面板中的 TRIM（修剪）按钮，将栏杆线进行修剪。单击“修改”面板中的 ERASE（删除）按钮，将多余的辅助线进行删除，效果如图 11-49 所示。

07 填充剖面楼梯材料。单击“绘图”面板中的 HATCH（图案填充）按钮，填充剖切到的楼梯踏步和休息平台，效果如图 11-50 所示。

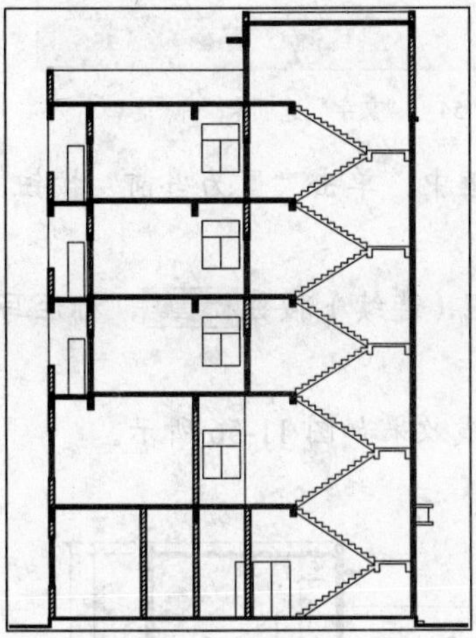

图 11-48　绘制楼梯

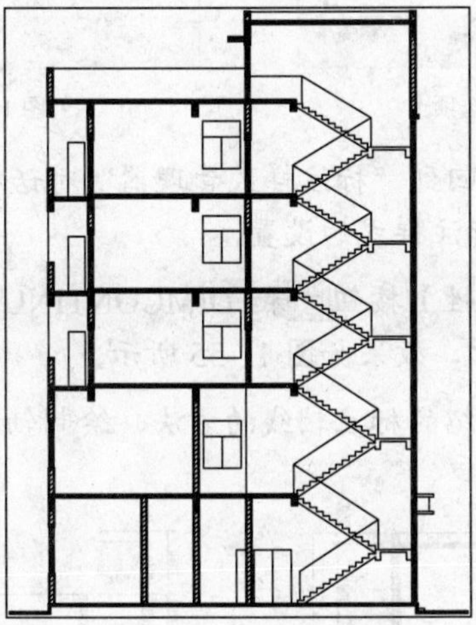

图 11-49　绘制剖面楼梯栏杆

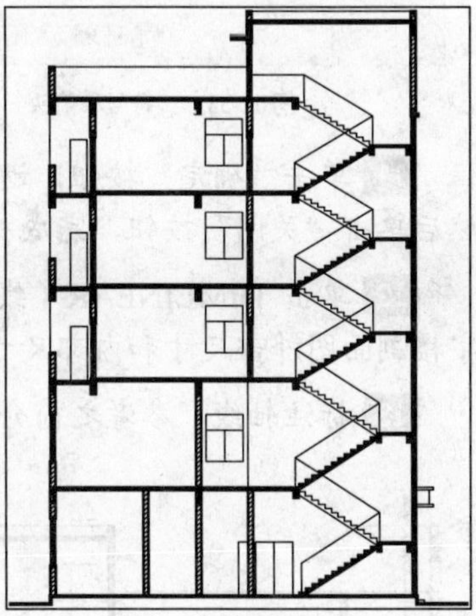

图 11-50　填充剖面踏步和休息平台

08 设置尺寸标注样式。单击“注释”面板中的 DIMSTYLE（标注样式）按钮，弹出“标注样式管理器”对话框，如图 11-51 所示。

09 单击“修改”按钮，弹出“修改标注样式：Standard”对话框，单击“线”选项卡，设置参数如图 11-52 所示。

10 单击“符号和箭头”选项卡，设置参数如图 11-53 所示。单击“文字”选项卡，设置参数如图 11-54 所示。

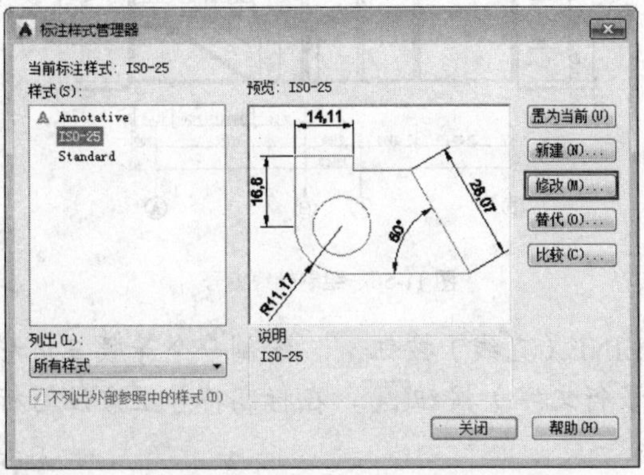

图 11-51　“标注样式管理器”对话框

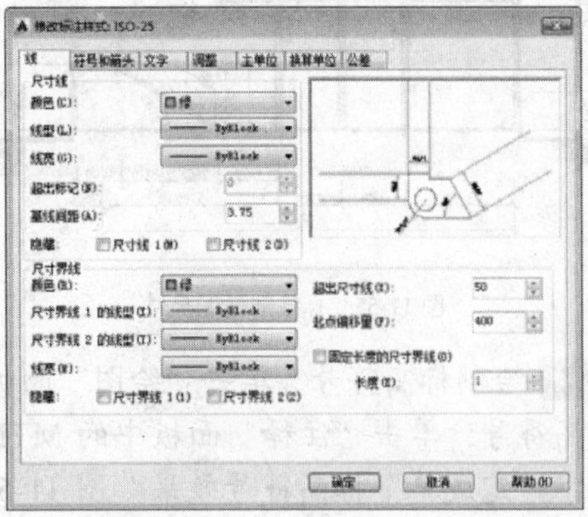

图 11-52　“线”选项卡

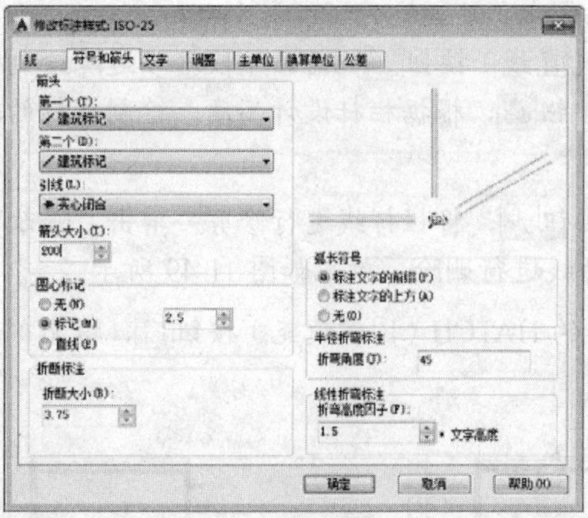

图 11-53 “符号和箭头”选项卡

图 11-54 “文字”选项卡

11 单击“确定”按钮，返回到“标注样式管理器”对话框中，单击“置为当前”按钮，然后单击“关闭”按钮，完成标注样式的设置。

12 单击 DIMLINEAR（线性）按钮和 DIMCONTINUE（连续）按钮连续，标注写字楼剖面图外部尺寸和内部尺寸，效果如图 11-55 所示。

13 标注轴线。参考之前介绍的标注轴线的方法，绘制轴线效果如图 11-56 所示。

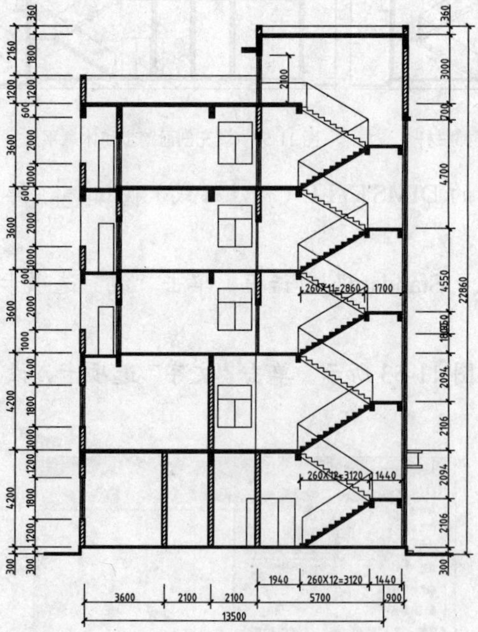

图 11-55 标注剖面图尺寸

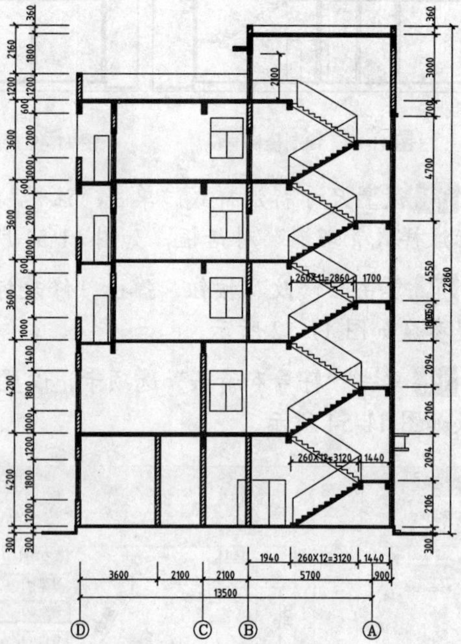

图 11-56 绘制轴线编号

14 绘制标高符号。单击“绘图”面板中的 LINE（直线）按钮，绘制一个等腰三角形的标高符号；单击“注释”面板中的 MTEXT（多行文字）按钮，在标高符号上方注写标高文字，完成单个标高符号效果如图 11-57 所示。

15 标高标注。单击“修改”面板中的 COPY（复制）按钮，复制标高符号及标高数字复制到各处；然后双击文字，对标高数字进行修改，效果如图 11-58 所示。

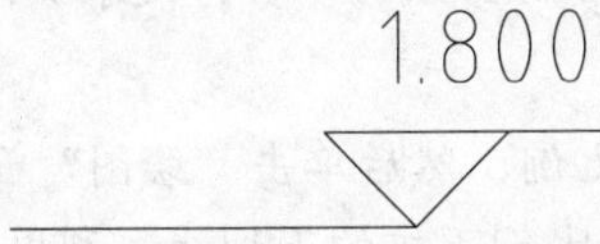

图 11-57　标高符号效果

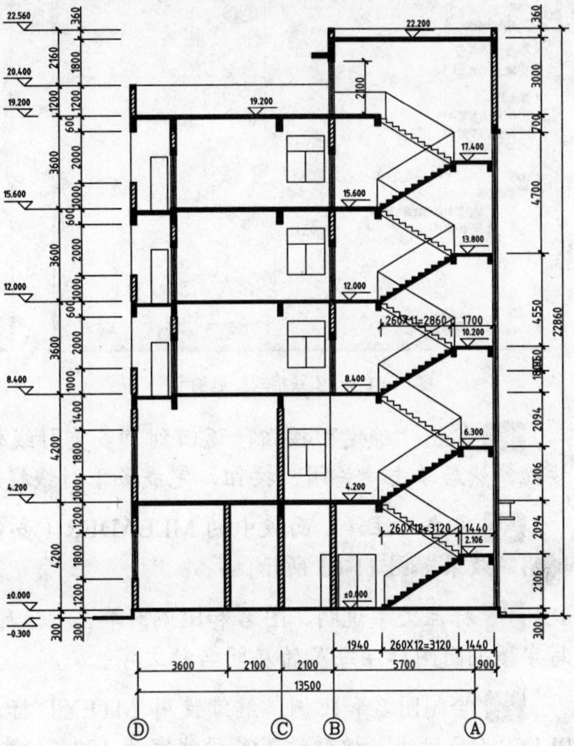

图 11-58　复制标高

16 设置多重引线样式。单击“注释”面板中的 MLEADERSTYLE（多重引线样式）按钮，弹出“多重引线样式管理器”对话框，如图 11-59 所示。

17 单击“修改”按钮，弹出“修改多重引线样式：Standard”对话框，单击“引线格式”选项卡，设置参数如图 11-60 所示。

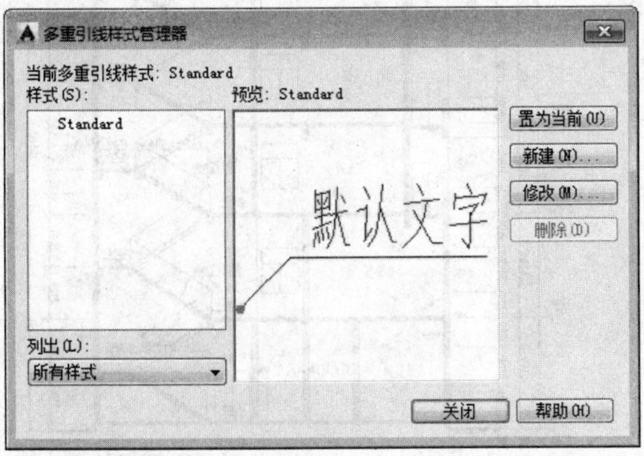

图 11-59　“多重引线样式管理器”对话框

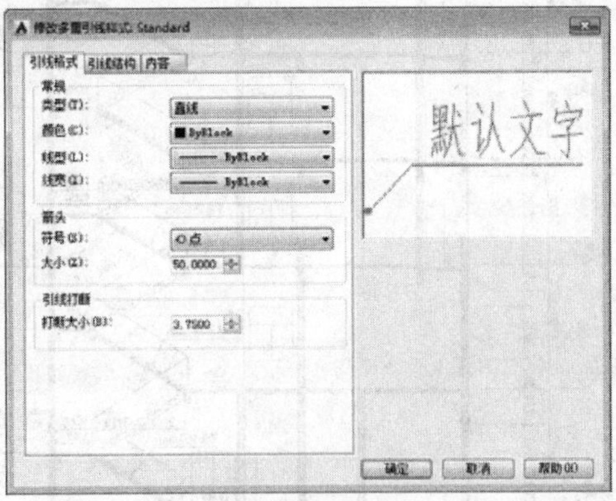

图 11-60　“引线格式”选项卡

18 单击“引线结构”选项卡，设置参数如图 11-61 所示。单击“内容”选项卡，设置参数如图 11-62 所示。

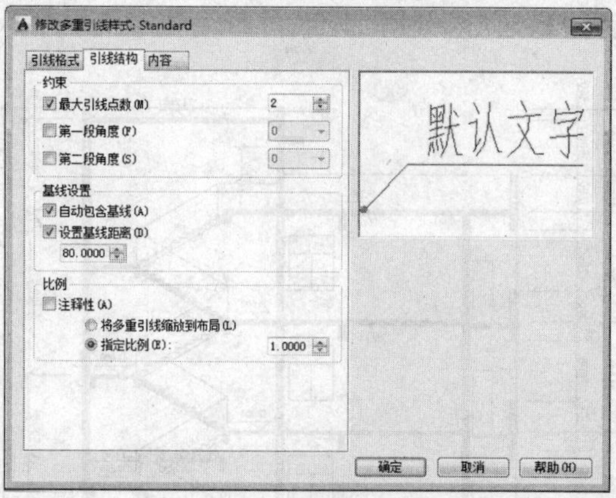

图 11-61　“引线格式”选项卡

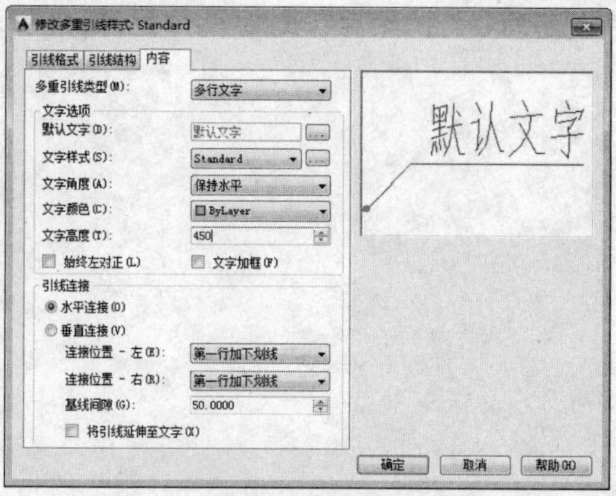

图 11-62　“内容”选项卡

19 单击“确定”按钮，返回到“多重引线样式管理器”对话框中，单击“置为当前”按钮，然后单击“关闭”按钮，完成多重引线样式的设置。

20 单击“注释”面板中的 MLEADER（多重引线）按钮，为写字楼剖面图标注文字说明，效果如图 11-63 所示。

21 标注文字说明、图名和比例。单击“注释”面板中的 MTEXT（多行文字）按钮，为写字楼剖面图标注每层的房间名称文字。

22 绘制图名和比例。继续使用 MTEXT 标注图名与比例，然后单击“绘图”面板中的 PLINE（多段线）按钮设置多段线宽为 100，绘制出图名和比例下方的下划线。利用“修改”面板中的 OFFSET（偏移）按钮往下进行偏移并单击“修改”面板中的 EXPLODE（分解）按钮，将偏移得到的下划线进行分解，效果如图 11-64 所示。

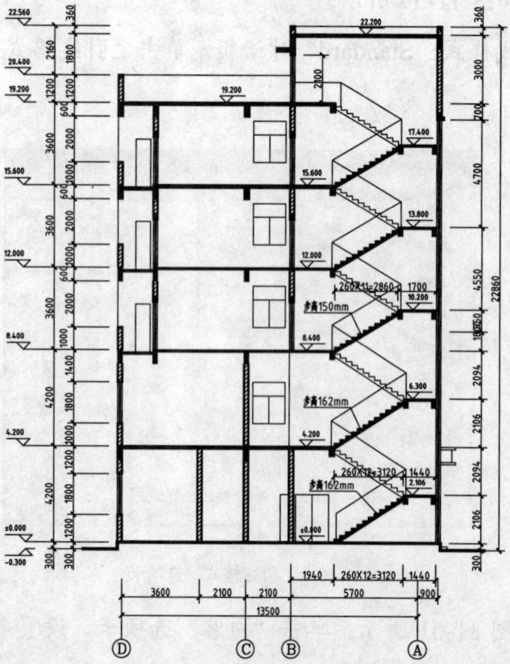

图 11-63　标注文字说明

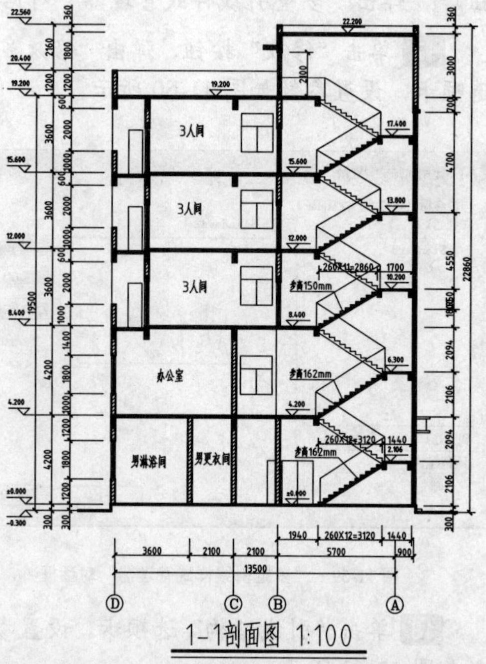

图 11-64　添加文字说明、图名和比例

23 添加图框和标题。根据写字楼剖面图的图幅大小，并按照 1:100 的比例出图，需制作一个 A3 立式图框，插入图框，并对其位置进行调整，然后填写标题栏中图样的有关属性，包括图名、日期等，效果如图 11-65 所示。

24 打印输出。绘制写字楼剖面图的最后一步是打印输出，单击“打印”面板中的（打印）按钮打开“打印 - 模型”对话框，如图 11-66 所示。

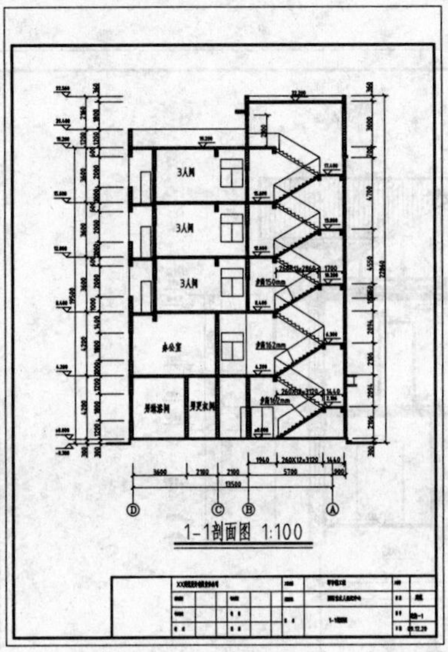

图 11-65　添加图框和标题

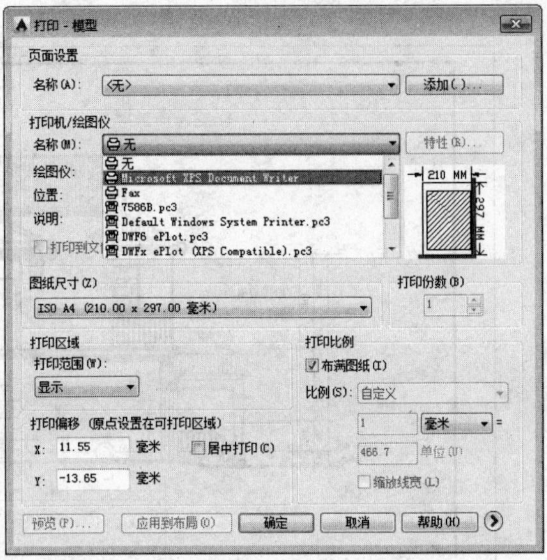

图 11-66　“打印 - 模型”对话框

25 在“名称”下拉列表中选择合适的打印机。在“图样尺寸”下拉列表中选择 A3 图幅尺寸。在“打印比例”选项栏中选中“布满图样”复选框。在“打印范围”列表框中选择“窗口”选项，接着在绘图区中框选需打印的正立面图。

26 返回到“打印 - 模型”对话框中，单击“预览”按钮，如果预览觉得满意，就可以进行打印了。如果不满意，还可以再进行调整，直到满意为止。如图 11-67 所示是写字楼剖面图的打印预览效果。

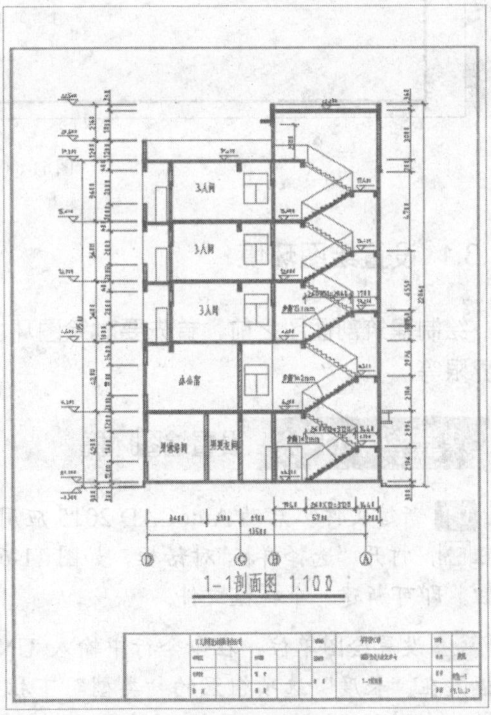

图 11-67　打印预览效果

11.3 绘制别墅剖面图

本节介绍别墅剖面图的绘制步骤，通过绘制某别墅剖面图的实例来讲述建筑剖面图的绘制步骤和方法，本实例绘制别墅剖面图的最终效果如图 11-68 所示。

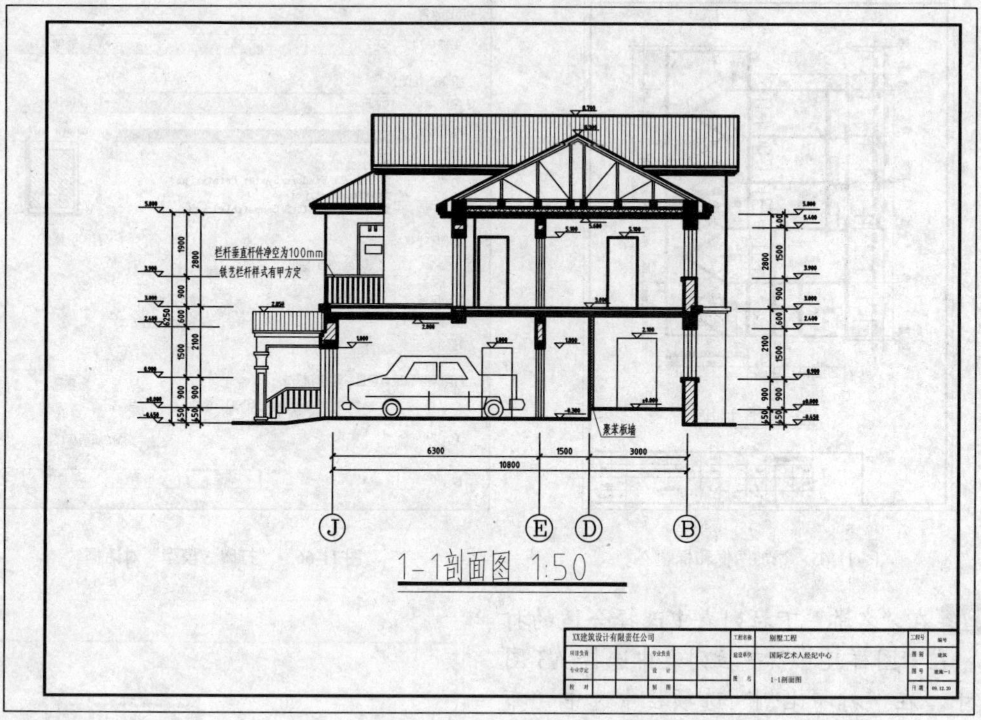

图 11-68 别墅剖面图

11.3.1 设置绘图环境

绘制建筑剖面图之前，首先要对绘图环境进行设置，包括设置单位、图层设置和设置图形界限等。

课堂举例 11-7：设置绘图环境 视频\第 11 章\课堂举例 11-7.mp4

01 新建文件。启动 AutoCAD 2015 应用程序，单击快速访问工具栏中的 NEW（新建）按钮，打开“选择样板”对话框，如图 11-69 所示。选择“acadiso.dwt”选项，单击“打开”按钮，即可新建一个样板文件。

02 设置绘图单位。在命令行中输入 UNITS（单位）命令并回车，弹出“图形单位“对话框，在“长度”选项组里的“类型”下拉列表中选择“小数”。在“精度”下拉列表框中选择 0，如图 11-70 所示。

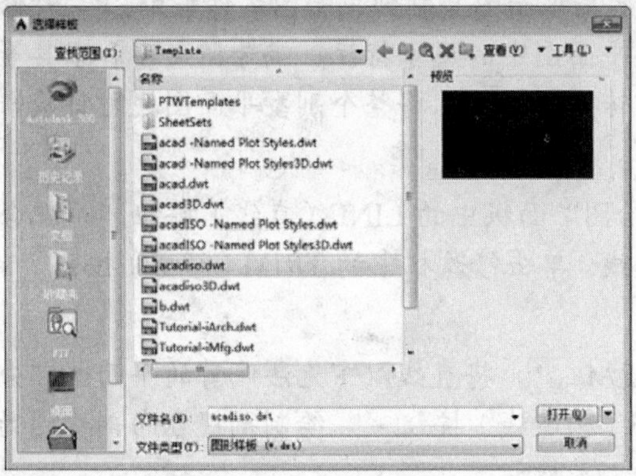

图 11-69　“选择样板”对话框

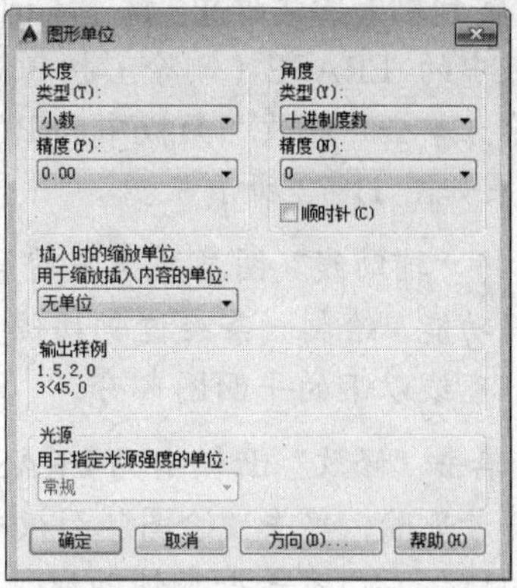

图 11-70　“图形单位”对话框

03 设置图层。单击“图层”面板中的 LAYER（图层特性）按钮，弹出“图层特性管理器”对话框，单击对话框中的“新建图层”按钮，创建剖面图所需要的图层，并为每一个图层定义名称、颜色、线型、线宽，设置好的图层效果如图 11-71 所示。

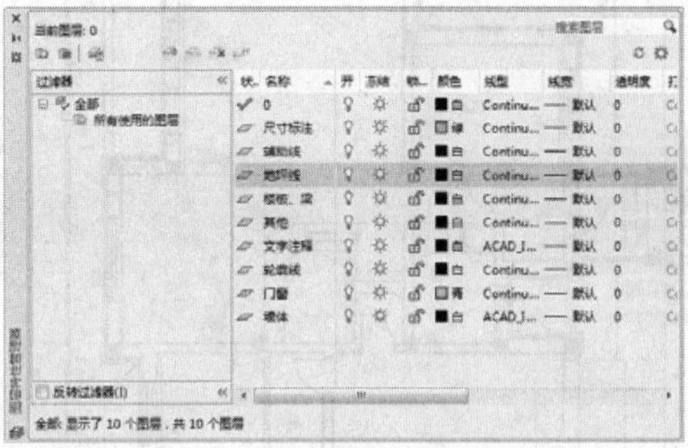

图 11-71　“图层特性管理器”对话框

04 设置图形界限。在命令行中输入 LIMITS（图形界限）命令并回车，设置绘图区域；然后执行 ZOOM（缩放）命令，完成绘图范围设置。其命令行提示如下：

```
命令：limits↙
重新设置模型空间界限：
指定左下角点或 [开(ON)/关(OFF)] <0.0000, 0.0000>:↙        //直接按回车键接受默认值
指定右上角点 <420.0000, 297.0000>: 25000, 15000↙        //输入右上角坐标“20000,
15000”后按回车键完成绘图范围的设置
```

11.3.2 绘制底层剖面图

本实例的别墅剖面图包括底层剖面图、二层剖面图、夹层剖面图和屋顶剖面图 4 个部分，适宜自下而上分别绘制各层剖切面，然后把它们拼接成整体剖面图。在绘制建筑剖面图的过程中，对于建筑物剖面相似或相同的图形对象，一般需要灵活应用复制、镜像、阵列等操作，才能快速地绘制出建筑剖面图。

课堂举例 11-8：绘制底层剖面图

视频\第 11 章\课堂举例 11-8.mp4

01 绘制辅助线。绘制建筑剖面图，首先要绘制出剖切部分的辅助线，而且要做到与平面图一一对应。

02 打开光盘自带的“别墅底层平面图.dwg”文件，框选所有的底层平面图形，按下 Ctrl + C 键，复制全部图形。

03 转到剖面图文件中，按下 Ctrl + V 键，将底层平面图复制到剖面图文件当中。单击“修改”面板中的 ERASE（删除）按钮，将底层平面图中的尺寸标注、编号、文字和家具等进行删除。单击“修改”面板中的 ROTATE（旋转）按钮，将整个别墅平面图逆时针旋转 90°，效果如图 11-72 所示。

04 将“辅助线”图层置为当前层，单击“绘图”面板中的 LINE（直线）按钮，配合对象捕捉功能，绘制一条经过剖切位置的水平直线；单击修改栏中的 TRIM（修剪）按钮，修剪水平直线以下的平面图部分。

05 单击“修改”面板中的 ERASE（删除）按钮，将直线以下无法修剪的平面图部分和剖切符号删除；单击“绘图”面板中的 XLINE（构造线）按钮，绘制剖视方向剖切到的和可见的墙体、门窗等垂直辅助线，效果如图 11-73 所示。

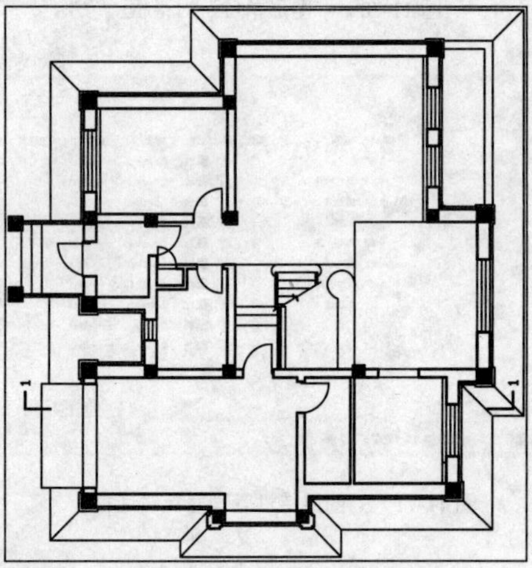

图 11-72 别墅平面图

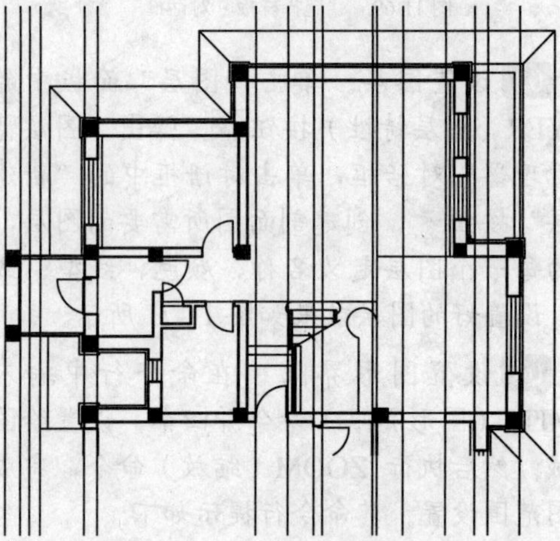

图 11-73 绘制垂直辅助线

06 单击“绘图”面板中的 XLINE（构造线）按钮，在底层平面图下方绘制一条水平辅助线；单击“修改”面板的 OFFSET（偏移）按钮，生成底层剖面图垂直方向的辅助线。

07 单击“修改”面板中的 TRIM（修剪）按钮，构造线外围的辅助线进行修剪，效果如图 11-74 所示。

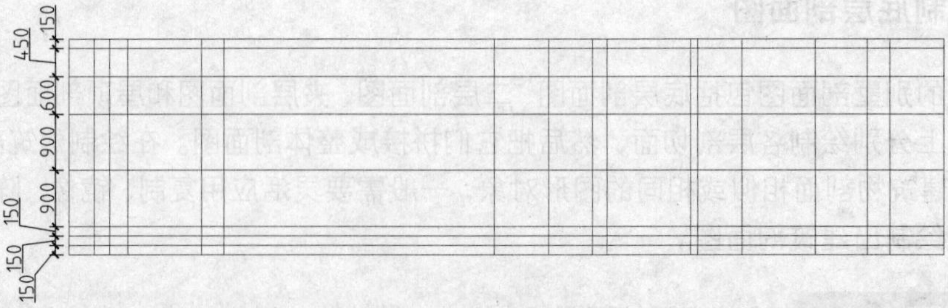

图 11-74 绘制水平辅助线

08 绘制地坪线、墙体、楼板和梁。绘制地坪线。将“地坪线”图层置为当前层，单击“绘图”面板中的 PLINE（多段线）按钮，设置多段线宽为 25，绘制出地坪线，如图 11-75 所示。

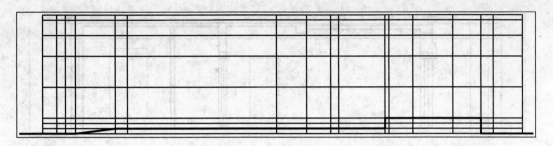

图 11-75 绘制地坪线

09 绘制楼板和梁。将“楼板和梁”图层置为当前层，单击“绘图”面板中的 PLINE（多段线）按钮，设置多段线宽为 25，配合“对象捕捉”功能和“正交”功能，绘制出楼板和梁，效果如图 11-76 所示。

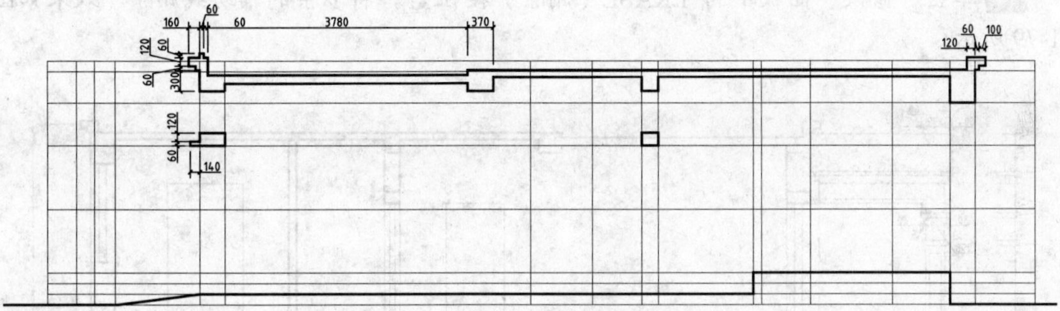

图 11-76 绘制剖面楼板和梁

10 绘制墙体。将“墙体”图层置为当前层，单击“绘图”面板中的 PLINE（多段线）按钮，设置多段线宽为 25，配合“对象捕捉”功能和“正交”功能，绘制出墙体，效果如图 11-77 所示。

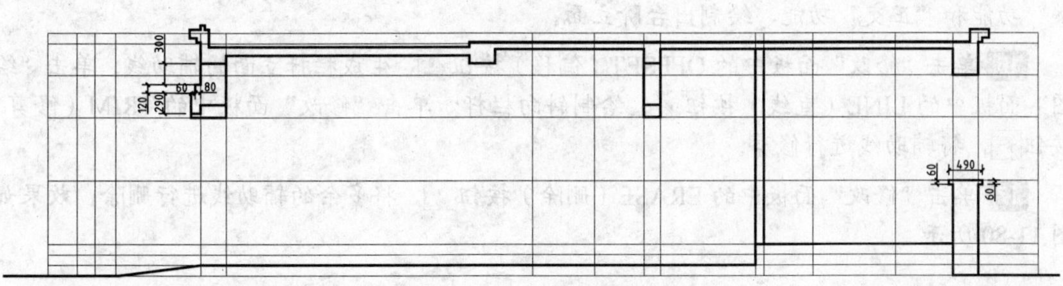

图 11-77 绘制墙体

11 绘制剖面门窗和立面门。单击“修改”面板中的 OFFSET（偏移）按钮，生成剖面门窗的辅助线；单击“修改”面板中的 TRIM（修剪）按钮，将剖面门窗和立面门的辅助线进行修剪。

12 单击“修改”面板中的 ERASE（删除）按钮，将不需要的辅助线删除。将剖面门窗和立面门放到“门窗”图层中，效果如图 11-78 所示。

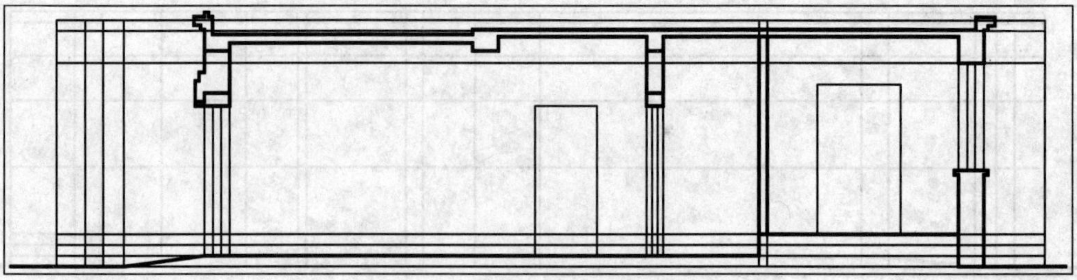

图 11-78　绘制剖面门窗和立面门

13 绘制景观柱和露台立面。单击“修改”面板中的 OFFSET（偏移）按钮，生成景观柱和露台立面的辅助线；单击“修改”面板中的 TRIM（修剪）按钮，将多余的辅助线进行修剪。

14 单击“修改”面板中的 ERASE（删除）按钮，将多余的辅助线删除，效果如图 11-79 所示。

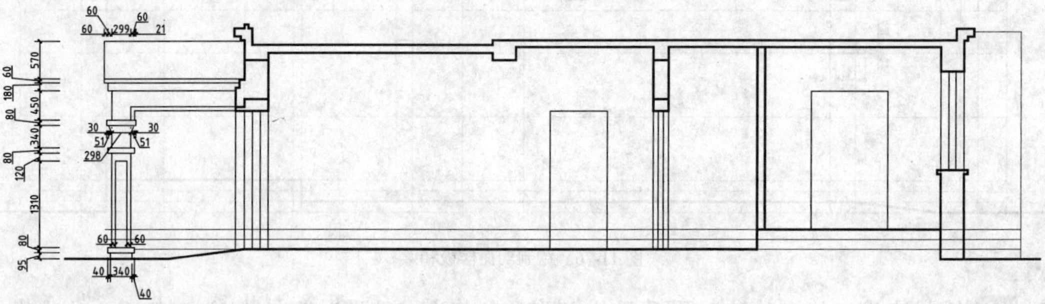

图 11-79　绘制景观柱和露台立面

15 绘制台阶和栏杆立面。单击“绘图”面板中的 LINE（直线）按钮，配合“对象捕捉”功能和“正交”功能，绘制出台阶立面。

16 单击“修改”面板中的 OFFSET（偏移）按钮，生成栏杆立面的辅助线；单击“绘图”面板中的 LINE（直线）按钮，绘制斜向栏杆；单击“修改”面板中的 TRIM（修剪）按钮，将辅助线进行修剪。

17 单击“修改”面板中的 ERASE（删除）按钮，将多余的辅助线进行删除，效果如图 11-80 所示。

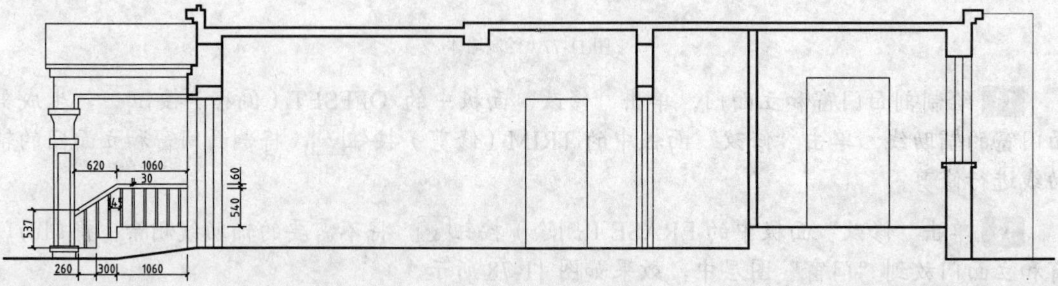

图 11-80　绘制台阶和栏杆立面

18 绘制餐厅墙面立面。单击“修改”面板中的 OFFSET（偏移）按钮，生成餐厅墙面立面的辅助线；单击“修改”面板中的 TRIM（修剪）按钮，将辅助线进行修剪，效果如图 11-81 所示。

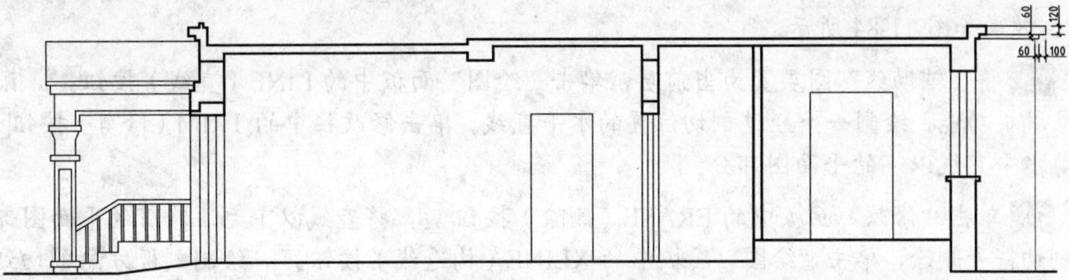

图 11-81 绘制餐厅墙面立面

19 填充材料图例。单击“绘图”面板中的 HATCH（图案填充）按钮，对剖切到的墙体、楼板和梁进行图案填充，效果如图 11-82 所示。

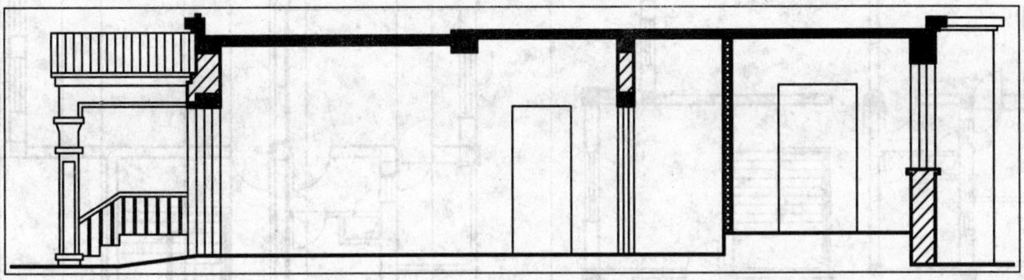

图 11-82 填充材料图例

20 按下快捷键 Ctrl + 2，打开 AutoCAD 设计中心，调用已有的小车立面图到别墅底层剖面图中，效果如图 11-83 所示。

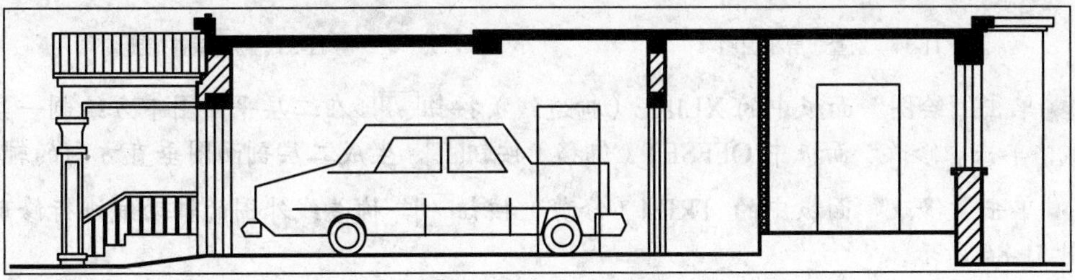

图 11-83 插入小车立面图

11.3.3 绘制别墅二层剖面图

本实例的别墅二层建筑剖面图与底层剖面图不相同，门窗位置和大小都不相同，应单独绘制。绘制方法基本上和绘制底层剖面图相同。

课堂举例 11-9： 绘制别墅二层剖面图 视频\第 11 章\课堂举例 11-9.mp4

01 绘制辅助线。打开光盘自带的“别墅二层平面图.dwg”文件，框选底层平面的所有图形，按下 Ctrl + C 键，复制全部图形。

02 转到剖面图文件中，按下 Ctrl + V 键，将二层平面图复制到剖面图文件当中。单击“修改”面板中的 ERASE（删除）按钮，将二层平面图中的尺寸标注、编号、文字和家具等进行删除。单击“修改”面板中的 ROTATE（旋转）按钮，将整个别墅平面图逆时针旋转 90°，效果如图 11-84 所示。

03 将“辅助线”图层置为当前层，单击“绘图”面板中的 LINE（直线）按钮，配合对象捕捉功能，绘制一条经过剖切位置的水平直线。单击修改栏中的 TRIM（修剪）按钮，修剪水平直线以下的平面图部分。

04 单击“修改”面板中的 ERASE（删除）按钮，将直线以下无法修剪的平面图部分和剖切符号删除，单击“绘图”面板中的 XLINE（构造线）按钮，绘制剖视方向剖切到的和可见的墙体、门窗等垂直辅助线，效果如图 11-85 所示。

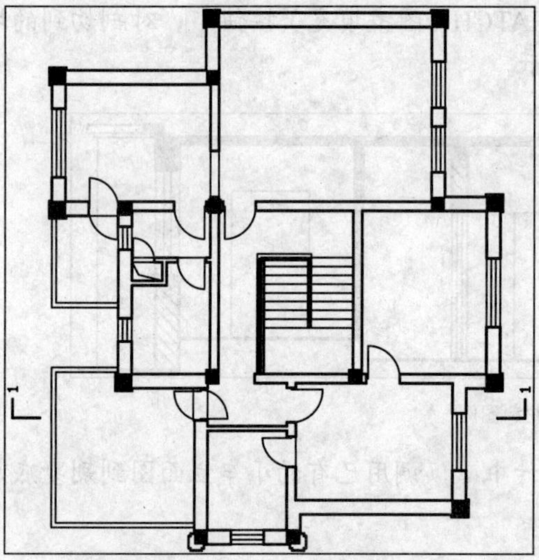

图 11-84 别墅二层平面图

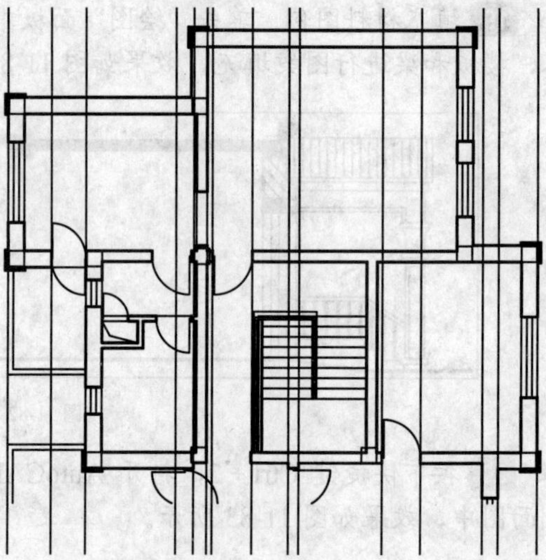

图 11-85 绘制垂直辅助线

05 单击“绘图”面板中的 XLINE（构造线）按钮，在二层平面图下方绘制一条水平辅助线；单击“修改”面板中 OFFSET（偏移）按钮，生成二层剖面图垂直方向的辅助线。

06 单击“修改”面板中的 TRIM（修剪）按钮，构造线外围的辅助线进行修剪，效果如图 11-86 所示。

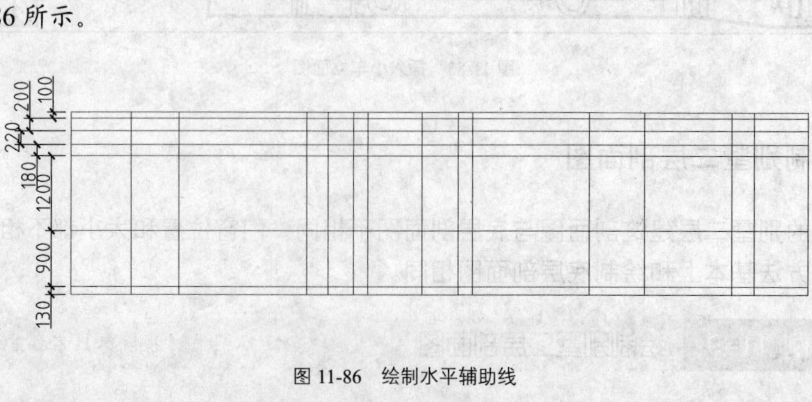

图 11-86 绘制水平辅助线

07 绘制墙体、楼板和梁。绘制楼板和梁。将“楼板和梁”图层置为当前层，单击“绘图”面板中的 PLINE（多段线）按钮，设置多段线宽为 25，配合“对象捕捉”功能和“正交”功能，绘制出楼板和梁，效果如图 11-87 所示。

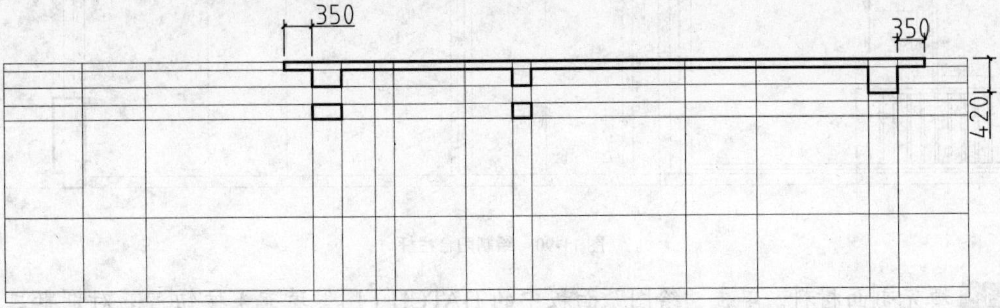

图 11-87　绘制楼板和梁

08 绘制墙体。将图层“墙体”置为当前层，单击“绘图”面板中的 PLINE（多段线）按钮，设置多段线宽为 50，绘制出墙体，效果如图 11-88 所示。

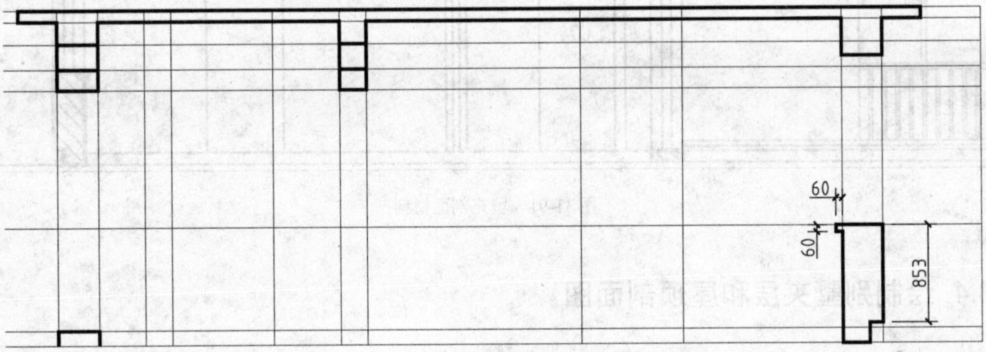

图 11-88　绘制墙体

09 绘制剖面门窗和立面门。单击“修改”面板中的 OFFSET（偏移）按钮，生成剖面门窗和立面门的辅助线；单击“修改”面板中的 TRIM（修剪）按钮，将立面门的辅助线进行修剪。

10 单击“修改”面板中的 ERASE（删除）按钮，将多余的辅助线删除。选择所有的剖面门窗和立面门，将其放置在“门窗”图层中，效果如图 11-89 所示。

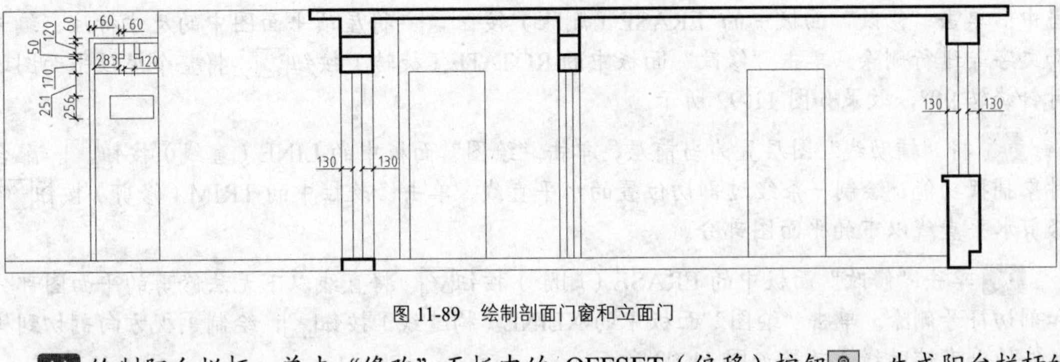

图 11-89　绘制剖面门窗和立面门

11 绘制阳台栏杆。单击“修改”面板中的 OFFSET（偏移）按钮，生成阳台栏杆的辅助线。单击“修改”面板中的 TRIM（修剪）按钮，将辅助线进行修剪，效果如图 11-90 所示。

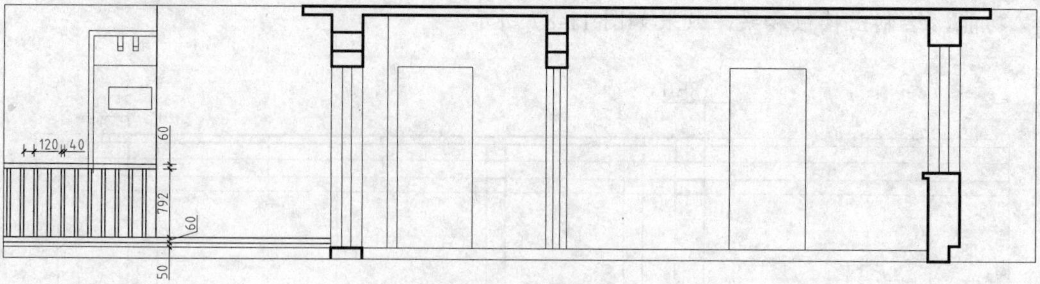

图 11-90　绘制阳台栏杆

12 填充剖面材料。单击“绘图”面板中的 HATCH（图案填充）按钮，对别墅二层剖面剖切到的墙体、楼板和梁进行图案填充，效果如图 11-91 所示。

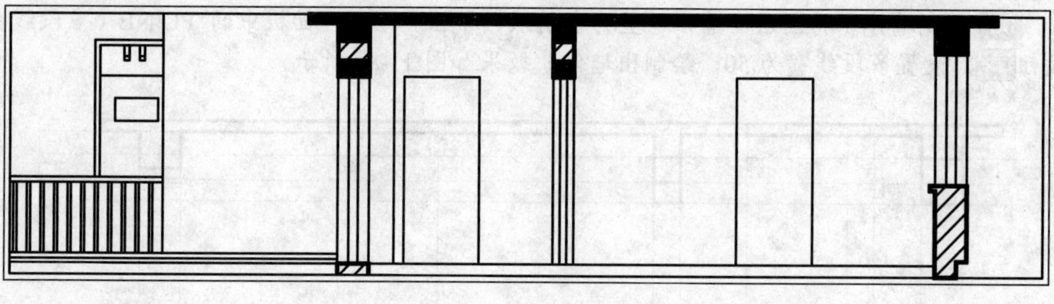

图 11-91　填充剖面材料

11.3.4 绘制别墅夹层和屋顶剖面图

由于别墅夹层和屋顶位于同一高度上，并且在同一平面上反映了相应的内容，因而可以同时绘制。接下来讲述别墅夹层和屋顶剖面图的绘制步骤和方法。

课堂举例 11-10：绘制别墅夹层和屋顶剖面图

视频\第 11 章\课堂举例 11-10.mp4

01 打开光盘自带的“别墅屋顶平面图.dwg”文件，框选整个的屋顶平面图形，按下 Ctrl + C 键，复制全部图形。

02 绘制辅助线。转到剖面图文件中，按下 Ctrl + V 键，将屋顶平面图复制到剖面图文件当中；单击“修改”面板中的 ERASE（删除）按钮，将屋顶平面图中的尺寸标注、编号和文字等进行删除。单击“修改”面板中的 ROTATE（旋转）按钮，将整个屋顶平面图逆时针旋转 90°，效果如图 11-92 所示。

03 将“辅助线”图层置为当前层，单击“绘图”面板中的 LINE（直线）按钮，配合对象捕捉功能，绘制一条经过剖切位置的水平直线。单击修改栏中的 TRIM（修剪）按钮，修剪水平直线以下的平面图部分。

04 单击“修改”面板中的 ERASE（删除）按钮，将直线以下无法修剪的平面图部分和剖切符号删除。单击“绘图”面板中的 XLINE（构造线）按钮，绘制剖视方向剖切到构配件的垂直辅助线，效果如图 11-93 所示。

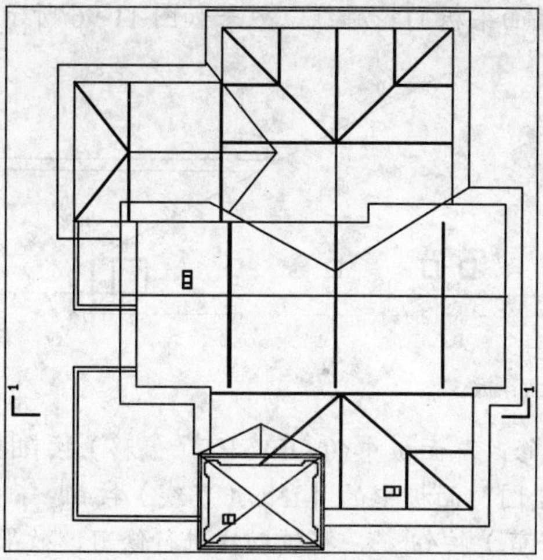

图 11-92　屋顶平面图

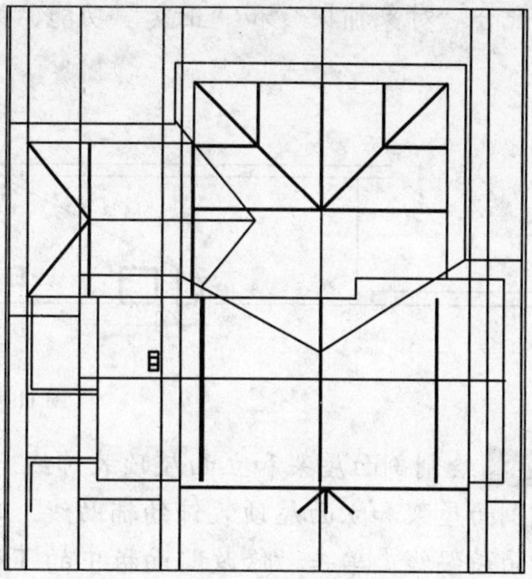

图 11-93　绘制垂直辅助线

05 绘制水平辅助线。单击“绘图”面板中的 XLINE（构造线）按钮，在屋顶平面图下方绘制一条水平辅助线。单击“修改”面板中的 OFFSET（偏移）按钮，生成屋顶剖面图的水平辅助线。单击“修改”面板中的 TRIM（修剪）按钮，将外围辅助线进行修剪，如图 11-94 所示。

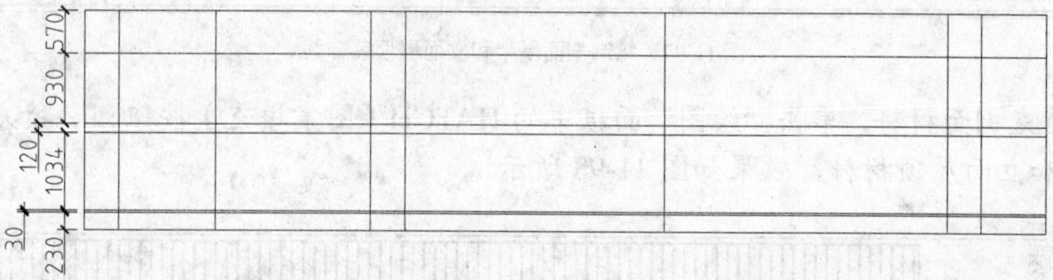

图 11-94　绘制水平辅助线

06 绘制别墅夹层剖面和屋顶剖面的轮廓线。单击“绘图”面板中的 LINE（直线）按钮，配合“对象捕捉”功能绘制出别墅屋顶剖面的斜剖线。单击“修改”面板中的 OFFSET（偏移）按钮，生成别墅夹层剖面和屋顶剖面的辅助线。

07 单击“修改”面板中的 TRIM（修剪）按钮和 ERASE（删除）按钮，将辅助线进行修剪和删除，效果如图 11-95 所示。

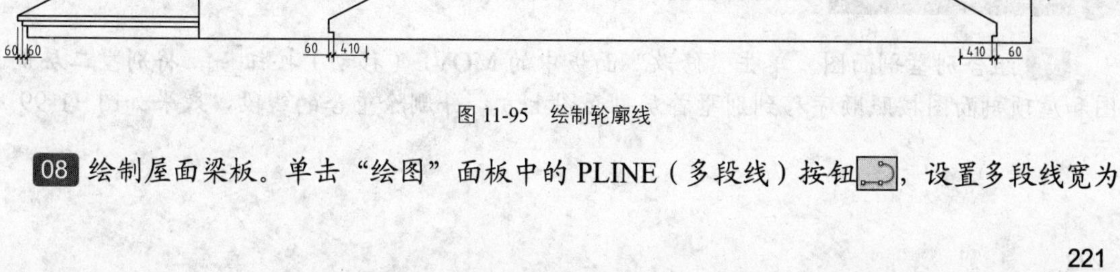

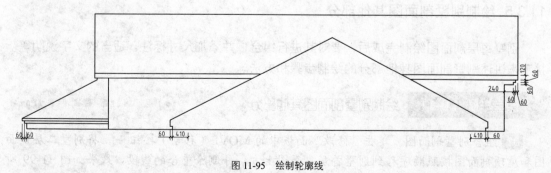

图 11-95　绘制轮廓线

08 绘制屋面梁板。单击“绘图”面板中的 PLINE（多段线）按钮，设置多段线宽为

25，配合“对象捕捉”和“正交”功能，绘制出屋面梁板的轮廓线，效果如图 11-96 所示。

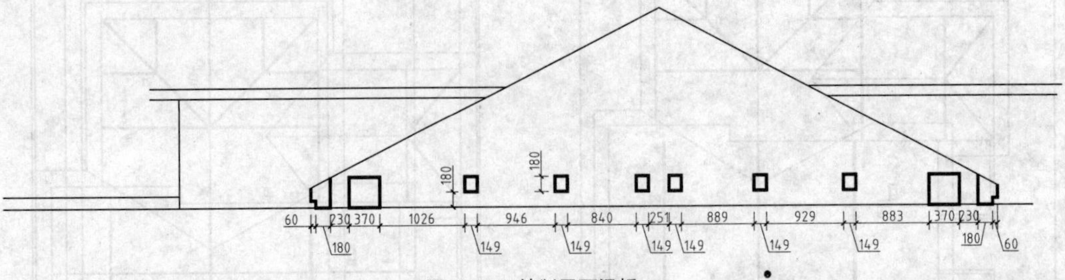

图 11-96　绘制屋面梁板

09 绘制剖面屋架和立面屋顶装饰线。单击“修改”面板中的 OFFSET（偏移）按钮，生成剖面屋架和立面屋顶装饰的辅助线。单击“绘图”面板中的 LINE（直线）按钮，绘制剖面屋架线。单击“修改”面板中的 TRIM（修剪）按钮，将辅助线进行修剪，效果如图 11-97 所示。

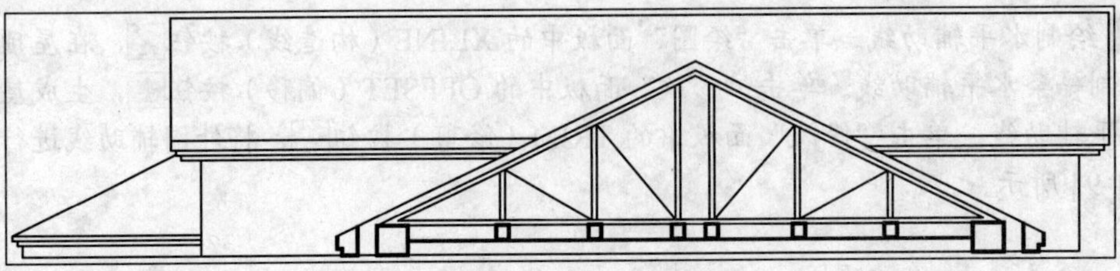

图 11-97　绘制剖面屋架和立面屋顶装饰线

10 填充剖面材料。单击“绘图”面板中的 HATCH（图案填充）按钮，填充剖切到的梁板材料和立面屋顶材料，效果如图 11-98 所示。

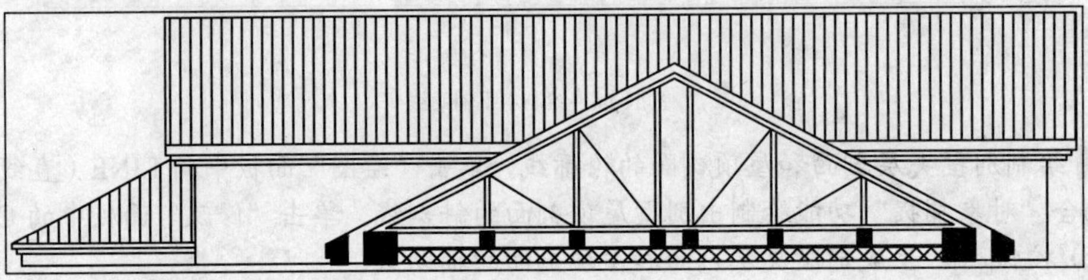

图 11-98　填充剖面材料

11.3.5 绘制别墅剖面图其他部分

别墅每层剖面图绘制完成后，要对其进行组合，并添加尺寸标注、适当的文字说明等。接下来讲述别墅剖面图其他部分的绘制步骤和方法。

课堂举例 11-11：绘制别墅剖面图其他部分

视频\第 11 章\课堂举例 11-11.mp4

01 组合别墅剖面图。单击“修改”面板中的 MOVE（移动）按钮，将别墅二层剖面图和屋顶剖面图按照顺序移到别墅首层剖面图上方，并删除重合的线段，效果如图 11-99 所示。

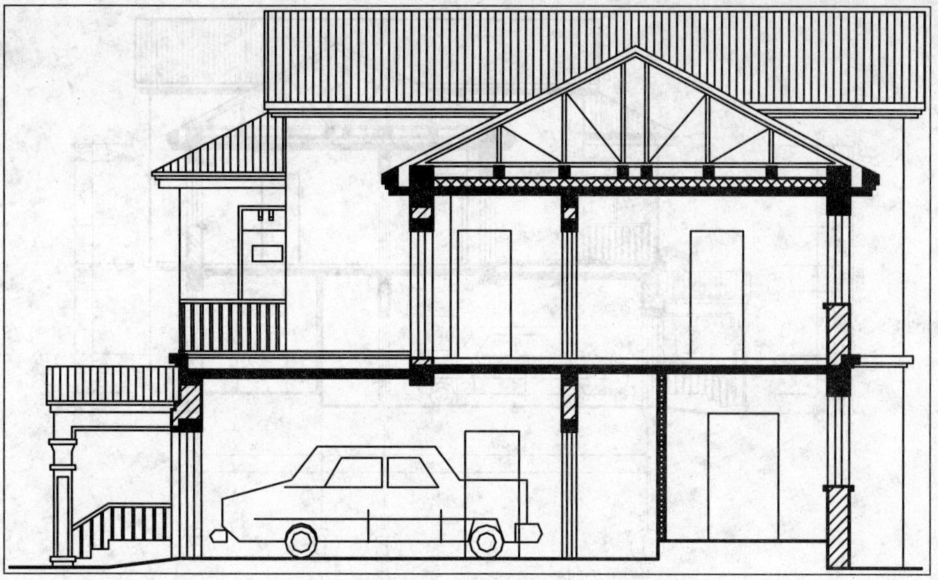

图 11-99　组合别墅剖面图

02 标注尺寸。单击“注释”面板中的 DIMSTYLE（标注样式）按钮，在弹出的“标注样式管理器”中设置标注样式。单击 DIMLINEAR（线性）按钮和 DIMCONTINUE（连续）按钮连续，标注别墅剖面图上各部分尺寸，效果如图 11-100 所示。

图 11-100　标注尺寸

03 标注轴线。参考前面介绍的方法绘制好轴线与轴号，然后单击“修改”面板中的 COPY（复制）按钮，复制多个轴线编号到别墅剖面图中。然后双击编号文字，对文字进行修改，效果如图 11-101 所示。

04 标注标高。单击“绘图”面板中的 LINE（直线）按钮，绘制一个等腰三角形的标高符号；单击“注释”面板中的 MTEXT（多行文字）按钮，在标高符号上方注写标高文字。

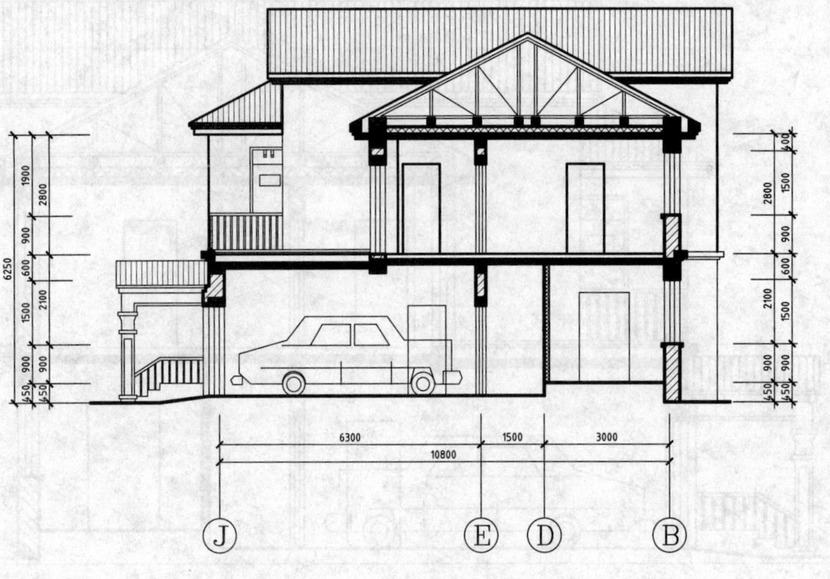

图 11-101　标注轴线

05 单击“修改”面板中的 COPY（复制）按钮，复制标高符号及标高数字复制到各处；然后双击文字，对标高数字进行修改，效果如图 11-102 所示。

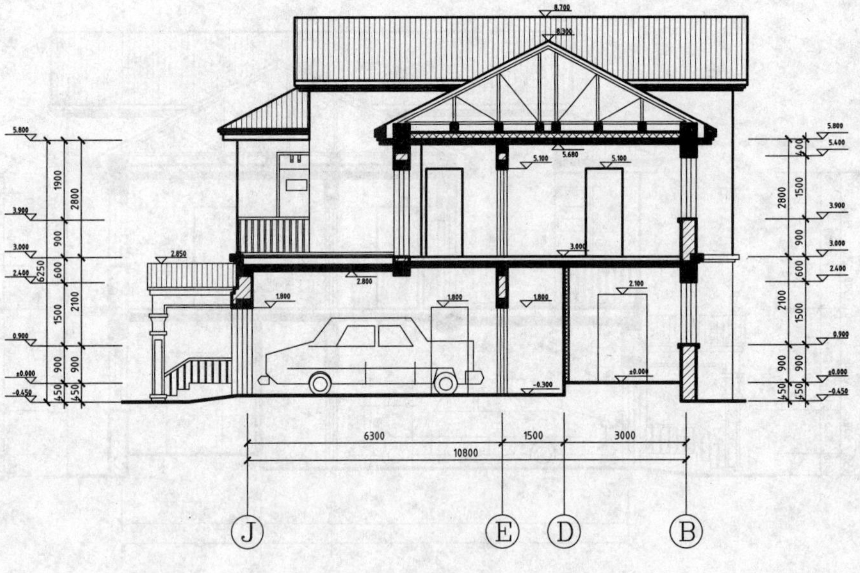

图 11-102　标注标高

06 添加文字说明、图名和比例。单击“注释”面板中的 MLEADERSTYLE（多重引线样式）按钮，在弹出的“多重引线样式管理器”对话框中，设置多重引线样式。

07 单击 MLEADER（多重引线）按钮，注写引出文字说明；单击“注释”面板中的 MTEXT（多行文字）按钮，注写图名和比例；单击“绘图”面板中的 PLINE（多段线）按钮，设置多段线宽为 100，绘制出图名和比例下方的下划线。

08 单击 OFFSET（偏移）按钮向下偏移多段线，单击“修改”面板中的 EXPLODE（分解）按钮，将第二根下划线进行分解，效果如图 11-103 所示。

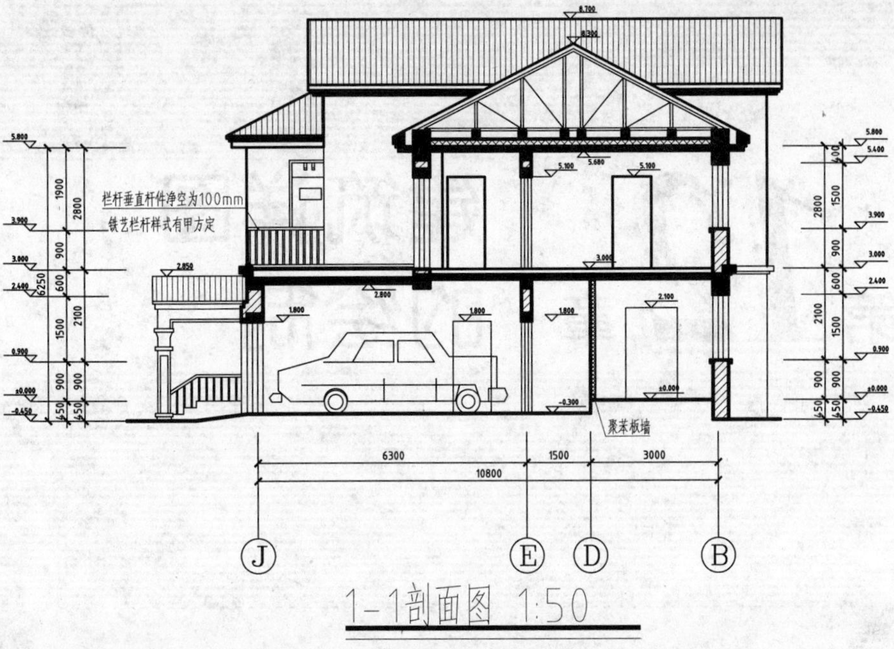

图 11-103　添加文字说明、图名和比例

09 添加图框和标题栏。别墅剖面图绘制完成后，为该剖面图添加图框和标题栏。制作一个 A2 图框，出图比例为 1: 50，将制作好的图框插入到已保存过的剖面图中，为剖面图插入图框，并对其位置进行调整。然后填写标题栏中图样的有关属性，包括图名、日期等。添加图框和标题后的别墅剖面图效果如图 11-104 所示。

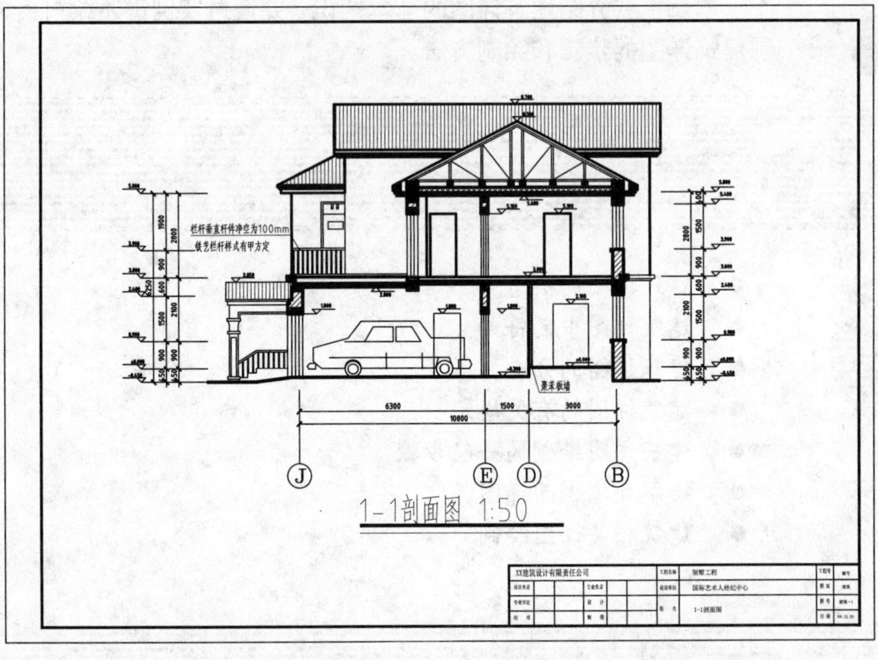

图 11-104　添加图框和标题栏

第12章 建筑详图的绘制

本章导读

在建筑设计中，因为建筑平、立、剖面图一般采用较小比例绘制，而有些比较细小的部位表达并不清楚，因而需要用放大比例将这些细节部位绘制成建筑详图。建筑详图设计是建筑施工图绘制过程中的一项重要内容，与建筑构造设计息息相关。建筑详图主要包括一些建筑的细部、构配件等，用较大的比例将其形状、大小、材料以及做法表达清楚详细。

本章主要介绍建筑详图的基本知识，并通过实例讲述绘制建筑详图的步骤和绘制方法。

本章重点

- 建筑详图的概念
- 建筑详图中的符号
- 建筑详图的分类
- 建筑详图的有关规定
- 建筑详图绘制的一般步骤
- 绘制外墙剖面详图
- 建筑相关详图绘制

12.1 建筑详图概述

在利用 AutoCAD 2015 绘制建筑详图之前，本节简要介绍建筑详图绘制的基本知识、绘制步骤和方法等。

12.1.1 建筑详图的概念

建筑详图（简称详图）是为了满足施工需要，将建筑平面图、立面图、剖面图中的某些复杂部位用较大比例绘制而成的图样。建筑详图按正投影法绘制，由于比例较大，要做到图例、线型分明、构造关系清楚、尺寸齐全、文字说明详尽，是对平、立、剖面等基本图样的补充和深化。

建筑详图作为建筑细部施工图，是制作建筑构配件（如门窗、阳台、楼梯和雨水管等）、构造节点（如窗台、檐口和勒角等）、进行施工和编制预算的依据。

在建筑详图设计中，需要绘制建筑详图的位置一般包括室内外墙身节点、楼梯、电梯、厨房、卫生间、门窗和室内外装饰等。室内外墙身节点一般用平面和剖面表示，常用比例为 1:20。平面节点详图表示出墙、柱或构造柱的材料和构造关系。

剖面节点详图即常说的墙身详图，需要表示出墙体与室内外地坪、楼面、屋面的关系，同时表示出相关的门窗洞口、梁或圈梁、雨篷、阳台、女儿墙、檐口、散水、防潮层、屋面防水、地下室防水等构造的做法。墙身详图可以从室内外地坪、防潮层处开始一直画到女儿墙压顶。为了节省图样空间，可以在门窗洞口处断开，也可以重点绘制地坪、中间层和屋面处的几个节点，而将中间层重复使用的节点集中到一个详图中表示。节点一般由上至下进行编号。

12.1.2 建筑详图中的符号

在建筑详图设计中，必须画出索引符号和详图符号。详图符号应与被索引图样上的索引符号相对应，如图 12-1 所示，在详图符号的右下侧注写比例。在详图中如需另画详图时，则在其相部位画上索引符号。索引符号用来索引详图，而索引出的详图，应画出详图符号来表示详图的位置和编号，并用索引符号和详图符号表示相互之间的对应关系，建立详图与被索引的图样之间的联系，以便相互对照查询。

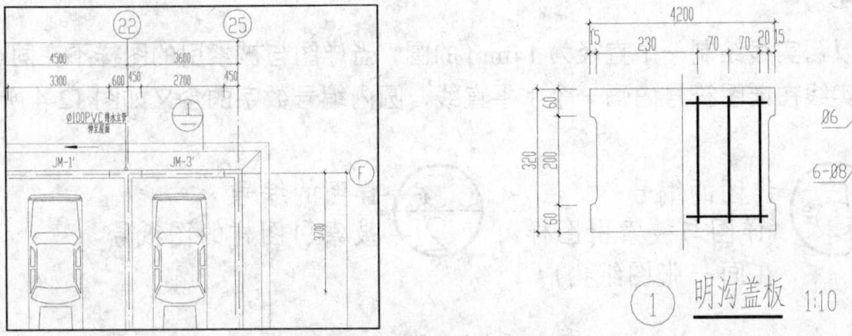

图 12-1 详图及其被索引图样

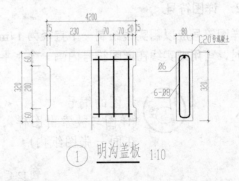

1. 索引符号

索引符号用一引出线指示要画详图的位置，在直线的另一端画一个细实线圆，其直径为10mm，引出线应对准圆心，圆内过圆心画一条水平直线，上半圆中用阿拉伯数字注明该详图的编号，下半圆中用阿拉伯数字注明该详图所在图样的编号。具体标注方法有如下 3 种：

- 索引出的详图，如与被索引的详图同在一张图样内，应在索引符号的上半圆中用阿拉伯数字注明该详图的编号，并在下半圆中间画一段水平细实线，如图 12-2a 所示。
- 索引出的详图，如与被索引的详图不在同一张图样内，应在索引符号的上半圆中用阿拉伯数字注明该详图的编号，在索引符号的下半圆中用阿拉伯数字注明该详图所在图样的编号（数字较多时，可加文字标），如图 12-2b 所示。
- 索引出的详图，如采用标准图，应在索引符号水平直径的延长线上加注该标准图册的编号，如图 12-2c 所示。

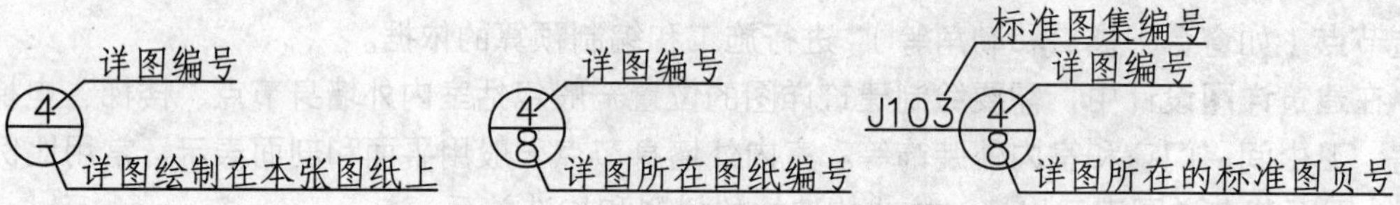

a） b） c）

图 12-2 索引符号表示法

索引符号如用于索引剖视详图时，应在被剖切的部位绘制剖切位置线，并以引出线引出索引符号，引出线所在的一侧为投射方向，如图 12-3 所示。

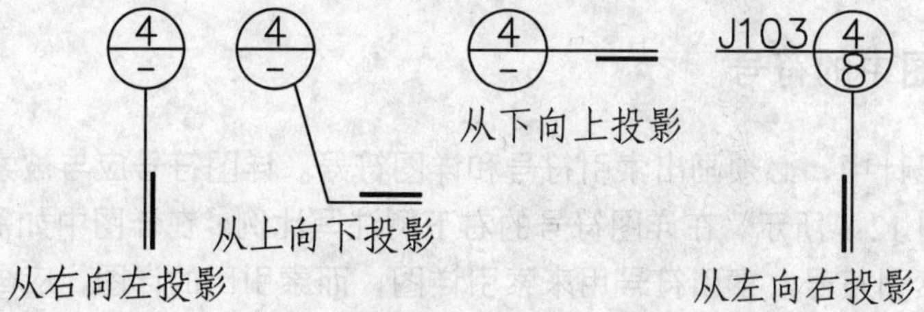

图 12-3 表示剖视详图的索引符号

2. 详图符号

详图符号应以粗实线绘制一个直径为 14mm 的圆，当详图与被索引的图样不在同一张图样内时，可用细实线在详图符号内画一个水平直线，圆内编号数字的含义如图 12-4 所示。

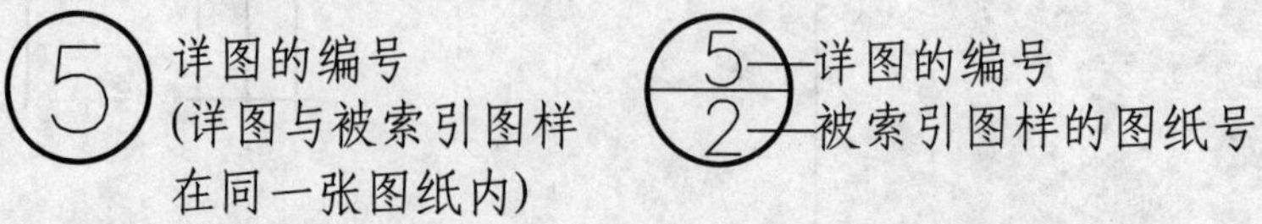

图 12-4 详图符号

12.1.3 建筑详图的分类

依据图示方法，建筑详图可分为剖面详图（如外墙身和楼梯间等）、平面详图（如卫生间和厨房等）、立面详图（如门窗）、断面详图（如楼梯踏步）等，采取哪种图示方法要根据细部构造的复杂程度而定。常用的建筑详图根据绘制部位基本上可分为 3 大类：节点详图、房间详图和构配件详图。

1. 节点详图

节点详图用来详细表达某一节点部位的构造、尺寸、做法、材料和施工要求等。最常见的节点详图是墙身大样详图，它将外墙的檐口、屋顶、窗过梁、窗台、楼地面和勒脚等部位，按其位置集中画在一个剖面详图上，如图 12-5 所示。

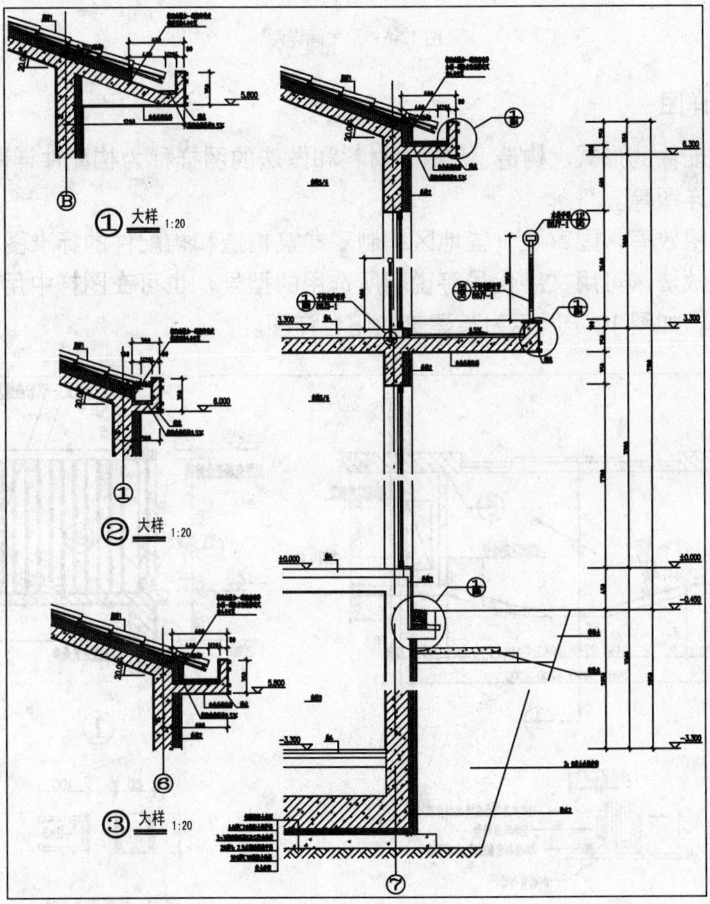

图 12-5　墙身大样详图

2. 房间详图

有些房间的构造或固定设施都很复杂，均需用详图将某一房间用较大的比例绘制出来，如楼梯间详图、厨房详图和卫生间详图等，这种详图称为房间详图。如图 12-6 所示为卫生间平面详图。

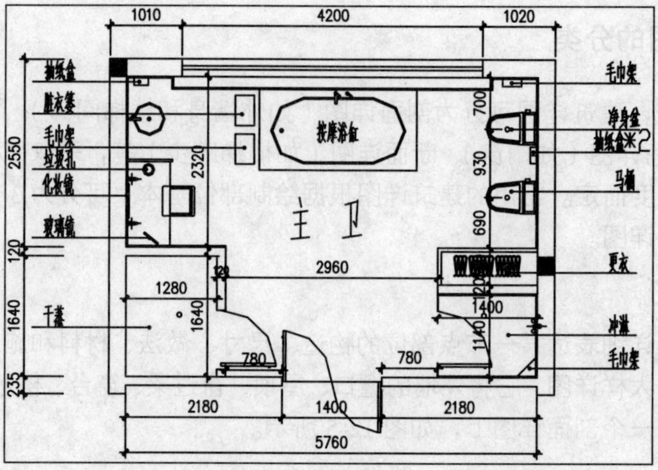

图 12-6　卫生间详图

3．构配件详图

表达某一构配件的形式、构造、尺寸、材料和做法的图样称为构配件详图，如门窗详图、雨篷详图和阳台详图等。

为了提高绘图效率，国家及一些地区编制了建筑构造和构配件的标准图集，如果选用这些标准图集中的做法，可用文字代号等说明所选用的型号，也可在图样中用索引符号注明，不再另绘制详图。如图 12-7 所示为某建筑的阳台详图。

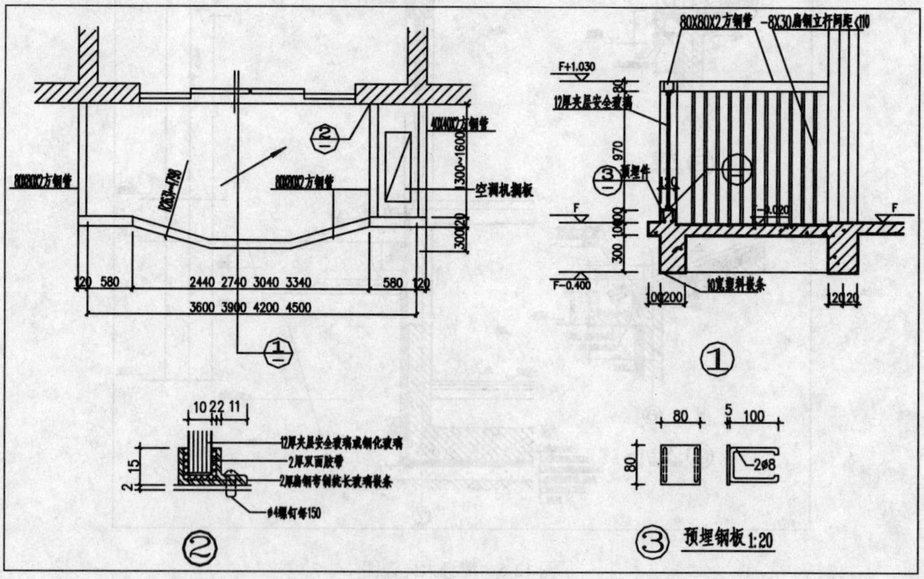

图 12-7　某建筑阳台详图

12.1.4 建筑详图的有关规定

建筑详图要详细、完整地表达建筑细部，还要符合《房屋建筑制图统一标准》（GB/T50001-2001）的规定。

1. 比例与图名

建筑详图采用较大的比例，常用的有 1:50、1:20、1:10、1:5、1:2 等比例绘制。建筑详图的图名包括详图符号、编号和比例，而且要与被索引的图样上的索引符号相对应，以便对照查询。

2. 建筑详图的数量

建筑详图应该根据清晰表达的要求，根据绘制的建筑细部构造和构配件的复杂程度，来确定详图的数量。例如墙身节点图通常用一个剖面详图表达，楼梯间常用几个平面详图、一个剖面详图和几个节点详图来表达。

3. 定位轴线

建筑详图一般应画出和建筑细部有关的定位轴线及其编号，以便与建筑平面图、建筑立面图和建筑剖面图相对应。当一个详图适用几根定位轴线时，可同时将各有关轴线的编号都注明，但对通用详图的定位轴线，应只画圆，不注轴线编号，如图 12-8 所示。其中图 a 表示通用详图的轴线号，只用圆圈，不标编号；图 b 表示详图用于两个轴线时的情况；图 c 表示详图用于 3 个或 3 个以上轴线时的情况；图 d 表示详图用于 3 个以上连续编号的轴线时的情况。

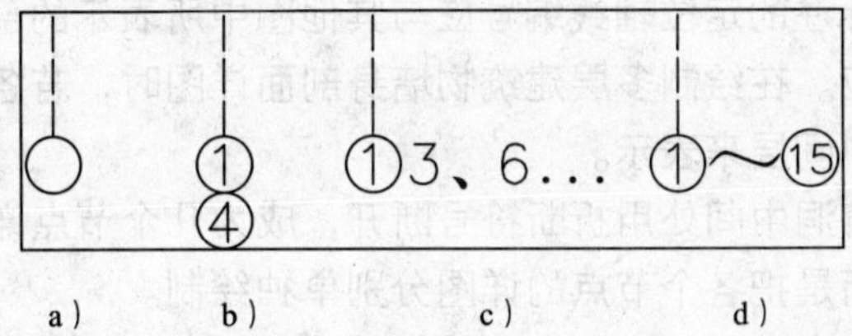

图 12-8　详图上的定位轴线编号

4. 图线

由于建筑详图反映的内容比较单一，因而一般情况下，建筑详图的图线只采用两种：粗线和细线。建筑详图的图线要求是：粗实线用于绘制建筑构配件的断面轮廓线；细实线用于绘制构配件的可见轮廓线和材料图例等。

5. 尺寸标注

建筑详图的尺寸标注必须完整齐全，准确无误。

6. 其他标注

对于套用标准图或通用图集的建筑构配件和建筑细部，只要注明所套用图集的名称、详图所在的页数和编号，不必再画详图。

建筑详图凡是需要再绘制详图的部位，同样要绘制索引符号。建筑详图应把所用的各种材料及其规格、各部分的做法和施工要求等用文字详尽说明。

12.1.5 建筑详图绘制的一般步骤

建筑详图绘制的一般步骤如下：

1) 绘制图形轮廓线，包括断面轮廓和看线。

2) 填充材料图例，包括各种材料图例的选用和填充。

3) 符号标注、尺寸标注和文字等标注，包括设计深度要求的轴线及编号、标高、索引符号、折断符号、尺寸标主和说明文字等。

12.2 绘制外墙剖面详图

外墙剖面详图详细地表达了建筑物的屋面、楼层、阳台、地面、檐口构造、楼板与墙的连接、门窗过梁、窗台、勒脚和散水等处构造的情况，外墙剖面详图实际上是建筑剖面的局部放大图，是建筑施工的重要依据。本节以绘制某建筑物墙身剖面详图为例，讲述利用AutoCAD 2015 绘制外墙剖面详图的操作步骤和方法。

12.2.1 外墙剖面详图的图示内容及规定画法

外墙剖面详图包括的图示内容及规定画法如下:

1. 定位轴线、详图符号和比例

外墙剖面详图上所标注的定位轴线编号应与其他图中所表示的部位一致，其详图符号也要和相应的索引符号对应。在绘制多层建筑物墙身剖面详图时，若各层的情况相同，则可绘制出底层、顶层和一个中间层来表示。

在绘图时，往往在窗洞中间处用折断符号断开，成为几个节点详图的组合。有时，也可不画整个墙身的详图，而是把各个节点的详图分别单独绘制。

在外墙详图上，应标出绘图时采用的比例，绘图比例通常标注在相应详图符号的后面。

2. 墙身厚度与定位轴线的关系

外墙剖面详图上要表明墙身的厚度与定位轴线的关系。

3. 外墙与其他部分的构造和联系

根据各节点在外墙上的位置不同，其所表示的内容分别如下:

- 底层节点详图：分别表示了室外散水、勒脚、室内地面、踢脚板和墙脚防潮层的形状和构造。从勒脚部分可知房屋外墙的防潮、防水和排水的做法。外（内）墙身的防潮层，一般是在底层室内地面下 60mm 左右（指一般刚性地面）处，以防地下水对墙身的侵蚀。在外墙面，离室外地面 300 ~ 500mm 高度范围内(或窗台以下)，用坚硬防水的材料做成勒脚。在勒脚的外地面，用 1:2 的水泥砂浆抹面，做出 2% 坡度的散水，以防雨水或地面水对墙基础的侵蚀。
- 中间层节点详图：用以表示门、窗过梁（或圈梁）、窗台的形状和构造，另外还有楼板与墙身连接的情况，可了解各层楼板（或梁）的搁置方向及与墙身的关系。窗框和窗扇的形状和尺寸需另用详图表示。
- 顶层节点详图：又称檐口节点详图，它是用来表示檐口处屋面承重结构以及结构做法、顶棚、女儿墙的形状和构造、排水方法等。

4．标高

在外墙剖面详图中，一般应标注出各部位的标高、高度尺寸和墙身凸出部分的细部尺寸。图中标高注写有两个数字时，有括号的数字表示在新一层的标高。

5．图例和文字说明

在外墙详图中，可用图例或文字说明来表示楼地面及屋顶所用的建筑材料，包括材料间的混合比、施工厚度和做法、墙身内外表面装修的断面形式、厚度及所用的材料等。

12.2.2 绘制某别墅外墙剖面详图

本小节以绘制某别墅外墙剖面详图为例，讲述外墙剖面详图的绘制方法、操作步骤和技巧。绘制别墅外墙剖面详图的最终效果如图 12-9 所示。

课堂举例 12–1：绘制某别墅外墙剖面详图　　视频\第 12 章\课堂举例 12-1.mp4

01 新建文件。启动 AutoCAD 2015 应用程序，单击快速访问工具栏中的 NEW（新建）按钮，打开“选择样板”对话框，如图 12-10 所示。选择“acadiso.dwt”选项，单击“打开”按钮，即可新建一个样板文件。

02 设置绘图单位。在命令行中输入 UNITS（单位）命令并回车，弹出“图形单位”对话框，在“长度”选项组里的“类别”下拉列表中选择“小数”。在“精度”下拉列表框中选择 0，如图 12-11 所示。

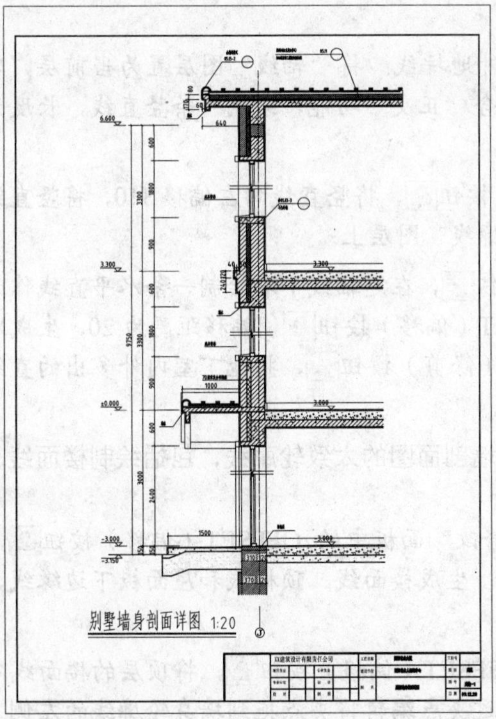

图 12-9　别墅墙身剖面详图

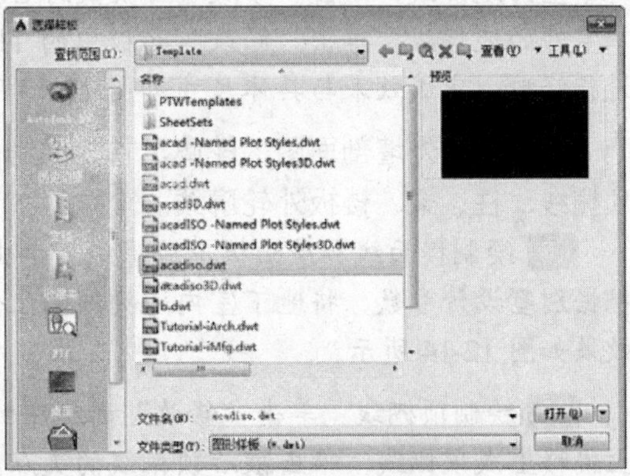

图 12-10　“选择样板”对话框

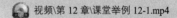

03 设置图层。单击“图层”面板中的 LAYER（图层特性）按钮，弹出“图层特性管理器”对话框，单击对话框中的“新建图层”按钮，创建剖面图所需要的图层，并为每一个图层定义名称、颜色、线型、线宽，设置好的图层效果如图 12-12 所示。

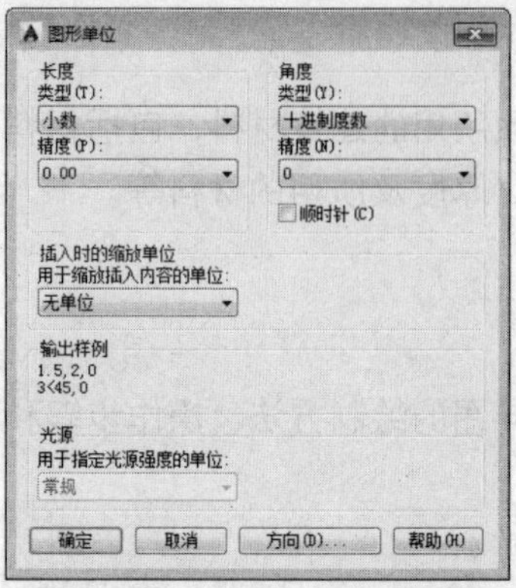

图 12-11 “图形单位”对话框

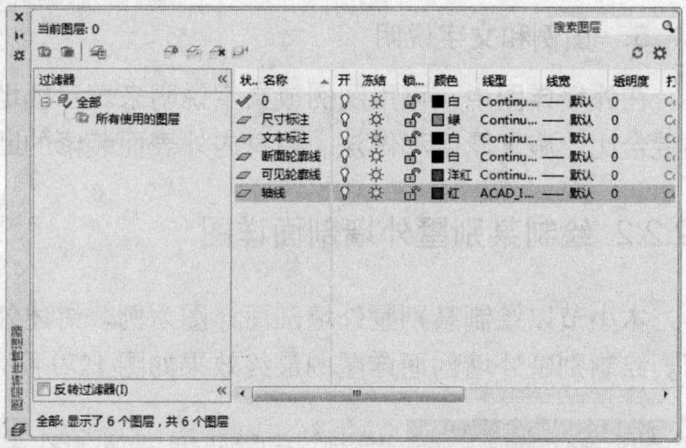

图 12-12 “图层特性管理器”对话框

04 设置图形界限。在命令行中输入 LIMITS（图形界限）命令并回车，设置绘图区域。执行 ZOOM（缩放）命令，完成观察范围的设置。其命令行提示如下：

```
命令: limits↙
重新设置模型空间界限:
指定左下角点或 [开(ON)/关(OFF)] <0.0000, 0.0000>:↙     //直接按回车键接受默认值
指定右上角点 <420.0000, 297.0000>: 5000, 10000↙      //输入右上角坐标“5000, 10000”后按回车键完成绘图范围的设置
```

05 绘制定位轴线、墙身轮廓线和地下室内外地坪线。将“轴线”图层置为当前层，单击“绘图”面板中的 LINE（直线）按钮，配合“正交”功能，绘制一条竖直线，长度为 8800。

06 单击“修改”面板中的 OFFSET（偏移）按钮，将竖直线向左偏移 310，将竖直线向右偏移 120，将偏移生成的直线改到“断面轮廓线”图层上。

07 单击“绘图”面板中的 LINE（直线）按钮，在定轴线下端绘制一条水平直线作为地下室内地坪线。单击“修改”面板中的 OFFSET（偏移）按钮，偏移距离为 20，生成地下室外的地坪线。单击“修改”面板中的 TRIM（修剪）按钮，将地下室内外多出的直线进行修剪，完成效果与具体尺寸如图 12-13 所示。

下面绘制外墙剖面图的轮廓，首先绘制出外墙剖面图的大致轮廓线，包括绘制楼面线、顶棚线、柱、梁、楼板外轮廓线。

08 绘制楼面线和屋面板下边缘线。单击“修改”面板中的 OFFSET（偏移）按钮，根据别墅设计参数，将地下室内地坪线向上偏移，生成楼面线、顶棚线和屋面板下边缘线，效果如图 12-14 所示。

09 绘制顶棚线。单击“修改”面板中的 OFFSET（偏移）按钮，将顶层的楼面线向上偏移生成顶棚线；单击激活顶棚线的夹点，通过夹点编辑将夹点拖到墙身轮廓线的左侧。单击“绘图”面板中的 LINE（直线）按钮，绘制直线；单击“修改”面板中的 TRIM（修剪）按钮，将顶棚线以上的墙身轮廓线进行修剪，效果如图 12-15 所示。

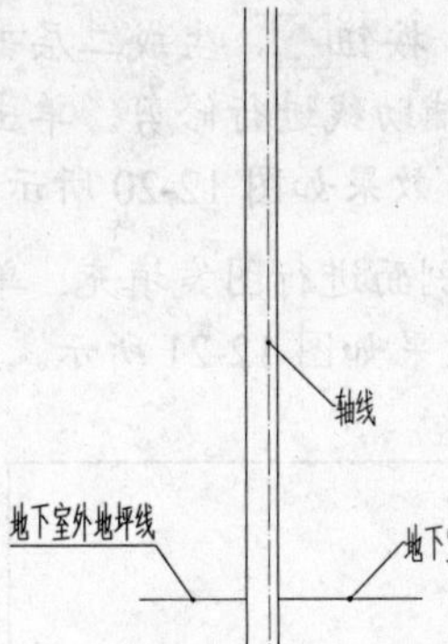

图 12-13 绘制定位轴线、墙身轮廓线和地下室内外地坪线

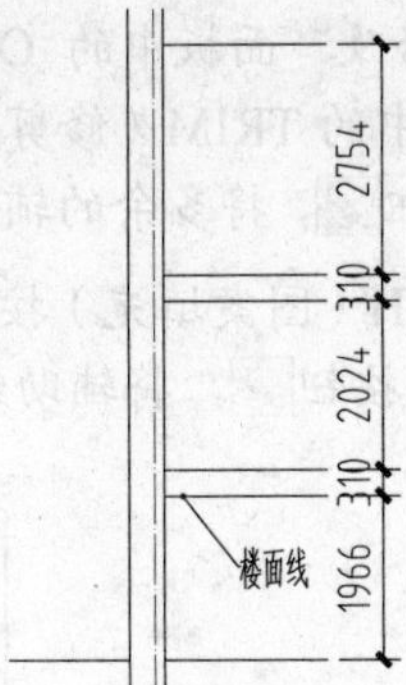

图 12-14 绘制楼面线和屋面板下边缘线

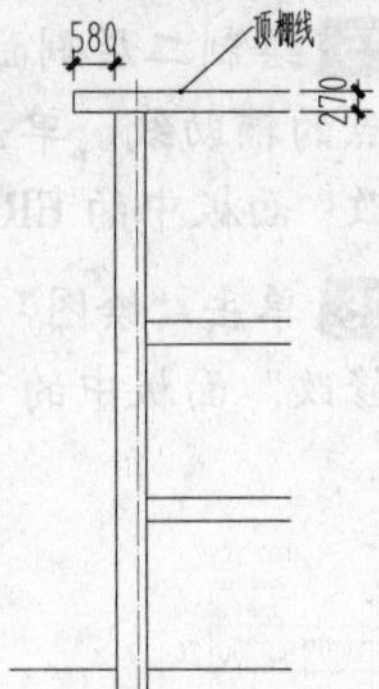

图 12-15 绘制顶棚线

10 绘制负一层外墙剖面节点。单击“修改”面板中的 OFFSET（偏移）按钮，生成墙身剖面下部节点的辅助线。单击“绘图”面板中 LINE（直线）按钮，绘制斜向剖面线。

11 单击“修改”面板中的 TRIM（修剪）按钮，将辅助线进行修剪，效果如图 12-16 所示。

12 单击“绘图”面板中的 HATCH（图案填充）按钮，对墙身剖面进行图案填充。单击“修改”面板中的 ERASE（删除）按钮，将辅助线进行删除，效果如图 12-17 所示。

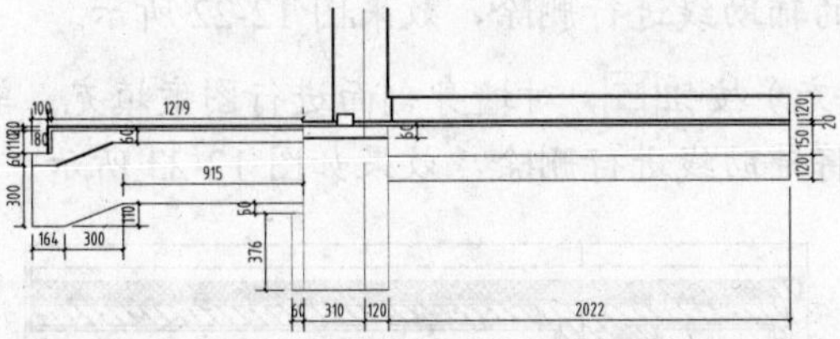

图 12-16 绘制墙身剖面下部节点轮廓线

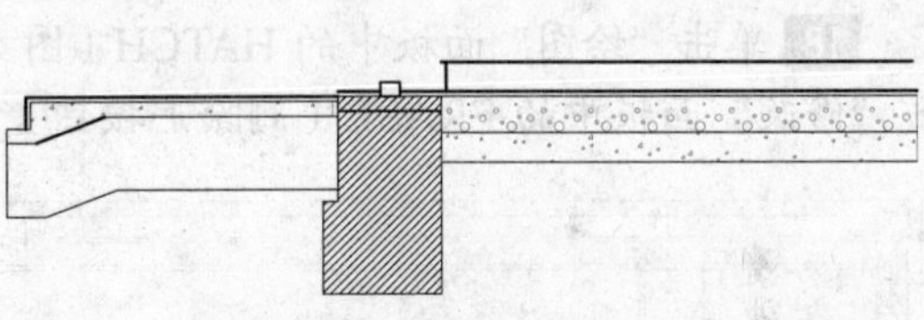

图 12-17 填充剖面材料

13 绘制首层剖面节点。单击“修改”面板中的 OFFSET（偏移）按钮，生成首层剖面节点的辅助线。单击“绘图”面板中的 ARC（圆弧）按钮，绘制剖面圆弧轮廓线。单击“修改”面板中的 TRIM（修剪）按钮，将辅助线进行修剪。单击“修改”面板中的 ERASE（删除）按钮，将多余的辅助线进行删除，效果如图 12-18 所示。

14 单击“绘图”面板中的 HATCH（图案填充）按钮，对墙身剖面进行图案填充。单击“修改”面板中的 ERASE（删除）按钮，将辅助线进行删除，效果如图 12-19 所示。

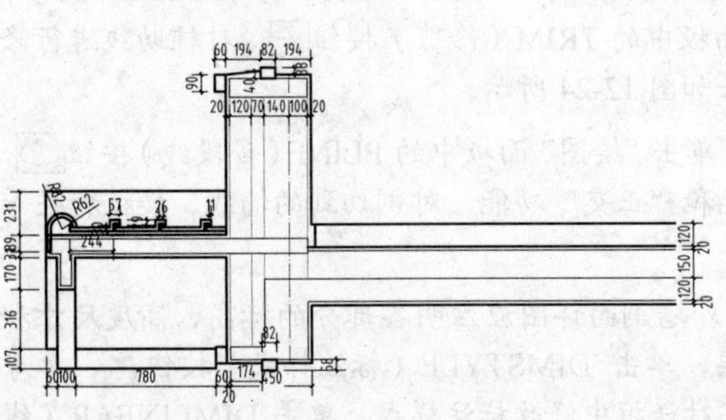

图 12-18 绘制首层剖面节点轮廓线

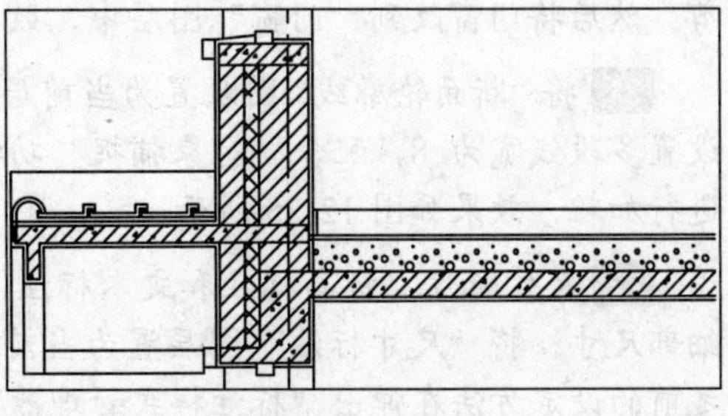

图 12-19 填充剖面材料

15 绘制二层剖面节点。单击“修改”面板中的 OFFSET（偏移）按钮，生成二层剖面节点的辅助线。单击“修改”面板中的 TRIM（修剪）按钮，将辅助线进行修剪。单击“修改”面板中的 ERASE（删除）按钮，将多余的辅助线进行删除，效果如图 12-20 所示。

16 单击“绘图”面板中的 HATCH（图案填充）按钮，对墙身剖面进行图案填充；单击“修改”面板中的 ERASE（删除）按钮，将辅助线进行删除，效果如图 12-21 所示。

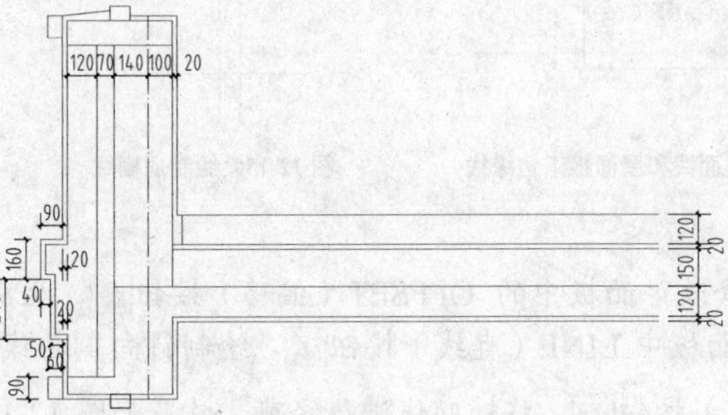

图 12-20　绘制二层剖面节点的轮廓线

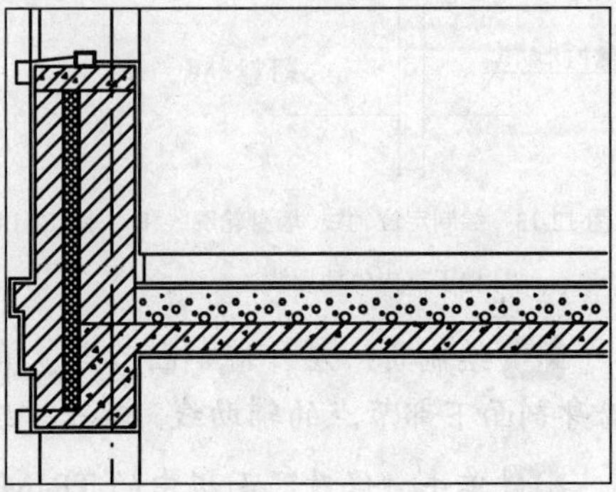

图 12-21　填充剖面材料

17 绘制顶棚节点。单击“修改”面板中的 OFFSET（偏移）按钮，生成顶棚剖面节点的辅助线；单击“修改”面板中的 TRIM（修剪）按钮，将辅助线进行修剪；单击“修改”面板中的 ERASE（删除）按钮，将多余的辅助线进行删除，效果图 12-22 所示。

18 单击“绘图”面板中的 HATCH（图案填充）按钮，对墙身剖面进行图案填充。单击“修改”面板中的 ERASE（删除）按钮，将辅助线进行删除，效果如图 12-23 所示。

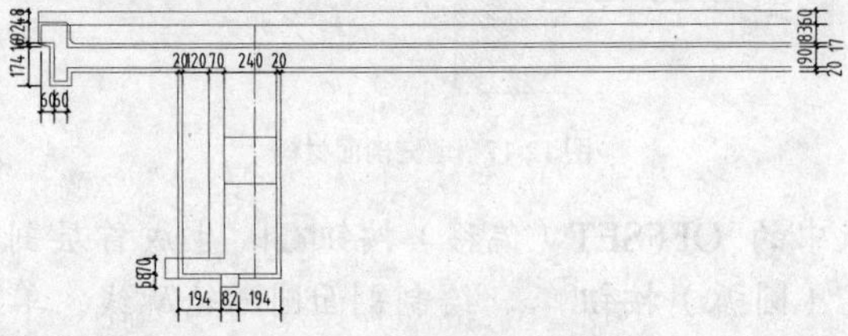

图 12-22　绘制顶剖面节点辅助线

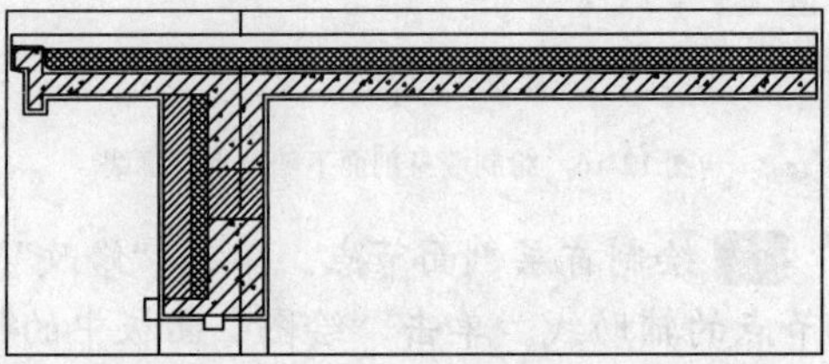

图 12-23　填充剖面材料

19 绘制剖面门窗和加粗剖面。单击“修改”面板中的 OFFSET（偏移）按钮，生成剖面门窗、窗套和折断符号的辅助线。

20 单击“绘图”面板中的 LINE（直线）按钮和“修改”面板中的 OFFSET（偏移）按钮，绘制出折断符号。单击“修改”面板中的 TRIM（修剪）按钮，对辅助线进行修剪。然后将门窗改到“门窗”图层中，效果如图 12-24 所示。

21 将“断面轮廓线”图层置为当前层，单击“绘图”面板中的 PLINE（多段线）按钮，设置多段线宽为 8，配合“对象捕捉”功能和“正交”功能，对剖切到的墙线、楼板和梁等进行加粗，效果如图 12-25 所示。

22 尺寸标注、标高标注和文本标注。外墙剖面详图应注明各部分的标高、高度尺寸和细部尺寸。将“尺寸标注”图层置为当前层，单击 DIMSTYLE（标注样式）按钮，参考之前的设定方法在弹出“标注样式管理器”对话框中修改标注样式。单击 DIMLINEAR（线性）按钮和 DIMCONTINUE（连续）按钮连续，标注各部分尺寸，效果如图 12-26 所示。

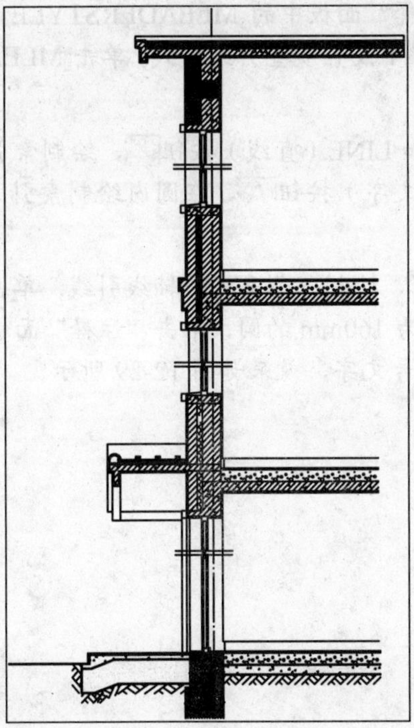

图 12-24　绘制剖面门窗和窗套

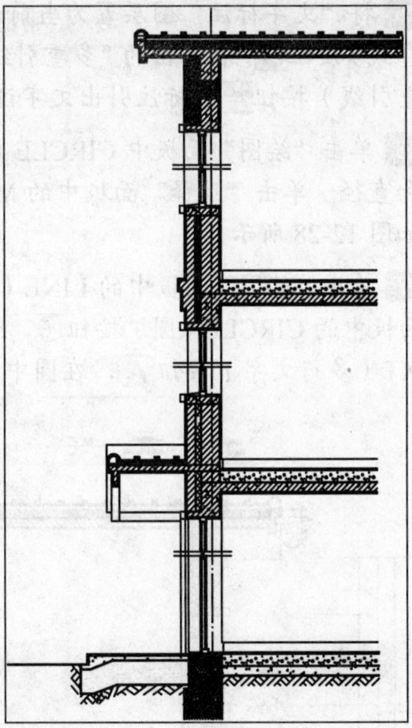

图 12-25　绘制墙体、楼板和梁轮廓线

23 单击“绘图”面板中的 LINE（直线）按钮，绘制出标高符号。单击“注释”面板中的 MTEXT（多行文字）按钮 A，在标高符号上方绘制出标高数字。

24 单击“修改”面板中的 COPY（复制）按钮，复制标高符号和数字到需要标高外墙剖面详图位置。然后双击标高数字，对标高数字进行修改，效果如图 12-27 所示。

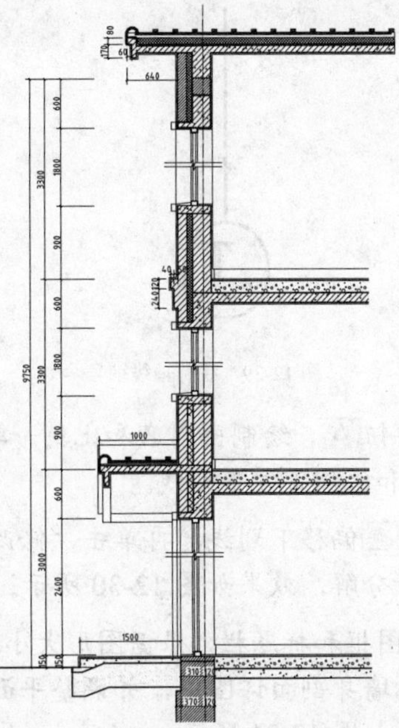

图 12-26　标注尺寸

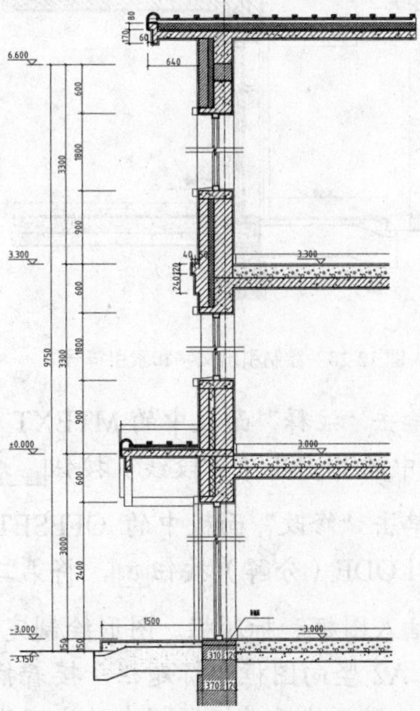

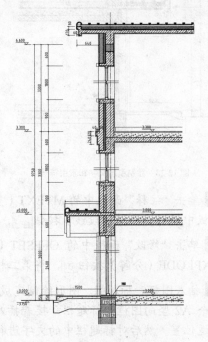

图 12-27　绘制标高符号

25 将“文字标注”图层置为当前层，单击“注释”面板中的 MLEADERSTYLE（多重引线样式）按钮，在弹出的“多重引线样式管理器”中设置多重引线样式。单击 MLEADER（多重引线）按钮，标注引出文字说明。

26 单击“绘图”面板中 CIRCLE（圆）按钮和 LINE（直线）按钮，绘制索引符号的圆和直径。单击“注释”面板中的 MTEXT（多行文字）按钮，在圆内绘制索引文字，效果如图 12-28 所示。

27 单击“绘图”面板中的 LINE（直线）按钮，绘制一条垂直的轴线引线；单击“绘图”面板中的 CIRCLE（圆）按钮，绘制一个半径为 160mm 的圆。单击“注释”面板中的 MTEXT（多行文字）按钮，在圆中心绘制轴线编号文字，效果如图 12-29 所示。

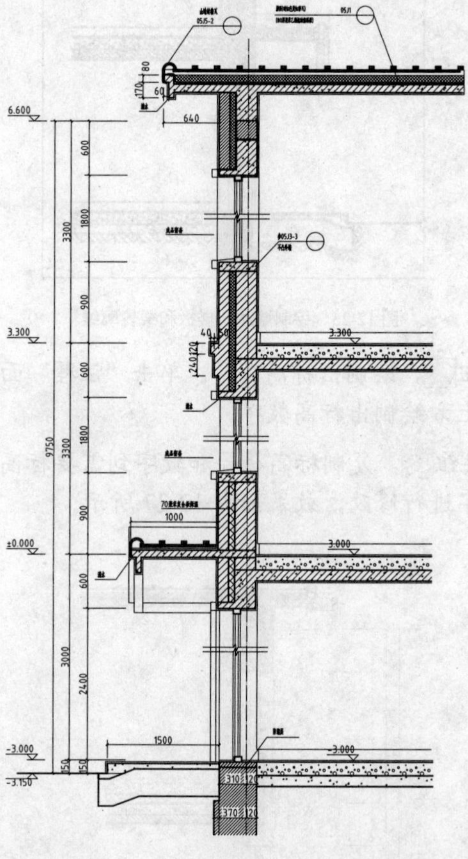

图 12-28　绘制引出文字和索引符号

图 12-29　绘制轴线编号

28 单击“注释”面板中的 MTEXT（多行文字）按钮，绘制出图名和比例。单击“绘图”面板中的 PLINE（多段线）按钮，绘制出图名和比例下方下划线。

29 单击“修改”面板中的 OFFSET（偏移）按钮偏移下划线，再单击“修改”面板中的 EXPLODE（分解）按钮，将第二根下划线进行分解，效果如图 12-30 所示。

30 插入图框和标题栏。图形绘制完成后就要插入图框和标题栏，根据图形大小和比例，绘制一个 A2 竖向图框和标题栏，接着插入图框到别墅墙身剖面详图中，并调整平面图到图框中合适位置。然后对标题栏中的文字进行修改，效果如图 12-31 所示。

图 12-30　绘制图名和比例

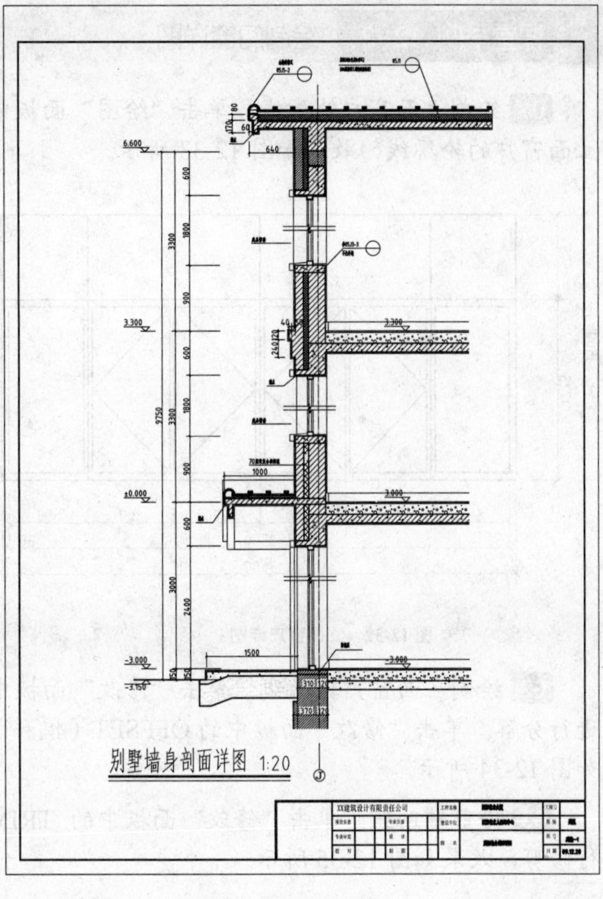

图 12-31　插入图框和标题栏

12.3 建筑相关详图绘制

建筑详图有很多，除了上节学习的外墙剖面详图，还有平面大样图和各个节点详图等，它们都是建筑图中不可缺少的部分。本节通过实例的练习讲述建筑相关详图的绘制步骤和方法。

12.3.1 绘制门窗详图

根据《深度规定》的要求，特殊的或非标准门、窗、幕墙等应有构造详图。如属另行委托设计加工者，要绘制立面分格图，对开启面积大小和开启方式，与主体结构的连接方式、预埋件、用料材质和颜色等做出规定。因此，门窗详图主要用以表达对厂家的制作要求，如尺寸、形式、开启方式、注意事项等。同时也供土建施工和安装使用。

每一幅建筑施工图都应画出门窗详图，并注写门窗详图说明，一般均写在首页的设计总说明中，也可写在门窗详图或门窗表的附注内。本小节以绘制某建筑立面窗户详图为例，说明绘制门窗详图的操作步骤和方法。本例最终效果如图 12-32 所示。

课堂举例 12-2：绘制门窗详图

视频\第 12 章\课堂举例 12-2.mp4

01 绘制立面窗户轮廓线。单击“绘图”面板中的 RECTANG（矩形）按钮，绘制出立面窗户的轮廓线，效果如图 12-33 所示。

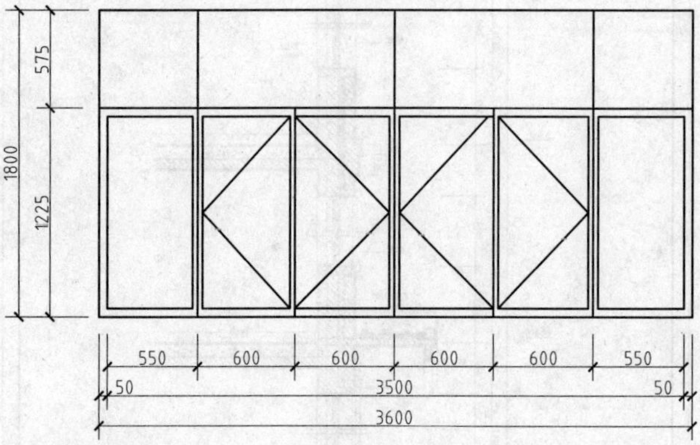

图 12-32　立面窗户详图

图 12-33　绘制立面窗户轮廓线

02 绘制立面窗户辅助线。单击“修改”面板中的 EXPLODE（分解）按钮，将矩形进行分解。单击“修改”面板中的 OFFSET（偏移）按钮，生成立面窗户的辅助线，效果如图 12-34 所示。

03 修剪辅助线。单击“修改”面板中的 TRIM（修剪）按钮，将立面窗户辅助线进行修剪，效果如图 12-35 所示。

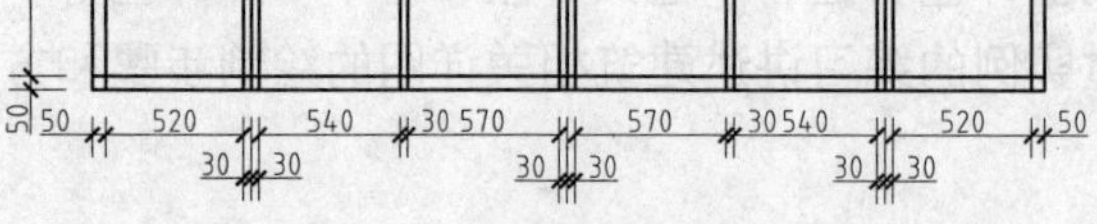

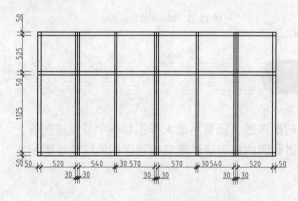

图 12-34　绘制立面窗户辅助线

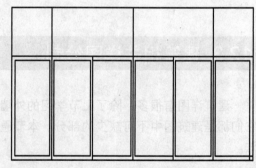

图 12-35　修剪辅助线

04 绘制立面窗户开启方向线。单击“绘图”面板中的 LINE（直线）按钮，配合“端点和中点”捕捉功能，绘制出立面窗户开启线，效果如图 12-36 所示。

05 单击“注释”面板中的 DIMSTYLE（标注样式）按钮，在弹出的“标注样式管理器”中修改标注样式；单击 DIMLINEAR（线性）按钮和 DIMCONTINUE（连续）按钮，标注立面窗户的三道尺寸线，最终效果如图 12-37 所示。

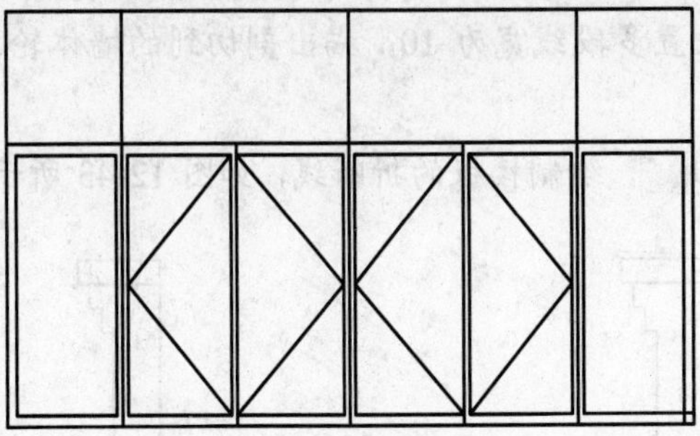

图 12-36　绘制立面窗户开启方向线

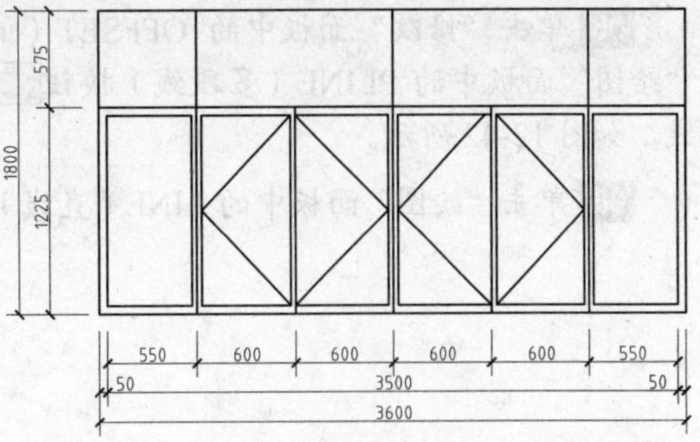

图 12-37　标注立面窗户详图尺寸

12.3.2 绘制屋面女儿墙详图

突出建筑屋面的墙体称为女儿墙，建筑女儿墙的形式有多种，本小节以常见的女儿墙形式为例，说明屋面女儿墙详图的绘制方法与技巧。本实例最终效果如图 12-38 所示。

课堂举例 12-3：绘制屋面女儿墙详图

视频\第 12 章\课堂举例 12-3.mp4

01 单击“绘图”面板中的 LINE（直线）按钮和 CIRCLE（圆）按钮，绘制出定位轴线，效果如图 12-39 所示。

02 单击“绘图”面板中的 PLINE（多段线）按钮，绘制出屋面楼板和结构墙体，如图 12-40 所示。

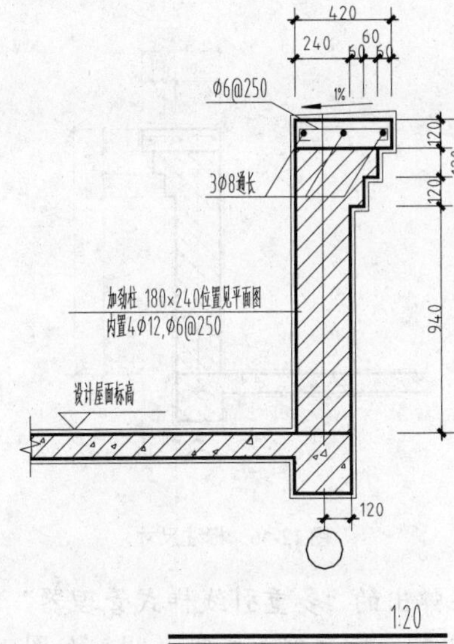

图 12-38　女儿墙详图

图 12-39　绘制定位轴线

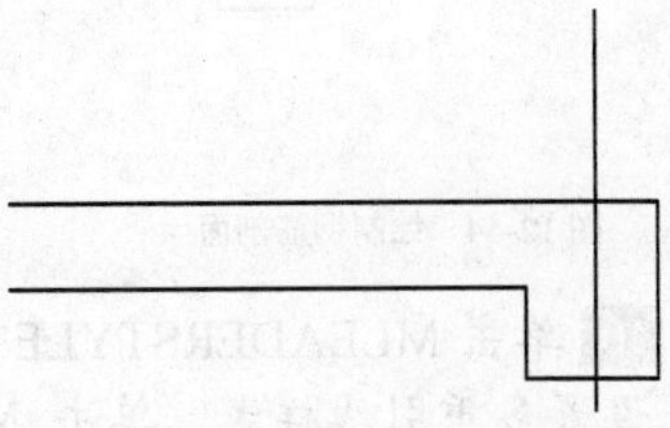

图 12-40　绘制楼板和墙体

03 单击“修改”面板中的 OFFSET（偏移）按钮，生成女儿墙外轮廓的辅助线。单击“绘图”面板中的 LINE（直线）按钮，绘制出女儿墙斜向线。

04 单击“修改”面板的 TRIM（修剪）按钮，将辅助线进行修剪，如图 12-41 所示。

05 单击“修改”面板中的 OFFSET（偏移）按钮，生成剖切到的墙体辅助线。单击“绘图”面板中的 PLINE（多段线）按钮，设置多段线宽为 10，描出剖切到的墙体轮廓线，如图 12-42 所示。

06 单击“绘图”面板中的 LINE（直线）按钮，绘制楼板的折断线，如图 12-43 所示。

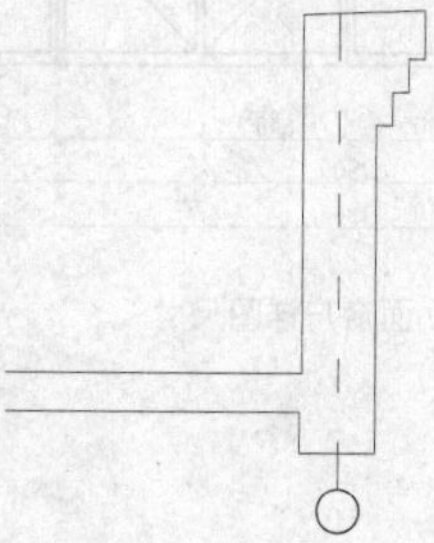

图 12-41　绘制女儿墙外轮廓线

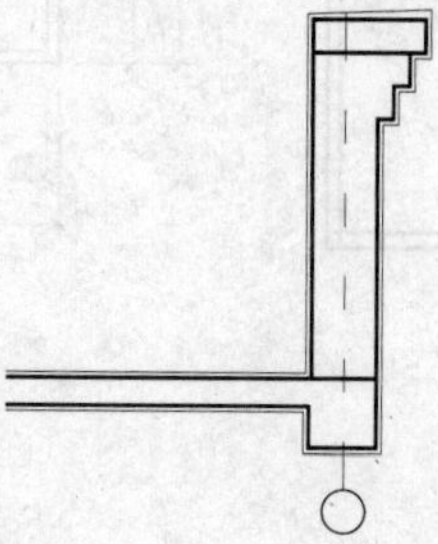

图 12-42　绘制剖切墙体的轮廓线

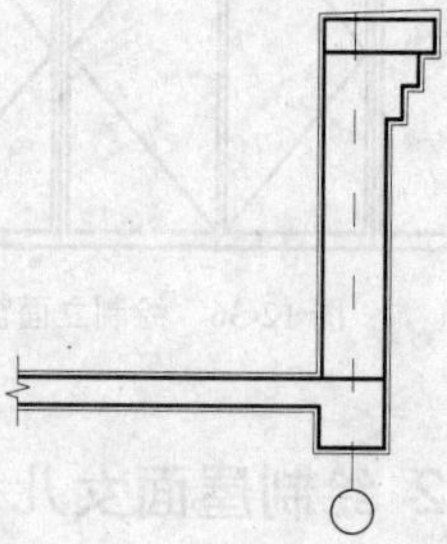

图 12-43　绘制折断线

07 单击“修改”面板中的 OFFSET（偏移）按钮，生成女儿墙压顶配筋的辅助线。单击“绘图”面板中的 CIRCLE（圆）按钮，绘制钢筋剖面。单击“修改”面板中的 ERASE（删除）按钮，将辅助线删除，如图 12-44 所示。

08 单击“绘图”面板中的 HATCH（图案填充）按钮，填充女儿墙详图材料，如图 12-45 所示。

09 单击“注释”面板中的 DIMSTYLE（标注样式）按钮，在弹出的“标注样式管理器”中，修改标注样式。单击 DIMLINEAR（线性）按钮和 DIMCONTINUE（连续）按钮 连续，标注横向和纵向方向上的尺寸标注，如图 12-46 所示。

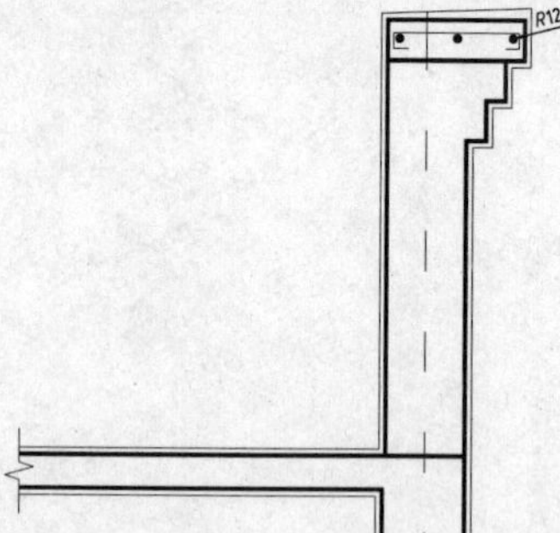

图 12-44　绘制钢筋剖面

图 12-45　填充女儿墙详图材料

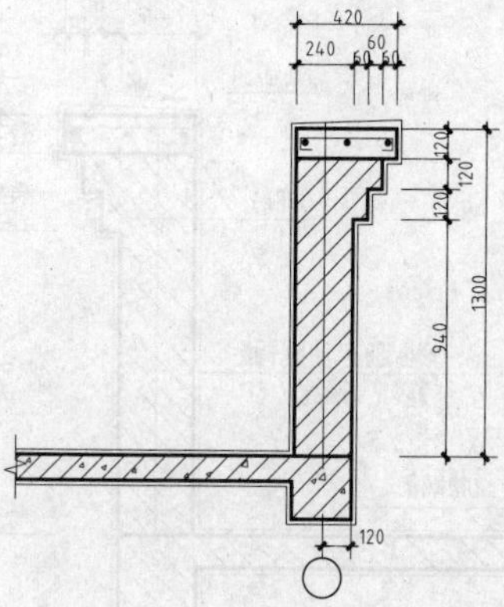

图 12-46　标注尺寸

10 单击 MLEADERSTYLE（多重引线样式）按钮，在弹出的“多重引线样式管理器”中，设置多重引线样式。单击 MLEADER（多重引线）按钮，标注剖面文字说明，如图 12-47 所示。

11 单击“绘图”面板中的 LINE（直线）按钮，绘制一个等腰三角形并延长直线作为标高符号。单击“绘图”面板中的 PLINE（多段线）按钮，绘制出坡度箭头。单击“注释”面板中 MTEXT（多行文字）按钮，绘制出标高文字和坡度文字，如图 12-48 所示。

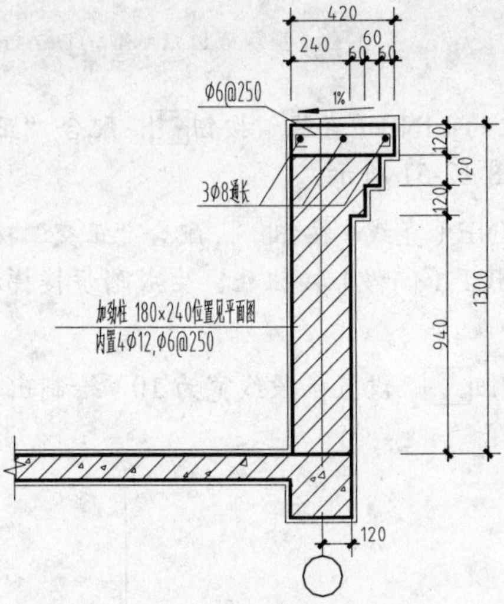

图 12-47　标注引出文字说明

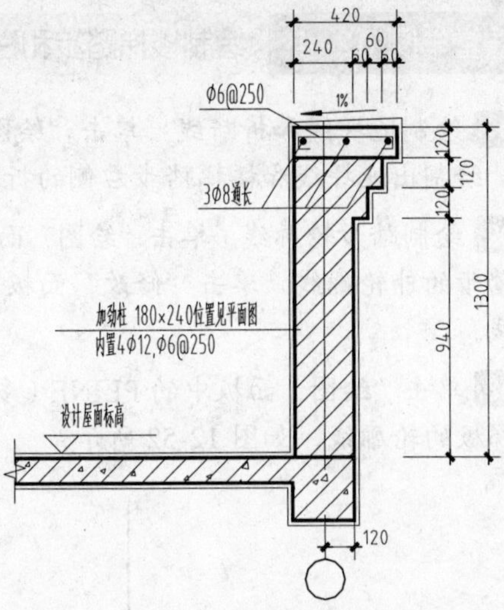

图 12-48　绘制标高和坡度

12 单击“注释”面板中的 MTEXT（多行文字）按钮，绘制出图名和比例。单击“绘图”面板中的 PLINE（多段线）按钮，设置多段线宽为 15，在图名和比例下画一条水平直线。

13 单击“修改”面板中的 OFFSET（偏移）按钮，将多段线向下偏移。单击“修改”面板中的 EXPLODE（分解）按钮，将偏移生成的多段线进行分解，如图 12-49 所示。

12.3.3 绘制踏步和栏杆详图

本小节以常见的楼梯踏步和栏杆为例，说明楼梯踏步和栏杆详图的绘制方法与技巧。本实例的最终效果如图 12-50 所示。

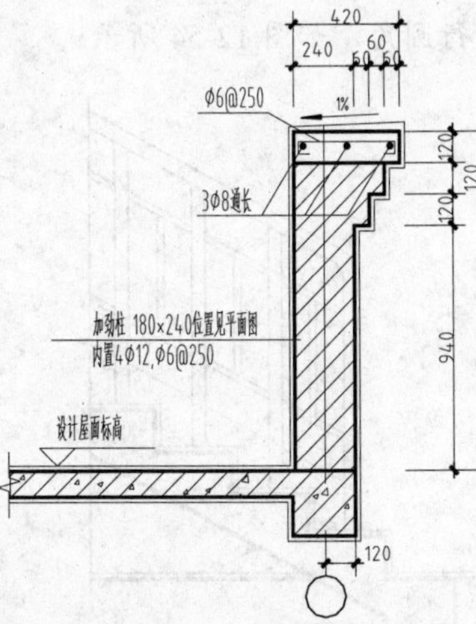

图 12-49　绘制图名和比例

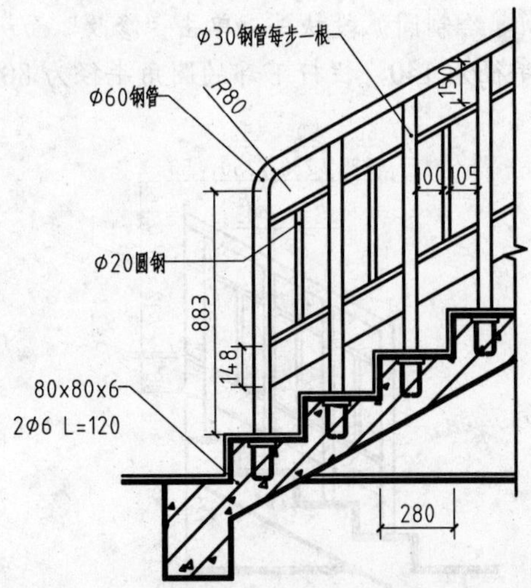

图 12-50　楼梯踏步和栏杆详图

课堂举例 12-4：绘制楼梯踏步和栏杆详图

视频\第 12 章\课堂举例 12-4.mp4

01 绘制地坪线和折断线。单击“绘图”面板中的 LINE（直线）按钮，配合“正交”功能，绘制出地坪线和楼梯踏步右侧的折断线，如图 12-51 所示。

02 绘制踏步轮廓线。单击“绘图”面板中的 LINE（直线）按钮，配合“正交”功能，绘制踏步的外轮廓线。单击“修改”面板中的 OFFSET（偏移）按钮，生成踏步楼梯板的辅助线。

03 单击“绘图”面板中的 PLINE（多段线）按钮，设置多段线宽为 10，绘制出剖切到楼梯板的轮廓线，如图 12-52 所示。

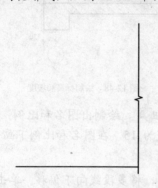

图 12-51 绘制地坪线和折断线

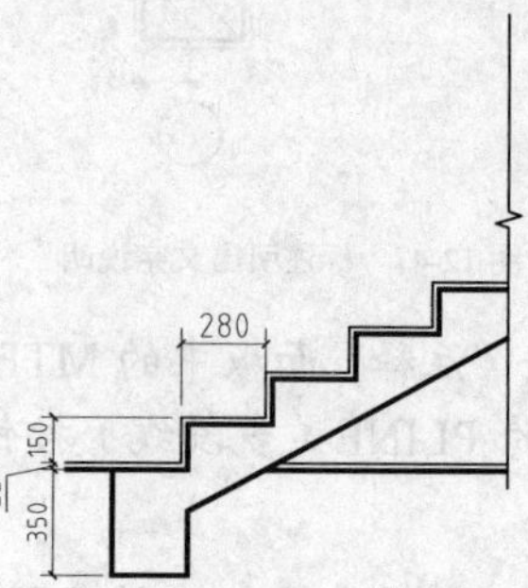

图 12-52 绘制踏步轮廓线

04 绘制直线段栏杆。单击“绘图”面板中的 LINE（直线）按钮，沿踏步边缘绘制一条辅助线。单击“修改”面板中的 OFFSET（偏移）按钮，根据栏杆设计宽度，生成栏杆垂直方向和斜向的辅助线。

05 单击“修改”面板中的 TRIM（修剪）按钮，将栏杆进行修剪。单击“修改”面板中的 ERASE（删除）按钮，将辅助线删除，如图 12-53 所示。

06 绘制圆弧段扶手。单击“修改”面板中的 FILLET（圆角）按钮，设置栏杆上部的圆角半径为 140，栏杆下部的圆角半径为 80，对栏杆进行圆角，如图 12-54 所示。

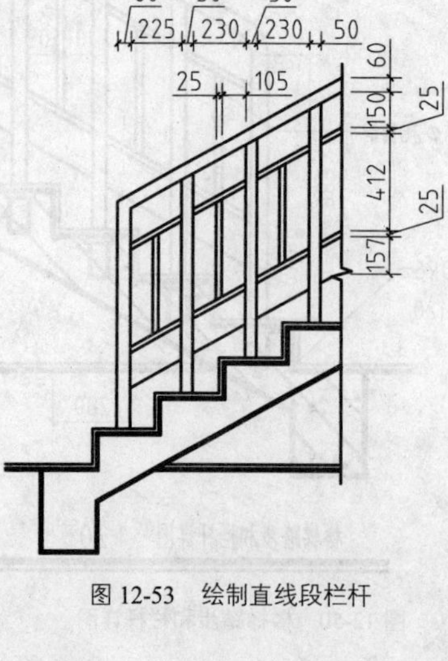

图 12-53 绘制直线段栏杆

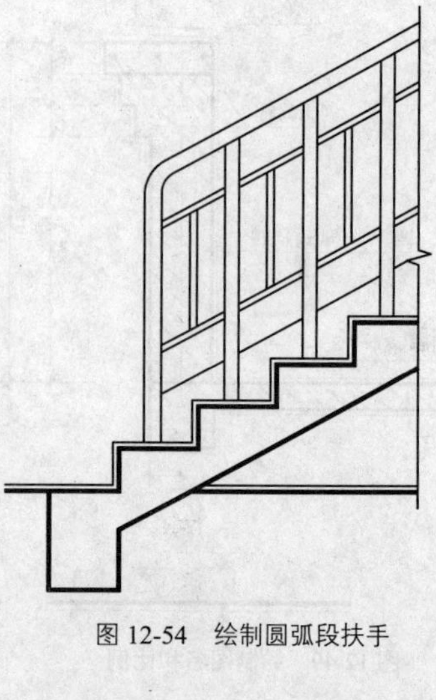

图 12-54 绘制圆弧段扶手

07 绘制预埋扁铁。单击“绘图”面板中的 LINE（直线）按钮，配合“正交”功能，绘制一条水平直线和一条垂直线。单击“修改”面板中的 OFFSET（偏移）按钮，生成预埋扁铁的辅助线。

08 单击“修改”面板中的 FILLET（圆角）按钮，对预埋扁铁的辅助线进行圆角处理。单击“修改”面板中的 TRIM（修剪）按钮，将辅助线进行修剪，如图 12-55 所示。

09 复制预埋扁铁。单击“修改”面板中 COPY（复制）按钮，配合“对象捕捉”功能，复制预埋扁铁到踏步剖面图中，如图 12-56 所示。

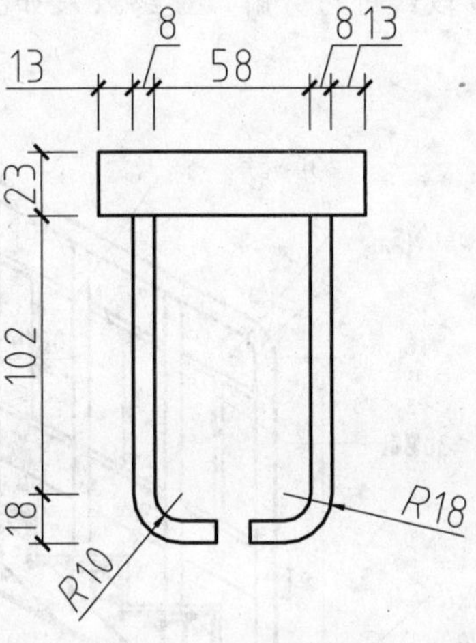

图 12-55　绘制预埋扁铁

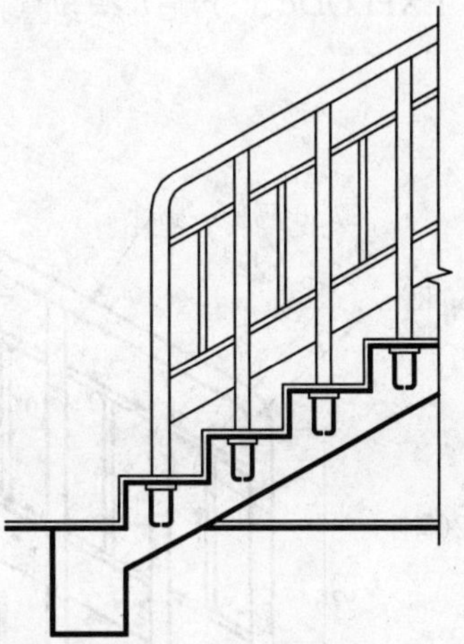

图 12-56　复制预埋扁铁

10 填充剖面材料。单击“绘图”面板中的 HATCH（图案填充）按钮，填充踏步剖面材料，如图 12-57 所示。

11 单击“注释”面板中的 DIMSTYLE（标注样式）按钮，在弹出的“标注样式管理器”中，修改标注样式；单击 DIMLINEAR（线性）按钮和 DIMRADIUS（半径）按钮，为楼梯踏步和栏杆详图标注必要的尺寸，如图 12-58 所示。

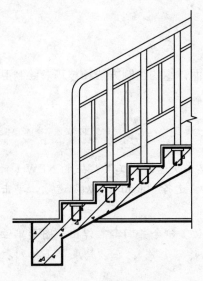

图 12-57　填充剖面材料

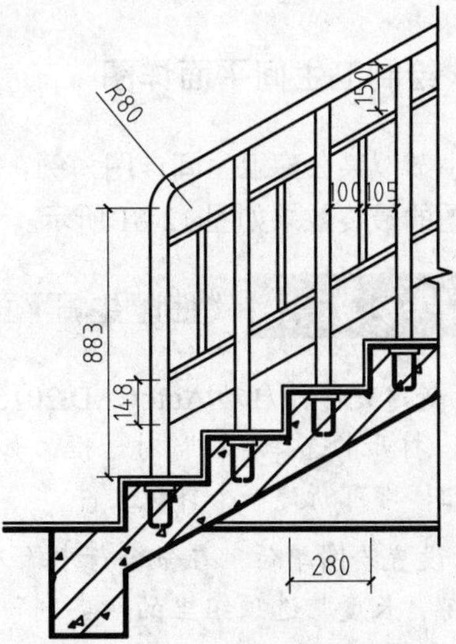

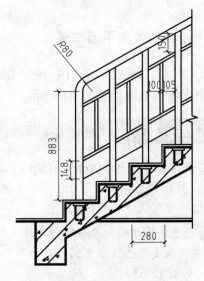

图 12-58　标注尺寸

12 单击“注释”面板中的MLEADERSTYLE（多重引线样式）按钮，在弹出的“多重引线样式管理器”中，设置多重引线样式；单击MLEADER（多重引线）按钮，标注楼梯踏步和栏杆详图文字说明，如图12-59所示。

13 单击“注释”面板中的MTEXT（多行文字）按钮，绘制出图名和比例；单击“绘图”面板中的PLINE（多段线）按钮，设置多段线宽为15mm，在图名和比例下画一条水平直线。

14 单击“修改”面板中的OFFSET（偏移）按钮，将多段线向下偏移；单击“修改”面板中的EXPLODE（分解）按钮，将偏移生成的多段线进行分解，最终效果如图12-60所示。

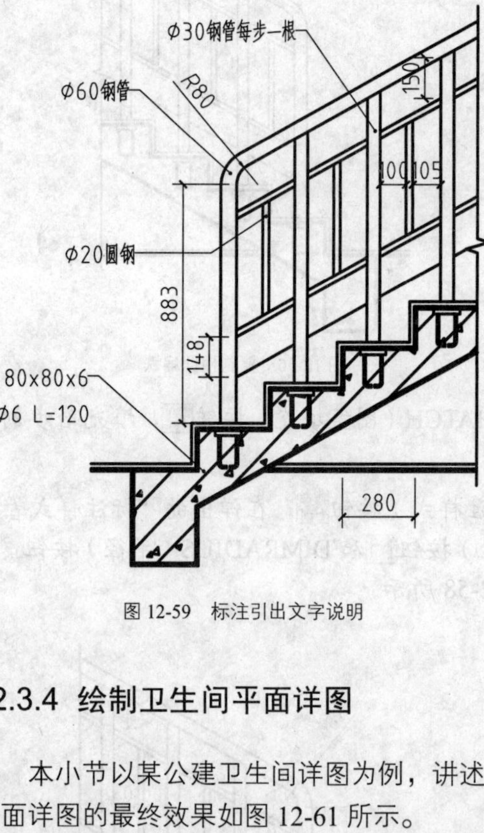

图12-59　标注引出文字说明

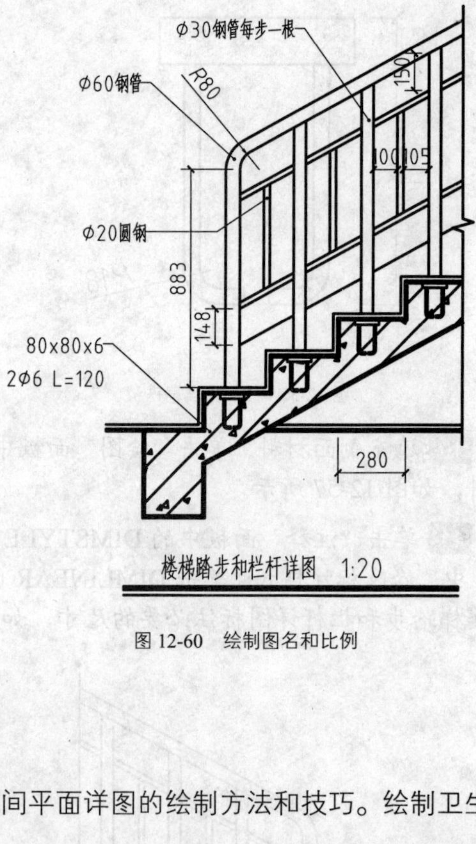

图12-60　绘制图名和比例

12.3.4 绘制卫生间平面详图

本小节以某公建卫生间详图为例，讲述卫生间平面详图的绘制方法和技巧。绘制卫生间平面详图的最终效果如图12-61所示。

课堂举例 12-5：绘制卫生间平面详图　　视频\第12章\课堂举例12-5.mp4

01 新建文件。启动AutoCAD 2015应用程序，单击快速访问工具栏中的NEW（新建）按钮，打开“选择样板”对话框，如图12-62所示。选择“acadiso.dwt”选项，单击“打开”按钮，即可新建一个样板文件。

02 设置绘图单位。在命令行中输入UNITS（单位）命令并回车，弹出“图形单位”对话框，在“长度”选项组里的“类别”下拉列表中选择“小数”。在“精度”下拉列表框中选择0，如图12-63所示。

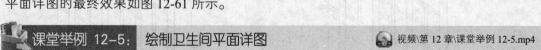

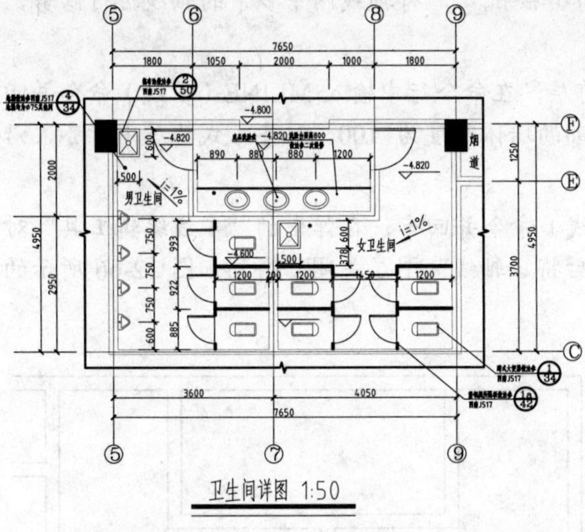

图 12-61 卫生间平面详图

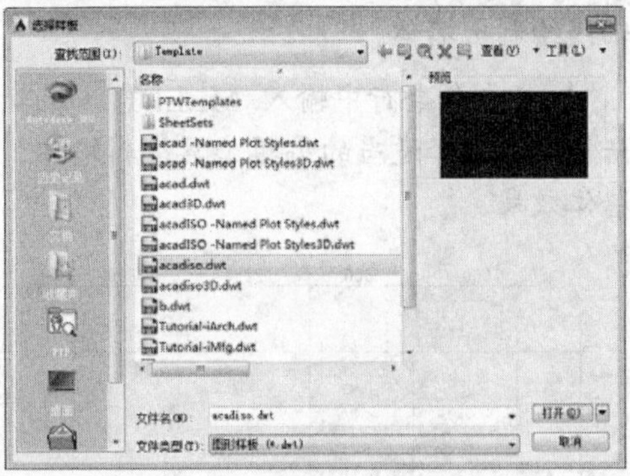

图 12-62 “选择样板”对话框

03 设置图层。单击“图层”面板中的 LAYER（图层特性）按钮，弹出“图层特性管理器”对话框，单击对话框中的“新建图层”按钮，创建剖面图所需要的图层，并为每一个图层定义名称、颜色、线型、线宽，设置好的图层效果如图 12-64 所示。

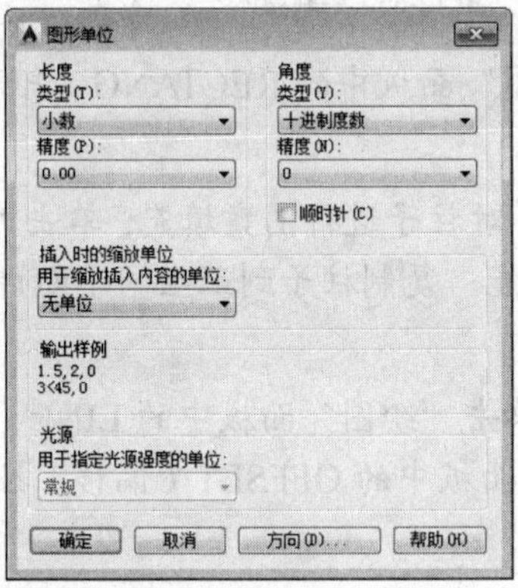

图 12-63 “图形单位”对话框

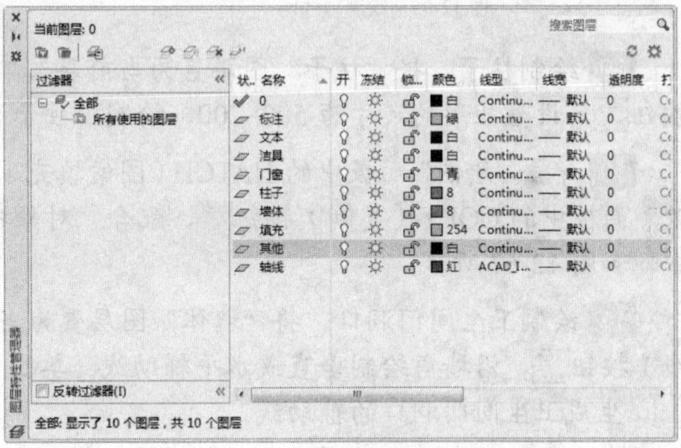

图 12-64 “图层特性管理器”对话框

04 设置图形界限。在命令行中输入 LIMITS（图形界限）命令并回车，设置绘图区域。然后执行 ZOOM（缩放）命令，完成观察范围的设置。其命令行提示如下：

```
命令: limits↙
重新设置模型空间界限:
指定左下角点或 [开(ON)/关(OFF)] <0.0000, 0.0000>:↙      //直接按回车键接受默认值
指定右上角点 <420.0000, 297.0000>: 10000, 6000↙       //输入右上角坐标“10000，6000”后按回车键完成绘图范围的设置
```

05 绘制定位轴线。将“轴线”图层置为当前层，单击“绘图”面板中的 LINE（直线）按钮，配合“正交”功能和“对象捕捉”功能，绘制一条水平轴线和一条垂直轴线。单击“修改”面板中的 OFFSET（偏移）按钮，根据卫生间房间分隔，生成轴线网。

06 单击“修改”面板中的 TRIM（修剪）按钮，将轴线网中多余的轴线进行修剪，如图 12-65 所示。

07 绘制墙体。将“墙体”图层置为当前层，在命令行中输入 MLINE（多线）命令并回车，设置卫生间上部的墙体宽度为 200，下部的墙体宽度为 100，对齐方式为居中对齐，沿轴线绘制出墙体。

08 在命令行中输入 MLEDIT（编辑多线）命令并回车，在弹出的“多线编辑工具”对话框中，选择适当的编辑工具编辑墙体；然后将“轴线”图层关闭，得到如图 12-66 所示的墙体效果。

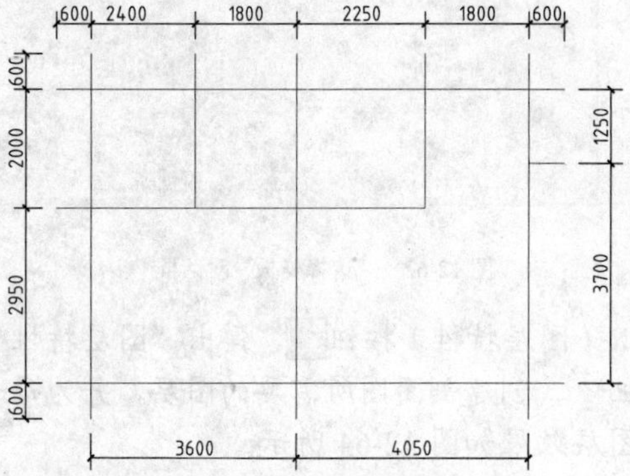

图 12-65　绘制轴线网

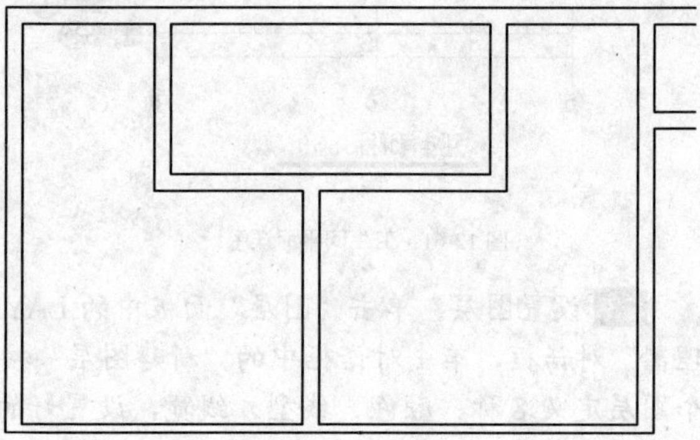
图 12-66　绘制墙体

09 绘制柱子。将“柱子”图层置为当前层，单击“绘图”面板中的 RECTANG（矩形）按钮，设置矩形的尺寸为 500×700，绘制出柱子的轮廓线。

10 单击“绘图”面板中的 HATCH（图案填充）按钮，对柱子进行图案填充；单击“修改”面板中的 COPY（复制）按钮，配合“对象捕捉”功能，复制柱子到卫生间平面详图中，如图 12-67 所示。

11 绘制卫生间门洞口。将“墙体”图层置为当前层，单击“绘图”面板中的 LINE（直线）按钮，沿墙角绘制垂直或水平辅助线；单击“修改”面板中的 OFFSET（偏移）按钮，生成卫生间门洞口的辅助线。

12 单击“修改”面板中的 TRIM（修剪）按钮，将门窗洞口处的墙线和辅助线进行修剪；单击“修改”面板中的 ERASE（删除）按钮，将绘制的水平辅助线和垂直辅助线进行删除，如图 12-68 所示。

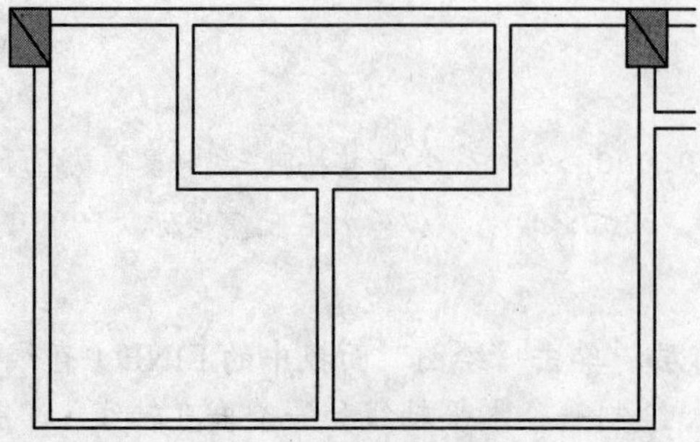
图 12-67　绘制柱子

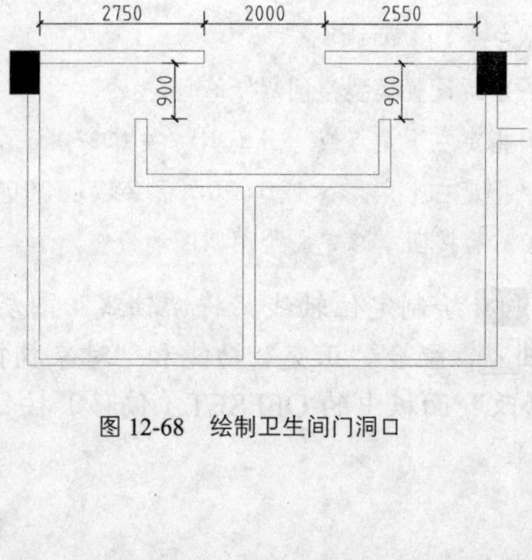

图 12-68　绘制卫生间门洞口

13 绘制卫生间门。将“门窗”图层置为当前层，单击“绘图”面板中的 LINE（直线）按钮，绘制一条水平直线和一条垂直线，长度为 900；单击“修改”面板中的 OFFSET（偏移）按钮，将水平直线向下偏移 40，得到如图 12-69 所示效果。

14 单击“绘图”面板中的 CIRCLE（圆）按钮，绘制出卫生间门开启方向线。单击“修改”面板中的 TRIM（修剪）按钮进行修剪，完成如图 12-70 所示效果。

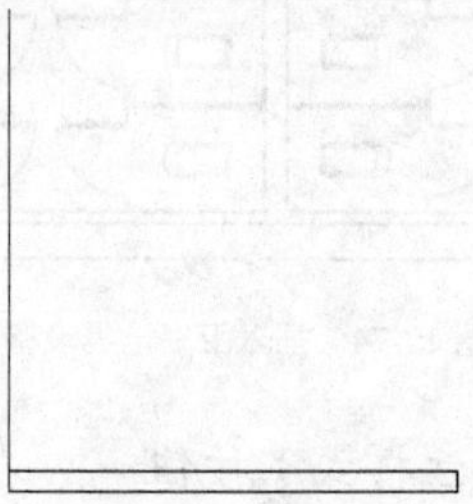

图 12-69　绘制平开门

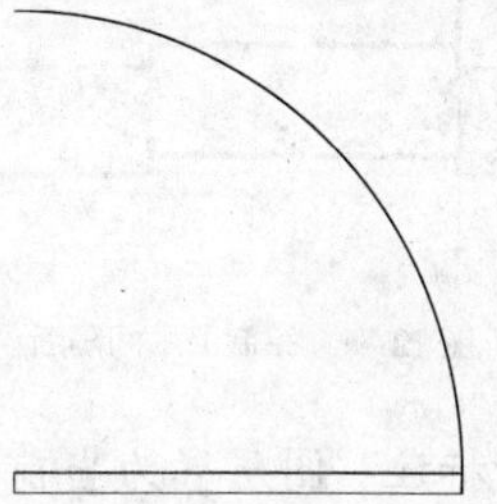

图 12-70　绘制完成效果

15 单击“修改”面板中的 MOVE（移动）按钮，将平开门移到门洞口处。单击“修改”面板中的 MIRROR（镜像）按钮，复制出另一个平开门；单击“绘图”面板中的 LINE（直线）按钮，绘制卫生间入口门口线，如图 12-71 所示。

16 绘制折断线。将“其他”图层置为当前层，单击“绘图”面板中的 LINE（直线）按钮，沿卫生间墙体外缘绘制出折断线和折断符号，如图 12-72 所示。

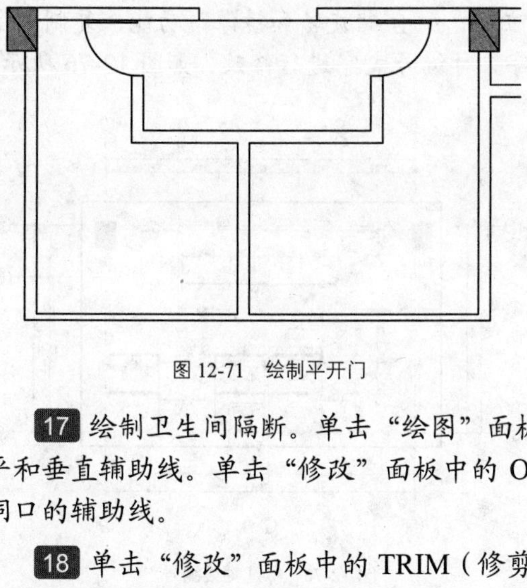

图 12-71　绘制平开门

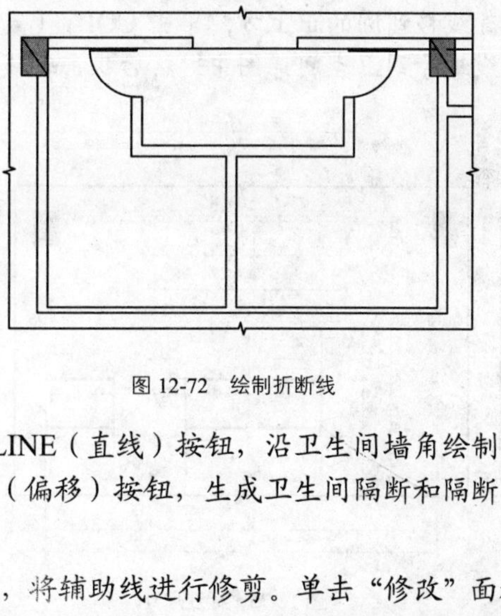

图 12-72　绘制折断线

17 绘制卫生间隔断。单击“绘图”面板中的 LINE（直线）按钮，沿卫生间墙角绘制水平和垂直辅助线。单击“修改”面板中的 OFFSET（偏移）按钮，生成卫生间隔断和隔断门洞口的辅助线。

18 单击“修改”面板中的 TRIM（修剪）按钮，将辅助线进行修剪。单击“修改”面板中的 ERASE（删除）按钮，将绘制的水平辅助线和垂直辅助线删除。然后单击“修改”面板中的 COPY（复制）按钮，配合“缩放”功能，复制平开门到卫生间隔断门洞中，如图 12-73 所示。

19 插入卫生洁具设备。按下快捷键 Ctrl + 2，打开 AutoCAD 设计中心，插入卫生间设备；单击“修改”面板中的 MOVE（移动）按钮和 COPY（复制）按钮，配合“对象捕捉”功能，复制卫生洁具设备到卫生间详图中；单击“绘图”面板中的 LINE（直线）按钮，绘制出台式洗脸盆平台线，如图 12-74 所示。

卫生间详图主体部分绘制完成后，就要对卫生间详图标注尺寸、轴线编号和文字说明等。

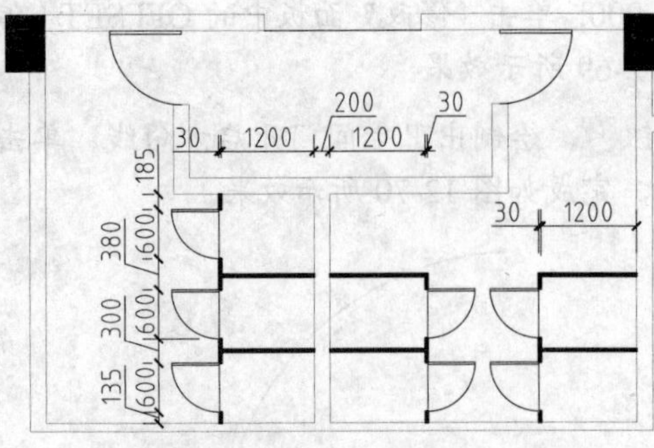

图 12-73　绘制卫生间隔断

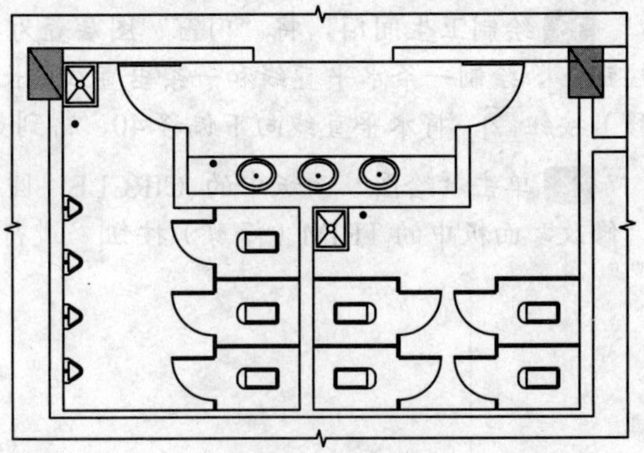

图 12-74　插入卫生洁具设备

20 将“标注”图层置为当前层，单击 DIMSTYLE（标注样式）按钮，在弹出“标注样式管理器”对话框中修改标注样式，在这里就不再介绍，方法同平面图的尺寸标注样式；单击 DIMLINEAR（线性）按钮和 DIMCONTINUE（连续）按钮 连续，标注各部分尺寸，如图 12-75 所示。

21 标注轴线编号。单击“绘图”面板中的 LINE（直线）按钮，绘制一条长 500 的垂直线；单击“绘图”面板中的 CIRCLE（圆）按钮，绘制一个直径为 400 的圆。单击“注释”面板中的 MTEXT（多行文字）按钮 A，在圆中心位置绘制出轴线编号文字。

22 单击“修改”面板中的 MOVE（移动）按钮，配合“端点和象限点捕捉”功能，将直线移到圆的正上方；单击 COPY（复制）按钮，配合“旋转和镜像”功能，复制多个轴线编号到卫生间详图中。然后双击轴线编号文字，对编号文字进行修改，如图 12-76 所示。

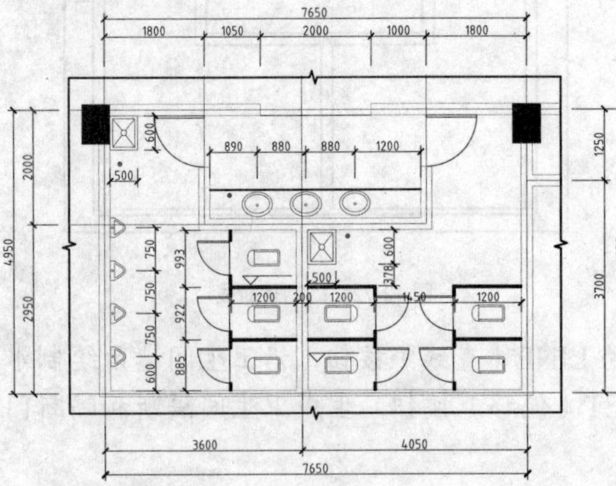

图 12-75　标注尺寸

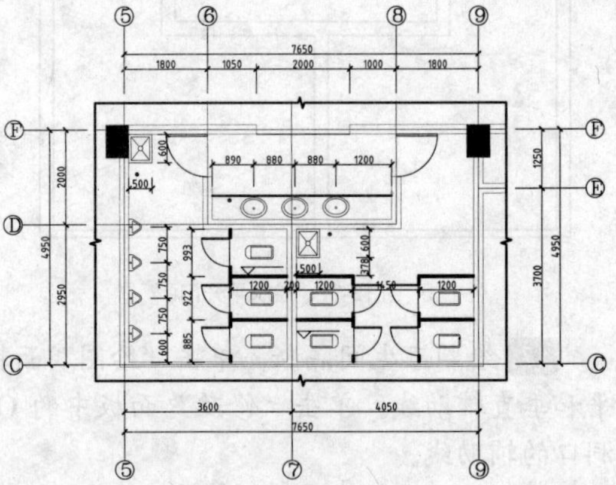

图 12-76　标注轴线编号

23 绘制标高符号。将“标注”图层置为当前层，单击“绘图”面板中的 LINE（直线）按钮，绘制一个等腰三角形，并延长该等腰三角形的水平边。单击“注释”面板中的 MTEXT（多行文字）按钮 A，在等腰三角形上方绘制出标高数字。

24 单击“修改”面板中的 COPY（复制）按钮，复制标高符号和文字到需要标注的位置。双击标高数字，对标高数字进行修改，如图 12-77 所示。

25 绘制坡度。单击“绘图”面板中的 PLINE（多段线）按钮，绘制出坡度箭头。单击“注释”面板中的 MTEXT（多行文字）按钮 A，在坡度箭头上方绘制坡度文字。单击“修改”面板中的 COPY（复制）按钮，配合“旋转”功能，将坡度箭头和文字复制到卫生间详图中合适位置，如图 12-78 所示。

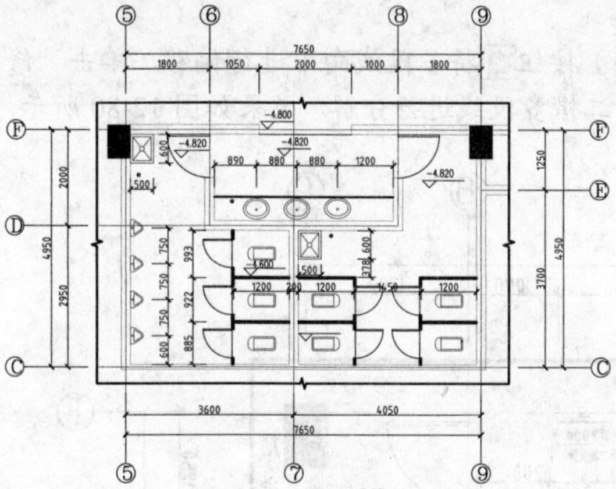

图 12-77　绘制标高符号

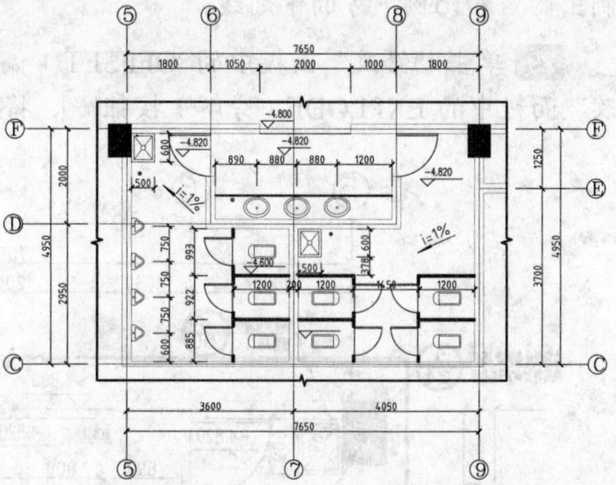

图 12-78　绘制坡度箭头和文字

26 绘制引出说明文字和索引符号。单击“注释”面板中的 MLEADERSTYLE（多重引线样式）按钮，在弹出的“多重引线样式管理器”对话框，设置合适的多重引线样式，设置方法参照平面图中多重引线样式的设置方法。单击 MLEADER（多重引线）按钮，标注卫生间详图中的文字说明。

27 单击“绘图”面板中的 CIRCLE（圆）按钮，在多重引线末端的延长线上绘制一个直径为 500mm 的圆；单击“绘图”面板中的 LINE（直线）按钮，绘制一条水平直径。单击“注释”面板中的 MTEXT（多行文字）按钮，在圆内绘制索引符号的文字。单击“修改”面板中的 COPY（复制）按钮，将索引符号和文字复制到各处。然后双击文字，对文字进行修改，如图 12-79 所示。

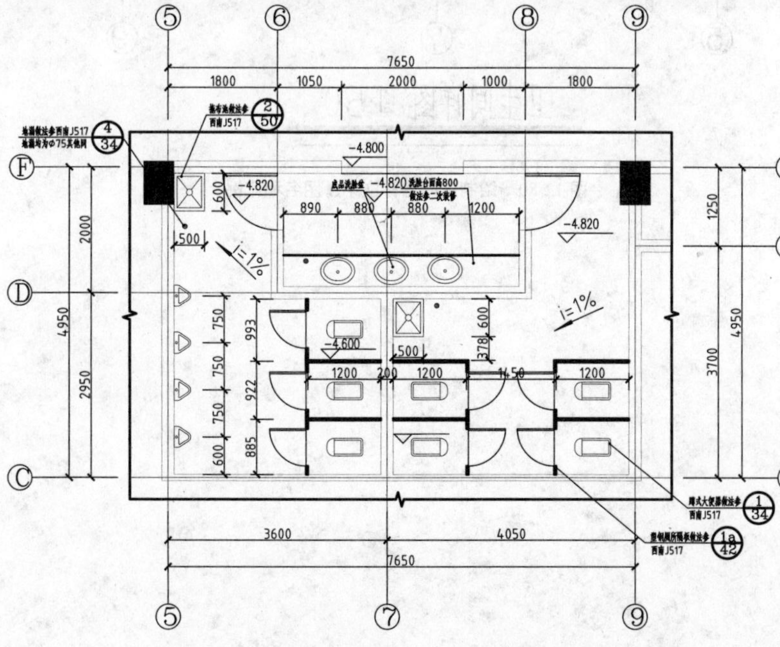

图 12-79　绘制引出说明文字和索引符号

28 绘制房间名称文字、图名和比例。单击“绘图”面板中的 MTEXT（多行文字）按钮 A，绘制出房间名称文字、图名和比例。单击“绘图”面板中的 PLINE（多段线）按钮绘制出图名和比例下方的下划线。

29 单击“修改”面板中的 OFFSET（偏移）按钮将多段线向下进行偏移，单击“修改”面板中的 EXPLODE（分解）按钮，将第二根多段线进行分解，效果如图 12-80 所示。

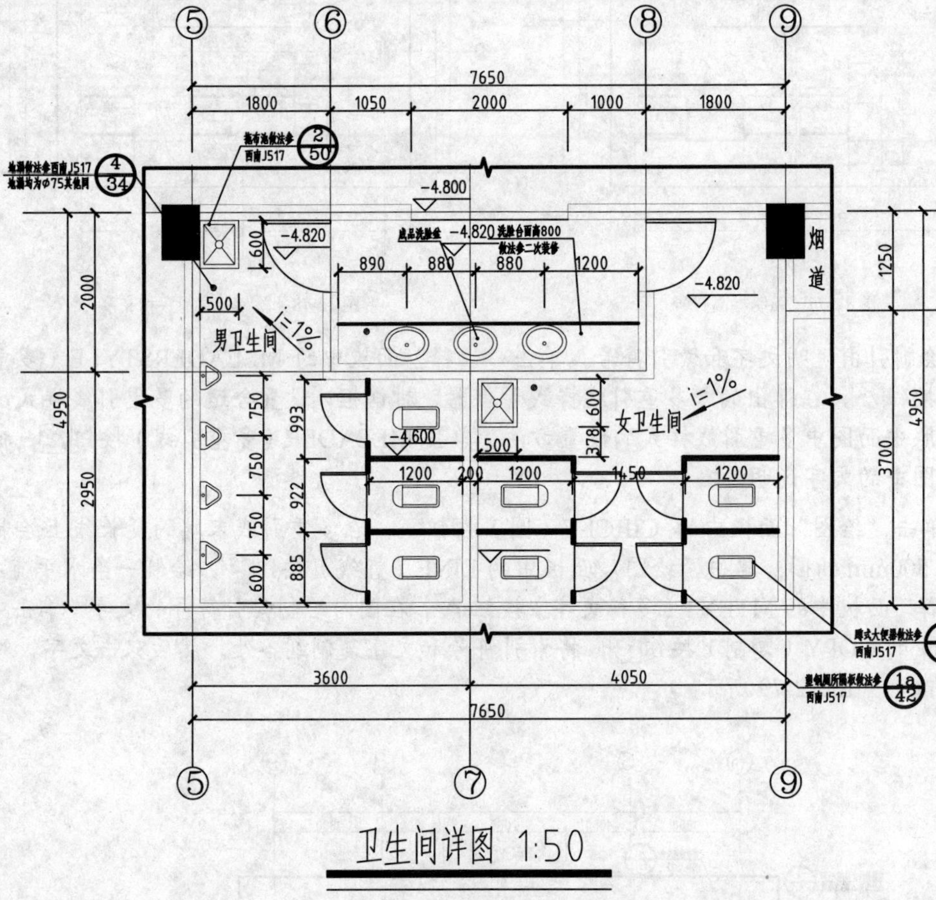

图 12-80 绘制房间名称文字、图名和比例

第13章 建筑结构施工图的绘制

本章导读

一栋建筑物的落成，不仅要经过建筑设计，还需要进行结构设计。其中，结构设计的主要任务是确定结构的受力形式、配筋构造、细部构造等。在进行建筑施工时，要根据结构设计施工图进行施工，因此绘制出明确详细的结构施工图是十分必要的。建筑结构施工图的绘制方法要按照国家规定的结构设计具体绘制方法进行绘制。

本章详细讲解了结构施工图的基本知识，并通过实例的练习，讲述建筑结构施工图的具体绘制方法以及相关技巧。

本章重点

- 建筑结构图的概念
- 建筑结构图的绘制内容
- 建筑结构图的绘制要求
- 结构设计说明
- 建筑结构图的绘制步骤
- 绘制结构施工图
- 绘制楼梯结构图

13.1 建筑结构图概述

建筑结构施工图是建筑结构施工中的指导依据，它决定了工程的施工进度和结构细节，指导工程的施工过程和施工方法。本节主要介绍建筑结构施工图的基本知识。

13.1.1 建筑结构图的概念

建筑物是由建筑配件（如墙体、门、窗和阳台等）和结构配件（如梁、板、柱子和基础等）组成的，其中一些主要承重构件互相支撑，连成整体，构成建筑物的承重结构体系（即骨架），称为建筑结构。建筑结构按其主要承重构件所采用材料的不同，一般可分为钢结构、木结构、砖石结构和钢筋混凝土结构等。

建筑结构图是描述建筑物结构组成及相关尺寸、构造做法等的图样。一套建筑物的图样大体上包含建筑图、结构图和设备图。建筑图是描绘整个建筑的造型、外观、平立面组成等内容。设备图是描绘建筑内外的相关给水、排水、供暖、通风以及电气照明等系统的图样，将在下一章进行介绍。

在建筑设计过程中，建筑设计出建筑各房间的平面组合、立面组合和剖面形式后，具体每个建筑构件如何承重，如何完成预定的工作要求，这就是结构设计要完成的任务，结构设计的成果就是全套结构图。它包括房屋受力构件（如基础、柱、梁、板和墙等）的尺寸、位置、数量、材料及具体构造，通过科学的结构设计计算，配置出合理的受力、传力途径，从而完成构件结构绘制。

13.1.2 建筑结构图的绘制内容

根据建筑结构形式的不同，将目前使用的建筑分为砖混结构、钢筋混凝土结构和钢结构，每一类建筑的结构图表现的内容都有所侧重。在砖混结构中，主要表现墙体的砖砌体标号、砂浆标号、圈梁、构造柱的尺寸、配筋和混凝土标号，楼面预应力空心板的组合和楼梯、厨房卫生间现浇混凝土结构的尺寸、配筋和混凝土标号。在钢筋混凝土建筑中，主要表现的是结构的基础、梁、柱、板和墙的结构尺寸、钢筋配置情况和混凝土的标号等方面。对围护墙体主要表现墙体尺寸、砌体强度和砂浆等内容。钢结构建筑的结构图主要表现独立基础、钢柱、钢梁的构造组成、尺寸和型号数量以及它们之间互相连接的方法、连接构件的尺寸、型号等内容，压型钢板复合楼面板和构造做法和梁的连接也是表达的重点。

按照表达建筑结构的不同部位，建筑结构图可分为基础结构图、主体结构图、屋面结构图和楼梯结构图等部分。

建筑结构施工图一般包含以下几个部分内容：

1. 结构设计说明

结构设计说明的内容包括该建筑的基本情况、结构形式、主要建筑尺寸、房屋所在位置地基情况、抗震设防等级，所选用的标准图集，主要材料的类型、规格、强度等级及施工主要流程等。包括结构设计总说明和每张结构图样上的具体说明。

2. 不同部位结构平面布置图

主要包括基础结构平面图、楼层结构布置图、屋面结构布置图、楼梯结构图等内容。在这些结构图中，除了要将结构构件的尺寸、配筋、混凝土标号、砌体标号和砂浆标号等内容表示清楚外，特别注意严格按照每层楼层设计计算结果，将楼层、屋面层的标高表示清楚。

3. 构件详图

主要包括建筑结构当中一些单独构件或结构平面图中一些引出部分的结构尺寸、配筋和混凝土标号等。

13.1.3 建筑结构图的绘制要求

根据建筑结构制图要求，绘制建筑结构图有如下要求：

- 比例：根据建筑物体型大小的不同，应采用不同的比例进行绘制。常用建筑结构图的绘制比例有 1: 50、1: 100、1: 200，一般采用 1: 100 的比例进行绘制。结构施工图与建筑施工图一样，绘图时采用的比例一般根据图样的用途与被绘物体的复杂程度来定，《建筑结构制图标准》(GB/T50105—2001) 中规定绘图比例见表 13-1。
- 定位轴线：在建筑结构图中，仍需要绘制出轴线及其编号，但不同的是，在出图前把墙体（或梁）中间轴线去除，只留下两端的轴线和编号，以便与建筑平面图相对照。
- 线型：凡是能看到的轮廓线用细实线绘制，被剖切到的墙、梁、柱和板等构件的轮廓线都采用粗实线绘制。被剖切到的构件一般采用不同的填充符号表示出它们的材质，结构图中的钢筋一般用加粗的多义线表示。
- 图例：结构图中的一些例如门窗、砖墙填充符号和混凝土填充符号等都要用通用建筑图例来表示。
- 尺寸标注：结构平面图的尺寸标注和建筑平面图基本相同，不同的是建筑平面图标注的标高称为建筑标高，是建筑建成后楼面的实际标高，而结构平面图上的标高称为结构标高，一般比建筑标高低 30mm 左右，目的是给建筑地坪施工留下一定的厚度尺寸。
- 详图符号索引：和建筑平面图一样，在结构平面图中表示不清的部分可以采用详图索引符号引出，在详图中采用大比例尺绘制清楚。

表 13-1 结构施工图绘图比例表

图 名	常用比例	可选比例
结构平面图及基础平面图	1: 50 1: 100 1: 150 1: 200	1: 60
圈梁平面图、总图、中管沟和地下设施等	1: 200 1: 500	1: 300
建筑结构详图	1: 10 1: 20	1: 5 1: 25 1: 4

13.1.4 结构设计说明

结构设计说明以文字形式表示结构设计所遵照的规范、主要设计依据（如地质条件，风、雪荷载和抗震设防要求等）、统一的技术措施、对材料和施工的要求等。对于一般的中、小型建筑，结构设计说明可以与建筑设计说明合并编写成设计总说明，置于全套施工图的首页。结构设计说明依然要配以图框打印出来，因此结构设计说明的文字输入、内容表达和符号表示都要按照民用建筑绘图规范进行。

建筑结构设计说明书，主要包括如下几个部分：

- 工程概况。主要包括工程的位置、层数、结构、总高度和室内外高差等，以及结构的设计使用年限、安全等级、混凝土环境类别和钢筋保护层厚度等。
- 结构设计依据。包括工程结构设计所采用的标准和规范，结构分析计算采用的软件等。
- 设计计算相关信息。包括地震设防烈度、场地类别、设计基本地震加速度值、设计地震分组、建筑结构抗震设防类别、抗震构造措施等。
- 主要结构材料及规格。包括混凝土、钢筋、焊条、预埋件、砌体和砂浆等的材料种类或等级，地基基础资料，现浇梁板、构造柱、圈梁与墙体以及其他说明，其他说明中一般包含示意图。
- 图样目录及标准图集。

13.1.5 建筑结构图的绘制步骤

绘制建筑结构的一般操作步骤如下：

1) 设置绘图环境。包括设置图层、单位和图形界限等。
2) 绘制轴线网。
3) 绘制平面墙体（或梁）以及种构件。
4) 绘制楼梯、室内留洞等细节部分。
5) 绘制钢筋、墙体剖断线及混凝土剖切线等。
6) 标注尺寸。
7) 添加钢筋标注和必要的说明、索引符号等。
8) 添加图样说明。

13.2 绘制结构施工图

结构施工图是结构设计的成果，结构设计和施工图的质量直接决定了建筑物的安全性。上节介绍了建筑结构施工图的基本知识，在本节开始，通过实例的练习，讲述建筑结构施工图的绘制方法和技巧。

13.2.1 绘制基础平面布置图

基础是建筑物地面以下承受建筑物全部荷载的构件。基础以下承受基础传递来的荷载的土层（或岩石层）叫地基。基础可采用不同的构造形式，选用不同的材料。基础图一般包括基础平面图、基础断面详图和文字说明 3 部分。一般都是将三者绘制在同一张图上，以便施工。基础平面图以点划线绘出与建筑平面图一致的轮廓线，用细实线绘制出基础底面轮廓线。

基础平面图中应标注轴线编号和轴线间距尺寸，以及基础与轴线的关系尺寸，还应表示出基础中不同断面的剖切符号。

本小节讲述某住宅基础平面布置图的绘制步骤和方法，本实例的最终效果如图 13-1 所示。

课堂举例 13-1：绘制基础平面布置图

视频\第 13 章\课堂举例 13-1.mp4

01 设置绘图环境，首先新建文件。启动 AutoCAD 2015 应用程序，单击快速访问工具栏中的 NEW（新建）按钮，打开“选择样板”对话框，如图 13-2 所示。选择“acadiso.dwt”选项，单击“打开”按钮，即可新建一个样板文件。

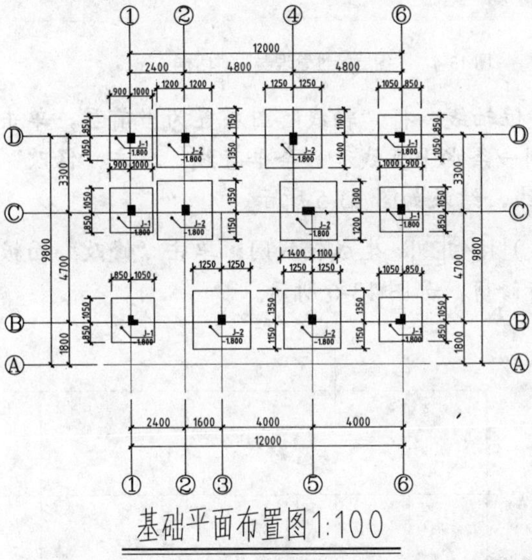

图 13-1　基础平面布置图

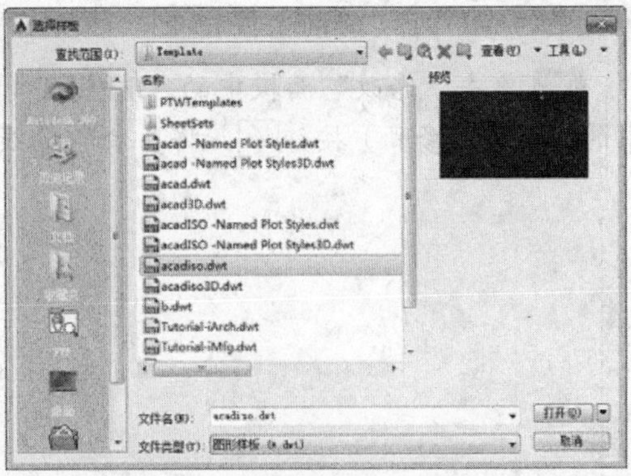

图 13-2　“选择样板”对话框

02 设置绘图单位。在命令行中输入 UNITS（单位）命令并回车，弹出“图形单位”对话框，在“长度”选项组里的“类别”下拉列表中选择“小数”；在“精度”下拉列表框中选择 0，如图 13-3 所示。

03 设置图形界限。在命令行中输入 LIMITS（图形界限）命令并回车，设置绘图区域；然后执行 ZOOM（缩放）命令，完成观察范围的设置。其命令行提示如下：

```
命令: limits↙
重新设置模型空间界限:
指定左下角点或 [开(ON)/关(OFF)] <0.0000, 0.0000>:↙      //直接按回车键接受默认值
指定右上角点 <420.0000, 297.0000>: 16000, 12000↙      //输入右上角坐标“16000,
12000”后按回车键完成绘图范围的设置
```

04 设置图层。单击“图层”面板中的 LAYER（图层特性）按钮，弹出“图层特性管理器”对话框，单击对话框中的“新建图层”按钮，创建基础平面图所需要的图层，并为每一个图层定义名称、颜色、线型、线宽，设置好的图层效果如图 13-4 所示。

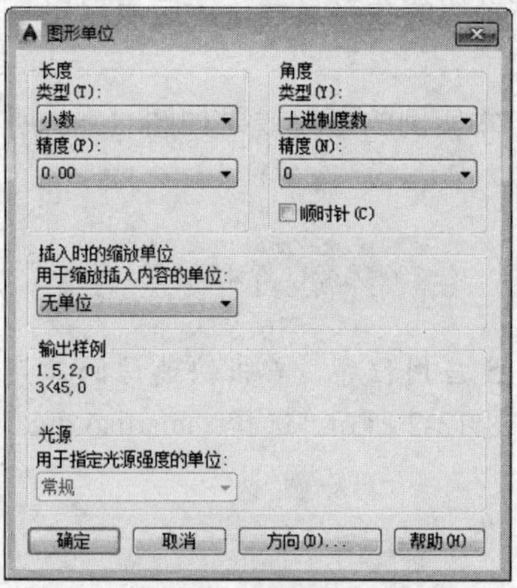

图 13-3 “图形单位”对话框

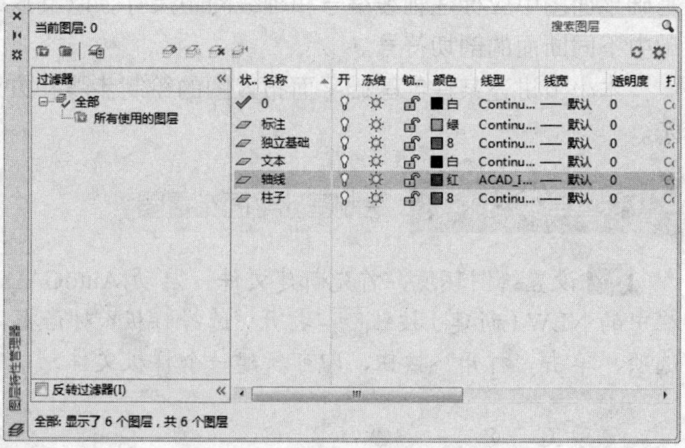

图 13-4 “图层特性管理器”对话框

05 绘制基础平面图基本图形，首先绘制定位轴线。将“轴线”图层置为当前层，单击“绘图”面板中的 LINE（直线）按钮，绘制一条水平直线和一条垂直线；单击“修改”面板中的 MOVE（移动）按钮，移动水平直线，结果如图 13-5 所示。

06 单击“修改”面板中的 OFFSET（偏移）按钮，生成轴线网。单击“修改”面板中的 TRIM（修剪）按钮，将多余的轴线进行修剪，如图 13-6 所示。

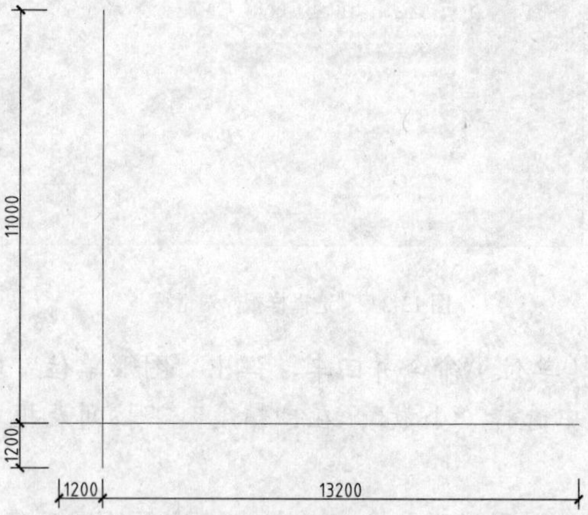

图 13-5 绘制定位轴线

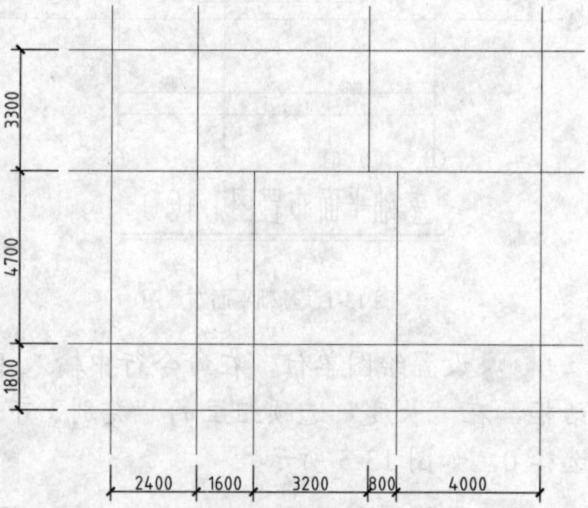

图 13-6 生成轴线网

07 绘制独立基础。将“独立基础”图层置为当前层，单击“修改”面板中的 OFFSET（偏移）按钮，根据定位轴线到独立基础四边的距离，生成独立基础的辅助线。

08 单击“绘图”面板中的 RECTANG（矩形）按钮，沿辅助线绘制出独立基础。单击“修改”面板中的 ERASE（删除）按钮，将辅助线删除，如图 13-7 所示。

09 绘制柱子。将“柱子”图层置为当前层，单击“修改”面板中的 OFFSET（偏移）按钮，根据定位轴线到柱子四边的距离，生成柱子的辅助线。

10 单击“绘图”面板中的 RECTANG（矩形）按钮，沿辅助线绘制出柱子的轮廓线；单击“绘图”面板中的 HATCH（图案填充）按钮，对柱子进行图案填充；单击“修改”面板中的 ERASE（删除）按钮，将辅助线删除，如图 13-8 所示。

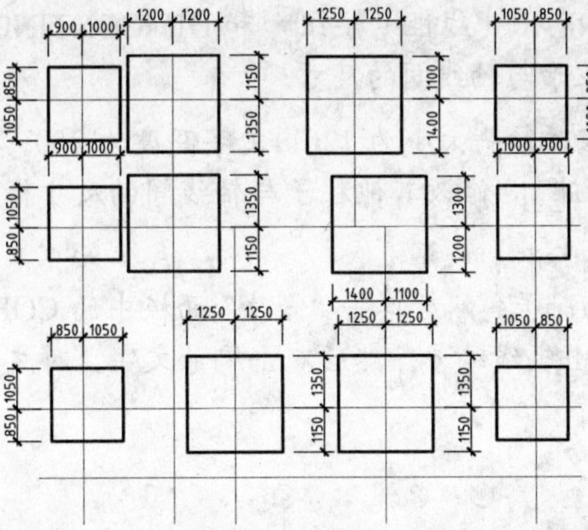

图 13-7　绘制独立基础

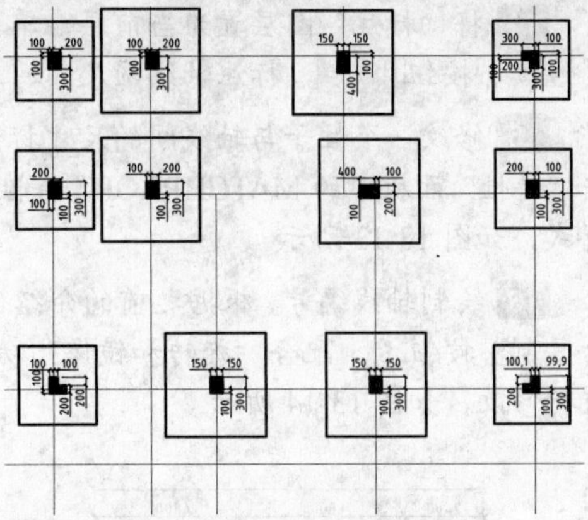

图 13-8　绘制柱子

11 标注基础平面布置图。单击“注释”面板中的 DIMSTYLE（标注样式）按钮，弹出“标注样式管理器”对话框，单击“修改”按钮，弹出“修改标注样式：Standard”对话框，单击“线”选项卡，设置参数如图 13-9 所示。

12 单击“符号和箭头”选项卡，设置参数如图 13-10 所示；单击“文字”选项卡，设置参数如图 13-11 所示。

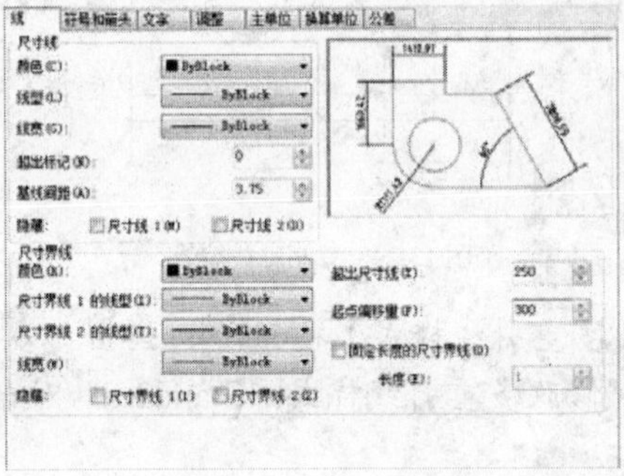

图 13-9　“线”选项卡

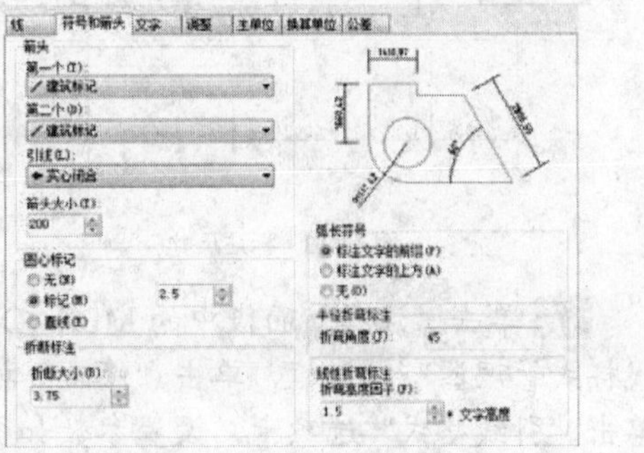

图 13-10　“符号和箭头”选项卡

13 在“调整”选项卡中的“调整选项”栏中，选择“文字和箭头”单选按钮；在“主单位”中的“精度”选项栏中选择 0。然后单击“确定”按钮，返回到“标注样式管理器”对话框，如图 13-12 所示；单击“置为当前”按钮。最后单击“关闭”按钮，完成尺寸标注样式的设置。

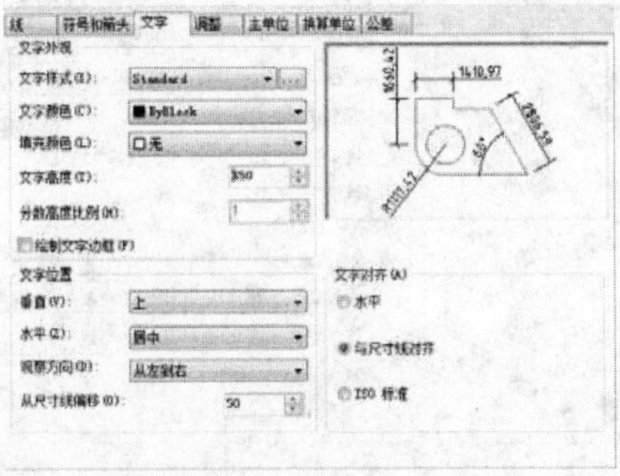

图 13-11　“文字”选项卡

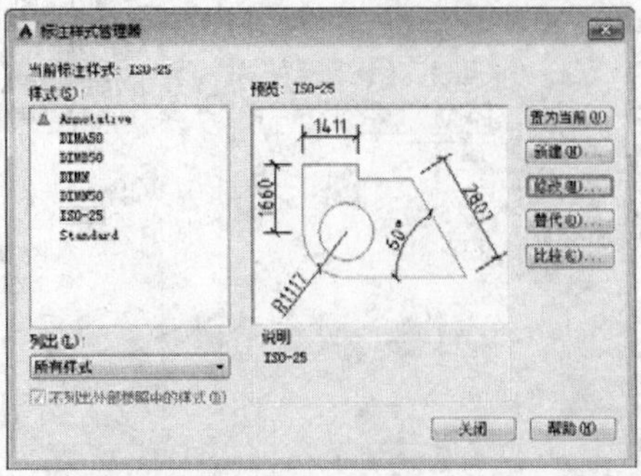

图 13-12　“标注样式管理器”对话框

14 将“标注”图层置为当前层，单击 DIMLINEAR（线性）按钮和 DIMCONTINUE（连续）按钮，标注轴线网尺寸、总尺寸和柱子与轴线间的尺寸。

15 修改一个柱子与轴线间的尺寸标注样式，修改箭头大小为 120，文字高度为 350。单击“特性”面板中的 MATCHPROP（特性匹配）按钮，修改其他柱子与轴线间的尺寸标注样式，如图 13-13 所示。

16 绘制轴线编号。根据之前的介绍创建轴线与轴号，然后单击“修改”面板中的 COPY（复制）按钮，配合“旋转和镜像”功能，复制出轴线编号。然后双击编号文字，对文字进行修改，如图 13-14 所示

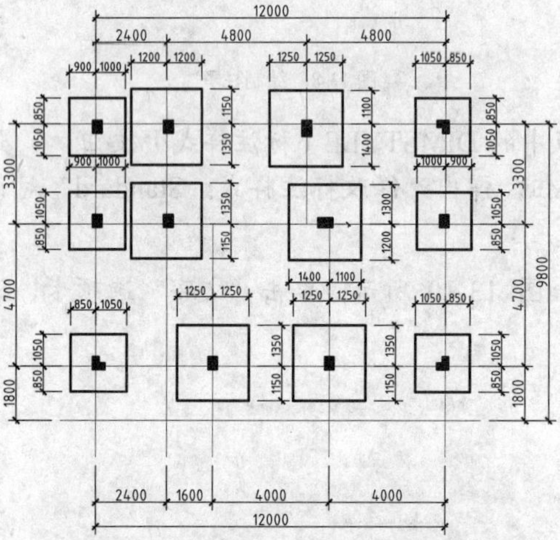

图 13-13 标注尺寸

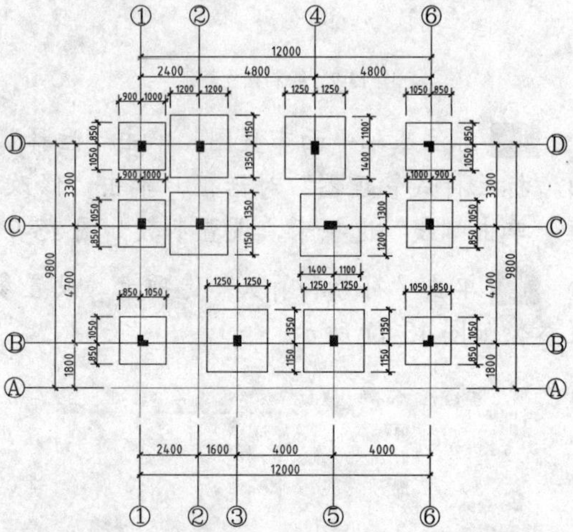

图 13-14 绘制轴线编号

17 单击“注释”面板中的 MLEADERSTYLE（多重引线样式）按钮，弹出“多重引线样式管理器”对话框，单击“修改”按钮，弹出“修改多重引线样式：Standard”对话框，单击“引线格式”选项卡，设置参数如图 13-15 所示。

18 单击“引线结构”选项卡，设置参数如图 13-16 所示。单击“内容”选项卡，设置参数如图 13-17 所示。

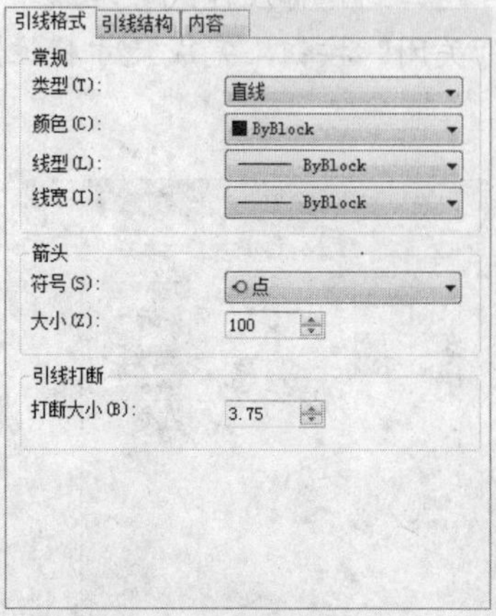

图 13-15 “引线格式”选项卡

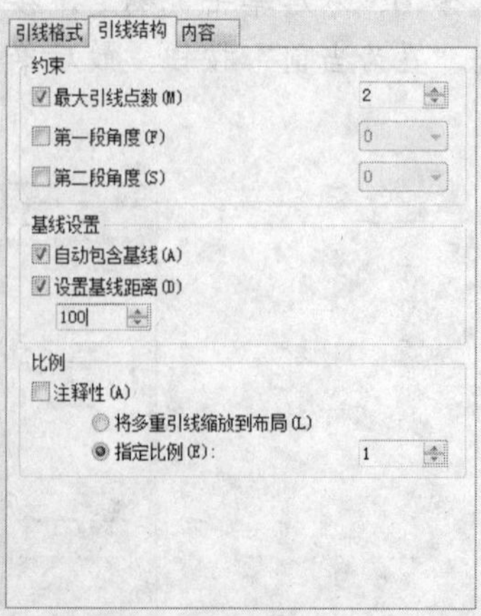

图 13-16 “引线结构”选项卡

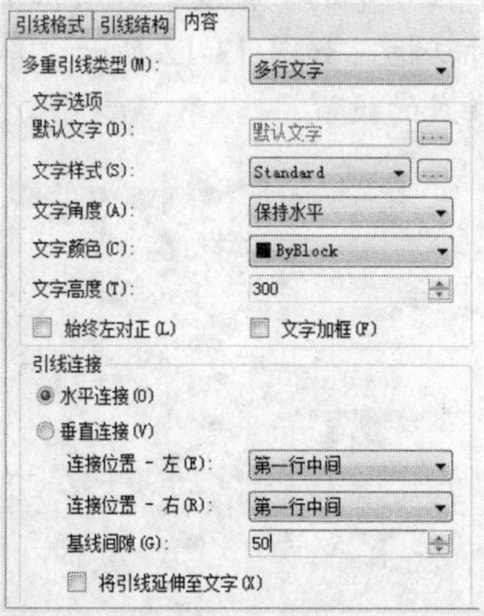

图 13-17 “内容”选项卡

19 单击“确定”按钮，返回到“多重引线样式管理器”对话框中，如图 13-18 所示，单击“置为当前”，然后单击“关闭”按钮，完成多重引线样式的设置。

20 单击 MLEADER（多重引线）按钮，标注独立基础的引出文字说明。单击“注释”面板中的 MTEXT（多行文字）按钮，绘制出图名和比例。单击“绘图”面板中的 PLINE（多段线）按钮，设置多段线宽度为 50mm，绘制图名和比例下方的第一根下划线。

21 单击“修改”面板中的 OFFSET（偏移）按钮，将多段线向下偏移 200mm。单击“修改”面板中的 EXPLODE（分解）按钮，将第二根下划线进行分解，最终效果如图 13-19 所示。

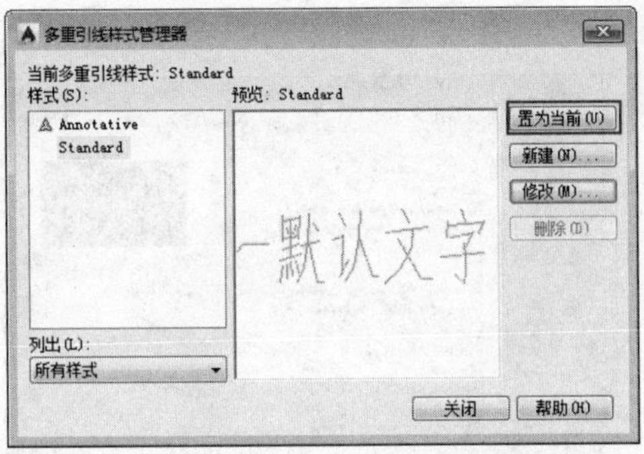

图 13-18　“多重引线样式管理器”对话框

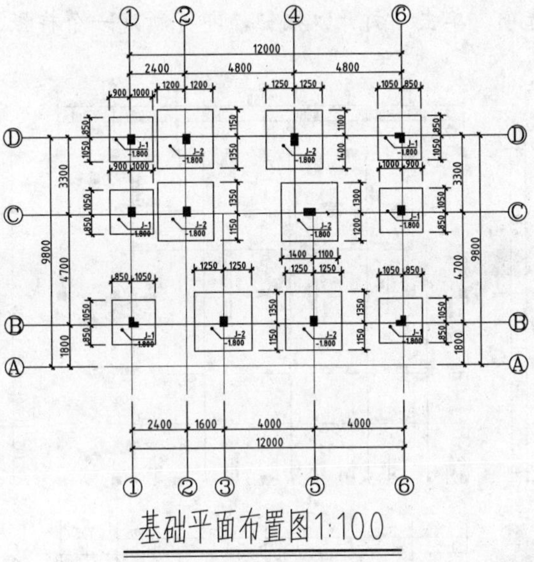

图 13-19　添加基础编号、图名和比例

13.2.2 绘制结构平面图

常见的建筑结构有砖混结构和框架结构。砖混建筑的结构平面图主要包括楼层结构平面图、圈梁平面布置图和楼梯结构图 3 部分。在钢筋混凝土建筑中，根据建筑的结构形式可分为框架结构、框架剪力墙结构、剪力墙结构和框架筒体结构等。

结构施工图的基本要求是：图面清楚整洁、标注齐全、构造合理、符合国家制图标准及行业规范，能很好地表达设计意图，并与计算书一致。现今主要建筑中，钢筋混凝土框架结构成为建筑设计和建造的主流。

框架结构施工图的绘制方法有如下 3 种：

- 详图法：它通过平、立、剖面图将各构件（梁、柱和墙等）的结构尺寸和配筋规格等“逼真”地表示出来。使用详图法绘图的工作量非常大。
- 梁柱表法：它采用表格填写方法将结构构件的结构尺寸和配筋规格用数字符号表达。此法比“详图法”要简单方便很多，手工绘图时，深受设计人员的欢迎。其不足之处为，同类构件的许多数据需要填写，容易出现错漏，图样数量多。
- 结构施工图平面整体设计方法（简称平法）：它把结构构件的截面型式、尺寸及所配钢筋规格在构件的平面位置用数字和符号直接表示，再与相应的“结构设计总说明”、梁、柱和墙等构件的“构造通用图及说明”配合使用。平法的优点是图面简洁、清楚、直观性强，图样数量少，很适合设计人员和施工人员。

本小节以绘制某办公楼二层结构平面图为例讲述结构平面图的绘制方法和技巧。绘制某办公楼二层结构平面图的最终效果如图 13-20 所示。

课堂举例 13-2：绘制结构平面图 视频\第 13 章\课堂举例 13-2.mp4

01 设置绘图环境，首先新建文件。启动 AutoCAD 2015 应用程序，单击快速访问工具栏中的 NEW（新建）按钮，打开“选择样板”对话框，如图 13-21 所示。选择“acadiso.dwt”选项，单击“打开”按钮，即可新建一个样板文件。

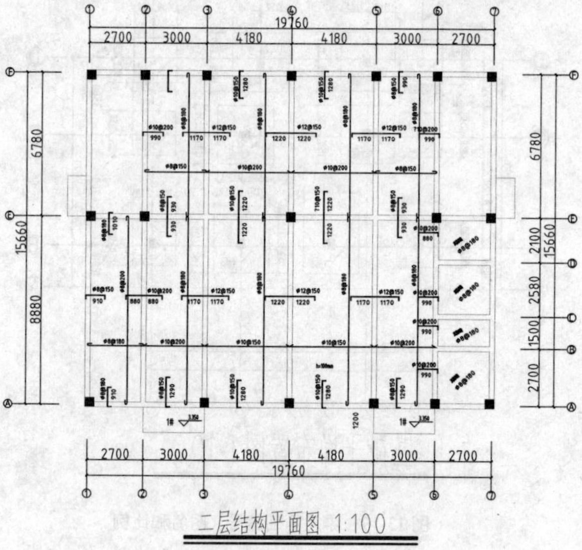

图 13-20 二层结构平面图

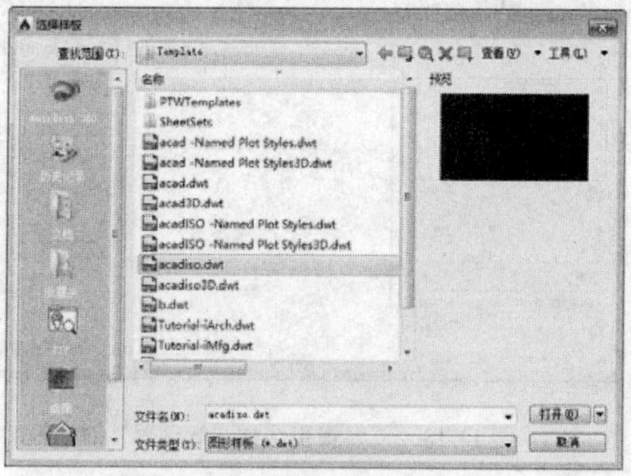

图 13-21 “选择样板”对话框

02 设置绘图单位。在命令行中输入 UNITS（单位）命令并回车，弹出“图形单位”对话框，在“长度”选项组里的“类别”下拉列表中选择“小数”；在“精度”下拉列表框中选择 0，如图 13-22 所示。

03 设置图形界限。在命令行中输入 LIMITS（图形界限）命令并回车，设置绘图区域；然后执行 ZOOM（缩放）命令，完成观察范围的设置。其命令行提示如下：

```
命令：limits
重新设置模型空间界限：
指定左下角点或 [开(ON)/关(OFF)] <0.0000, 0.0000>:↙      //直接按回车键接受默认值
指定右上角点 <420.0000, 297.0000>: 24000, 18000↙      //输入右上角坐标“24000,
18000”后按回车键完成绘图范围的设置
```

04 设置图层。单击“图层”面板中的 LAYER（图层特性）按钮，弹出“图层特性管理器”对话框，单击对话框中的“新建图层”按钮，创建结构平面图所需要的图层，并为每一个图层定义名称、颜色、线型、线宽，设置好的图层效果如图 13-23 所示。

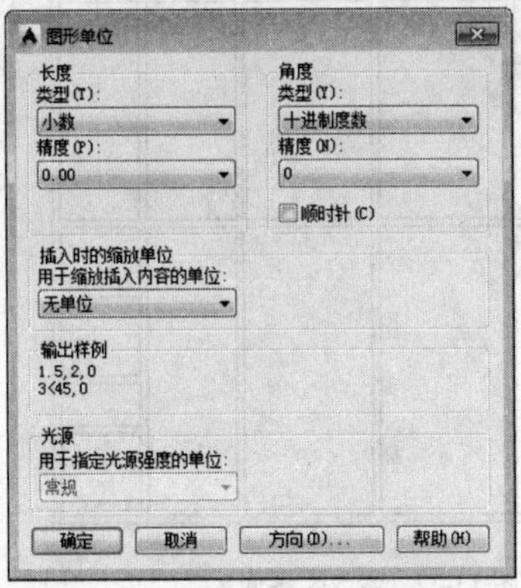

图 13-22　“图形单位”对话框

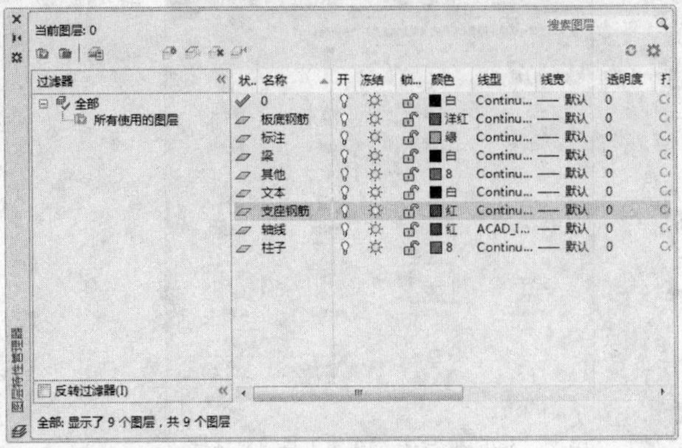

图 13-23　“图层特性管理器”对话框

05 绘制某办公楼二层结构平面图形，首先绘制轴线网。将“轴线”图层置为当前层，单击“绘图”面板中的 LINE（直线）按钮，绘制一条水平轴线和一条垂直轴线。

06 单击“修改”面板中的 MOVE（移动）按钮，将垂直线移到与水平直线相交的合适位置；单击“修改”面板中的 OFFSET（偏移）按钮，生成轴线网；然后修改轴线网的线型比例为 80，如图 13-24 所示。

07 绘制梁。将“梁”图层置为当前层，在命令行中输入 ML（多线）命令并回车，设置多线宽度为 240，对齐方式为居中对齐，绘制出梁轮廓线；接下来将“轴线”图层关闭，如图 13-25 所示。

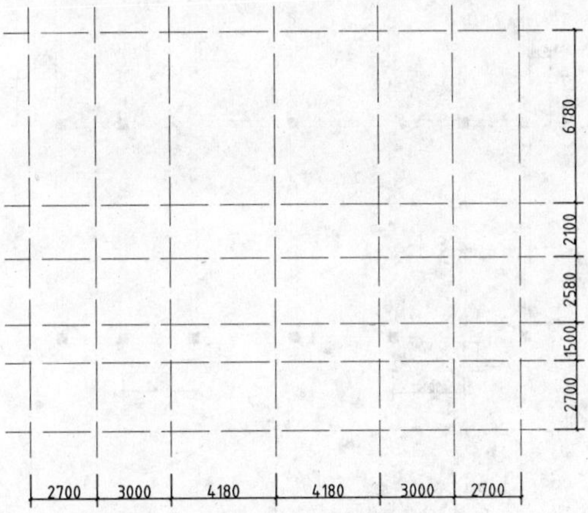

图 13-24　绘制轴线网

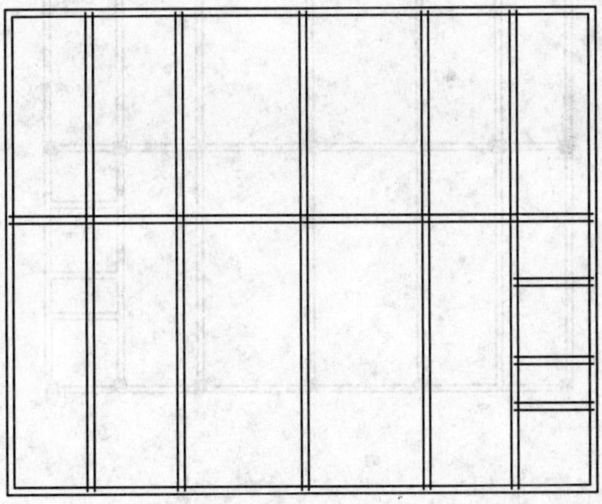

图 13-25　绘制梁

08 修改梁。在命令行中输入 MLDEIT（编辑多线）命令并回车，弹出“多线编辑工具”对话框，如图 13-26 所示。

09 单击“T 形合并”按钮，进入绘图区中依次选择作为 T 形多线相交的两段梁，即可完成 T 形梁的修改；重复执行 MLDEIT（编辑多线）命令，单击“十字合并”按钮，进入绘图区中依次选择作为“十”形多线相交的两段梁，即可完成“十”字型梁的修改，如图 13-27 所示。

图 13-26 “多线编编辑工具”对话框

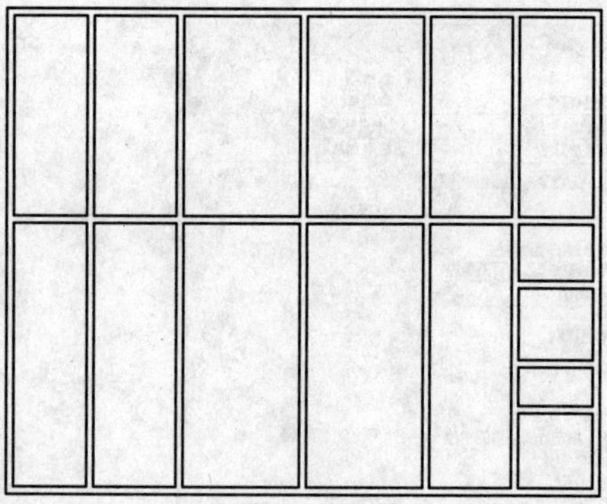

图 13-27 修改梁平面

10 绘制柱子。将“柱子”图层置为当前层，单击“绘图”面板中的 RECTANG（矩形）按钮，绘制一个 450×450 的矩形。

11 单击“绘图”面板中的 HATCH（图案填充）按钮，对矩形进行图案填充；单击“修改”面板中的 COPY（复制）按钮，配合“对象捕捉”功能，复制柱子到二层结构平面图中，如图 13-28 所示。

12 绘制附加梁和悬挑板。将“梁”图层置当前层，单击“修改”面板中的 OFFSET（偏移）按钮，生成附加梁和悬挑板的辅助线；单击“修改”面板中的 TRIM（修剪）按钮，将辅助线进行修剪，如图 13-29 所示。

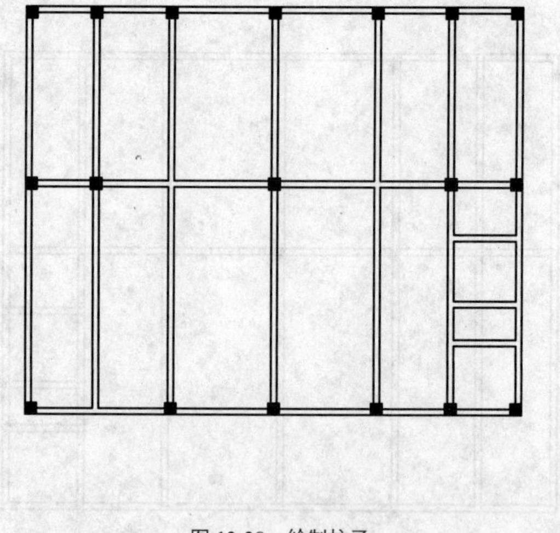

图 13-28 绘制柱子

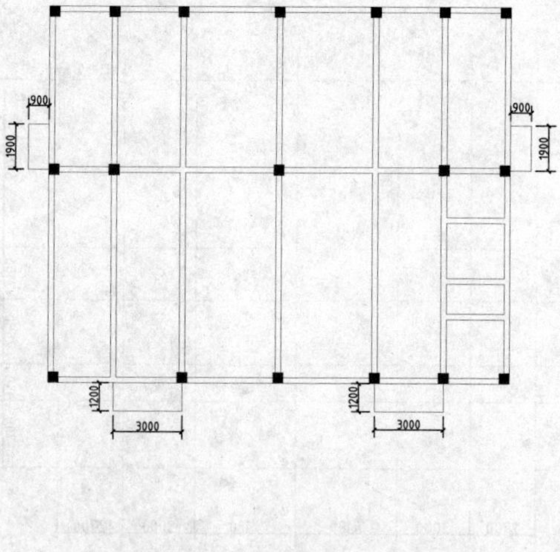

图 13-29 绘制附加梁和板上洞口

13 绘制板底钢筋。将“板底钢筋”图层置为当前层，单击“绘图”面板中的 LINE（直线）按钮，沿板边缘绘制水平辅助线和垂直辅助线；单击“修改”面板中的 OFFSET（偏移）按钮，生成板底钢筋的辅助线。

14 单击“绘图”面板中的 PLINE（多段线）按钮，设置多段线宽为 45，绘制出板底钢筋；单击“修改”面板中的 ERASE（删除）按钮，将辅助线进行删除，如图 13-30 所示。

15 绘制支座钢筋。将“支座钢筋”图层置为当前层，单击“绘图”面板中的 LINE（直线）按钮，沿板边缘绘制水平辅助线和垂直辅助线；单击“修改”面板中的 OFFSET（偏移）按钮，生成支座钢筋的辅助线。

16 单击“绘图”面板中的 PLINE（多段线）按钮，设置多段线宽为 45，绘制出支座钢筋；单击“修改”面板中的 ERASE（删除）按钮，将辅助线进行删除，如图 13-31 所示。

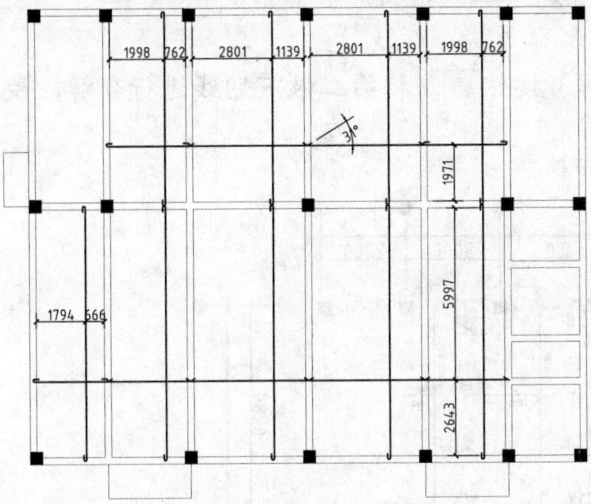

图 13-30　绘制板底钢筋

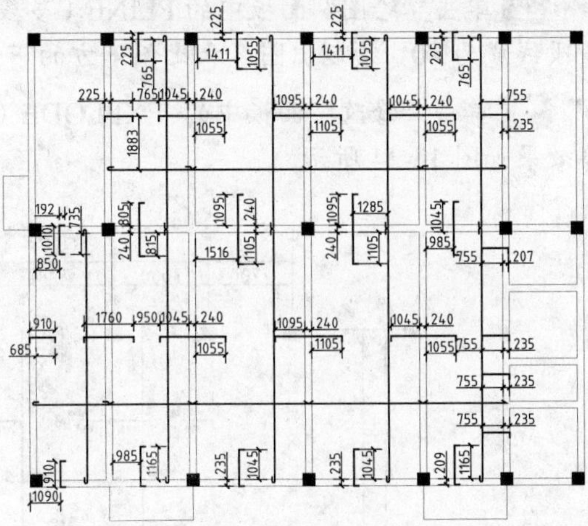

图 13-31　绘制支座钢筋

17 标注尺寸。将“标注”图层置为当前层，并将“轴线”图层显示出来，单击 DIMSTYLE（标注样式）按钮，在弹出的“标注样式管理器”中修改标注样式；单击 DIMLINEAR（线性）按钮和 DIMCONTINUE（连续）按钮 连续，标注两道尺寸线，如图 13-32 所示。

18 标注轴线编号。单击“绘图”面板中的 LINE（直线）按钮，绘制一条长 500 的垂直线；单击“绘图”面板中的 CIRCLE（圆）按钮，绘制一个直径为 400 的圆。

19 单击“注释”面板中的 MTEXT（多行文字）按钮 A，在圆中心绘制出轴线编号文字；单击“修改”面板中的 MOVE（移动）按钮，配合“端点和象限点”捕捉功能，将直线移动至圆的正上方。

20 单击“修改”面板中的 COPY（复制）按钮，配合“旋转”功能，复制多个轴线编号到结构平面图中；然后双击编号文字，对轴线编号进行修改，完成效果如图 13-33 所示。

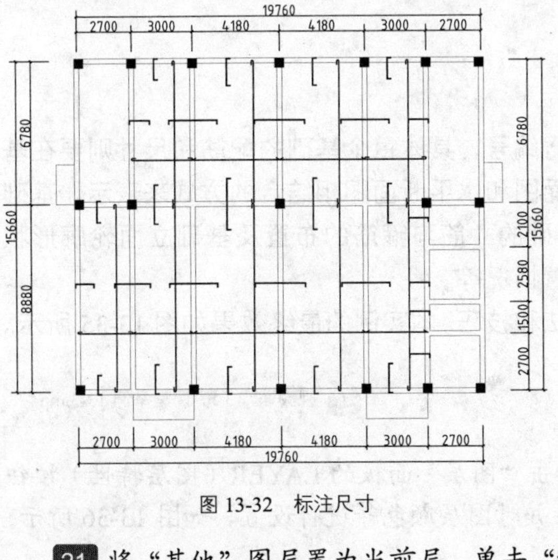

图 13-32　标注尺寸

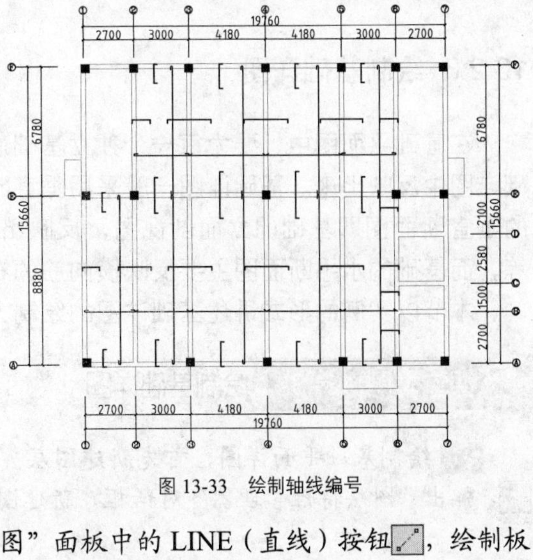

图 13-33　绘制轴线编号

21 将“其他”图层置为当前层，单击“绘图”面板中的 LINE（直线）按钮，绘制板上洞口架空线、双层双向斜线和标高符号；单击“注释”面板中的 MTEXT（多行文字）按钮，配合“旋转和移动”功能，绘制出支座钢筋标注文字、板底钢筋标注文字、标高数字、图名和比例。

22 单击“绘图”面板中的 PLINE（多段线）按钮和 OFFSET（偏移）按钮，设置多段线宽为 80，绘制出图名和比例下方的下划线。

23 单击“修改”面板中的 EXPLODE（分解）按钮，将第二根下划线进行分解，最终效果如图 13-34 所示。

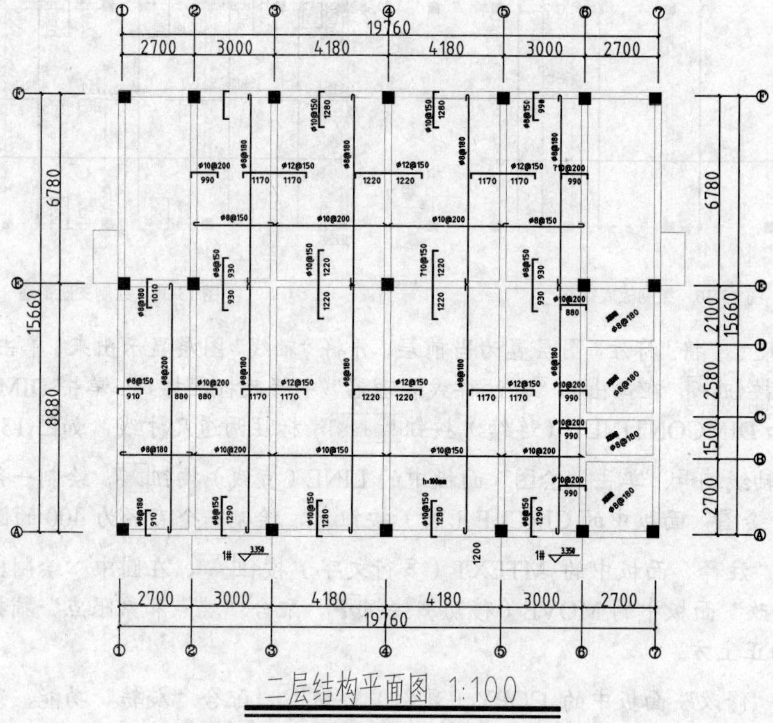

图 13-34　绘制文字标注、标高、图名和比例

13.2.3 绘制基础详图

在基础平面图中，要为每一个独立基础进行编号，具体每个基础的配筋和尺寸则要在基础详图中反映出来。基础详图一般采用垂直断面图和水平断面图相结合的方式来表示，基础的垂直断面图即基础的立面剖视图，反映出基础的立筋与箍筋的布置及基础立面轮廓形状等，而基础的水平断面图主要反映横向筋的布置情况等。

本节以实例的形式讲述基础详图的绘制方法和技巧。本实例的最终效果如图 13-35 所示。

课堂举例 13-3：绘制基础详图　　视频\第 13 章\课堂举例 13-3.mp4

01 绘制基础平面详图，首先新建图层。单击“图层”面板的 LAYER（图层特性）按钮，弹出“图层特性管理器”对话框，新建图层并对图层颜色等进行设置，如图 13-36 所示。

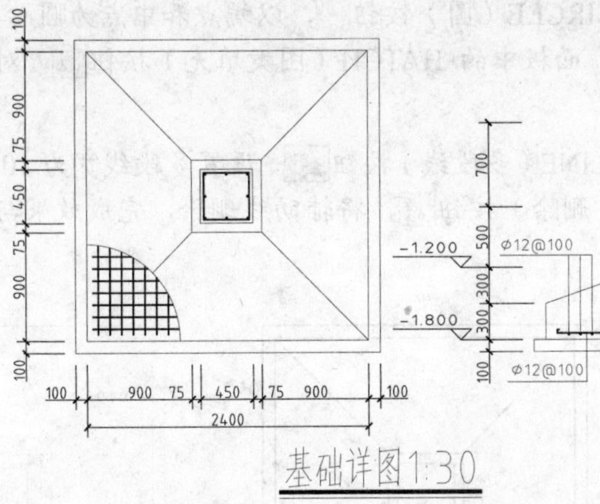

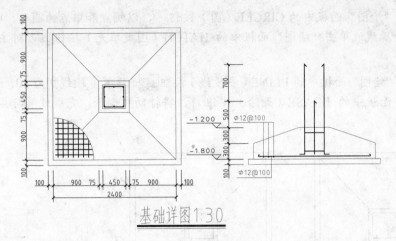

图 13-35　基础详图

02 绘制基础承台底层矩形。将“独立基础”图层置为当前层，单击“绘图”面板中的 RECTANG（矩形）按钮，绘制一个 2600×2600 的矩形。

03 单击“修改”面板中的 OFFSET（偏移）按钮，设置偏移距离为 100，将矩形向内偏移，如图 13-37 所示。

04 绘制基础承台中层矩形。单击“修改”面板中的 OFFSET（偏移）按钮，将矩形向内偏移；单击“绘图”面板中的 LINE（直线）按钮，连接中层矩形和底层矩形，完成效果与具体尺寸如图 13-38 所示。

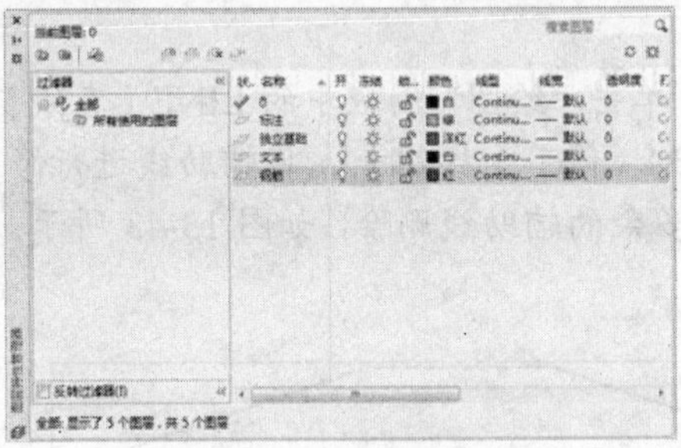

图 13-36　图层特性管理器

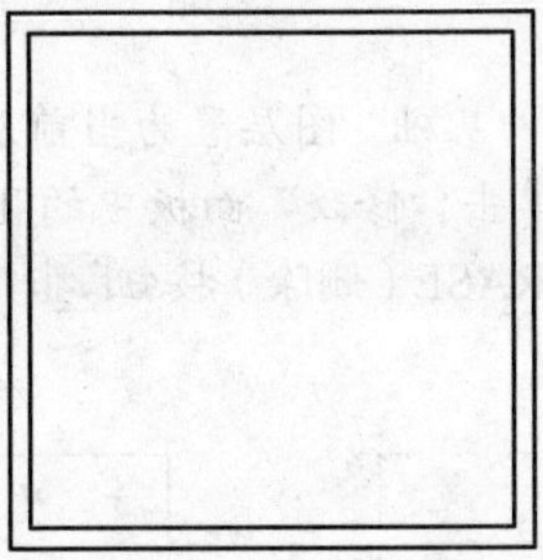

图 13-37　绘制基础承台底层矩形

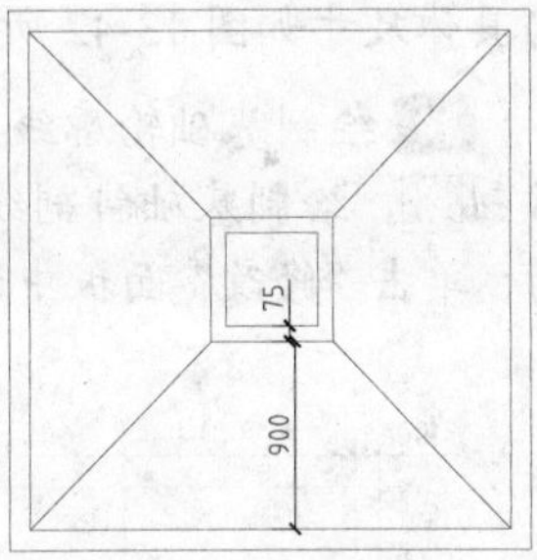

图 13-38　绘制基础承台中层矩形

05 绘制基础详图轮廓。单击“绘图”面板中的 CIRCLE（圆）按钮，以承台底层矩形左下内角点为圆心，以 800 长为半径绘制一个圆。

06 单击“修改”面板中的 TRIM（修剪）按钮，修剪出四分之一圆，并修剪圆弧内直线，如图 13-39 所示。

07 绘制平铺钢筋。将“钢筋”图层置为当前层，单击“绘图”面板中的 LINE（直线）按钮，沿圆弧两端点绘制水平辅助线和垂直辅助线；单击“修改”面板中的 OFFSET（偏移）按钮，设置偏移距离为 100，生成平铺钢筋的辅助线。

08 单击“绘图”面板中的 PLINE（多段线）按钮，设置多段线宽为 10，绘制平铺钢筋；单击“修改”面板中的 ERASE（删除）按钮，将辅助线删除，如图 13-40 所示。

09 绘制箍筋。单击“修改”面板中的 OFFSET（偏移）按钮，将基础承台中层矩形内轮廓线向内偏移，生成箍筋的辅助线。

10 单击“绘图”面板中的 CIRCLE（圆）按钮，以端点和中点为圆心，以 10 长为半径绘制主筋轮廓线；单击“绘图”面板中的 HATCH（图案填充）按钮，对主筋进行图案填充。

11 单击“绘图”面板中的 PLINE（多段线）按钮，设置多段线宽为 10，绘制出箍筋；单击“修改”面板中的 ERASE（删除）按钮，将辅助线删除，完成效果与具体尺寸如图 13-41 所示。

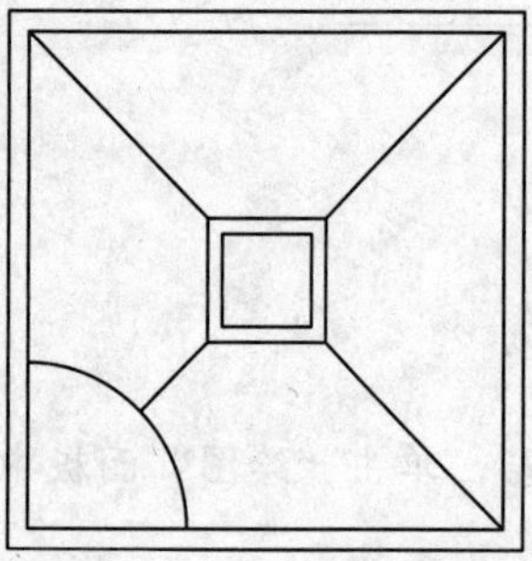

图 13-39　绘制基础详图轮廓

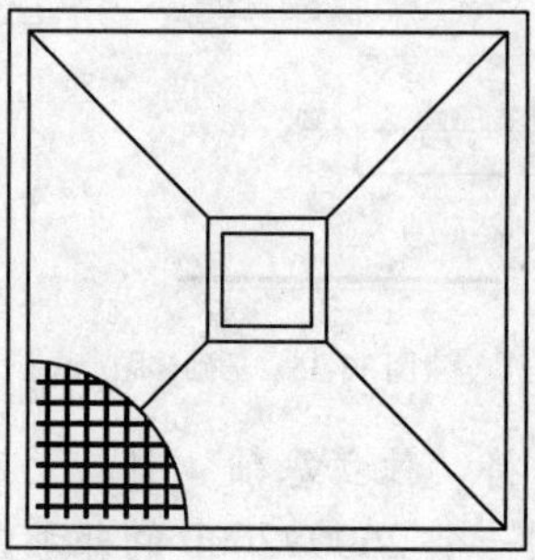

图 13-40　绘制平铺钢筋

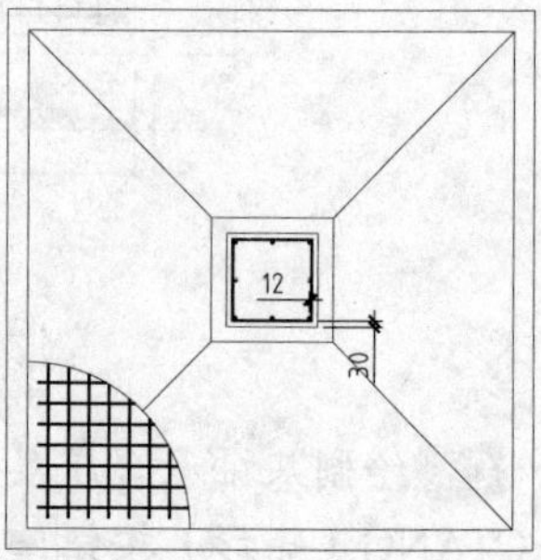

图 13-41　绘制箍筋

12 绘制基础立面详图，首先绘制基础立面辅助线。单击“绘图”面板中的 XLINE（构造线）按钮，沿基础平面特殊点绘制垂直辅助线和一条水平辅助线。

13 单击“修改”面板中的 OFFSET（偏移）按钮，生成基础立面详图高度方向上的辅助线；单击“修改”面板中的 TRIM（修剪）按钮，将四周辅助线进行修剪，完成效果与具体尺寸如图 13-42 所示。

14 绘制基础轮廓线。将“基础”图层置为当前层，单击“绘图”面板中的 LINE（直线）按钮，绘制基础斜剖线；单击“修改”面板中的 TRIM（修剪）按钮，将辅助线进行修剪；单击“修改”面板中的 ERASE（删除）按钮，将多余的辅助线删除，如图 13-43 所示。

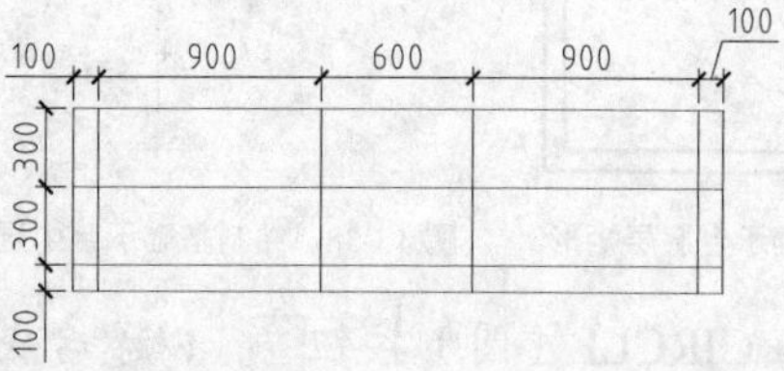

图 13-42　绘制基础立面辅助线

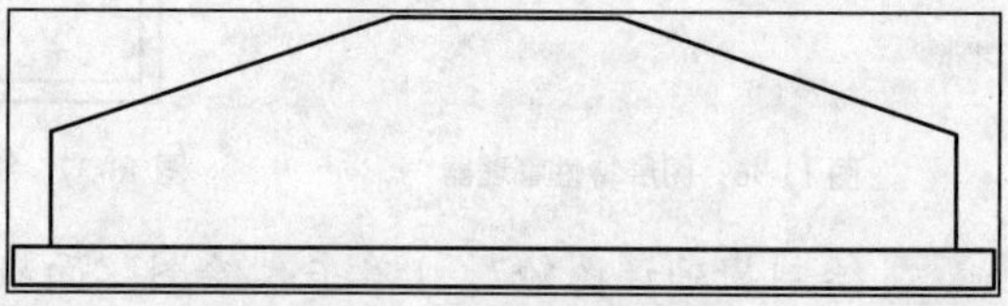

图 13-43　绘制基础轮廓线

15 绘制主筋。将“钢筋”图层置为当前层，单击“绘图”面板中的 LINE（直线）按钮，绘制垂直辅助线；单击“修改”面板中的 OFFSET（偏移）按钮，生成主筋的垂直和水平辅助线。

16 单击“绘图”面板中的 PLINE（多段线）按钮，设置多段线宽为 10，绘制出主筋的轮廓线；单击“修改”面板中的 ERASE（删除）按钮，将辅助线进行删除，完成效果与具体尺寸如图 13-44 所示。

17 绘制箍筋和铺筋。单击“修改”面板中的 OFFSET（偏移）按钮，生成箍筋和铺筋的辅助线；单击“绘图”面板中的 CIRCLE（圆）按钮，绘制箍筋的轮廓线。

18 单击“绘图”面板中的 HATCH（图案填充）按钮，对箍筋进行图案填充；单击“绘图”面板中的 PLINE（多段线）按钮，设置多段线宽为 10，绘制出铺筋；单击“修改”面板中的 ERASE（删除）按钮，将辅助线删除，完成效果与具体尺寸如图 13-45 所示。

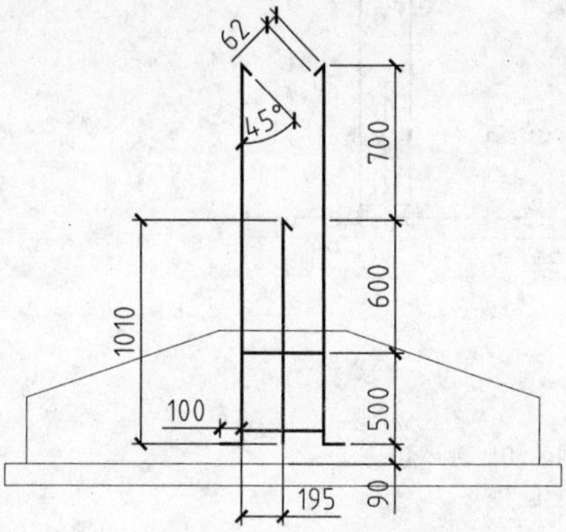

图 13-44　绘制主筋

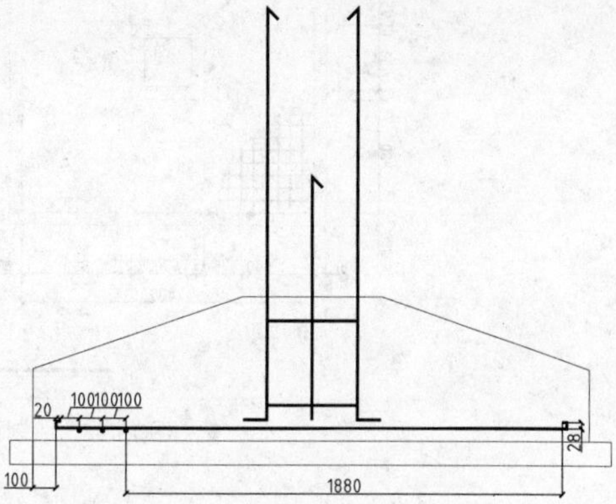

图 13-45　绘制箍筋和铺筋

19 标注尺寸。将“标注”图层置为当前层，单击“注释”面板中的 DIMSTYLE（标注样式）按钮，在弹出的“标注样式管理器”中设置标注样式。

20 单击 DIMLINEAR（线性）按钮和 DIMCONTINUE（连续）按钮，标注基础平面详图和立面详图尺寸，如图 13-46 所示。

21 标注标高。单击“绘图”面板中的 LINE（直线）按钮，绘制一个等腰三角形，接着将等腰三角形的水平边延长；单击“注释”面板中的 MTEXT（多行文字）按钮，在标高符号上方绘制标高文字。

22 单击“修改”面板中的 COPY（复制）按钮，复制一个标高符号和文字；然后双击文字，对文字进行修改，如图 13-47 所示。

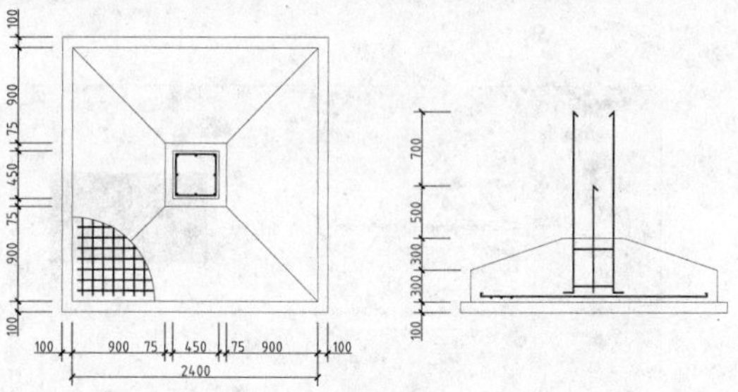

图 13-46　标注尺寸

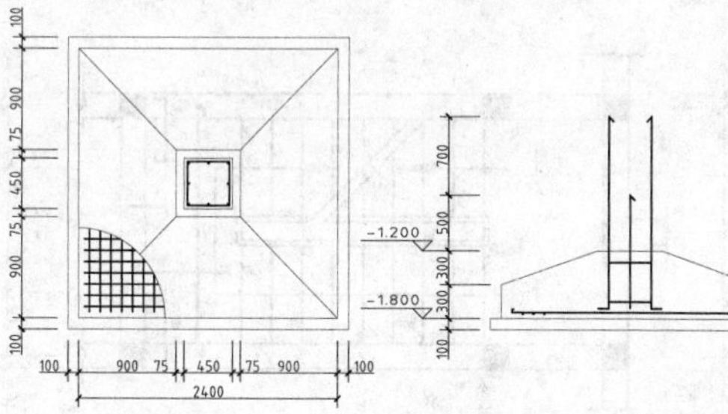

图 13-47　绘制标高符号

23 绘制说明文字、图名和比例。将“文字”图层置为当前层，单击 MLEADER（多重引线）按钮，标注引出文字说明；单击“绘图”面板中的 MTEXT（多行文字）按钮，绘制出图名和比例。

24 单击“绘图”面板中的 PLINE（多段线）按钮，设置多段线宽度为 30，绘制图名和比例下方的一条下划线；单击“修改”面板中的 OFFSET（偏移）按钮，将多段线向下偏移；单击“修改”面板中的 EXPLODE（分解）按钮，将第二条下划线分解，最终效果如图 13-48 所示。

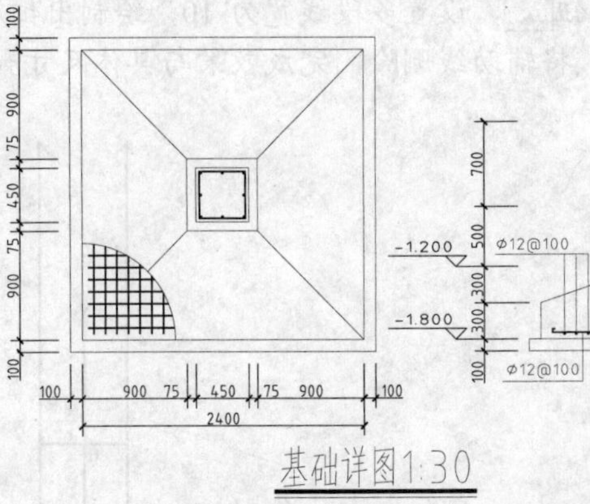

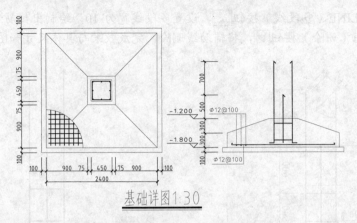

图 13-48　绘制说明文字、图名和比例

13.3 绘制楼梯结构图

楼梯是建筑中垂直交通的重要构件，由于楼梯结构的特殊性，在板的结构图中不能很方便地表示出楼梯的结构图，为了能更清楚地表示楼梯各方面的结构，通常楼梯的结构图作单独一份图样表达。楼梯结构图包括楼梯平面结构图、楼板结构图和梁配筋图等。本小节以某住宅楼梯结构图为例讲述楼梯结构图的绘制方法和技巧。

13.3.1 绘制楼梯平面结构图

楼梯平面结构图主要表现不同楼层休息平台板的配筋、梯段的踏高、踏宽、梯梁的编号和尺寸等关系。本小节讲述楼梯平面结构图的操作步骤，本实例最终效果如图 13-49 所示。

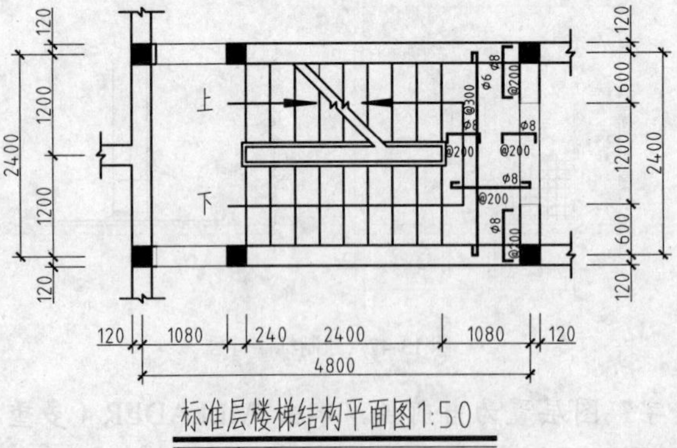

图 13-49　楼梯平面结构图

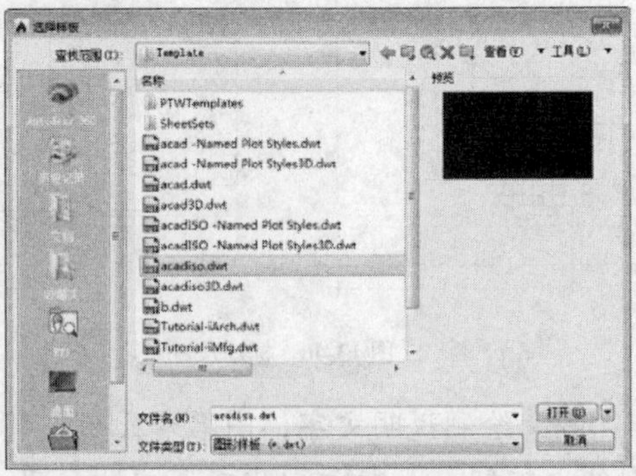

图 13-50　“选择样板”对话框

课堂举例 13-4：绘制楼梯平面结构图　　视频\第 13 章\课堂举例 13-4.mp4

01 新建文件。启动 AutoCAD 2015 应用程序，单击快速访问工具栏中的 NEW（新建）按钮，打开“选择样板”对话框，如图 13-50 所示。选择“acadiso.dwt”选项，单击“打开”按钮，即可新建一个样板文件。

02 设置绘图单位。在命令行中输入 UNITS（单位）命令并回车，弹出“图形单位”对话框，在“长度”选项组里的“类别”下拉列表中选择“小数”；在“精度”下拉列表框中选择 0，如图 13-51 所示。

03 设置图形界限。在命令行中输入 LIMITS（图形界限）命令并回车，设置绘图区域；然后执行 ZOOM（缩放）命令，完成观察范围的设置。其命令行提示如下：

```
命令: limits
重新设置模型空间界限:
指定左下角点或 [开(ON)/关(OFF)] <0.0000, 0.0000>:↙        //直接按回车键接受默认值
指定右上角点 <420.0000, 297.0000>: 13000, 8000↙        //输入右上角坐标“13000,
8000”后按回车键完成绘图范围的设置
```

04 设置图层。单击“图层”面板中的 LAYER（图层特性）按钮，弹出“图层特性管理器”对话框，单击对话框中的“新建图层”按钮，创建结构平面图所需要的图层，并为每一个图层定义名称、颜色、线型、线宽，设置好的图层效果如图 13-52 所示。

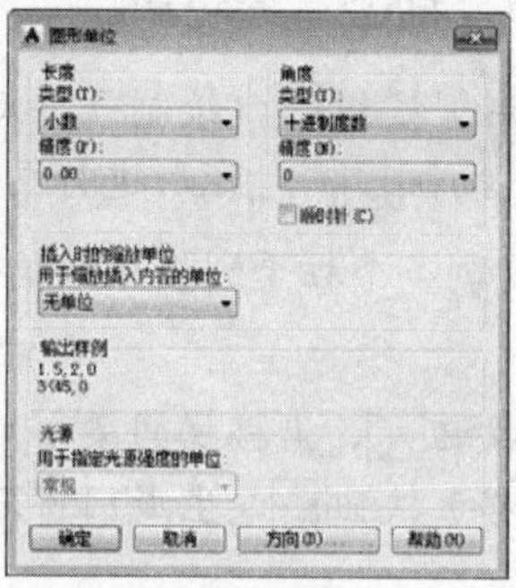

图 13-51　“绘图单位”对话框

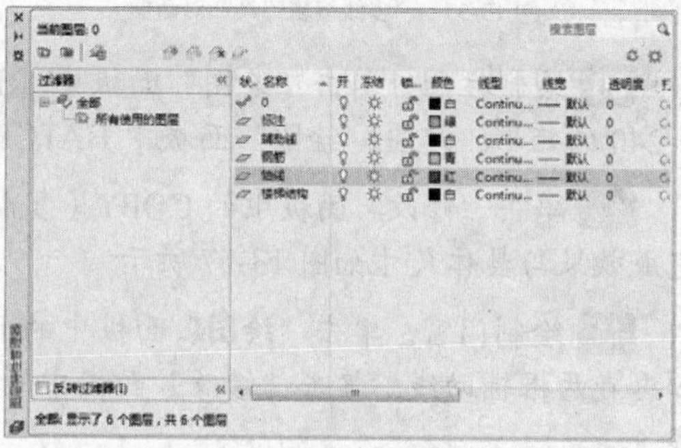

图 13-52　“图层特性管理器”对话框

05 绘制定位轴线。将“轴线”图层置为当前层，单击“绘图”面板中的 LINE（直线）按钮，绘制一条水平直线和一条垂直线；单击“修改”面板中的 MOVE（移动）按钮，将两直线相交；单击“修改”面板中的 OFFSET（偏移）按钮，生成轴线网。

06 单击“修改”面板中的 TRIM（修剪）按钮，将水平的轴线进行修剪，如图 13-53 所示。

07 绘制楼梯梁。将“楼梯结构”图层置为当前层，在命令行中输入 MLINE（多线）命令并回车，设置多线宽度为 240，对齐方式为居中，绘制出楼梯梁；单击“绘图”面板中的 LINE（直线）按钮，绘制出墙体的折断线，如图 13-54 所示。

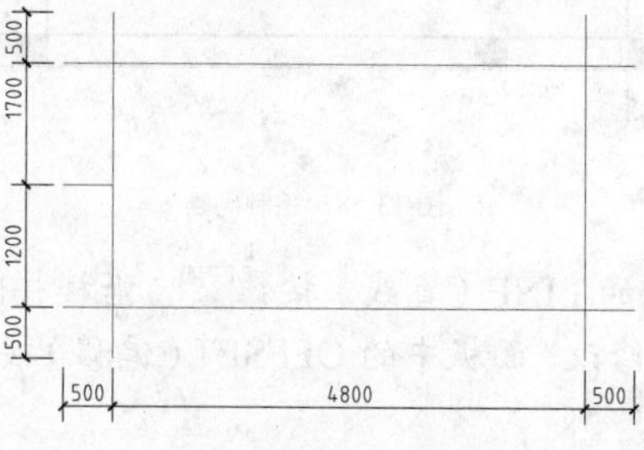

图 13-53　绘制定位轴线

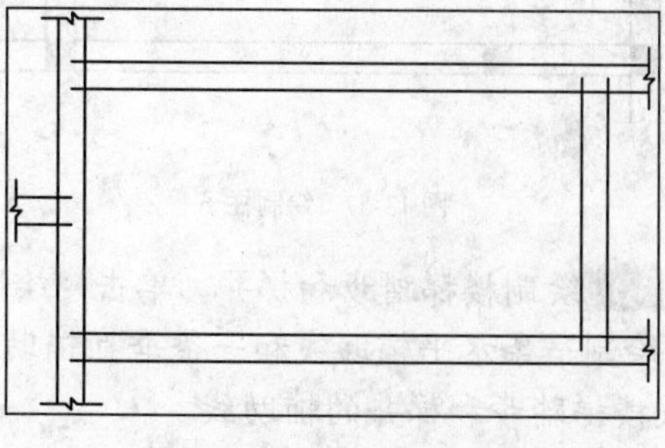

图 13-54　绘制楼梯梁和折断线

08 编辑楼梯梁。在命令行中输入 MLEDIT（编辑多线）命令并回车，弹出“多线编辑工具”对话框，如图 13-55 所示，单击“T 形合并”按钮，进入绘图区中对交叉区域的多线进行修剪，如图 13-56 所示。

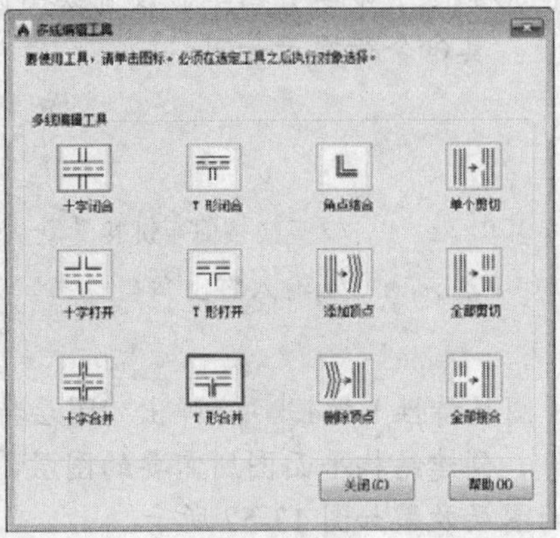

图 13-55 “多线编辑工具”对话框

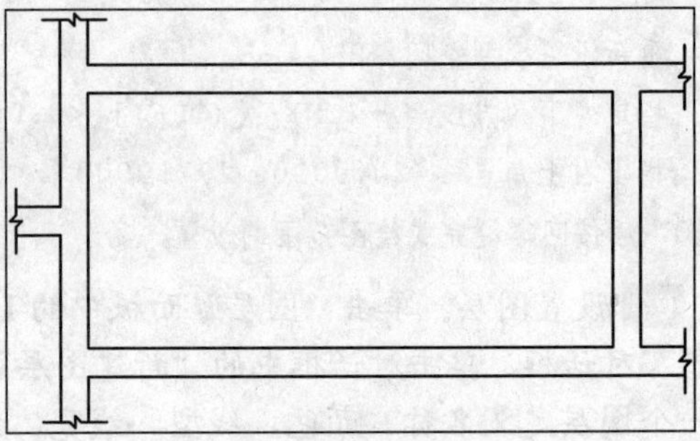

图 13-56 编辑楼梯梁

09 绘制柱子。单击“绘图”面板中 RECTANG（矩形）按钮，绘制一个尺寸为 240×240 的矩形；单击“绘图”面板中 HATCH（图案填充）按钮，对矩形进行图案填充。

10 单击“修改”面板中的 COPY（复制）按钮，复制多个柱子到楼梯结构平面图中，完成效果与具体尺寸如图 13-57 所示。

11 绘制门窗。单击“绘图”面板中的 LINE（直线）按钮，沿楼梯间梁内角绘制水平和垂直两根辅助线；单击“修改”面板中的 OFFSET（偏移）按钮，生成门窗洞口的辅助线。

12 单击“修改”面板中的 TRIM（修剪）按钮，将门窗洞口处的楼梯梁和辅助线进行修剪；单击“修改”面板中的 ERASE（删除）按钮，将多余的辅助线进行删除；将“门窗”图层置为当前层，单击“绘图”面板中的 LINE（直线）按钮，连接门窗洞口，完成效果与具体尺寸如图 13-58 所示。

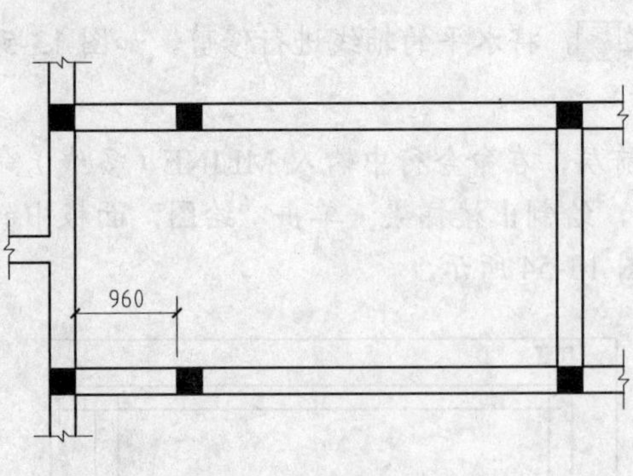

图 13-57 绘制柱子

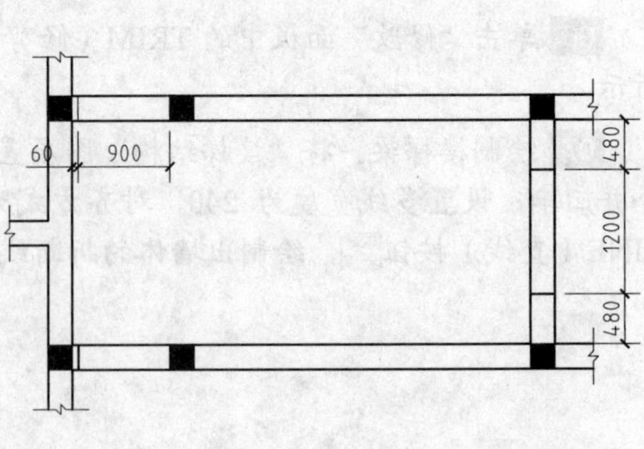

图 13-58 绘制门窗

13 绘制楼梯踏步和梯井。单击“绘图”面板中的 LINE（直线）按钮，沿楼梯间墙内角，绘制一条水平辅助线和一条垂直辅助线；单击“修改”面板中的 OFFSET（偏移）按钮，生成楼梯踏步和梯井的辅助线。

14 单击“修改”面板中的 TIRM（修剪）按钮和 ERASE（删除）按钮，将多余的辅助线进行修剪和删除，完成效果与具体尺寸如图 13-59 所示。

15 绘制折断线、方向箭头和文字。单击“绘图”面板中的 LINE（直线）按钮，绘制一个折断线；单击“修改”面板中的 OFFSET（偏移）按钮，生成折断线的另一段；单击“修改”面板中的 TRIM（修剪）按钮，将折断线所夹的楼梯梁板线进行修剪。

16 单击“绘图”面板中的 PLINE（多段线）按钮，绘制出方向箭头；单击“注释”面板中的 MTEXT（多行文字）按钮 A，绘制出楼梯方向文字，如图 13-60 所示。

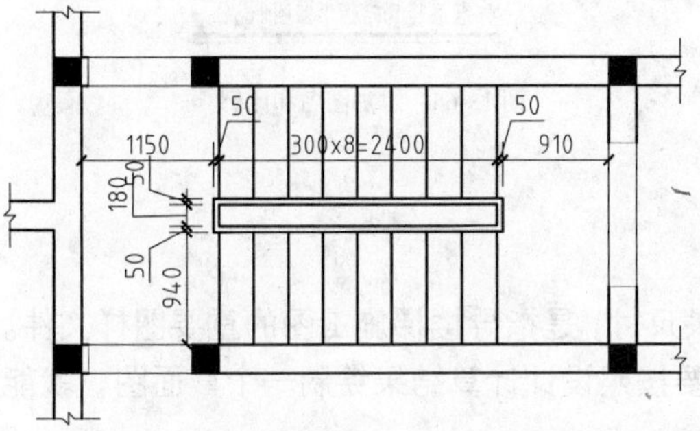

图 13-59　绘制楼梯踏步和梯井

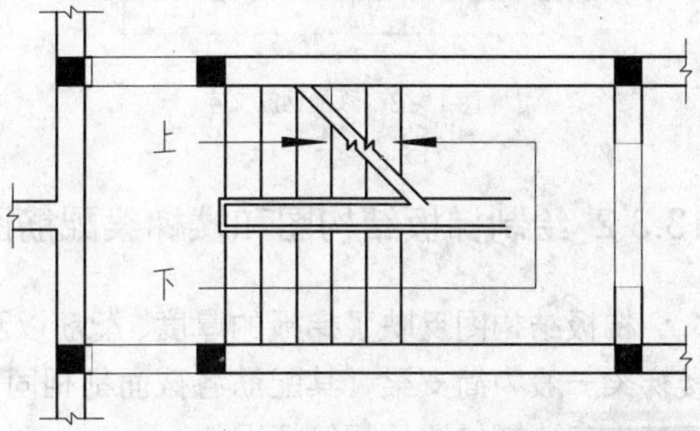

图 13-60　绘制折断线、方向箭头和文字

17 绘制楼梯配筋。单击“绘图”面板中的 PLINE（多段线）按钮，设置多段线宽为 23，绘制出楼梯钢筋，如图 13-61 所示。

18 标注尺寸。将“标注”图层置为当前层，单击“注释”面板中的 DIMSTYLE（标注样式）按钮，弹出“标注样式管理器”对话框，设置标注样式；单击 DIMLINEAR（线性）按钮和 DIMCONTINUE（连续）按钮，标注各部分尺寸，完成效果与具体尺寸如图 13-62 所示。

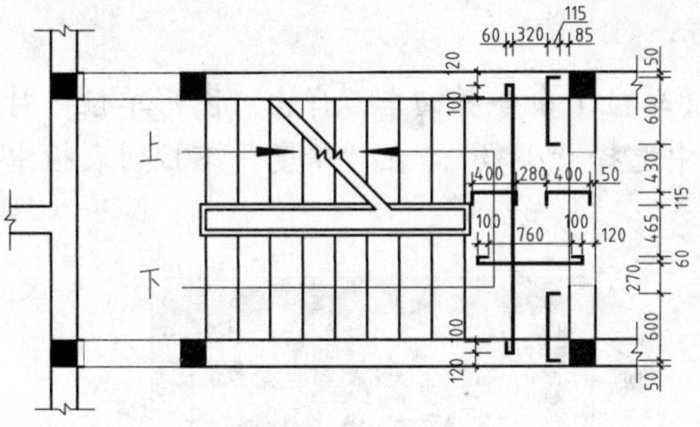

图 13-61　绘制楼梯配筋

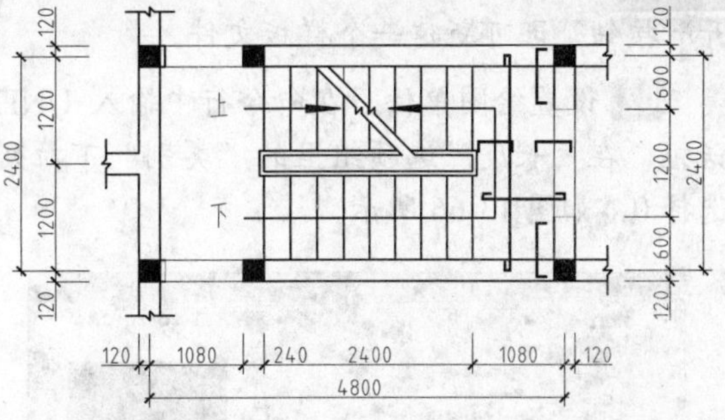

图 13-62　标注尺寸

19 添加钢筋文字。单击“注释”面板中的 MTEXT（多行文字）按钮 A，在钢筋上下位置标注配筋文字说明，如图 13-63 所示。

20 添加图名和比例。单击“注释”面板中的 MTEXT（多行文字）按钮 A，绘制出图名和比例；单击“绘图”面板中的 PLINE（多段线）按钮和“修改”面板中的 OFFSET（偏移）按钮，生成图名和比例下方的两根下划线。

21 单击“修改”面板中的 EXPLODE（分解）按钮，将最下边的多段线进行分解，最终效果如图 13-64 所示。

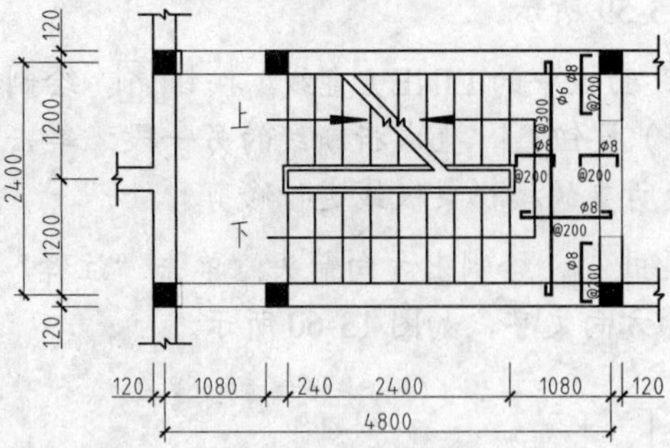

图 13-63 添加钢筋文字

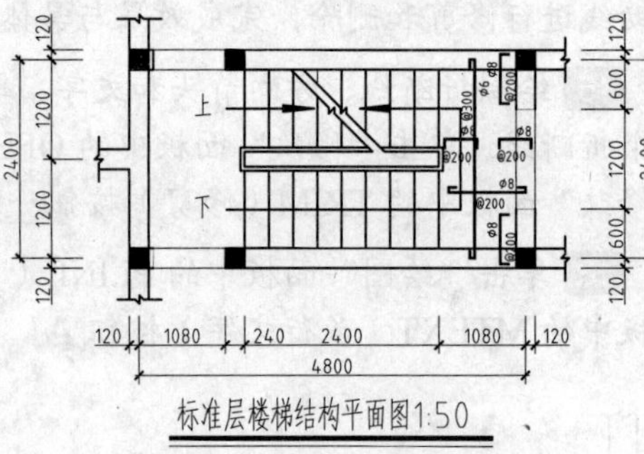

图 13-64 添加图名和比例

13.3.2 绘制梯板结构图和楼梯梁配筋图

梯板结构图反映了梯板的厚度、配筋以及相关尺寸，是指导楼梯施工图的重要图样文件。楼梯梁一般为简支梁，其配筋各截面都相同，只要按照设计计算结果绘制一个截面图，就能清楚地表达楼梯梁的配筋情况。

本小节讲述梯板结构图和楼梯梁配筋图的绘制方法和技巧。绘制梯板结构图和楼梯梁配筋图与其他图样一样，首先要建立绘图环境。

1. 设置详图绘制环境

课堂举例 13-5: 设置绘图环境 视频\第 13 章\课堂举例 13-5.mp4

01 新建文件。启动 AutoCAD 2015 应用程序，单击快速访问工具栏中的 NEW（新建）按钮，打开“选择样板”对话框，如图 13-65 所示。选择“acadiso.dwt”选项，单击“打开”按钮，即可新建一个样板文件。

02 设置绘图单位。在命令行中输入 UNITS（单位）命令并回车，弹出“图形单位”对话框，在“长度”选项组里的“类别”下拉列表中选择“小数”；在“精度”下拉列表框中选择 0，如图 13-66 所示。

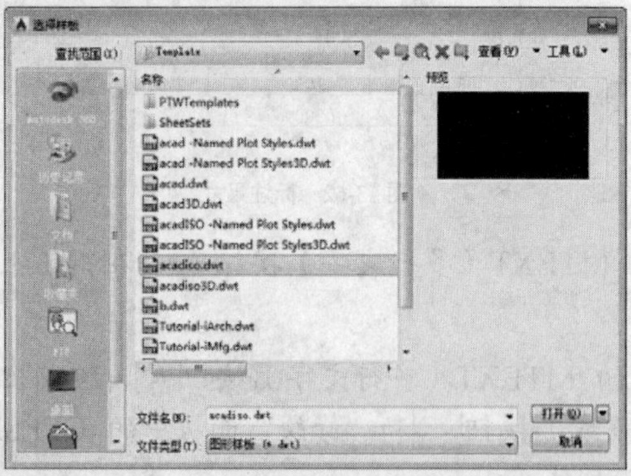

图 13-65 “选择样板”对话框

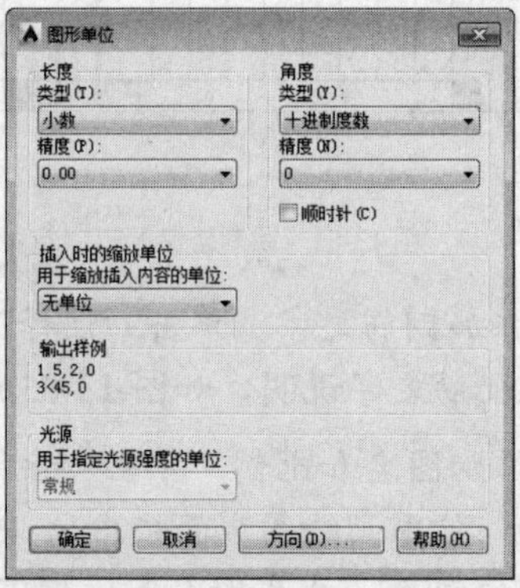

图 13-66 “绘图单位”对话框

03 设置图形界限。在命令行中输入 LIMITS（图形界限）命令并回车，设置绘图区域；然后执行 ZOOM（缩放）命令，完成观察范围的设置。其命令行提示如下：

```
命令: limits
重新设置模型空间界限:
指定左下角点或 [开(ON)/关(OFF)] <0.0000, 0.0000>:↙      //直接按回车键接受默认值
指定右上角点 <420.0000, 297.0000>: 5000, 3600↙          //输入右上角坐标“5000,
3600”后按回车键完成绘图范围的设置
```

04 设置图层。单击“图层”面板中的 LAYER（图层特性）按钮，弹出“图层特性管理器”对话框，单击对话框中的“新建图层”按钮，创建结构平面图所需要的图层，并为每一个图层定义名称、颜色、线型和线宽，设置好的图层效果如图 13-67 所示。

2. 绘制梯板结构图

绘制梯板结构图的最终效果如图 13-68 所示。

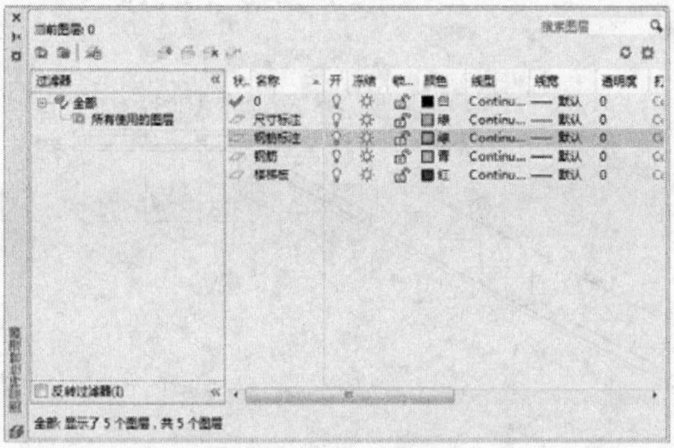

图 13-67 “图层特性管理器”对话框

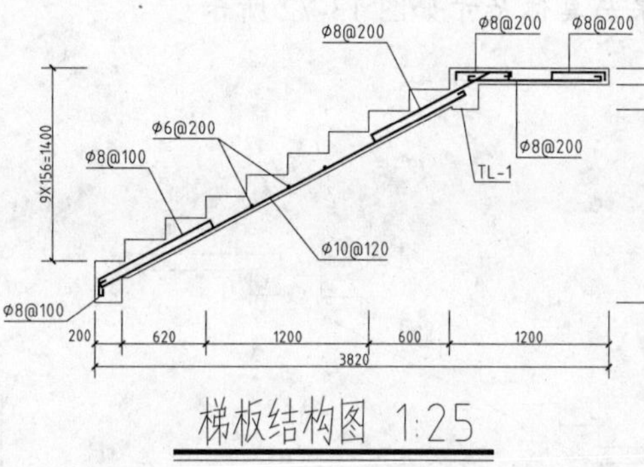

图 13-68 绘制梯板结构图

课堂举例 13-6：绘制梯板结构图

视频\第 13 章\课堂举例 13-6.mp4

01 绘制楼梯踏步。设置楼梯踏步的宽度为 300，高度为 156。将“楼梯板”图层置为当前层，单击“绘图”面板中的 LINE（直线）按钮，配合“正交”功能，绘制出楼梯踏步，如图 13-69 所示。

02 绘制休息平台和楼梯梁。单击“绘图”面板中的 LINE（直线）按钮，配合“正交”功能，绘制出休息平台和楼梯梁轮廓线，如图 13-70 所示。

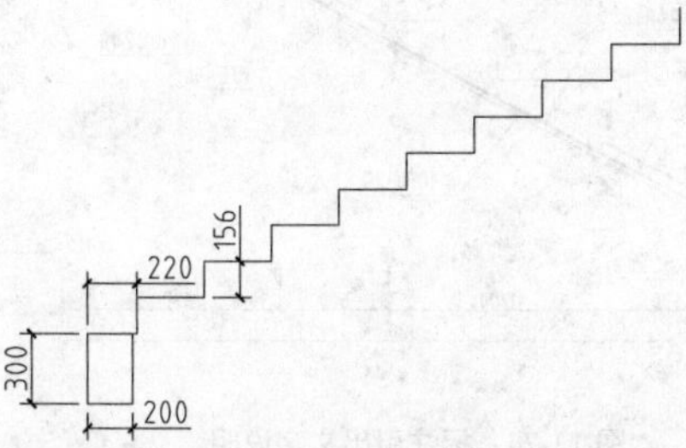

图 13-69 绘制楼梯踏步

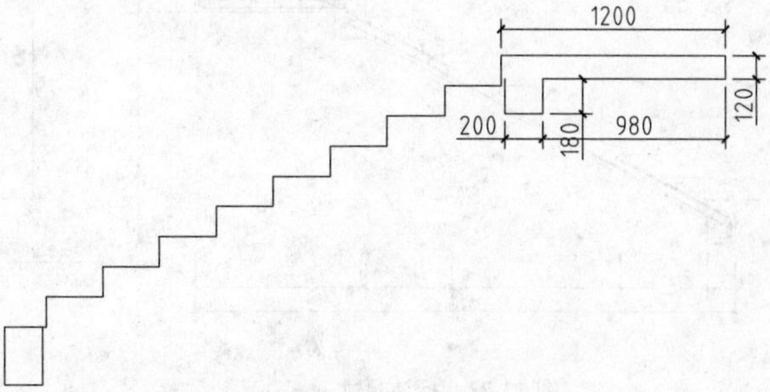

图 13-70 绘制休息平台和楼梯梁

03 绘制楼梯挡板。单击“绘图”面板中的 LINE（直线）按钮，沿楼梯踏步的角点绘制

斜线；单击“修改”面板中的 OFFSET（偏移）按钮，将直线和第一个踏步水平线向下方偏移 120。

04 单击“修改”面板中的 TRIM（修剪）按钮和 EXTEND（延伸）按钮，将楼梯挡板交叉点进行连接并修剪掉不需要的线段；单击“修改”面板中的 ERASE（删除）按钮，将辅助斜线进行删除，完成效果与具体尺寸如图 13-71 所示。

05 绘制钢筋。将“钢筋”图层置为当前层；单击“绘图”面板中的 LINE（直线）按钮，沿踏步内角点向楼梯挡板引垂线；单击“修改”面板中的 OFFSET（偏移）按钮，将楼梯挡板和创建的直线进行偏移，生成钢筋的辅助线。

06 单击“绘图”面板中的 PLINE（多段线）按钮，设置多段线宽为 12；绘制出直筋；单击“绘图”面板中的 CIRCLE（圆）按钮和 HATCH（图案填充）按钮，绘制直径为 25 的圆并进行图案填充；单击“修改”面板中的 COPY（复制）按钮，复制出横筋，完成效果与具体尺寸如图 13-72 所示。

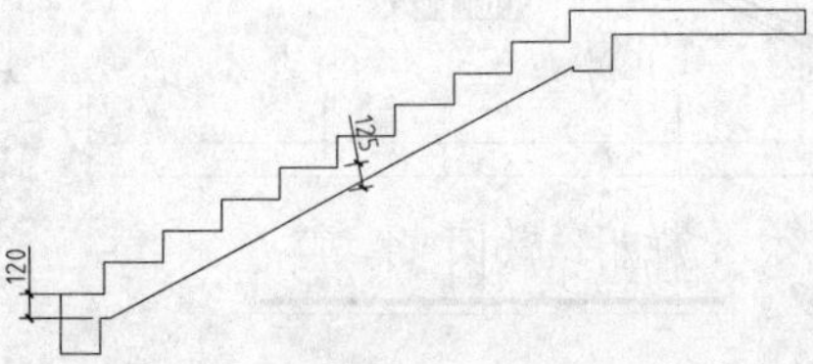

图 13-71　绘制楼梯挡板

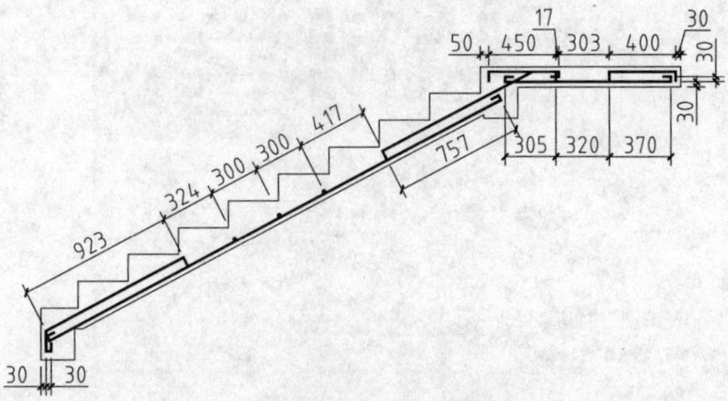

图 13-72　绘制钢筋

07 标注尺寸。将“尺寸标注”图层置为当前层，单击 DIMSTYLE（标注样式）按钮，在弹出的“标注样式管理器”对话框中修改标注样式；单击 DIMLINEAR（线性）按钮和 DIMCONTINUE（连续）按钮，标注各部分尺寸，完成效果如图 13-73 所示。

08 标注文字说明。将“钢筋标注”图层置为当前层，单击 MLEADERSTYLE（多重引线样式）按钮，在弹出的“多重引线样式管理器”对话框中修改多重引线样式；单击 MLEADER（多重引线）按钮，标注出钢筋文字，如图 13-74 所示。

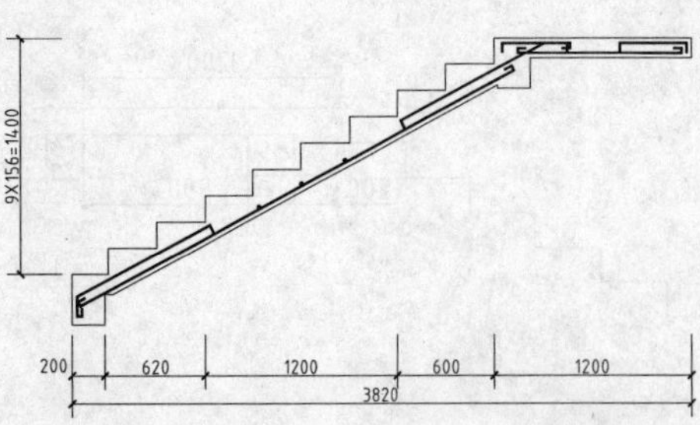

图 13-73　标注尺寸

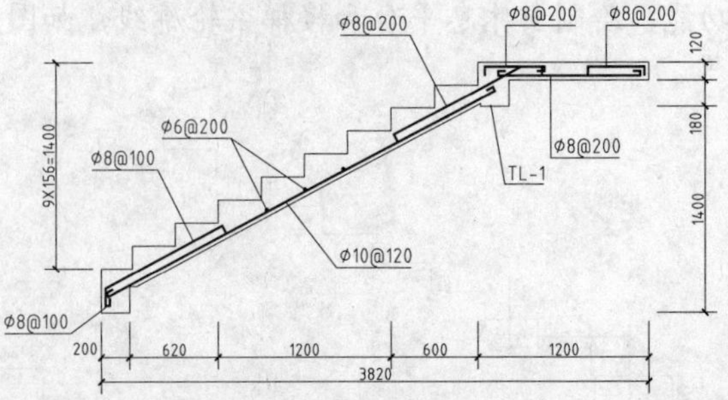

图 13-74　标注引出文字说明

09 添加图名和比例。单击“注释”面板中的 MTEXT（多行文字）按钮，绘制出图名和比例；单击“绘图”面板中的 PLINE（多段线）按钮，设置多段线宽为 30，在图名和比例下方绘制一根下划线。

10 单击“修改”面板中的 OFFSET（偏移）按钮，生成第二根下划线；单击“修改”面板中的 EXPLODE（分解）按钮，将第二根多段线进行分解，如图 13-75 所示。

3．绘制楼梯梁配筋图

绘制楼梯梁配筋图的最终效果如图 13-76 所示。

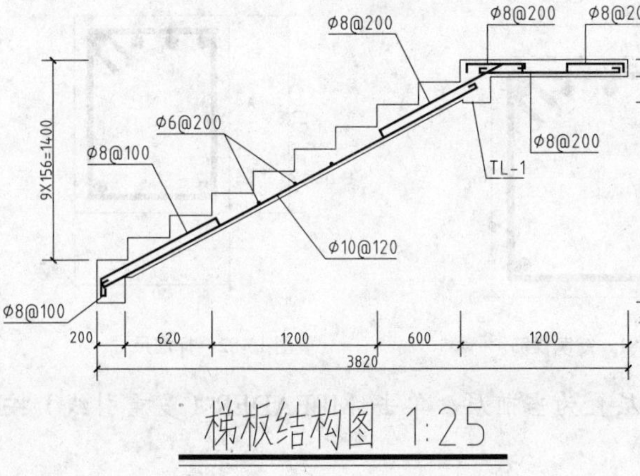

图 13-75　添加图名和比例

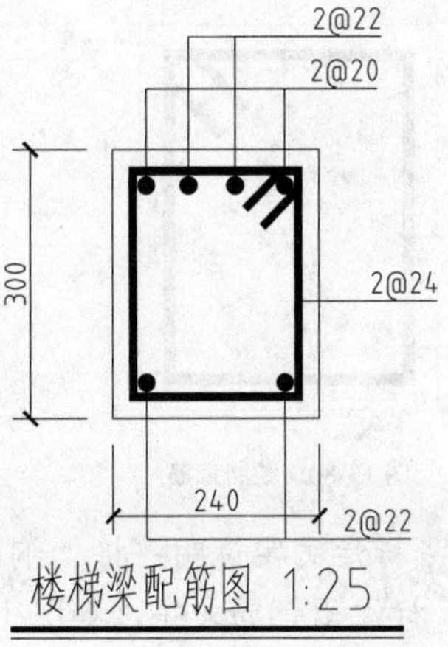

图 13-76　楼梯梁配筋图

课堂举例 13-7：绘制楼梯梁配筋图

视频\第 13 章\课堂举例 13-7.mp4

01 绘制楼梯梁轮廓线。将“楼梯板”图层置为当前层，单击“绘图”面板中的 RECTANG（矩形）按钮，绘制出楼梯梁轮廓线，如图 13-77 所示。

02 绘制直筋。将“钢筋”图层置为当前层，单击“修改”面板中的 OFFSET（偏移）按钮，将楼梯梁轮廓线向内偏移 24；单击“绘图”面板中的 XLINE（构造线）按钮，绘制一条与水平方向成 45° 角，并经过矩形右上角的构造线，如图 13-78 所示。

03 单击“修改”面板中的 OFFSET（偏移）按钮，设置偏移距离为 14，偏移生成直筋的辅助线，如所图 13-79 示。

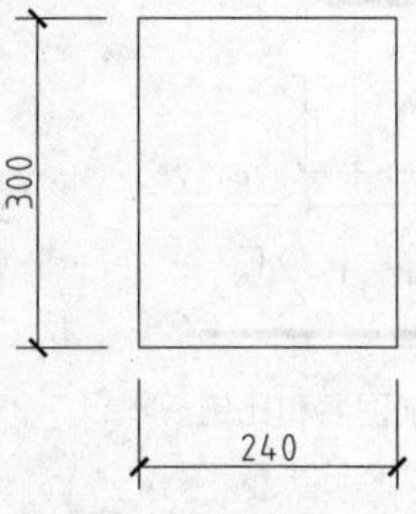

图 13-77　绘制楼梯梁轮廓线

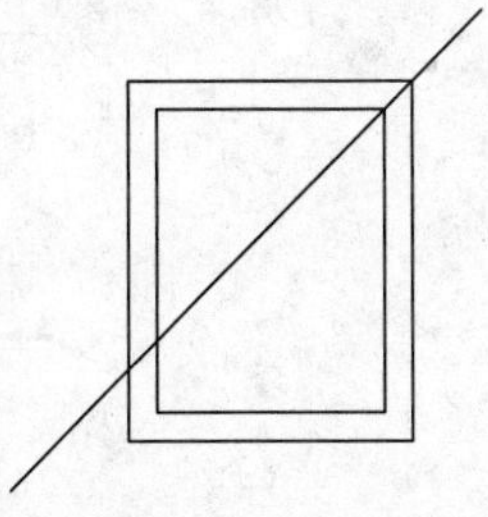

图 13-78　绘制直筋

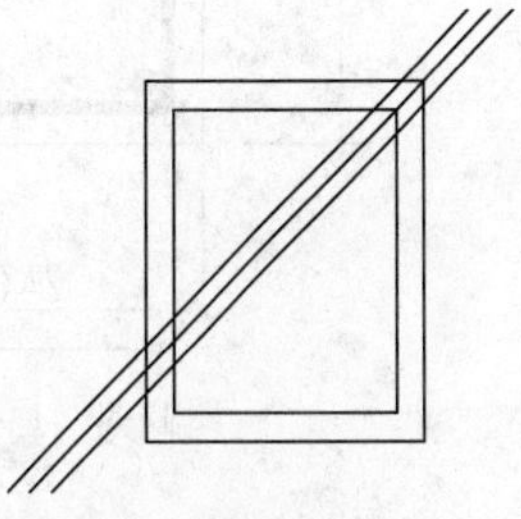

图 13-79　绘制楼梯梁轮廓线

04 单击“绘图”面板中的 PLINE（多段线）按钮，设置多段线宽为 9，绘制出直筋，单击“修改”面板中的 ERASE（删除）按钮，将辅助线进行删除，完成效果与具体尺寸如图 13-80 所示。

05 绘制横筋。单击“修改”面板中的 EXPLODE（分解）按钮，将楼梯梁轮廓线进行分解；单击“修改”面板中的 OFFSET（偏移）按钮，生成横筋圆心的辅助线。

06 单击“绘图”面板中的 CIRCLE（圆）按钮，绘制多个半径为 10 的圆；单击“绘图”面板中的 HATCH（图案填充）按钮，对圆进行图案填充，如图 13-81 所示。

07 标注尺寸。将“尺寸标注”图层置为当前层，单击 DIMLINEAR（线性）按钮和 DIMCONTINUE（连续）按钮，标注两个方向上的尺寸，效果如图 13-82 所示。

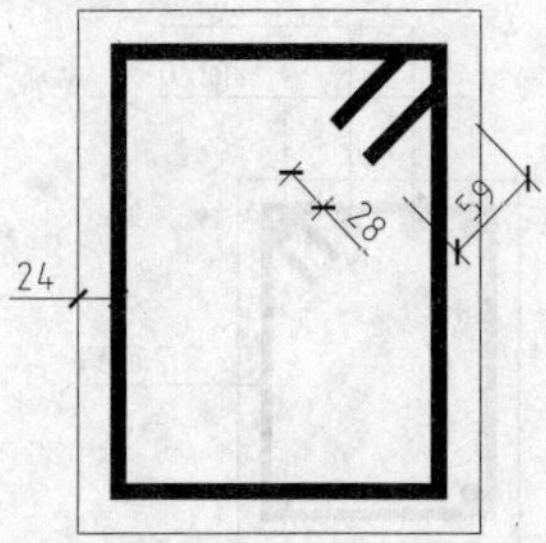

图 13-80　绘制直筋

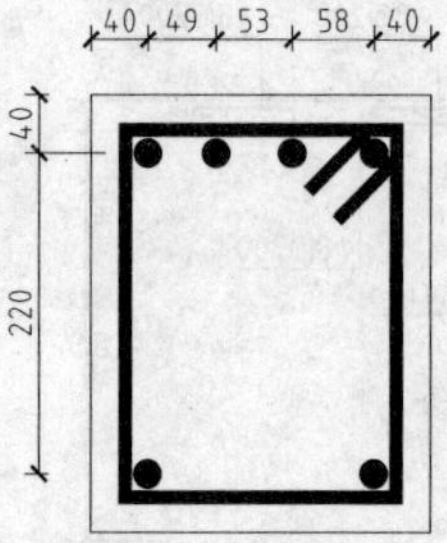

图 13-81　绘制横筋

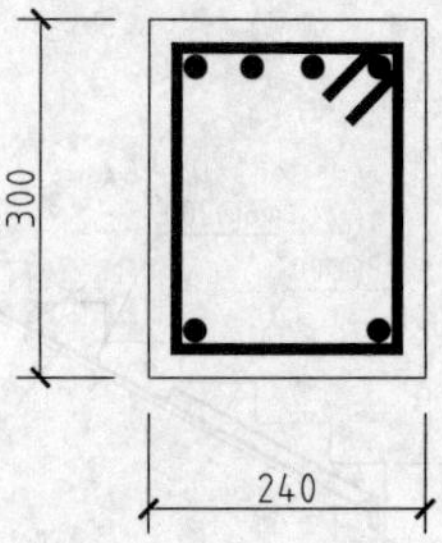

图 13-82　标注尺寸

08 标注文字说明。将“钢筋标注”图层置为当前层，单击 MLEADER（多重引线）按钮，标注出钢筋文字，如图 13-83 所示。

09 添加图名和比例。单击“注释”面板中的 MTEXT（多行文字）按钮，绘制出图名和比例；单击“绘图”面板中的 PLINE（多段线）按钮，设置多段线宽为 5，在图名和比例下方绘制一根下划线。

10 单击“修改”面板中的 OFFSET（偏移）按钮，生成第二根下划线；单击“修改”面板中的 EXPLODE（分解）按钮，将第二根多段线进行分解，完成效果如图 13-84 所示。

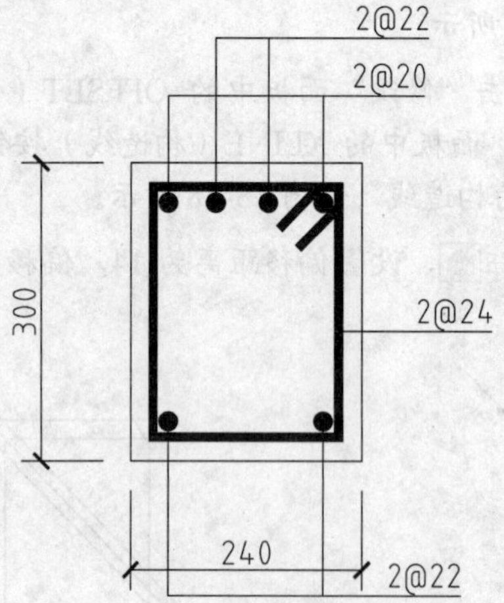

图 13-83　标注文字说明

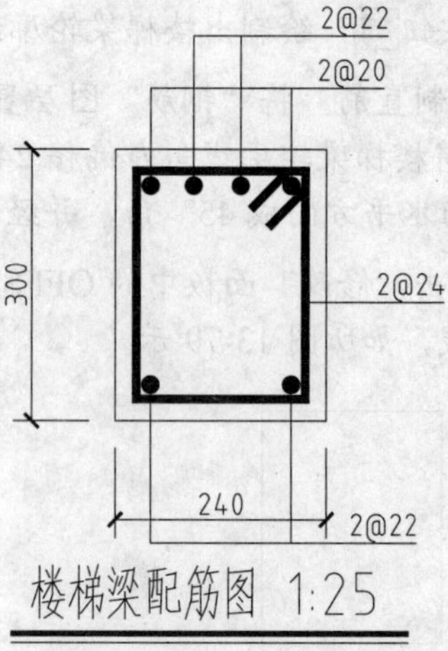

图 13-84　添加图名和比例

第14章 建筑设备施工图的绘制

本章导读

一套完整的建筑工程施工图，除了建筑施工图、结构施工图外，还应包括设备施工图。设备施工图是土建部分的配套设计，用来表达给水、排水、供暖、供热、通风、电气、照明及智能控制等配套工程的具体配置。

设备施工图按照专业的不同分为给排水工程施工图、暖通工程施工图和电气工程施工图，本章分别介绍了给水排水、暖通和电气照明的基础知识，然后通过具体的工程案例，讲述各种设备施工图的绘制方法以及相关技巧。

本章重点

- 给水排水工程图概述
- 给水排水工程图的图示特点、一般规定和绘制步骤
- 绘制某住宅给水排水平面图
- 绘制某别墅排水系统图
- 暖通空调工程图的绘制
- 建筑电气工程图的绘制

14.1 给水排水工程图的绘制

给水排水工程图是建筑设备施工图的重要图样，给水排水施工图主要用于表示给水排水管道的布置、走向和高程位置等内容，主要图样有平面图、系统图、详图和文字说明。

本节首先介绍了给水排水工程的基本知识，然后通过具体工程案例讲述给水排水工程图的绘制方法和技巧。

14.1.1 给水排水工程图概述

给水排水工程图是城市建设的基础设施之一，它包括给水工程和排水工程。本小节主要介绍给水排水工程图基本知识。

1. 给水排水施工图的概念

给水工程是为了满足城镇居民生活和工业生产的需要，从水源点取水并将水净化处理后，经输配水系统送往用户，直至到达每一个用水点而构建的一系列构筑物、设备、管道及其附件等工程设施。给水工程可分为室外给水工程和室内给水工程。室内给水工程的任务是在保证水质、水压和水量的前提下，将净水处室外给水总管引入室内，并分别送到各用水点。

排水工程是与给水工程相配套，用来汇集、输送、处理和排放生活污水、工业污水和雨水雪水的工程设施。排水工程可分为室外排水工程和室内排水工程。

给水排水施工图一般分为室内给水排水施工图和室内外给水排水施工图。室内给水排水施工图是表示一幢建筑物内部的卫生器具、给水排水管道及其附件的类型、大小与房屋的相对位置和安装方式的施工图。室外给水排水施工图表示的范围比较广，可以表示一幢建筑物外部的给水排水工程图，也可以表示一个建筑小区或一个城市的给水排水工程。

2. 给水施工图的绘制内容

室内给水施工图是给水施工图的主要部分，其内容主要包括如下：

- 室内给水平面图

室内给水平面图是以建筑平面图为基础（建筑平面以细实线绘制），表明给水管道、用水设备和器材等平面位置的图样。图样主要反映的内容包括：表明房屋的平面形状及尺寸，用水房间在建筑中的平面位置；表明室外水源接口位置，底层引入管及管道直径等；表明给水管道的主管位置、编号和管径，支管的平面走向、管径及有关平面尺寸等；表明用水器材和设备的位置、型号及安装方式等。

为了清晰表达室内给水施工图的内容，室内给水平面图可分层单独绘制，对于内容较简单的建筑物，可将给水与排水平面图绘制在一起。当多个楼层给水排水平面样式相同时，可用一个标准层平面代替。如图 14-1 所示为某住宅建筑二至五层给水排水平面图。

- 室内给水系统图

室内给水系统图是表明室内给水管网和用水设备的空间关系及管网、设备与房屋的相对位置和尺寸等情况的图样，一般采用 45° 三等正面斜轴测图绘制。给水系统图具有较好的立体感，与给水平面图结合，能较好地反映给水系统的全貌，是对给水平面图的重要补充。

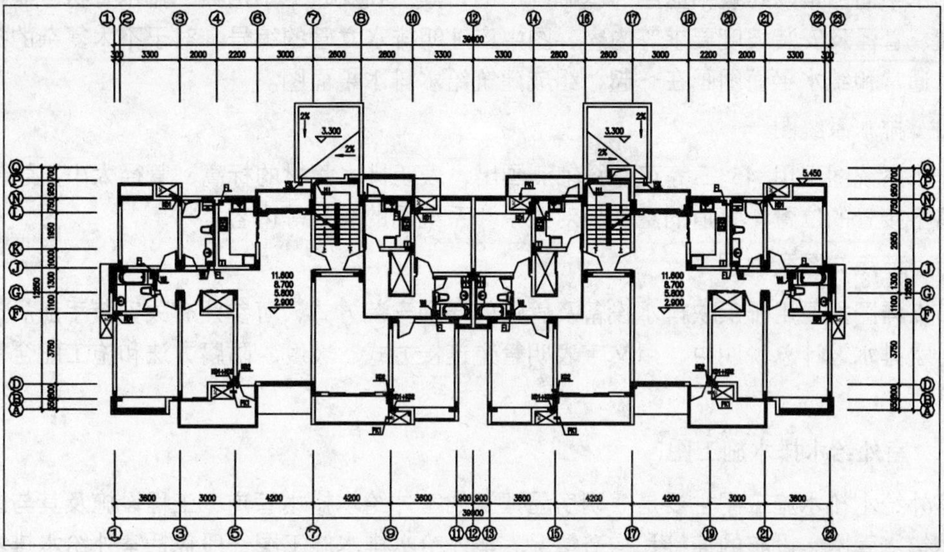

图 14-1　某住宅建筑二至五层给水排水平面图

室内给水系统图主要反映的内容包括：表明建筑的层高、楼层位置（用水平线示意）和管道及管件与建筑层高的关系等，如设有屋面水箱或地下加压泵站，则还应表明水箱和泵站等内容；表明给水管网及用水设备的空间关系（前后、左右或上下），以及管道的空间走向等；表明给水器材、配水器材、水表和管道变径等位置及管道直径以及安装方法等，通常用 DN 表示（公称直径）；表明给水系统图的编号。

如图 14-2 所示是某建筑物的给水系统图。

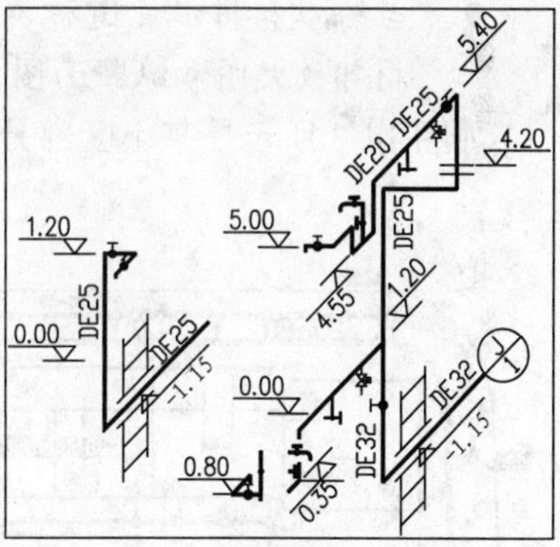

图 14-2　某建筑给水系统图

❑　详图

给水施工详图是详细表明给水施工图中某一部分管道、设备和器材的安装大样图。目前国家和各省市均有相关的安装手册或标准图，施工时应参照相关内容。

❑　目录和说明

目录表明室内给水施工图的编排顺序及每张图的图名。说明是介绍室内给水排水施工图的施工安装要求、引用标准图、管材材质及连接方法和设备规格型号等内容。

3.　排水施工图的绘制内容

室内排水系统主要是将房屋卫生设备或生产设备排出的污水通过室内排水管排至室外排水窨中。根据排水来源的不同，室内排水系统可分为生活污水系统、工业废水系统和雨水管道系统。室内排水体制分为分流制和合流制。分流制是分别单独设置生活污水、工业废水和雨水管道系统；合流制是将其中任意两种或 3 种管道系统组合在一起。

排水施工图要绘制的内容主要包括如下：

❑ 排水平面图

排水平面图是以建筑平面图为基础画出的，其主要反映卫生洁具、排水管材、器材的平面位置、管径及安装坡度要求等内容，图中应注明排水立管的编号。对于不太复杂的排水平面图，通常和给水平面图画在一起，组成建筑给水排水平面图。

❑ 排水系统图

排水系统图采用 45°三等正面斜轴测画出，表明排水管材的标高、管径大小、管件及用水设备下接管的位置，管道的空间相对关系和系统图的编号等内容。

❑ 节点详图及说明

节点详图主要用于反映排水设备及管道的详细安装方式，可参照有关安装手册。说明可并入给水排水设计总说明中，用文字表明管道连接方式、坡度、防腐方法和施工配合等方面的要求。

4. 室外给水排水施工图

室外给水排水施工图主要是表明房屋建筑的室外给水排水管道、工程设施及其与区域性的给水排水管网、设施的连接和构造情况。室外给水排水施工图一般包括室外给水排水平面图、高程图、纵断面图和详图。对于规模不大的一般工程，则只需平面图即可表达清楚。

室外给水排水施工图是以建筑总平面图的主要内容为基础，表明建筑小区（厂区）或某幢建筑物室外给水排水管道的布置情况。室外给水排水平面图一般包括的内容如下：

- 建筑总平面图主要是表明地形及建筑物、道路和绿化等平面布置及标高状况的。
- 该区域内新建和原有给水排水管道及设施的平面布置、规格、数量、标高、坡度和流向等。
- 当给水和排水管道种类繁多和地形复杂时，给水与排水管道可分系统绘制或增加局部放大图和纵断面图。

如图 14-3 所示是某小区部分室外给水排水平面图。

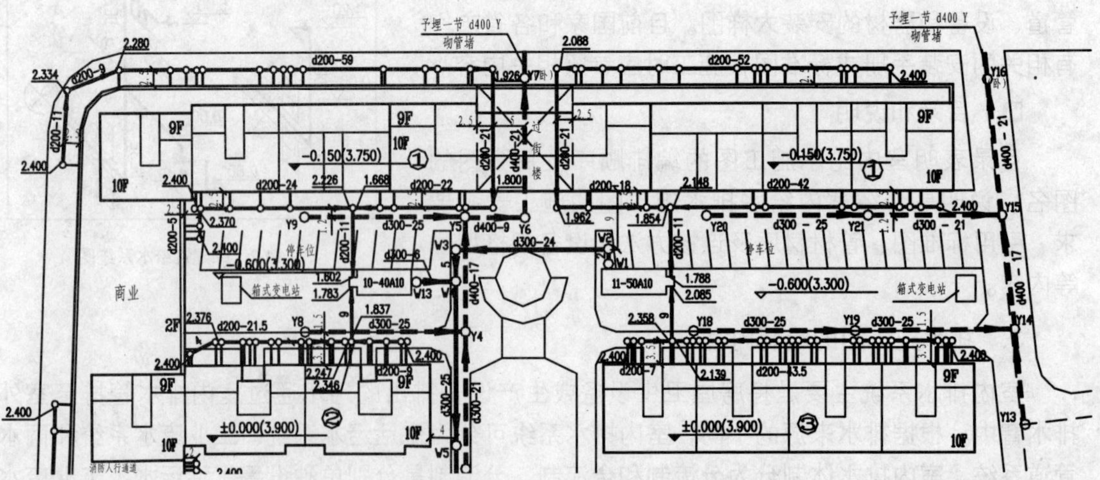

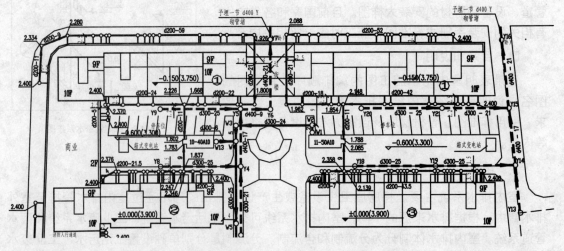

图 14-3　某小区室内部分给水排水平面图

14.1.2 给水排水工程图的图示特点、一般规定和绘制步骤

本小节介绍给水排水工程的图示特点以及绘制给水排水工程图有哪些规定。

1. 图示特点

- 给水排水工程图中的平面图、剖面图、高程图、详图及水处理构筑物工艺图等都是用正投影绘制的；系统图是用轴测图绘制的；纵断面图是用正投影法取不同比例绘制。
- 图中的管道、器材和设备一般采用统一图例表示。其中，如卫生器具的图例是较实物大为简化的一种象形符号，一般应按比例画出。
- 给水及排水管道一般采用单线画法以粗线绘制，纵断面图的重力管道、剖面图和详图的管道宜用双粗线绘制，而建筑、结构的图形及有关器材设备均采用中或细线绘制。
- 不同直径的管道，以同样线宽的线条表示，管道直度无需按比例画出（画成水平），管径和坡度均用数字注明。
- 靠墙敷设的管道，不必按比例准确表示出管线与墙面的微小距离，图中只需略有距离即可。即使暗装管道可按明装管道一样画在墙外，只需说明哪些部分要求暗装。
- 当在同一平面位置布置有几根不同高度的管道时，若严格按投影来画，平面图就会重叠在一起，这时可画成平面排列。
- 为了删掉不需表明的管道部分，常在管线端部采用细线的 S 形折断符号表示。
- 有关管道的连接配件均属规格统一的定型工业产品，在图中均不予画出。

2. 一般规定

根据国家标准，绘制给水排水工程图有以下规定，主要表现在：

- 图线：新建给水排水管线采用粗线；给水排水设备、构件的轮廓线，新建建筑物、构筑物的轮廓线采用中实线（可见）、中虚线（不可见），原有给水排水管线采用中线；原有建筑物、构筑物轮廓线，被剖切到的建筑构造轮廓线采用细实线（可见）、细虚线（不可见）；尺寸、图例、标高和设计地面线等采用细实线；细点画线、折断线和波浪线等的使用与建筑图相同。
- 比例：各类给水排水工程图样的比例列表见表 14-1。

表 14-1　各类给水排水工程图样常用比例

图样类别	常用比例
小区（厂区）平面图	1:2000　1:1000　1:500　1:200
室内给水排水平面图	1:300　1:200　1:100　1:50
给水排水系统图	1:200　1:100　1:50 或不按比例
剖面图	1:100　1:60　1:50　1:40　1:30　1:10
详图	1:50　1:40　1:30　1:20　1:10　1:5　1:3　1:2　1:1　2:1

- 标高：单位为 m，一般注至小数点后第 3 位，在总图中可注写到小数点后第 2 位；标注位置，管道应标注起始点、转折点、连接点、变坡点和交叉点的标高，压力管道宜标注管中心标高，室内外重力管道宜标注管内底标高，必要时室内架空重力管道可标注管中心标高，但图中应加以说明；标高种类，室内管道应注相对标高，室外管道宜注绝对标高，无资料时可注相对标高，但应与总图保持一致；标注方法，平面图按图 14-4 所示的方式标注，剖面图按图 14-5 所示的方法标注。

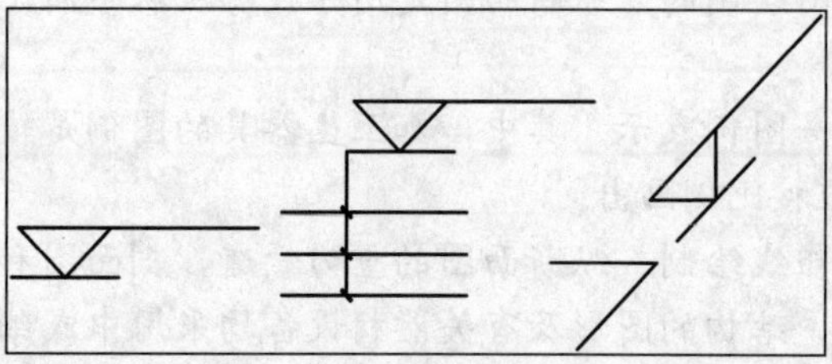

图 14-4　平面图和系统图的标注方法

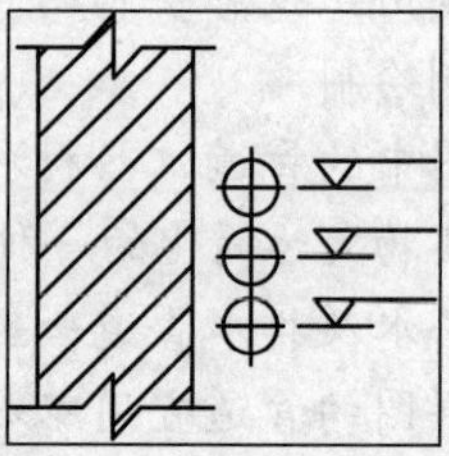

图 14-5　剖面图中管道的标高标注

- 管径：单位为 mm；表示方法，低压流体输送用镀锌焊接钢管、不镀锌焊接钢管、铸铁管、硬聚氯乙烯管、聚丙烯管等，管径应以公称直径 DN 表示（如 DN100 等），耐酸陶瓷管、混凝土管、钢筋混泥土管和陶土管（缸瓦管）等，管径应以内径 d 表示（如 d230 和 d380 等），焊接钢管和无缝管等，管径应以外径 × 壁厚表示（如 d108 × 4、D159 × 4.5 等）；标注方法，单管及多管标注如图 14-6 所示。
- 编号：当建筑物给水排水进出口数量多于 1 个时，宜用阿拉伯数字编号，如图 14-7a 所示；建筑物内穿过 1 及多于 1 层楼层的立管，其数量多于 1 个时，宜用阿拉伯数字编号，如图 14-7b 所示，JL 为管道类别和立管代号；给水排水附属建筑物（如阀门井、检查井、水表井和化粪池等）多于 1 个时应编号，给水阀门井的编号顺序，应从水源到用户，从干管到支管再到用户，排水检查井的编号顺序，应从上游到下游，先支管后干管。

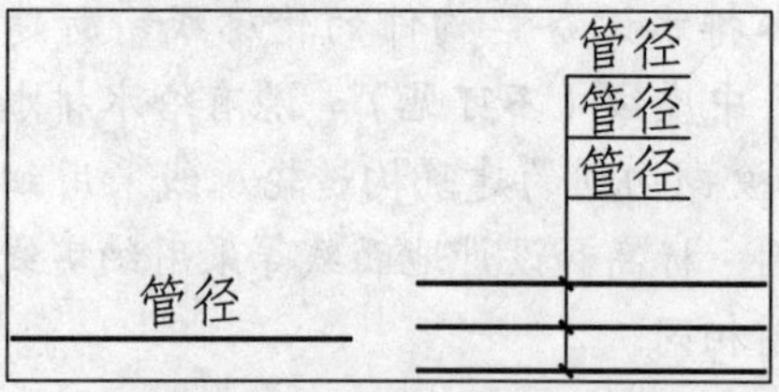

图 14-6　单管及多管管径标注法

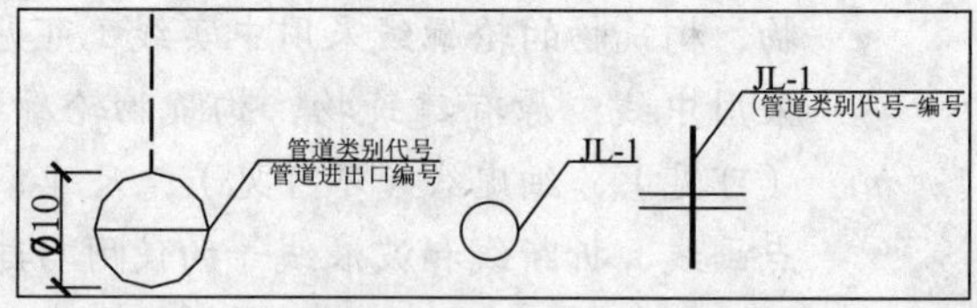

a）　　b）

图 14-7　管道编号表示法

3. 给水排水平面图的绘制步骤

绘制给水排水平面图的基本步骤是：首先绘制建筑平面图，接着绘制给水排水设备，接下来绘制给水排水管线，然后添加标注、图框和标题栏，最后就可以打印出图了。

14.1.3 绘制某住宅给水排水平面图

为了能清楚地表达室内给水排水施工图的内容，室内给水平面图可分层单独绘制，对于内容较简单的建筑，可将给水和排水平面图绘制在一起。本小节以某住宅的给水排水平面图为例讲述给水排水平面图的绘制方法和技巧。

本节绘制某住宅二层给水排水平面图的最终效果如图 14-8 所示。

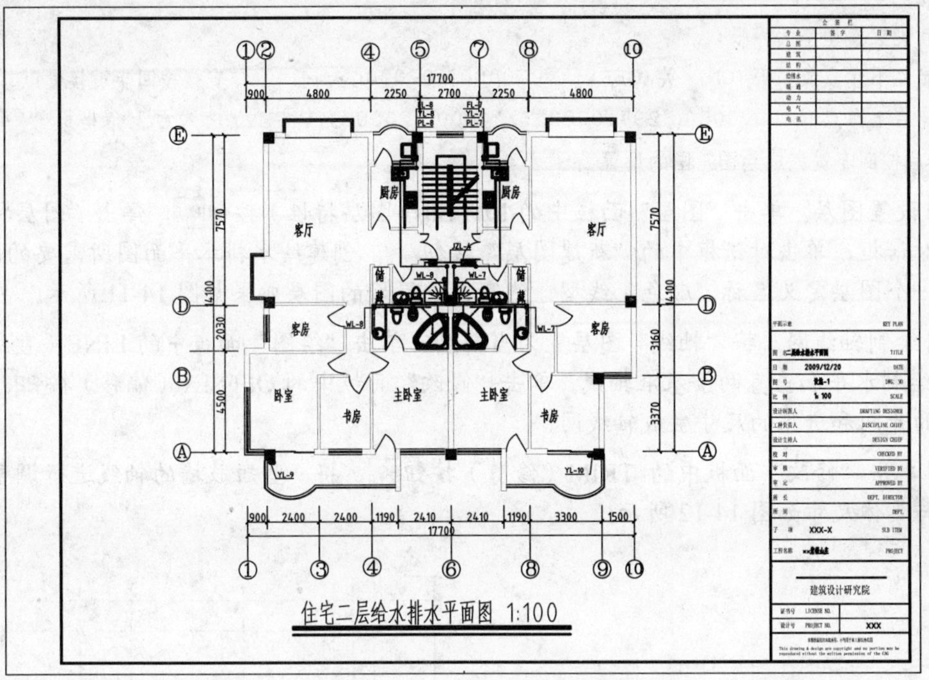

图 14-8 某住宅二层给水排水平面图

课堂举例 14-1：绘制某住宅给水排水平面图

视频\第 14 章\课堂举例 14-1.mp4

01 新建图形文件。启动 AutoCAD 2015 应用程序，单击快速访问工具栏中的 NEW（新建）按钮，打开“选择样板”对话框，选择“acadiso.dwt”选项，如图 14-9 所示，单击“打开”按钮，即可新建一个样板图形。

02 设置数字、角度单位和精度。在命令行中输入 UNITS（单位）命令并回车，打开“图形单位”对话框，设置参数如图 14-10 所示，单击“确定”按钮，完成图形单位的设置。

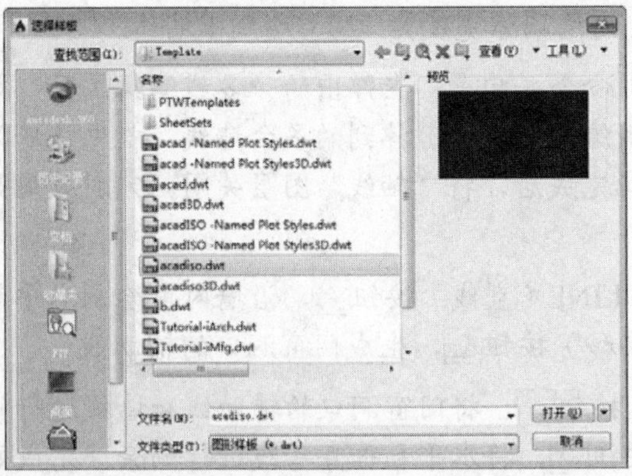

图 14-9 “选择样板”对话框

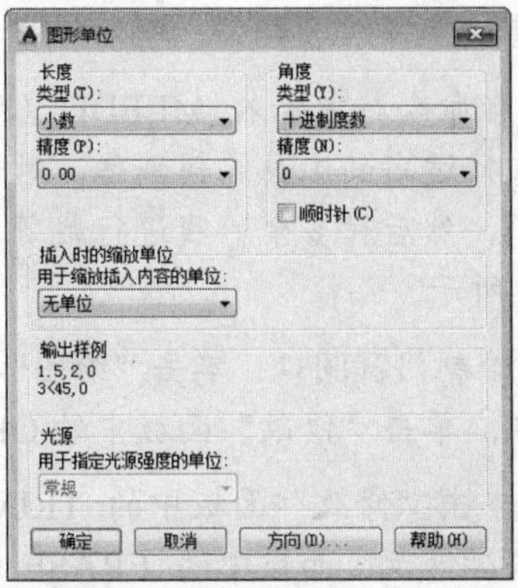

图 14-10 “图形单位”对话框

03 设置绘图范围。在命令行中输入 LIMITS（图形界限）命令并回车，设置绘图区域。执行 ZOOM（缩放）命令，完成观察范围的设置。其命令行提示如下：

```
命令: limits↙
重新设置模型空间界限:
指定左下角点或 [开(ON)/关(OFF)] <0.0000, 0.0000>:↙      //直接按回车键接受默认值
指定右上角点 <420.0000, 297.0000>: 24000, 20000↙      //输入右上角坐标“24000,
20000”后按回车键完成绘图范围的设置
```

04 设置图层。单击“图层”面板中的 LAYER（图层特性）按钮，弹出“图层特性管理器”对话框，单击对话框中的“新建图层”按钮，创建给水排水平面图所需要的图层，并为每一个图层定义名称、颜色、线型、线宽，设置好的图层效果如图 14-11 所示。

05 绘制轴线网。将“轴线”图层置为当前层，单击“绘图”面板中的 LINE（直线）按钮，绘制水平和垂直两条基准轴线。单击“修改”面板中的 OFFSET（偏移）按钮，根据房间的开间和进深的尺寸生成轴线网。

06 单击“修改”面板中的 TRIM（修剪）按钮，将一些短肢墙的轴线进行调整，完成效果与具体尺寸如图 14-12 所示。

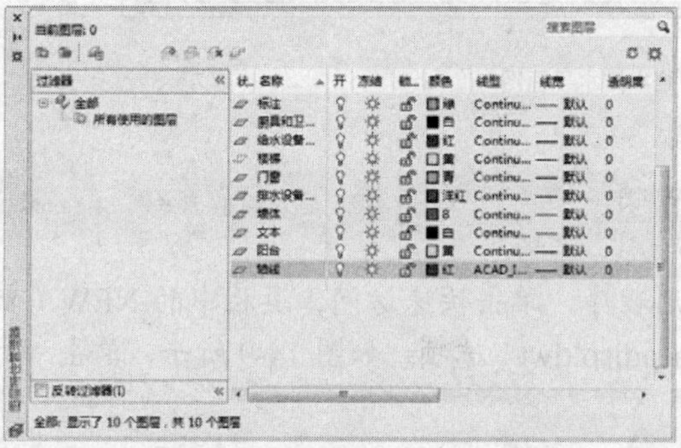

图 14-11 “图层特性管理器”对话框

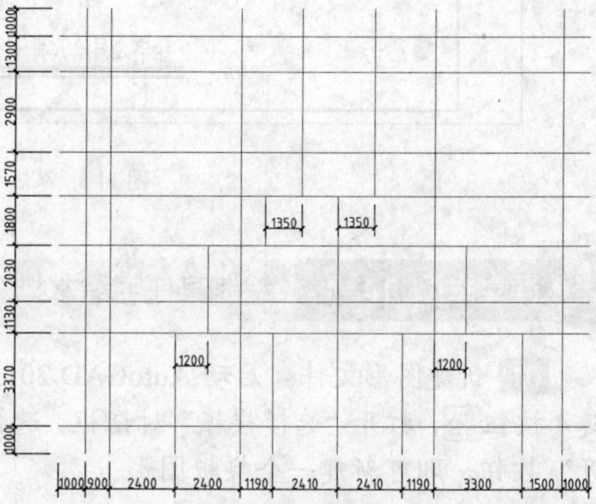

图 14-12 绘制轴线网

07 绘制墙体。将“墙体”图层置为当前层，在命令行中输入 ML（多线）命令并回车，设置外墙、楼梯间墙和分户墙墙体宽度为 240，内墙墙体宽度为 120，绘制出墙体。

08 在命令行中输入 MLEDIT（编辑多线）命令并回车，在弹出的“多线编辑工具”对话框中选择适当的工具编辑墙体，对于不能使用编辑工具修剪掉到的多余墙线，首先将墙体进行分解，然后对多余墙线进行裁剪，墙体编辑完成后，将“轴线”图层关闭，完成效果如图 14-13 所示。

09 绘制门窗洞口。单击“绘图”面板中的 LINE（直线）按钮，沿墙内角绘制水平和垂直基线；单击“修改”面板中的 OFFSET（偏移）按钮，生成门窗洞口的辅助线。

10 单击“修改”面板中的 TRIM（修剪）按钮，将门窗洞口的辅助线和墙线进行修剪；单击“修改”面板中的 ERASE（删除）按钮，将水平和垂直基线进行删除，完成效果如图 14-14 所示。

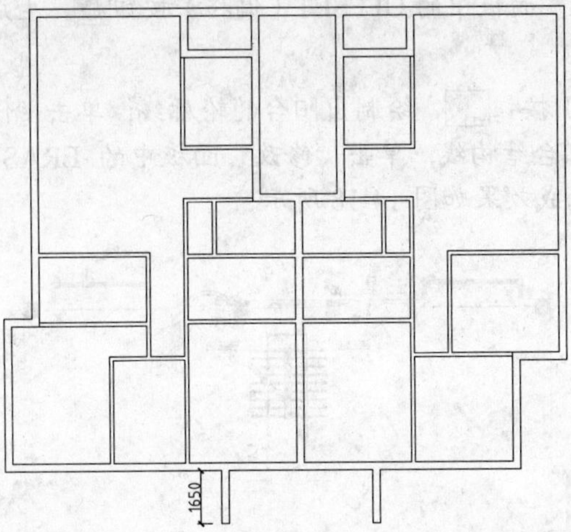

图 14-13　绘制墙体

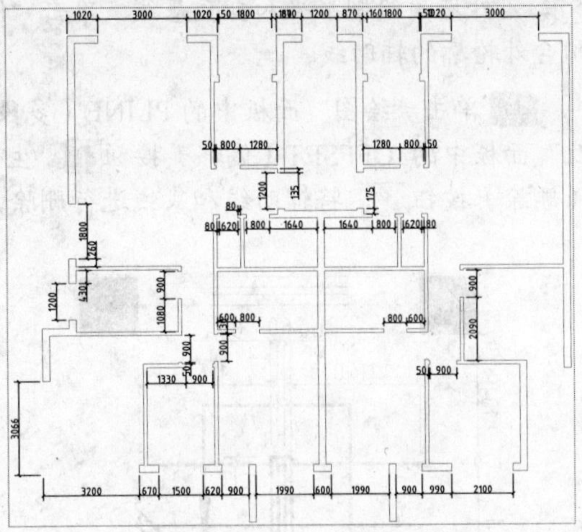

图 14-14　绘制门窗洞口

11 绘制门窗。将“门窗”图层置为当前层，依据建筑平面图中门窗的绘制方法，绘制出所有门窗，完成效果如图 14-15 所示

12 绘制柱子。将“柱子”图层置为当前层，单击“绘图”面板中的 RECTANG（矩形）按钮，绘制一个 500×500 的矩形；单击“绘图”面板中的 HATCAH（图案填充）按钮，对矩形进行图案填充；单击“修改”面板中的 COPY（复制）按钮，将柱子复制到平面图中，如图 14-16 所示。

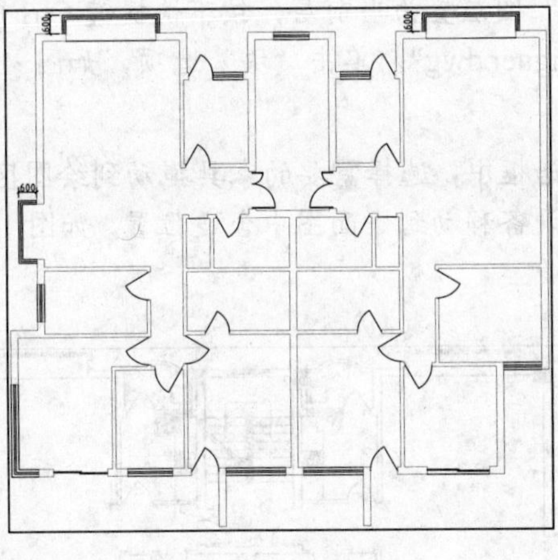

图 14-15　绘制门窗

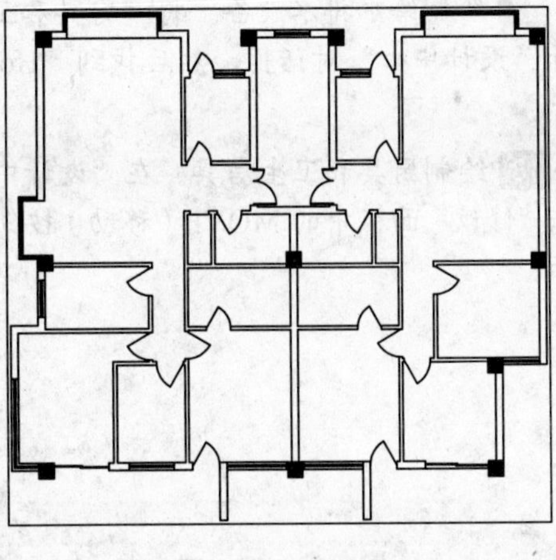

图 14-16　绘制柱子

13 绘制楼梯。将“楼梯”图层置为当前层，单击“绘图”面板中的 LINE（直线）按钮，沿楼梯间墙内角绘制水平基线和垂直基线；单击“修改”面板的 OFFSET（偏移）按钮，生成楼梯的辅助线；单击“绘图”面板中的 LINE（直线）按钮，绘制出楼梯折断线。

14 单击“修改”面板中的 TRIM（修剪）按钮，将辅助线进行修剪；单击“修改”面板中的 ERASE（删除）按钮，将水平基线和垂直基线删除；单击“绘图”面板中的 PLINE（多段线）按钮，绘制楼梯方向箭头；单击“注释”面板中的 MTEXT（多行文字）按钮，标注楼梯方向文字，如图 14-17 所示。

15 绘制阳台。将“阳台”图层置为当前层，单击“绘图”面板中的 LINE（直线）按钮，沿外墙角绘制水平和垂直基线；单击“修改”面板中的 OFFSET（偏移）按钮，生成阳台外轮廓的辅助线。

16 单击“绘图”面板中的 PLINE（多段线）按钮，绘制出阳台的轮廓线；单击“修改”面板中的 OFFSET（偏移）按钮，生成阳台结构线；单击“修改”面板中的 ERASE（删除）按钮，将辅助线和基线进行删除，完成效果如图 14-18 所示。

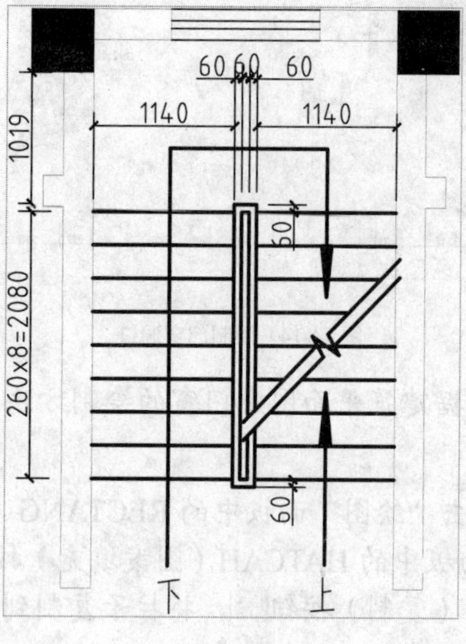

图 14-17　绘制楼梯

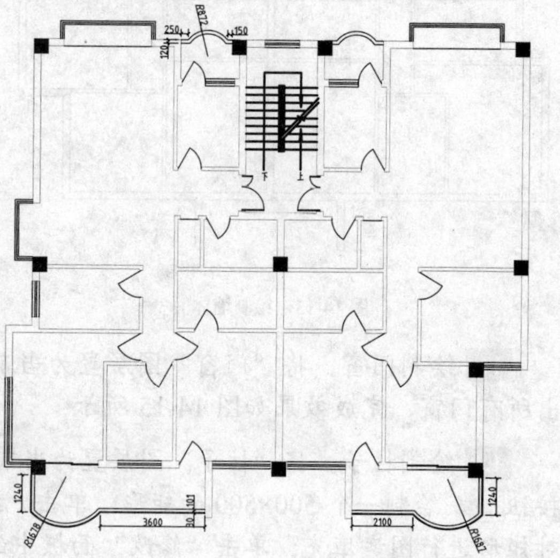

图 14-18　绘制阳台

17 绘制给水排水设备。将“厨具和卫生洁具”图层置为当前层，按下快捷键 Ctrl + 2，打开“设计中心”对话框，然后找到“House Designer.dwg”，单击“块”选项，如图 14-19 所示。

18 绘制厨具和卫生洁具。在“设计中心”对话框中，选择需要的家具拖动到绘图区中；单击“修改”面板中的 MOVE（移动）按钮，将设备移动到平面图中合适位置，如图 14-20 所示。

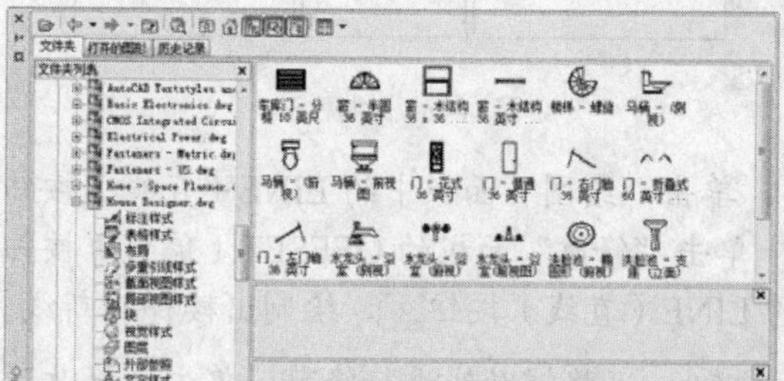

图 14-19　“设计中心”对话框

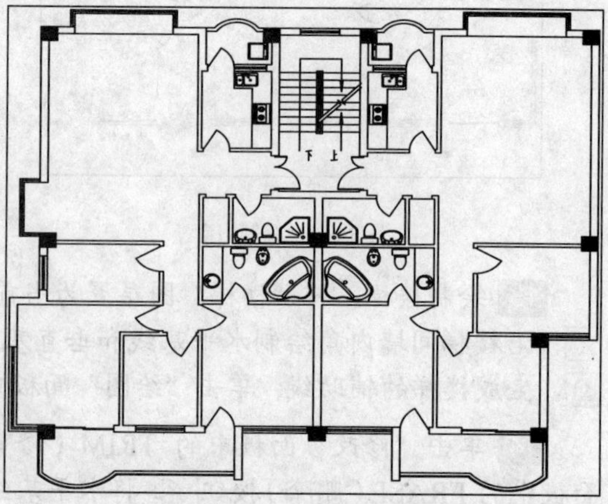

图 14-20　绘制厨具和卫生洁具

19 绘制地漏。单击“绘图”面板中的 CIRCLE（圆）按钮，绘制一个半径为 100mm

的圆。单击“绘图”面板中的 HATCAH（图案填充）按钮，对地漏进行图例填充，如图 14-21 所示。

20 绘制检查井。单击“绘图”面板中的 RECTANG（矩形）按钮，绘制一个尺寸为 300×180 的矩形。

21 单击“绘图”面板中的 LINE（直线）按钮，配合“对象捕捉”功能，绘制两条直线。单击“绘图”面板中的 HATCH（图案填充）按钮，对检查井进行图案填充，如图 14-22 所示。

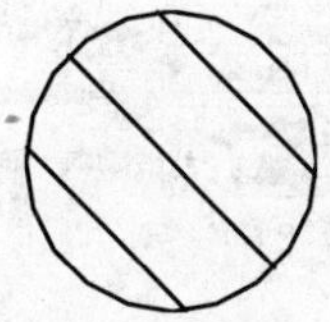

图 14-21 绘制地漏

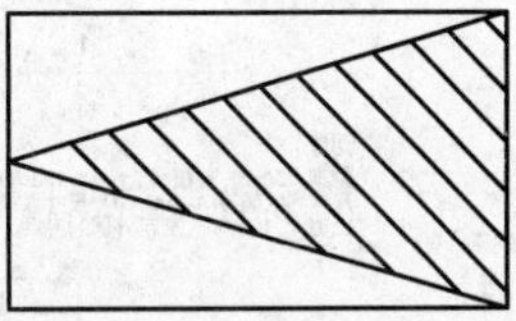

图 14-22 绘制检查井

22 绘制给水管线。将“给水设备管线”图层置为当前层，单击“绘图”面板中的 CIRCLE（圆）按钮，绘制出给水立管，直径为 100。单击“修改”面板中的 COPY（复制）按钮，复制多个圆到平面图中给水立管的设计位置。

23 单击“绘图”面板中的 PLINE（多段线）按钮，设置多段线宽为 50，给水管线用粗实线绘制，将管线连接到给水点和出水口位置上，完成效果如图 14-23 所示。

24 绘制排水管线。将“排水设备管线”图层置为当前层，单击“绘图”面板中的 CIRCLE（圆）按钮，绘制出排水立管，直径为 100。单击“修改”面板中的 COPY（复制）按钮，复制多个圆到平面图中排水立管的设计位置。

25 单击“绘图”面板中的 PLINE（多段线）按钮，设置多段线宽为 50，排水管线用粗虚线绘制，将管线连接到给水点和出水口位置上，效果如图 14-24 所示。

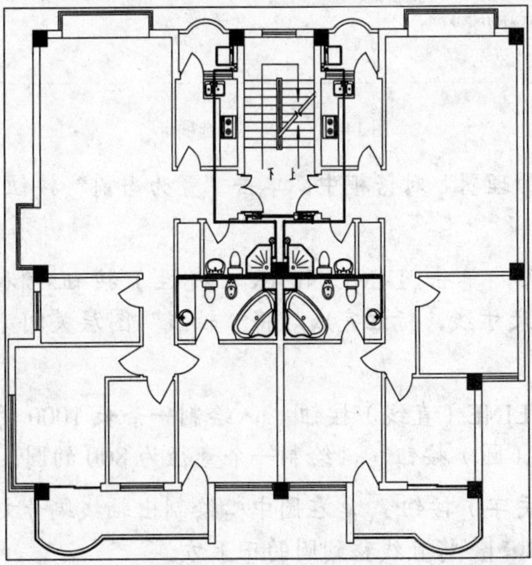

图 14-23 绘制给水立管和给水管线

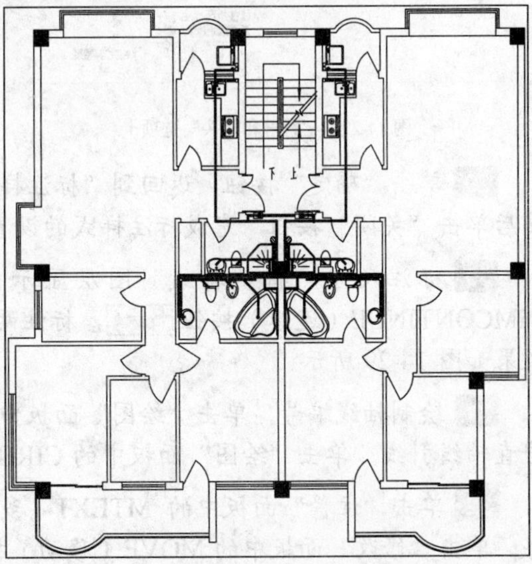

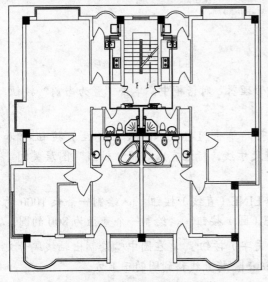

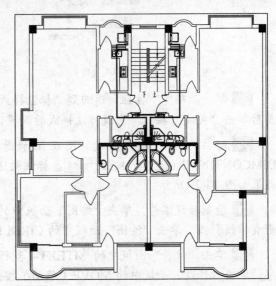

图 14-24 绘制排水立管和排水管线

26 设置标注样式。将“标注”图层置为当前层，单击“注释”面板中的 DIMSTYLE（标注样式）按钮，弹出“标注样式管理器”对话框，如图 14-25 所示。

27 单击“修改”按钮，打开“修改标注样式：ISO-25”对话框，选中“线”选项卡，设置参数如图 14-26 所示。

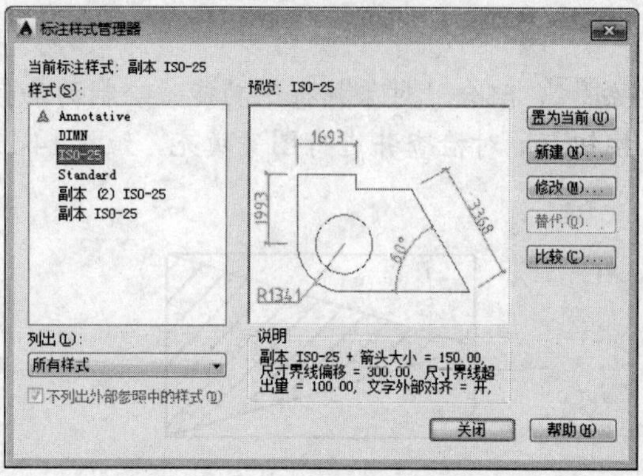

图 14-25 “标注样式管理器”对话框

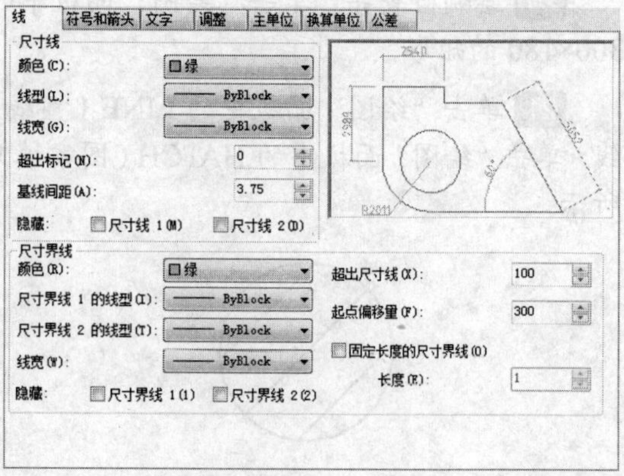

图 14-26 “线”选项卡

28 单击“符号和箭头”选项卡，设置参数如图 14-27 所示；单击“文字”选项卡，设置参数如图 14-28 所示。

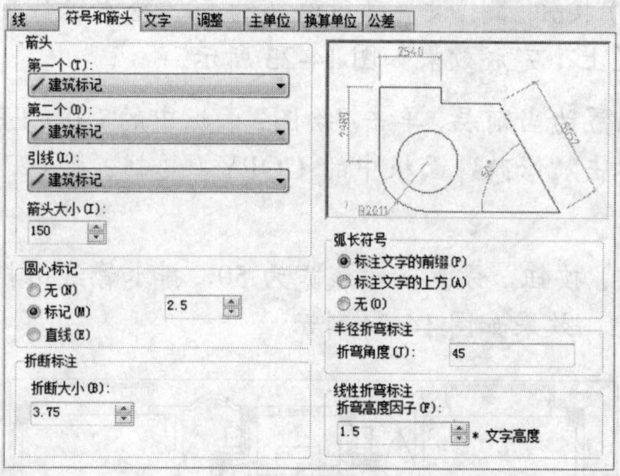

图 14-27 “符号和箭头”选项卡

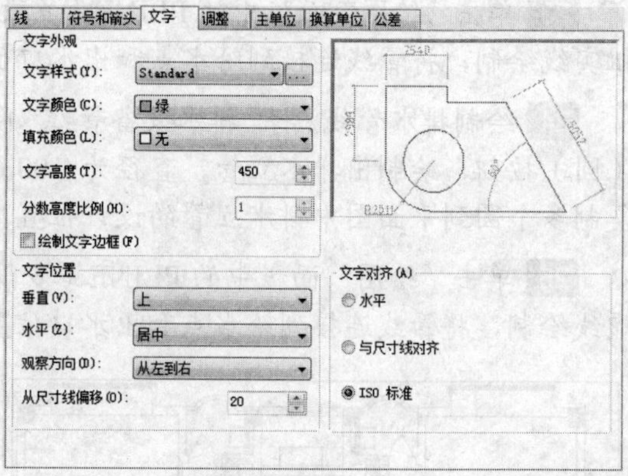

图 14-28 “文字”选项卡

29 单击“确定”按钮，返回到“标注样式管理器”对话框中，单击“置为当前”按钮，然后单击“关闭”按钮，完成标注样式的设置。

30 标注尺寸。将“轴线”图层显示出来，单击 DIMLINEAR（线性）按钮和 DIMCONTINUE（连续）按钮 连续，标注两道尺寸线，标注完成后将“轴线”图层关闭，效果如图 14-29 所示。

31 绘制轴线编号。单击“绘图”面板中的 LINE（直线）按钮，绘制一条长 1000 的垂直轴线引线。单击“绘图”面板中的 CIRCLE（圆）按钮，绘制一个直径为 800 的圆。

32 单击“注释”面板中的 MTEXT（多行文字）按钮，在圆中心绘制出轴线编号文字；单击“修改”面板中的 MOVE（移动）按钮，将直线移到圆的正上方。

33 单击“修改”面板中的 COPY（复制）按钮，配合“旋转和镜像”功能，复制多个轴线编号到平面图中。双击轴线编号文字，对文字进行修改，如图 14-30 所示。

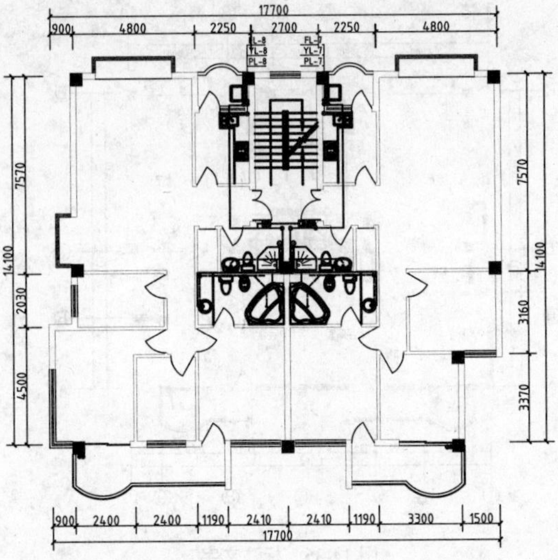

图 14-29　标注尺寸

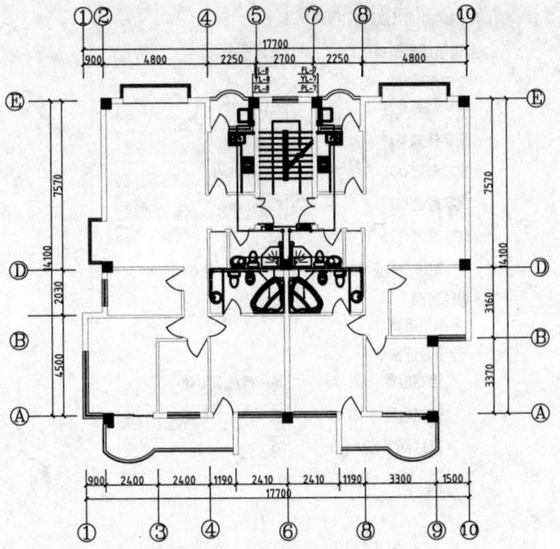

图 14-30　添加轴线编号

34 设置多重引线样式。将“文本”图层置为当前层，单击 MLEADERSTYLE（多重引线样式）按钮，弹出“多重引线样式管理器”对话框，如图 14-31 所示。

35 单击“修改”按钮，弹出“修改多重引线样式：Standard”对话框，单击“引线格式”选项卡，设置参数如图 14-32 所示。

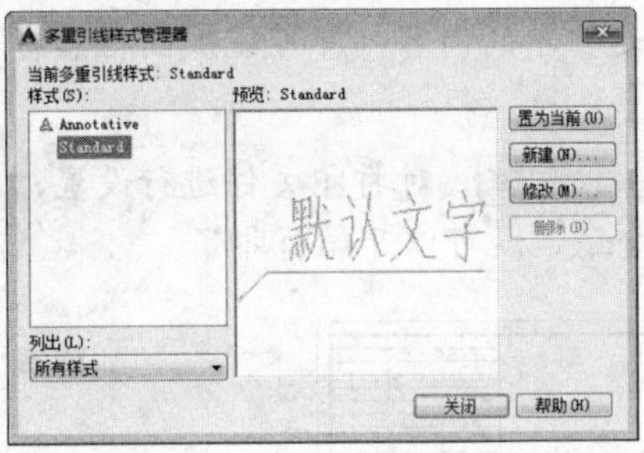

图 14-31　“多重引线样式管理器”对话框

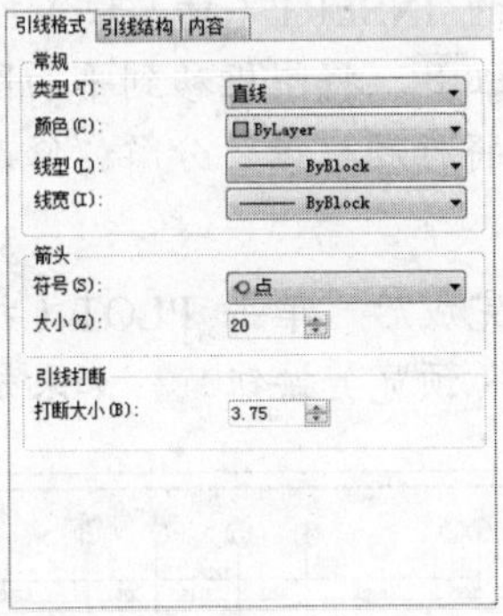

图 14-32　“引线格式”选项卡

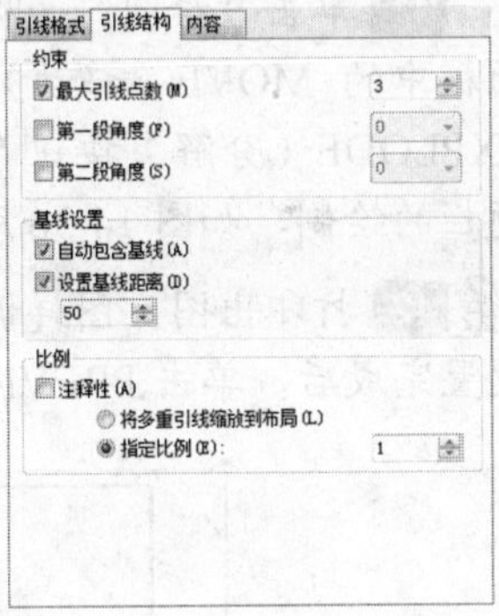

图 14-33　“引线结构”选项卡

36 单击“引线结构”选项卡，设置参数如图 14-33 所示；单击“内容”选项卡，设置参数如图 14-34 所示。

37 单击“确定”按钮，返回到“多重引线样式管理器”对话框中，单击“置为当前”按钮，然后单击“关闭”按钮，退出多重引线样式的设置。

38 单击 MLEADER（多重引线）按钮，标注给水排水设备管线。单击“注释”面板中的 MTEXT（多行文字）按钮，设置文字高度为 600，标注房间名称，效果如图 14-35 所示。

39 添加图名、比例和图框。单击“注释”面板中的 MTEXT（多行文字）按钮，在平面图下方绘制出图名和比例。

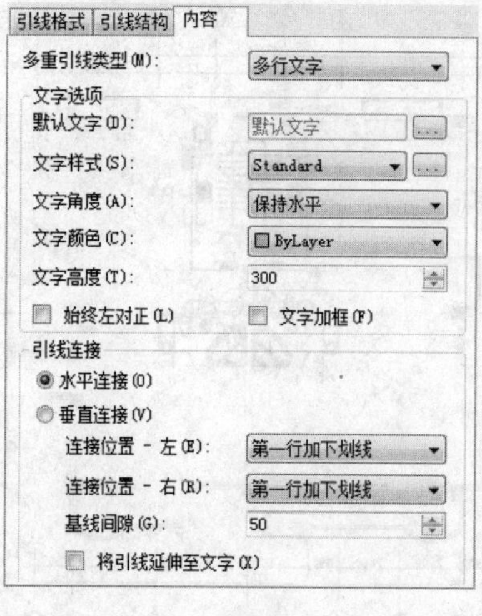

图 14-34 “内容”选项卡

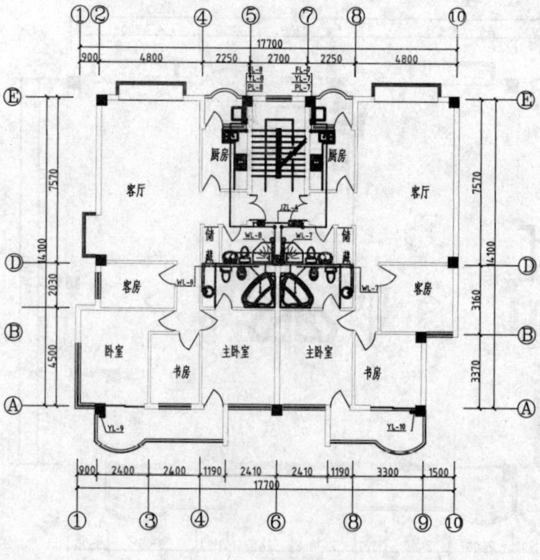

图 14-35 标注文字

提示 文字标注包括房间名称标注和给水排水设备管线的标注等。

40 单击“绘图”面板中的 PLINE（多段线）按钮和 OFFSET（偏移）按钮，设置多段线宽为 100，绘制出图名和比例下方的两条下划线。单击“修改”面板中的 EXPLODE（分解）按钮，将第二条多段线进行分解，完成图名与比例的绘制。

41 单击“绘图”面板中的 INSERT（插入块）按钮，插入一个图框。单击“修改”面板中的 MOVE（移动）按钮，将图框移到平面图中合适位置。单击“修改”面板中的 EXPLODE（分解）按钮，将标题栏进行分解。修改标题栏中的内容，即可完成图框和标题栏的绘制，如图 14-36 所示。

42 打印出图。图样调整完成后，单击 PLOT（打印）按钮，对打印文件进行设置，设置完成后，单击 PREVIEW（预览）按钮，如果效果合适，就可以开始打印了。

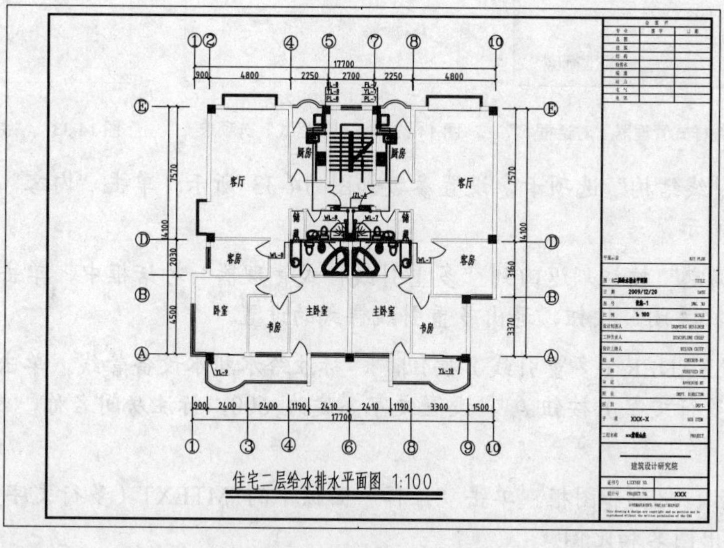

图 14-36 添加图名、比例和图框

14.1.4 绘制某别墅排水系统图

为了更清楚地体现建筑物高度方向上排水方案的设计，提供了排水系统图。本小节讲某别墅排水系统图的绘制过程，最终效果如图 14-37 所示。

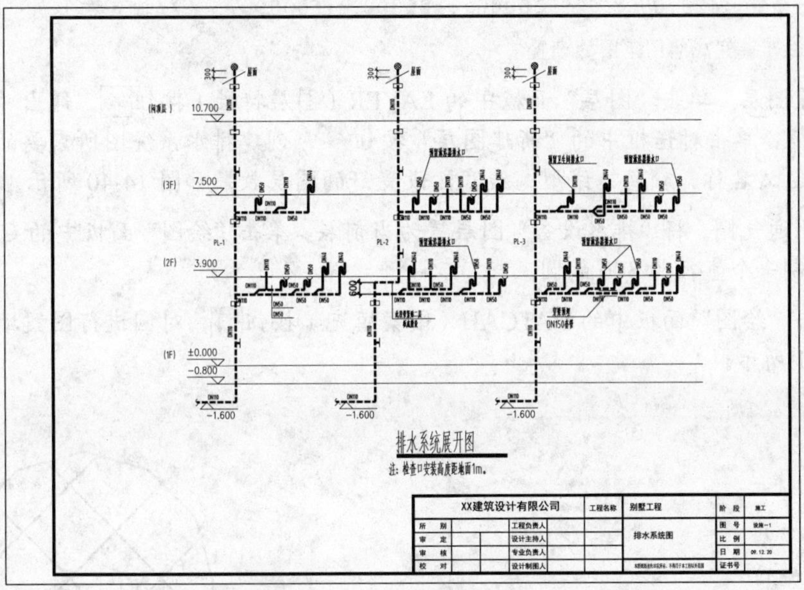

图 14-37　别墅排水系统图

课堂举例 14-2：绘制某别墅排水系统图

视频\第 14 章\课堂举例 14-2.mp4

01 新建图形文件。启动 AutoCAD 2015 应用程序，单击快速访问工具栏中的 NEW（新建）按钮，打开"选择样板"对话框，选择"acadiso.dwt"选项，如图 14-38 所示，单击"打开"按钮，即可新建一个样板图形。

02 设置数字、角度单位和精度。在命令行中输入 UNITS（单位）命令并回车，打开"图形单位"对话框，设置参数如图 14-39 所示，单击"确定"按钮，完成图形单位的设置。

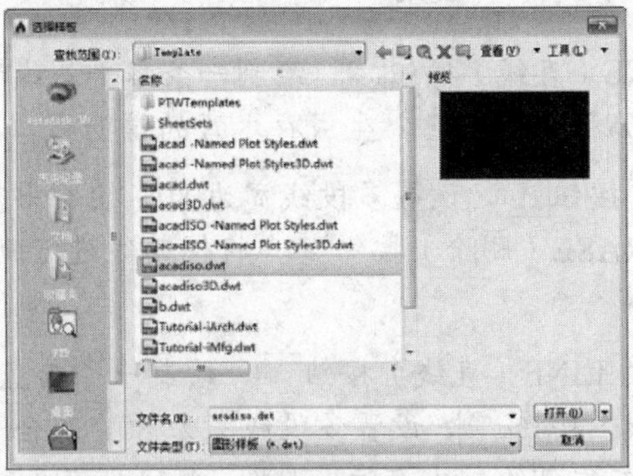

图 14-38　"选择样板"对话框

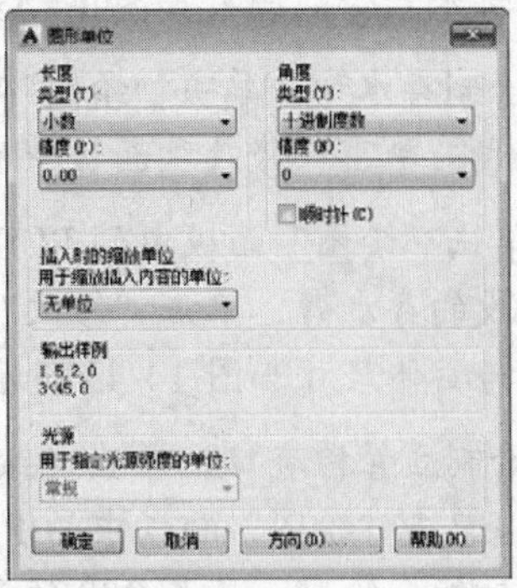

图 14-39　"图形单位"对话框

03 设置绘图范围。在命令行中输入 LIMITS（图形界限）命令并回车，设置绘图区域；然后执行 ZOOM（缩放）命令，完成观察范围的设置。其命令行提示如下：

```
命令：limits↙
重新设置模型空间界限：
指定左下角点或 [开(ON)/关(OFF)] <0.0000, 0.0000>:↙      //直接按回车键接受默认值
指定右上角点 <420.0000, 297.0000>: 25000, 16000↙      //输入右上角坐标“25000,
16000”后按回车键完成绘图范围的设置
```

04 设置图层。单击“图层”面板中的 LAYER（图层特性）按钮，弹出“图层特性管理器”对话框，单击对话框中的“新建图层”按钮，创建排水系统图所需要的图层，并为每一个图层定义名称、颜色、线型、线宽，设置好的图层效果如图 14-40 所示。

05 绘制通气帽。将“排水设备”图层置为当前层，单击“绘图”面板中的 CIRCLE（圆）按钮，绘制一个直径为 300 的圆。

06 单击“绘图”面板中的 HATCAH（图案填充）按钮，对圆进行图案填充，完成效果如图 14-41 所示。

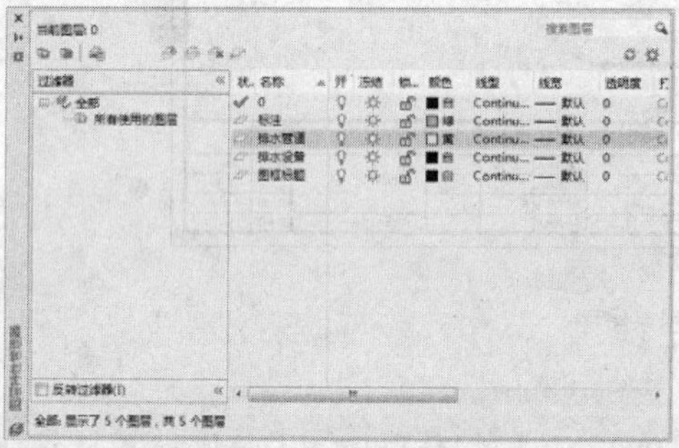

图 14-40 “图层特性管理器”对话框

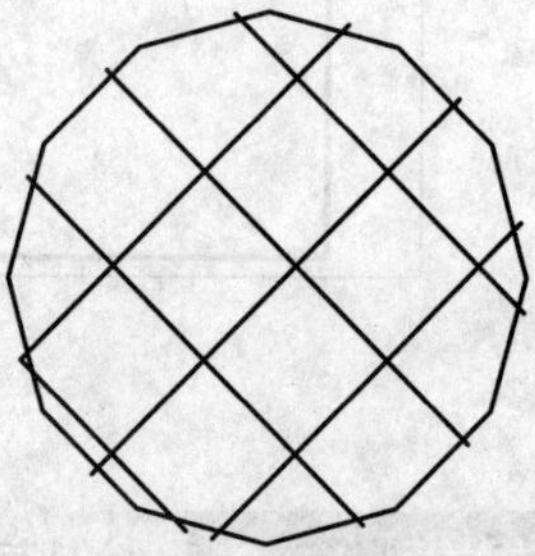

图 14-41 绘制通气帽

07 绘制圆形地漏。单击“绘图”面板中的 LINE（直线）按钮，绘制一条长 380 的水平直线。单击“绘图”面板中的 CIRCLE（圆）按钮，以直线的中点为圆心，绘制一个直径为 250 的圆。

08 单击“修改”面板中的 TRIM（修剪）按钮，将圆的上半部分进行修剪。单击“绘图”面板中的 PLINE（多段线）按钮，设置多段线宽为 80，以半圆的下象限点为起点，绘制一条排水立管，效果如图 14-42 所示。

09 绘制存水弯。单击“绘图”面板中的 LINE（直线）按钮，绘制一条水平基线和一条垂直基线。单击“修改”面板中的 OFFSET（偏移）按钮，生成存水弯的辅助线

10 单击“绘图”面板中的 PLINE（多段线）按钮，设置多段线宽为 80，绘制出直线段和圆弧段的存水弯。单击“修改”面板中的 ERASE（删除）按钮，将辅助线进行删除，完成效果与具体尺寸如图 14-43 所示。

11 绘制立管检查口。单击“绘图”面板中的 LINE（直线）按钮，绘制一条垂直线，长为 400。单击“绘图”面板中的 PLINE（多段线）按钮，设置多段线宽为 80，配合“对象捕捉”功能，绘制一条长 200 的多段线。然后在左侧绘制出立管，如图 14-44 所示。

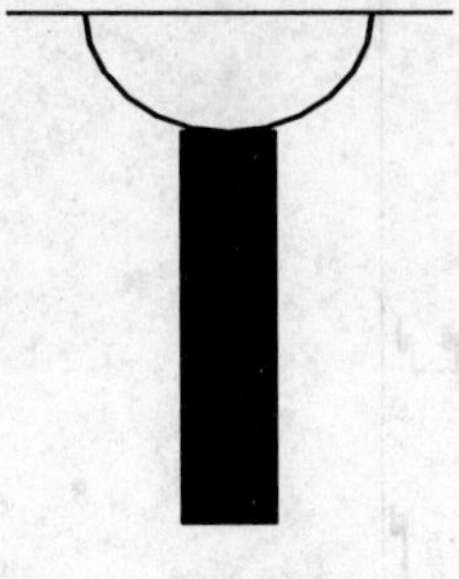

图 14-42　绘制圆形地漏

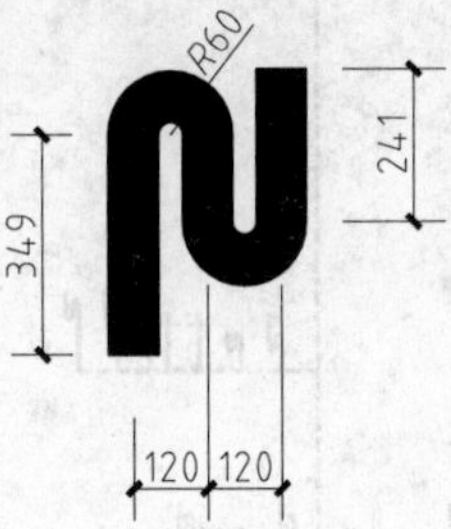

图 14-43　绘制存水弯

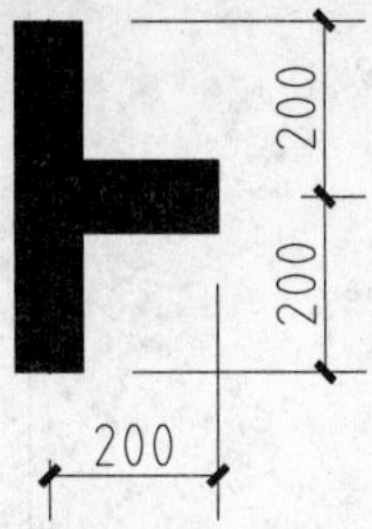

图 14-44　绘制立管检查口

12 绘制套管伸缩器。单击“绘图”面板中的 PLINE（多段线）按钮，设置多段线宽为 80，绘制出立管。单击“绘图”面板中的 RECTANG（矩形）按钮，绘制一个尺寸为 400×200 的矩形。

13 单击“修改”面板中的 MOVE（移动）按钮，配合“对象捕捉”功能，将矩形移动立管中间位置，完成效果如图 14-45 所示。

14 绘制总排水。单击“绘图”面板中的 SPLINE（样条曲线）按钮，绘制一个大致的 S 形状，完成效果如图 14-46 所示。

15 绘制排水管道。将“排水管道”图层置为当前层，线型为粗虚线，颜色随图层。采暖系统图是 45° 斜轴测图，它不按比例和投影规则绘制，竖向排水管道用竖直直线表示，水平排水管道用水平直线和与水平直线成 45° 角的直线表示。

16 单击“绘图”面板中的 PLINE（多段线）按钮，设置多段线宽为 80，绘制出排水管道，完成效果如图 14-47 所示。

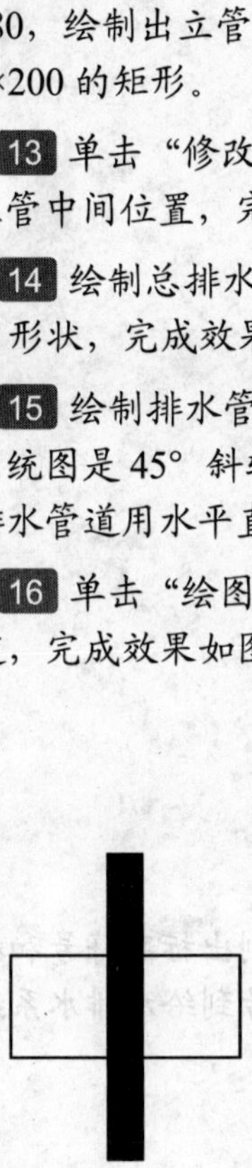

图 14-45　绘制套管伸缩器

图 14-46　绘制总排水

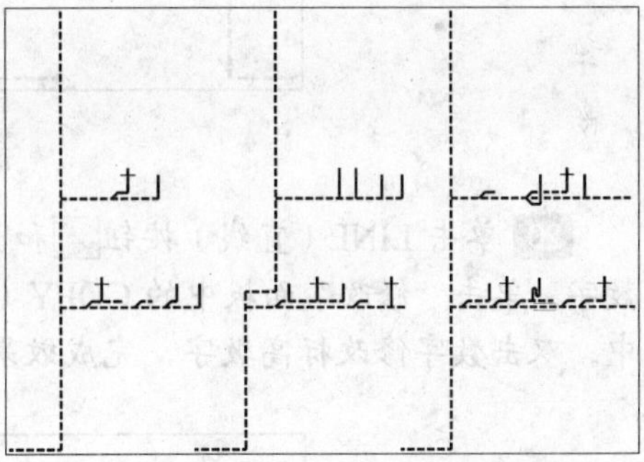

图 14-47　绘制排水管道

17 绘制排水设备。将“排水设备”图层置为当前层，单击“修改”面板中的 COPY（复制）按钮，复制多个排水设备到排水系统图中，并添加适当的设备，如图 14-48 所示。

18 添加尺寸标注。将“标注”图层置为当前层，单击“注释”面板中的 DIMSTYLE（标注样式）按钮，在弹出的“标注样式管理器”中修改标注样式。单击 DIMLINEAR（线性）按钮，标注必要的尺寸，如图 14-49 所示。

19 绘制层线和添加标高标注。单击“绘图”面板中的 LINE（直线）按钮，在底部绘制一条水平辅助线。单击“修改”面板中的 OFFSET（偏移）按钮，生成层线。单击“修改”面板中的 ERASE（删除）按钮，将辅助线删除。

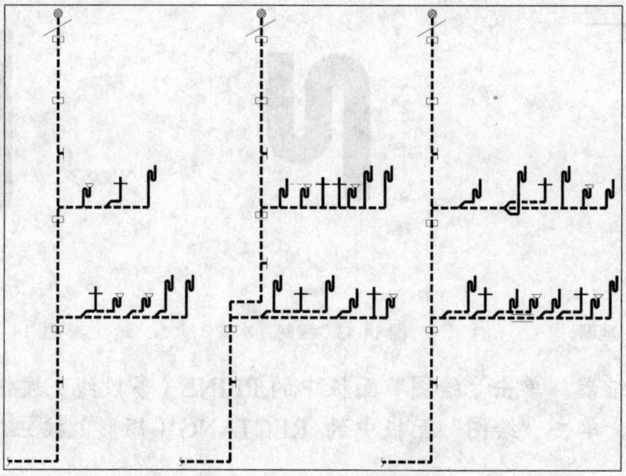

图 14-48　绘制排水设备

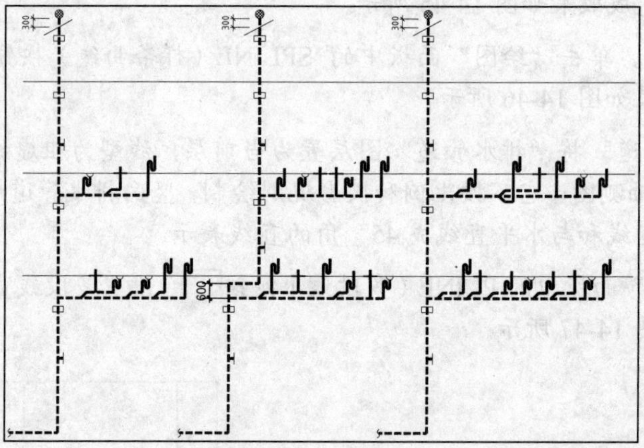

图 14-49　添加尺寸标注

20 单击 LINE（直线）按钮和 MTEXT（多行文字）按钮，绘制出标高符号和标高数字。单击“修改”面板中的 COPY（复制）按钮，复制多个标高符号到给水排水系统图中。双击数字修改标高数字，完成效果与具体尺寸如图 14-50 所示。

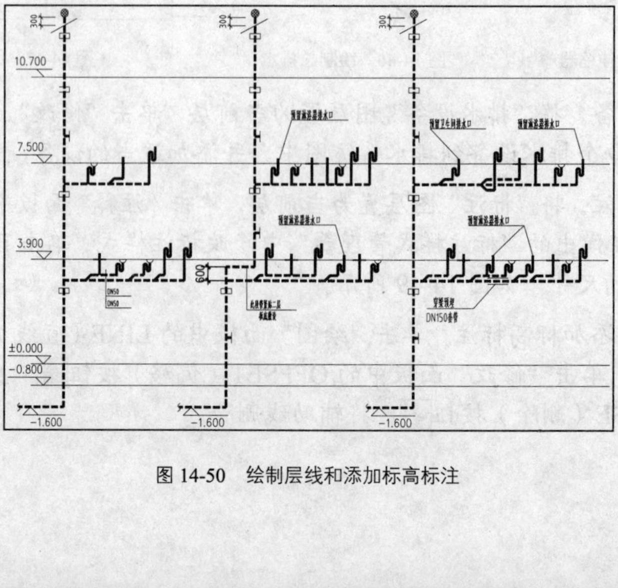

图 14-50　绘制层线和添加标高标注

21 文字标注。单击“注释”面板中的 MLEADERSTYLE（多重引线样式）按钮，在弹出的“多重引线样式管理器”对话框中修改多重引线样式。单击 MLEADER（多重引线）按钮，标注引出文字说明。

22 单击“注释”面板中的 MTEXT（多行文字）按钮，标注管道管径和其他文字，效果如图 14-51 所示。

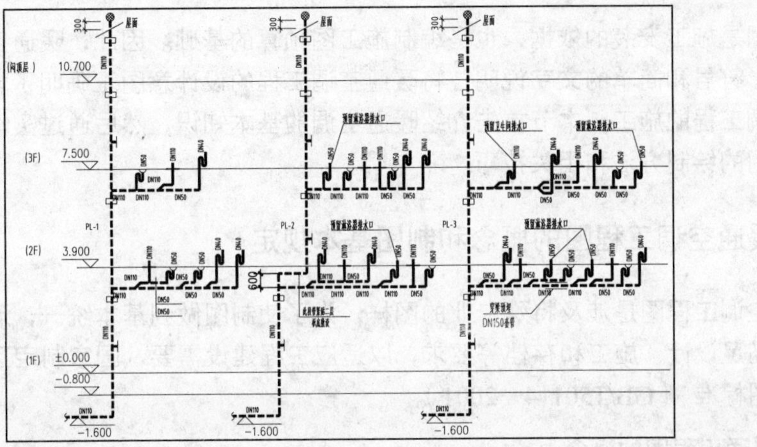

图 14-51　文字标注

23 添加图名、图框和标题栏。单击“注释”面板中的 MTEXT（多行文字）按钮，绘制出图名和说明文字；单击“绘图”面板中的 PLINE（多段线）按钮，绘制图名下方的下划线。

24 单击“绘图”面板中的 INSERT（插入块）按钮，插入已绘制好的图框图块。单击“修改”面板中的 MOVE（移动）按钮，将图框调整到排水系统图中合适位置。然后修改标题栏中的内容，效果如图 14-52 所示。

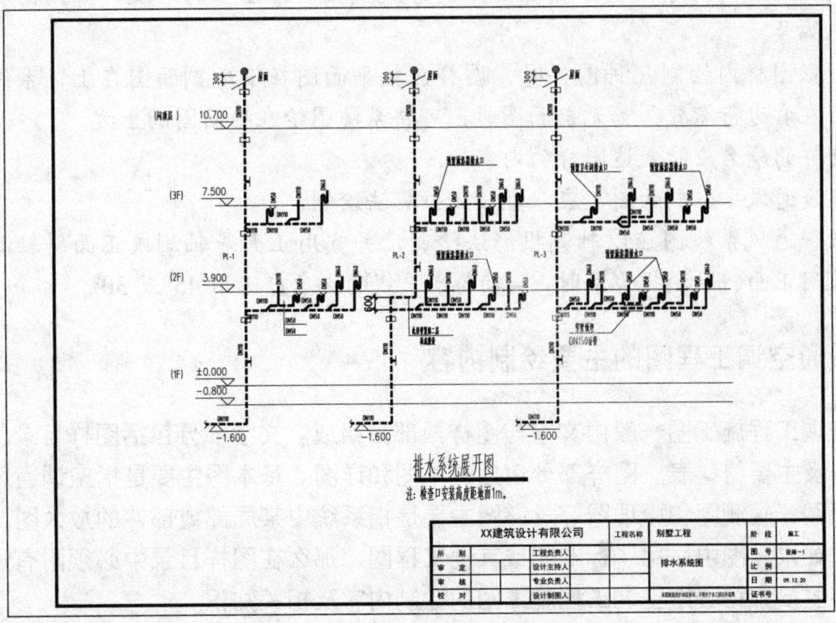

图 14-52　添加图名、图框和标题栏

25 打印出图。图样调整完成后，单击 PLOT（打印）按钮，对打印文件进行设置，设置完成后，单击 PREVIEW（预览）按钮，如果效果合适，就可以开始打印了。

14.2 暖通空调工程图的绘制

施工图是施工安装的依据，也是编制施工图预算的基础。因此，暖通空调施工图以统一规定的图形符号和简单的文字说明，将暖通空调工程的设计意图正确明了地表达，并用来指导暖通空调工程的施工。本节首先介绍暖通空调的基本知识，然后通过实例的绘制讲述暖通空调工程图的绘制方法和相关技巧。

14.2.1 暖通空调工程图的概念和制图基本规定

暖通空调工程图是涉及特殊专业的图样，为了使制图做到基本统一，清晰简明，提高制图效率，满足设计、施工和存档等要求，以适应工程建设需要，国家制定了《采暖通风与空气调节制图标准》(GB/T50114—2001)。

1. 暖通工程图的概念

暖通工程又叫建筑环境与设备工程专业，主要从事供暖、通风、空调及制冷系统的设计、施工及安装。暖通工程图通常包括供暖工程图、通风工程图、空调及制冷系统工程图等。

2. 暖通空调工程制图基本规定

暖通空调工程制图有如下基本规定：

- 图样目录、设计施工说明、设备及主要材料表等，如单独成图时，其编号应排在其他图样之间。编号顺序应为图样目录、设计施工说明、设备及主要材料表等。
- 图样需要的文字说明，宜以附注的形式放在该张图样的右侧，并用阿拉伯数字进行编号。
- 一张图样内绘制几种图样时，图样应按平面图在下，剖面图在上，系统图或安装图在右进行布置。如无剖面图时，可将系统图绘在平面图的上方。
- 图样的命名应能表达图样的内容。
- 采暖通风平、剖面图，应以直接正投影法绘制。
- 采暖通风系统图应以轴测投影法绘制，并宜用正面等轴测或正面斜轴测投影法。采用正面斜轴测投影法时，y 轴与水平线的夹角应选用 45°或 30°。

14.2.2 暖通空调工程图的主要绘制内容

暖通空调工程施工图一般由文字与图样两部分组成。文字部分包括图样目录、设计施工说明、设备及主要材料表。图样部分包括基本图和详图。基本图主要是指空调通风系统的平面图、剖面图、轴测图和原理图等。详图主要是指系统中某局部或部件的放大图、加工图和施工图等。如果详图中采用了标准图或其他工程图，那么在图样目录中必须附有说明。

本小节主要介绍暖通空调工程施工图的绘制内容及相关知识。

1. 平面图

平面图包括建筑物各层楼面采暖、通风和空调系统的平面图，空调机房平面图及制冷机房平面图等。平面图应绘出建筑轮廓、主要轴线号、轴线尺寸、室内外地面标高和房间名称。首层平面图上应绘出指北针。平面图必须反映各设备、风管、风口和水管等安装平面位置与建筑平面之间的相互关系。

平面图的一般规定包括如下：

- 平面图一般是在建筑专业提供的建筑平面图上，采用正投影法绘制，所绘的系统平面图应包括所有安装需要的平面定位尺寸。
- 绘制时应保留原有建筑图的外形尺寸、建筑定位轴线编号、房间和工段等各区域的名称。
- 绘制平面图时，有关工艺设备画出其外轮廓线，非本专业的图（如门、窗、梁、柱和平台等建筑构配件，工艺设备等）均用细实线表示。
- 若车间仅一部分或几层平面与本专业有关，可以仅绘制有关部分与层数，并画出折断线。对于比较复杂的建筑，应局部分区域绘制，如车间，应在所绘部分的图面上标出该部分在车间总体中的位置。
- 平面图中表示剖面位置的剖切线应在平面图中有所表示，剖视线应尽量少拐弯。指北针应画在首层平面上。
- 管道和设备布置图应按假想除去上层板后俯视规则绘制，否则应在相应垂直剖面图中表示平剖面的剖切符号。

室内暖通空调设计中平面图按其系统特点一般应包括：各层的设备布置平面图；管线平面图；空调水管布置平面图；空调通风工程平面图；风管系统平面图（根据系统的复杂程度有时又可分风口布置平面图、风管布置平面图、新风平面图或排风平面图，风管与水管也可以绘制在一个平面图上）；空调机房平面图和冷冻机房平面图等。

2. 剖面图

从某一视点，通过对平面图剖切观察绘制的图称为剖面图。剖面图是为说明平面图难以表达的内容绘制的，与平面图相同，采用正投影法绘制。图中所说明的内容必须与平面相一致。常见的有空调通风系统剖面图、空调机房剖面图和冷冻机房剖面图等，经常用于说明立管复杂、部件多以及设备、管道和风口等纵横交错时垂直方向上的定位尺寸。图中设备、管道与建筑之间的线型设置等规则与平面图相同。除此之外，一般还应包括如下内容：

- 注意剖视和剖切符号的正确应用。
- 凡在平面图上被剖到或见到的有关建筑、结构和工艺设备均应用细实线画出。标出地板、楼板、门窗、顶棚及与通风有关的建筑物和工艺设备等的标高，并应注明建筑轴线编号和土壤图例。
- 标注空调通风设备及其基础、构件、风管、风口的定位尺寸及有关标高、管径和系统编号。
- 标出风管出屋面的排出口高度及拉索位置，标注自然排风帽下的滴水盘与排水管位置和凝水管用的地沟或地漏等。

平面图和系统轴测图上能表达清楚地可不绘制剖面图，剖面图与平面图在同一张图上时，应将剖面图位于平面图的上方或右上方。

3. 系统轴测图

系统轴测图采用的坐标是三维的，其主要作用是从总体上表明系统的构成情况及各种尺寸、型号和数量等。具体地说，系统轴测图上包括系统中设备、配件的型号、尺寸、定位尺寸、数量以及连接于各设备之间的管道在空间的曲折、交叉、走向、尺寸和定位尺寸等。系统轴测图上还应注明该系统的编号。通过系统轴测图可以了解系统的整体情况，对系统的概貌有个全面的认识。

暖通空调系统轴测图可以用单线绘制，也可以用双线绘制。轴测图一般采用 45° 投影法，以单线按比例绘制，其比例应与平面图相符，特殊情况除外。暖通空调系统轴测图主要包括的内容如下：

- 采暖系统图

采暖系统图，又称采暖系统轴测图，主要表达采暖系统中的管道和设备的连接关系、规格与数量。不表达建筑内容，其内容主要有：采暖系统中的所有管道、管道附件和设备都要绘制出来；标明管道规格、水平管道标高、坡向与坡度；散热设备的规格、数量和标高，散热设备与管道的连接方式；系统中的膨胀水箱和集气罐等与系统的连接方式。

采暖系统图的绘制方法是：采暖系统图应以轴测投影法绘制，并宜用正等测或正面斜轴测投影法；采暖系统轴测图宜用单线绘制，供水干管和立管用粗实线，回水干管用粗虚线，散热器支管、散热器和膨胀水箱等设备用中粗实线，标注用细线；系统轴测图宜采用与相对应的平面图相同的比例绘制；需要限定高度的管道，应标注相对标高，管道应标注中心标高，并应标在管段的始端或末端，散热器宜标注底标高，对于垂直式系统，同一层和同标高的散热器只标右端的一组；柱式和圆翼形式散热器的数量，应注在散热器内，光管式和串片式散热器的规格和数量，应注在散热器的上方；当采用供热工程制图标准时，阀门应按其要求进行绘制，这时阀门宜按比例绘制阀体和阀杆，当采用暖通空调制图标准时，可按其所示的阀门轴测画法绘制，这时需绘制阀杆的方向，阀体和阀杆的大小依据其实际尺寸近似按比例绘制，即大致反映其大小，在工程实践中，许多时候可不绘制阀杆，阀门的大小也并不严格按比例绘制。

- 空调水系统轴测图

空调水系统的轴测一般用单线表示，基本方法和采暖系统相似。联系平面图与轴测图一起识图，能帮助理解空调系统管道的走向及其与设备的关联。

- 空调通风系统轴测图

通风空调系统轴测图一般应包括下列内容：表示出通风空调系统中空气（或冷热水等介质）所经过的所有管道、设备及全部构件，并标注设备与构件名称或编号。

绘制空调通风系统轴测图应注意：用单线或双线按比例绘制管道系统轴测图，标注管径和标高，在各支路上标注管径与风量，在风机出口段标注总风量及管径。由于双线轴测图制图工作量大，所以在用单线轴测图能够表达清楚的情况下，很少采用；按比例（或示意）绘出局部排风罩及送排风口和回风口，并标注定位尺寸和风口；管道有坡度要求是，应标注坡度和坡向，如要排水，应在风机或风管上表示出排水管及阀门。

当系统较为复杂时会出现重叠，为使图面清晰，一个系统经常断开为几个子系统，分别绘制，断开处要标识相应的折断符号。也可将系统断开后平移，使前后管道不聚集在一起，断开处要绘出折断线或用细虚线相连。

4. 流程图

流程图，又常称原理图，主要包括：系统的工作原理及工作介质的流程；控制系统之间的相互关系；系统中的管道、设备、仪表和部件；控制方案及控制点参数等。它应该能充分表达设计者的设计思想和设计方案。原理图不按投影规则绘制，也不按比例绘制。原理图中的风管和水管一般用粗实线单线绘制，设备轮廓线采用中粗线。原理图可以不受物体实际空间位置的约束，根据系统流程表达的需要，来规划图面的布局，使图面线条简洁，系统的流程清晰。如果可能，应尽量与物体的实际空间位置的大体方位相一致。对于垂直式系统，一般按楼层或实际物体的标高从上到下的顺序来组织图面的布局。

空调系统原理图一般包括下列内容：

- 系统中所有设备及相连的管道，注明各设备名称（可用符号表示）或编号，各空气状态参数（温湿度等）视具体要求标注。
- 绘出并标注各空调房间的编号，设计参数（冬夏季温湿度、房间静压和洁净度等），可以在相应的风管附近标注系统和各房间的送风、回风、新风与排风量等参数。
- 绘出并标注系统中各空气处理设备，有进需要绘出空调机组内各处理过程所需的功能段，各技术参数视具体要求标注。
- 绘出冷热源机房冷冻水、冷却水、蒸汽和热水等各循环系统的流程（包括全部设备和管道、系统配件及仪表等），并宜根据相应的设备标注各主要技术参数，如水温和冷量等。
- 测量元件（压力、温度、湿度和流量等测试元件）与调节元件之间的关系和相对位置。

5. 详图

详图主要包括如下：

- 设备和管道的安装节点详图。例如：热力入口处通过绘制详图将各种设备、附件、仪表和阀门之间的关系表达清楚。
- 设备和管道的加工详图。当所用的设备由用户自行制造时，需绘制出加工图。通常有水箱和分水缸等。
- 设备和部件基础的结构详图等。如水泵的基础和换热器的基础等。
- 部分详图有标准图可供选用。

14.2.3 绘制某住宅采暖平面图

绘制采暖平面图的基本步骤是，首先绘制建筑平面图，接着绘制暖通工程设备，接下来绘制暖通工程设备，继续绘制暖通管线，然后添加标注、图框和标题栏，最后就可以打印出图了。建筑物的轮廓线用的是细实线。

本节以某建筑采暖平面图的绘制为例讲述采暖平面图的绘制方法和技巧，最终效果如图 14-53 所示。

课堂举例 14-3：绘制某住宅采暖平面图

视频\第 14 章\课堂举例 14-3.mp4

01 新建图形文件。启动 AutoCAD 2015 应用程序，单击快速访问工具栏中的 NEW（新建）按钮，打开“选择样板”对话框，选择“acadiso.dwt”选项，如图 14-54 所示，单击“打开”按钮，即可新建一个样板图形。

02 设置数字、角度单位和精度。在命令行中输入 UNITS（单位）命令并回车，打开“图形单位”对话框，设置参数如图 14-55 所示，单击“确定”按钮，完成图形单位的设置。

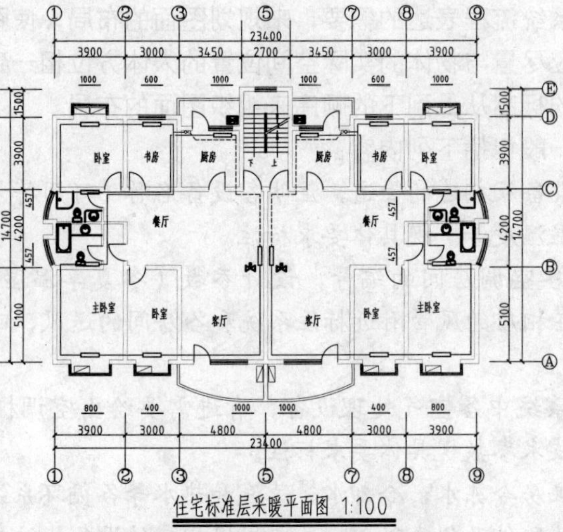

图 14-53　某住宅标准层采暖平面图

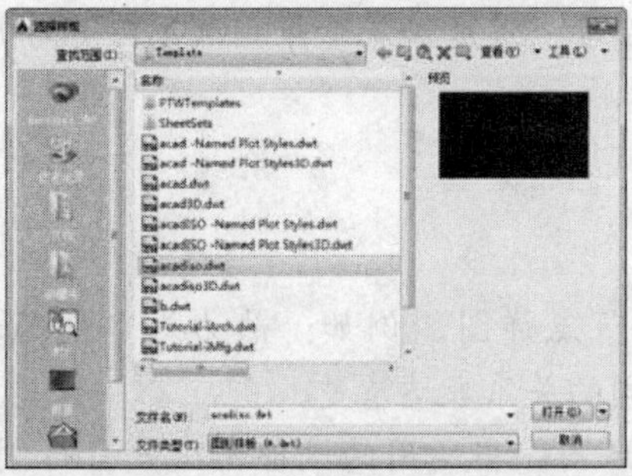

图 14-54　“选择样板”对话框

03 设置绘图范围。在命令行中输入 LIMITS（图形界限）命令并回车，设置绘图区域；然后执行 ZOOM（缩放）命令，完成观察范围的设置。其命令行提示如下：

```
命令: limits
重新设置模型空间界限:
指定左下角点或 [开(ON)/关(OFF)] <0.0000, 0.0000>:↙          //直接按回车键接受默认值
指定右上角点 <420.0000, 297.0000>: 26000, 18000↙          //输入右上角坐标“26000，
18000”后按回车键完成绘图范围的设置
```

04 设置图层。单击“图层”面板中的 LAYER（图层特性）按钮，弹出“图层特性管理器”对话框，单击对话框中的“新建图层”按钮，创建采暖平面图所需要的图层，并为每一个图层定义名称、颜色、线型、线宽，设置好的图层效果如图 14-56 所示。

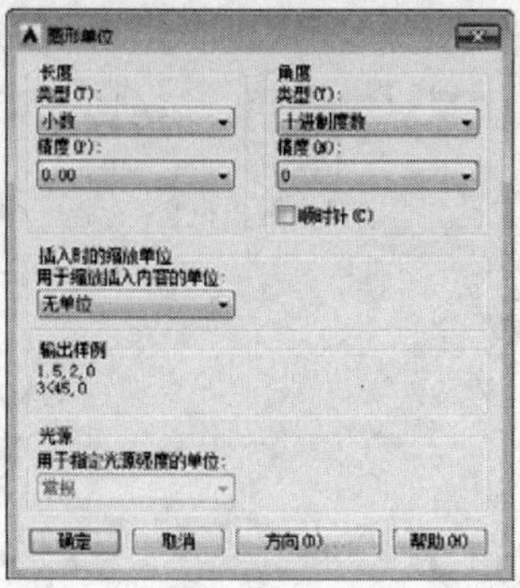

图 14-55 “图形单位”对话框

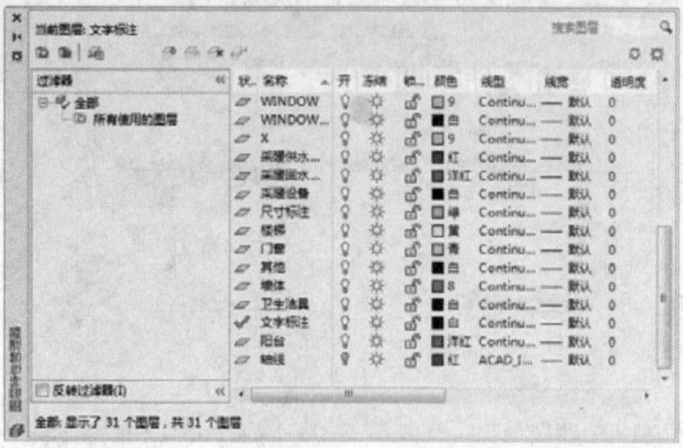

图 14-56 “图层特性管理器”对话框

05 绘制轴线网。将“轴线”图层置为当前层，单击“绘图”面板中的 LINE（直线）按钮，绘制水平和垂直两条基准轴线；

06 单击“修改”面板中的 OFFSET（偏移）按钮，根据房间的开间和进深的尺寸生成轴线网；单击“修改”面板中的 TRIM（修剪）按钮，将一些短肢墙的轴线进行调整，完成效果与具体尺寸如图 14-57 所示。

07 绘制墙体。将“墙体”图层置为当前层，在命令行中输入 ML（多线）命令并回车，设置普通墙体宽度为 240，卫生间隔墙墙体宽度为 120，绘制出墙体，对于弧墙，首先绘制圆弧定位，向两侧偏移生成。

08 在命令行中输入 MLEDIT（编辑多线）命令并回车，在弹出的“多线编辑工具”对话框中选择适当的工具编辑墙体，对于不能使用编辑工具修剪掉到的多余墙线，首先将墙体进行分解，然后对多余墙线进行裁剪，墙体编辑完成后，将“轴线”图层关闭，完成效果如图 14-58 所示

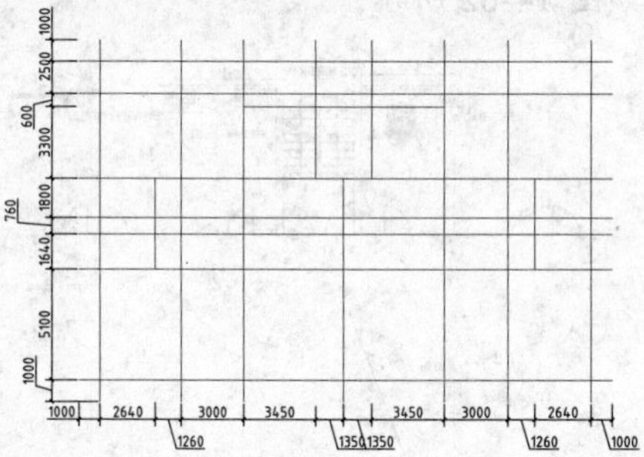

图 14-57 绘制轴线网

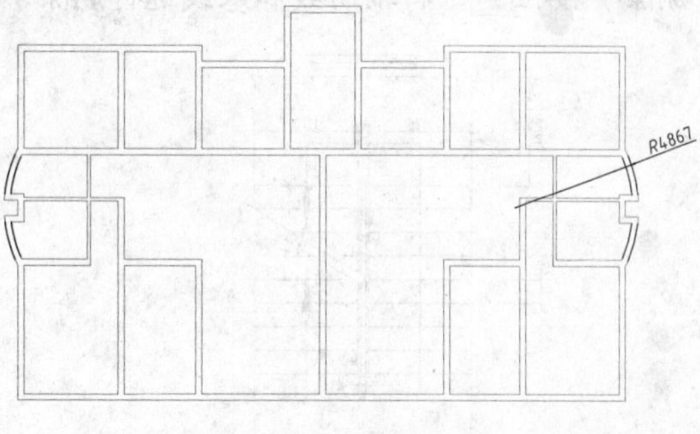

图 14-58 绘制墙体

09 绘制门窗洞口。单击“绘图”面板中的 LINE（直线）按钮，沿墙内角绘制水平和垂直基线；单击“修改”面板中的 OFFSET（偏移）按钮，生成门窗洞口的辅助线。

10 单击“修改”面板中的 TRIM（修剪）按钮，将门窗洞口的辅助线和墙线进行修剪；单击“修改”面板中的 ERASE（删除）按钮，将水平和垂直基线进行删除，完成效果如图 14-59 所示。

11 绘制门窗。将“门窗”图层置为当前层，依据建筑平面图中门窗的绘制方法，绘制出所有门窗，如图 14-60 所示。

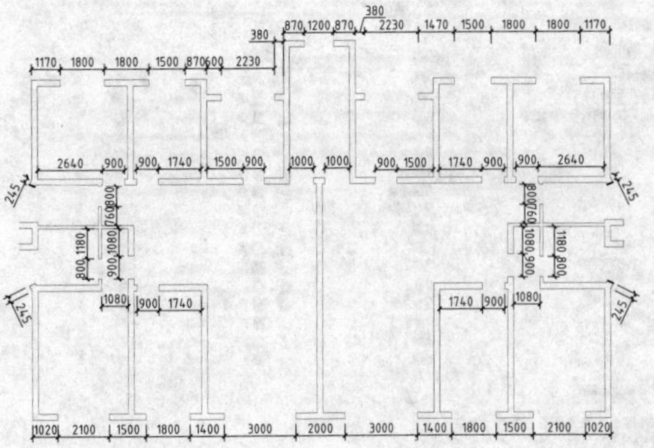

图 14-59　绘制门窗洞口

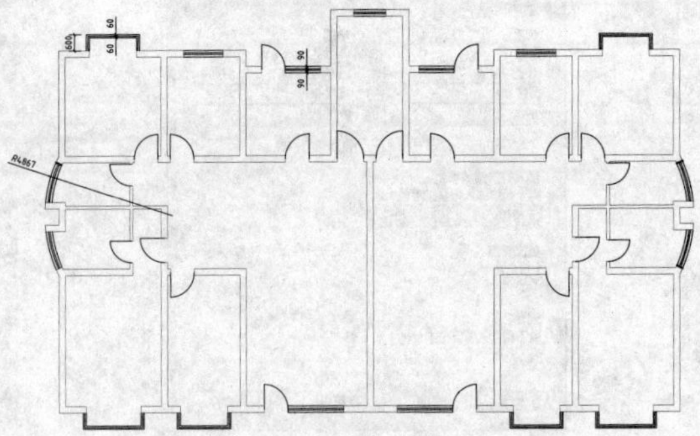

图 14-60　绘制门窗

12 绘制楼梯。将“楼梯”图层置为当前层，单击“绘图”面板中的 LINE（直线）按钮，沿楼梯间墙内角绘制水平基线和垂直基线；单击“修改”面板中的 OFFSET（偏移）按钮，生成楼梯的辅助线；单击“绘图”面板中的 LINE（直线）按钮，绘制出楼梯折断线。

13 单击“修改”面板中的 TRIM（修剪）按钮，将辅助线进行修剪；单击“修改”面板中的 ERASE（删除）按钮，将水平基线和垂直基线删除。

14 单击“绘图”面板中的 PLINE（多段线）按钮，绘制楼梯方向箭头；单击 MTEXT（多行文字）按钮，标注楼梯方向文字，楼梯绘制完成效果如图 14-61 所示。

15 绘制阳台。将“阳台”图层置为当前层，单击“绘图”面板中的 LINE（直线）按钮，沿外墙角绘制水平和垂直基线；单击“修改”面板中的 OFFSET（偏移）按钮，生成阳台外轮廓的辅助线。

16 单击“绘图”面板中的 PLINE（多段线）按钮，绘制出阳台的轮廓线；单击“修改”面板中的 OFFSET（偏移）按钮，生成阳台结构线；单击“修改”面板中的 ERASE（删除）按钮，将辅助线和基线进行删除，效果如图 14-62 所示。

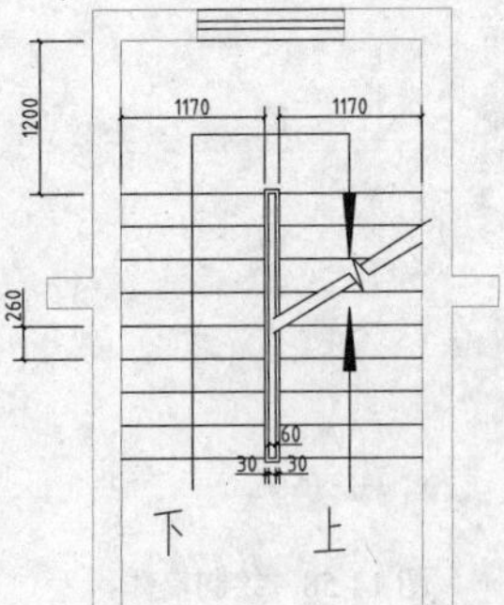

图 14-61　绘制楼梯

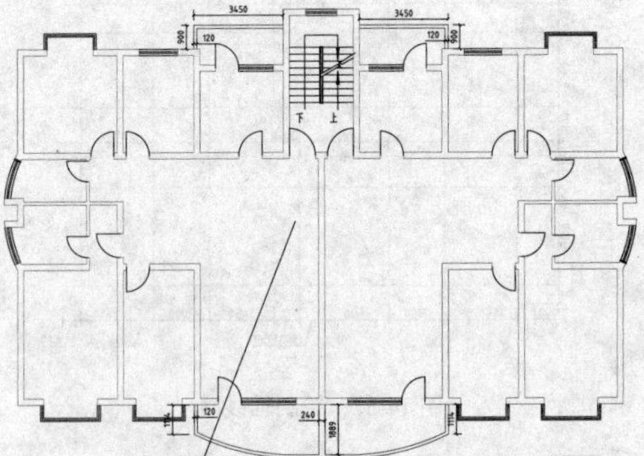

图 14-62　绘制阳台

17 绘制卫生洁具。按下快捷键 Ctrl + 2 打开 AutoCAD 设计中心，利用设计中心插入卫生洁具；单击“修改”面板中的 MOVE（移动）按钮，将卫生洁具布置在卫生间平面图中，效果如图 14-63 所示。

18 绘制暖风机。将“采暖设备”图层置为当前层，单击“绘图”面板中的 RECTANG（矩形）按钮，绘制一个尺寸为 850×350 的矩形。单击“绘图”面板中的 LINE（直线）

按钮，连接矩形的两条对角线，完成效果如图 14-64 所示。

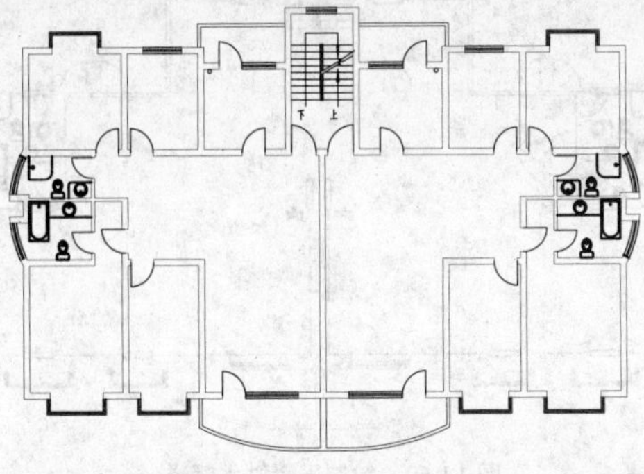

图 14-63 绘制卫生洁具

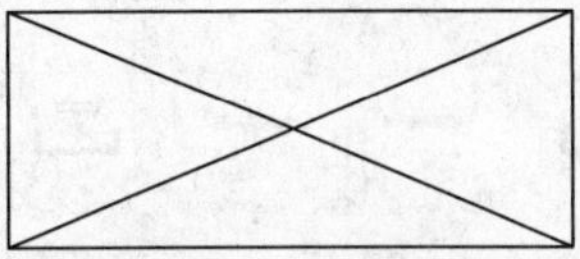

图 14-64 绘制暖风机

19 绘制散热器。单击“绘图”面板中的 RECTANG（矩形）按钮，绘制一个尺寸为 1000×200 的矩形。单击“修改”面板中的 PEDIT（编辑多段线）按钮，修改矩形线宽为 20；单击“绘图”面板中的 PLINE（多段线）按钮，设置多段线宽为 20，绘制出散热器两侧的管线，完成效果如图 14-65 所示。

20 绘制热量表。单击“绘图”面板中的 RECTANG（矩形）按钮，绘制一个尺寸为 600×400 的矩形。单击“绘图”面板中的 LINE（直线）按钮，连接矩形的两条对角线。

21 单击“绘图”面板中的 HATCAH（图案填充）按钮，对热量表进行图案填充，完成效果如图 14-66 所示。

22 绘制控温阀。单击“绘图”面板中的 RECTANG（矩形）按钮，绘制一个尺寸为 520×300 的矩形。

23 单击“绘图”面板中的 LINE（直线）按钮，连接矩形的两条对角线。单击“修改”面板中的 TRIM（修剪）按钮，将矩形的两条长边进行修剪。单击“绘图”面板中的 LINE（直线）按钮，以对角线的交点为起点绘制一条长 170mm 的垂直线。

24 单击“绘图”面板中的 RECTANG（矩形）按钮，绘制一个尺寸为 100×110 的矩形。单击“修改”面板中的 MOVE（移动）按钮，将矩形移到直线正上方，完成效果如图 14-67 所示。

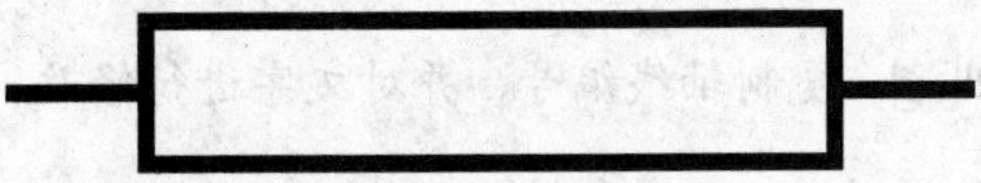

图 14-65 绘制散热器

图 14-66 绘制热量表

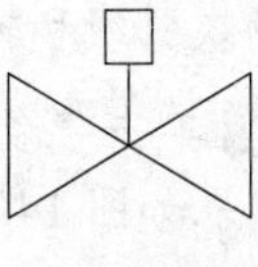

图 14-67 绘制控温阀

25 复制采暖设备。单击“修改”面板中的 COPY（复制）按钮，配合“旋转”功能，复制出多个采暖设备到采暖平面图中，如图 14-68 所示。

26 绘制采暖供水管道。将“采暖供水管道”图层置为当前层，管道线型为粗实线，单击“绘图”面板中的 CIRCLE（圆）按钮，绘制一个直径为 150 的圆，作为供水立管。

27 单击“修改”面板中的 COPY（复制）按钮，将供水立管复制到适当位置。单击“绘图”面板中的 PLINE（多段线）按钮，设置多段线宽为 20，根据设计线路绘制出采暖供水管道，完成效果如图 14-69 所示。

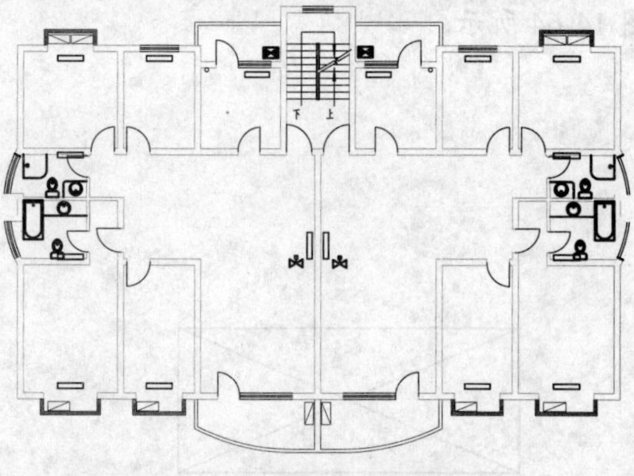

图 14-68 复制采暖设备

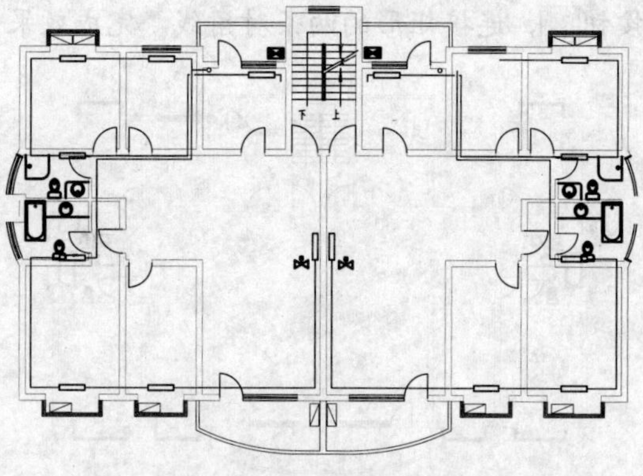

图 14-69 绘制采暖供水管道

28 绘制采暖回水管道。将“采暖回水管道”图层置为当前层，管道线型为粗虚线，单击“绘图”面板中的 CIRCLE（圆）按钮，绘制一个直径为 150 的圆，作为回水立管。

29 单击“修改”面板中的 COPY（复制）按钮，将回水立管复制到适当位置。单击“绘图”面板中的 PLINE（多段线）按钮，设置多段线宽为 20，根据设计线路绘制出采暖回水管道，完成效果如图 14-70 所示。

30 添加尺寸标注和轴号标注。将“标注”图层置为当前层，并将“轴线”显示出来。单击“注释”面板中的 DIMSTYLE（标注样式）按钮，在弹出的“标注样式管理器”对话框中，修改标注样式。

31 单击 DIMLINEAR（线性）按钮和 DIMCONTINUE（连续）按钮，标注两道尺寸。单击“绘图”面板中的 LINE（直线）按钮、CIRCLE（圆）按钮和“注释”面板中的 MTEXT（多行文字）按钮，绘制轴线引线和轴线编号。

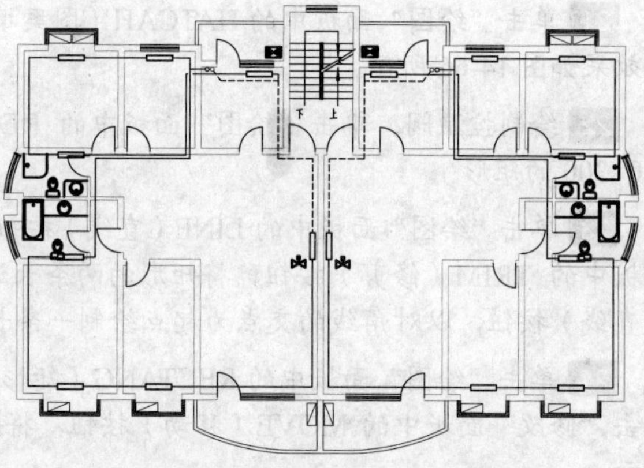

图 14-70 绘制采暖回水管道

32 单击“修改”面板中的 COPY（复制）按钮，复制轴线编号，并对文字进行修改，完成效果如图 14-71 所示。

33 添加文字标注。文字标注包括给水排水管线的标注和房间名称的标注。将“文字标注”图层置为当前层，单击“绘图”面板中的 MTEXT（多行文字）按钮和 PLINE（多段线）按钮，标注给水排水管线的标注和房间名称文字，如图 14-72 所示。

34 添加图名、比例、图框和标题栏。单击“注释”面板中的 MTEXT（多行文字）按钮，绘制出图名和比例。

35 单击“绘图”面板中的 PLINE（多段线）按钮和“修改”面板中的 OFFSET（偏移）按钮，绘制出图名和比例下方的下划线。单击“修改”面板中的 EXPLODE（分解）按钮，将第二条多段线进行分解。

36 单击“绘图”面板中的 INSERT（插入块）按钮，插入事先绘制好的图框和标题栏；然后对标题栏中的内容进行修改，效果如图 14-73 所示。

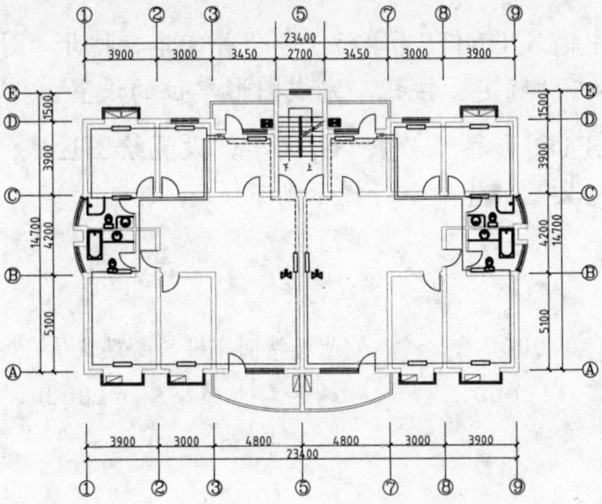

图 14-71　添加尺寸标注和轴号标注

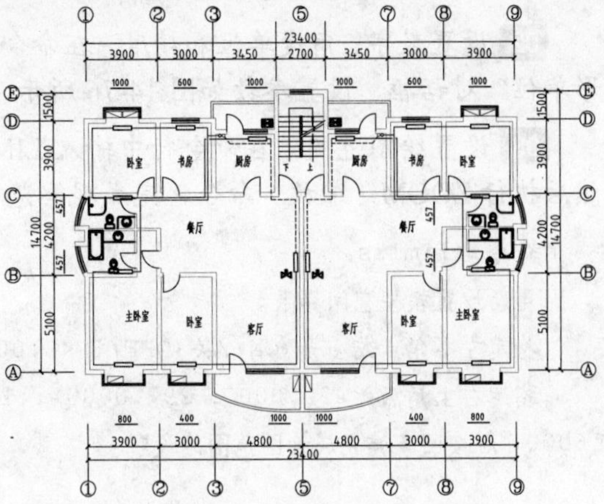

图 14-72　添加文字标注

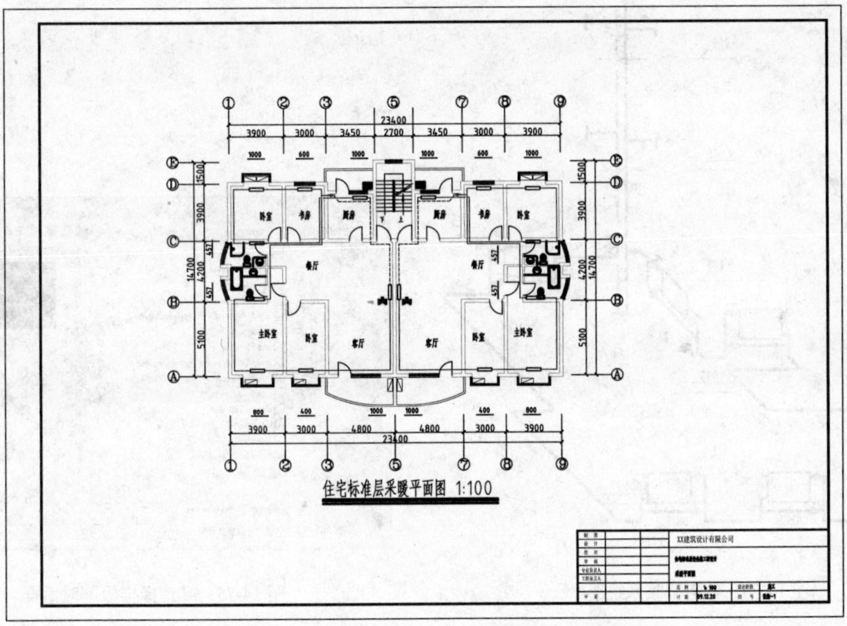

图 14-73　添加图名、比例、图框和标题栏

37 打印出图。图样调整完成后，单击 PLOT（打印）按钮，对打印文件进行设置，设置完成后，单击 PREVIEW（预览）按钮，如果效果合适，就可以开始打印了。

14.2.4 绘制某住宅采暖系统图

本节讲述某住宅采暖系统图的绘制方法和技巧，本节最终效果如图 14-74 所示。

课堂举例 14-4：绘制某住宅采暖系统图　视频\第 14 章\课堂举例 14-4.mp4

01 新建图形文件。启动 AutoCAD 2015 应用程序，单击快速访问工具栏中的 NEW（新建）按钮，打开“选择样板”对话框，选择“acadiso.dwt”选项，如图 14-75 所示，单击“打开”按钮，即可新建一个样板图形。

02 设置数字、角度单位和精度。在命令行中输入 UNITS（单位）命令并回车，打开“图形单位”对话框，设置参数如图 14-76 所示，单击“确定”按钮，完成图形单位的设置。

03 设置绘图范围。在命令行中输入 LIMITS（图形界限）命令并回车，设置绘图区域；然后执行 ZOOM（缩放）命令，完成观察范围的设置。其命令行提示如下：

```
命令: limits↙
重新设置模型空间界限:
指定左下角点或 [开(ON)/关(OFF)] <0.0000, 0.0000>:↙      //直接按回车键接受默认值
指定右上角点 <420.0000, 297.0000>: 18000, 16000↙      //输入右上角坐标“18000,
16000”后按回车键完成绘图范围的设置
```

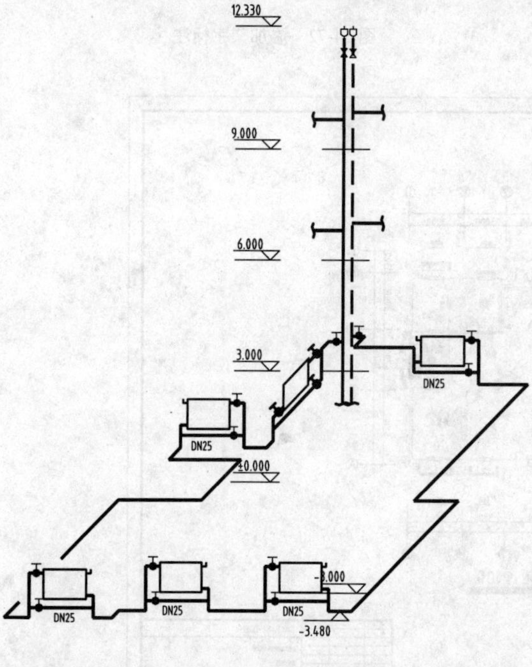

图 14-74　住宅采暖系统图

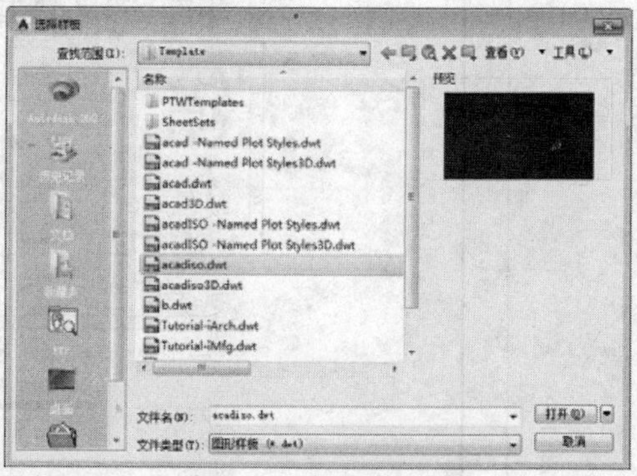

图 14-75　“选择样板”对话框

04 设置图层。单击“图层”面板中的 LAYER（图层特性）按钮，弹出“图层特性管理器”对话框，单击对话框中的“新建图层”按钮，创建采暖系统图所需要的图层，并为每一个图层定义名称、颜色、线型、线宽，设置好的图层效果如图 14-77 所示。

05 绘制采暖供水管道。将“采暖供水管线”图层置为当前层，单击“绘图”面板中的 PLINE（多段线）按钮，设置多段线宽为 60 和 30，绘制出采暖供水管道，完成效果如图 14-78 所示。

06 绘制采暖回水管道。将“采暖回水管线”图层置为当前层，单击“绘图”面板中的 PLINE（多段线）按钮，设置多段线宽为 60，绘制出采暖回水管线，完成效果如图 14-79 所示。

提示　采暖系统原理图不按比例和投影规则绘制，竖向管线用竖直直线表示，水平方向管线用水平直线

与水平直线成 45 度角的直线表示，用来表示建筑的一层。

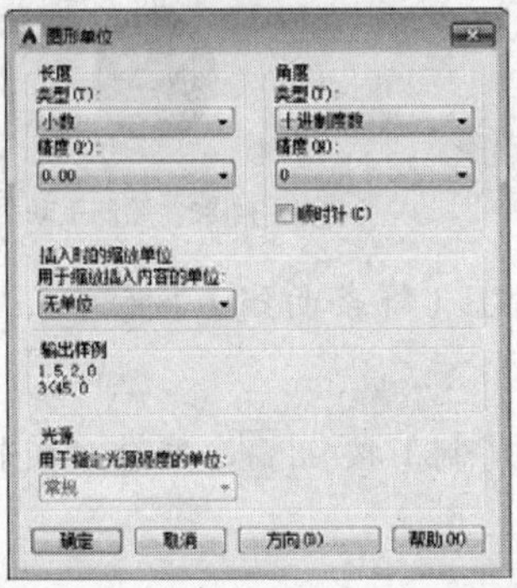

图 14-76 “图形单位”对话框

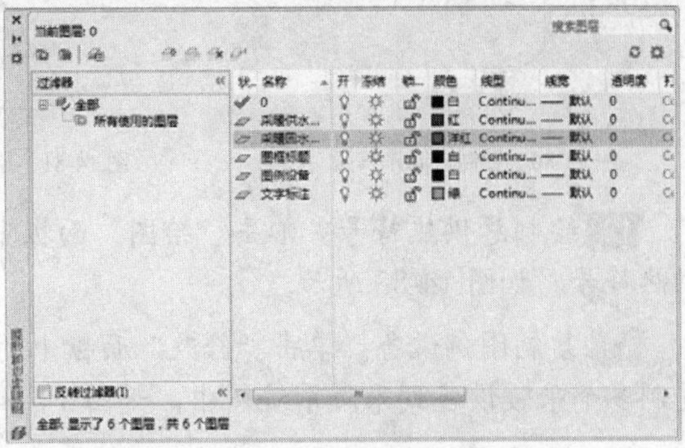

图 14-77 “图层特性管理器”对话框

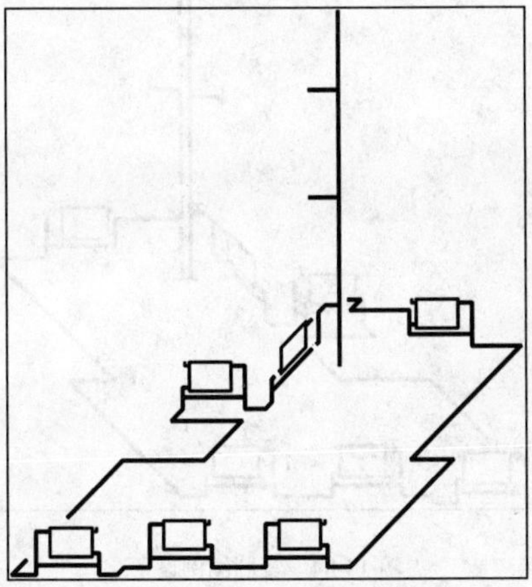

图 14-78 绘制采暖供水管道

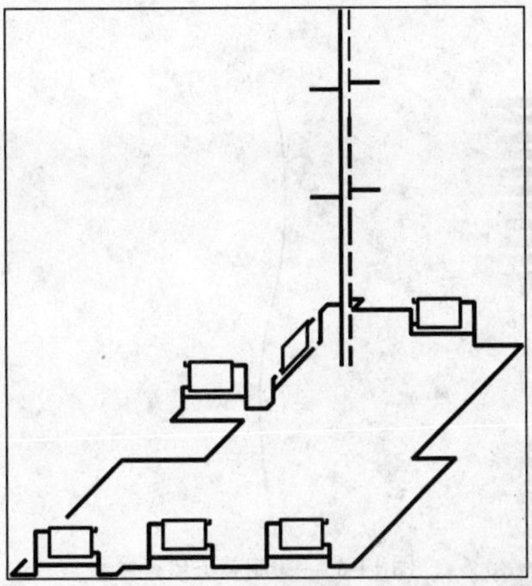

图 14-79 绘制回水管线

07 绘制自动排气阀。将“图例设备”图层置为当前层，单击“绘图”面板中的 RECTANG（矩形）按钮，绘制一个尺寸为 188 × 143 的矩形。

08 单击“绘图”面板中的 ARC（圆弧）按钮，绘制一个以矩形下边的两端作为圆弧端点、半径为 112 的圆弧。单击“修改”面板中的 TRIM（修剪）按钮，修剪多余线段。单击“绘图”面板中的 LINE（直线）按钮，配合“正交”功能，绘制自动排气阀的连接线，完成效果如图 14-80 所示。

09 绘制截止阀。单击“绘图”面板中的 RECTANG（矩形）按钮，绘制一个尺寸为 169 × 225 的矩形。单击“绘图”面板中的 LINE（直线）按钮，连接矩形的两条对角线。单击“修改”面板中的 TRIM（修剪）按钮，将矩形的左右两边进行修剪，完成效果如图 14-81 所示。

10 绘制手动排气阀。单击“绘图”面板中的 LINE（直线）按钮，绘制一条长 250 的水平直线，接着以所绘直线的中点为起点向下绘制一条长 250 的垂直线。单击“绘图”面板中的 CIRCLE（圆）按钮，以垂直线下端点为圆心，以 100 长为半径，绘制一个圆。

11 单击“绘图”面板中的 HATCH（图案填充）按钮，对圆进行图案填充，完成效果如图 14-82 所示。

图 14-80 绘制自动排气阀

图 14-81 绘制截止阀

图 14-82 绘制手动排气阀

12 绘制总供热符号。单击“绘图”面板中的 SPLINE（样条曲线）按钮，绘制出总供热符号，如图 14-83 所示。

13 复制图例设备。单击“修改”面板中的 COPY（复制）按钮，配合“旋转”功能，复制多个采暖设备到采暖系统图中，如图 14-84 所示。

图 14-83 绘制总供热符号

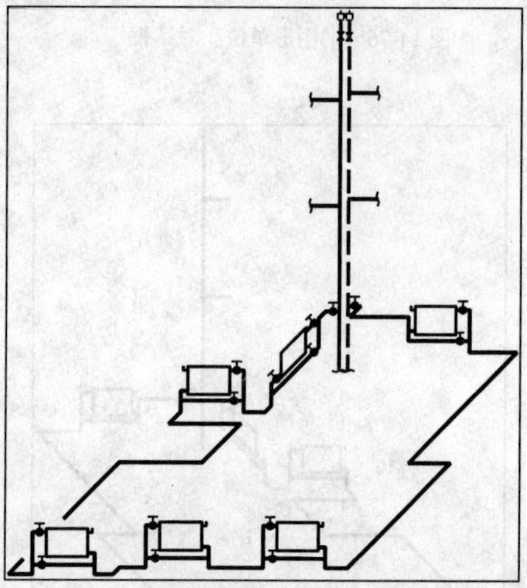
图 14-84 复制图例设备

14 添加标高。将“文字标注”图层置为当前层，单击“绘图”面板中的 LINE（直线）按钮，绘制一条水平层线；单击“修改”面板中的 OFFSET（偏移）按钮，生成多条层线。

15 单击“绘图”面板中的 LINE（直线）按钮，绘制出标高符号。单击“注释”面板中的 MTEXT（多行文字）按钮，绘制出标高数字。

16 单击“修改”面板中的 COPY（复制）按钮，复制出多个标高符号和数字。双击标高数字，在弹出的文本框中修改标高数字，标高完成效果如图 14-85 所示。

17 添加文字。单击“注释”面板中的 MTEXT（多行文字）按钮，配合“旋转”功能，绘制出管径标注文字，如图 14-86 所示。

18 添加图名。单击“注释”面板中的 MTEXT（多行文字）按钮，绘制出图名。单击“绘图”面板中的 PLINE（多段线）按钮，绘制出图名下方的下划线，如图 14-87 所示。

19 添加图框和标题栏。单击“绘图”面板中的 INSERT（插入块）按钮，插入事先绘制好的图框和标题栏，然后对标题栏中的内容进行修改，效果如图 14-88 所示。

20 打印出图。图样调整完成后，单击 PLOT（打印）按钮，对打印文件进行设置，设置完成后，单击 PREVIEW（预览）按钮，如果效果合适，就可以开始打印了。

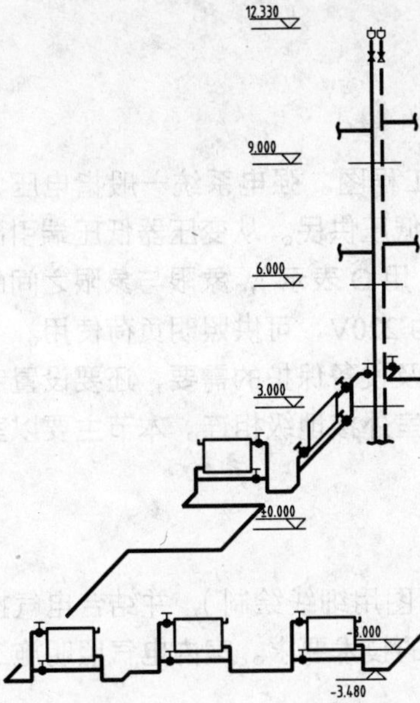

图 14-85　添加标高

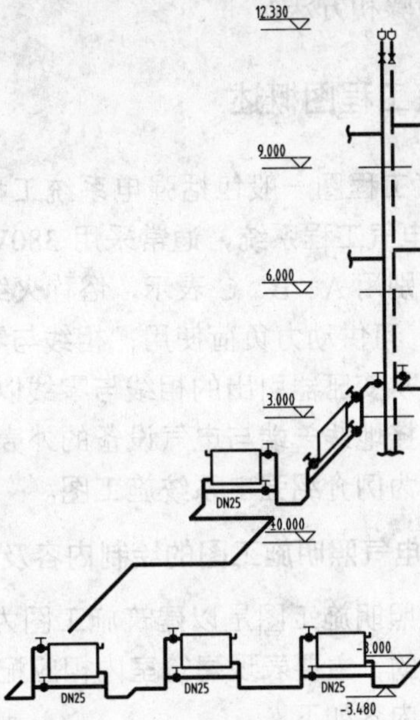

图 14-86　添加文字

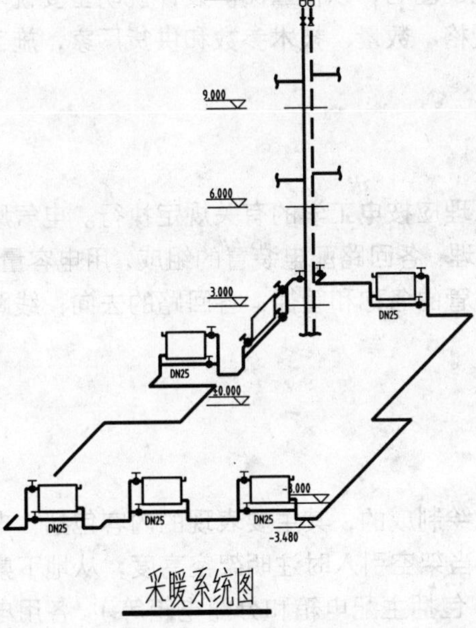

图 14-87　添加图名

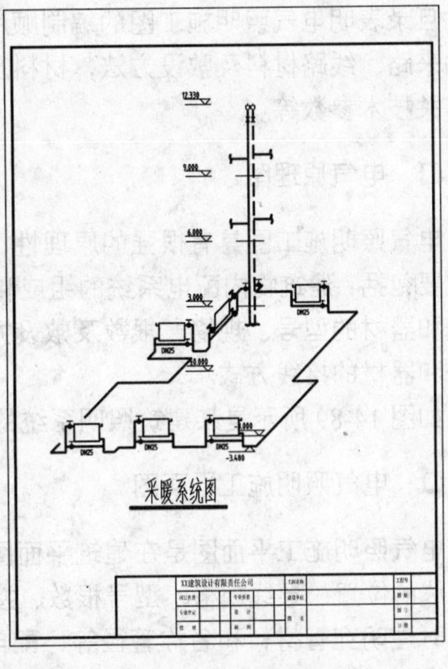

图 14-88　添加图框和标题栏

14.3 建筑电气工程图的绘制

现代建筑是由建筑、结构、采暖通风、给水排水和电气等有关工程所形成的综合体，电气工程为其中的一部分，要求与其他工程的紧密配合和协调一致，这样才能使建筑物的各项功能得到充分发挥。本节首先介绍建筑电气工程的基本知识，然后通过实例讲述建筑电气工程图的绘制步骤和方法。

14.3.1 电气工程图概述

建筑电气工程图一般包括强电系统工程图和弱电系统工程图。强电系统一般指电压为220V以上的电气工程系统，通常采用380V/220V三相四线低压供民。从变压器低压端引出三根相线（分别用A、B、C表示，俗称火线）和一根零线（用O表示），象限与象限之间的电压为380V，可供动力负荷使用；相线与零线之间的电压为220V，可供照明负荷使用。

除了上述从变压器引出的相线与零线以外，鉴于对电气及设备保护的需要，还要设置专用的接地线，接地线一端与电气设备的外壳相连，另一端与室外接地级相连。本节主要以室内照明施工图为例介绍强电系统施工图。

1. 室内电气照明施工图的绘制内容及要求

室内电气照明施工图是以建筑施工图为基础（建筑平面图用细线绘制），并结合电气接线原理而绘制的，主要表现建筑室内相应配套电气照明设施的技术要求。室内电气照明施工图主要包括的内容如下：

❑ 图样目录和设计说明

目录表明电气照明施工图的编制顺序及每张图的图名，以便查阅。设计说明主要说明电源的来路、线路材料及敷设方法，材料及设备的规格、数量、技术参数和供货厂家，施工中的有关技术参数等。

❑ 电气原理图

电气照明施工图具有很强的原理性，其接线原理应按电工学的有关规定执行。电气原理图主要包括：建筑物内配电系统的组成和连接的原理；各回路配电装置的组成，用电容量值；导线和器材的型号、规格、根数及敷设方法，传线管的名称和管径；各回路的去向；线路中设备和器材的接线方式。

如图14-89所示是某建筑照明系统的原理图。

❑ 电气照明施工平面图

电气照明施工平面图是在建筑平面图的基础上绘制成的，其主要表现的内容包括：电源进户线的位置、导线规格、型号根数、接入方法（当架空引入时注明架空高度，从地下敷设引入时注明穿管材料和名称管径等；配电箱位置（包括主配电箱和分配电箱等）；各用电器材及设备的平面位置、安装高度、安装方法和用电功率等；线路的敷设方法，传线器材的名称、管径，导线的名称、规格和根数，从各配电箱引出回路的编号；屋顶防雷平面图及室外接地平面图，还反映防雷带布置平面，选用材料、名称和规格，防雷引下方法，接地级材料、规格和安装要求等。

如图14-90所示是某酒店三层电气照明平面图。

❑ 电气安装大样图

电气安装大样图是表明电气工程中某一部位的具体安装节点详图或安装要求的图样，通常参见现有的安装手册，除特殊情况外，图样中一般不予画出。

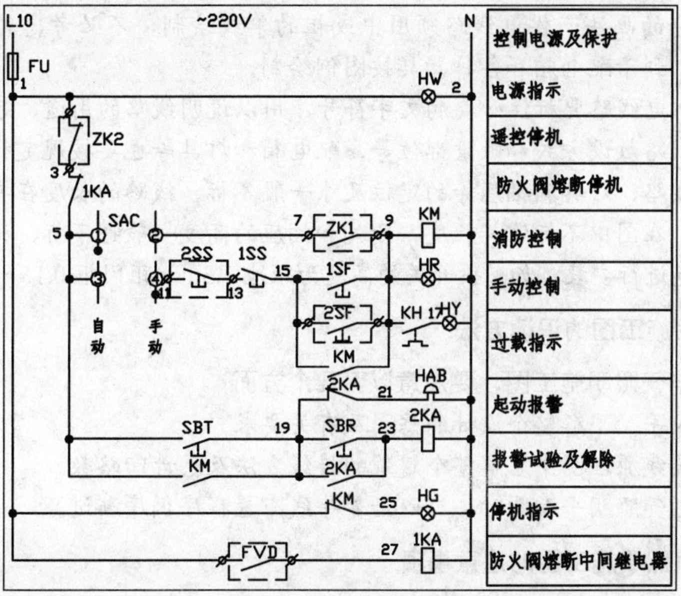

图 14-89　某建筑电气照明系统原理图

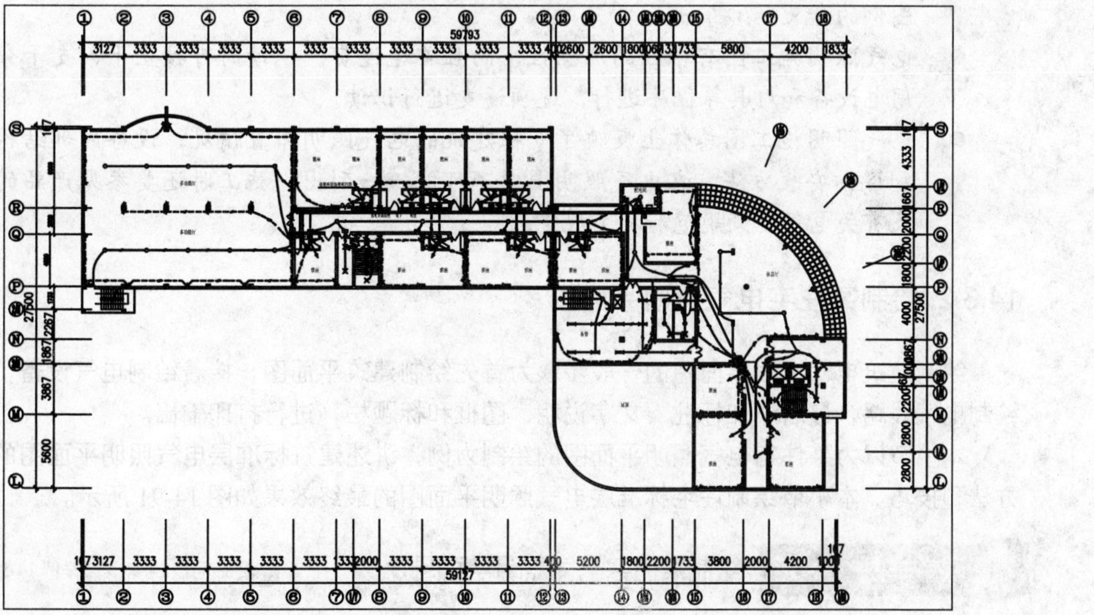

图 14-90　某酒店三层电气照明平面图

2. 室内电气照明施工图的有关规定

室内电气照明施工图是建筑电气图中最基本的图样之一，一般包括系统图、平面图和配电箱安装接线图等。室内电气照明施工图的有关规定包括如下：

- 比例：室内照明平面图一般与房屋的建筑平面图采用相同的比例。土建部分应完全按比例绘制，电气部分是采用图形符号绘制的，可不完全按比例绘制。

- 房屋平面图的画法：用细线画出房屋的墙身、柱、门窗洞和台阶等主要构配件，至于房屋的细部和门窗代号等均可省略，但要画出轴线，标注轴线间尺寸。
- 电气部分的画法：供电线路须用中或粗的单线绘制，不必考虑其可见性，一律画为实线。到于配电箱和各种器具按图例绘制。
- 标注：供电线路要标注必要的文字符号，用以说明线路的用途、导线型号、规格、根数、线路敷设方式和敷设部位等。配电箱和灯具等也要按规定标注或列表说明。但供电线路、灯具和插座等的定位尺寸一般不标。线路的长度在安装时以实测尺寸为依据，在图中不标注其长度。开关和插座的高度一般也不标，施工时按照施工及验收规范进行安装，如一般开关的高度为距地 1.3m，距门框 0.15 ~ 0.2m。

3. 电气照明施工图的识读方法

要正确识读电气照明施工图，要注意以下几个方面：

- 从设计入手，了解整个设计的意图及有关要求。
- 从电气接线原理图中了解整个建筑的接线方法及总计回路数。
- 在识读电气照明平面图时，可以沿着导线布置程序循序渐进。

4. 识读电气照明施工图的注意事项

在识读电气照明施工图时，应注意如下几点：

- 电气照明施工图中有较多的图例符号，在识读前必须首先弄懂这些符号、代号和图例的含义。
- 电气照明施工图有很强的原理性，而且首尾连贯。识读时可按主干、支干分支、用电设备和灯具等循序进行，逐项逐支进行识读。
- 电气照明施工图总体上反映了一栋建筑的电气照明布置情况、设备内部结构性能和详细安装方法，在电气照明图中不可能一一列出，施工时还要参见产品的说明及有关电气安装规范和相关规定。

14.3.2 绘制某住宅电气照明平面图

绘制建筑电气工程平面图的一般步骤为首先绘制建筑平面图，接着绘制电气设备，然后绘制电气线路，最后添加标注、文字说明、图框和标题栏，进行打印输出。

本小节以为某住宅电气照明平面图的绘制为例，讲述建筑标准层电气照明平面图的绘制方法和技巧。本小节绘制住宅标准层电气照明平面图的最终效果如图 14-91 所示。

课堂举例 14-5：绘制某住宅电气照明平面图 视频\第 14 章\课堂举例 14-5.mp4

01 新建图形文件。启动 AutoCAD 2015 应用程序，单击快速访问工具栏中的 NEW（新建）按钮，打开“选择样板”对话框，选择“acadiso.dwt”选项，如图 14-92 所示，单击“打开”按钮，即可新建一个样板图形。

02 设置数字、角度单位和精度。在命令行中输入 UNITS（单位）命令并回车，打开“图形单位”对话框，设置参数如图 14-93 所示，单击“确定”按钮，完成图形单位的设置。

03 设置绘图范围。在命令行中输入 LIMITS（图形界限）命令并回车，设置绘图区域；然后执行 ZOOM（缩放）命令，完成观察范围的设置。其命令行提示如下：

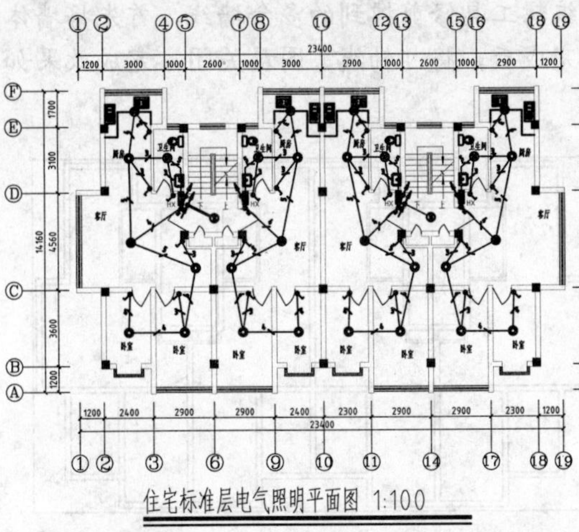

图 14-91　某住宅标准层电气照明平面图

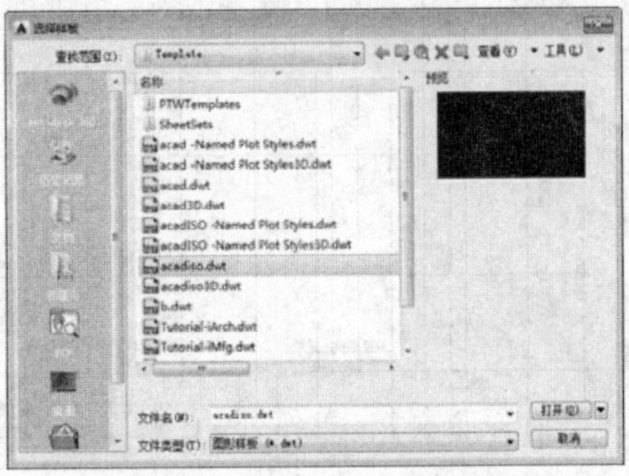

图 14-92　“选择样板”对话框

```
命令: limits↙
重新设置模型空间界限:
指定左下角点或 [开(ON)/关(OFF)] <0.0000, 0.0000>:↙      //直接按回车键接受默认值
指定右上角点 <420.0000, 297.0000>: 30000, 25000↙      //输入右上角坐标“30000, 25000”后按回车键完成绘图范围的设置
```

04 设置图层。单击“图层”面板中的 LAYER（图层特性）按钮，弹出“图层特性管理器”对话框，单击对话框中的“新建图层”按钮，创建电气照明平面图所需要的图层，并为每一个图层定义名称、颜色、线型、线宽，设置好的图层效果如图 14-94 所示。

05 绘制轴线网。将“轴线”图层置为当前层，单击“绘图”面板中的 LINE（直线）按钮，绘制水平和垂直两条基准轴线；单击“修改”面板中的 OFFSET（偏移）按钮，根据房间的开间和进深的尺寸生成轴线网；单击“修改”面板中的 TRIM（修剪）按钮，将一些短肢墙的轴线进行调整，完成效果与具体尺寸如图 14-95 所示。

06 绘制墙体。将“墙体”图层置为当前层，在命令行中输入 ML（多线）命令并回车，设置普通墙体宽度为 240，卫生间隔墙墙体宽度为 120，绘制出墙体，对于弧墙，首先绘制圆弧定位，向两侧偏移生成。

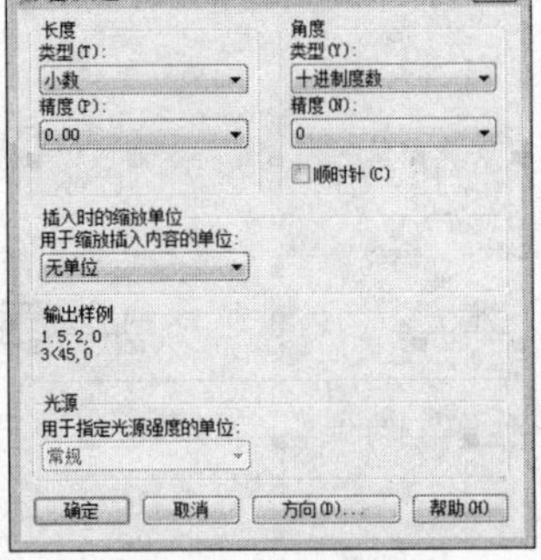

图 14-93　“图形单位”对话框

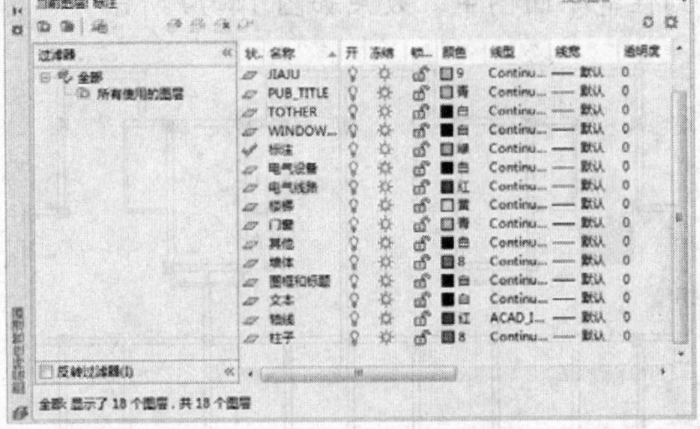

图 14-94　“图层特性管理器”对话框

07 在命令行中输入 MLEDIT（编辑多线）命令并回车，在弹出的“多线编辑工具”对

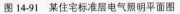

话框中选择适当的工具编辑墙体，对于不能使用编辑工具修剪掉到的多余墙线，首先将墙体进行分解，然后对多余墙线进行裁剪，墙体编辑完成后，将“轴线”图层关闭，完成效果如图 14-96 所示

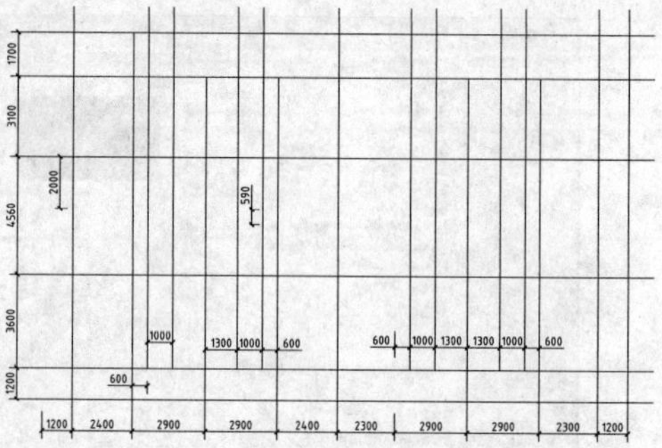

图 14-95　绘制轴线网

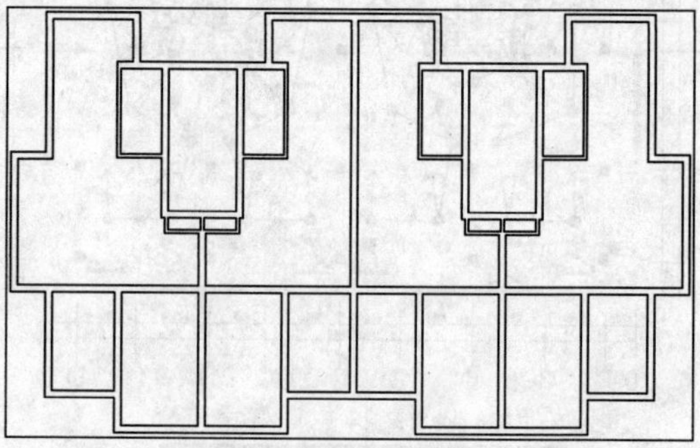

图 14-96　绘制墙体

08 绘制柱子。将“柱子”图层置为当前层，单击“绘图”面板中的 RECTANG（矩形）按钮，绘制一个尺寸为 400×400 的矩形。单击“绘图”面板中的 HATCAH（图案填充）按钮，对矩形进行图案填充。

09 单击“修改”面板中的 COPY（复制）按钮，配合“对象捕捉”功能，复制柱子到住宅平面图中，完成效果如图 14-97 所示。

10 绘制门窗洞口。将“墙体”图层置为当前层，单击“绘图”面板中的 LINE（直线）按钮，沿墙内角绘制水平和垂直辅助线。单击“修改”面板中的 OFFSET（偏移）按钮，生成门窗洞口的辅助线。

11 单击“修改”面板中的 TRIM（修剪）按钮，将门窗洞口处的墙线和辅助线进行修剪。单击“修改”面板中的 ERASE（删除）按钮，将多余的辅助线进行删除，如图 14-98 所示。

12 绘制门窗。将“门窗”图层置为当前层，单击“绘图”面板中的 LINE（直线）按钮和“修改”面板中的 OFFSET（偏移）按钮，绘制出窗户结构线。

13 单击“绘图”面板中的 LINE（直线）按钮和 ARC（圆弧）按钮，绘制出门的结构线。

14 单击“修改”面板中的 COPY（复制）按钮，配合“缩放和旋转”功能，复制门到住宅平面图中，效果如图 14-99 所示。

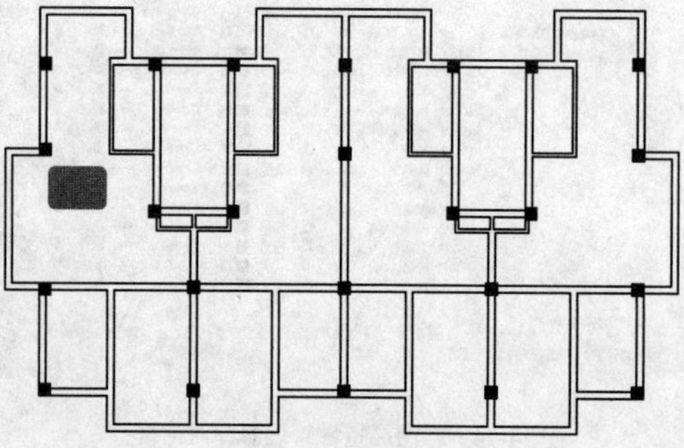

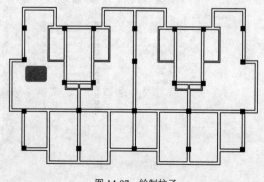

图 14-97　绘制柱子

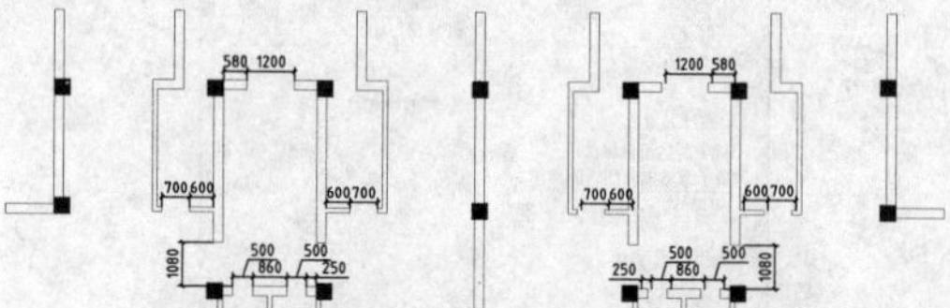

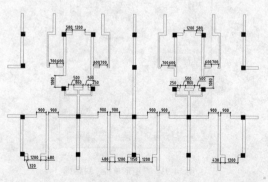

图 14-98　绘制门窗洞口

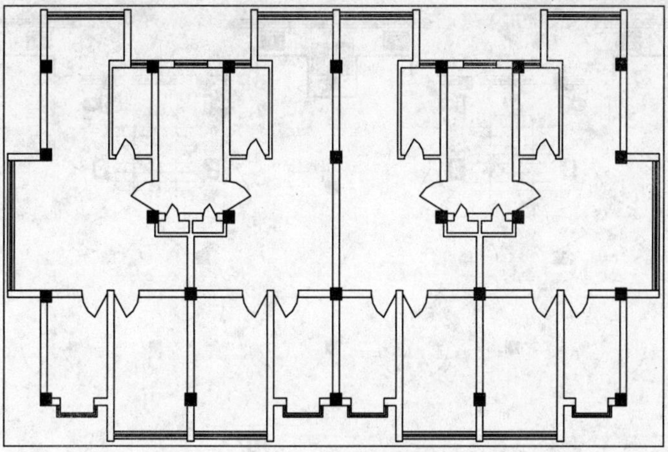

图 14-99　绘制门窗

15 绘制楼梯。将“楼梯”图层置为当前层，单击“绘图”面板中的 LINE（直线）按钮以及“修改”面板中的 OFFSET（偏移）按钮、TRIM（修剪）按钮和 EARSE（删除）按钮，绘制出楼梯平面效果。

16 单击 PLINE（多段线）按钮和 MTEXT（多行文字）按钮，绘制楼梯方向箭头和文字，如图 14-100 所示。

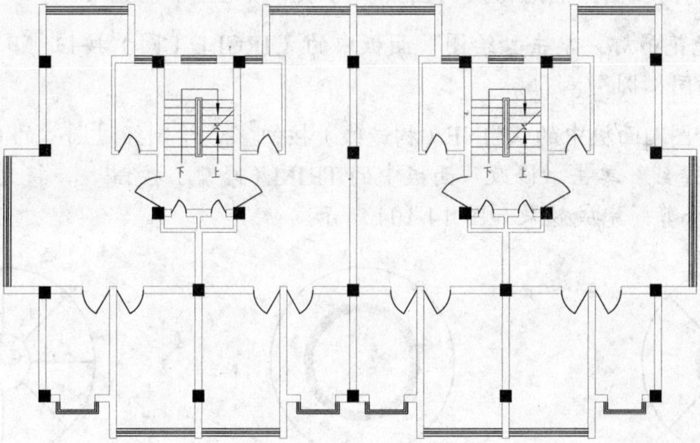

图 14-100　绘制楼梯

17 布置厨具和卫生洁具。将“其他”图层置为当前层，按下快捷键 Ctrl + 1，打开 AutoCAD 设计中心，调用设计中心中已有的厨具和卫生洁具图块到平面中。

18 单击“修改”面板中的 MOVE（移动）按钮，将厨具和卫生洁具摆放在合适位置；单击“绘图”面板中的 LINE（直线）按钮，添加灶台轮廓线，完成效果如图 14-101 所示。

19 绘制防水防尘灯。将“电气设备”图层置为当前层，单击“绘图”面板中的 CIRCLE（圆）按钮，绘制两个半径分别为 80 和 200 的同心圆。

20 单击“绘图”面板中的 XLINE（构造线）按钮，绘制一条 45° 角和 135° 角且经过圆心的斜向构造线。单击“修改”面板中的 TRIM（修剪）按钮，将大圆以外和小圆以内的构造线进行修剪。

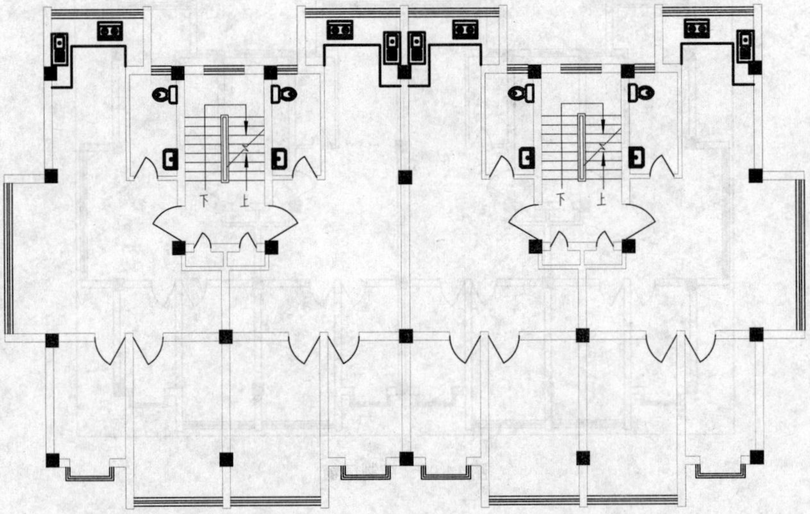

图 14-101 布置厨具和卫生洁具

21 单击“绘图”面板中的 HATCAH（图案填充）按钮，对小圆进行图案填充，完成效果如图 14-102 所示。

22 绘制转盘聚光灯。单击“绘图”面板中的 CIRCLE（圆）按钮，绘制两个半径分别为 116 和 200 的同心圆。然后修改内圆线宽为 16，如图 14-103 所示。

23 绘制荧光花吊灯。单击“绘图”面板中的 CIRCLE（圆）按钮，绘制两个半径分别为 60 和 200 的同心圆。

24 单击“绘图”面板中的 XLINE（构造线）按钮，绘制经过圆心的 0° 构造线、45° 构造线和 90° 构造线。单击“修改”面板中的 TRIM（修剪）按钮，将大圆以外和小圆以内的构造线进行修剪，完成效果如图 14-104 所示。

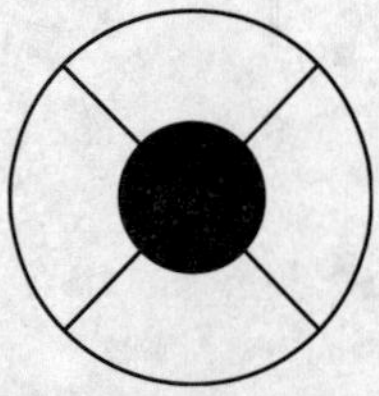

图 14-102 绘制防水防尘灯

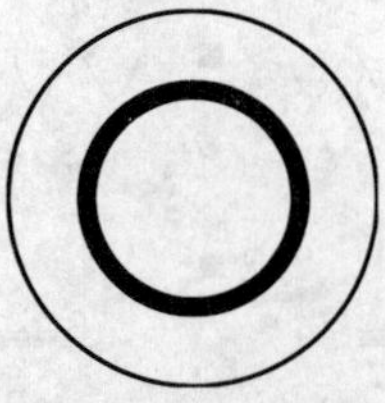

图 14-103 绘制转盘聚光灯

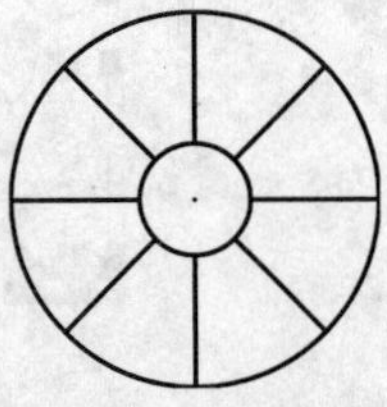

图 14-104 绘制荧光花吊灯

25 绘制搪瓷平盘灯。单击“绘图”面板中的 CIRCLE（圆）按钮，绘制一个半径为 200 的圆。单击“绘图”面板中的 MTEXT（多行文字）按钮，绘制搪瓷平盘灯编号，如图 14-105 所示。

26 绘制照明配电箱。单击“绘图”面板中的 RECTANG(矩形)按钮，绘制一个 240×600 的矩形，单击“绘图”面板中的 HATCH（图案填充）按钮，进行矩形进行图案填充，如图 14-106 所示。

27 绘制暗装单极开关。单击“绘图”面板中的 CIRCLE（圆）按钮，绘制一个半径为 83 的圆。单击“绘图”面板中的 HATCH（图案填充）按钮，对圆进行图案填充。

28 单击“绘图”面板中的 LINE（直线）按钮，绘制一条 80 的水平直线和一条 270

的垂直线。单击“修改”面板中的 ROTATE（旋转）按钮，将水平直线和垂直线顺时针方向旋转 45°。单击“修改”面板中的 MOVE（移动）按钮，将直线移到圆上一侧，如图 14-107 所示。

图 14-105　绘制搪瓷平盘灯

图 14-106　绘制照明配电箱

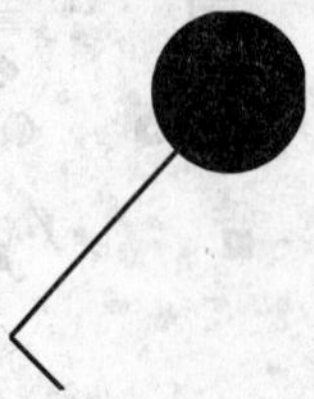

图 14-107　绘制暗装单极开关

提示　室内电气照明平面图的设备主要包括照明灯具、开关、配电箱和插座等。绘制电气照明平面图的关键是绘制电气设备和电路线，首先绘制出电气设备图例，通过复制功能将电气设备布置在电气照明平面图中，然后通过线路将其连接起来。

29 绘制暗装三极开关。绘制暗装三极开关和绘制暗装单极开关的方法相同，只是利用“偏移”功能增加两条直线，偏移距离为 64，完成效果如图 14-108 所示。

30 绘制引线标记。单击“绘图”面板中的 CIRCLE（圆）按钮，绘制一个半径为 82 的圆。单击“绘图”面板中的 PLINE（多段线）按钮，绘制一个箭头。

31 单击“修改”面板中的 ROTATE（旋转）按钮和 COPY（复制）按钮，复制一个箭头到引线标记适当位置，完成如图 14-109 所示

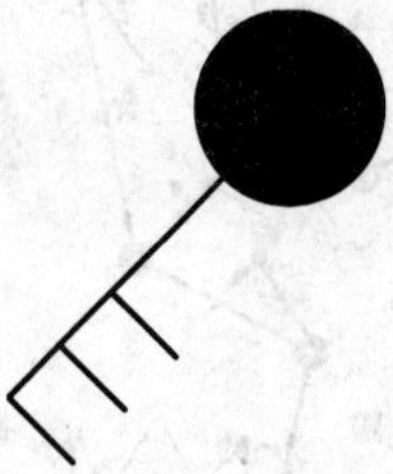

图 14-108　绘制暗装三极开关

图 14-109　绘制引线标记

32 复制电气设备。单击“修改”面板中的 COPY（复制）按钮，复制多个电气设备到电气照明平面图中，完成效果如图 14-110 所示。

33 绘制电器线路和导线。将“电气线路”图层置为当前层，单击“绘图”面板中的 PLINE（多段线）按钮，设置多段线宽为 50，绘制出电器线路。

34 单击“绘图”面板中的 LINE（直线）按钮，绘制一条长 340 的水平直线。单击“注释”面板中的 MTEXT（多行文字）按钮，绘制出导线根数文字。

35 单击“修改”面板中的 COPY（复制）按钮，配合“旋转”功能，复制出导线和数字。双击数字对数字内容进行修改，完成效果如图 14-111 所示。

36 添加尺寸标注。将“标注”图层置为当前层，并将“轴线”显示出来；单击 DIMSTYLE（标注样式）按钮，在弹出的“标注样式管理器”对话框中，修改标注样式。

37 单击 DIMLINEAR（线性）按钮和 DIMCONTINUE（连续）按钮 连续，标注两

道尺寸线。标注完成后，将“轴线”隐藏，完成效果如图 14-112 所示。

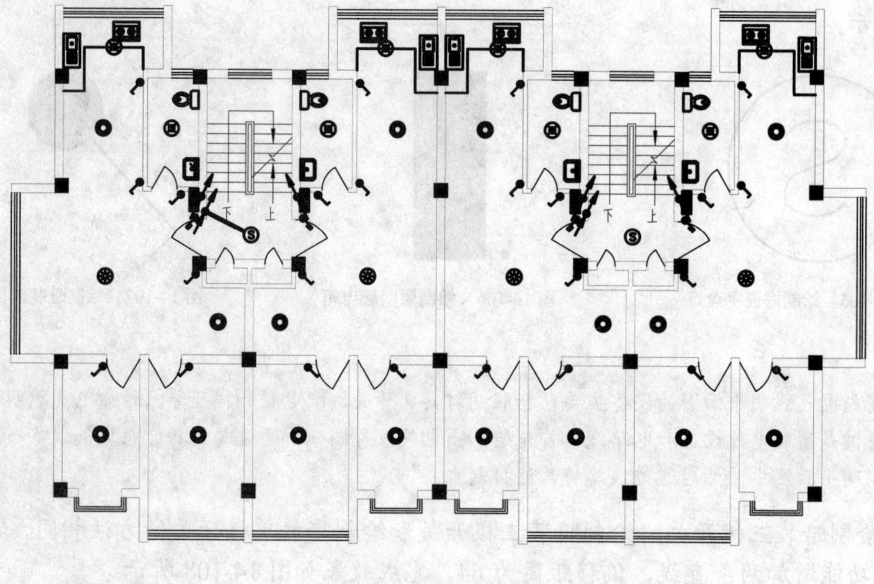

图 14-110　复制电气设备

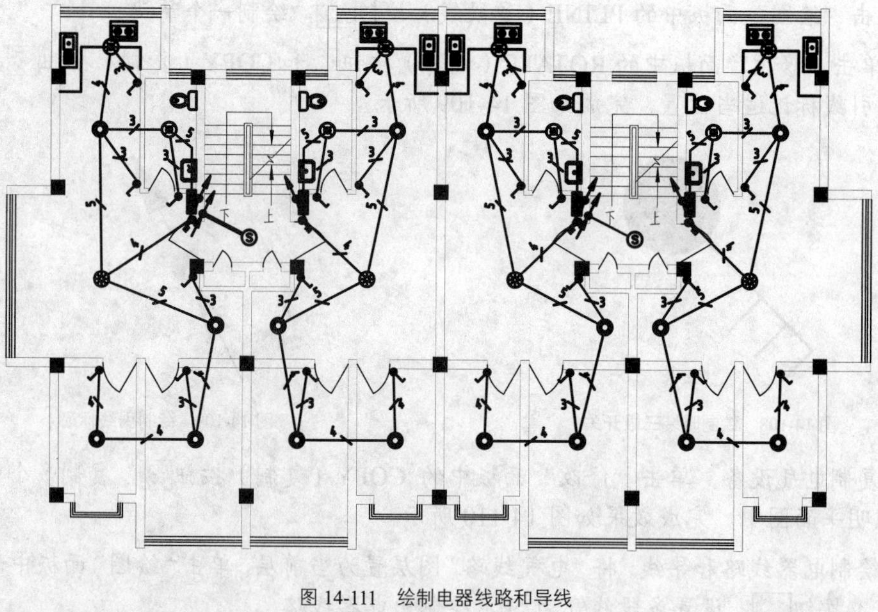

图 14-111　绘制电器线路和导线

38 添加轴号标注。单击“绘图”面板中的 LINE（直线）按钮、CIRCLE（圆）按钮和 MTEXT（多行文字）按钮，绘制轴线引线和轴线编号。

39 单击“修改”面板中的 COPY（复制）按钮，复制轴线编号，并对文字进行修改，完成效果如图 14-113 所示。

40 添加文字标注、图名和比例。单击“注释”面板中的 MTEXT（多行文字）按钮，添加说明文字、房间名称文字、图名和比例。

41 单击“绘图”面板中的 PLINE（多段线）按钮和“修改”面板中的 OFFSET（偏

移）按钮，绘制图名和比例下方的下划线；单击“修改”面板中的 EXPLODE（分解）按钮，将最下方的一条多段线进行分解，完成效果如图 14-114 所示。

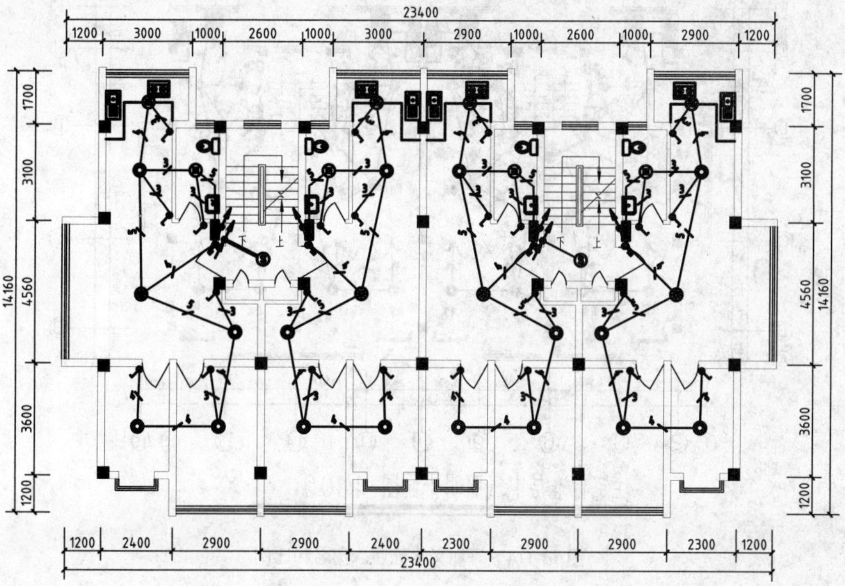

图 14-112　添加尺寸标注

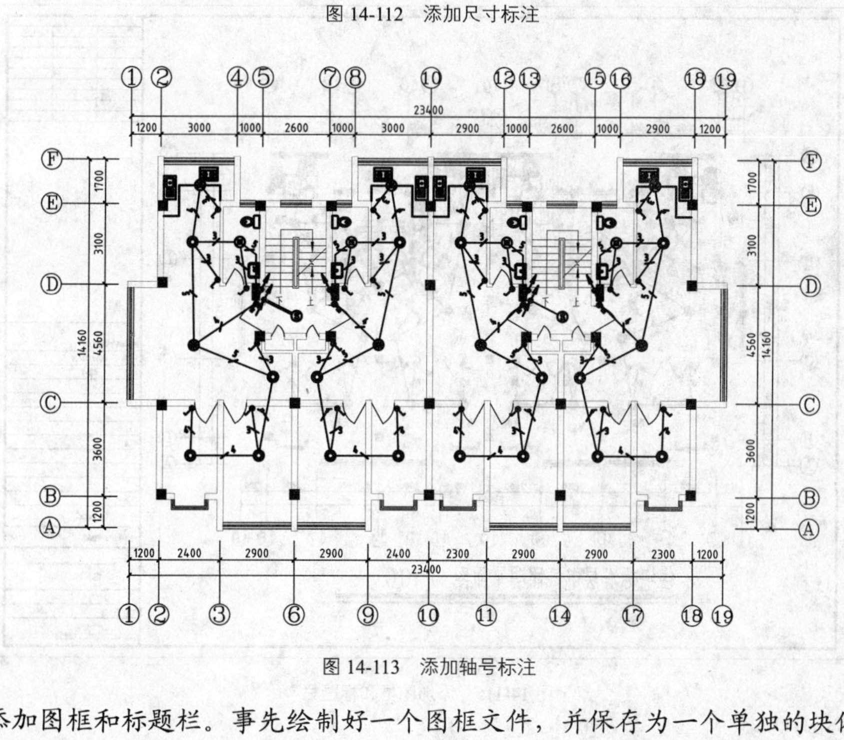

图 14-113　添加轴号标注

42 添加图框和标题栏。事先绘制好一个图框文件，并保存为一个单独的块体文件。单击“绘图”面板中的 INSERT（插入块）按钮，插入图框和标题栏。

43 单击“修改”面板中的 EXPLODE（分解）按钮，将标题栏进行分解，并修改标题栏中文字的内容，完成效果如图 14-115 所示。

44 打印出图。图纸调整完成后，单击 PLOT（打印）按钮，对打印文件进行设置，设置完成后，单击 PREVIEW（预览）按钮，如果效果合适，就可以开始打印了。

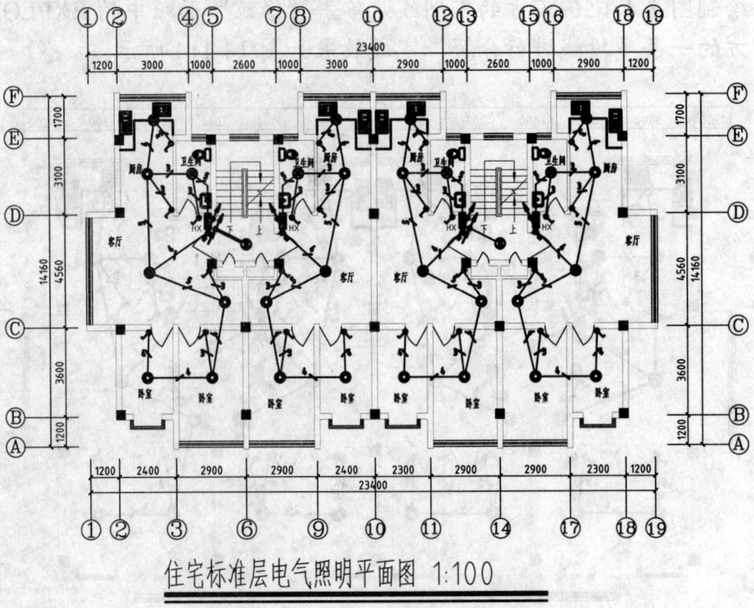

图 14-114　添加文字标注、图名和比例

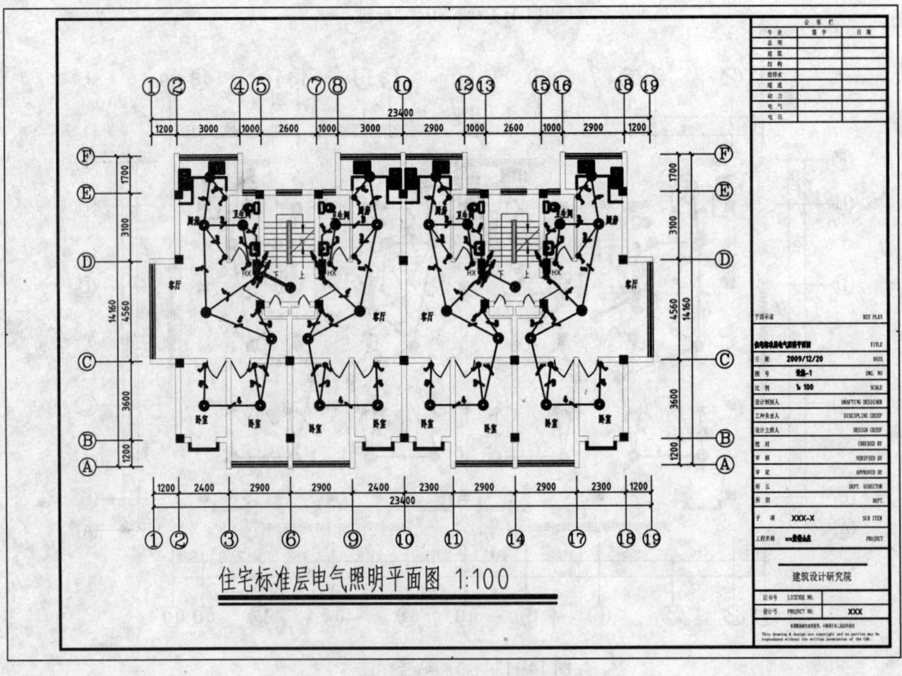

图 14-115　添加图框和标题栏

第15章 建筑装饰工程图的绘制

本章导读

随着生活水平的不断提高，人们对室内空间环境的要求也越来越高，装饰装修在建筑工程设计当中占据重要的地位，一些高级的旅馆等重要建筑工程项目，其建筑装饰工程费用占总投资的一半以上。

本章首先介绍了装饰工程图的基本知识，然后通过具体的实例讲述绘制装饰工程图的绘制流程，使用户能够掌握建筑装饰工程图的绘制方法以及相关技巧。

本章重点

- 装饰工程图的概念
- 装饰工程图的绘制内容
- 平面图的图示方法和内容
- 立面图的图示方法和内容
- 装饰装修剖面图与节点详图
- 室内主要家具的绘制
- 绘制某家装平面图
- 绘制顶棚装修平面图
- 绘制客厅立面及详图

15.1 装饰工程图概述

装饰设计是建筑设计的重要组成部分，装饰工程图是建筑设计中的主要图样。本节主要介绍装饰工程图的基本知识。

15.1.1 装饰工程图的概念

装饰工程图是在建筑工程图的基础上，结合环境艺术设计的要求，更详细地表达建筑空间的装饰装修做法及整体效果，它既反映了墙、地、顶棚 3 个界面的装饰结构、造型处理和装修做法，又图示了家具、织物、陈设、绿化等的布置。

建筑装饰图按表现的方法不同，可分为建筑装饰工程图和透视效果图。建筑装饰工程图用作施工依据，透视效果图用作方案推敲和装饰效果评估。

15.1.2 装饰工程图的绘制内容

装饰工程图是以透视效果图为主要依据，采用正投影法反映建筑的结构造型，各装修部位的尺寸，所用材料的名称、规格、颜色、工艺做法，以及反映家具、陈设和绿化等布置内容。

装饰工程图与建筑工程图的图示方法、尺寸标注和图例代号等基本相同，因此其制图与表达也应遵守《建筑制图统一标准》(GB/T50001—2010) 和《房屋建筑 CAD 制图统一规则》等国家标准的规定。装饰工程图是在建筑工程图的基础上，结合环境艺术设计的要求，更详细地表达建筑空间的装饰装修做法及整体效果。

装饰工程图一般包括平面布置图、顶棚布置图、装修立面图、剖面图和节点详图等，完整的装修图还包括封面、目录和设计说明等。如表 15-1 所示为某住宅装饰施工图目录。

表 15-1　某住宅装饰施工图目录

序 号	工 程 内 容	序 号	工 程 内 容
一	平面图	三	详图（大样、构造剖视图）
1	平面布置图	9	顶棚详图
2	地面铺地图	10	电视背景墙详图
3	顶棚平面图	11	床头墙面详图
二	立面图	12	门窗详图
4	客厅立面图	13	装饰柜详图
5	餐厅立面图	14	客厅电视柜详图
6	卧室立面图	15	餐厅酒水柜详图
7	厨房立面图	16	衣柜详图
8	卫生间立面图	17	厨房操作台详图

绘制装饰工程图包括两个阶段，首先是方案阶段，即根据有关设计原理和规范要求，绘

制出平面布置图、顶棚平面图、立面图等形式将设计构思表达出来。然后进入装饰施工图阶段，施工图的任务是将已通过的方案设计准确、详尽地表达出来（即各装饰部位的图样，尺寸标注，材料的名称、规格、颜色和工艺做法等）。

15.1.3 平面图的图示方法和内容

在装饰工程图中，平面图包括平面布置图和顶棚装修平面图等，接下来对其图示方法和内容进行分别介绍。

1. 平面布置图

平面布置图主要用于表达结构的平面布置、具体形状和尺寸，表明饰面材料和工艺要求等。

平面布置图是假想用一水平的剖切平面，沿着需装修房间的门窗洞口作水平剖切，移去上面的部分，对剩余的部分所作的水平正投影图，如图 15-1 所示。它与建筑平面图的形成及表达的内容基本相同，所不同的是增加了装修和陈设的内容。

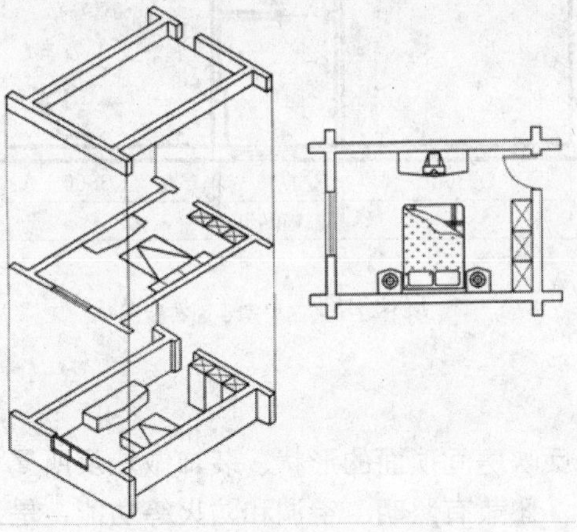

图 15-1 室内平面图的形成

平面布置图的常用比例是 1:50 和 1:100，如果图中有台阶、造型、架空和沟坑等可增加剖面详图。剖切到的墙和柱用粗实线表示，其他内容均用细实线表示。

平面布置图要表达的具体内容主要包括如下：

- 建筑主体结构（如墙、柱、台阶、楼梯和门窗等）的平面布置和具体形状等。
- 室内家具、设备、陈设、织物和绿化的摆放位置及说明。
- 尺寸标注。尺寸标注主要有 3 种：建筑结构体的尺寸、装饰布局和装饰结构的尺寸、家具和设备等的尺寸。
- 表明门窗的开启方向及尺寸。有关门窗的造型、做法不在装修布置图中反映，而由详图表达。
- 地面饰面材料的名称、规格和拼花形状等。
- 文字说明。装饰材料的铺设工艺要求等。

在平面图中，地坪高差以标高符号注明。地坪面层装饰的做法一般可在平面图中用图形和文字表示，为了使地面装修用材更加清晰明确，画施工图时也可单独绘制一张地面铺装平面图，也称铺地图，在图中详细注明地面所用材料品种、规格、色彩。对于有特殊造型或图形复杂而有需要时，可绘制地面局部详图。

如图 15-2 所示为某三居室平面布置图。

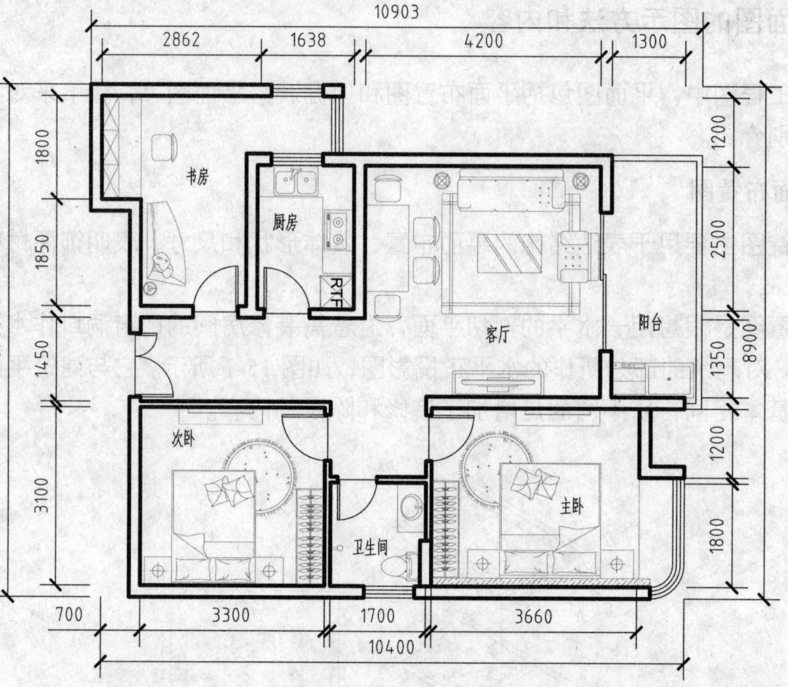

图 15-2　某三居室平面布置图

2. 顶棚装修平面图

顶棚装修平面图用于反映房间顶面的形状、装饰做法及所属设备的位置和尺寸等内容，除了起装饰造型的作用外，还兼有照明、空调和防火等功能，是装饰处理的重要部分。其施工图有顶棚平面图、节点详图和特殊装饰构件详图等。

顶棚装修平面图是用一个假想的水平剖切平面，沿着需要装修房间的门窗洞口处作水平剖切，移去下面部分，对剩余部分所做的镜像投影，即为顶棚平面图，如图 15-3 所示。其中镜像投影是镜面中反射图像的正投影图。顶棚平面图一般不画为仰视图。顶棚平面图的常用比例是 1:50 和 1:100，节点详图一般为剖面详图，用来表示一些较为复杂、特殊的部位（如藻井和灯槽等），比例一般为 1:10 或 1:20。

顶棚装修平面图要表达的具体内容主要包括如下：

- 主体结构的墙体（门窗洞一般可以不表示）形状及位置。
- 灯具灯饰类型、规格说明和定位尺寸。
- 各种设施（空调风口及消防报警等设备）外露件的规格和定位尺寸。
- 藻井、叠级（凸进或凹进）和装饰线等造型的定形和定位尺寸。
- 节点详图标注（如剖面符号和详图索引等）。
- 文字说明（如饰面材料的名称和做法等）。

如图 15-4 所示为某小户型顶棚装修平面图。

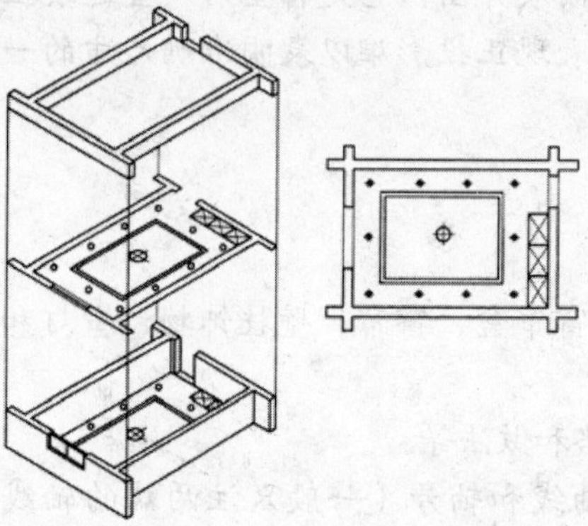

图 15-3　顶棚图的形成

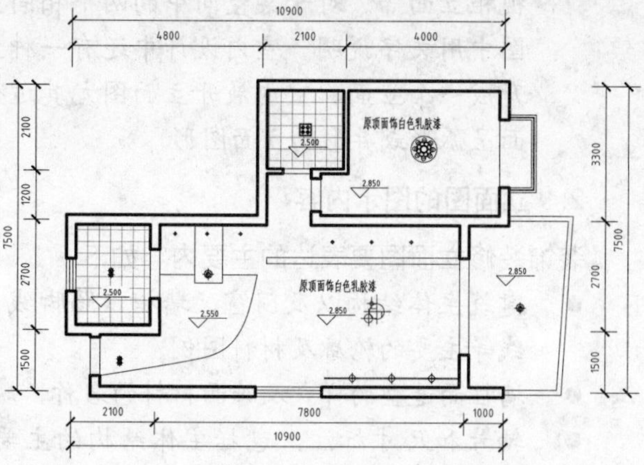

图 15-4　某小户型顶棚装修平面图

15.1.4 立面图的图示方法和内容

装饰装修立面图是反映建筑房间内部高度方向上的图样，表达结构立面方向的具体形状尺寸等。

1. 立面图的图示方法

将建筑物装修的外观墙面或内部墙面向铅直的投影面所作的正投影图就是装修立面图，如图 15-5 所示为室内某一方向的立面图。

装修立面图主要用于表达铅垂面的造型及用料做法，图上主要反映墙面的装饰造型、饰面处理以及剖切到顶棚的断面形状、投影到的灯具或风管等。除了墙柱面装修立面图外，通常还需要剖面详图。其中立面图的比例一般为 1:30～1:60，剖面详图为 1:10～1:30。

在建筑设计中室内的立面主要通过剖面来表示，建筑设计的剖面可以表明总楼层的剖面和室内部分立面图的状况，并侧重表现出剖切位置上的空间状态、结构形式、构造方法及施工工艺等。而装饰设计中的立面图则要表现室内某一房间或某一空间中各界面的装饰内容以及与各界面有关的物体。在装饰立面图中应表明：

- 立面的宽度和高度。
- 立面上的装饰物体或装饰造型的名称、内容、大小、做法等。
- 需要放大的局部和剖面的符号等。立面图的图名标注位置和方法同平面图、顶棚图一样。

另外，建筑设计图中的立面方向是指投影位置的方向，而装饰设计中的立面是指立面所在位置的方向，在识图和绘图时务必注意。

在装饰图样中，同一立面可有多种不同的表达方式，各个设计单位可根据自身作图习惯及图样的要求来选择，但在同一套图样中，通常只采用一种表达方式。在立面的表达方式上，目前常用的主要有以下三种：

- 在装饰平面图中标出立面索引符号，用 A、B、C、D 等指示符号来表示立面的指示方向。
- 在平面设计图中标出指北针，按东西南北方向指示各立面。
- 对于局部立面的表达，也可直接使用此物体或方位的名称，如屏风立面、客厅电视柜立面等。对于某空间中的两个相同立面，一般只要画出一个立面，但需要在图中用文字说明。室内设计中还有一种立面展开图，它是将室内一些连续立面展开成一个立面，室内展开立面图尤其适合表现正投影难以表明准确尺寸的一些平面呈弧形或异形的立面图形。

2. 立面图的图示内容

装饰装修立面图要表达的主要内容如下：

- 建筑主体结构以及门窗、墙裙、踢脚线、窗帘盒、窗帘、壁挂饰物、壁灯和装饰线等主要的轮廓及材料图例。
- 墙柱面造型的样式及饰面材料的名称、规格和做法等。
- 轴号和尺寸标注：包括主体结构的主要轴线和轴号（一般只注两端的轴线和轴号），立面造型尺寸，顶棚面距地面的标高及其叠级（凸进或凹进）造型的相关尺寸，各种饰物（如壁灯和壁柱等）及其他设备的定位尺寸等。
- 门窗的位置和形式。
- 墙面与顶棚面相交处的收边做法。
- 固定家具在墙面中的位置、立面形式和主要尺寸。
- 详图索引和剖切符号等标注。
- 文字说明。

如图 15-6 所示为某两居室卧室装修立面图。

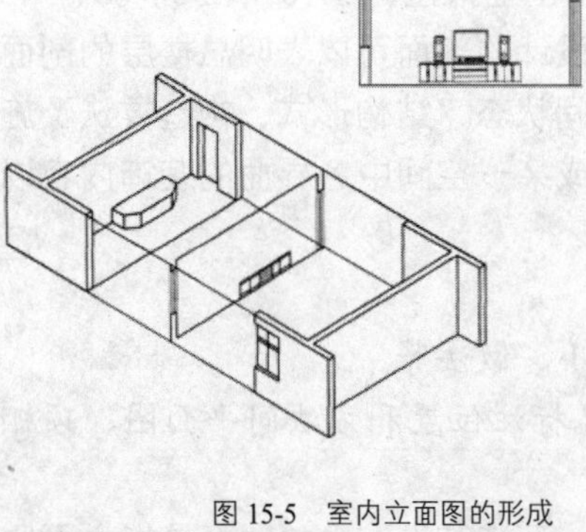

图 15-5　室内立面图的形成

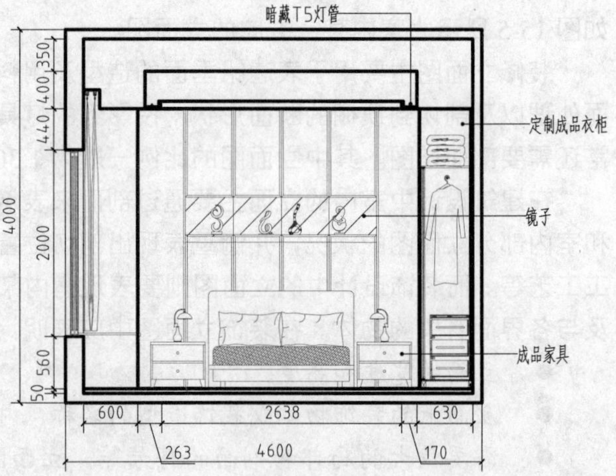

图 15-6　某两居室卧室立面图

15.1.5 装饰装修剖面图与节点详图

因为装饰施工的工艺要求较为精细，节点和装饰构件详图是不可缺少的图样。虽然在标准图集中也有较常用的装饰详图做法可以套用，但由于装饰材料及工艺做法等不断更新，尤其是构思的不断创新，更需要用详图来表现。其形式有剖面图、断面图和局部放大图等。

1. 剖面图与节点详图的图示方法

装饰剖面图是将装饰面（或装饰体）整体剖开（或局部剖开）后，得到的反映内部装饰结构与饰面材料之间关系的正投影图。一般采用 1:10 ~ 1:50 的比例绘制；节点详图是前面所述各种图样中不尽详细表达之处，用较大比例绘出的用于施工的图样。如图 15-7 所示为室内书桌详图。

2．剖面图与节点详图的图示内容

装饰剖面图与节点详图要表达的主要内容如下：

- 顶棚、墙柱面、地面、门面和橱窗等造型较为复杂部位的形状尺寸、材料名称、材料规格和工艺做法等。
- 现场制作的家具和装饰构件等。
- 特殊的工艺处理方式（收口做法）。
- 详细的尺寸标注。
- 其他文字说明等。

15.2 室内主要家具的绘制

室内家具的布置是装饰工程设计的主要内容，家具设计的合理与美观直接影响到设计成果的好坏。本节主要介绍室内主要家具的绘制方法和技巧。

15.2.1 绘制双人床和床头柜

双人床是摆放在卧室的基本家具，它的摆放必须满足休息和睡眠的要求。另外，卧室还必须符合休闲、工作、梳妆和卫生保键等需求，因此双人床的摆放必须合理利用空间。本实例的最终效果如图 15-8 所示。

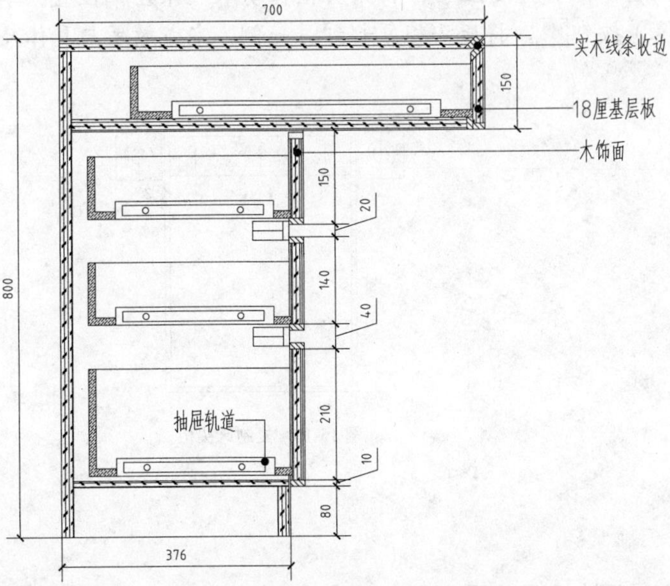

图 15-7　书桌详图

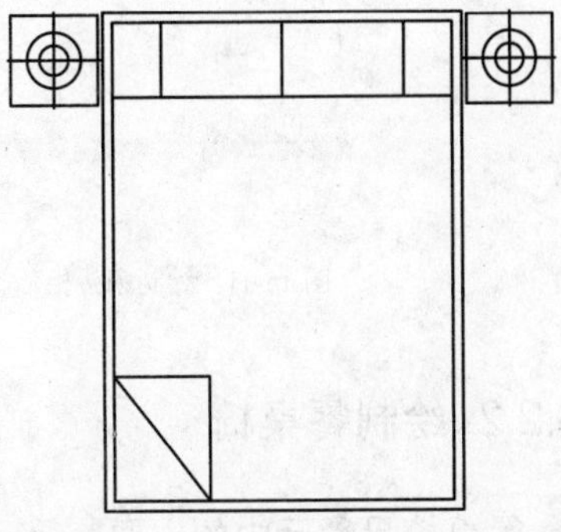

图 15-8　双人床

课堂举例 15-1：绘制双人床和床头柜

视频\第 15 章\课堂举例 15-1.mp4

01 绘制双人床基本形状。单击“绘图”面板中的 RECTANG（矩形）按钮，绘制双人床的外轮廓线；单击“修改”面板中的 OFFSET（偏移）按钮，设置偏移距离为 40mm，向矩形向内偏移，完成效果与具体尺寸如图 15-9 所示。

02 绘制床上用品。单击“修改”面板中的 EXPLODE（分解）按钮，将内矩形进行分解。单击“修改”面板中 OFFSET（偏移）按钮，生成床上用品的辅助线。单击“绘图”面板中的 LINE（直线）按钮，绘制一条斜线。单击“修改”面板中的 TRIM（修剪）按钮，将辅助线进行修剪，完成效果与具体尺寸如图 15-10 所示。

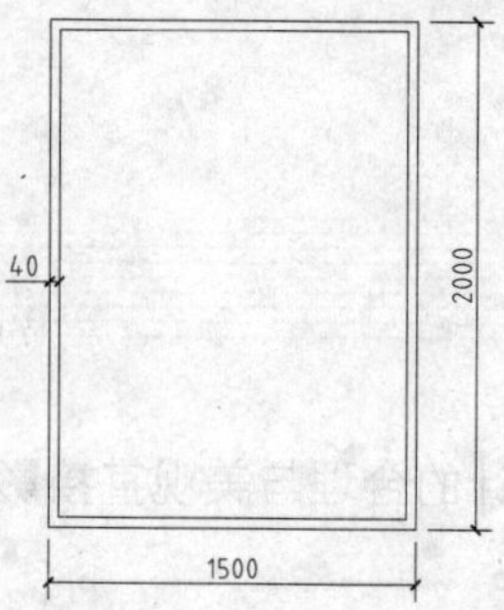

图 15-9　绘制双人床的基本形状

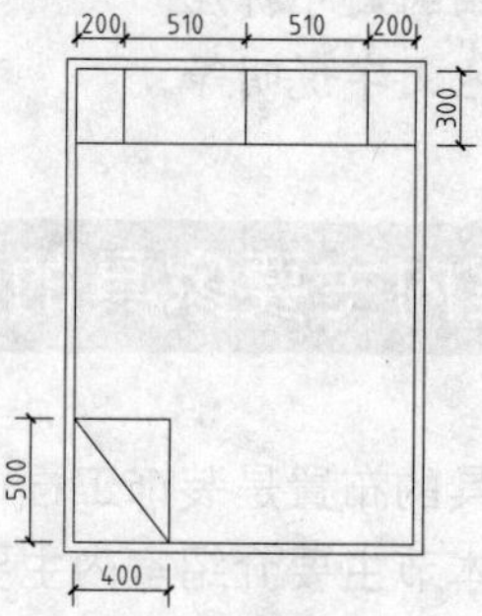

图 15-10　绘制床上用品

03 绘制床头柜。单击“绘图”面板中的 RECTANG（矩形）按钮，绘制出床头柜的轮廓线。单击“绘图”面板中的 LINE（直线）按钮，绘制矩形的水平和垂直分界线。单击“修改”面板中的 LENGTHEN（拉长）按钮，设置拉长距离为 10，将直线向两侧拉长。单击“绘图”面板中的 CIRCLE（圆）按钮，绘制出两个同心圆，如图 15-11 所示。

04 单击“修改”面板中的 MOVE（移动）按钮，将床头柜移动双人床左侧位置。单击“修改”面板中的 MIRROR（镜像）按钮，将床头柜复制到另一侧，完成效果与具体尺寸如图 15-12 所示。

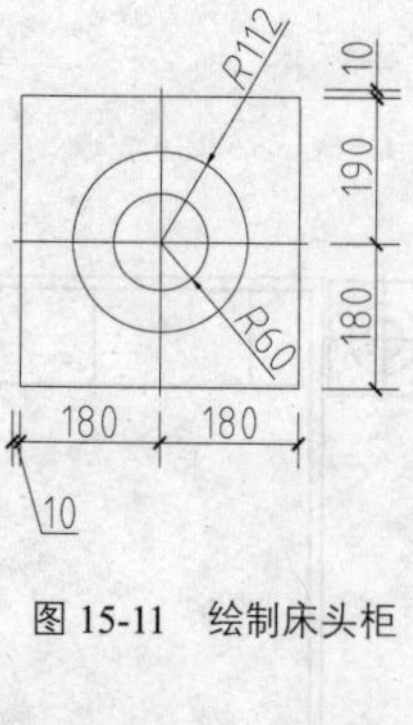

图 15-11　绘制床头柜

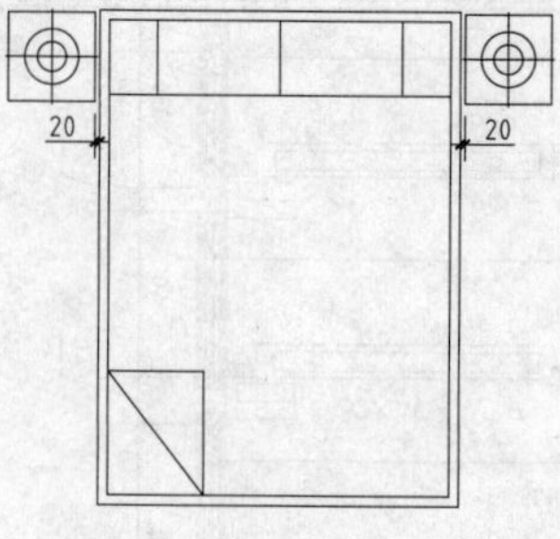

图 15-12　复制床头柜

15.2.2 绘制餐桌椅

餐桌椅是餐厅中的主要家具，而餐厅在家居生活中占有重要的地位。因此，营造一个温馨的用餐环境是十分重要的。本小节绘制餐桌椅平面的最终效果如图 15-13 所示。

课堂举例 15-2：绘制餐桌椅

视频\第 15 章\课堂举例 15-2.mp4

01 单击“绘图”面板中的 CIRCLE（圆）按钮，绘制出餐桌平面，如图 15-14 所示。

02 绘制椅子平板。单击“绘图”面板中的 RECTANG（矩形）按钮，绘制一个尺寸为 450×360 的矩形，单击“修改”面板中的 FILLET（圆角）按钮，将矩形作倒角处理，如图 15-15 所示。

图 15-13　餐桌椅平面

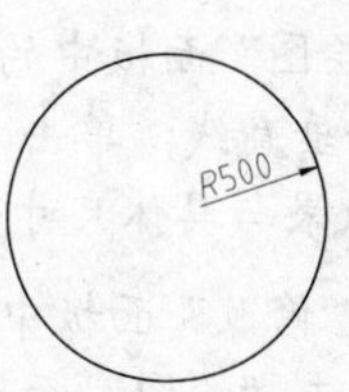

图 15-14　绘制餐桌平面

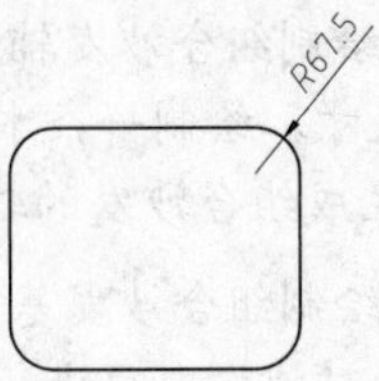

图 15-15　绘制椅子平板

03 绘制椅子靠背。单击“绘图”面板中的 LINE（直线）按钮，沿椅子左下侧绘制垂直辅助线和水平辅助线。单击“修改”面板中的 OFFSET（偏移）按钮，生成椅子靠背的辅助线。

04 单击“绘图”面板中的 ARC（圆弧）按钮，绘制椅子靠背圆弧角。单击“修改”面板中的 TRIM（修剪）按钮和 ERASE（删除）按钮，将辅助线进行修剪和删除，完成效果与具体尺寸如图 15-16 所示。

05 移动椅子。单击“修改”面板中的 MOVE（移动）按钮，将椅子移动到餐桌正下方适当位置，如图 15-17 所示。

06 复制椅子。单击“修改”面板中的 ARRAYPOLAR（环形阵列）按钮，通过极轴阵列复制，效果如图 15-18 所示。

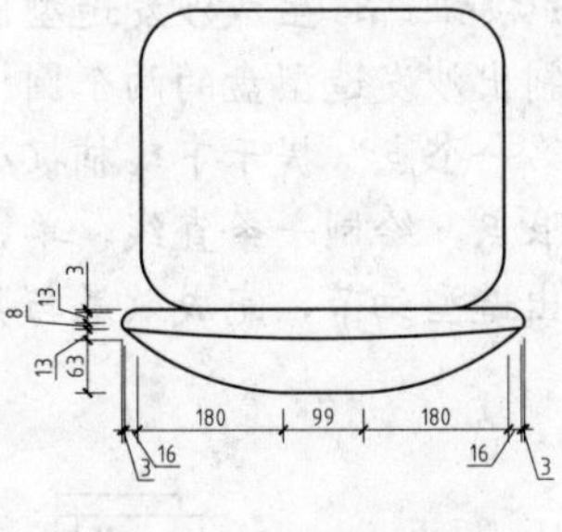

图 15-16　绘制椅子靠背

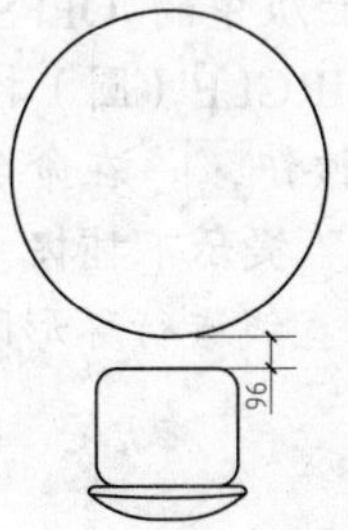

图 15-17　移动椅子

图 15-18　复制椅子

15.2.3 绘制组合沙发

组合沙发是客厅的主要设备，可供休息、会客、娱乐和视听等功能使用。客厅的基本布局通常是由一组沙发和配套茶几组成。本小节讲述客厅组合沙发和茶几的绘制方法，最终效果如图 15-19 所示。

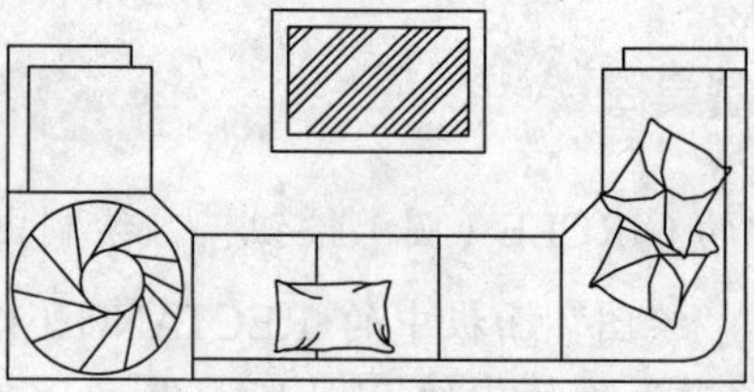

图 15-19 组合沙发

课堂举例 15-3：绘制组合沙发

视频\第 15 章\课堂举例 15-3.mp4

01 绘制组合沙发辅助线。单击"绘图"面板中的 LINE（直线）按钮，根据组合沙发的长宽尺寸，绘制一条水平直线和一条垂直线；单击"修改"面板中的 OFFSET（偏移）按钮，生成组合沙发的辅助线，完成效果与具体尺寸如图 15-20 所示。

02 绘制组合沙发基本结构。单击"修改"面板中的 FILLET（圆角）按钮，设置半径为 200，对沙发内角进行圆角处理。单击"绘图"面板中的 LINE（直线）按钮，绘制组合沙发结构中的斜线。单击"修改"面板中的 TRIM（修剪）按钮，将辅助线进行修剪，如图 15-21 所示。

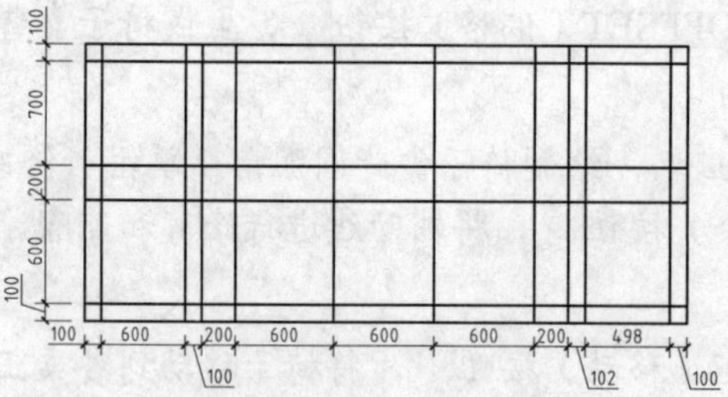

图 15-20 绘制组合沙发辅助线

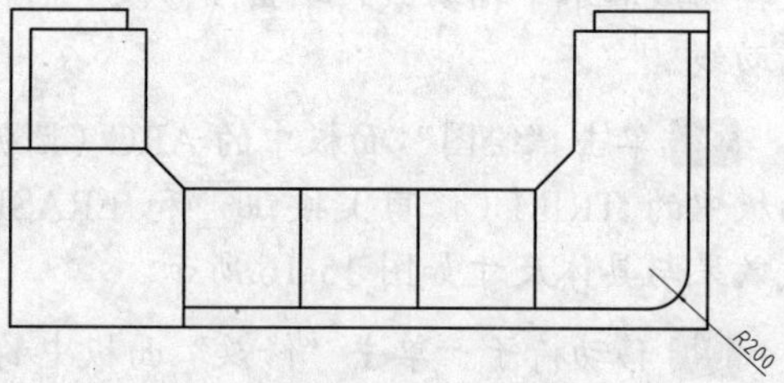

图 15-21 绘制组合沙发基本结构

03 绘制枕头。单击"绘图"面板中的 LINE（直线）按钮，绘制出枕头形状。单击"修改"面板中的 TRIM（修剪）按钮，将下方的沙发结构线进行修剪，如图 15-22 所示。

04 绘制沙发造型。单击"修改"面板中的 OFFSET（偏移）按钮，生成沙发造型圆心的辅助线。单击"绘图"面板中的 CIRCLE（圆）按钮，绘制出沙发造型盘的两个圆。单击"绘图"面板中的 LINE（直线）按钮，在命令行"指定第一个点"提示下，捕捉小圆左侧象限点，在命令行"指定下一点"提示下捕捉大圆上方象限点，绘制一条直线，单击"修改"面板中的环形阵列按钮，对直线进行环形阵列，绘制出造型细节，完成效果与具体尺寸如图 15-23 所示。

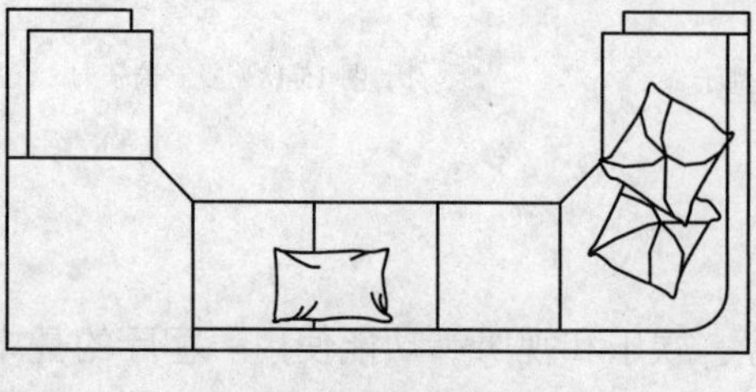

图 15-22 绘制枕头

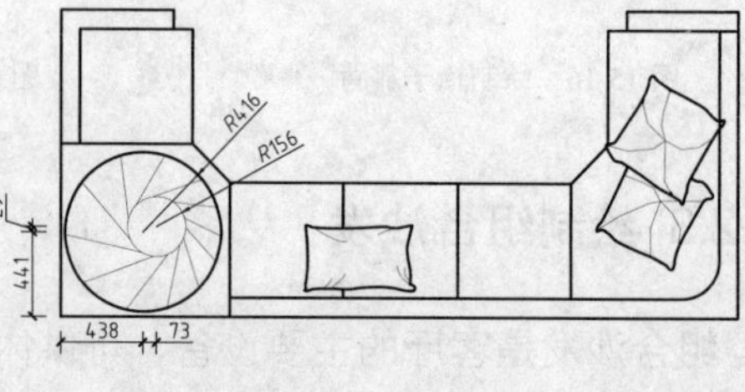

图 15-23 绘制沙发造型

05 绘制茶几。单击“绘图”面板中的 RECTANG（矩形）按钮，绘制出茶几的轮廓线；单击“修改”面板中的 OFFSET（偏移）按钮，生成茶几的结构线。单击“绘图”面板中的 HATCH（图案填充）按钮，在茶几镜面进行图案填充，完成效果与具体尺寸如图 15-24 所示。

06 组合沙发和茶几。单击“修改”面板中的 MOVE（移动）按钮，配合“辅助线”功能，将茶几移到合适位置，完成整体效果如图 15-25 所示。

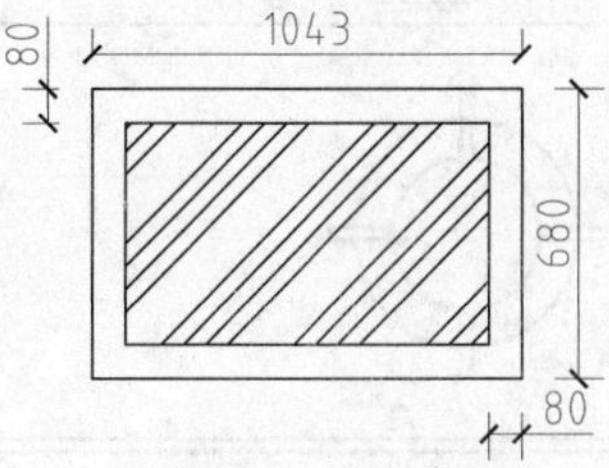

图 15-24　绘制茶几

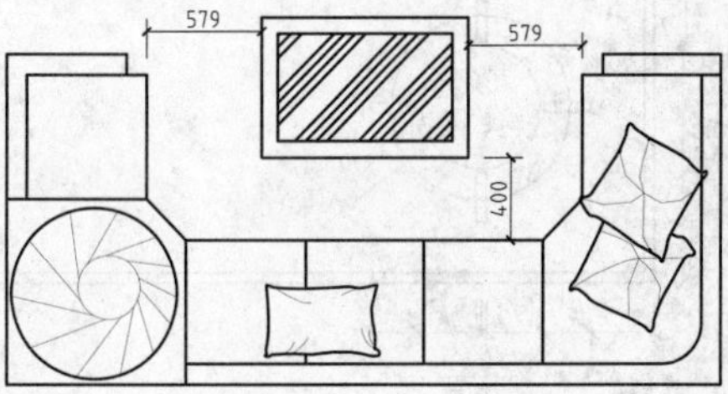

图 15-25　组合沙发和茶几

15.2.4 绘制煤气灶和洗涤池

煤气灶和洗涤池都是摆放在厨房的设备，可供烹饪和清洗使用。本小节讲述煤气灶和洗涤池的绘制方法和技巧。

1. 绘制煤气灶

本实例绘制煤气灶的最终效果如图 15-26 所示。

课堂举例 15-4：绘制煤气灶　　视频\第 15 章\课堂举例 15-4.mp4

01 绘制煤气灶平板。单击“绘图”面板中的 RECTANG（矩形）按钮，绘制一个 700×388 的矩形。单击“修改”面板中的 EXPLODE（分解）按钮，将矩形分解。

02 单击“修改”面板中的 OFFSET（偏移）按钮，生成煤气灶平板的辅助线。单击“修改”面板中的 TRIM（修剪）按钮，将辅助线进行修剪，如图 15-27 所示。

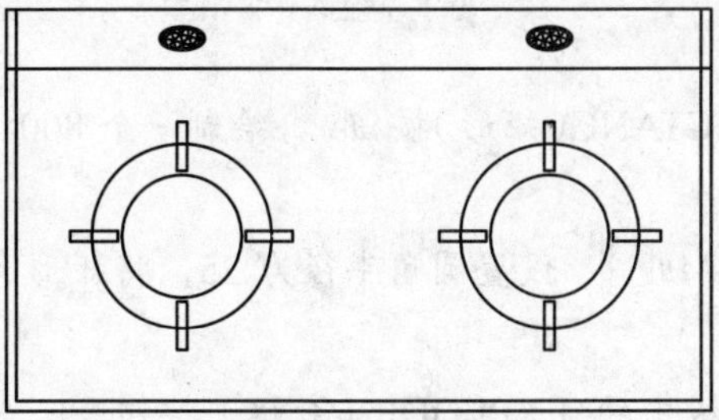
图 15-26　煤气灶

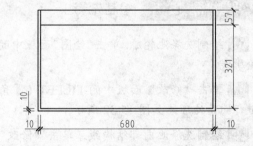

图 15-27　绘制煤气灶平板

03 绘制锅支架。单击“修改”面板中的 OFFSET（偏移）按钮，生成锅支架的辅助线；单击“绘图”面板中的 CIRCLE（圆）按钮，绘制锅支架的两个同心圆。

04 单击“修改”面板中的 TRIM（修剪）按钮，将辅助线进行修剪，完成效果与具体尺寸如图 15-28 所示。

05 绘制开关。单击“修改”面板中的 OFFSET（偏移）按钮，生成开关的辅助线；单击“绘图”面板中的 ELLIPSE（椭圆）按钮，绘制出开关的结构线；单击“绘图”面板中的 HATCH（图案填充）按钮，对开关进行填充，如图 15-29 所示。

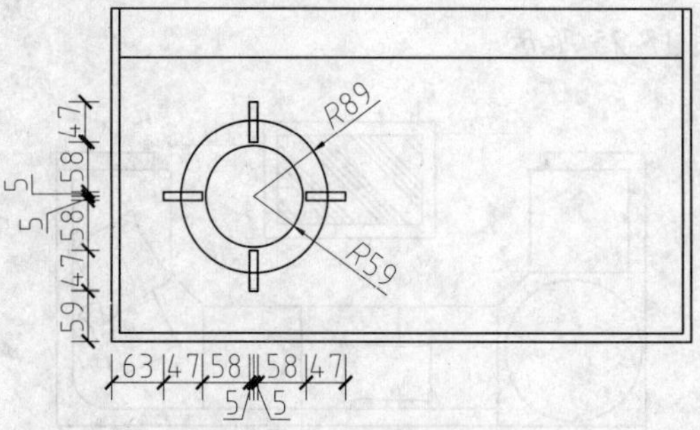

图 15-28　绘制锅支架

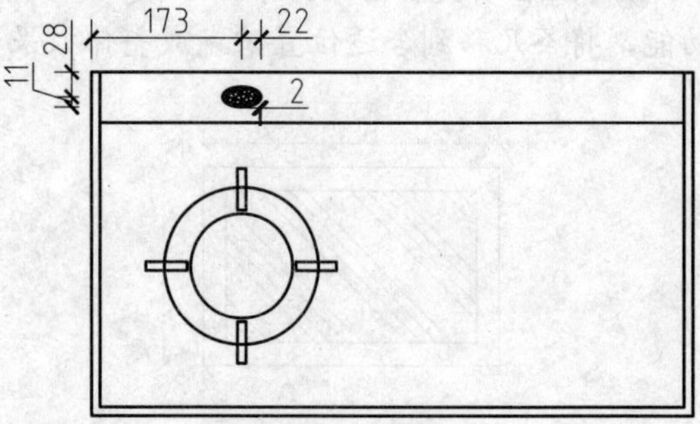

图 15-29　绘制开关

06 复制锅支架和开关。单击“修改”面板中的 MIRROR（镜像）按钮，以煤气灶外轮廓线的垂直中线为对称，复制出锅支架和开关，完成效果如图 15-30 所示

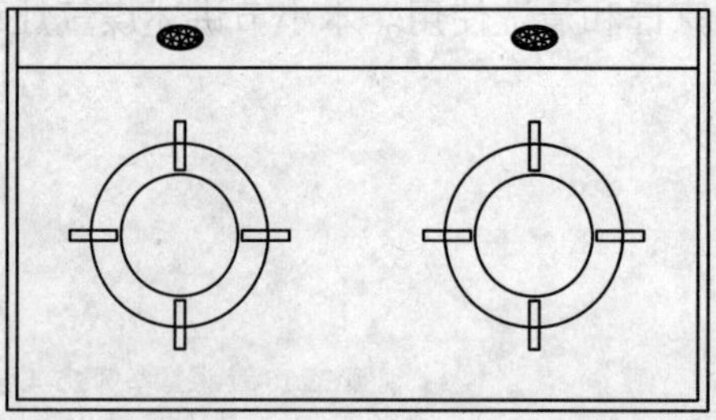

图 15-30　复制锅支架和开关

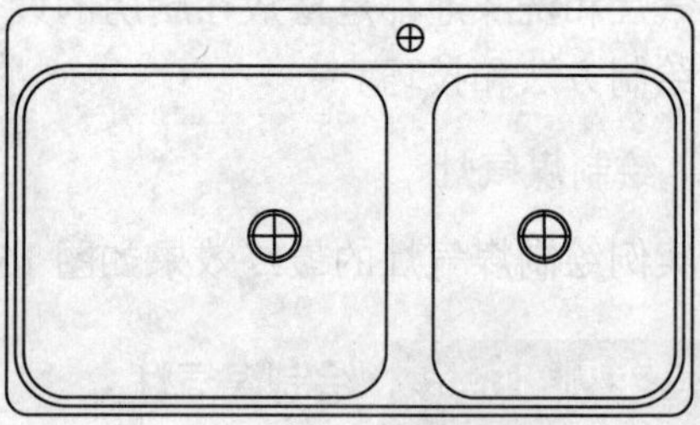

图 15-31　洗涤池

2. 绘制洗涤池

本实例绘制洗涤池的最终效果如图 15-31 所示。

课堂举例 15-5：绘制洗涤池

视频\第 15 章\课堂举例 15-5.mp4

01 绘制洗涤池轮廓。单击“绘图”面板中的 RECTANG(矩形)按钮，绘制一个 800×465 的轮廓线。

02 单击“修改”面板中的 FILLET（圆角）按钮，设置圆角半径为 25，将矩形 4 个角进行圆角处理，如图 15-32 所示。

03 绘制洗涤池内部结构线。单击“修改”面板中的 EXPLODE（分解）按钮，将矩形进行分解。

04 单击“修改”面板中的 OFFSET（偏移）按钮，将矩形四边直线向内偏移，生成洗涤池内边框的辅助线；单击“修改”面板中的 FILLET（圆角）按钮，设置圆角半径为 60，对辅助线 4 个角进行圆角处理，完成效果与具体尺寸如图 15-33 所示。

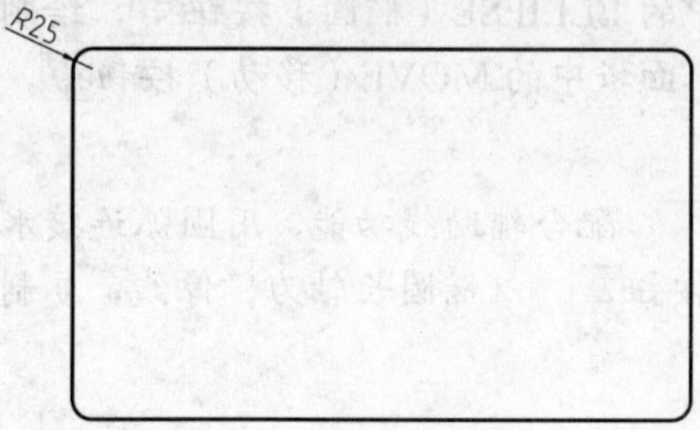

图 15-32 绘制洗涤池外轮廓

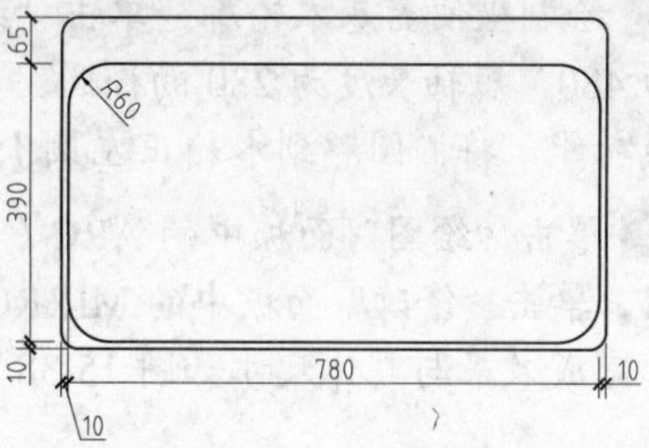

图 15-33 绘制内部结构线

05 绘制洗涤盆。单击“修改”面板中的 OFFSET（偏移）按钮，将内部结构线向内偏移，生成洗涤盆的辅助线；单击“修改”面板中的 FILLET（圆角）按钮，对洗涤盆进行圆角处理，如图 15-34 所示。

06 绘制下水孔和出水孔。单击“修改”面板中的 OFFSET（偏移）按钮，绘制出下水孔和出水孔圆心的辅助线。单击“绘图”面板中的 CIRCLE（圆）按钮，以辅助线交点为圆心，绘制出下水孔和出水孔。

07 单击“修改”面板中的 TRIM（修剪）按钮，将下水孔和出水孔外的辅助线进行修剪，完成最终效果如图 15-35 所示。

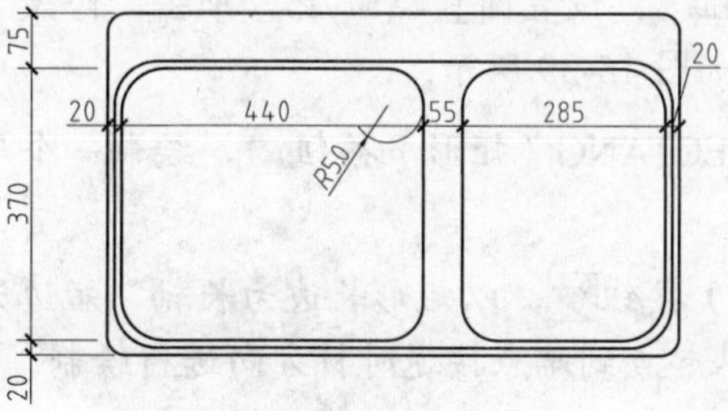

图 15-34 绘制洗涤盆

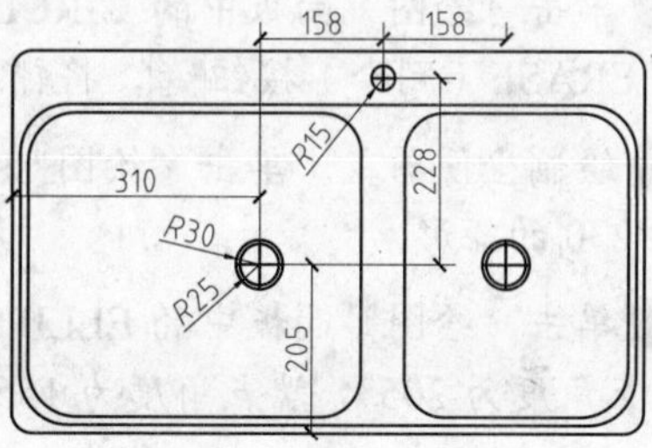

图 15-35 绘制下水孔和出水孔

15.2.5 绘制坐便器和浴缸

坐便器和浴缸都是卫生间的主要设备，其布置应满足个人浴厕、洗漱和梳妆等的需求。本小节讲述卫生坐便器和浴缸的绘制方法和技巧。

1. 绘制坐便器

本实例绘制坐便器的最终效果如图 15-36 所示。

课堂举例 15-6： 绘制坐便器 视频\第 15 章\课堂举例 15-6.mp4

01 绘制坐便器水箱基本轮廓。单击“绘图”面板中的 RECTANG（矩形）按钮，绘制一个尺寸为 155×430 的矩形；单击“修改”面板中的 OFFSET（偏移）按钮，将矩形向外偏移 40。

02 单击“修改”面板中的 FILLET（圆角）按钮，设置圆角半径为 25，将外矩形进行圆角处理，完成效果与具体尺寸如图 15-37 所示。

03 绘制坐便器基本轮廓。单击“绘图”面板中的 ELLIPSE（椭圆）按钮，绘制一个长轴为 480、短轴长度为 280 的椭圆。单击“修改”面板中的 MOVE（移动）按钮，配合辅助线功能，将椭圆移到水箱正左侧 15 处。

04 单击“绘图”面板中的 ARC（圆弧）按钮，配合辅助线功能，用圆弧连接水箱和坐便器。单击“修改”面板中的 MIRROR（镜像）按钮，以椭圆长轴为镜像线，复制一个圆弧，完成效果与具体尺寸如图 15-38 所示

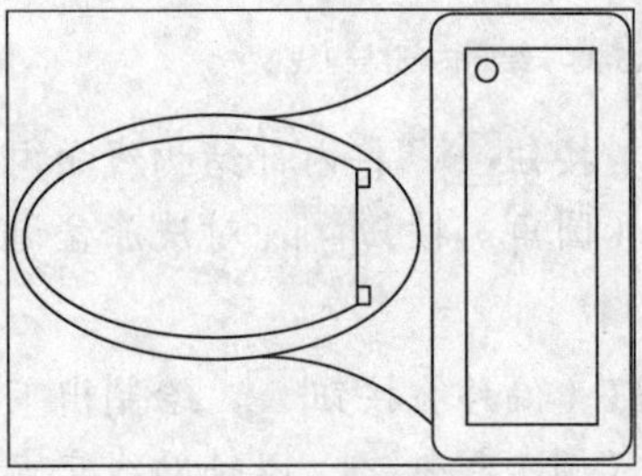
图 15-36　坐便器

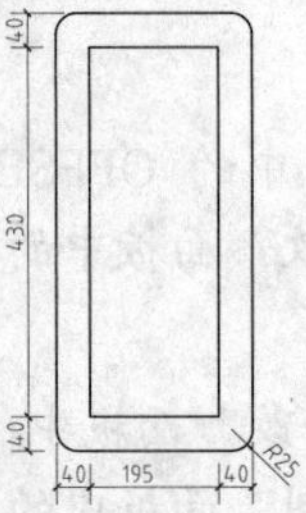

图 15-37　绘制低水箱基本轮廓

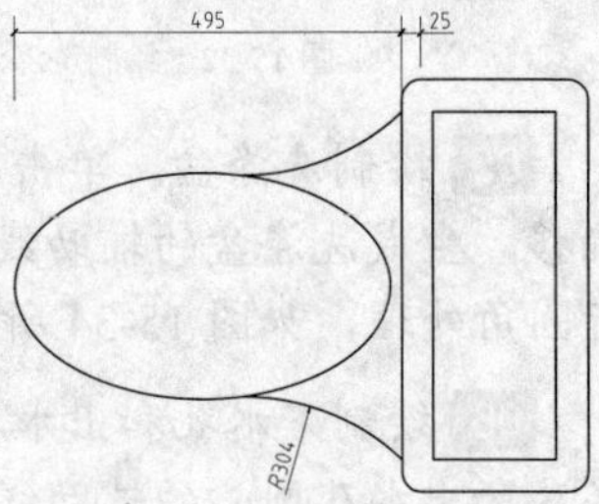

图 15-38　绘制坐便器基本轮廓

05 绘制水箱按钮。单击“修改”面板中的 EXPLODE（分解）按钮，将水箱内轮廓线进行分解；单击“修改”面板中的 OFFSET（偏移）按钮，生成水箱按钮的辅助线。

06 单击“绘图”面板中的 CIRCLE（圆）按钮，设置圆直径为 25。单击“修改”面板中的 ERASE（删除）按钮，将辅助线删除，如图 15-39 所示。

07 绘制坐便器盖。单击“绘图”面板中的 RECTANG（矩形）按钮，绘制一个尺寸为 450×230 的矩形。

08 单击“绘图”面板中的 ELLIPSE（椭圆弧）按钮，以矩形长边为长轴、短边为短轴，起点角度为 205°，端点角度为 155°，椭圆弧从起点到端点按逆时针方向进行绘制。

09 单击“修改”面板中的 MOVE（移动）按钮，以椭圆弧的中心点为基点将椭圆弧移到坐便器椭圆的中心点上。单击“绘图”面板中的 LINE（直线）按钮，将椭圆弧的两个端点进行连接，捕捉端点并配合“正交”功能，绘制两个大小为 15×20 的矩形，最终效果如图 15-40 所示。

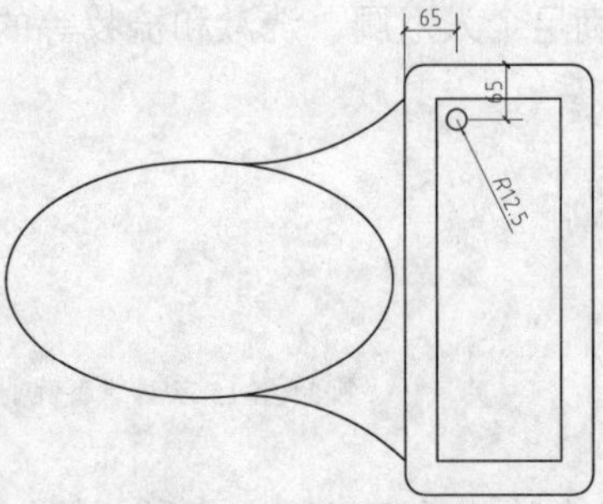

图 15-39　绘制水箱按钮

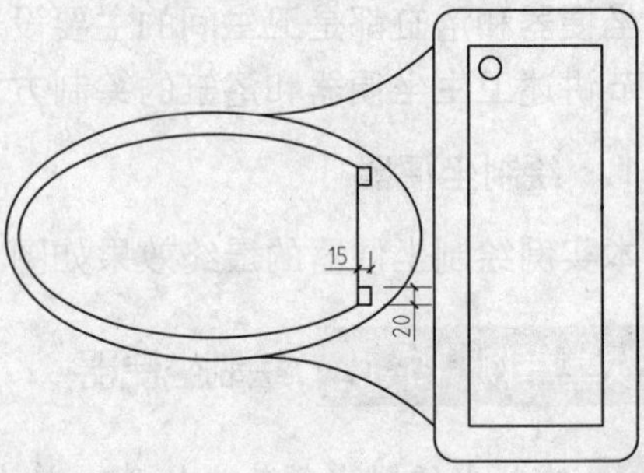

图 15-40　绘制坐便器盖

2. 绘制浴缸

本实例绘制浴缸的最终效果如图 15-41 所示。

课堂举例 15-7：绘制浴缸

视频\第 15 章\课堂举例 15-7.mp4

01 单击“绘图”面板中的 RECTANG（矩形）按钮，绘制一个大小为 1550×700 的矩形，作为浴缸的轮廓线，如图 15-42 所示，单击“修改”面板中的 EXPLODE（分解）按钮，将矩形进行分解。

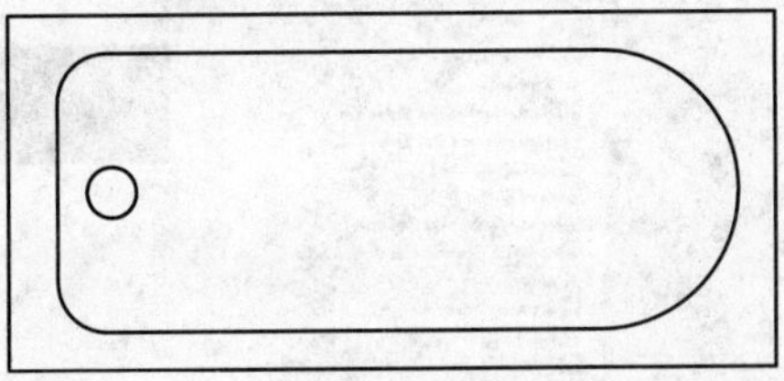

图 15-41　绘制浴缸

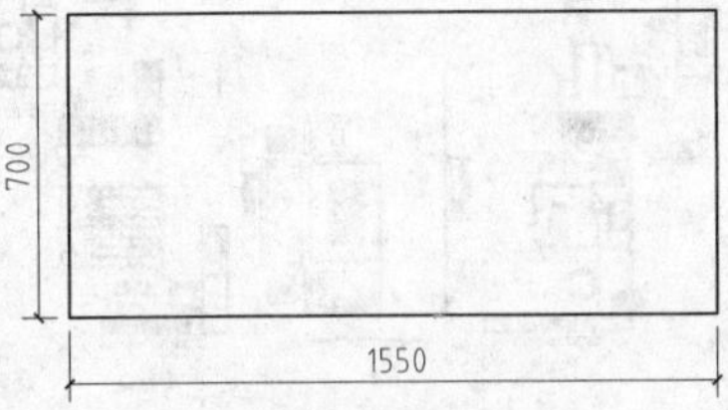

图 15-42　绘制浴缸轮廓线

02 单击“修改”面板中的 OFFSET（偏移）按钮，将矩形左边向内偏移 100，其他边向内偏移 75。单击“修改”面板中的 FILLET（圆角）按钮，将辅助线进行圆角处理，如图 15-43 所示。

03 单击“修改”面板中的 OFFSET（偏移）按钮，生成浴缸出水口圆心的辅助线。单击“绘图”面板中的 CIRCLE（圆）按钮，绘制一个半径为 50 的圆；单击“修改”面板中的 ERASE（删除）按钮，将辅助线删除，如图 15-44 所示。

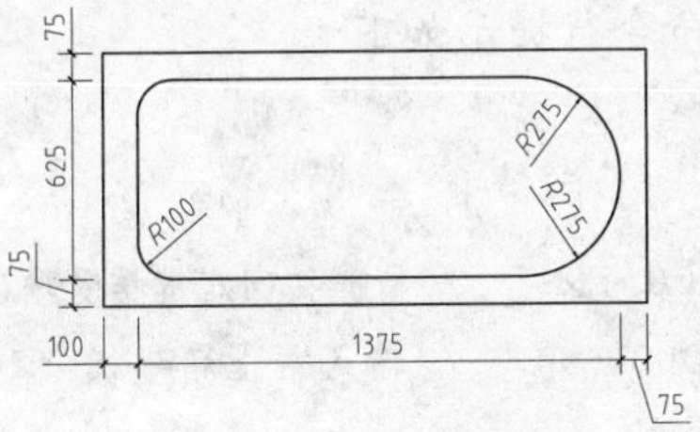

图 15-43　绘制缸内部构造线

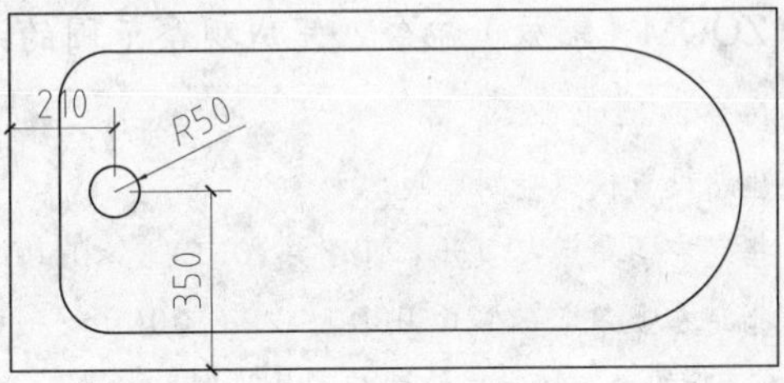

图 15-44　绘制出水口

15.3 绘制某家装平面图

家装设计是装饰工程设计的主要内容，本节通过绘制如图 15-45 所示住宅家装平面图的实例，讲述家装平面图的绘制方法和相关技巧。

15.3.1 设置绘图环境

绘制家装平面图的第一步就是设置绘图环境。

课堂举例 15-8：设置绘图环境

视频\第 15 章\课堂举例 15-8.mp4

01 启动 AutoCAD 2015 应用程序，单击快速访问工具栏中的 NEW（新建）按钮，打开“选择样板”对话框，如图 15-46 所示。选择“acadiso.dwt”选项，单击“打开”按钮，即可新建一个图形文件。

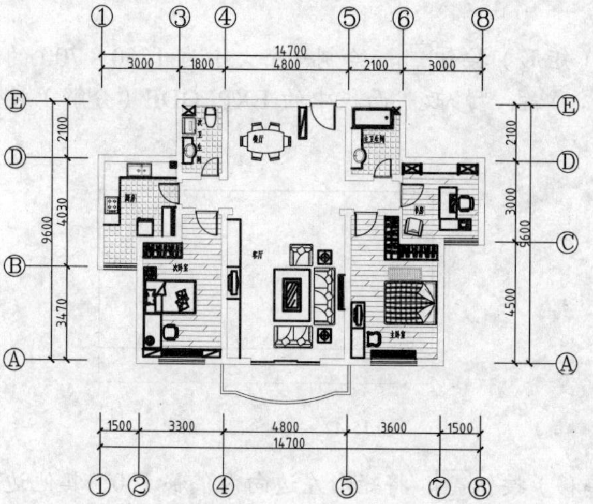

图 15-45　某住宅家装平面图

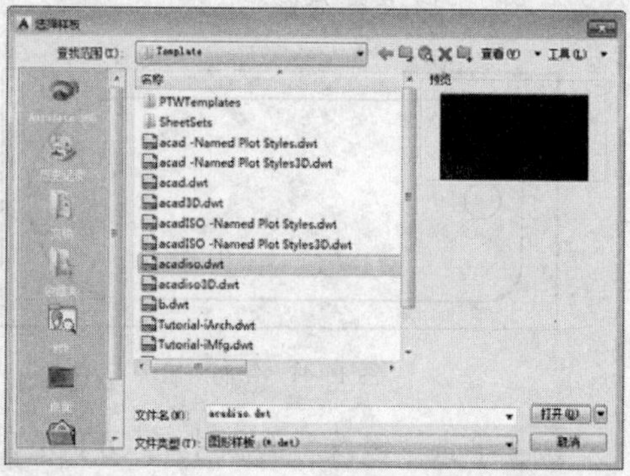

图 15-46　“选择样板”对话框

02 设置绘图单位。在命令行中输入 UNITS（单位）命令并回车，弹出“图形单位”对话框，在“长度”选项组里的“类别”下拉列表中选择“小数”，在“精度”下拉列表框中选择 0，如图 15-47 所示。

03 设置图形界限。在命令行中输入 LIMITS（图形界限）命令并回车，设置绘图区域。执行 ZOOM（缩放）命令，完成观察范围的设置。其命令行提示如下：

```
命令：limits↙
重新设置模型空间界限：
指定左下角点或 [开(ON)/关(OFF)] <0.0000, 0.0000>:↙        //直接按回车键接受默认值
指定右上角点 <420.0000, 297.0000>: 16000, 12000↙        //输入右上角坐标“26000, 12000”后按回车键完成绘图范围的设置
```

04 设置图层。单击“图层”面板中的 LAYER（图层特性）按钮，弹出“图层特性管理器”对话框，单击对话框中的“新建图层”按钮，创建结构平面图所需要的图层，并为每一个图层定义名称、颜色、线型、线宽，设置好的图层效果如图 15-48 所示。

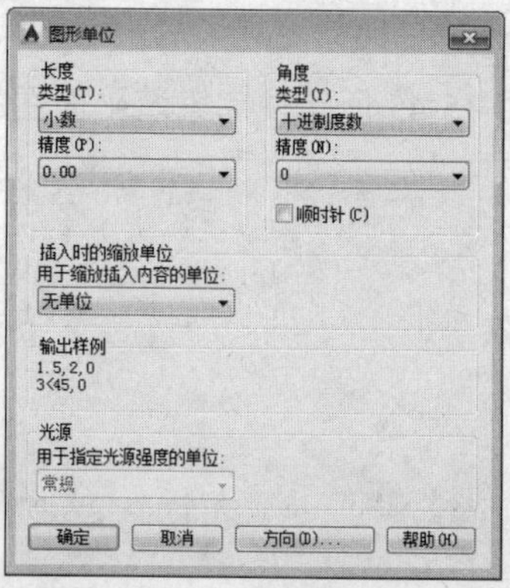

图 15-47　“图形单位”对话框

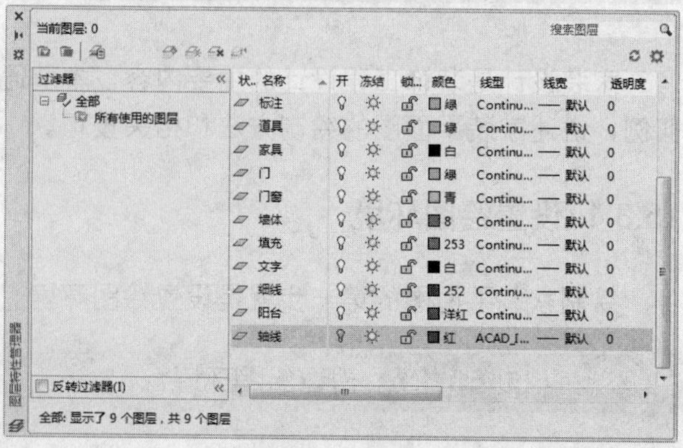

图 15-48　“图层特性管理器”对话框

15.3.2 绘制家装平面基本图形

对绘图环境进行相应设置后，接下来就开始绘制图形了。

课堂举例 15-9：绘制家装平面基本图形　　视频\第 15 章\课堂举例 15-9.mp4

01 绘制轴线网。将“轴线”图层置为当前层，单击“绘图”面板中的 LINE（直线）按钮，绘制一根水平轴线和一条垂直轴线。

02 单击“修改”面板中的 OFFSET（偏移）按钮，生成水平方向和垂直方向的轴线；单击“修改”面板中的 TRIM（修剪）按钮，将轴线进行修剪。然后修改轴线网线型比例，如图 15-49 所示。

03 绘制墙体。将“墙体”图层置为当前层，在命令行中输入 ML（多线）命令并回车，设置多段宽度为 240（其中隔墙宽度为 120，对齐方式为上），对齐方式为无，沿轴线交点绘制出墙体。

04 在命令行中输入 MILEDIT（编辑多线）命令并回车，在弹出的“多线编辑工具”对话框中选用多线编辑工具，对墙线进行编辑。关闭“轴线”图层，完成效果如图 15-50 所示。

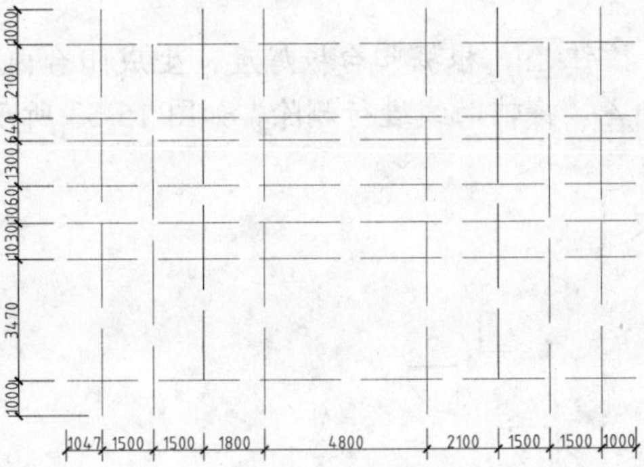

图 15-49　绘制轴线网

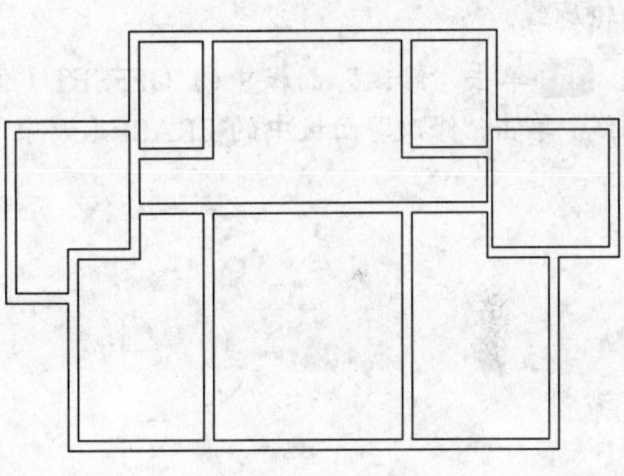

图 15-50　绘制墙体

05 绘制门窗洞口。单击“绘图”面板中的 LINE（直线）按钮，沿墙内角绘制水平或垂直辅助线，单击“修改”面板中的 OFFSET（偏移）按钮，生成门窗洞口的辅助线。

06 单击“修改”面板中的 TRIM（修剪）按钮，将门窗洞口处的墙线和辅助线进行修剪。单击“修改”面板中的 ERASE（删除）按钮，将绘制的水平和垂直辅助线删除，如图 15-51 所示。

07 绘制门窗。将“门窗”图层置为当前层，单击“绘图”面板中的 LINE（直线）按钮，连接窗户洞口，单击“修改”面板中的 OFFSET（偏移）按钮，设置偏移距离为 90，生成窗户线。

08 单击“绘图”面板中的 LINE（直线）按钮、ARC（圆弧）按钮以及“修改”面板中的 OFFSET（偏移）按钮、TRIM（修剪）按钮和 ERASE（删除）按钮等，绘制一个门宽尺寸为 1000 的平开门，单击“修改”面板中的 COPY（复制）按钮，配合使用 SCALE（缩放）和 ROTATE（旋转）命令，复制平开门到门窗洞口处。

09 单击“绘图”面板中的 LINE（直线）按钮以及“修改”面板中的 OFFSET（偏移）按钮、TRIM（修剪）按钮和 ERASE（删除）按钮，绘制出推拉门和所有门口线，如图 15-52 所示。

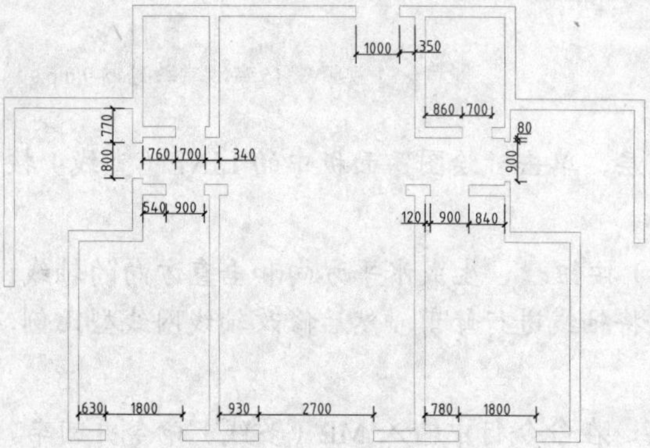

图 15-51　绘制门窗洞口

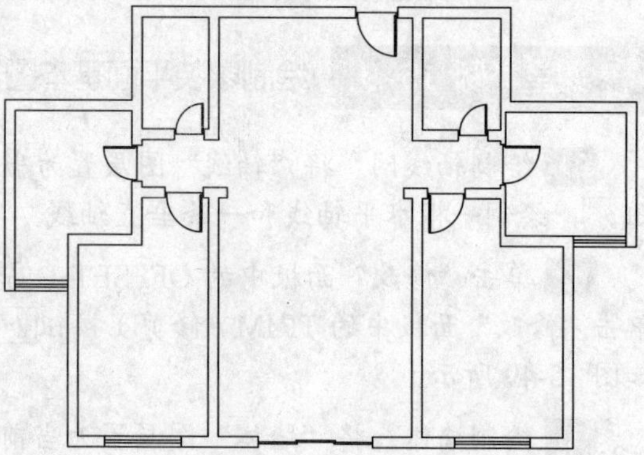

图 15-52　绘制门窗

10 绘制阳台。将“阳台”图层置为当前层，单击“绘图”面板中的 LINE（直线）按钮，南面墙段外墙角绘制水平和垂直线。单击“修改”面板中的 OFFSET（偏移）按钮，生成阳台轮廓的辅助线。单击“绘图”面板中的 PLINE（多段线）按钮，绘制出阳台的外轮廓线。

11 单击“修改”面板中的 OFFSET（偏移）按钮，根据阳台板厚度，生成阳台内轮廓线。单击“修改”面板中的 ERASE（删除）按钮，将辅助线进行删除，如图 15-53 所示。

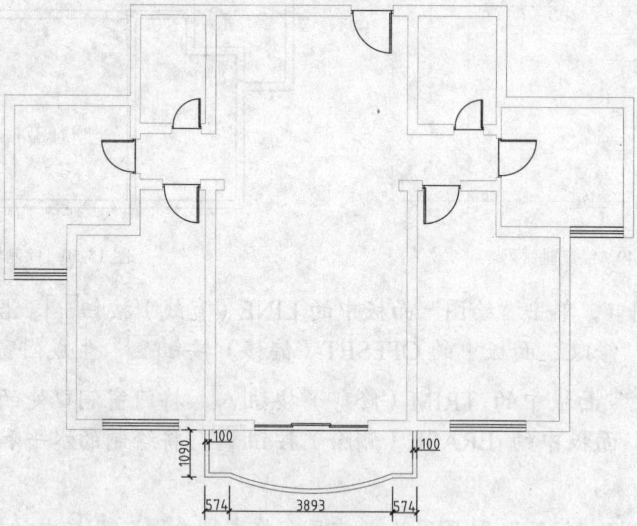

图 15-53　绘制阳台

12 布置家具。将“家具”图层置为当前层，按下快捷键 Ctrl + 2，打开 AutoCAD 设计中心，调有已有的家具图块到家装平面图中。

13 单击“修改”面板中的 MOVE（移动）按钮，将其移动到平面图中合适位置；然后单击“绘图”面板中的 LINE（直线）按钮以及“修改”面板中的 OFFSET（偏移）按钮和 TRIM（修剪）按钮，添加适当的家具轮廓线等，如图 15-54 所示。

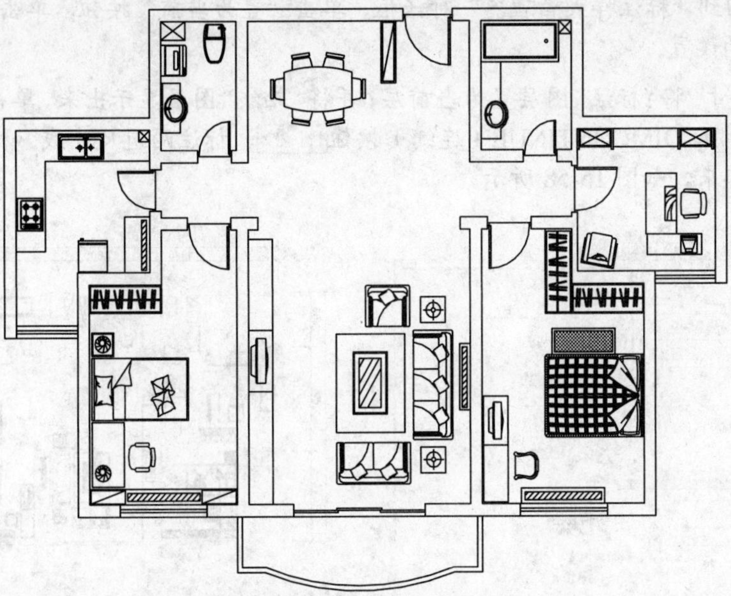

图 15-54　布置家具

15.3.3 添加尺寸标注、轴线编号、文本注释和填充面砖

家装平面基本图形绘制完成后，就要为平面图形添加尺寸标注、轴线编号、文本注释和填充面砖。

课堂举例 15-10：添加尺寸标注、轴线编号等　视频\第 15 章\课堂举例 15-10.mp4

01 设置标注样式。单击“注释”面板中的 DIMSTYLE（标注样式）按钮，在弹出的“标注样式管理器”对话框，单击“修改”按钮，弹出“修改标注样式：ISO-25”对话框，单击“线”选项卡，设置参数如图 15-55 所示；

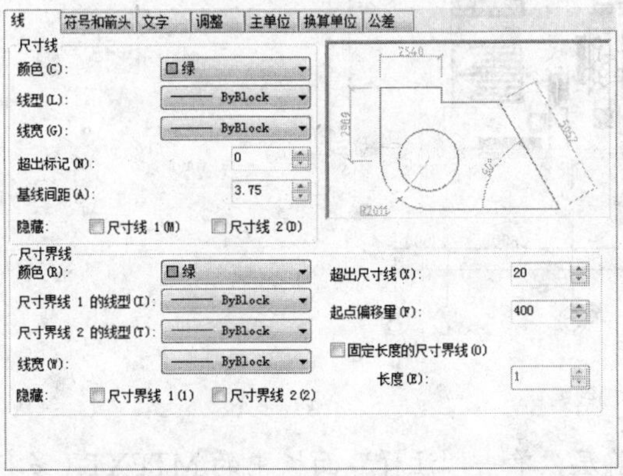

图 15-55　“线”选项卡

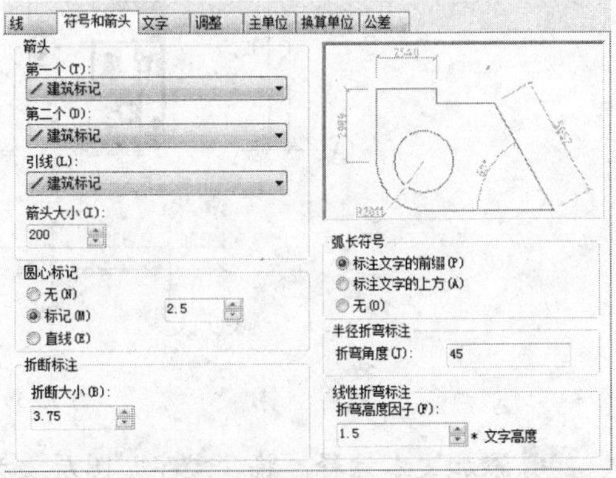

图 15-56　“符号和箭头”选项卡

02 单击“符号和箭头”选项卡，设置参数如图 15-56 所示；单击“文字”选项卡，设置参数如图 15-57 所示；单击“主单位”选项卡，在“精度”选项栏中选择 0。然后单击“确

定”按钮，返回到“标注样式管理器”对话框，单击“置为当前”按钮，单击“关闭”按钮，完成标注样式的设置。

03 标注尺寸。将“标注”图层置为当前层，并将“轴线”图层显示出来，单击 DIMLINEAR（线性）按钮和 DIMCONTINUE（连续）按钮，标注两道尺寸线。标注完成后，将“轴线”隐藏起来，如图 15-58 所示。

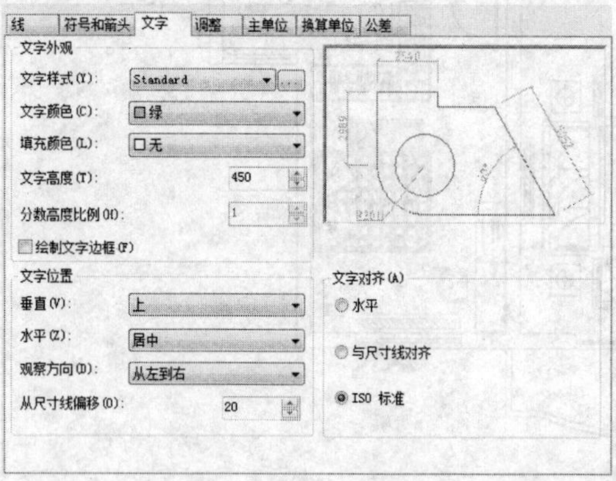

图 15-57 “文字”选项卡

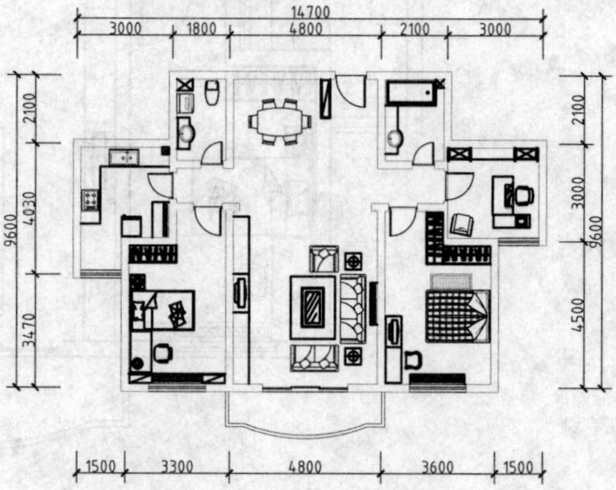

图 15-58 标注尺寸

04 添加轴线编号。参考之前章节内容的介绍绘制好轴线与轴号，然后单击“修改”面板中的 COPY（复制）按钮，以及 ROTATE（旋转）按钮，复制出多个轴线编号到家装平面图中，双击编号文字，对文字进行修改，如图 15-59 所示。

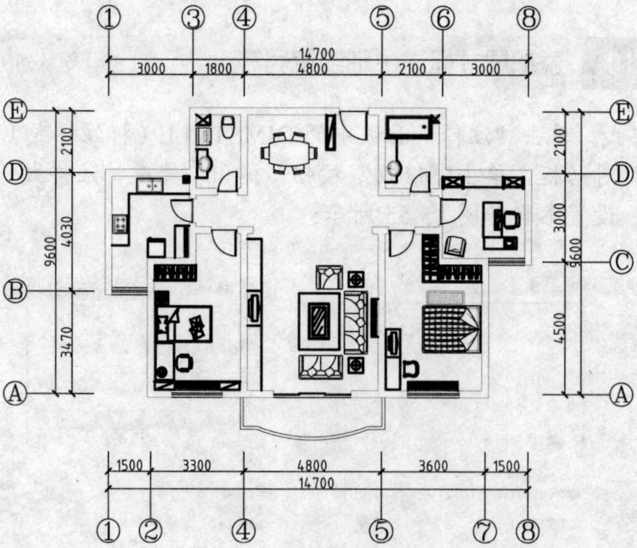

图 15-59 添加轴线编号

05 添加文本注释。将“文字”图层置为当前层，单击“注释”面板中的 MTEXT（多行文字）按钮，绘制出房间名称文字，如图 15-60 所示。

06 填充面砖。将“填充”图层置为当前层，单击“绘图”面板中的 PLINE（多段线）按钮，配合“对象捕捉”功能，绘制出要填充面砖的每一个闭合区域。

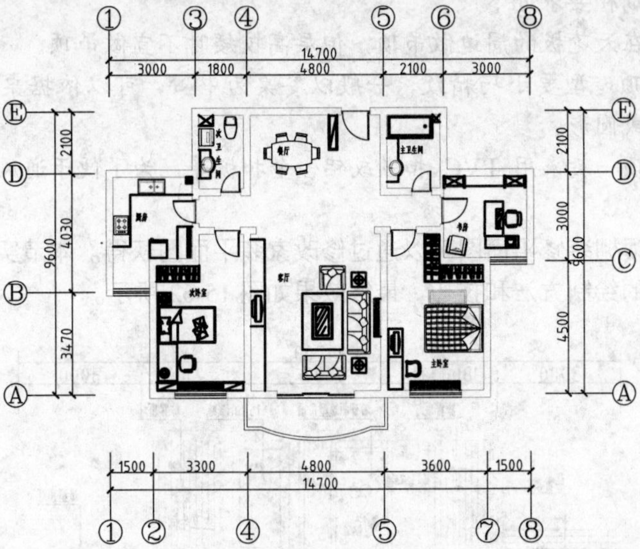

图 15-60　添加文本注释

07 单击“绘图”面板中的 HATCH（图案填充）按钮，对闭合区域进行面砖的填充。单击“修改”面板中的 ERASE（删除）按钮，将多段线进行删除，最终效果如图 15-61 所示。

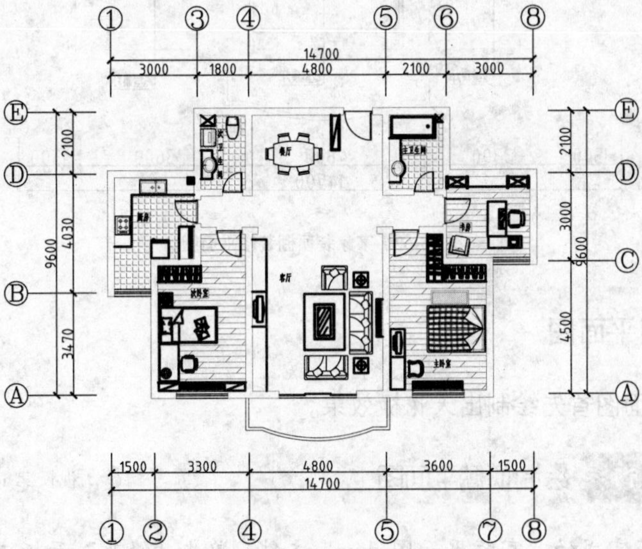

图 15-61　填充面砖

15.4 绘制顶棚装修平面图

顶棚装修平面图的制作主要包括绘制天花板的吊顶造型、灯具和标高等。在绘制时，应考虑顶棚装饰的平面形式、尺寸、材料和灯具，以及其他室内设施的位置和大小等。

吊顶设计的原则和要求如下：

- 客厅一般在天花板的周边做吊顶，但层高较矮时不宜做吊顶。
- 餐厅的吊顶造型要小巧精致，一般以餐桌为中心，可以依据桌面造型并大于桌面做成方形或圆形。
- 厨卫的吊顶一般采用 PVC 扣板或铝合金扣板等，为了便于通风，应在顶部安装排气扇。

一般情况下，顶棚装修平面图可以通过修改家装平面图获得。本节实例接上节内容，讲述顶棚装修平面图的绘制方法和技巧，最终效果如图 15-62 所示。

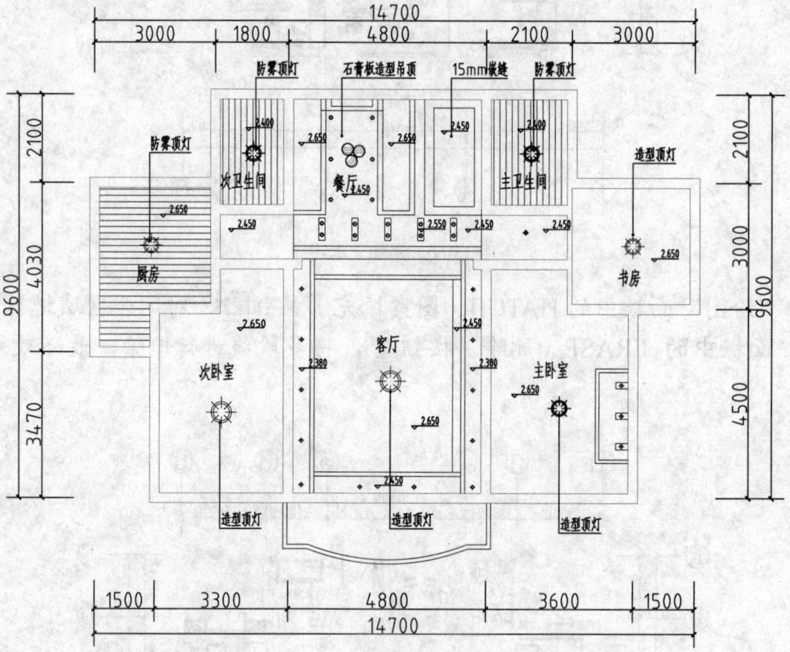

图 15-62　某家装顶棚装修平面图

15.4.1 绘制顶棚平面图

绘制顶装修平面图首先绘制出天花板效果。

课堂举例 15-11：绘制顶棚平面图　　视频\第 15 章\课堂举例 15-11.mp4

01 打开上一节完成的“家装平面图.dwg”文件，单击“修改”面板中的 ERASE（删除）按钮，将“墙体”和“阳台”图层以外的其他图层和内容全部删除，得到墙体和阳台效果如图 15-63 所示。

02 封闭墙体缺口。将“墙体”图层置为当前层，单击“绘图”面板中的 LINE（直线）按钮，连接门窗洞口处的墙线。单击“修改”面板中的“修改”面板中的 ERASE（删除）按钮，将分隔门窗的墙体线进行删除，如图 15-64 所示。

03 绘制天花。单击“图层”面板中的 LAYER（图层特性）按钮，在“图层特性管理器”对话框中新建一个名为“天花”的图层，设置颜色，并将“天花”图层置为当前层。

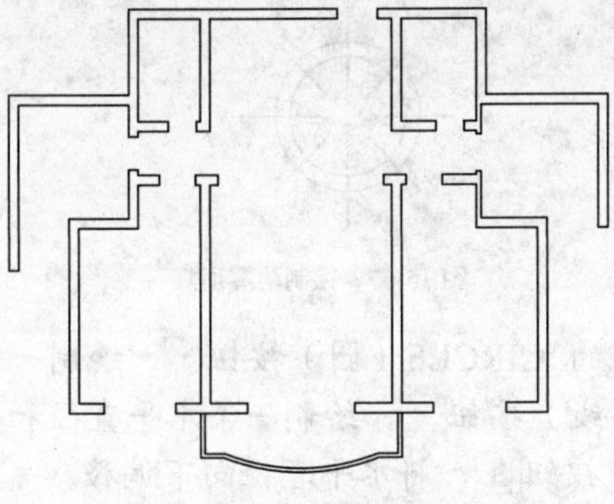

图 15-63　删除其他图层后的效果

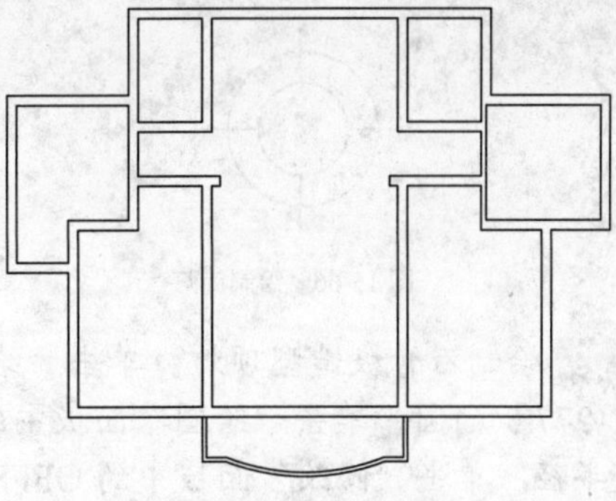

图 15-64　封闭墙体缺口

04 单击“绘图”面板中的 LINE（直线）按钮，沿墙体绘制水平和垂直辅助线。单击“修改”面板中的 OFFSET（偏移）按钮，生成天花辅助线。单击“修改”面板中的 TRIM（修剪）按钮和 ERASE（删除）按钮，将多余的辅助线进行修剪和删除，效果如图 15-65 所示。

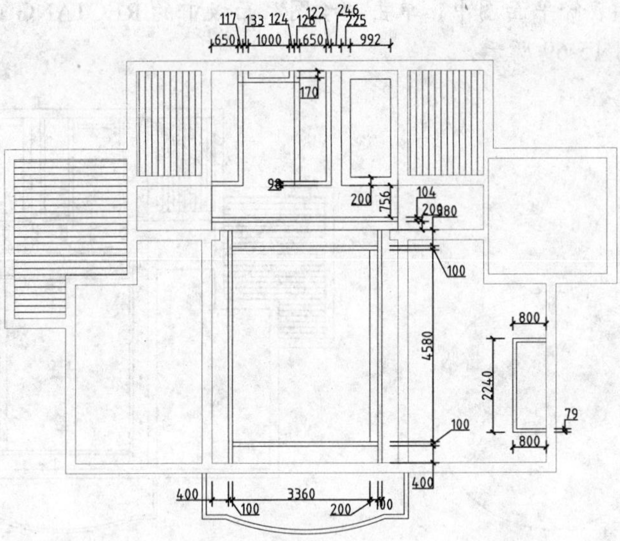

图 15-65　绘制天花

05 绘制筒灯。单击“绘图”面板中的 CIRCLE（圆）按钮，绘制一个半径为 40 和一个半径为 24 的同心圆。

06 单击“绘图”面板中的 LINE（直线）按钮，配合“象限点捕捉”功能，连接大圆和小圆的水平和垂直象限点。单击“修改”面板中的 LENGTHEN（拉长）按钮，将直线向外拉长 12.5，如图 15-66 所示。

07 绘制防雾顶灯。单击“绘图”面板中的 CIRCLE（圆）按钮，绘制一个半径为 187.5、一个半径为 150 和一个半径为 75 的同心圆。单击“绘图”面板中的 LINE（直线）按钮，连接小圆和大圆的象限点。单击 LENGTHEN（拉长）按钮，将直线向外拉长 90。

08 单击“修改”面板中的 ARRAYPOLAR（环形阵列）按钮，在图形指定圆心为中心点，“项目总数”为 8，“填充角度”为 360，选择直线对象作为阵列对象，然后按回车键，即可完成直线的阵列；单击“修改”面板中的 TIRM（修剪）按钮和 ERASE（删除）按钮，将小圆以内的直线修剪，并将小圆删除，如图 15-67 所示。

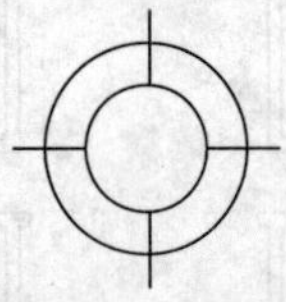

图 15-66 绘制筒灯

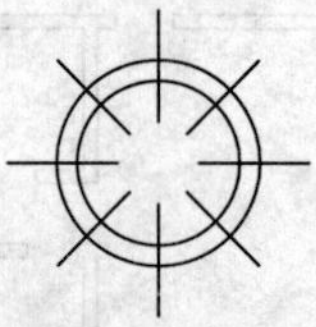

图 15-67 绘制防雾顶灯

09 绘制石膏板造型顶灯。单击“绘图”面板中的 CIRCLE（圆）按钮，绘制一个直径为 277.5 的圆。单击“绘图”面板中的 LINE（直线）按钮，绘制一条水平直径和一条垂直半径。单击“修改”面板中的 OFFSET（偏移）按钮，将水平直径向下偏移。

10 单击“绘图”面板中的 CIRCLE（圆）按钮，以垂直半径及其延长线上的点为圆心，绘制出 3 个半径为 139 的圆。单击“修改”面板中的 TIRM（修剪）按钮和 ERASE（删除）按钮，将第一个圆外的圆弧修剪，并将辅助直线删除，完成效果与具体尺寸如图 15-68 所示。

11 单击“修改”面板中的 COPY（复制）按钮，以及 ROTATE（旋转）按钮，复制出多个灯具到顶棚装修平面图中。单击“绘图”面板中的 RECTANG（矩形）按钮，绘制出筒灯凹槽，如图 15-69 所示。

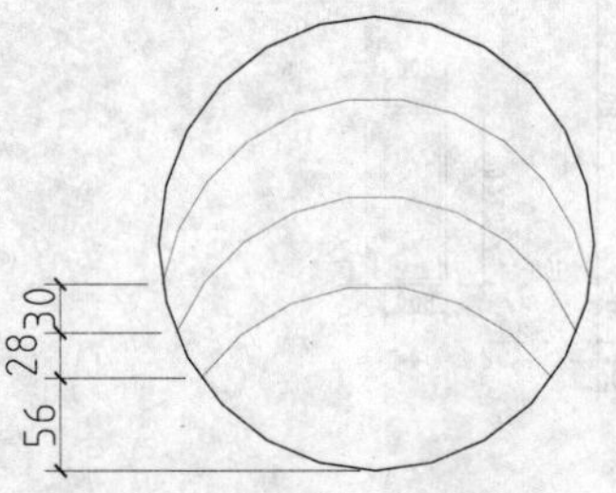

图 15-68 绘制石膏板造型顶灯

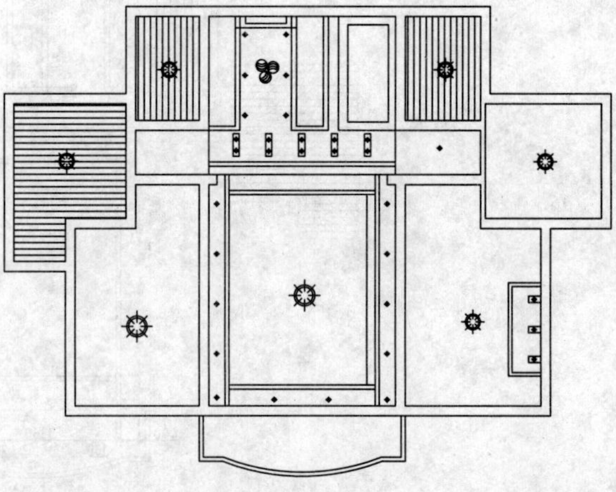

图 15-69 复制灯具

15.4.2 标注顶棚平面图

顶棚装修平面基本图形绘制完成后，就要对其进行标注，包括文字标注、尺寸标注和标高标注等。接下来分别介绍其操作方法。

课堂举例 15-12：标注顶棚平面图 视频\第 15 章\课堂举例 15-12.mp4

01 设置多重引线样式。单击“注释”面板中的 MLEADERSTYLE（多重引线样式）按钮，在弹出的“多重引线样式管理器”对话框中，单击“修改”按钮，弹出“修改多重引线样式：Standard”对话框，单击“引线格式”选项卡，设置参数如图 15-70 所示。

02 单击“引线结构”选项卡，设置参数如图 15-71 所示。

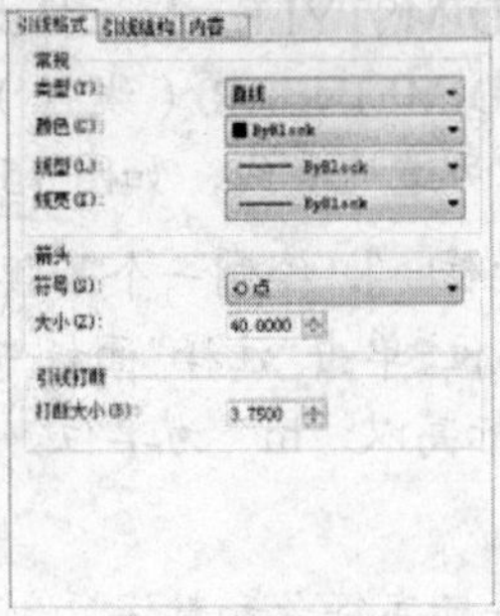

图 15-70 “引线格式”选项卡

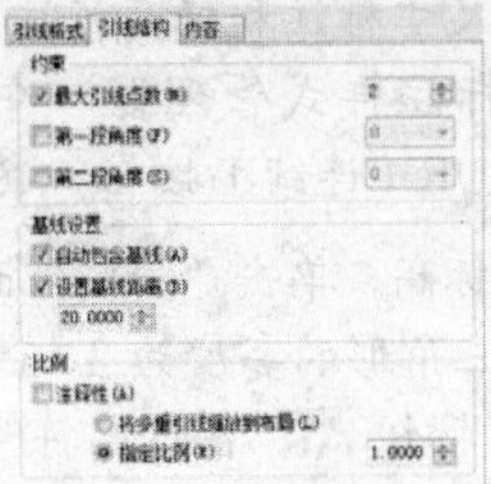

图 15-71 “引线结构”选项卡

03 单击“内容”选项卡，设置参数如图 15-72 所示。

04 单击“确定”按钮，返回到“多重引线样式管理器”对话框中，如图 15-73 所示；单击“置为当前”按钮，然后单击“关闭”按钮，完成多重引线样式的设置。

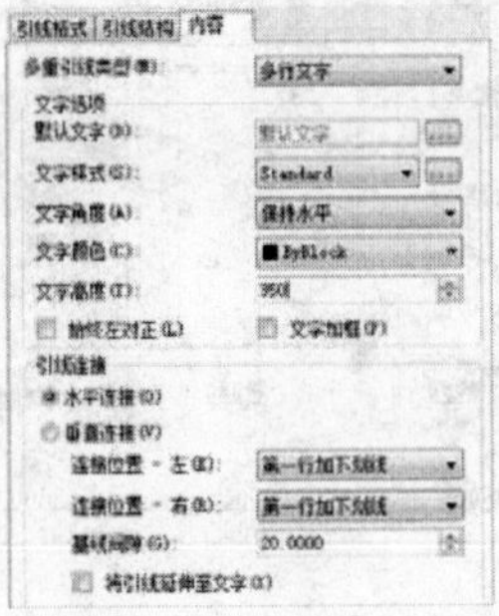

图 15-72 “内容”选项卡

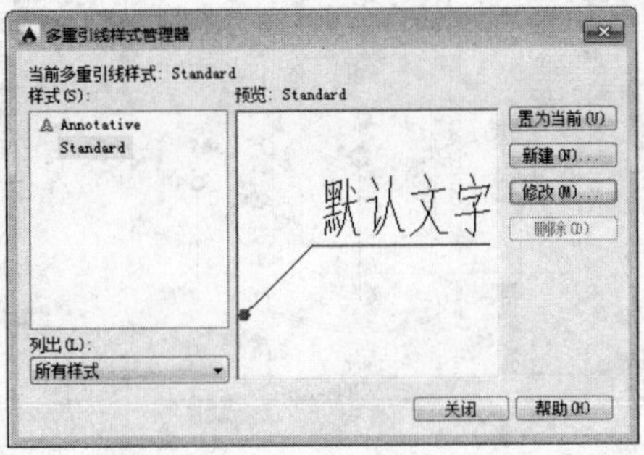

图 15-73 “多重引线样式管理器”对话框

05 标注引出文字。单击 MLEADER（多重引线）按钮，标注引出文字说明，如图 15-74 所示。

06 标注房间名称文字。单击“注释”面板中的 MTEXT（多行文字）按钮 A，绘制出房间名称文字，如图 15-75 所示。

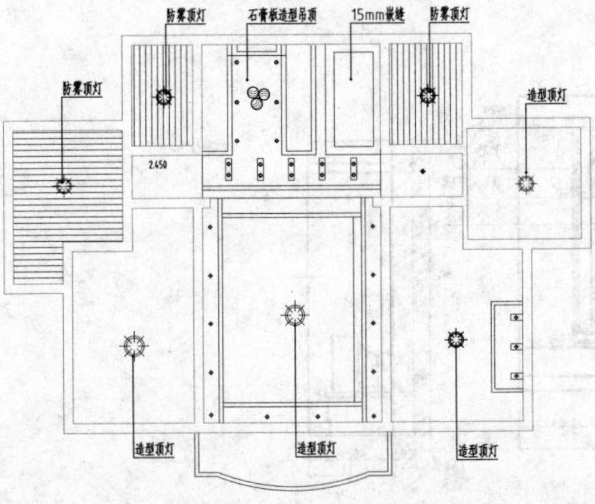

图 15-74 标注引出文字说明

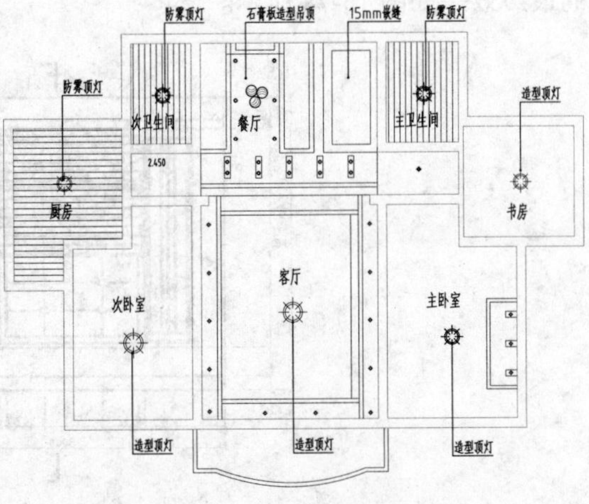

图 15-75 标注房间名称文字

07 绘制尺寸标注和标高标注。单击“注释”面板中的 DIMSTYLE（标注样式）按钮，在弹出的“标注样式管理器”中设置标注样式；单击 DIMLINEAR（线性）按钮和 DIMCONTINUE（连续）按钮，根据定位轴线，标注两道尺寸线，如图 15-76 所示。

08 标注标高。单击“绘图”面板中的 LINE（直线）按钮，绘制一个等腰三角形，根据出图比例，三角形的高度为 3，在标注时直角要指向标注部位。单击“注释”面板中的 MTEXT（多行文字）按钮，在标高符号上方绘制出标高数字，标高以“m”为单位，精确到小数点后 3 位。

09 单击“修改”面板中的 COPY（复制）按钮，将标高符号和数字复制到顶棚装修平面图中。双击标高数字，对标高数字进行修改，最终效果如图 15-77 所示。

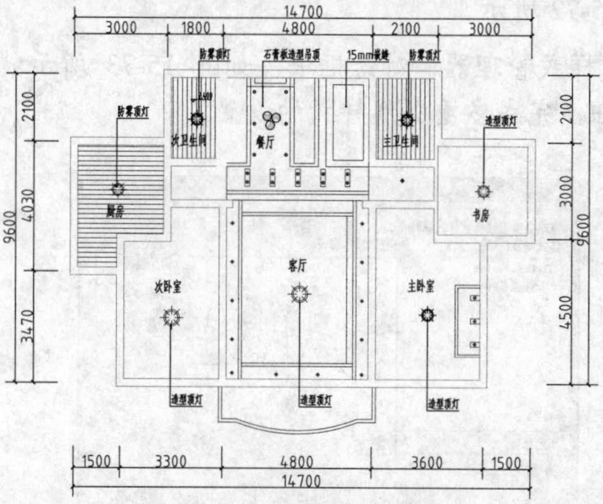

图 15-76　标注尺寸

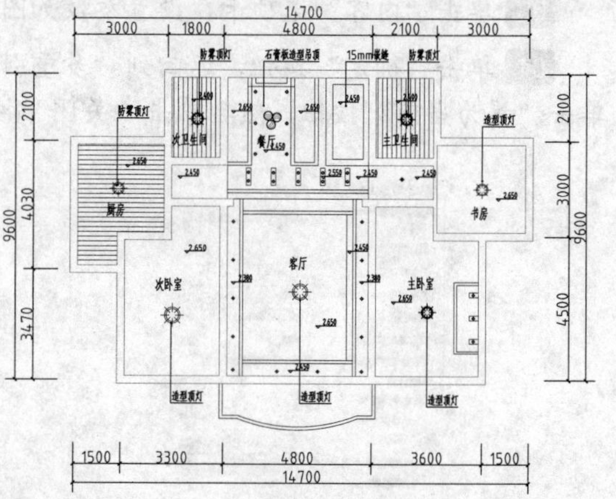

图 15-77　标注标高

15.5 绘制客厅立面图及详图

本节主要介绍家装客厅墙面详图的绘制方法和相关技巧。绘制完成的家装客厅立面详图的最终效果如图 15-78 所示。

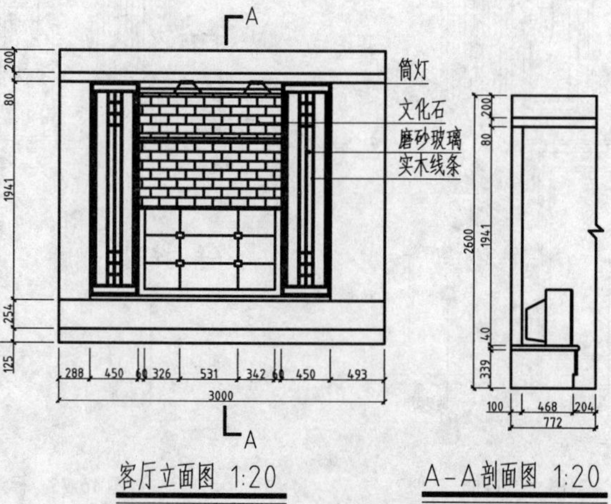

图 15-78　客厅立面详图

15.5.1 绘制客厅立面图

客厅是一个休闲娱乐和会客的空间，因而客厅一般会摆放一些装饰柜和视听等设备，客厅立面图的绘制主要是客厅墙面和设备立面的绘制。

课堂举例 15–13：绘制客厅立面图 视频\第 15 章\课堂举例 15-13.mp4

01 绘制客厅立面基本结构。单击“绘图”面板中的 RECTANG（矩形）按钮，根据客厅墙面宽高尺寸绘制一个 3000×2600 的矩形。单击“修改”面板中的 EXPLODE（分解）按钮，将矩形进行分解。

02 单击“修改”面板中的 OFFSET（偏移）按钮，生成客厅立面基本结构的辅助线。单击“修改”面板中的 TRIM（修剪）按钮，将辅助线进行修剪，如图 15-79 所示。

03 绘制玻璃分隔。单击“修改”面板中的 OFFSET（偏移）按钮，生成玻璃分隔的辅助线。单击“修改”面板中的 TRIM（修剪）按钮，将辅助线进行修剪。单击“修改”面板中的 COPY（复制）按钮，复制出另一侧的玻璃分隔线。绘制好的玻璃分隔效果如图 15-80 所示。

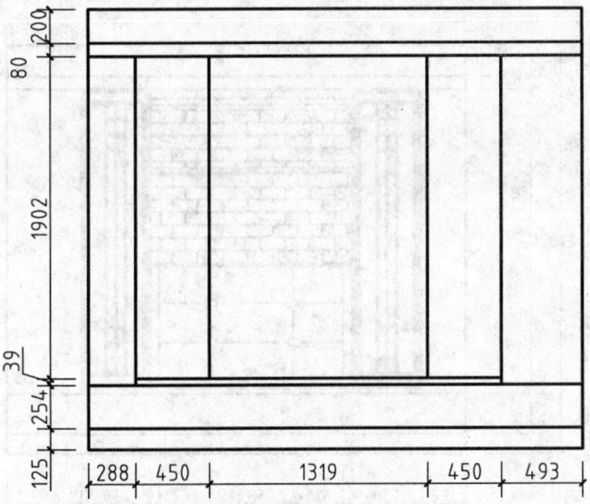

图 15-79 绘制客厅立面基本结构

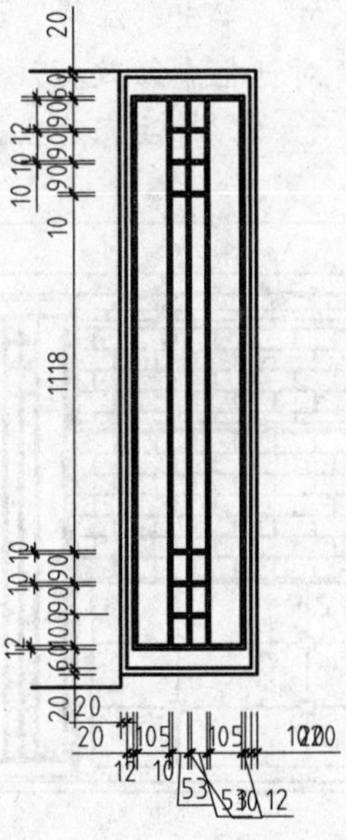

图 15-80 绘制玻璃分隔线

04 绘制电视机立面和装饰线。单击“修改”面板中的 OFFSET（偏移）按钮，生成电视机立面和装饰的辅助线。单击“修改”面板中的 TRIM（修剪）按钮，将辅助线进行修剪，如图 15-81 所示。

05 绘制顶灯。单击“修改”面板中的 OFFSET（偏移）按钮，生成顶灯和光线的辅助线；单击“绘图”面板中的 LINE（直线）按钮，绘制出灯光投射方向线单击“修改”面板中的 TRIM（修剪）按钮，将辅助线进行修剪，如图 15-82 所示。

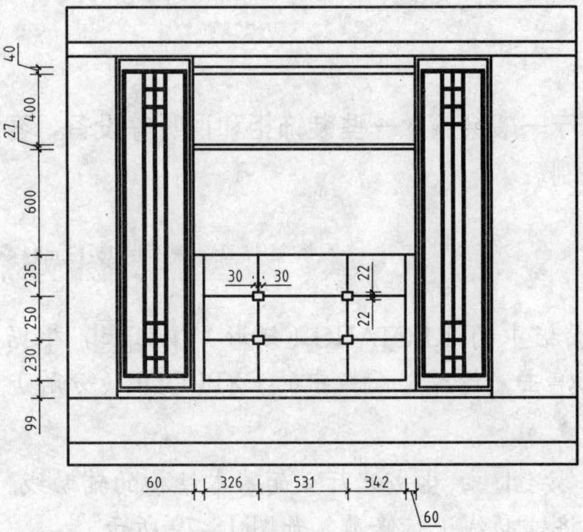

图 15-81　绘制电视机立面和装饰线

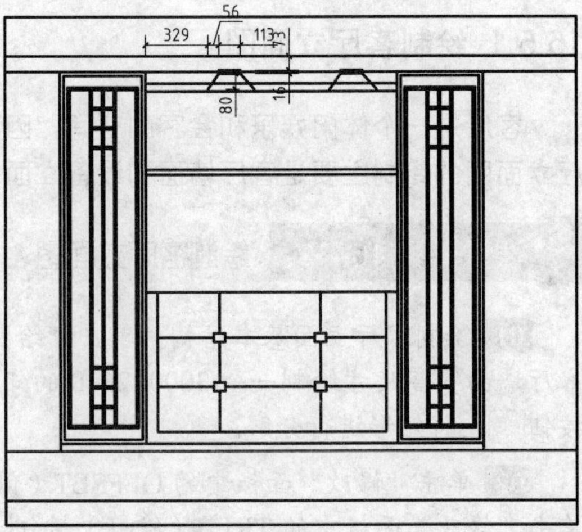

图 15-82　绘制顶灯

06 填充墙面砖。单击“绘图”面板中的 HATCAH（图案填充）按钮，在弹出的“图案填充创建”选项板中，选择名为“AR–B816”图案，修改“比例”为 0.4，然后对墙面进行填充，效果如图 15-83 所示。

07 标注尺寸。单击“注释”面板中的 DIMSTYLE（标注样式）按钮，在弹出的“标注样式管理器”对话框中修改标注样式。单击 DIMLINEAR（线性）按钮和 DIMCONTINUE（连续）按钮 连续，标注客厅立面两道尺寸线，如图 15-84 所示。

图 15-83　填充墙面砖

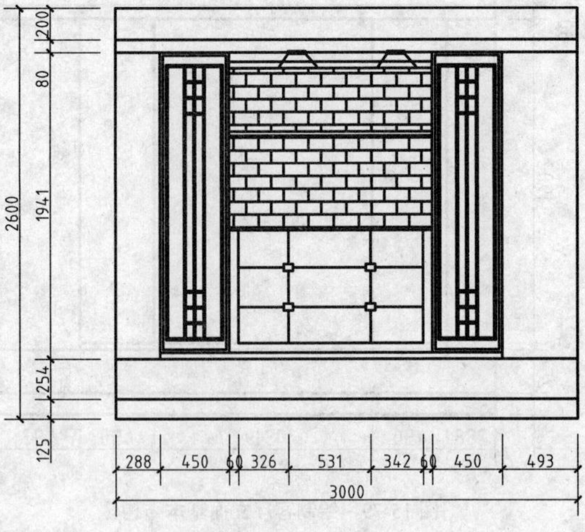

图 15-84　标注尺寸

08 标注文字说明。击“注释”面板中的 MLEADERSTYLE（多重引线样式）按钮，在弹出的“多重引线样式管理器”对话框中修改多重引线样式。单击 MLEADER（多重引线）按钮，标注引出文字说明，如图 15-85 所示。

09 绘制剖切符号。单击“绘图”面板中的 PLINE（多段线）按钮，设置多段线宽为 20，配合“正交”功能，绘制出剖切符号。单击“注释”面板中的 MTEXT（多行文字）按钮 A，注写剖切文字，如图 15-86 所示。

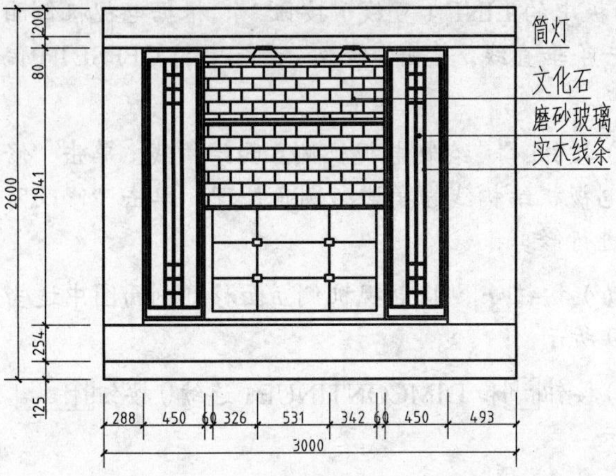

图 15-85　标注文字说明

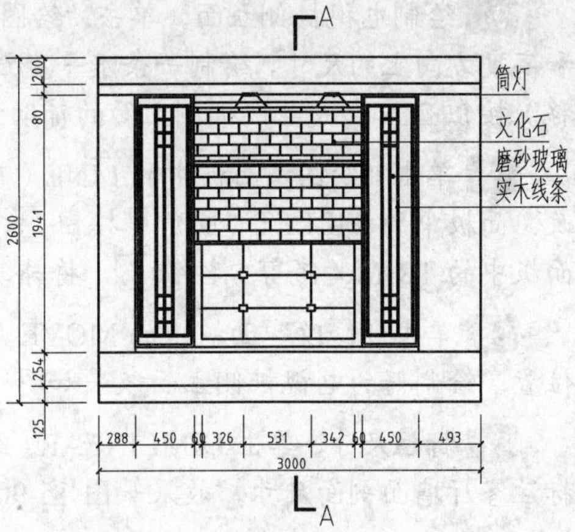

图 15-86　绘制剖切符号

15.5.2 绘制客厅墙面剖面图

客厅立面图有时候并不能详细表达客厅墙面的基本结构，此时就需要绘制出客厅墙面剖面图。

课堂举例 15-14：绘制客厅墙面剖面图

视频\第 15 章\课堂举例 15-14.mp4

01 绘制客厅墙面剖面基本结构。单击“绘图”面板中的 RECTANG（矩形）按钮，绘制出 2600 × 772 的矩形作为客厅剖面的轮廓线。单击“修改”面板中的 EXPLODE（分解）按钮，将矩形进行分解。

02 单击“修改”面板中的 OFFSET（偏移）按钮，生成剖面基本结构的辅助线。单击“修改”面板中的 TRIM（修剪）按钮，将辅助线进行修剪，如图 15-87 所示。

03 绘制圆角台面和折断线。单击“绘图”面板中的 CIRCLE（圆）按钮，在台面右侧绘制一个半径为 20 的圆。单击“修改”面板中的 TRIM（修剪）按钮，将左半圆裁剪掉。单击“绘图”面板中的 LINE（直线）按钮，在客厅墙面剖面右侧绘制一个折断符号，并将折断符号所夹的直线进行修剪，如图 15-88 所示。

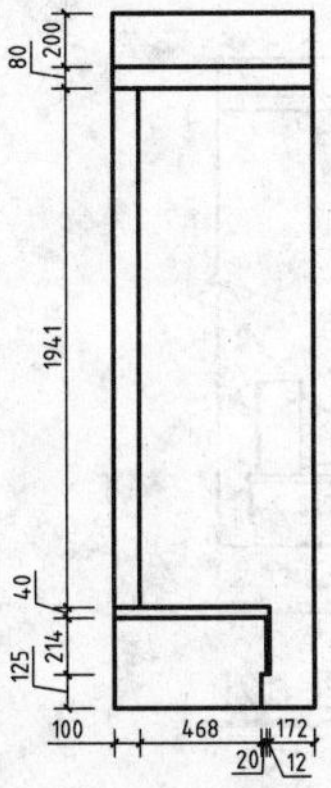

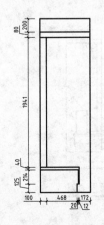

图 15-87　绘制客厅墙面剖面基本结构

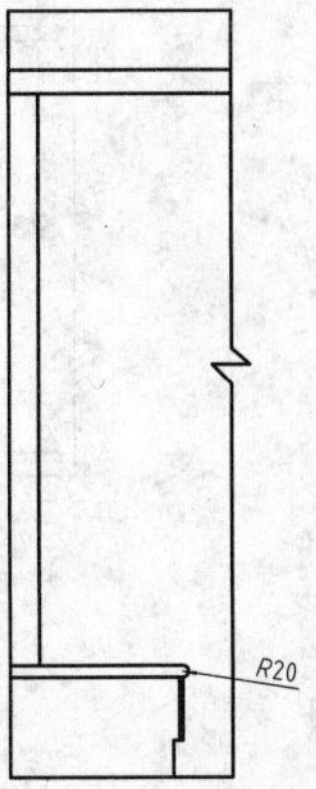

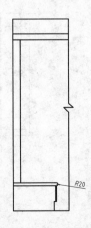

图 15-88　绘制圆角台面和折断线

04 绘制电视机侧立面。单击“绘图”面板中的 LINE（直线）按钮，根据电视机侧面和高度方向上的尺寸，绘制一条水平直线和一条垂直线。单击“修改”面板中的 OFFSET（偏移）按钮，生成电视机侧立面的辅助线。

05 单击“绘图”面板中的 LINE（直线）按钮，绘制电视机侧立面结构线。单击“修改”面板中的 FILLET（圆角）按钮，对电视机结构线转角进行圆角处理。单击“修改”面板中的 TRIM（修剪）按钮，将辅助线进行修剪。

06 单击“修改”面板中的 MOVE（移动）按钮，将电视机侧立面移到剖面图中适当位置。绘制好的电视机侧立面效果如图 15-89 所示。

07 标注尺寸。单击 DIMLINEAR（线性）按钮和 DIMCONTINUE（连续）按钮连续，标注客厅墙面剖面尺寸，效果如图 15-90 所示。

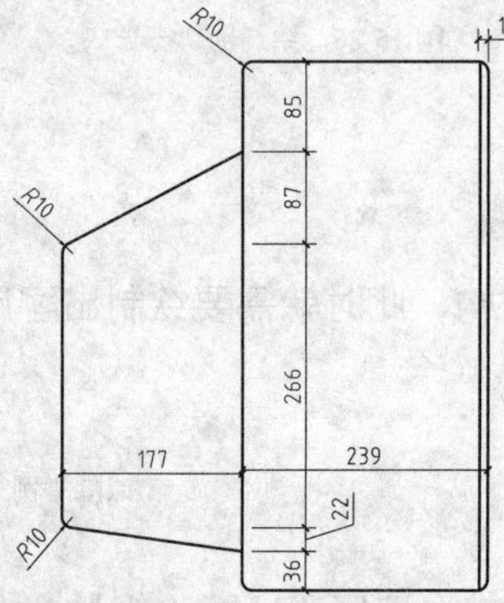

图 15-89 绘制电视机侧立面

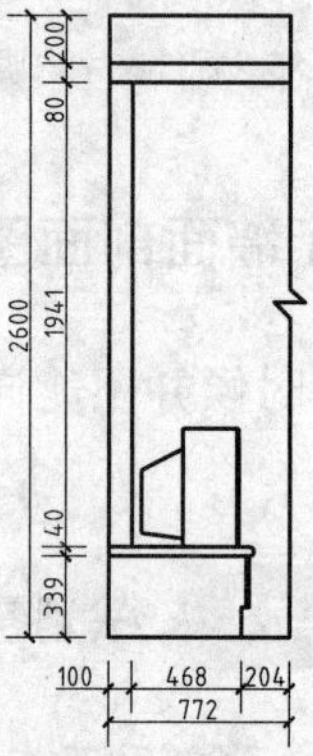

图 15-90 标注尺寸

08 添加图名和比例。单击“注释”面板中的 MTEXT（多行文字）按钮，绘制出客厅立面图和剖面图的“图名和比例”文字。单击“绘图”面板中的 PLINE（多段线）按钮，设置多段线宽为 40，在图名和比例下方绘制一条多段线。

09 单击“修改”面板中的 OFFSET（偏移）按钮，将多段线向下偏移 80。单击“修改”面板中的 EXPLODE（分解）按钮，将第二条多段线进行分解，最终效果如图 15-91 所示。

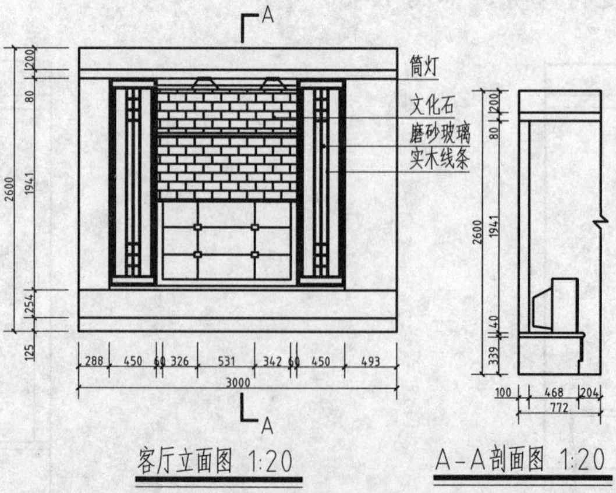

图 15-91 添加图名和比例

第16章 文件布图与打印

本章导读

对于建筑图样而言，其输出对象主要为打印机，打印输出的图样将成为施工人员施工的主要依据。建筑图样根据设计详略选定合适的输出比例，依据文件尺寸选定合适的纸张。

在进行打印之前，需要确定纸张大小、输出比例以及打印线宽、颜色等相关内容。对于图形的打印线宽、颜色等属性，均可通过打印样式进行控制。在最终打印输出之前，需要对图形进行认真检查、核对，在确定正确无误之后方可正式进行打印。

本章将详细讲解文件布图与打印的基本知识及操作方法。

本章重点

- 模型空间与图纸空间的概念
- 模型空间和图纸空间的切换
- 配置绘图设备
- 页面设置
- 设置打印样式
- 打印输出与图形输出系统设置

16.1 模型空间与图纸空间

利用 AutoCAD 2015 绘制和编辑图形都是在某个空间中进行的，AutoCAD 包含两种绘图空间：模型空间（Model Space）和图纸空间（Paper Space）。模型空间和图纸空间的主要区别在于前者是针对图形实体的空间，后者是针对图纸布局的空间。本节主要介绍模型空间与图纸空间的基本知识。

16.1.1 模型空间与图纸空间的概念

模型空间与图纸空间是 AutoCAD 绘图的两种空间，用户根据需要选用空间。接下来分别介绍两种空间的概念和用法。

1. 模型空间

模型空间是设计者将自己的设计构思绘制成工程图形的空间。模型空间为用户提供了一个广阔的绘图区域，在模型空间中可以按 1:1 的比例绘图，可以确定一个绘图单位表示的是 1mm 还是 1in，或者是其他常用单位。在模型空间，用户不需要考虑绘图空间是否足够大，只需要考虑图形的正确绘制。如图 16-1 所示是在模型空间绘制的图形。

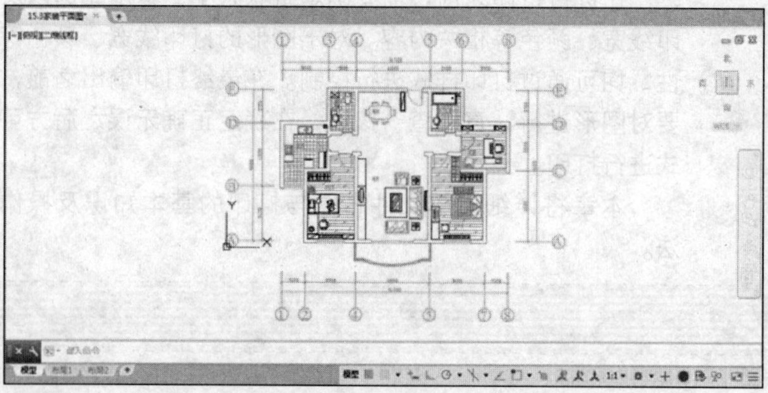

图 16-1　模型空间

2. 图纸空间

图纸空间是用来将图形表达到图纸上的模拟图样。在进行出图时提供打印设置。图纸空间侧重于图纸的布局，图纸空间又称为“布局”。如图 16-2 所示是在图纸空间布局的图形。

通常情况下，要考虑图纸如何布局。在图纸空间中将模型空间的图形以不同比例的视图进行搭配，再添加一些文字注释，从而形成完整的图形，直至最终输出。

16.1.2 模型空间和图纸空间的切换

在默认情况下启动 AutoCAD，首先进入模型空间。在绘图区底部有两个或多个选项卡，即“模型”选项和 1 个或多个“布局选项卡。

用户只需单击“模型空间”或“图纸空间”选项卡，就能轻松实现空间模式的切换。

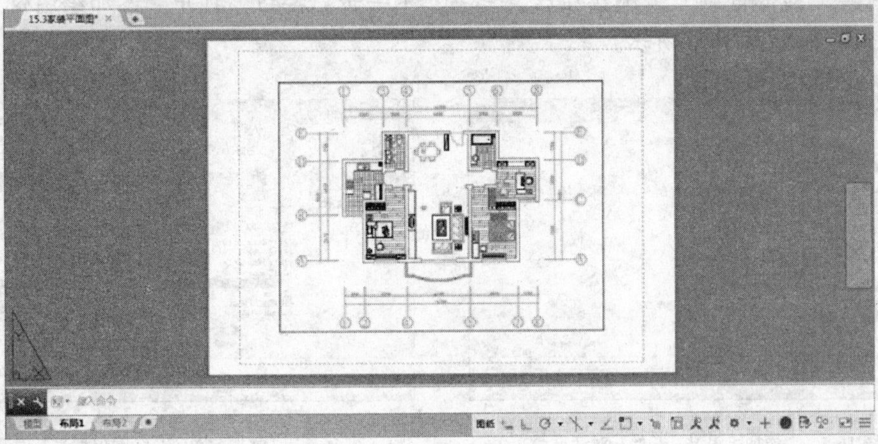

图 16-2　图纸空间

16.2 配置绘图设备

AutoCAD 绘制的图形可以在多种绘图设备上输出。常用的绘图输出设备有：打印机和绘图仪（又称大幅面打印机）两种。

打印机通常用于 Windows 文本打印，作为 AutoCAD 的图形输出设备并不完善。绘图仪是传统输出设备，用户可根据需要进行配置，将图形以打印文件的方式输出。当要打印到指定的绘图仪时，每台计算机只需要设置一次，计算机就会保存绘图仪的设置。本节以配置“HP 7586B”型号绘图仪（其他型号绘图仪配置方法类似）为例，讲述配置绘图仪的步骤。

课堂举例 16-1：配置绘图设备

视频\第 16 章\课堂举例 16-1.mp4

01 在 AutoCAD 2015 正常启动的情况下，单击“打印”面板中的 POLTTERMANGER（绘图仪管理器）按钮 绘图仪管理器，打开“绘图仪管理器”文件夹，如图 16-3 所示。

02 在该文件夹中，双击“添加绘图仪向导”文件，打开“添加绘图仪 - 简介”对话框，如图 16-4 所示。

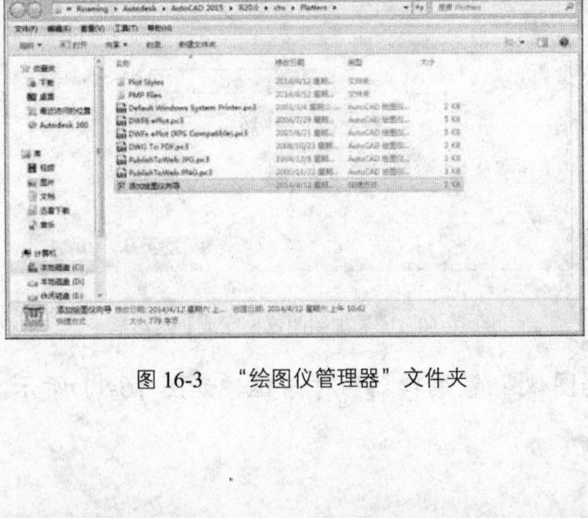

图 16-3　“绘图仪管理器”文件夹

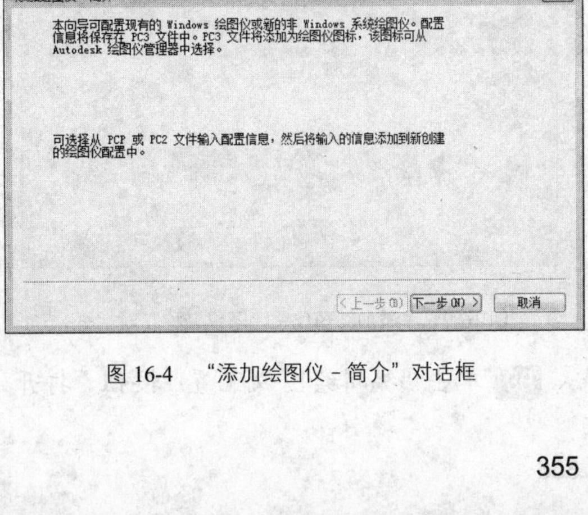

图 16-4　“添加绘图仪 - 简介”对话框

03 单击“下一步”按钮，打开“添加绘图仪 - 开始”对话框，如图 16-5 所示。

04 选中“我的电脑”单选按钮后，单击“下一步”按钮，打开“添加绘图仪 - 绘图仪型号”对话框，如图 16-6 所示。

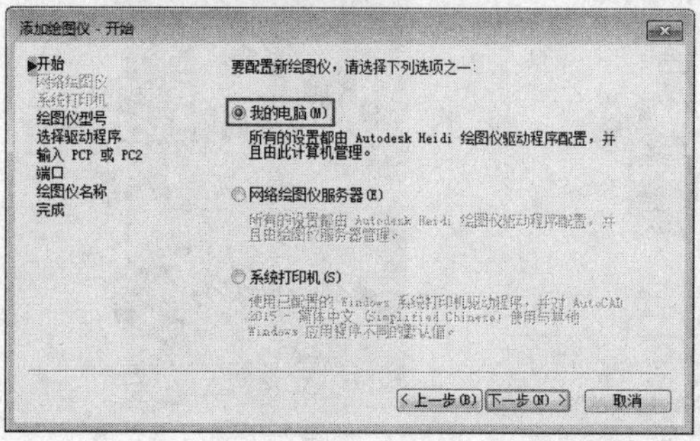

图 16-5 “添加绘图仪 - 开始”对话框

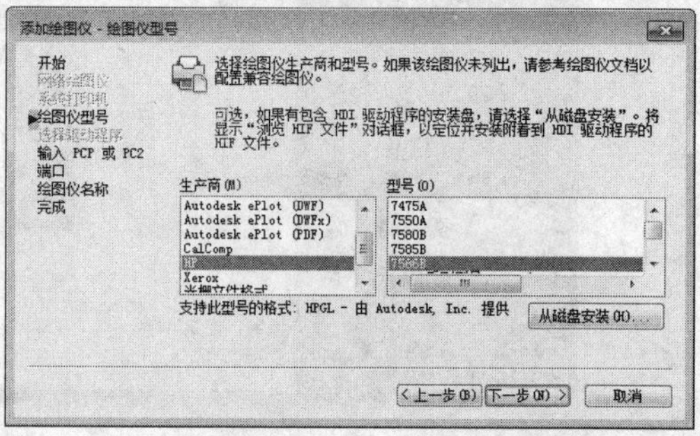

图 16-6 “添加绘图仪 - 绘图仪型号”对话框

05 在“生产商”选项栏中选择“HP”，在型号中选择“7586B”后，如图 16-6 所示，单击“下一步”按钮，打开“添加绘图仪 - 输入 PCP 或 PC2”对话框，如图 16-7 所示。

06 单击“下一步”按钮，打开“添加绘图仪 - 端口”对话框，如图 16-8 所示。

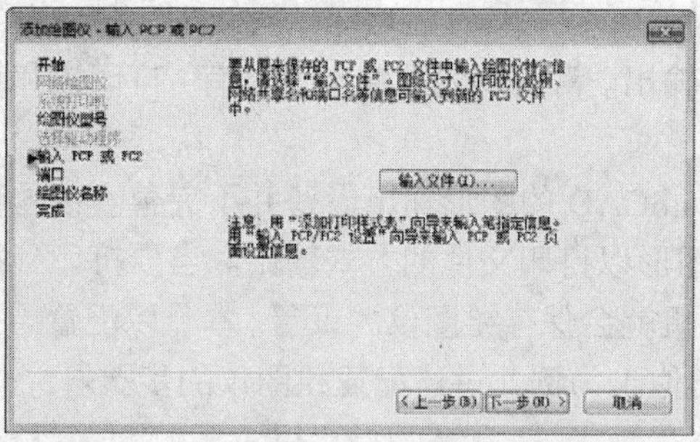

图 16-7 “添加绘图仪 - 输入 PCP 或 PC2”对话框

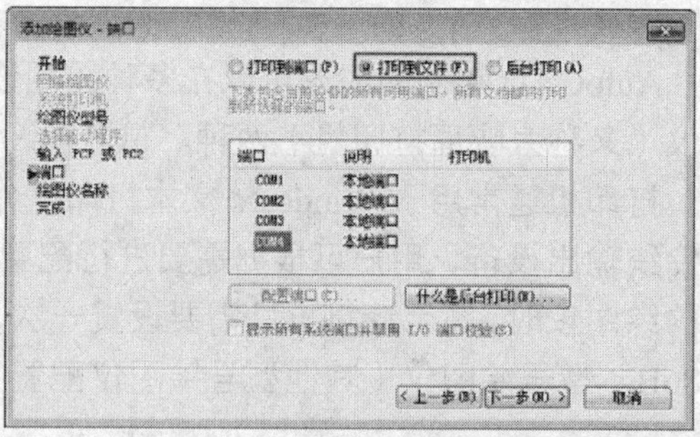

图 16-8 “添加绘图仪 - 端口”对话框

07 在“添加绘图仪 - 端口”对话框中，选择“打印到文件”单选按钮，单击“下一步”按钮，打开“添加绘图仪 - 绘图仪名称”对话框，如图 16-9 所示。

08 单击“下一步”按钮，打开“添加绘图仪 - 完成”对话框，如图 16-10 所示。

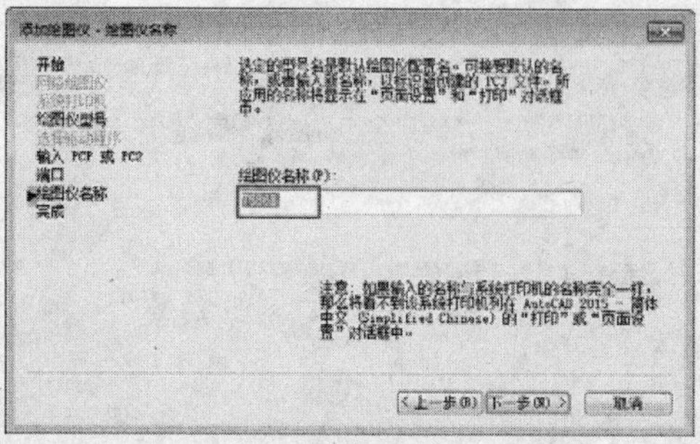

图 16-9 “添加绘图仪 - 绘图仪名称”对话框

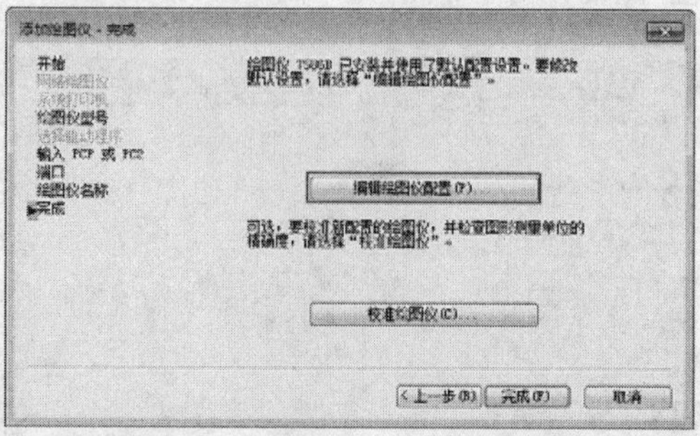

图 16-10 “添加绘图仪 - 完成”对话框

09 单击“编辑绘图仪配置”按钮，打开“绘图仪配置编辑器”对话框，如图 16-11 所示。

10 选择“自定义图纸尺寸”选项，然后单击“添加”按钮，打开“自定义图纸尺寸 - 开始”对话框，如图 16-12 所示。

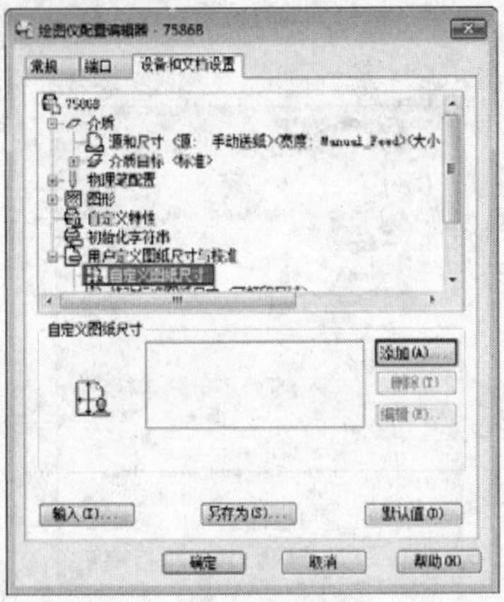

图 16-11　“绘图仪配置编辑器”对话框

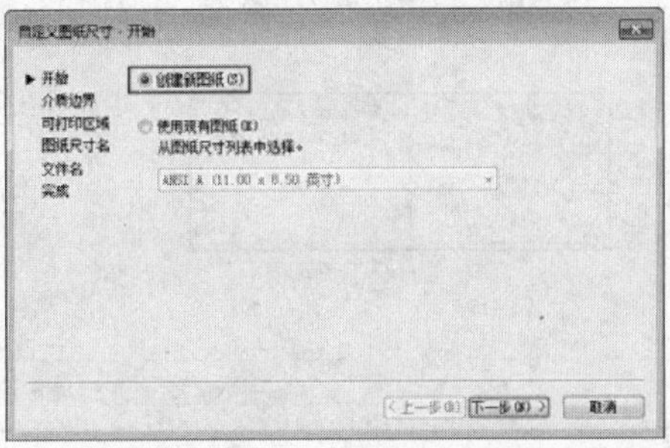

图 16-12　“自定义图纸尺寸 - 开始”对话框

11 选择“创建新图纸”单选按钮，单击“下一步”按钮，打开“自定义图纸尺寸 - 介质边界”对话框，如图 16-13 所示，在该对话框中可以设定图纸的尺寸，在“宽度”选项栏中输入 420，在“高度”选项栏中输入 297，在“单位”选项栏中选择“毫米”选项。

12 单击“下一步”按钮，打开“自定义图纸尺寸 - 可打印区域”对话框，如图 16-14 所示。

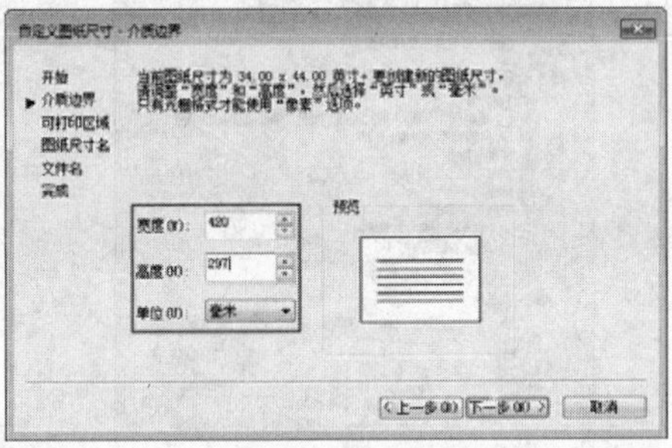

图 16-13　“自定义图纸尺寸 - 介质边界”对话框

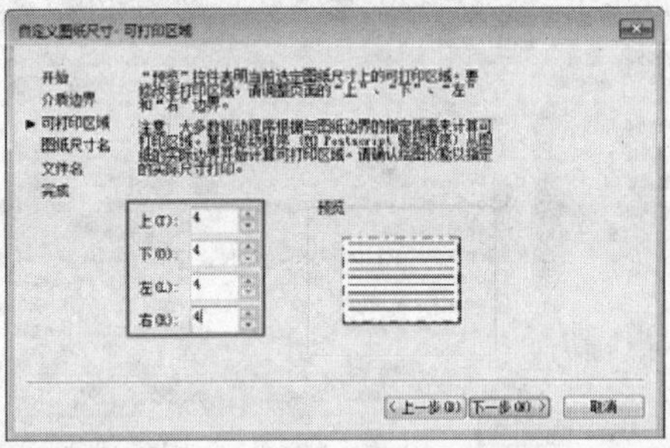

图 16-14　“自定义图纸尺寸 - 可打印区域”对话框

13 将“上”“下”“左”“右”的边界距离设为 4，然后单击“下一步”按钮，打开“自定义图纸尺寸 - 图纸尺寸名”对话框，设置图纸尺寸名称，如图 16-5 所示。

14 单击“下一步”按钮，打开“自定义图纸尺寸 - 文件名”对话框，如图 16-16 所示。

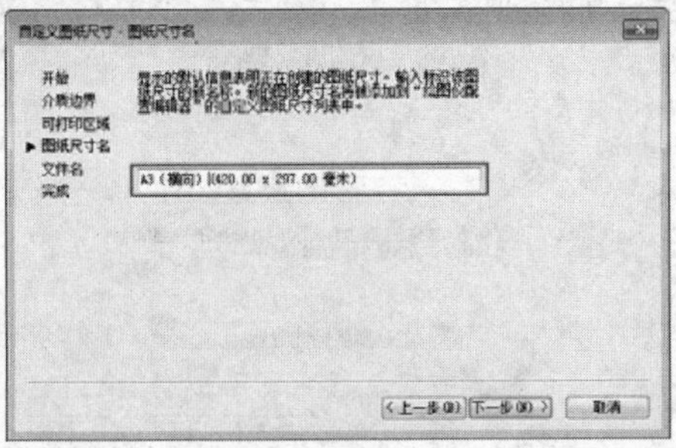

图 16-15　“自定义图纸尺寸 - 图纸尺寸名”对话框

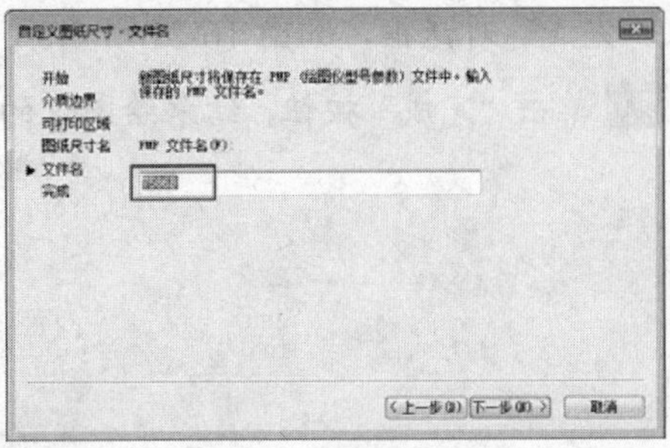

图 16-16　“自定义图纸尺寸 - 文件名”对话框

15 单击“下一步”按钮，打开“自定义图纸尺寸 - 完成”对话框，如图 16-17 所示。

16 选择“卷筒送纸”选项，然后单击“完成”按钮，返回到“绘图仪配置编辑器 - 7586B”对话框中，如图 16-18 所示。

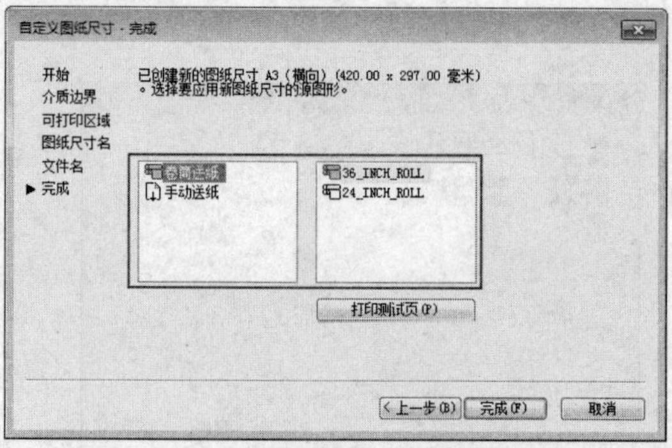

图 16-17 “自定义图纸尺寸 - 完成”对话框

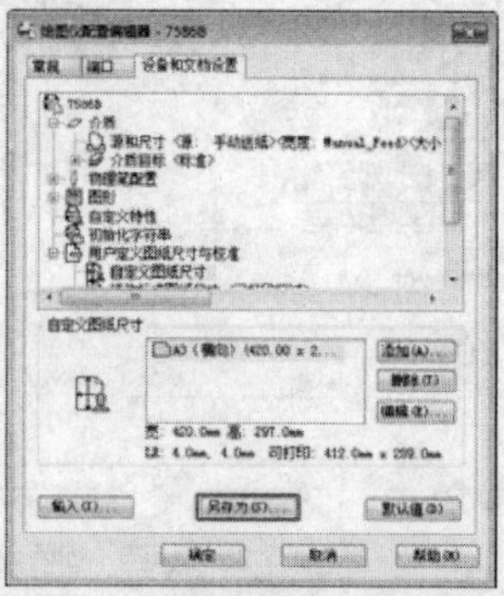

图 16-18 “绘图仪配置编辑器”对话框

17 单击“另存为”按钮，打开“另存为”对话框，其中文件名为 7586B，如图 16-19 所示。

18 单击“保存”按钮，打开“绘图仪配置编辑器 - 7586B.pc3”对话框，如图 16-20 所示。

图 16-19 “另存为”对话框

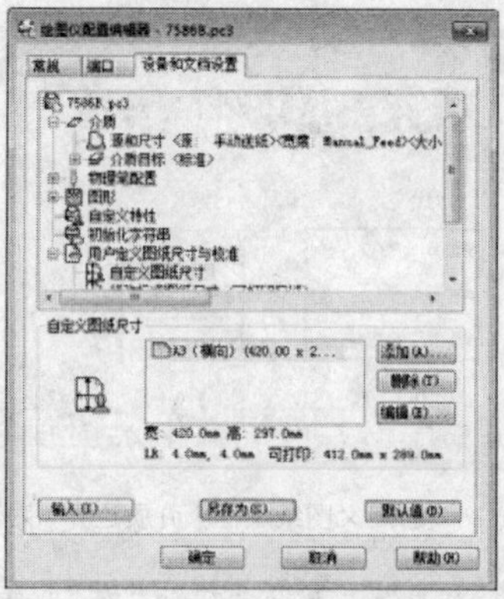

图 16-20 “绘图仪配置编辑器”对话框

19 单击“确定”按钮，打开“添加绘图仪 - 完成”对话框，如图 16-21 所示。

20 单击“完成”按钮，结束绘图仪的配置。

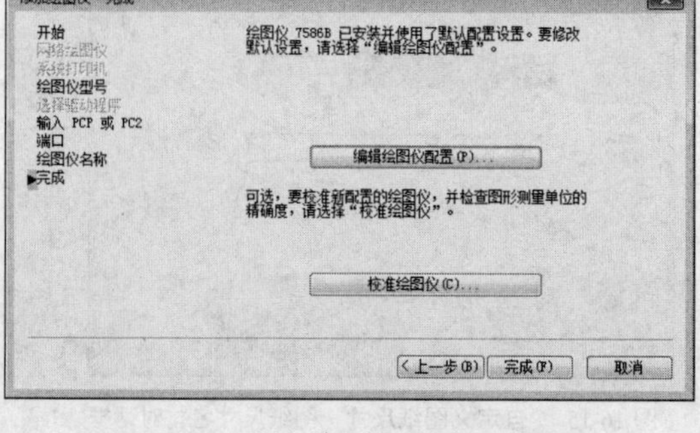

图 16-21 “添加绘图仪 - 完成”对话框

16.3 页面设置

页面设置是出图准备过程中的最后一个步骤。页面设置包括打印设备、纸张、打印区域、打印样式、打印方向等影响最终打印外观和格式的所有设置的集合。页面设置可以命名保存，可以将同一个命名页面设置应用到多个布局图中。本节讲述页面设置的创建和设置方法。

课堂举例 16-2：页面设置

视频\第 16 章\课堂举例 16-2.mp4

01 单击“打印”面板中的 PAGESETUP（页面设置管理器）按钮 页面设置管理器，打开“页面设置管理器”对话框，如图 16-22 所示。

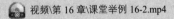

02 单击“新建”按钮，打开“新建页面设置”对话框，在对话框中输入新页面设置名称“A3 图纸页面设置”，如图 16-23 所示。单击“确定”按钮，即创建了新的页面设置“A3 图纸页面设置”。

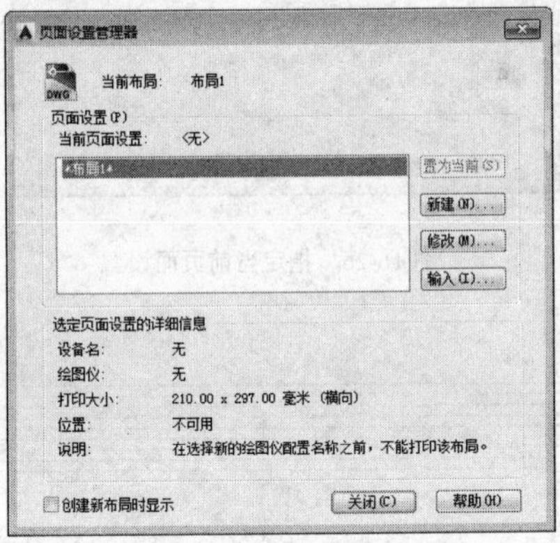

图 16-22　“页面设置管理器”对话框

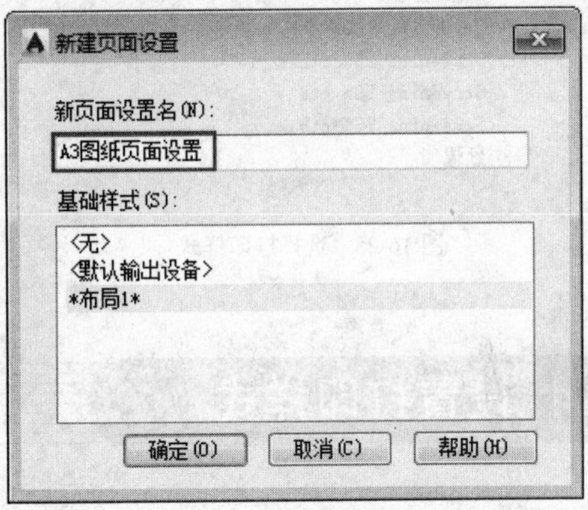

图 16-23　“新建页面设置”对话框

03 弹出“页面设置-模型”对话框如图 16-24 所示。在“打印机/绘图仪”选项组中选择用于打印当前图纸的“7586B”打印机。在“图纸尺寸”选项组中选择 A3 类图纸。

04 在“打印样式表”列表的选择样板中已设置好的打印样式“A3 图纸打印样式”（请参照 16.4.4 的“A3 图纸打印样式设置”），如图 16-25 所示。在随后弹出的“问题”对话框中单击“是”按钮，将指定的打印样式指定给所有布局。

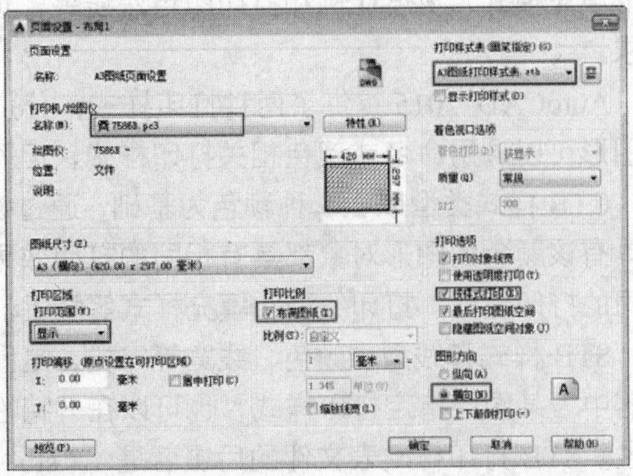

图 16-24　“页面设置 - 模型”对话框

05 勾选“打印选项”选项组“按样式打印”复选框，使打印样式生效，否则图形将按其自身的特性进行打印。

06 勾选“打印比例”选项组“布满图纸”复选框，图形将根据图纸尺寸缩放打印图形，使打印图形布满图纸。

07 在“图形方向”栏设置图形打印方向为横向。

08 设置完成后单击“预览”按钮，检查打印效果。

09 单击“确定”按钮返回“页面设置管理器”对话框，在页面设置列表中可以看到刚才新建的页面设置“A3 图纸页面设置”，选择该页面设置，单击“置为当前”按钮，如图 16-26 所示。单击“关闭”按钮关闭对话框，完成页面的设置。

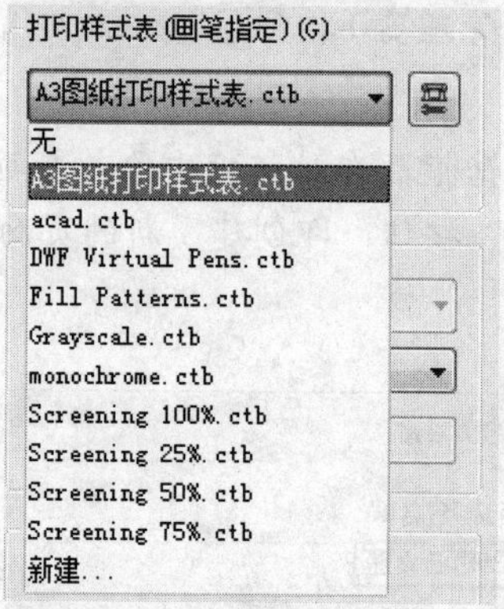

图 16-25　选择打印样式

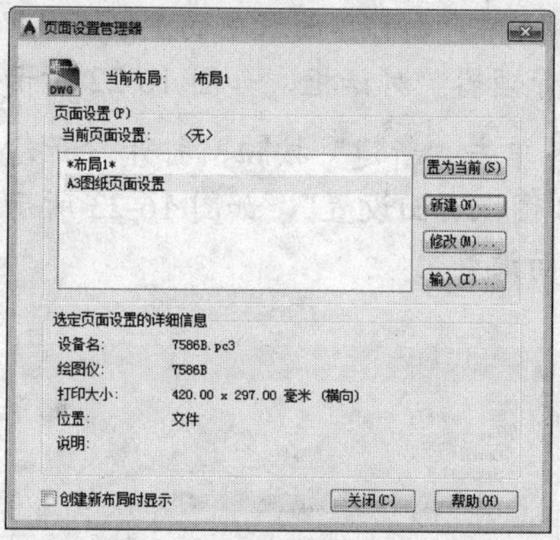

图 16-26　指定当前页面设置

16.4 设置打印样式

建筑图的打印，由输出设备和图形文件共同控制其属性。用户可以在“打印样式管理器”对话框中，设置输出图纸的特性，包括线条的颜色及线型、线条宽度、线条终点及交点类型、图形填充模式、灰度比例和打印颜色深浅等，也可对其进行编辑修改，使之符合打印输出的要求。

AutoCAD 2015 提供了两种打印样式，分别为颜色相关样式(CTB)和命名样式(STB)。一个图形可以调用命名或颜色相关打印样式，但两者不能同时调用。

CTB 样式类型以 255 种颜色为基础，通过设置与图形对象颜色对应的打印样式，使得所有具有该颜色的图形对象都具有相同的打印效果。例如，可以为所有用红色绘制的图形设置相同的打印笔宽、打印线型和填充样式等特性。CTB 打印样式表文件的后缀名为“*.ctb”。

STB 样式和线型、颜色、线宽等一样，是图形对象的一个普通属性。可以在图层特性管理器中为某图层指定打印样式，也可以在“特性”选项板中为单独的图形对象设置打印样式属性。STB 打印样式表文件的后缀名是“*.stb”。

单击“应用程序”按钮，在展开的按钮菜单中，单击“打印”|“管理打印样式”命令，打开“打印样式管理器”文件夹，如图 16-27 所示。

在“打印样式管理器”文件夹中，列出了当前正在使用的所有打印样式文件。这些打印样式，有的是 AutoCAD 本身自带的打印样式文件。如果用户要设置新的打印样式，可以在 AutoCAD 已有的打印样式文件中进行修改，也可以新建打印样式。接下来分别介绍两种方法。

16.4.1 修改原有打印样式

单击“应用程序”按钮，在展开的按钮菜单中，单击“打印”|“管理打印样式”命令，打开“打印样式管理器”文件夹，双击文件名为“acad.ctb”的图标，打开“打印样式表编辑器”对话框，如图 16-28 所示。

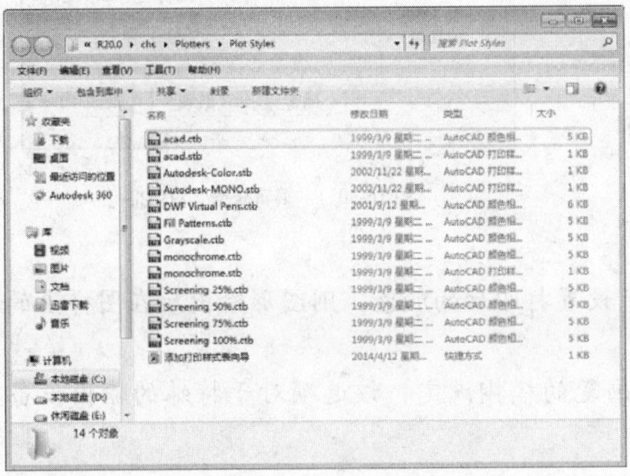

图 16-27　“打印样式管理器”文件夹

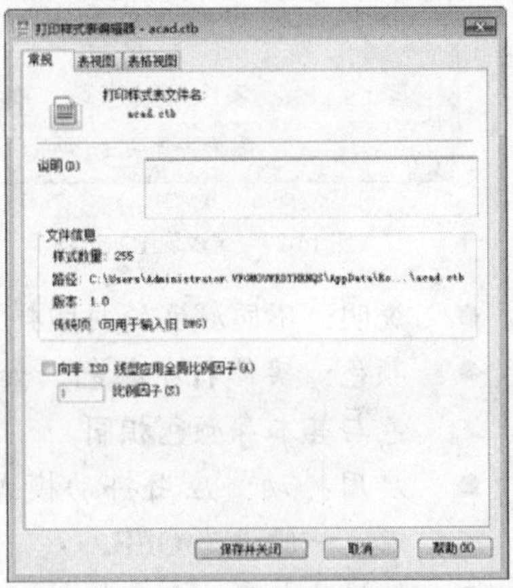

图 16-28　“打印样式表编辑器”对话框

在“打印样式表编辑器”对话框中，有 3 个选项卡，分别是“常规”选项卡、“表现图”选项卡和“表格视图”选项卡。各选项卡的内容介绍如下：

1. “常规”选项卡

“常规”选项卡列出了所选择的打印样式文件的基本信息。

2. “表现图”选项卡

“表现图”选项卡以表格的形式列出了样式文件下的所有打印样式，用户可以在其中对任一打印样式进行修改，如图 16-29 所示。该选项卡中各选项解释如下：

❑ 打印样式列表区：选项卡中白色部分

基于颜色的打印样式而言，每一种颜色就是一种打印样式，该区域列出了 255 种打印样式，用户可以利有列表区下面的滚动条移动打印样式，调节显示。

在打印样式列表区下方有 4 个按钮，即“添加样式”“删除样式”“编辑线宽”和“另存为”。其中“添加样式”和“删除样式”按钮在编辑.ctb 文件时无效。单击“编辑线宽”按钮，打开“编辑线宽”对话框，如图 16-30 所示，用户可以在该对话框中修改选定颜色所示的线条宽度。

❑ 打印样式项目区：选项卡左边的 14 个灰色按钮

打印样式项目区中的每个按钮均对应着打印样式列表区内的相应项目，这些项目的含义如下：

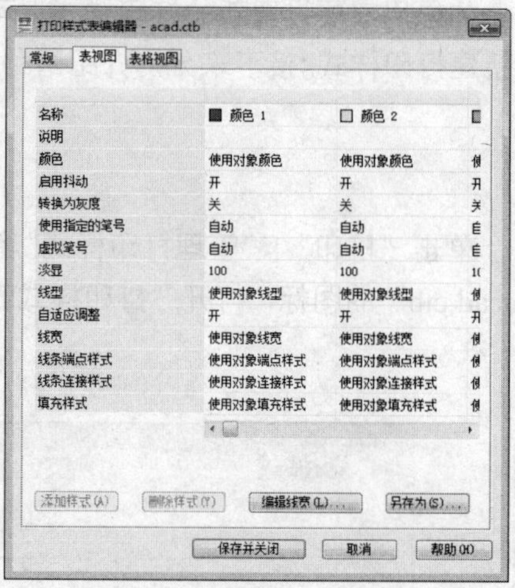

图 16-29 “表现图”选项卡

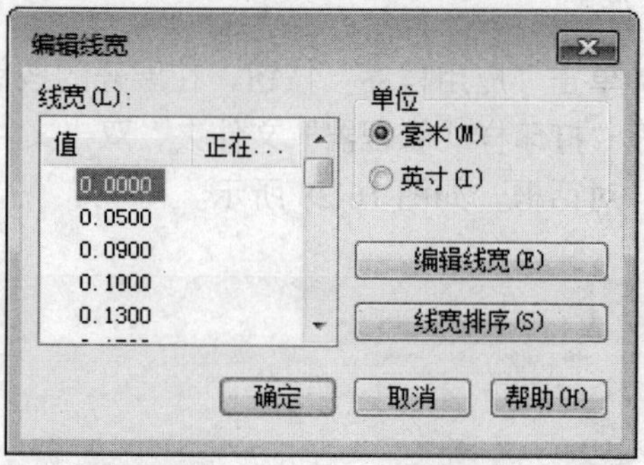

图 16-30 “编辑线宽”对话框

- 说明：不同颜色的打印样式描述信息。
- 颜色：实体打印颜色。如果没有设置打印后的颜色，则图形输出后在图样上的颜色与其本身颜色相同。
- 启用抖动：应用抖动模式，即画笔的模糊设定，该选项对于特殊的输出设备有效，一般设为 OFF。
- 转换为灰度：灰度打印。
- 使用指定的笔号：该项目只对笔式绘图仪有效。
- 虚拟笔号：介于 1～255 之间，当非笔式绘图仪模拟笔式绘图仪时用此选项；当该项设为 0 或自动时，AutoCAD 将使用颜色号作为虚拟笔号。
- 淡显：该选项以百分比的形式控制打印的深浅度。
- 线型：打印后线条的属性。
- 自适应调整/线宽/线条端点样式/线条连接样式/填充样式：该选项用来选择图形实体绘制时的填充图样，主要针对笔画较宽的线条，默认方式是使用实体本身的填充样式。

3. “表格视图”选项卡

“表格视图”选项卡和“表现图”选项卡只是打印样式排列形式不同，操作实质和结果均相同，单击“表格视图”选项卡，如图 16-31 所示。

16.4.2 利用向导创建新的打印样式

AutoCAD 提供了创建新的打印样式文件向导，在其引导下，用户可轻松地创建新的打印样式。

课堂举例 16-3：创建新的打印样式　　视频\第 16 章\课堂举例 16-3.mp4

01 在“Plot Styles”文件夹中，双击“添加打印样式表向导”文件，即可打开“添加打印样式表”对话框，如图 16-32 所示。

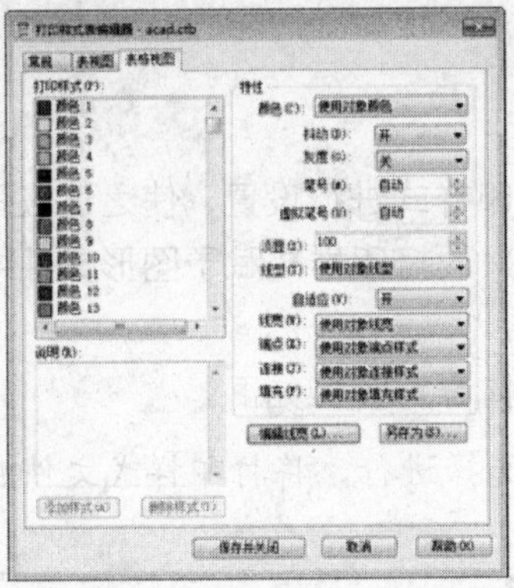

图 16-31 “表格视图”选项卡

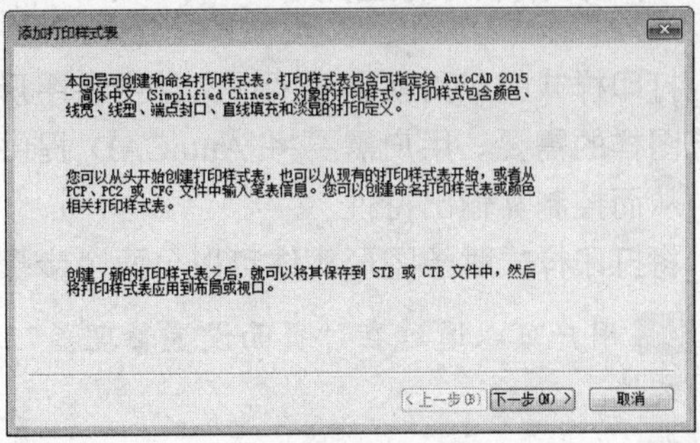

图 16-32 “添加打印样式表”对话框

02 单击“下一步”按钮，将弹出“添加打印样式表 - 开始”对话框，如图 16-33 所示。在该对话框中，可确定所要创建样式文件的类型。

03 选中“创建新打印样式表”单选按钮，单击“下一步”按钮，打开“添加打印样式表 - 选择打印样式表”对话框，如图 16-34 所示。该对话框中有两个单选按钮，用来确定新打印样式的种类。

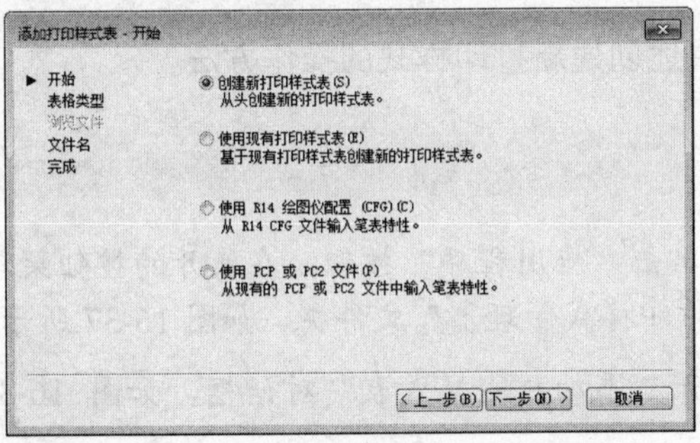

图 16-33 “添加打印样式表 - 开始”对话框

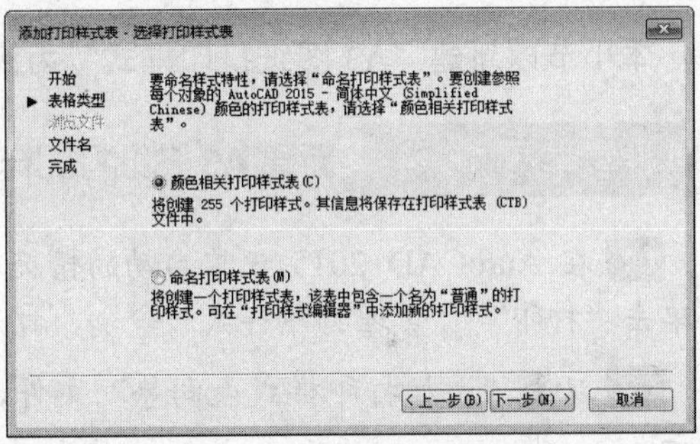

图 16-34 “添加打印样式表”对话框

04 在“添加打印样式表 - 选择打印样式表”对话框中，选中“颜色打印样式表”单选按钮，单击“下一步”按钮，打开“添加打印样式表 - 文件名”对话框，要求用户输入文件的名称，如图 16-35 所示。

05 在“添加打印样式表 - 文件名”对话框中，单击“下一步”按钮，打开“添加打印样式表 - 完成”对话框，如图 16-36 所示。单击“完成”按钮，完成打印样式的命名。

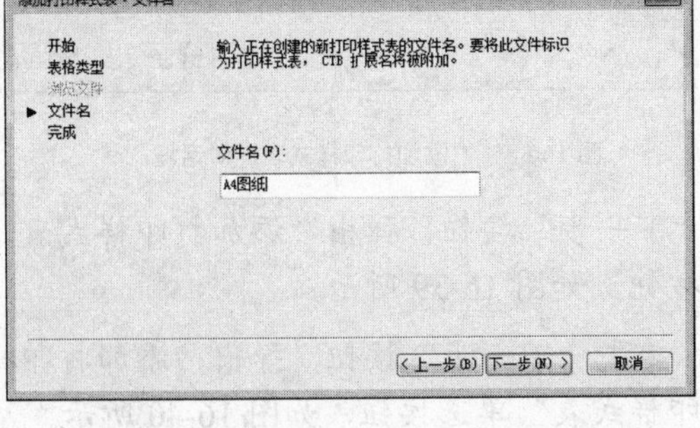

图 16-35 “添加打印样式表 - 文件名”对话框

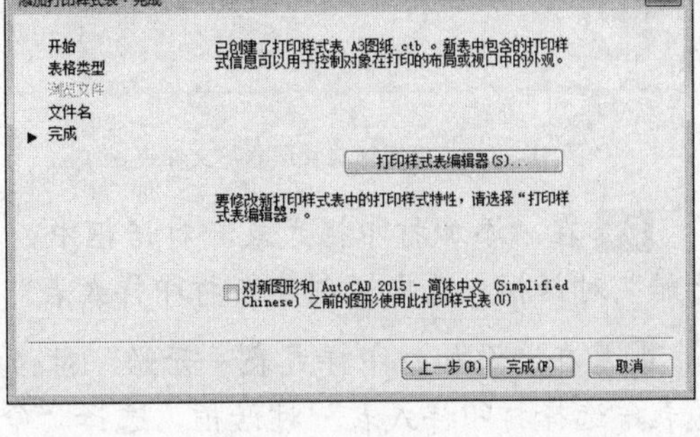

图 16-36 “添加打印样式表 - 完成”对话框

16.4.3 打印样式的应用

打印样式的应用就是对图形文件中各图形实体的打印样式进行设置，使之适应不同类型建筑图样的需要。用户需要将 AutoCAD 提供的或自定义的打印样式赋予图形文件中的各实体，从而控制其输出特性。

将打印样式赋予图形实体可以分两个步骤进行，具体操作步骤如下：

01 用户可以通过在“页面设置管理器”对话框中选择进行，将打印样式文件赋予当前图形文件。

02 将打印样式赋予图形实体。

打印样式是图形实体的一种属性，就如同颜色和线型等一样，用户可以通过图层来控制，也可以对每个图形实体单独设置。设置方法是：在“属性管理器”对话框中，单击“打印样式”的下拉列表，下拉列表中有“打印样式随层”“随块”“默认”和“其他”4 个选项，用户可以通过“其他”这个选项来选择合适的打印样式。

16.4.4 新建 A3 图纸打印样式

本小节以新建“A3 图纸打印样式”为例，讲述创建新打印样式的操作方法。

课堂举例 16-4： 新建 A3 图纸打印样式 视频\第 16 章\课堂举例 16-4.mp4

01 在 AutoCAD 2015 正常启动的情况下，单击“应用程序”按钮，在展开的按钮菜单中单击“打印”|“管理打印样式”命令，打开“打印样式管理器”文件夹，如图 16-37 所示。

02 双击“添加打印样式表向导”文件，打开“添加打印样式表”对话框，如图 16-38 所示。

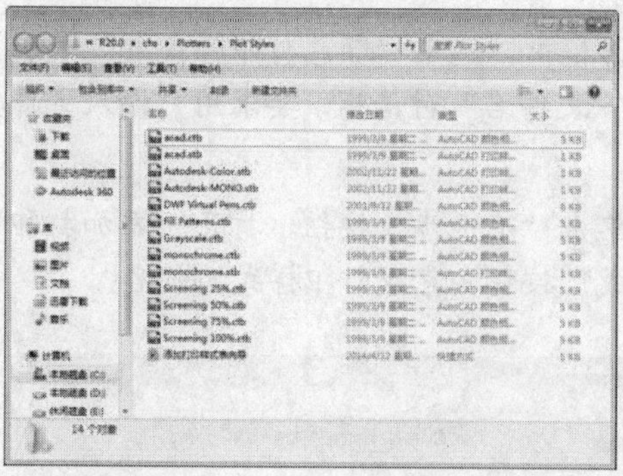

图 16-37 “打印样式管理器”文件夹

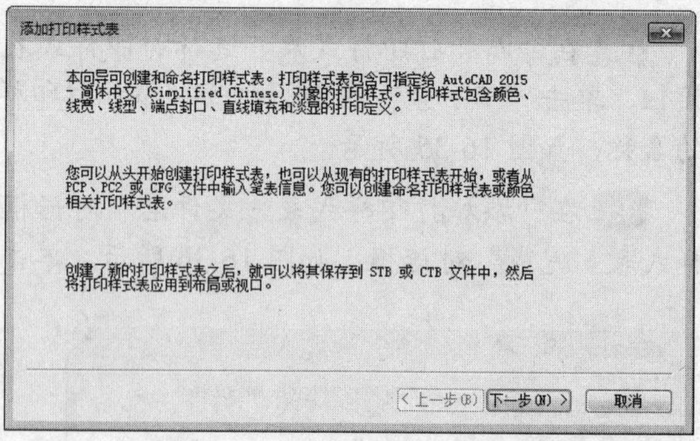

图 16-38 “添加打印样式表”对话框

03 在“添加打印样式表”对话框中，单击“下一步”按钮，弹出“添加打印样式表 - 开始”对话框，选中“创建新打印样式表”单选按钮，如图 16-39 所示。

04 在“添加打印样式表 - 开始”对话框中，单击“下一步”按钮，弹出“添加打印样式表 - 选择打印样式表”对话框，选择“命名打印样式表”单选按钮，如图 16-40 所示。

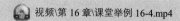

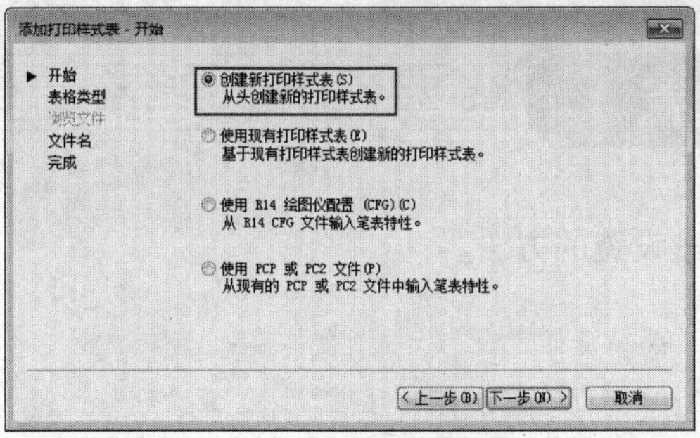

图 16-39 "添加打印样式表 - 开始"对话框

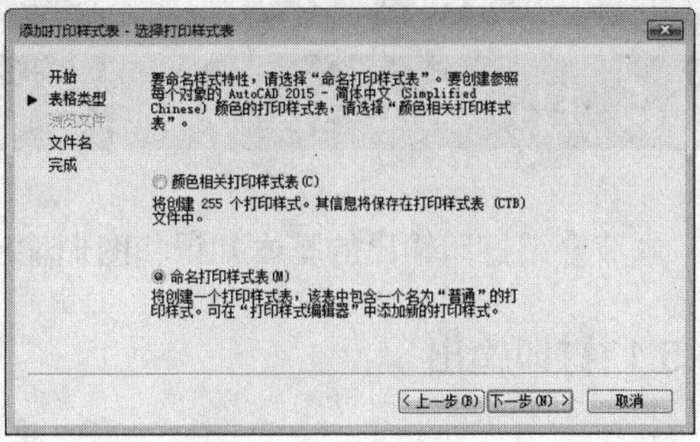

图 16-40 "添加打印样式表 - 选择打印样式表"对话框

05 在"添加打印样式表 - 选择打印样式表"对话框中，单击"下一步"按钮，弹出"添加打印样式表 - 文件名"对话框，在"文件名"文本框中输入"A3 图纸打印样式"，如图 16-41 所示。

06 在"添加打印样式表 - 文件名"对话框中，单击"下一步"按钮，弹出"添加打印样式表 - 完成"对话框，如图 16-42 所示。用户可以单击"打印样式表编辑器"按钮，在弹出的"打印样式表编辑器 - A3 图纸打印样式.stb"对话框中设置参数即可，然后单击"完成"按钮，即可新建 A3 打印样式。

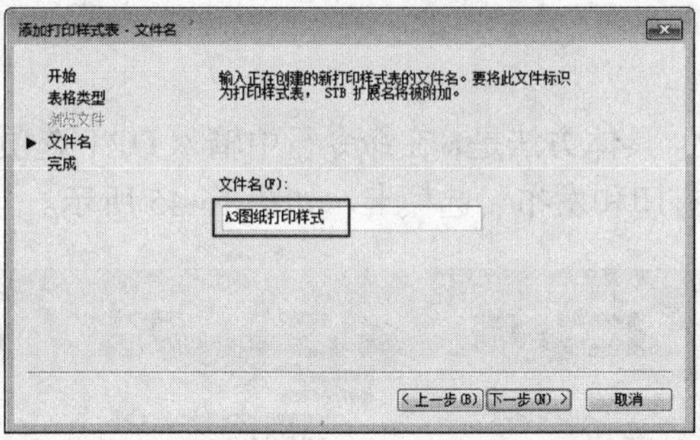

图 16-41 "添加打印样式表 - 文件名"对话框

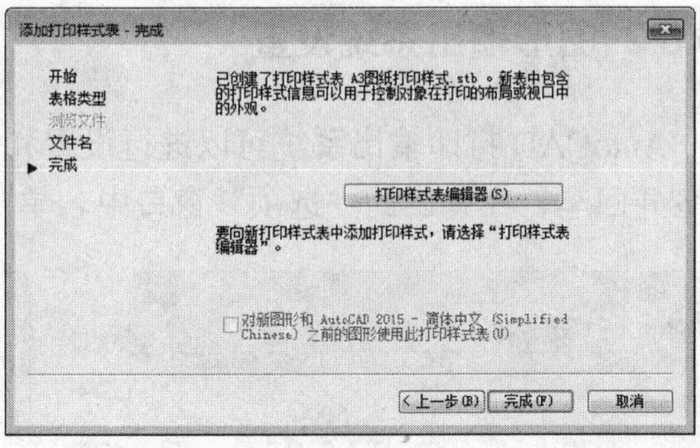

图 16-42 "添加打印样式表 - 完成"对话框

07 打开"打印样式管理器"文件夹，在该文件夹中就显示了新建的"A3 图纸打印样式"，如图 16-43 所示。

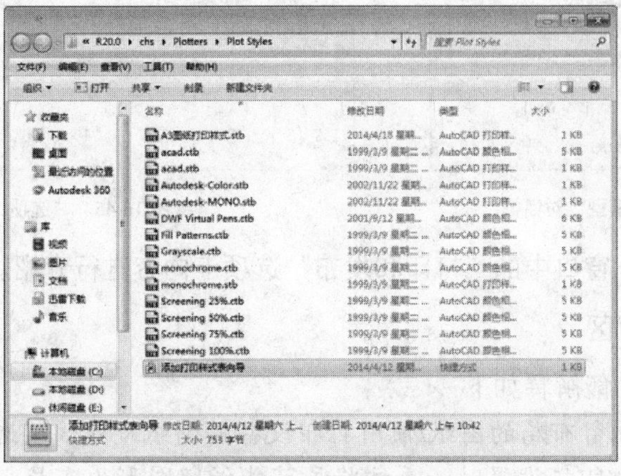

图 16-43 "打印样式管理器"文件夹

16.5 打印输出与图形输出系统设置

本节介绍打印输出的基本知识和图形输出系统设置的方法。

16.5.1 打印输出

启动打印输出的方法是，单击“打印”面板中的“打印”按钮，或快捷键 Ctrl + P，都可打开“打印 - 模型”对话框，如图 16-44 所示。

“打印 - 模型”对话框与“页面设置”对话框基本相同，只是在“页面设置”对话框的基础上增加了一些内容。“打印 - 模型”对话框增加的内容介绍如下：

- “页面设置”选项区中“名称”下拉列表：可以选择页面设置的名称或上一次打印的设置，也可以输入一个页面设置的名称。
- “添加”按钮：添加一个新页面设置的名称。

全部设置完成后，单击“确定”按钮，就可以进行打印输出了，需要指定存储的 PLT 文件名和路径。

16.5.2 图形输出系统设置

AutoCAD 打印输出系统可以进行设置和修改。具体方法是，在命令行中输入 OP（选项）命令并回车，在弹出的“选项”窗口中，单击“打印和发布”选项卡，如图 16-45 所示。

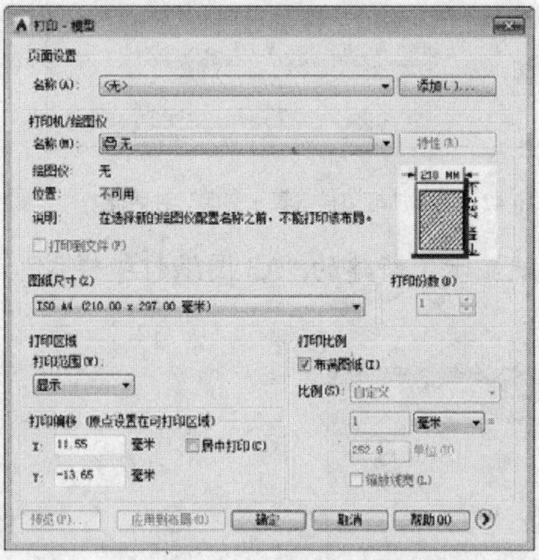

图 16-44 “打印 - 模型”对话框

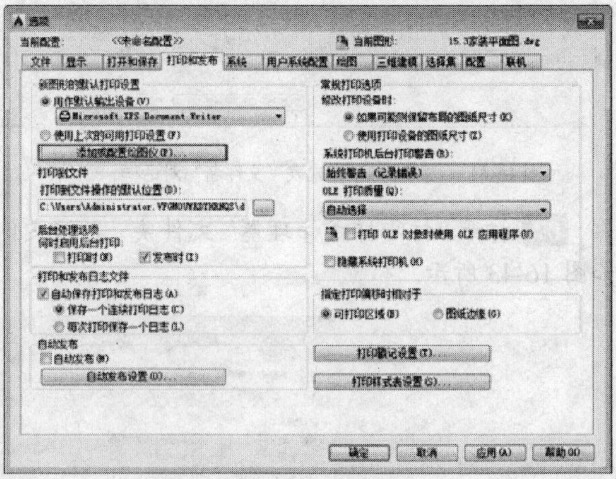

图 16-45 “选项”窗口

接下来对“选项”窗口中的“打印和发布”选项卡内容进行介绍。

1. 基本打印选项区

该选项区内各项功能解释如下：

- 如果可能则保留布局的图纸/使用打印设备的图纸尺寸：单选按钮组，如果勾选前者，在改变打印机设置时，系统将尽可能保留图形原布局。如果勾选后者，在改变打印机设置时，使用新的图纸尺寸。

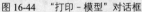

- 系统打印机后台打印警告：在其下拉列表中，可选择系统打印机自动报警方式。
- OLE 打印质量：在其下拉列表框中，可选择 OLE 链接输入文件的打印质量。
- 打印 OLE 对象时使用 OLE 应用程序：勾选此复选框，在输出 OLE 对象时打开 OLE 应用程序以提高打印质量。

2. 后台处理选项区

该选项用来确定是在“打印时”还是在“发布时”选择后台处理。

3. 打印和发布日志文件区

确定在每次打印后是否产生一个日志文件。在“自动保存打印和发布日志”复选框下有“保存一个连续打印日志”和“每次打印保存一个日志”两个单选按钮组，这两个单选按钮只有在勾选“自动保存打印和发布日志”复选框下才能生效。

4. 自动发布区

勾选“自动 DWF 发布设置”按钮，AutoCAD 将自动发布文件。在“自动 DWF 发布设置”选项下可以对自动发布的文件属性进行设置。

5. 打印戳记设置

单击“打印戳记设置”按钮，打开“打印戳记”对话框，如图 16-46 所示，在该对话框中可以对打印戳记进行设置和编辑。

6. 打印样式表设置

单击“打印样式表设置”按钮，打开“打印样式表设置”对话框，如图 16-47 所示。该对话框可以设置新建图形文件的打印样式文件类型。

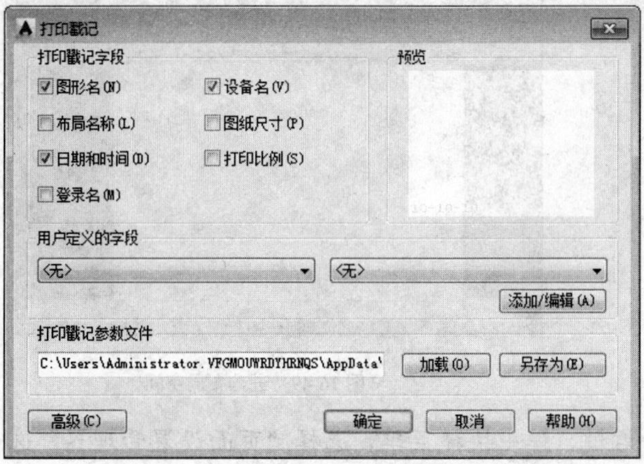

图 16-46 “打印戳记”对话框

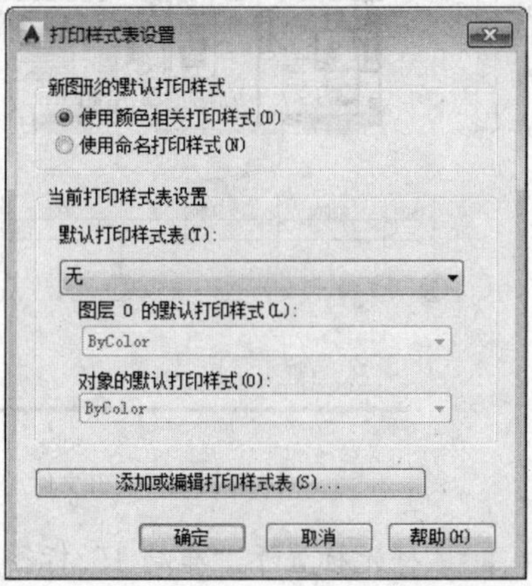

图 16-47 “打印样式表设置”对话框

“打印样式表设置”对话框中各选项解释如下：

- 使用颜色相关打印样式/使用命名打印样式：单选按钮组，勾选前者，将在新建的图形文件中使用基于颜色的打印样式。勾选后者，将在新建的图形文件中使用用户自定义的打印样式。
- “默认打印样式表”下拉列表框：指定默认的打印样式文件。

- “图层 0 的默认打印样式”下拉列表框：为新建图形文件的图形实体指定默认打印样式。
- “对象的默认打印样式 ”下拉列表框：为新建图形文件的图形实体指定默认打印样式。
- “添加或编辑打印样式表”按钮：单击该按钮，可添加或编辑打印样式。

设置完毕后，单击“选项”对话框中底部的“应用”按钮后，设置生效。

16.5.3 单比例打印

单比例打印是指在一张打印纸上按照固定的比例显示出来，本小节以某家装平面布置图按 1:100 的精确比例出图为例，讲述单比例打印的操作方法和技巧。

课堂举例 16-5： 单比例打印 视频\第 16 章\课堂举例 16-5.mp4

01 打开随书光盘自带的“第 16 章\单比例原图.dwg”文件，如图 16-48 所示。

02 单击绘图区下方的“布局 1”标签，进入布局 1 操作空间；单击“修改”面板的 ERASE（删除）按钮，将系统自动创建的视口删除，如图 16-53 所示。

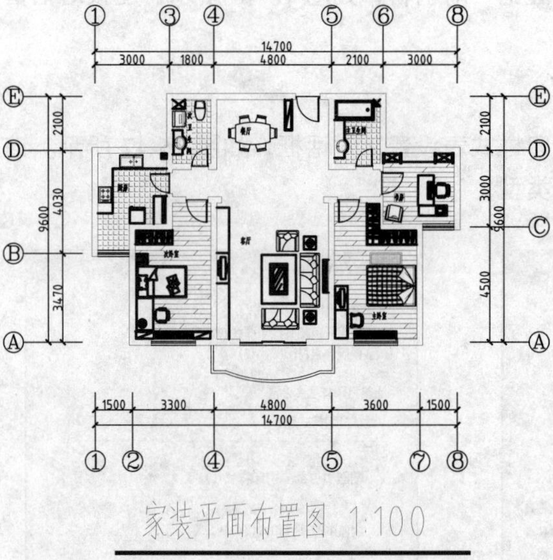

图 16-48 打开文件

图 16-49 进入布局空间

03 将光标置于“布局 1”标签上单击右键，弹出快捷菜单，选择“页面设置管理器”选项，如图 16-50 所示。

04 在打开的“页面设置管理器”对话框中单击“新建”按钮，在弹出的“新建页面设置”对话框中设置新样式名称，结果如图 16-51 所示。

05 单击“确定”按钮，打开“页面设置-布局 1”对话框，设置参数如图 16-52 所示。

06 单击“确定”按钮，返回“页面设置管理器”对话框，单击“置为当前”按钮，将“A3 图纸页面设置”置为当前层，最后单击“关闭”按钮关闭对话框返回绘图区。

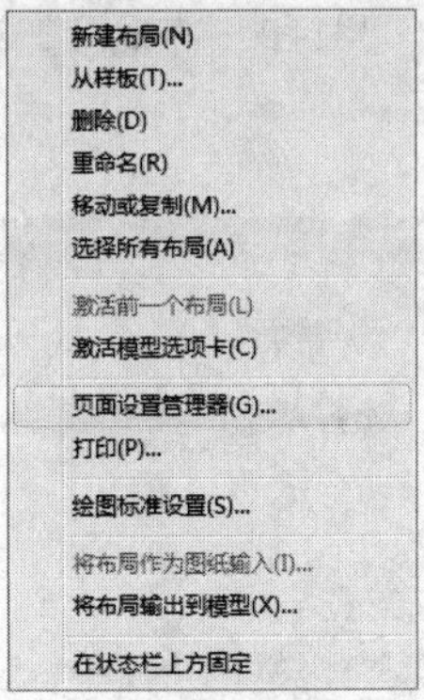

图 16-50　快捷菜单

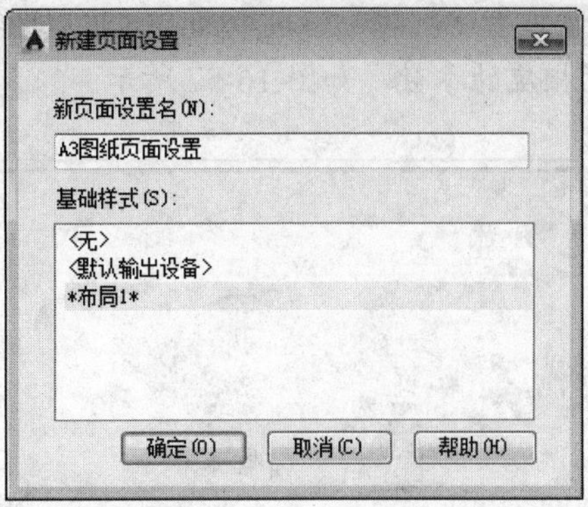

图 16-51　“新建页面设置”对话框

07 单击“块”面板中的 INSERT（插入块）按钮，插入已有的“A3 图签”图块，并调整图框位置，如图 16-53 所示。

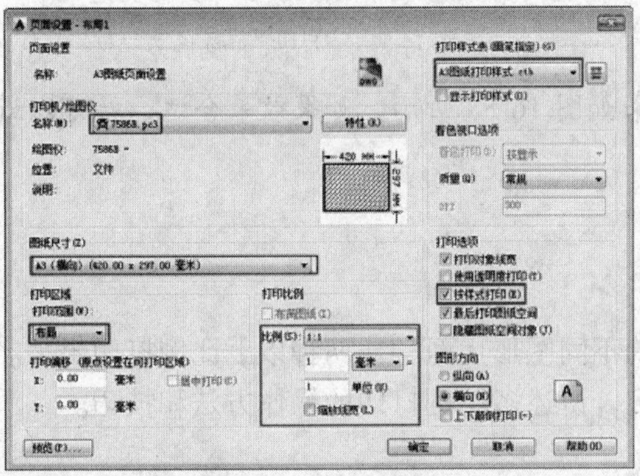

图 16-52　“页面设置-布局 1”对话框

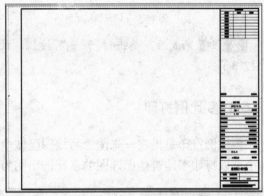

图 16-53　插入 A3 图框

08 新建“VPORTS”图层，设置为不可打印并置为当前图层，如图 16-54 所示。

09 在命令行中输入-VPORTS（视口）命令并回车，分别捕捉内框各角点，创建一个多边形视口，如图 16-55 所示。

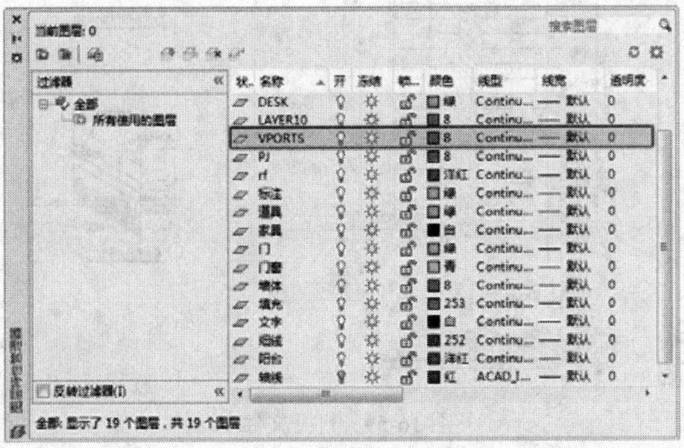

图 16-54　新建图层

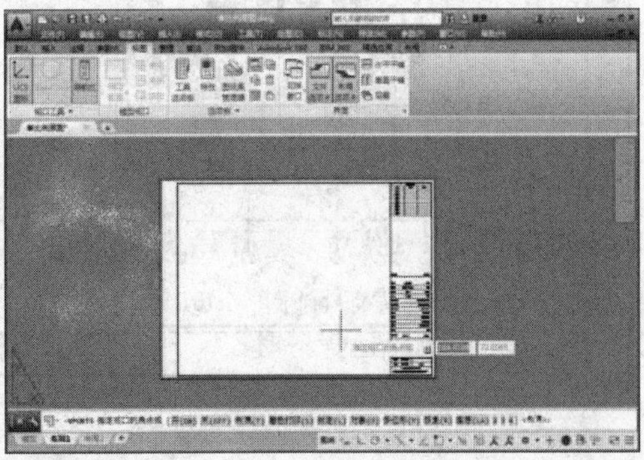

图 16-55　创建多边形视口

10 双击视口区域内激活视口，调整出图比例为 1:100；在命令行中输入 PAN（实时平移）命令并回车，调整平面图在视口中的位置，如图 16-56 所示。

11 单击“打印”面板中的 PLOT（打印）按钮，弹出“打印 - 布局 1”对话框，在其中设置相应的参数，如图 16-57 所示。

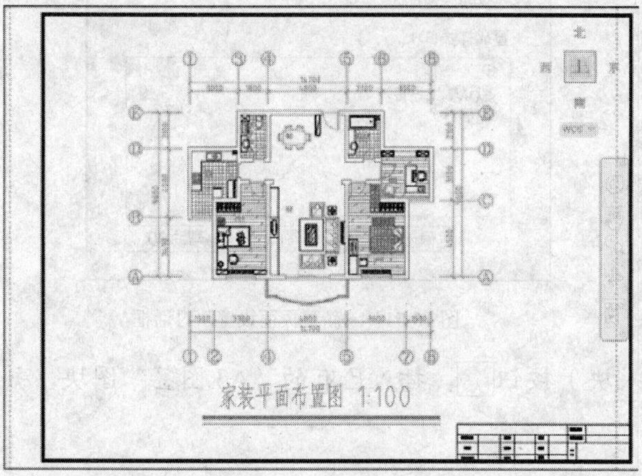

图 16-56　调整出图比例

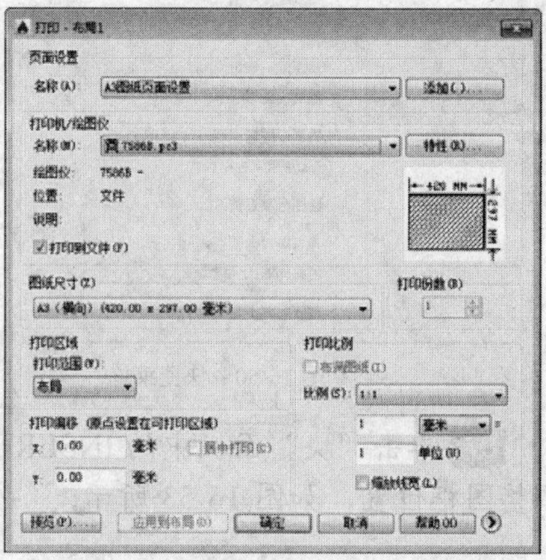

图 16-57　“打印 - 布局 1”对话框

12 设置完成后，单击“ 预览”按钮，效果如图 16-58 所示，如果效果合适，就可以进行打印了。

16.5.4 多比例打印

多比例打印是指在一张图上将绘图区域中的不同图形用两种或两种以上比例打印出来。本小节以打印某建筑楼梯详图的多比例出图为例，讲述多比例打印的操作方法和技巧。

课堂举例 16-6：多比例打印

视频\第 16 章\课堂举例 16-6.mp4

01 打开随书光盘自带的“第 11 章\多比例原图.dwg”文件，如图 16-59 所示。

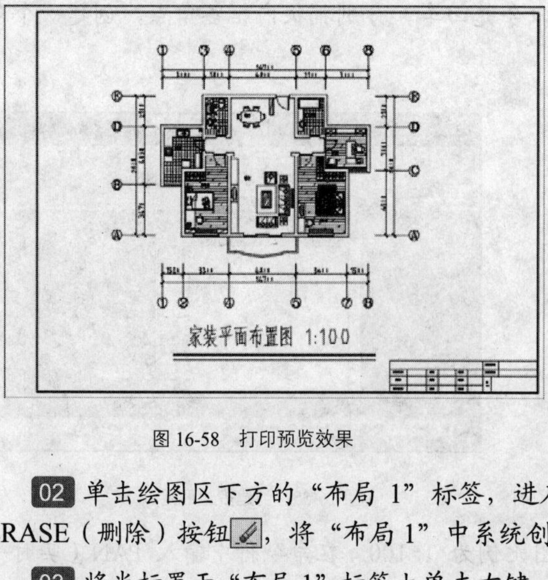

图 16-58　打印预览效果

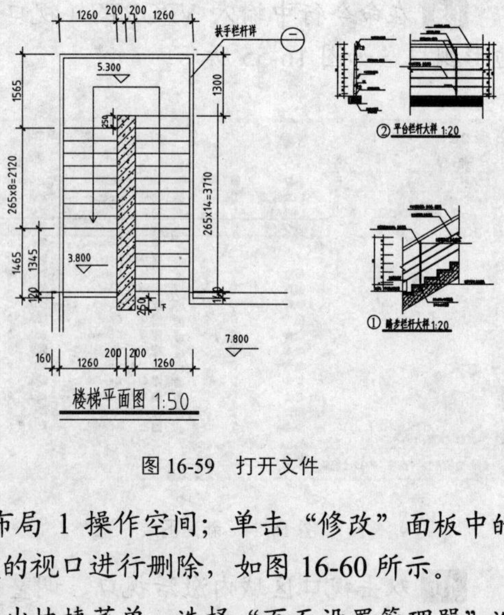

图 16-59　打开文件

02 单击绘图区下方的“布局 1”标签，进入布局 1 操作空间；单击“修改”面板中的 ERASE（删除）按钮，将“布局 1”中系统创建的视口进行删除，如图 16-60 所示。

03 将光标置于“布局 1”标签上单击右键，弹出快捷菜单，选择“页面设置管理器”选项，打开“页面设置管理器”对话框，参照前面小节讲述的方法，创建页面样式，如图 16-61 所示。

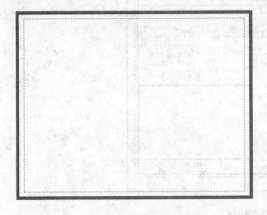

图 16-60　进入布局空间

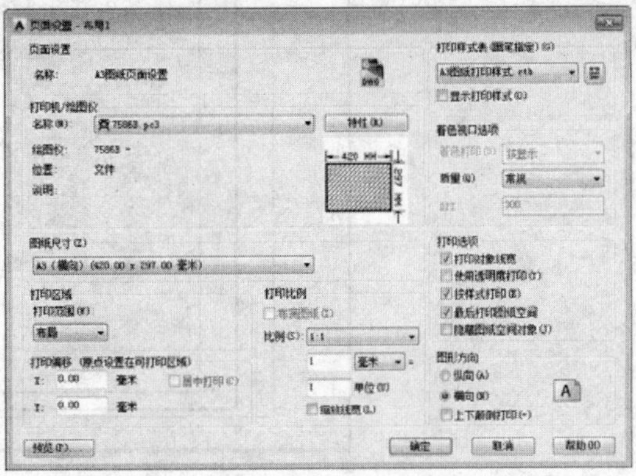

图 16-61　创建页面样式

04 单击“绘图”面板中的 INSERT（插入块）按钮，插入已有的“A3 图签”图块，并调整图框位置，如图 16-62 所示。

05 新建“VPORTS”图层，设置为不可打印并置为当前图层，如图 16-63 所示。

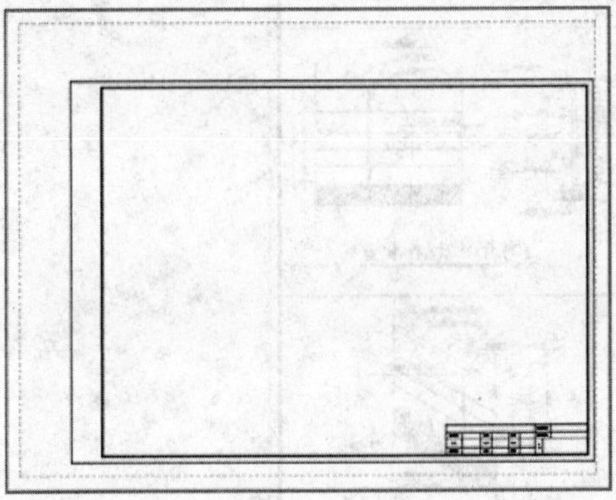

图 16-62　插入 A3 图签

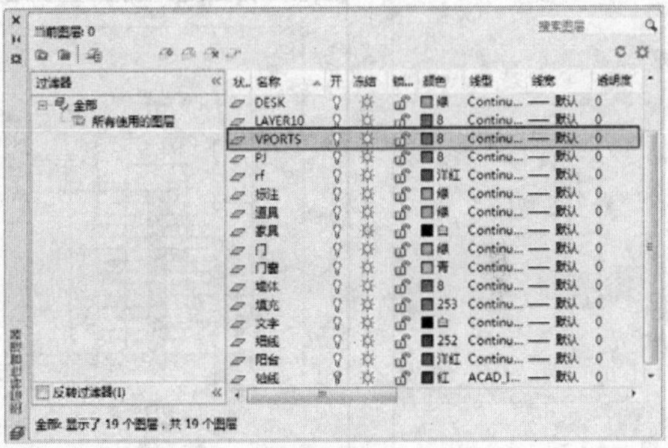

图 16-63　新建图层

06 单击“绘图”面板中的 RECTANG（矩形）按钮，配合“对象捕捉”功能，绘制出 3 个矩形；在命令行中输入-VPORTS（视口）命令并回车，将 3 个矩形转化为 3 个视口，如图 16-64 所示。

07 双击其中一个视口区域内，激活视口，调整相应的出图比例；在命令行中输入 PAN（实时平移）命令并回车，调整图形的显示位置，如图 16-65 所示。

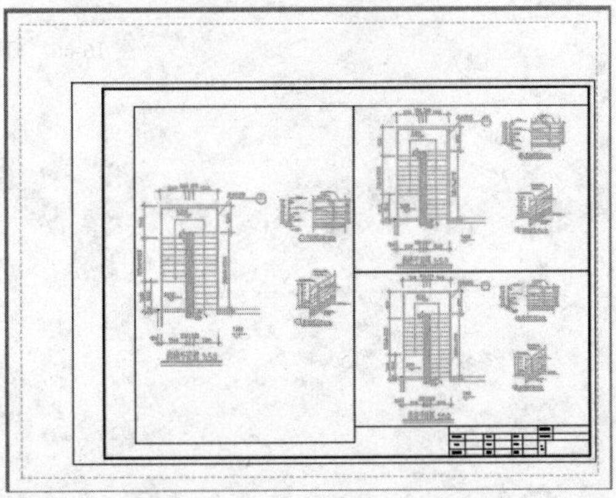

图 16-64　创建视口

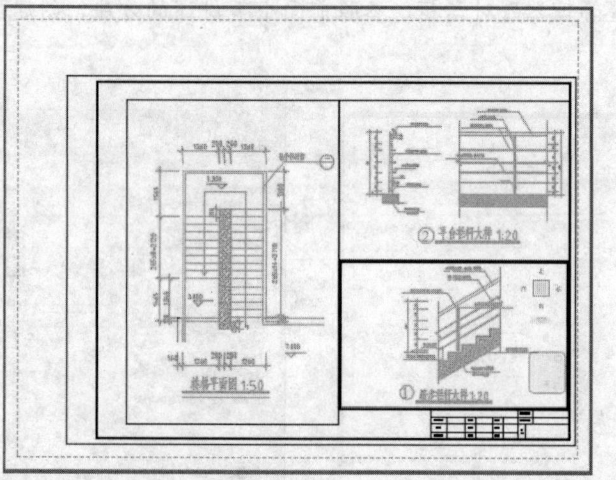

图 16-65　调整出图比例

08 单击 PLOT（打印）按钮，在弹出的“打印-布局 1”对话框中设置打印机及其他参数后，单击“预览”按钮，效果如图 16-66 所示，如果不满意，可以返回继续调整参数，直到满意为止，单击“确定”按钮，即可进行打印输出。

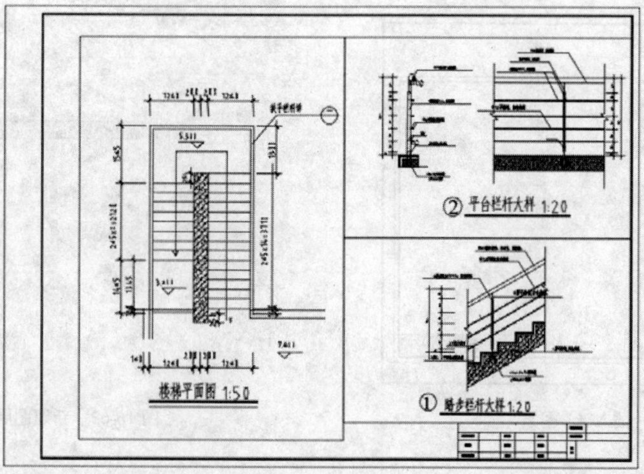

图 16-66　打印预览效果

附 录

附录 1 AutoCAD 2015 常用命令快捷键

快捷键	执行命令	命令说明
A	ARC	圆弧
ADC	ADCENTER	AutoCAD 设计中心
AA	AREA	区域
AR	ARRAY	阵列
AV	DSVIEWER	鸟瞰视图
AL	ALIGN	对齐对象
AP	APPLOAD	加载或卸载应用程序
ATE	ATTEDIT	改变块的属性信息
ATT	ATTDEF	创建属性定义
ATTE	ATTEDIT	编辑块的属性
B	BLOCK	创建块
BH	BHATCH	绘制填充图案
BC	BCLOSE	关闭块编辑器
BE	BEDIT	块编辑器
BO	BOUNDARY	创建封闭边界
BR	BREAK	打断
BS	BSAVE	保存块编辑
C	CIRCLE	圆
CH	PROPERTIES	修改对象特征
CHA	CHAMFER	倒角
CHK	CHECKSTANDARD	检查图形 CAD 关联标准
CLI	COMMANDLINE	调入命令行
CO 或 CP	COPY	复制
COL	COLOR	对话框式颜色设置
D	DIMSTYLE	标注样式设置
DAL	DIMALIGNED	对齐标注
DAN	DIMANGULAR	角度标注
DBA	DIMBASELINE	基线式标注
DBC	DBCONNECT	提供至外部数据库的接口
DCE	DIMCENTER	圆心标记
DCO	DIMCONTINUE	连续式标注
DDA	DIMDISASSOCIATE	解除关联的标注
DDI	DIMDIAMETER	直径标注
DED	DIMEDIT	编辑标注

快捷键	执行命令	命令说明
DI	DIST	求两点之间的距离
DIV	DIVIDE	定数等分
DLI	DIMLINEAR	线性标注
DO	DOUNT	圆环
DOR	DIMORDINATE	坐标式标注
DOV	DIMOVERRIDE	更新标注变量
DR	DRAWORDER	显示顺序
DV	DVIEW	使用相机和目标定义平行投影
DRΛ	DIMRADIUS	半径标注
DRE	DIMREASSOCIATE	更新关联的标注
DS、SE	DSETTINGS	草图设置
DT	TEXT	单行文字
E	ERASE	删除对象
ED	DDEDIT	编辑单行文字
EL	ELLIPSE	椭圆
EX	EXTEND	延伸
EXP	EXPORT	输出数据
EXIT	QUIT	退出程序
F	FILLET	圆角
FI	FILTER	过滤器
G	GROUP	对象编组
GD	GRADIENT	渐变色
GR	DDGRIPS	夹点控制设置
H	HATCH	图案填充
HE	HATCHEDIT	编修图案填充
HI	HIDE	生成三位模型时不显示隐藏线
I	INSERT	插入块
IMP	IMPORT	将不同格式的文件输入到当前图形中
IN	INTERSECT	采用两个或多个实体或面域的交集创建复合实体或面域并删除交集以外的部分
INF	INTERFERE	采用两个或三个实体的公共部分创建三维复合实体
IO	INSERTOBJ	插入链接或嵌入对象
IAD	IMAGEADJUST	图像调整
IAT	IMAGEATTACH	光栅图像
ICL	IMAGECLIP	图像裁剪
IM	IMAGE	图像管理器
J	JOIN	合并

快捷键	执行命令	命令说明
L	LINE	绘制直线
LA	LAYER	图层特性管理器
LE	LEADER	快速引线
LEN	LENGTHEN	调整长度
LI	LIST	查询对象数据
LO	LAYOUT	布局设置
LS、LI	LIST	查询对象数据
LT	LINETYPE	线型管理器
LTS	LTSCALE	线型比例设置
LW	LWEIGHT	线宽设置
M	MOVE	移动对象
MA	MATCHPROP	线型匹配
ME	MEASURE	定距等分
MI	MIRROR	镜像对象
ML	MLINE	绘制多线
MO	PROPERTIES	对象特性修改
MS	MSPACE	切换至模型空间
MT	MTEXT	多行文字
MV	MVIEW	浮动视口
O	OFFSET	偏移复制
OP	OPTIONS	选项
OS	OSNAP	对象捕捉设置
P	PAN	实时平移
PA	PASTESPEC	选择性粘贴
PE	PEDIT	编辑多段线
PL	PLINE	绘制多段线
PLOT	PRINT	将图形输入到打印设备或文件
PO	POINT	绘制点
POL	POLYGON	绘制正多边形
PR	OPTIONS	对象特征
PRE	PREVIEW	输出预览
PRINT	PLOT	打印
PRCLOSE	PROPERTIESCLOSE	关闭“特性”选项板
PARAM	BPARAMETRT	编辑块的参数类型
PS	PSPACE	图纸空间
PU	PURGE	清理无用的空间
QC	QUICKCALC	快速计算器
R	REDRAW	重画

快捷键	执行命令	命令说明
RA	REDRAWALL	所有视口重画
RE	REGEN	重生成
REA	REGENALL	所有视口重生成
REC	RECTANGLE	绘制矩形
REG	REGION	2D 面域
REN	RENAME	重命名
RO	ROTATE	旋转
S	STRETCH	拉伸
SC	SCALE	比例缩放
SE	DSETTINGS	草图设置
SET	SETVAR	设置变量值
SN	SNAP	捕捉控制
SO	SOLID	填充三角形或四边形
SP	SPELL	拼写
SPE	SPLINEDIT	编辑样条曲线
SPL	SPLINE	样条曲线
SSM	SHEETSET	打开图纸集管理器
ST	STYLE	文字样式
STA	STANDARDS	规划 CAD 标准
SU	SUBTRACT	差集运算
T	MTEXT	多行文字输入
TA	TABLET	数字化仪
TB	TABLE	插入表格
TH	THICKNESS	设置当前三维实体的厚度
TI、TM	TILEMODE	图纸空间和模型空间的设置切换
TO	TOOLBAR	工具栏设置
TOL	TOLERANCE	形位公差
TR	TRIM	修剪
TP	TOOLPALETTES	打开工具选项板
TS	TABLESTYLE	表格样式
U	UNDO	撤销命令
UC	UCSMAN	UCS 管理器
UN	UNITS	单位设置
UNI	UNION	并集运算
V	VIEW	视图
VP	DDVPOINT	预设视点
W	WBLOCK	写块
WE	WEDGE	创建楔体

快捷键	执行命令	命令说明
X	EXPLODE	分解
XA	XATTACH	附着外部参照
XB	XBIND	绑定外部参照
XC	XCLIP	剪裁外部参照
XL	XLINE	构造线
XP	XPLODE	将复合对象分解为其组件对象
XR	XREF	外部参照管理器
Z	ZOOM	缩放视口
3A	3DARRAY	创建三维阵列
3F	3DFACE	在三维空间中创建三侧面或四侧面的曲面
3DO	3DORBIT	在三维空间中动态查看对象
3P	3DPOLY	在三维空间中使用“连续”线型创建由直线段构成的多段线

附录 2　重要的键盘功能键速查

快捷键	命令说明	快捷键	命令说明
Esc	Cancel<取消命令执行>	Ctrl + G	栅格显示<开或关>，功能同 F7
F1	帮助 HELP	Ctrl + H	Pickstyle<开或关>
F2	图形/文本窗口切换	Ctrl + K	超链接
F3	对象捕捉<开或关>	Ctrl + L	正交模式，功能同 F8
F4	数字化仪作用开关	Ctrl + M	同 Enter 功能键
F5	等轴测平面切换<上/右/左>	Ctrl + N	新建
F6	坐标显示<开或关>	Ctrl + O	打开旧文件
F7	栅格显示<开或关>	Ctrl + P	打印输出
F8	正交模式<开或关>	Ctrl + Q	退出 AutoCAD
F9	捕捉模式<开或关>	Ctrl + S	快速保存
F10	极轴追踪<开或关>	Ctrl + T	数字化仪模式
F11	对象捕捉追踪<开或关>	Ctrl + U	极轴追踪<开或关>，功能同 F10
F12	动态输入<开或关>	Ctrl + V	从剪贴板粘贴
窗口键 + D	Windows 桌面显示	Ctrl + W	对象捕捉追踪<开或关>
窗口键 + E	Windows 文件管理	Ctrl + X	剪切到剪贴板
窗口键 + F	Windows 查找功能	Ctrl + Y	取消上一次的 Undo 操作
窗口键 + R	Windows 运行功能	Ctrl + Z	Undo 取消上一次的命令操作
Ctrl + 0	全屏显示<开或关>	Ctrl + Shift + C	带基点复制
Ctrl + 1	特性 Properties<开或关>	Ctrl + Shift + S	另存为
Ctrl + 2	AutoCAD 设计中心<开或关>	Ctrl + Shift + V	粘贴为块
Ctrl + 3	工具选项板窗口<开或关>	Alt + F8	VBA 宏管理器
Ctrl + 4	图纸管理器<开或关>	Alt + F11	AutoCAD 和 VAB 编辑器切换
Ctrl + 5	信息选项板<开或关>	Alt + F	【文件】POP1 下拉菜单
Ctrl + 6	数据库链接<开或关>	Alt + E	【编辑】POP2 下拉菜单
Ctrl + 7	标记集管理器<开或关>	Alt + V	【视图】POP3 下拉菜单
Ctrl + 8	快速计算机<开或关>	Alt + I	【插入】POP4 下拉菜单
Ctrl + 9	命令行<开或关>	Alt + O	【格式】POP5 下拉菜单
Ctrl + A	选择全部对象	Alt + T	【工具】POP6 下拉菜单
Ctrl + B	捕捉模式<开或关>，功能同 F9	Alt + D	【绘图】POP7 下拉菜单
Ctrl + C	复制内容到剪贴板	Alt + N	【标注】POP8 下拉菜单
Ctrl + D	坐标显示<开或关>，功能同 F6	Alt + M	【修改】POP9 下拉菜单
Ctrl + E	等轴测平面切换<上/左/右>	Alt + W	【窗口】POP10 下拉菜单
Ctrl + F	对象捕捉<开或关>，功能同 F3	Alt + H	【帮助】POP11 下拉菜单